高维机械频谱数据智能集成建模

汤 健 刘 卓 张 健 田福庆 著

国防工業出版社

·北京·

内 容 简 介

本书针对与复杂工业过程产品质量/产量以及生产安全密切相关的高能耗类重型旋转机械设备关键运行指标参数难以检测的问题，依据难测参数与高维机械频谱间存在的难以采用精确数学模型描述的非线性映射关系，运用基于机械设备振动/振声频谱数据驱动的软测量建模方式进行检测，重点解决多组分非平稳机械时域信号蕴含信息提取难、高维频谱数据特征约简难、多源多尺度信号的冗余性和互补性融合难、工业过程固有工况漂移特性导致离线模型泛化性能下降等问题，构建能够降低复杂度、提高可解释性与泛化性的智能集成软测量检测模型。本书详细叙述了典型机械设备难测参数检测现状及与其相关软测量建模相关技术的研究现状，进行了面向工业过程机械设备难测参数的频谱特性分析并明确其智能集成建模策略，之后依次顺序地进行面向高维机械频谱数据的特征约简、选择性集成建模、混合集成建模、在线集成建模算法的阐述，最终获得了较为通用的一类基于高维机械频谱数据的智能集成建模方法。

本书可供在机械、化工、能源、食品、武器装备等行业中，基于机械频谱或其他来源高维谱数据进行难测参数软测量建模的科技人员使用。

图书在版编目（CIP）数据

高维机械频谱数据智能集成建模/汤健等著.
北京：国防工业出版社，2024.11. - - ISBN 978-7-118-13222-9

Ⅰ. TB533

中国国家版本馆 CIP 数据核字第 2024EA2314 号

※

国防工业出版社 出版发行
（北京市海淀区紫竹院南路 23 号　邮政编码 100048）
北京虎彩文化传播有限公司印刷
新华书店经售

*

开本 787×1092　1/16　**印张** 25½　**字数** 592 千字
2024 年 11 月第 1 版第 1 次印刷　**印数** 1—1000 册　**定价** 138.00 元

国防书店：(010)88540777　　书店传真：(010)88540776
发行业务：(010)88540717　　发行传真：(010)88540762

前　言

现代过程工业的发展和日趋激烈的国际市场竞争对过程控制的需求是将运行指标控制在目标值范围内的同时尽可能提高产品质量与生产效率指标，降低消耗指标，即实现工业过程运行优化控制。以选矿过程为例，其是典型的具有大惯性、参数时变、非线性、边界条件波动大等综合特性的复杂工业过程，其中，磨矿过程作为选矿流程中的关键工序，其作用是将破碎后的原矿通过大型旋转机械设备（球磨机）研磨成粒度合格的矿浆，为选别过程提供原料。准确检测与磨矿过程的产品质量和产量以及物耗和能耗密切相关的旋转机械设备（球磨机）负荷是实现选矿过程全流程优化运行与优化控制、磨矿过程安全生产的关键因素之一。磨机过负荷会造成磨机“吐料”、出口矿浆粒度变粗，甚至导致磨机“堵磨”“胀肚”、发生停产事故；反之，磨机欠负荷会造成磨机“空砸”，导致能耗和钢耗增加，甚至设备损坏。由于磨矿过程中加入磨机的原矿和水不断变化，钢球的腐蚀与磨损加上磨机封闭、连续运转，钢球与矿石之间的研磨过程机理不清，使得磨机负荷检测成为工业界亟待解决的难题。在球磨机内部安装电极测量矿浆液面高度、安装嵌入数字脉冲传感器的耐磨聚亚安酯标准横梁测量矿浆位置等直接检测方法因维护困难、成本高等原因难以实施。磨矿过程自身的综合复杂动态特性、外界干扰因素动态变化的不确定性等原因导致难以依据磨矿过程的物料和金属平衡建立磨机负荷机理模型。虽然磨机负荷难以直接在线测量，但是磨机研磨物料时所产生的机械振动/振声信号可测。针对研磨机理的分析表明，这些机械信号与磨机负荷参数（磨机内部的料球比、磨机内矿浆浓度和充填率）间存在复杂的映射关系，这也是经验丰富的现场运行专家能够借助人耳固有的“带通滤波”能力通过辨别机械振声信号的“清脆”“沉闷”等特性，进而推理估计磨机负荷的“偏高”“适中”“偏低”等状态。因此，将在时域内特征难以提取的多源机械信号转换至频域，借助人工智能技术，研究基于多源高维机械频谱数据的智能软测量检测模型具有重要的理论和现实意义。

本书依托国家高技术研究发展计划（863 计划）课题“半自磨/球磨机负荷监测技术研究（2006AA060202）”、国家自然科学基金面上项目“基于多尺度频谱与模糊规则的湿式球磨机负荷集成模型及在线更新（61573364）”、国家自然科学基金青年项目“湿法球磨机负荷自适应选择性集成模型研究（61203120）”和“基于多组分机械信号的湿式球磨机负荷混合集成智能识别模型（617030879）”、中国博士后科学基金“基于软频段划分和特征融合的湿式球磨机负荷软测量方法（20100471464）”，以及东北大学流程工业综合自动化国家重点实验室开放课题（PAL-N201504）、矿冶过程自动控制技术国家（北京市）重点实验室开放课题（BGRIMM-KZSKL-2020-02）和南京信息工程大学开放课题（KJR1612）的支持下，以进行基于磨机运行过程机械振动/振声频谱的磨机负荷参数软测量检测模型为技术背景，提炼基于高维机械频谱数据智能集成建模的科学问题。本书重点解决多组分非平稳机械时域信号预处理难、高维频谱数据特征约简难、多源多尺度信号间冗余性和互补性消除难、工业过程固有工况漂移特性导致离线模型泛化性能差等难题，建立能够降低复杂度和提高可解释性与泛化性的智能集成软测量检测模型。本书详细叙述典型机械设备负荷检测现状及与其相关的软测量技术现状，给出基于机械设备运行机理并进行频谱特性分析和明确智能集成建模策略，依次进行面向高维机械频谱数据的特征约简、选择性集成建模、混合集成建模和在线集成建模算法的阐述，采用实验磨机的实际运行数据进行仿真实验。本书所提方法可应用于采用机械设备振动/振声频谱数据进行难测参数软测量建模的冶金、建材、造纸等工业过程。

最后，谨将最诚挚的谢意献给我的恩师、兄弟和家人。由于本书作者学识和水平有限，虽然尽力而为，但仍难免会有不妥和错误之处，敬请广大读者批评指正，并给予谅解。

作者

目　　录

第1章 绪　论

1.1 引　言

流程工业过程控制的目的是将运行指标控制在目标值范围内，同时尽可能提高产品质量与效率指标，降低能耗和物耗指标[1-2]。此外，为实现工业过程的绿色生产，还需要对影响人类生存环境的污染物进行限制排放[3]。选矿是与国家基础建设密切相关的复杂工业过程，具有大惯性、参数时变、非线性、边界条件波动大等综合复杂特性[4]。选矿企业所面临的当务之急是如何实现该流程的优化控制、节能降耗和绿色生产。磨矿过程是选矿生产流程的“瓶颈”作业，在选厂基建投资和生产费用中占50%以上的比例，其作用是将破碎后的原矿通过大型旋转机械设备（球磨机）研磨成粒度合格的矿浆，为选别过程提供原料[5]。在此过程中，球磨机的运转率和效率常常决定了磨矿甚至选矿全流程的生产效率和指标[6]。

球磨机是依靠自身旋转带动其内部装载的研磨介质对物料进行冲击和磨剥的重型机械设备，广泛应用于煤炭、化工、电力、冶金和选矿等行业。虽然球磨机具有结构简单、性能稳定、适应性强的特点，但也存在工作效率低、能耗高等缺点。据统计，用于研磨破碎物料的能量不到其消耗总能量的 1%，并且磨机粉磨作业电耗占全世界总发电量的2.8%～3%[7]，在选矿、电力和水泥等行业分别占各自工业过程能耗的 30%～70%、15%和 60%～70%。以磨矿过程湿式球磨机为例，其钢耗还要高于电耗。因此，对球磨机而言，节能降耗具有重大意义。实验研究表明，球磨机至少有 10%和 9%以上节约电能和钢材的潜力。显然，球磨机的节能降耗对降低碳排放和促进“碳中和、碳达峰”也具有重要作用。

球磨机种类繁多，按筒体形状可分为短筒球磨机、管磨机、圆锥式球磨机；按操作方式分为间歇式球磨机和连续式球磨机；按卸料方式分为中心卸料式球磨机（又可分为溢流型球磨机和格子型球磨机）及周边卸料式球磨机；按球磨机筒体支撑的方式分为中心传动的球磨机和边缘传动的球磨机；按运行模式可分为干式球磨机和湿式球磨机。本书主要关注应用于复杂工业过程湿式粉磨作业的旋转类机械设备负荷参数的软测量问题。若无特别说明，本书将研磨过程有水参与的湿式磨球机简称为球磨机，将广泛应用于火电厂的煤磨机、水泥厂的粉磨机等无水参与研磨过程的磨机统一称为干式球磨机。

磨矿过程的磨机负荷是指磨机内瞬时的全部装载量，即球磨机内部的物料、钢球和水负荷[8]，是亟需予以实时准确检测的难以检测的关键运行指标之一。磨机过负荷会造成磨机“吐料”、出口粒度变粗等现象，甚至会导致磨机出现“堵磨”“胀肚”、发生停产事故；反之，磨机欠负荷会造成磨机“空砸”，导致能耗和钢耗增加，甚至设备损坏。因此，准确检测磨机负荷是实现磨矿过程优化控制和节能降耗的关键因素之一。尽管许多科研单位都对球磨机的研磨过程进行了大量研究，但其粉碎机理仍不清晰[9]。磨机负荷不仅与磨机中的矿浆和钢球量有关，还与磨机内部物料和钢球的粒径大小及分布、钢球和磨机衬板的磨损及腐蚀、影响钢球表面罩盖层厚度的矿浆黏度等因素有关，这些复杂多变难以检测的因素同时也会影响磨机的负荷状态，因此很难采用解析方法建立磨机负荷的机理模型。现有的磨机负荷检测方法存在精度低、性能不稳定等缺点，造成生产过程难以闭环控制，自动化程度不高等弊端。在实际生产过程中，通常依据经验或融合轴承振动、筒体振声和磨机电流信号估计磨机负荷状态。然而，这种以牺牲经济性保证安全性的操作，会使磨机常处于低负荷状态，容易导致磨矿过程的低效率和高消耗。又由于磨机的封闭连续运转的特性，磨机入口的原矿量和水量动态变化且难以有效测量，钢球与矿石之间的研磨过程机理不清，钢球的腐蚀与磨损规律难以描述，上述众多因素使得磨机负荷这一机械装备难测参数的在线测量成为工业界亟待解决的难题。

水泥、火力发电厂等行业广泛应用的干式球磨机负荷通常采用“料位”表示[10]，其检测和控制均领先于选矿等行业使用的湿式球磨机。比如，日本和瑞典的“电耳”采用振声信号进行水泥磨机负荷检测和优化控制的系统已经市场化，基于振声信号的某氧化铝厂回转窑制粉系统实现了磨机负荷的智能控制[11]。然而，振声信号只能有效检测湿式球磨机内的料球比，难以描述磨机内存在矿浆，即湿式球磨机负荷时的情况[12]，这就导致了磨矿过程磨机负荷的研究与应用远落后于干式球磨机。另外，干式和湿式球磨机的研磨机理不同，干式球磨机中的磨机负荷检测方法难以在湿式球磨机中直接应用。因此，实现磨矿过程磨机负荷的在线检测，保持磨机稳定在最佳负荷，满足在产品质量指标和工艺要求的同时使产量最大化，保障球磨机自动、安全、高效运行，对提高磨矿过程运行的稳定性、经济性和节能降耗具有重要意义，这也是目前选矿生产企业中备受关注和亟待解决的重要问题。

磨机负荷参数代表磨机的内部工作状态，与磨矿研磨机理、磨机筒体振动和振声产生机理密切相关，能够准确反映磨机负荷。工业界通常采用磨机研磨产生的机械振动和振声等多源信号，建立振动、振声与磨机负荷参数间的数据驱动模型。然而，由于磨机内部的负荷参数不能在工业现场检测，运行专家只能基于经验估计其所熟悉磨机的负荷及其内部参数状态，但专家精力的有限性和经验的差异性等原因，使这种方式难以保证磨机长期运行在优化负荷状态。磨矿过程采用的湿式球磨机研磨物料过程的机理较火电、建材、水泥等行业的干式球磨机更为复杂，涉及破碎力学、矿浆流变学、机械振动与噪声学、导致金属磨损和腐蚀的“物理-力学”与“物理-化学”等多个学科。磨机内物料和钢球粒径大小及分布的变化、钢球和磨机衬板磨损及腐蚀的不确定性、与钢球冲击破碎直接相关的矿浆黏度的复杂多变等多种因素，导致磨机筒体受到数以万计、分层排列的包裹着矿浆的钢球的不同强度和频率的周期性冲击。实际上，筒体振动只是在磨机研磨区域所测量的振声信号的主要来源之一，这就使得振声信号的组成更为复杂。上述因素导致筒体振动及振声信号均具有较强的非线性、非平稳、多组分和多时间尺度特性。解决此类问题，可采用适当的时频分析方法得到具有不同时间尺度的子信号，从而能够呈现出这些子信号的多尺度特性，以便解析多尺度子信号中所蕴含的磨机负荷参数信息。因此，如何从产生机理上分析这些信号的组成，如何将它们有效分解为具有不同物理含义的子信号，如何有效提取和选择这些信号所富含的有价值信息，以及如何进行选择性的多源信息融合，是目前基于这些机械装备信号开展数据驱动磨机负荷软测量工作所面临的难题。

优秀运行专家借助工业现场多源信息和多年积累的经验知识，能够凭“人脑模型”有效地推理识别所熟悉的特定磨机的负荷及其内部负荷参数状态，进而调整操纵变量保证生产。不同于数据驱动模型，运行专家的“人脑模型”受训练数据覆盖范围的影响小，具有较强推理能力。经验丰富的运行专家可通过“听音”方式，对工业现场磨机研磨区域经筒体辐射产生的振声进行推理识别，最终得到磨机负荷及其内部参数情况。研究表明，人耳本质上是一组自适应带通滤波器。从某种角度上讲，专家“听音”推理识别过程可以理解为一个由信号频段选择、特征抽取、基于知识规则进行判别等阶段组成的逐层认知过程。但是，这种操作模式易受运行专家经验和有限精力等主观因素的影响，致使球磨机长期工作在非经济工况下产生磨机“过”负荷或“欠”负荷。此外，“听音识别”还不能有效利用高灵敏度和高可靠性的磨机筒体振动信号。如何利用振动、振声信号与磨机负荷参数间的模糊特性建立有效的规则推理模型，并与数据驱动模型进行互补和融合，也是磨机负荷检测面临的难题。因此，基于磨机负荷参数软测量实现磨机负荷模型的构建是更具有工业价值和应用前景的挑战和难题。同时，对于工业现场不同工况的训练样本，如何选择有价值训练样本构造补偿模型，实现磨机负荷混合集成模型的构建和实时的在线更新，也是提高模型的适用性亟需解决的难题。

本书所描述研究工作，对进一步开展磨矿过程湿式球磨机研磨机理的研究，加速磨矿过程磨机负荷软测量检测装置的开发，实现磨机负荷的准确检测、磨矿过程的优化控制和节能降耗意义重大，所提出的方法可以在频谱、光谱等高维数据的建模中进行推广应用。

1.2　软测量建模相关技术研究现状

传统的测量技术通常是建立在传感器等硬件基础上，而软测量建模则是把自动控制理论与生产过程知识有机地结合起来，通过状态估计的方法对难以在线测量的参数进行在线估计，以软件替代硬件的功能[13]。这些状态估计通常都是建立在以可测变量为输入、被估计变量为输出的数学模型上。它是对传统测量手段的补充，可以解决有关产品质量、生产效益等关键性生产参数难以直接测量的问题，为提高生产效益、保证产品质量提供手段。相对于硬件检测设备，软测量具有开发成本低、配置较灵活、维护相对容易、集成度高等特点。软测量技术能够集成各种变量检测于一台工业控制计算机上，无须为每个待测变量配置新硬件[14-15]，已成为过程控制和过程检测领域的研究热点和主要发展趋势[16-17]。

文献[17]将软测量的实现方法归结为如下几个步骤，如图 1.1 所示。

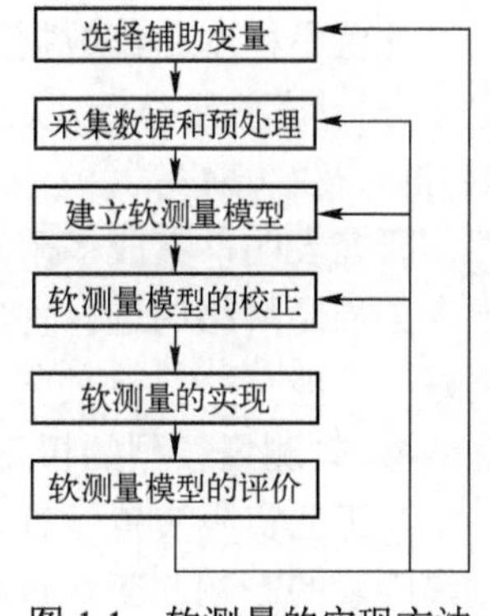

图 1.1　软测量的实现方法

1．选择辅助变量

通过熟悉工业流程和软测量对象，明确软测量任务，进而根据工艺机理分析（如物料、能量平衡关系）在可测变量集中确定最终的辅助变量。

2．采集数据和预处理

建立软测量模型需要采集与软测量对象实测值相对应的过程数据。这些数据一般都不可避免地带有误差，其可靠性直接影响软测量模型的建立。因此，需要对原始数据进行预处理。常用的方法是采用统计假设检验剔除含有显著误差的数据后，再采用平均滤波的方法去除随机误差。

对于高维辅助变量，通过维数约简可以降低测量噪声的干扰以及模型的复杂度。研究表明，特征的维数同时会影响软测量模型的泛化性能[18]。采用高维数据建立软测量模型，存着在“Hughes”现象和“维数灾”问题，解决的方法之一就是特征提取和特征选择技术[19-20]。常用的特征提取技术包括基于主元分析（pricipal component analysis，PCA）[21]和偏最小二乘（partial least squares，PLS）[22]的方法，特征选择技术包括各种选择输入变量子集的方法[23]。

3．建立软测量模型

将预处理后的数据分为建模数据和校验数据，结合对过程机理的分析，确定模型结构和参数，开发适用的模型。软测量建模方法是软测量技术研究的核心问题，建立方法和过程随生产过程机理的不同而各有差异。文献[24]将软测量建模方法主要分为机理建模[13,14,25-29]、回归分析[14]、状态估计[30-31]、模式识别[14,32]、人工神经网络[33-36]、模糊数学[37-39]、基于支持向量机（support vector machines，SVM）和核函数[40-43]、过程层析成像[44-45]、相关分析[28,33]和现代非线性系统信息处理技术[46-49]等方法或者以上几种方法的混合[50-52]等。进一步归纳，可分为三大类[53-54]：

（1）机理建模方法，即根据工业过程的化学反应动力学、物料平衡、能量平衡等原理表述过程的内部规律，建立基于工艺机理分析的过程模型，或是基于状态估计、参数估计、系统辨识等理论的对象数学模型，包括基于状态空间的模型和基于过程的输入输出模型。

（2）基于数据驱动的建模方法，不需要研究对象的内部规律，通过输入输出数据建立与过程特性等价的模型。

（3）混合建模方法，使用机理建模方法和数据建模方法相结合建立软测量模型。

针对小样本高维数据进行建模，一般采用基于数据驱动的建模方法，常用方法包括：主元分析/核主元分析（kernel PCA，KPCA）、偏最小二乘/核偏最小二乘（kernel PLS，KPLS）及 SVM 等。

研究表明，集成多个子模型的方法可提高模型的泛化性、有效性及可信度[55-57]。基于人工神经网络的选择性集成建模方法表明，集成部分子模型可获得比集成全部子模型更好的性能[58-59]，这使得选择性集成建模方法成为一个重要研究方向。

4．软测量模型的校正

在工业实际装置运行过程中，由于原料属性、设备磨损、产品质量和产量及环境气候等因素的影响，工业过程对象的特性和工作点会不可避免地偏离基于离线采集数据构建的软测量模型的工作点。为跟踪工业过程的动态变化，软测量模型需要关注邻近过程数据的变化，对离线软测量模型进行在线校正，以适应新工况的需求[60]。

针对不同需求，软测量模型的在线校正分为短期校正和长期校正。短期校正以某时刻软测量对象的真实值与模型的测量值之差为动力及时修正模型参数，如根据误差、累计误差和误差的增量对基于回归的软测量模型的常数项进行校正[17]。长期校正是在模型运行一段时间并积累了足够多的新样本数据后进行软测量模型系数的重新计算，其实施过程可离线进行，也可在线进行。离线校正的实质是通过人工干预重新建立软测量模型，在线校正则通常采用递推算法更新模型参数。在实际使用中，还需要对模型结构进行修正等，但这往往需要大量的样本且耗费时间较长，在满足实时性的要求上具有一定困难[61]。

目前，常用的软测量模型在线更新方法是滑动窗口和递推技术，如指数加权移动平均（exponentially weighted moving average，EWMA）PCA/PLS[62]、递推 PCA/PLS（recursive PCA/PLS，RPCA/PLS）[63-65]和滑动窗口 PCA/PLS（move window PCA/PLS，MWPCA/PLS）[66-67]。这些自适应的 PCA/PLS 建模方法在复杂工业过程的监视中得到了广泛应用[68-71]。如何改进这些在线建模方法以及如何实现集成模型的在线更新，是目前研究中需要解决的问题之一。

5．软测量的实现

将离线得到的数据采集模块、预处理模块、软测量模型和软测量模型的校正模块以软件形式嵌入到工业过程的控制系统上，设计相应的人机接口实现模型参数修改、化验值输入及模型在线校正。

6．软测量模型的评价

采集软测量对象的实际值和模型的估计值进行比较，评价该软测量模型是否满足工艺要求。如果不满足要求，查找原因并进行模型的重新设计。

本书只对软测量技术中的特征约简、选择性集成建模、混合集成建模及在线集成建模方法进行综述，为后续的研究工作奠定基础。

1.2.1　特征约简现状

软测量模型的性能主要取决于建模样本数量、特征个数及软测量模型复杂度间的相互关系[18]。特征（维数）约简虽然可以降低测量成本并提高建模精度，但不适当的特征维数约简也会降低模型的建模精度[72]。特征提取和特征选择技术是两种常用的约简方法且各有特点。

特征提取是将原始的高维特征空间采用线性或非线性的方法变换为近似的低维子空间表示[18]。在模式识别中，常用的线性变换方法如 PCA、因子分析、线性判别分析、投影寻踪[73]等被广泛用于特征提取。PCA 采用协方差矩阵的最大特征值对应的特征向量进行特征提取，从而在线性子空间内近似原始数据。投影寻踪和独立主元分析（independent component analysis，ICA）[74-75]方法不依赖于原始数据的二阶矩，更适合于非高斯分布的数据，ICA 已被广泛用于盲源分离[76]。常用的非线性特征提取技术包括 KPCA[77]和多维标度（multidimensional scaling，MDS）[78]方法等。KPCA 采用核技巧将原始数据映射到高维特征空间，在高维特征空间中采用线性 PCA 算法提取原始数据的非线性特征，但如何选择合适的核函数及核参数仍需要结合具体的问题才能确定。MDS 采用二维或三维数据表示原始的多维数据，将原始空间的距离矩阵尽可能保留在映射空间中，但 MDS 并未给出显式映射函数。前馈神经网络和自组织映射（self-organizing map，SOM）均可用于非线性特征提取[79-80]。针对 PCA 算法提取的特征只与输入数据相关而与输出数据无关的缺点，基于 PLS 的特征提取方法得到了关注[81-82]。

特征选择是指从原始的高维特征集合中选择一部分特征子集建立软测量模型。通常，在如下情况存在大量特征需要进行选择：①多传感器融合，源于不同传感器的数据组成了高维特征向量；②集成多个数据模型，采用不同方法建模，将模型参数作为特征，这些不同模型参数组成了高维特征向量[18]。特征选择最直接的方法是在所有原始特征的可能组合的特征子集中选择模型性能最优的特征子集。虽然穷举方法可以得到最优特征子集，但计算消耗大；另外一种可以得到最优特征子集的方法就是分支定界（branch and bound，BB）算法[83]。针对枚举算法计算效率低的缺点，基于 BB 算法的特征选择算法提高了搜索效率。BB 算法的基本思想是先用搜索树将问题的解空间按照一定的规则分割成若干个子空间（分支过程），再用定界方法排除那些不包含最优解的子空间（定界过程）。由于特征选择多是离线进行的，特征选择耗时的问题显得不是很重要。但在数据挖掘和文本分类等应用中，常包括上千个特征，此时，特征选择算法的计算效率显得尤为重要。为了在优化特征子集和提高计算效率间进行均衡，出现了序列前向浮动搜索（sequential forward floating search，SFFS）、序列后向浮动搜索（sequential backward floating search，SBFS）[84]及模拟退火法、Tabu 搜索法、遗传算法（genetic algorithm，GA）等基于智能优化方法的特征选择方法[85-86]，但这些方法选择的特征均为次优解。特征选择方法按照分类器或回归器是否直接参与选择特征可以分为两种——参与的“wrapper”方法和不参与的“filter”方法[18]，前者计算效率低、精度高，后者计算效率高、精度低。

光谱、近红外谱、图像识别、文本分类、可视化感知等领域出现的大量高维、超高维小样本数据对特征选择问题提出了严峻挑战。冗余特征和特征间共线性导致学习器泛化能力下降。文献[87]针对分类问题，描述了高维小样本数据的特征选择策略和评估准则，提出了基于 PLS 的高维小样本数据递推特征约简方法，采用不同研究领域的高维数据集进行了方法验证。文献[88]提出了基于蒙特卡罗采样和 PLS 的近红外谱变量选择策略。常用的基于 GA-PLS 的谱数据特征选择算法具有运行效率低，未考虑谱数据特有的谱变量量纲一致、值为正等特点。考虑谱数据这些特点，文献[89]提出了基于 PCA 和球域准则选择高维光谱特征的选择方法；文献[90]提出了基于 PLS 算法和球域准则选择频谱特征的方法，但上述方法中与球域准则相关的参数均采用经验法确定，未能有效结合模型性能实现全局最优特征选择。

大量研究表明，特征的选择和提取与具体问题有很大关系，目前还没有理论能给出对任何问题都有效的特征选择与提取方法。如何针对特定问题提出新的组合方法，是目前特征提取与选择方法研究的发展方向之一[91]。

1.2.2 选择性集成建模现状

研究表明，集成多个子模型的集成建模方法，可以提高模型的泛化性、有效性及可信度。最初的集成建模方法源于 1990 年由 Hansen 和 Salamon 提出的神经网络集成。神经网络集成的定义由 Sollich 和 Krogh 给出，即：用有限个神经网络对同一个问题进行学习，在某输入示例下的输出由构成集成的各神经网络在该示例下的输出共同决定[92]。文献[93]的研究表明，在均方误差（mean square error，MSE）意义下建立混合神经网络集成模型的方法中，基于子模型加权平均的广义集成方法（generalized ensemble method，GEM）具有不差于基于子模型简单平均的基本集成方法（basic ensemble method，BEM）和最佳子模型的建模性能，给出了相关系数阵和计算最优子模型权重的方法。

集成建模的构建可以分为子模型构建和子模型合并两步。Krogh 和 Vedelsby 指出，神经网络集成模型的泛化误差可表示为子模型的平均泛化误差和子模型的平均 Ambiguilty（在一定程度上可以理解为个体学习器之间的差异度）的差值[94]，并指出子模型的 Ambiguilty 可以通过采用不同拓扑结构和不同训练数据集的方式获得。通常采用的获取不同训练集的方法包括[95]：训练样本重新采样（subsampling the training examples，训练样本分为不同的子集）、操纵输入特征（manipulating the input features，将输入特征分为不同的子集）、操纵输出目标（manipulating the output targets，适用于很多类的情况）、注入随机性（injecting randomness，在学习算法中注入随机性，如相同训练集的学习算法采用不同的初始权重），但该文主要是针对分类器的集成进行描述。文献[96]评估了集成算法，并研究了如何通过选择子模型的数量进而在子模型的建模精度和多样性间取得均衡的问题，提出了 SECA（stepwise ensemble construction algorithm）集成建模方法；该文同时指出，子模型的多样性可通过 3 种不同的方法予以获得：子模型参数的变化（如神经网络模型的初始参数[97]）、子模型训练数据集的变化（如采用 Bagging 和 Boosting 算法产生训练数据集[98]）和子模型类型的变化（如子模型采用神经网络、决策树等不同的建模方法[99]）。

通过操纵输入特征增加子模型多样性的研究较多，如文献[100]提出了采用随机子空间构造基于决策树的集成分类器，文献[101]提出了基于特征提取的集成分类器设计方法即旋转森林（rotation forest），文献[102]则采用 GA 选择特征子集获得子模型的多样性。如何针对特定问题提出新的特征子集选择方法，是基于小样本高维数据的集成建模需要解决的问题之一。

集成建模方法用于函数估计时，常用的子模型集成方法有简单平均集成、多元线性回归集成及加权或非加权的集成等方法[103]。针对多变量统计建模方法，集成 PLS（ensemble partial least squares，EPLS）方法在高维近红外复杂谱数据建模中成功应用[104]；基于移除非确定性变量的 EPLS 方法则进一步提高了模型的稳定性和建模精度[105]。针对子模型集成方法，基于信息熵[106]的概念采用建模误差的熵值确定子模型加权系数的方法在铅锌烧结配料过程的集成建模中得到成功应用[107]；广泛用于多传感器信息融合的基于最小均方差的自适应加权融合（adaptive weighiting fusion，AWF）算法[108]在磨机负荷参数集成建模中得到应用[109]。通常认为，采用加权平均可以得到比简单平均更好的泛化能力[110]，但也有研究认为加权平均降低集成模型的泛化能力，简单平均效果更佳[111]。

集成建模的预测速度随着子模型的增加而下降，并且对存储空间的要求也迅速增加，而且集成全部子模型的集成模型的复杂度高，不一定具有最佳建模精度。因此，出现了从全部集成子模型中选择部分子模型参与集成的选择性集成建模方法。基于集成模型评估方法，文献[58]采用基于子模型估计值的相关系数矩阵，提出了基于 GA 的选择性集成（GA based selective ensemble，GASEN）方法，认为选择集成系统中的部分个体参与集成，可以得到比全部个体都参与集成更好的精度，并将该方法成功应用于人脸识别。文献[112]对集成建模中的偏置-方差困境进行了分析，将集成误差分解为偏置-方差-协方差 3 项，并结合 Ambiguilty 分解指出子模型间的协方差代表了子模型间的多样性；同时分析了负相关学习（negative correlation learning，NCL）[113]与多样性-建模精度间均衡的关系，进行基于多目标优化进化算法的选择性集成建模方法的研究。结合泛化性较强的 SVM 建模方法，文献[114]提出了基于人工鱼群优化算法的选择性集成 SVM 模型。针对如何选择适合的集成子模型数量的问题，基于表征子模型估计值之间距离的集成多样性，文献[115]提出了一种基于进化算法的子模型数量可控的选择性集成建模方法，采用大量实验表明最佳集成子模型的数量为 3～8 个。

文献[116]对选择性集成建模方法进行了综述，指出现有的选择性集成学习算法可分为聚类、排序、选择、优化和其他方法，并给出了未来研究中需要解决的问题：如何结合具体问题自适应地选择子模型数量、如何选择合适的准则进行选择性集成算法的设计以及如何在具体问题中进行实际应用。该文同时指出目前的选择性集成研究多基于分类问题，而对回归问题的选择性集成相对较少。

文献[117]提出基于误差向量的选择性集成神经网络模型，给出了基于误差向量的子模型多样性定义并分析了集成模型尺寸问题，用于回归建模问题。文献[118]提出了基于模型基元的智能集成模型六元素描述方法，认为智能集成模型可由{O，G，V，S，P，W}六元素决定，这些元素代表建模对象（object）、建模目标（goal）、模型变量集（variable set）、模型结构形式（structure）、模型参数集（parameter set）、建模方法集（way set），相应的模型基元集成方式分为并联补集成、加权并集成、串联集成、模型嵌套集成、结构网络化集成、部分方法替代集成共 6 种集成方式。文献[119]提出基于遗传算法（genetic algotithm，GA）和模拟退火算法，综合考虑集成模型多样性、集成子模型及子模型合并策略等因素的选择性集成神经网络。文献[120]建立基于双堆叠 PLS 的选择性集成模型用于分析高维近红外谱数据。对选择性集成模型的众多学习参数进行优化选择是一个较难解决的问题，这个过程需要同时确定候选子模型和选择性集成模型的结构和参数。基于预设的加权方法和预构造的候选子模型，选择性集成的建模过程可描述为一个类似于最优特征选择过程的优化问题[121]。通常，选择性集成的泛化性能取决于不同候选子模型的预测精度和相互间差异性的影响；反之，预测性能和差异性也会受到候选子模型的模型结构和模型参数的影响。从另外一个角度讲，只有不同候选子模型的最优化模型结构和模型参数才能保证最优化 SEN 模型。文献[122]提出了基于双层遗传算法的选择性集成双层优化策略，即自适应 GA（adaptive GA，AGA）和 GA 优化工具箱（GA optimization toolbox，GAOT）分别用于优化候选子模型和选择性集成模型的参数。但该方法只是采用传统 GA 算法对选择性集成软测量模型的学习参数进行寻优，具有 GA 难以克服的缺点，仍需要进一步研究更加有效的智能优化算法或寻优策略和建模参数的深层次演化机理。

文献[123]指出集成建模的 3 个基本步骤就是集成模型结构的选择（choice of organisation

of the ensemble members)、集成子模型的选择（choice of ensemble members）和子模型集成方法的选择（choice of combination methods），其中集成模型结构可以分为子模型的串联和并联两种方式，采用哪种结构需要依据具体问题而定；集成子模型是保证集成模型具有较好泛化能力和建模精度的基础，如何选择最佳的子模型是选择性集成建模中的难点；子模型集成方法的选择是在确定了集成模型结构和集成子模型后，采用有效的方法将子模型的输出进行合并。因此，在集成模型结构和子模型的集成方法确定的情况下，选择性集成建模的实质就是优选集成子模型的过程。

国际上很多研究者都投入集成建模的研究中，如何有效地进行选择性集成建模，并将其应用到具体的实际问题中也是目前研究需要关注的方向之一。

1.2.3　混合集成建模现状

通常，数据驱动模型和机理模型能够有效互补。例如，机理模型能够提高数据驱动模型的推广能力，而数据驱动模型可以提取机理模型无法解释的被建模对象的内部复杂信息[124]。复杂工业过程中应用的结合机理分析和数据驱动的混合建模方法包括：结合简化机理模型和神经网络[50,125-130]、结合简单线性模型与非线性智能模型[131]、结合模糊规则与非线性智能模型[132]等。

混合建模从结构形式分为串行[133]和并行[134]两种结构，其中：在串行结构中，神经网络的输出作为机理模型的输入，主要针对子过程中的模型误差或中间某些参数获得较难的情况；在并行结构中，神经网络的输出与机理模型的输出求和作为最终的模型输出，其作用是补偿机理模型的输出误差。

文献[135]针对由机理模型与误差补偿模型组成的并行结构混合模型，提出将椭球定界算法[136]用于构建误差补偿模型的单层神经网络参数的更新。

针对模糊规则挖掘时输入输出数据难以在时间序列上对应匹配的问题，文献[132]和文献[137]提出基于同步聚类的语言规则式模糊推理模型构建混合模型。

通过对具有差异性的子模型进行集成，集成学习可获得比单一模型更好的建模性能和稳定性。文献[138]提出了子空间集成学习通用框架，文献[139]提出了同时考虑样本空间和特征空间的混合集成建模方法，文献[140]提出基于深度特征的混合建模方法。这些均采用优化机制有效融合多源信息构建的数据驱动集成模型，通常能较好地拟合训练数据所蕴含的模式，能与模糊推理模型构成互补关系。

数据驱动和模糊推理两类模型在建模机理上具有较强的互补性。在磨矿过程工业实际中，运行专家识别磨机负荷不仅需要选择有效来源的信息进行融合，还需要利用自身积累的经验，即同时基于有价值的多源特征信息和多工况训练样本进行磨机负荷识别与估计。然而，对基于多源多尺度频谱的数据驱动模型和基于规则推理的模型进行混合集成的磨机负荷软测量方法还未见报道。

从集成学习理论视角而言，文献[141]所采用的方法主要是选择性融合多源特征子集，即采用基于“操纵输入特征”的集成构造策略。GASEN[58]采用“操纵训练样本”策略构造集成、采用 BPNN 构建候选子模型、采用 GA 优选集成子模型和简单平均组合集成子模型，但存在 BPNN 训练时间长、容易过拟合和难以采用高维小样本数据直接建模等缺点。

因此，如何充分融合多源多尺度频谱数据、运行专家经验和磨机研磨机理知识，如何充分利用信号处理、信息融合、机器学习领域的最新研究成果，研究更为有效、准确的磨机负荷软测量方法是值得深入研究的课题。

1.2.4 在线集成建模现状

为了保证离线软测量模型的性能，需要建模数据能够覆盖工业过程中可能发生的状态和工况变化，并且要求模型参数能够适应这些情况。工业对象受原料属性、产品质量和产量及环境气候等因素的影响，其特性和工作点不可避免地会漂移出建立模型时的工作点[142]。为了跟踪工业过程的时变特性，软测量模型需要关注邻近过程数据的变化，这使得采用能够表征工况变化的新样本对软测量模型进行更新是非常必要的[60]。

滑动窗口和递推技术是采用具有时变特性的数据进行模型更新的两种方法。针对RPCA求解相关系数阵或是协方差阵的特征值分解（eigenvalue decomposition，EVD）或奇异值分解（singular value decomposition，SVD）[143]带来的计算消耗问题，基于一阶摄动分析（first-order perturbation analysis，FOP）[144-145]和数据投影方法（data projection method，DPM）[146]的递推计算方法不需要更新计算协方差矩阵。

针对泛化性强的SVM建模方法，文献[147]和文献[148]提出了每次只增加或减少一个样本进行模型在线更新的一步增/减的在线SVM建模方法。针对一步式在线SVM的缺点，文献[149]提出了基于多步增/减的SVM学习方法。

为保证建模误差的稳定性，Yu等提出了基于稳定学习的神经网络在线学习方法[150]，并成功应用于活性污泥污水处理过程水质软测量和铝酸钠溶液组分浓度软测量，但弊端是每个新样本均参与软测量模型的更新。

文献[151]采用平方预测误差（squared prediction error，SPE）和霍特林统计量T^2[152]监视工业过程数据的变化，提出了根据数据的变化是否超越给定的限定值以确定何时进行子模型更新的在线多模型建模方法。

文献[153]和文献[154]提出在核特征空间中采用近似线性依靠（approximate linear dependenc，ALD）条件检查新样本与旧的建模样本间的线性独立关系，从而进行递推更新最小二乘（recursive least squares，RLS）和SVM模型的在线建模方法。文献[155]基于ALD的思想，提出了在线独立SVM（online independent support vector machines，OISVM）的建模方法。基于类似的思想，文献[156]提出了最小二乘-SVM（least square-SVM，LS-SVM）模型的在线更新方法，并应用于化工过程关键指标的软测量。文献[157]提出了基于核特征空间ALD条件的KPLS在线更新方法。文献[158]提出了基于核特征空间ALD条件的稀疏KPLS算法，用仿真数据进行了算法验证。上述方法均采用核映射将非线性问题转化为线性问题，然后在高维特征空间判断是否更新学习模型。但是采用基于核空间的ALD条件进行模型更新条件判断时，很难选择核参数和建模样本保证核矩阵正定。为简化判断样本更新的ALD条件，汤健等利用在建模样本的原始空间中采用ALD条件判断新样本与建模样本间的线性依靠关系，提出了在线PCA-SVM (online PCA-SVM，OLPCA-SVM)、在线 PLS (online PLS，OLPLS)、在线 KPLS (online KPLS，OLKPLS，) 建模方法[159-161]，并采用合成数据及 Benchmark 平台数据验证了所提方法的有效性，但其理论上的可行性分析有待于深入研究。

在处理工业过程的特性漂移中，基于加权集成的集成模型自适应系统的结构可以灵活地采用更新子模型和更新子模型加权系数两种方式。文献[109]根据筒体振动频谱的不同分频段建立基于集成 PLS 的磨机负荷参数集成模型，并采用在线自适应加权融合算法在线更新各个子模型的加权系数。文献[162]提出面向分类问题的选择性负相关学习算法，并基于 GA 实现优化集成预设定规模的集成模型。文献[163]提出预设定集成尺寸和权重更新速率的自适应集成模型。文献[164]提出基于改进 Adaboost.RT 算法的集成模型。文献[165]提出分类器动态选择与循环集成方法，利用分类器间的互补性使参与集成的子模型数量能够随识别目标复杂程度自适应变化，通过可调整模型参数实现集成模型精度和效率的均衡。文献[166]提出基于欧几里得距离动态选择交叉验证集的竞争选择性集成算法，解决了分类器在线集成问题。然而，上述在线更新方法均未考虑如何将新旧样本近似线性依靠条件和软测量模型性能相结合，如何利用专家知识或模糊推理规则进行智能选择性更新，也未考虑如何自适应保持适当的建模样本库容量和如何剔除贡献率较小的历史样本等算法。

综上所述，在线建模方法已经成为目前的研究热点。针对目前流行的集成建模方法，结合具体问题研究如何同时更新子模型和其加权系数的在线集成建模方法是目前的研究方向之一。

1.3　机械装备难测参数检测研究现状

磨矿过程的综合复杂动态特性、外界干扰因素的不确定性和动态变化等特征，会导致难以依据磨矿过程物料平衡、金属平衡等原理建立机理模型检测磨机负荷。球磨机旋转、连续运行的工作特点，又使得在球磨机内部安装测量矿浆液面高度的电极、测量矿浆位置[167]的嵌入数字脉冲传感器的耐磨聚亚安酯标准横梁等设备因维护困难、成本高的原因难以实施。因此，工业实践中通常采用基于磨机振动、振声、电流等信号的间接测量方法对磨机负荷进行测量。

通常，不同类型的球磨机具有各自不同的物理特性。本书除对磨机负荷建模相关的共性技术现状和有利于区别不同类型磨机的相关文献进行综述外，还将针对铁矿选矿等行业广泛使用的湿式球磨机负荷检测方法的相关技术进行现状综述，并对发展动态进行分析。

1.3.1　基于仪器仪表的检测现状

本节介绍的仪表检测方法指已经采用仪表方式实现，并且初步具备工业现场应用条件的方法。将磨机负荷仪表检测方法分别按测量原理、适用范围及信号的测量位置进行分类，如图 1.2 所示。

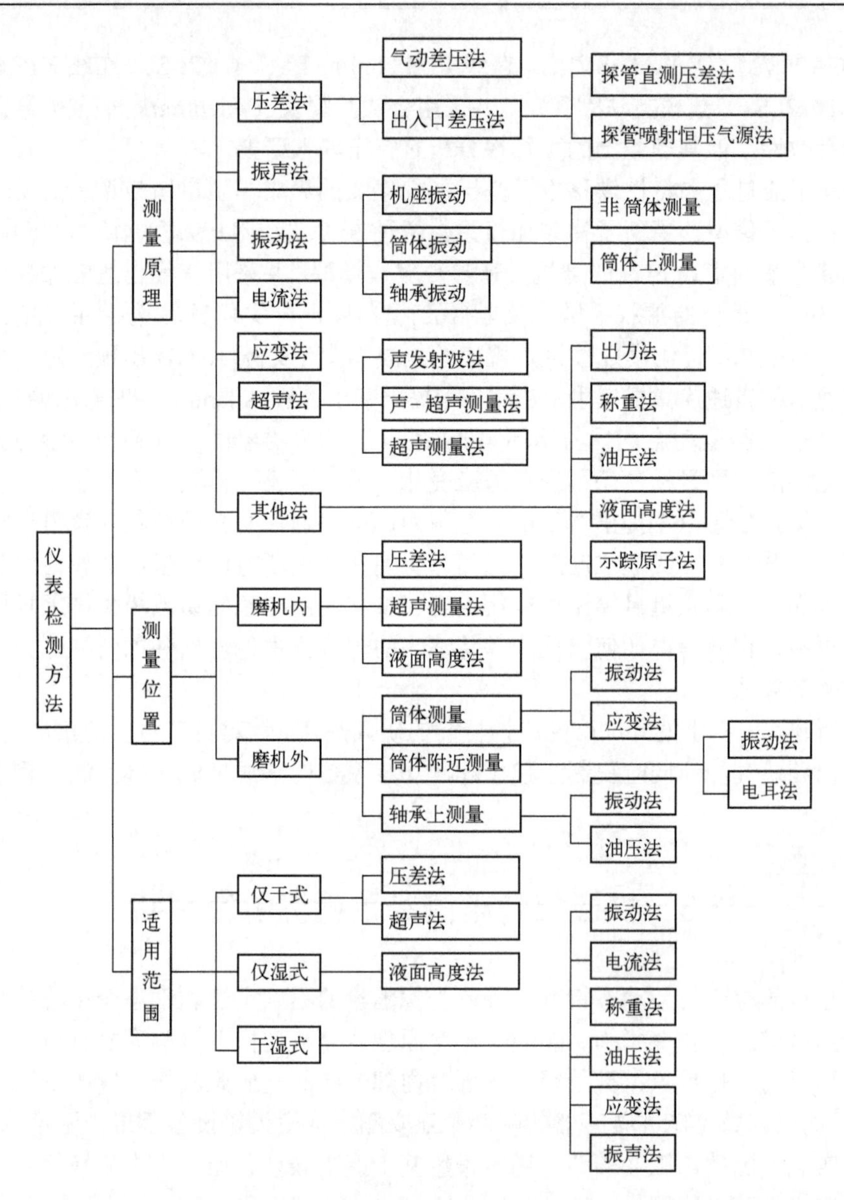

图 1.2　磨机负荷的仪表检测方法

按测量原理分类，分别介绍各种检测方法。

1. 压差法

压差法分为出入口压差法和气动压差法，主要用于干式球磨机负荷检测。

出入口压差法是根据磨机出入口压差与负荷的曲线关系，采用经验公式表征磨机负荷的方法[168-169]。其优点是应用范围广，操作人员现场可利用磨机出口温度、排粉机入口负压和出口风压等参数综合识别磨机负荷；缺点是测量精度低，会导致对给料频繁调节，进而影响磨机运行的稳定性。该方法常被用于衡量新方法的准确性等领域。

气动压差法可以分为探管直接测取两测点的压差法[170]和探管喷射恒压气源的压差法[171-172]。气动压差法是在磨机耳轴伸入探管，直接探测料层压力来表征磨机负荷的方法。其优点是准确率高，可达到 95%；缺点是低料位时存在测量死区，取压管直接与物料和钢球接触，存在传感器易磨损甚至砸坏、动静部分容易被物料卡死、埋入料层无法测量等问题。该方法在双进双出钢球磨煤机上广泛应用，在单进单出球磨机上还存在着传压管探头防砸、气动差压计的安装位置难以确定等难题未能解决。

2．振声法

振声法又称为噪声法、电耳法、磨音法、音频法等。Arup Bhaumik 对实验室球磨机的研究表明，从振声频谱的差异可识别磨机负荷状态[173]。文献[174]指出振声特征频段的能量累加量与磨机负荷呈单调递减关系。基于振声的磨机负荷检测仪[175-176]在采用干式、湿式球磨机的工业现场广泛应用。但针对湿式球磨机，振声法仅能有效检测磨机内部的料球比。

振声法的优点是运行费用低、结构简单、易于控制等，能对干式球磨机负荷进行全过程监测；缺点是易受磨机本身特性、物料特性及邻近设备噪声信号的影响，通用性差，而且高负荷时测量灵敏度降低，调试结果只适合在本台磨机一定时间范围内有效。

3．振动法

振动法指采集磨机机座、筒体、轴承等部位的振动加速度，通过时域和频域分析确定磨机负荷与振动能量的关系[177]，主要以磨机筒体振动和轴承振动两种检测方法为主。

国外基于筒体振动检测磨机负荷的研究开展于 20 世纪 90 年代。文献[178]提出将差动电磁传感器安装在距离磨机筒体 70～80mm 处测量筒体振动，研究表明磨机共振频率与磨机内表面物料负荷质量、物料硬度、装球量、磨矿浓度和矿浆液面具有比例关系。此方法具有安装简便的优点，缺点是背景干扰信号与有用信号的比率大，导致精度低，从而限制了其进一步的应用。

近几年出现了直接采集磨机筒体振动信号的磨机负荷检测方法。文献[179]提出采用双阵列加速度振动传感器采集筒体振动加速度信号，在远程站变换为频谱后以射频方式传输至基站，以不同时刻的频谱和其他关键参数为输入建立神经网络模型，检测球磨机内料位的高低。文献[179]的检测方法在水泥厂干式球磨机上的应用效果表明，其灵敏度为振声法的数倍；缺点是受到供电、数据处理、通信等条件的约束，装置安装需要特殊设计等困难。随着传感器技术、数据处理技术、无线通信技术等硬件设备性能的不断提升，上述缺点有望得到成功解决。文献[180]提出采用单振动传感器和角度传感器相结合确定筒体振动信号采样范围的方案。

国内开发的基于振动信号的检测仪表以干式球磨机的轴承振动信号为主，主要采用相关分析、频谱分析方法[181]。面对工业现场的实际需要，已有基于轴承振动信号检测磨机负荷融合磨机功率、进出口差压、出口温度、磨机出力等信号进行干式磨机负荷模糊自寻优控制[182]，将基于轴承振动的磨机负荷单回路控制系统与差压补偿调节器相融合[183]，以及结合轴承振动和差压信号的干式磨机负荷控制[184]等应用研究。

以上研究表明，以干式球磨机为背景的基于振动的磨机负荷检测方法的研究较多。与筒体振动信号相比，轴承振动信号振幅强度减弱，噪声降低，虽无供电、通信约束及安装困难[180]，但灵敏度降低；另外一个缺点是无法区分磨机机械故障信息。轴承振动法的优点是传感器密封好，可适应工业现场的恶劣工作环境；缺点是高负荷时灵敏度较低，易受电网频率波动、磨机转速波动、研磨介质损耗等干扰的影响，受磨机自身特性的影响，其通用性受到限制。开发以灵敏度高、抗干扰性强的球磨机筒体振动信号为主的检测仪表是当前的研究热点之一。

目前，基于半自磨机（semi-autogenous grinding，SAG）筒体振动信号的研究表明，筒体振动能够反映磨机内部的 PD 和黏度[185]。基于此，澳大利亚 CSIRO 集团开发的在线筒体振动检测系统已经作为产品在工业界出售，并采用层次分析、主元回归（principle component regression，PCR）等方法对磨矿浓度等负荷参数进行分析；北京矿冶研究总院与清华大学合作研发了筒壁振动检测系统[186-187]，并在金矿磨矿生产实际中进行磨机负荷状态识别[188]。

4．电流法

电流法又称功率法、有用功率法，与磨机负荷间的关系主要通过实验确定。

针对干式球磨机，文献[189]根据磨机的不同阶段判断料位，即在磨机初始运行时，由给料量、循环料量、振声、功率等信号综合确定料位；在磨机运行稳定时，料位主要以功率信号为主进行监视。针对功率降低时难以根据检测信号判断料位变化趋势的问题，文献[190]提出采用磨机功率误差和误差变化率设计模糊逻辑控制器，实现磨机负荷稳定监视。文献[191]提出采用功率、噪声联合策略，监视磨机是否运行在最佳料位。

针对湿式球磨机，文献[192]采用统计过程控制（statistical process control，SPC）技术对磨机电流进行统计分析，结合给矿量、泵池内所检测的磨矿浓度、分溢浓度的设定值调整量，采用运行专家知识基于规则推理监视磨机负荷状态。

电流法的优点是比较直观，受周围环境的影响小，检测结果比较准确。其缺点是磨机功率主要受钢球负荷的影响，空载与满载时功率变化范围很小，且存在极大值；检测信号灵敏度低，且钢球损耗、物料自身特性等因素对磨机功率的影响非常显著。工业应用中，该方法多作为辅助手段，与其他磨机负荷检测方法或过程变量结合使用。

5．超声检测方法

超声检测方法的研究都是基于干式球磨机，其原理是利用超声波在介质中的传播特性检测磨机负荷，又可细分为声发射波法、声-超声法和超声测量法。

（1）声发射波法。物料在研磨过程中物理形状发生改变并释放能量，部分能量转化成瞬态变化的声发射波。采用声发射波传感器提取信号，通过测量物料表面变化确定负荷变化[193]。文献[194]采用模糊控制方法，对干式球磨机的磨机负荷进行了定量测试。这种方法的缺点是在恶劣条件下传播的声发射波会衰减和发生畸变，实际应用中要求传输距离较远，使得该技术难以推广应用。

（2）声-超声法。利用兰姆波在薄钢板上的传播特性，在磨机外部采用声-超声的方式进行料位测量[195]。根据接收信号的特征参数和波形可判断钢板上有无物料负载。该方法充分利用了声波在金属筒壁中传播时衰减很小的特点，是负荷检测方法的一个尝试。其缺点是它要求料位以上的空间是干净的，但磨机滚筒内布满灰尘，对发射波严重干扰，其应用效果需要进一步验证。

（3）超声法。根据超声波脉冲从发射到接收所用时间及声速，确定磨机料位。文献[196]提出将非接触式超声波探头安装在磨机筒体内非转动部件上，通过声发射卡和数据采集卡控制超声的发射和接收，实现料位检测。该方法的优点是实现了对磨机研磨状态的直接检测，缺点是物料和钢球对探头的破坏作用以及粉尘凝结在发射器的表面导致测量精度降低，目前均未有很好的解决方案。因此，该方法难以实际应用。

6．筒体振动-振声法

文献[197]公开了一种新的球磨机负荷检测方法和装置，采用声音和振动传感器组成分布式无线网络，由某段筒体的噪声量和振动量通过模糊推理获得该段的负荷量，由各段负荷进行加权平均得到总体负荷量。该方法的优点是直接测量筒体振源信号，抗干扰性强，灵敏度高；缺点是装置供电和安装困难，能否应用于工业现场待进一步验证。

7．振动-振声-电流法

文献[198]针对湿式球磨机提出了以振声、电流、轴承振动3个外部响应信号为输入，采用径向基函数（radial basis function，RBF）神经网络检测球磨机内部的介质充填率、磨矿浓度和充填率。该方法提取了磨机振声和轴承振动信号的特征频段能量之和作为输入变量，在实验球磨机进行了实验研究，无进一步研究和工业应用的报道。文献[199]采用相同的设计方案，但无实验结果。

8．其他检测方法

（1）称重法。它是国外采用的精确检测物料的方法，如在磨机轴承上安装测重装置（磨机轴颈加秤）、在原料斗和给料机间加装计量设备等[200]。但这类方法投资大，依据负荷的测量结果进行负荷控制的效果并不十分明显，而且磨机衬板磨损、矿石性质变化、钢球添加前后质量变化等都会对检测结果产生较大的影响。

（2）液面高度法。文献[201]提出测定磨机内矿浆的液面高度确定磨机负荷，该方法测量精度较高，但具有电极易损坏、安装及更换困难等缺点，未能推广应用。

（3）油压法。油压指磨机轴颈和轴瓦间的油膜压力，其变化反映了负荷的总体变化趋势，包括利用低压润滑的油锲效应、用高压顶起油泵向轴瓦的油室送进液压介质、用专用油泵向单独的轴瓦油坑中送进液压介质3种检测手段。该方法需要辅助设备油泵和润滑油，增加了运行和维护费用，难以推广应用[202]。

以上方法中，压差法和超声法只适用于干式球磨机，液面高度法只适用于湿式球磨机，油压、称重、电流、振声、振动等方法适用于干式和湿式球磨机。

1.3.2 机械频谱驱动的智能建模现状

本书主要基于筒体振动和振声频谱对湿式球磨机负荷进行软测量研究。磨机研磨过程中产生的筒体振动、振声等信号具有明显的非平稳、多时间尺度特性。因此，本书将对原始信号直接进行快速傅里叶变换（fast Fourier transform，FFT）获得的频谱称为单尺度频谱，对原始信号进行多尺度分解后经过FFT变换获得的频谱称为多尺度频谱。

1．机械振动/振声信号检测装置

水泥、火力发电厂等行业的干式球磨机负荷检测和控制方法领先于选矿等行业使用的湿式球磨机，如采用振声信号进行水泥磨机负荷检测和优化控制的系统已市场化（如日本和瑞典的“电耳”系列产品）、某氧化铝厂回转窑制粉系统基于振声信号进行了磨机负荷的智能控制[11]。基于其他外部信号的研究包括：Su等基于电厂球磨机入口和出口轴承振动信号监视磨机负荷[203-204]；Gugel等采用基于筒体振动信号的神经网络模型检测水泥厂球磨机负荷[179-180]（图 1.3）；文献[205]提出用安装在水泥磨机表面的压电陶瓷声音传感器测量磨机料位；Huang 等从理论和实验角度分析筒体振动信号与工业磨煤机内部料位的相关性[206]（图 1.4）；文献[207]采用小波包分解磨煤机筒体振动信号获得特征频段，并融合其他过程参数建立磨机负荷软测量模型。

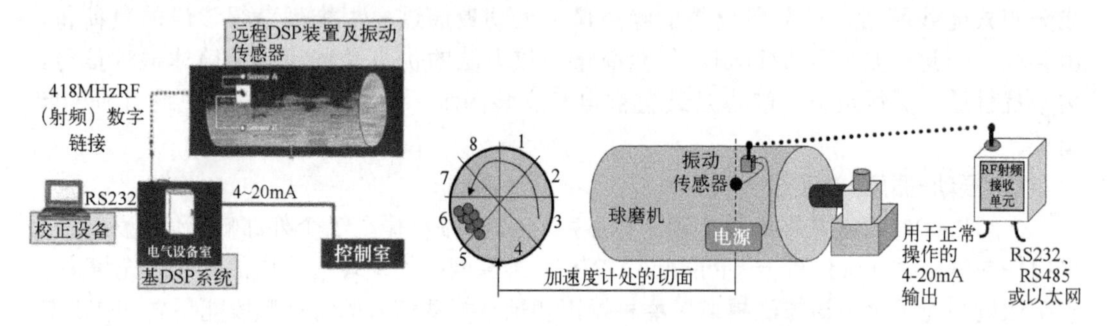

图 1.3　国外基于筒体振动信号的水泥磨机负荷检测方案

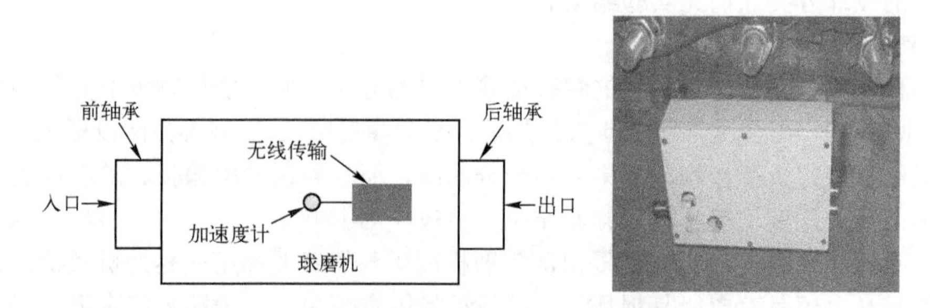

图 1.4　国内东南大学针对磨煤机筒体振动信号的采集方案和采集装置

针对铜矿、金矿等有色冶金行业广泛采用的半自磨机（semi autogenous mill，SAG），澳大利亚 CSIRO 集团开发了在线筒体振动检测系统　（图 1.5（a））；北京矿冶研究总院与清华大学合作研发了筒壁振动检测系统[186-187]（图 1.5（b））。

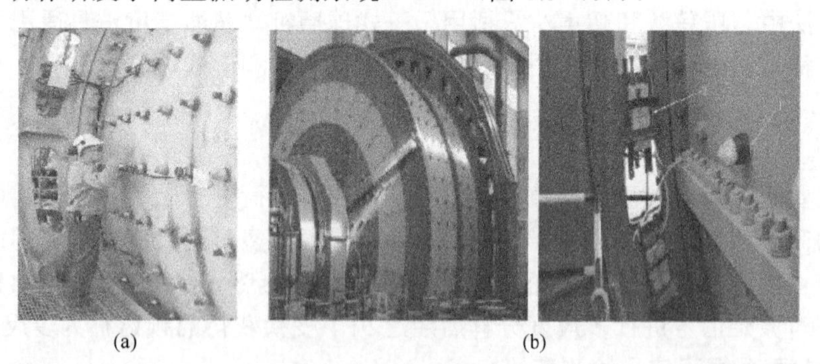

图 1.5　澳大利亚和国内科研院所独立开发的筒体振动检测系统

针对广泛应用于铁矿等行业的湿式球磨机，基于筒体振动的研究多在实验球磨机上进行，如北京矿冶研究总院、清华大学、东北大学的联合研究[208]（图 1.6（a））、印度科学与工业研究理事会的研究[209]（图 1.6（b））。

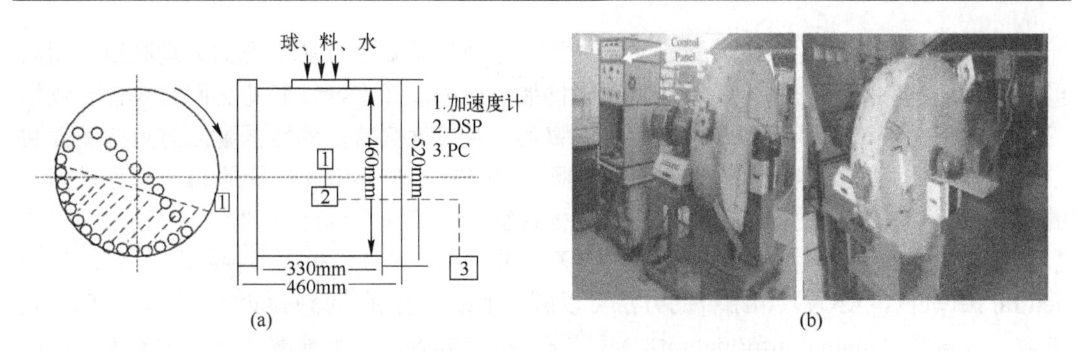

图 1.6 基于实验装置的湿式球磨机负荷检测装置

2. 机械振动/振声信号频域处理

通常，磨机内部装载着数以万计的钢球。理论上，这些钢球表面被矿浆覆盖并且分层排列，以不同的幅值和周期直接或间接冲击磨机衬板并引起筒体振动。这些振动经多级传动机构传递消减后会成为轴承振动，但也只是振声的主要来源之一。因此，这些机械振动及振声信号均具有非平稳、非线性和多组分特性，并且蕴含的磨机负荷信息间具有冗余性与互补性。

在时域内，机械振动/振声信号的有价值信息被隐含在宽带随机噪声信号“白噪声”中，一般采用频域分析解决信号分解问题。短时傅里叶变换、小波分析、Wigner-Ville 分布、进化谱等非平稳信号分析方法可改进 FFT 的全局表达能力，但均不能对原始信号进行自适应分解。

研究表明，人耳具有对声音信号进行自适应分解并进行频率选择的功能。Huang 等提出的经验模态分解（empirical mode decomposition，EMD）技术具有完全、正交、局部和自适应的优点，适于处理非平稳、非线性信号[210]。汤健等首次提出综合 EMD、功率谱密度（power spectral density，PSD）和 PLS 的振动信号分析方法[211]。EMD 分解过程的模态混叠现象可借助噪声辅助分析技术的集成 EMD（ensemble EMD，EEMD）有效克服[212]，这种改进方法广泛应用于轴承故障诊断、结构模态辨识等领域[213-214]。文献[215]基于 EEMD 建立了磨机负荷参数集成模型。EMD 和 EEMD 能够将原始信号按照频率由高到低分解为系列内禀模态函数（intrinsic mode functions，IMF）。另外一种方法，Hilbert 振动分解（Hilbert vibration decomposition，HVD）能够从子信号能量分布角度对原始信号进行自适应分解[216]。EMD/EEMD/HVD 在提高信号分析的精确度等方面存在缺陷，而小波包在信号的精细度分析方面具有较大优势，基于信号局部均值特征尺度参数的局部均值分解（local mean decomposition，LMD）在时频分析效果上也优于 EMD 方法[217-218]。这些多组分信号的快速分解算法、硬件实现等研究成果保障了工业应用的可实现性[219-221]。

针对磨机负荷建模这一具体的应用背景，选择成熟的、具有工业应用基础和前景，并且可以对获取的子信号进行合理物理阐释的多组分信号分解算法很有必要。

3. 机械频谱特征的选择与提取

采用机械振动和振声频谱构建软测量模型首先需要进行维数约简。因本书需要采用高维频谱数据建模，故此处只关注高维谱数据的特征选择和特征提取方法。

光谱、近红外谱、图像识别、文本分类、可视化感知等领域出现的大量高维、超高维小样本数据在特征选择问题上面临严峻挑战。比如，冗余特征和特征间共线性导致学习器泛化能力下降。尽管 PLS 能够对存在高维、共线性等特征的数据建立有效的线性回归模型，但是大量的实验和研究表明，选择过多的输入变量和潜变量是 PLS 模型过拟合的主要原因[222]。常用的 GA-PLS 的谱数据特征选择算法不仅运行效率低，也未考虑谱数据特有的谱变量量纲一致、值为正等因素。采用 GA-KPLS 和人工神经网络（artificial neutral network，ANN）相结合的方法可以解决非线性特征选择问题[223]，但其计算消耗更大。互信息（mutual information，MI）在特征选择方面易于理解，并且比较灵活，已在高维谱数据和基因数据的特征选择中得到了广泛应用[224-225]。文献[226]综合采用监督与非监督特征提取算法进行频谱特征提取，文献[227]分别采用 MI 和 KPLS 进行频谱特征的选择和提取。

上述方法均难以实现特征提取与特征选择参数的自适应选择，并且不能自适应地选择有价值的多尺度频谱。

4．机械频谱特征数据软测量建模

Zeng 等在 20 世纪 90 年代中期面对选矿行业，在实验和工业球磨机的轴承振动和振声信号方面进行了大量研究，并基于频谱特征子频段建立了磨机内部的磨矿浓度、磨矿粒度等参数的软测量模型[228]，这表明振声频谱比轴承振动频谱蕴含更多有价值信息。东北大学、大连理工大学分别基于实验和工业球磨机的振声、轴承压力、磨机电流等外部信号建立了磨机内部料球比、磨矿浓度和介质充填率共 3 个磨机负荷参数的软测量模型[229-230]。针对球磨机内介质充填率短时间变化较小、格子型球磨机可能会在 60s 内产生堵磨故障的工业实际，文献[208]提出采用充填率作为磨机负荷参数表征磨机内全部负荷的体积。基于磨机筒体振动频谱存在的高维共线性问题，文献[90]建立了基于特征提取、特征选择、模型学习参数组合优化的软测量模型。针对筒体振动频谱低、中、高 3 个分频段蕴含不同物理含义的问题，文献[109]和文献[231]提出了基于 PLS/KPLS 的集成模型；赵立杰等提出基于遗传算法选择性集成（GA-based selective ensemble，GASEN）的磨机负荷参数软测量模型[232]。针对筒体振动和振声频谱分频段间的冗余性和互补性、单传感器信号蕴含信息的不确定性和局限性等问题，文献[233]建立了基于 KPLS、分支定界（branch and bound，BB）和自适应加权融合（adative weighting fusion，AWF）算法的选择性集成模型，其实质是选择性融合来自多源信号的单尺度频谱特征子集。文献[234]在对球磨机筒体振动信号进行分解和转换、特征选择和特征提取后，采用模糊 C 均值算法对数据空间进行划分后提取前件参数，然后采用最小二乘法辨识后件参数，并通过反向传播算法调整前件参数，最后利用区间二型 T-S 模糊系统推理实现球磨机料位的软测量。

EMD 技术可将原始时域信号分解为具有不同时间尺度的子信号 IMF[235-236]。文献[211]提出综合 EMD 和 PLS 算法分析筒体振动信号；文献[237]建立基于 KPLS 和误差信息熵加权的选择性集成多尺度筒体振动频谱特征的软测量模型；文献[238]详细分析了不同研磨工况下 IMF 频谱的变化，并基于文献[211]提出的采用 PLS 潜变量方差贡献率度量 IMF 蕴含信息量的准则，建立了基于 EMD 和 PLS 的选择性集成模型；文献[239]对筒体振动及振声信号产生机理进行了定性分析，建立了基于 MI 和 EMD 的选择性融合筒体振动、振声多尺度频谱的软测量模型；文献[215]提出了基于 EEMD 的磨机负荷参数集成建模方法，以克服 EMD 带来的模态混合问题；文献[240]提出基于 HVD 对多尺度信号按由强到弱进行分解的选择性集成建模方法，从另外一个角度诠释了磨机负荷与筒体振动间的映射关系。

上述方法多是通过采用基于磨机负荷的实验设计方式获得的训练数据建立软测量模型，本书将其称为基于数据驱动的磨机负荷软测量。这类模型虽然能够有效地拟合现有数据蕴含的模式，却难以模拟运行专家的推理识别机制。

1.3.3 机械频谱与过程数据混合驱动的智能建模现状

信息融合技术可将来自不同途径、不同时间、不同空间的多种传感器信息合并成统一的表示形式，以实现更加准确的定性或定量检测。针对工业过程中存在的不同来源的、不同信任级别及不同时间尺度的数据，文献[241]提出了复杂工业过程多传感器信息融合系统的架构。大量的研究资料表明，采用单一种类的信号类型或几种检测方法难以完成磨机负荷的在线检测[242]。可采用信息融合技术对与磨机负荷相关的各种不同来源的信息进行分析，消除信息间的冗余性，增加信息间的互补性，以提高对磨机负荷的定性评估和定量测量的准确性。

1．基于回归分析的建模

以最小二乘法原理为基础的回归技术常用于线性模型的拟合。针对水泥磨机可综合振声、轴承振动、提升机功率和回磨粗粉流量等参数控制磨机负荷，文献[243]采用振声、磨尾提升机瞬时功率、粗粉回流量、物料的湿度等因素建立估计磨机负荷的回归方程。针对软测量模型原始辅助变量数目类型多相互耦合的难题，文献[10]将球磨机定位为部分信息可知的灰色系统，结合机理分析及先验信息采用一致关联度法对输入变量进行降维处理，以磨煤机出口温度、入口负压、出入口压差、前/后轴承振动为输入建立基于非线性 PLS 算法的磨机负荷软测量模型。

由此可见，基于回归分析的磨机负荷软测量方法，在多源信号的综合利用、磨机负荷状态的识别及磨机负荷估计、软测量模型输入变量的处理等多个方面在干式球磨机上的研究均领先于在湿式球磨机上的研究。该方法优点是应用广泛，缺点是对样本数据的数量和质量要求较高，对测量误差较为敏感。

2．基于神经网络的建模

神经网络通过使用大量的函数逼近方法建立非线性模型，灵活性强。针对干式球磨机，文献[244]采用模糊方法划分磨机工况（正常工况和接近堵磨工况），以磨机出口温度、出入口压差、入口负压、给料量、热风流量和再循环风流量作为神经网络的输入，提出了基于前向复合型神经网络的分工况学习的变结构式磨机负荷软测量模型。该模型在正常工况时采用延时神经网络，在接近堵磨工况时采用回归神经网络。针对模糊工况划分方法的人为性，文献[245]提出了基于并行 RBF 神经网络测量磨机负荷的方法，该方法在网络结构中不断增加新的 RBF 网络，直到学习误差满足要求为止。随着神经网络研究的深入，涌现出众多软测量方法，比如基于 BPNN 改进算法的回归神经网络与延时神经网络综合模型[246]、通过两个并行网络检测磨机负荷及磨机负荷变化率的复合式神经网络[247]、基于小脑模型关节控制器神经网络建模[248]等。其软测量模型的输入变量相应增加了磨机功率、振声和轴承振动等信号，但上述文献均未对模型的输入变量进行关联度分析和降维处理。

文献[249]针对双进双出干式球磨机，对进出口压差、磨机功率、热风量、入口负压、出口温度、再循环风量、给料量、振声信号等进行信息融合。该方法首先构建多个采用粗糙集理论确定权重的 BP 神经网络，最后加权融合得到磨机负荷。该文采用现场数据对融合方法进行仿真，工业应用效果需要进一步验证。

文献[250]针对湿式球磨机，结合灰色关联分析理论，采用一致关联度算法，认为给矿量、返砂水量、给矿粒度、溢流浓度、排矿水量等辅助变量不符合关联度要求，以振声、轴承压力、电流作为输入建立 RBF 神经网络模型估计介质充填率。文献[230]以振声、轴承压力、电流及球磨机转速率为 RBF 神经网络模型输入，建立了磨机内部磨矿浓度的软测量模型。

可见，利用神经网络对磨机负荷的软测量研究、干式球磨机的研究领先于湿式球磨机，后者在多源输入信号融合、磨机负荷状态判别等方面的研究仍需深入。该融合方法的优点是充分利用了神经网络的非线性映射能力，缺点是训练时间长、系统性能易受到训练样本集的限制、用于网络训练的导师信号不能准确获得，很难实现真正意义上的实际应用[251]。

3．基于小波神经网络的建模

小波网络（wavelet networks，WN）通常是用小波或尺度函数代替前向神经网络 Sigmoid 函数作为网络的激活函数，生成与 RBF 神经网络在结构上相似的网络。文献[252]提出结合多个小波网络和 PLS 算法组成多小波网络的软测量方法，其中多个小波网络的输出通过 PLS 方法连接，克服了数据之间的多重相关性。该方法采用磨机振动信号、压差信号和功率信号作为多小波网络的输入，与给料机的转速和差压信号相结合保证干式球磨机负荷软测量模型的工作范围。

该方法目前仅用于干式球磨机的离线仿真，其优点是利用多小波网络提高了模型鲁棒性，克服了数据间的多重相关性，缺点是有效性需要进一步验证，需要研究小波变换的快速算法以满足工业过程建模与控制实时性的要求。

4．基于 D-S 证据推理的建模

证据理论又称登普斯特-谢弗理论或信任函数理论，其基本原理：首先计算各个证据的基本概率赋值函数、信任度函数和似然函数；然后用 D-S 组合规则计算所有证据联合作用下的基本概率赋值函数、信任函数和似然函数；最后根据一定的决策规则，选择联合作用下支持度最大的假设，给出最终判断结果及其可信度[253]。

针对干式球磨机，文献[254]根据磨机的设计数据和历史运行数据，对磨机出入口差压、入口负压、功率、出口温度、轴承振动等外部响应信号，对给料量、热风流量、循环风量等过程变量的可信度进行分配，采用 D-S 证据推理法判别磨机负荷状态。针对 D-S 方法可以解决不确定性问题但证据难以取得的特点，结合神经网络的自组织、自学习、强容错性和鲁棒性的特点，文献[255]提出采用 BP 神经网络和 D-S 方法相结合的两步融合算法，但该方法仅限于离线仿真。基于 D-S 证据推理的磨机负荷软测量方法的优点是综合利用多源信号，提高了判断磨机负荷状态的可信度，缺点是该方法要求证据独立及假设之间相互排斥，需要大量先验知识并存在组合爆炸问题。目前，证据合成规则还没有非常坚实的理论基础[253]，与知识工程、专家系统紧密相关，其应用效果还需要进一步地研究和验证。

5．基于数据提取模糊规则的智能建模

针对磨矿过程的干式球磨机，司刚全等申请了融合筒体振动和振声信号的磨机负荷检测方法和装置，以及基于神经模糊推理系统的软测量方法[197]。

针对云模型不确定性推理能够模拟人类思维进行不确定性语言概念转换的特点，文献[256]提出基于云模型，利用磨机筒体轴承振动对干式球磨机料位进行概念表示和推理测量的方法，并在小型实验球磨机上进行了验证实验。

针对磨矿过程的湿式球磨机，文献[257]提出了基于实验磨机筒体振动多尺度频谱的磨机负荷参数模糊推理选择性集成建模方法。

文献[258]提出了基于更新样本智能识别算法的自适应集成建模策略，通过模糊规则融合新样本的相对近似线性依靠值和相对预测误差值确定模型更新次数。

针对磨矿过程湿式工业球磨机，文献[192]基于磨机电流和过程变量提出采用规则推理的磨机过负荷智能监测与控制。基于轴承振动和磨机电流，文献[259]提出采用数据融合与案例推理估计磨机负荷。

上述方法未基于模拟运行专家“听音”推理识别过程进行磨机负荷软测量，也不能利用高灵敏度磨机筒体振动信号，难以实现较为准确的磨机负荷检测。

1.4　机械频谱建模存在的问题及本书主要工作

1.4.1　存在问题

磨矿过程湿式球磨机的研磨机理较干式球磨机更加复杂，研究和应用均落后于干式球磨机。现有的湿式球磨机负荷软测量方法主要基于轴承振动、振声和磨机电流信号。磨机电流信号能够反映磨机负荷，但随着磨机运行工况频繁波动，存在极值点。振声信号比轴承振动信号包含更多的磨机负荷参数信息，但灵敏度低、抗干扰性差，依据振声信号只能有效地检测料球比。针对磨矿过程湿式球磨机，筒体振动、振声信号的多尺度、多组分特性迫切需要选择有价值多尺度频谱，从而建立具有较强解释性和清晰物理含义的磨机负荷模型。具体来讲，已有关于磨矿过程磨机负荷的软测量方法存在如下问题：

（1）机械时域信号蕴含信息难提取，机械频谱数据具有高维、共线性等特性，难以约简。磨机研磨过程产生的筒体振动具有明显的非线性、非平稳、多组分和多时间尺度特性。采用适当的时频分析方法可以得到具有不同时间尺度的子信号，从而呈现出这些子信号的多尺度特性，不同时间尺度的子信号的不同物理含义，以及所蕴含的磨机负荷参数的不同信息。磨机筒体振动时域信号中蕴含的与磨机负荷参数相关的有价值信息易被噪声“淹没”，特征难以提取，而采取转换至频域的方式其频谱维数常高达数千维，也不利于建立简洁、高效的软测量模型。

（2）多源机械频谱数据具有多尺度、冗余和互补特性，难以进行信息的选择性融合。工业现场实践表明，优秀运行专家可以凭借自身经验“听音”推理识别所熟悉的特定磨机的负荷及其内部负荷参数，但专家经验的差异和其有限的精力难以保证磨机长期运行在优化负荷状态。尽管筒体振动比振声和磨机电流信号灵敏度高、抗干扰性强，但研究表明不同的传感器信息与不同的磨机负荷参数的相关性存在差异，如筒体振动和磨矿浓度、振声与料球比、磨机电流与充填率的相关性更强。因此，筒体振动、振声和电流信号间存在冗余性、互补性，甚至矛盾性，采用单一信号检测的磨机负荷具有不确定性。磨机筒体振动和振声的多尺度频谱特征与磨机负荷参数间的模糊映射关系也各不相同，并且这些特征间存在冗余性和互补性。可采用合适、有效的方法提取有价值的潜在特征，构造能够模拟运行专家“听音”推理识别的模型，实现对磨机负荷参数的模糊推理。

（3）机械频谱中蕴含不确定性的信息，模拟领域专家的多视角综合认知机制建模难。基于潜在结构的集成学习模型的推理和外推性能差，基于潜在特征构建的模糊推理选择性集成模型预测性能较差，两者均需从建模机理上进行互补集成，并从全局优化视角更好地模拟运行专家认知磨机负荷参数的机制。目前研究多面向磨机负荷参数软测量，未能实现磨机负荷的准确检测。专家在积累大量经验的过程中，会存储有价值的经验并抛弃无用的经验。选择有价值的样本对模拟运行专家认知机制的磨机负荷互补集成模型进行补偿建模，可以有效提高模型的建模性能。

（4）工业过程工况波动和机械设备磨损导致频谱数据具有时变性，难以保证离线构建软测量模型的泛化性能。由于给矿硬度及粒度分布的波动、钢球负荷和磨机衬板的机械磨损和化学腐蚀及磨机内部矿浆的流变特性等因素的存在，磨矿过程存在较强的时变性。球磨机旋转运行的工作特点和磨矿生产过程的不间断性，导致难以在建模初期获得足够的建模样本。因此，需要研究不断修正模型能够自适应更新的在线建模方法。

综上所述，磨矿过程的湿式球磨机尚未实现磨机负荷的准确检测，基于多组分筒体振动和振声信号的多尺度特征构建磨机负荷软测量模型的研究还处于初步研究阶段。因此，依据目前国内外的研究现状，开展基于多尺度筒体振动和振声频谱的磨机负荷智能集成建模方法的研究具有重要的现实意义。

1.4.2 主要工作

针对高维机械频谱数据建模存在的上述问题，依托国家高技术研究发展计划（863计划）课题“半自磨/球磨机负荷监测技术研究（2006AA060202）”，国家自然科学基金面上项目“基于多尺度频谱与模糊规则的湿式球磨机负荷集成模型及在线更新（61573364）”，国家自然科学基金青年项目“湿法球磨机负荷自适应选择性集成模型研究（61203120）”和“基于多组分机械信号的湿式球磨机负荷混合集成智能识别模型（617030879）”，中国博士后科学基金“基于软频段划分和特征融合的湿式球磨机负荷软测量方法（20100471464）”，以及东北大学流程工业综合自动化国家重点实验室开放课题（PAL-N201504）、矿冶过程自动控制技术国家（北京市）重点实验室开放课题（BGRIMM-KZSKL-2020-02）和南京信息工程大学开放课题（KJR1612）的支持下，以进行基于磨机运行过程机械振动/振声信号的磨机负荷参数软测量检测模型为技术背景，提炼基于高维机械频谱数据智能集成建模的科学问题并展开理论与应用研究。

第 1 章为绪论，综述面向工业过程难测参数相关的软测量技术研究，包括特征维数约简、集成建模、混合集成建模和在线更新建模，并对机械装备难测参数检测的研究现状进行简述。

第 2 章以磨矿过程重型旋转机械设备难测参数检测为例，进行面向机械频谱的特性分析，包括工艺过程描述、难测参数定义及其机理分析、领域专家认知过程与建模难点分析等。

第 3 章进行面向高维频谱数据的特征约简研究，包括频域变换、小波分析、经验模态分解、主元分析、互信息、偏最小二乘、支持向量机等相关知识，给出了基于自适应 GA-PLS、基于组合优化、基于 EMD 和组合优化的面向多源机械频谱的特征约简算法，为后续构建集成模型提供支撑。

第 4 章进行面向高维频谱数据的选择性集成建模研究，包括 KPLS、模糊建模、选择性集成建模与多源信息融合、PLS/KPLS 集成建模等相关知识，给出了基于 KPLS 和分支定界、基于 EMD 和 KPLS、基于 EEMD 和模糊推理、基于球域准则选择特征、基于多尺度视角信号分解、基于虚拟样本生成、基于特征空间和样本空间融合的面向多源机械频谱的选择性集成算法，为后续构建混合集成模型提供支撑。

第 5 章进行面向高维频谱数据的混合集成建模研究，包括随机权神经网相关知识、基于多核潜在特征提取的混合集成模型和基于神经网络补偿模型的多尺度多源高维频谱混合集成模型，有效模拟领域专家认知过程。

第 6 章进行基于更新样本识别机制的在线集成建模研究，包括基于 PCA 和 PLS 的递推更新算法、基于更新样本识别的模型更新条件判断算法、基于特征空间更新样本识别的在线建模算法及面向多源高维频谱的在线集成模型、基于模糊融合特征空间与输出空间更新样本识别的在线集成建模和基于特征空间分布与输出空间误差综合评估指标的在线建模算法。

第2章　面向工业过程机械装备难测参数的机械频谱特性分析

磨矿过程是典型复杂工业过程，通过研磨破碎后的原矿得到粒度合格的矿浆，具有大惯性、参数时变、非线性、边界条件波动大等综合复杂特性。旋转机械设备（球磨机）内对矿石的研磨过程涉及破碎力学、矿浆流变学、导致金属磨损和腐蚀的“物理-力学”与“物理-化学”、机械振动与噪声学等多个学科。旋转机械设备内部物料和钢球的粒径大小及分布、钢球和磨机衬板的磨损及腐蚀、影响钢球表面罩盖层厚度的矿浆黏度等众多研磨参数复杂多变且难以检测。这些因素不仅与旋转机械设备负荷有关，同时也会影响磨机的负荷状态。因此，难以采用解析的方法建立旋转机械设备负荷的机理模型。另外，旋转机械设备旋转运行的工作方式和其内部的恶劣环境，也会导致检测仪表难以在设备内部安装，进而影响磨机负荷的直接检测。

在世界范围内，利用旋转机械设备（球磨机）研磨产生的振动、振声等外部响应信号检测磨机负荷是通常采用的方法之一，已在水泥、火电厂等行业的干式球磨机负荷的检测与控制中成功应用。磨矿过程的湿式球磨机负荷的研究和仿真分析落后于干式球磨机，对湿式球磨机内部的研磨机理及磨机筒体振动信号的产生机理进行分析的文献鲜有报道。磨机负荷的软测量模型能够有效地进行磨机负荷的在线检测，可以为控制策略的验证提供及时准确的数据，这对于磨矿过程的控制和优化是必需的。

本章首先介绍了磨矿过程，包括选矿流程、磨矿流程和球磨机设备；其次给出了磨机负荷的定义及其测量难度的分析；然后给出了磨机负荷参数的定义及其特性分析；最后给出了本书所提出的磨机负荷软测量策略及其功能描述。

2.1　机械装备运行工艺过程描述

2.1.1　工艺过程描述

选矿是冶金、化工、建材、煤炭、火电等很多国民经济基础行业中的重要工序。在选矿厂的整个工艺过程中，碎矿和磨矿承担着为后续的选别作业提供入选物料的任务。采矿场送入选矿厂的原矿是上限粒度 1500～1000mm（露天采矿）至 600～400mm（地下采矿）的松散混合粒群，而选矿要求的入选粒度通常为 0.2～0.1mm 或更细。这就表明，碎矿和磨矿要将进入选矿厂的原矿在粒度上减小到原来的数千分之一甚至上万分之一，碎矿和磨矿过程就是一个减小粒度的过程。矿石中的有用矿物（待回收矿物）及脉石矿物（待抛弃矿物）紧密嵌生在一起，将有用矿物与脉石矿物以及各种有用矿物之间相互解离开来，是选别的前提条件，也是磨矿的首要任务。选矿厂生产能力的大小实际上由磨矿能力决定，而磨矿作业产品质量的好坏直接影响着选矿指标的高低。碎矿和磨矿工段设计及运行的好坏，直接影响到选矿厂的技术经济指标。特别是磨矿作业，对国民经济影响较大。我国每年有上百亿吨矿料需要破碎，每年的发电量约有 5%以上消耗于磨矿，消耗约上百万吨钢材。

文献[260]以一个典型赤铁矿选矿流程为例，流程如图 2.1 所示。

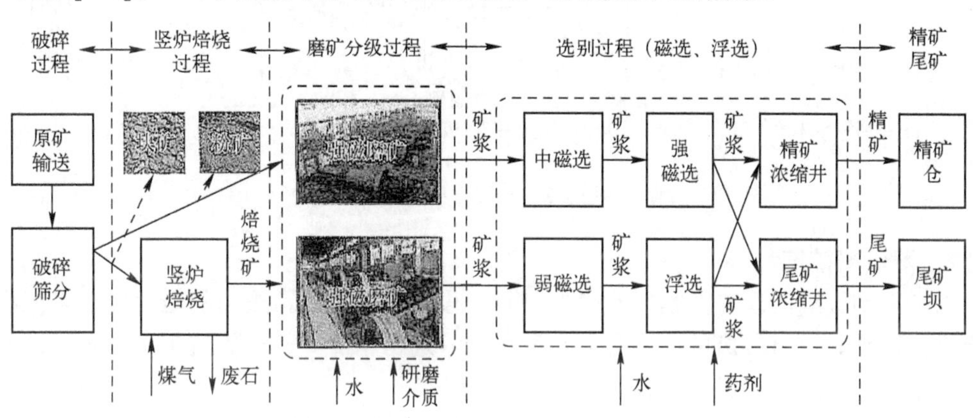

图 2.1　典型赤铁矿选矿过程流程

图 2.1 所示的赤铁矿流程主要包括破碎、竖炉焙烧、磨矿、选别等几个关键工序。在选矿作业的破碎、磨矿和选别 3 个典型代表性作业中，磨矿作业是最为关键的一道工序，原因在于：任何一种选矿方法都是根据矿石内部的有用矿物和脉石的不同性质而使得有用矿物和脉石进行充分的单体解离，这也是金属选别的先决条件。

磨矿机通常和分级机结合组成磨矿分级机组进行工作。磨矿机将被处理的物料磨碎，分级机将磨碎产物分为合格产物和不合格产物，不合格产物返回磨矿机进行再磨。分级机作业及分级返砂所进入的磨矿作业组成一个磨矿段。当要求最终磨碎产物粒度大于 0.2～0.15mm（200 目占 60%～72%）时，一般采用一段磨矿流程。小型选矿厂在处理细粒或粗粒不均匀嵌布的矿石时，为了简化磨矿流程和设备配置，当磨矿细度要求 200 目占 80%时，从经济角度考虑，也常常采用简单的一段磨矿流程，以便简化操作和管理，降低基建投资和生产成本。大型选矿厂为了取得更好的经济技术效益，可以通过多方案的比较来确定最佳的磨矿流程。磨矿流程最常用的是一段及二段磨矿流程，三段磨矿较少用。当要求磨矿细度小于 0.15mm 时，采用两段磨较经济。此时，磨碎每吨矿石的电能消耗较小，磨矿产物的粒度组成比较均匀，过粉碎现象小，能提高选别指标。

磨矿流程主要分为一段磨矿流程和二段磨矿流程[261]，简要介绍如下。

1．一段磨矿流程

采用一段磨矿流程时，磨矿机开路工作容易产生过粉碎现象。通常，磨矿机都是与分级机构成闭路循环，常用流程有 3 种，如图 2.2 所示。

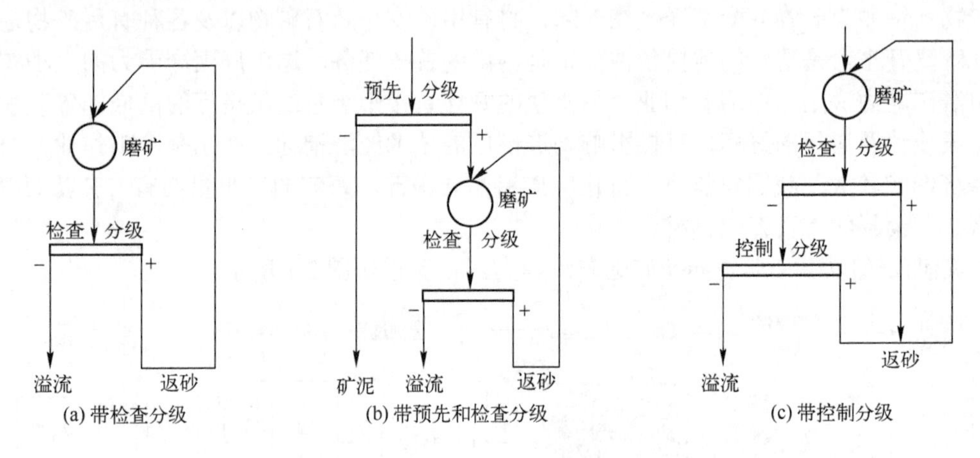

图 2.2　一段磨矿流程

2．两段磨矿流程

为了得到较细的磨矿产物以及需要进行阶段选别时，经常采用的是两段磨矿流程。进行阶段选别时，一段磨的产物进入一段选别，选得精矿，其尾矿或中矿（有时是混合精矿或粗精矿）经二段磨后，再进入二段选别。

根据第一段磨矿机与分级机的连接方式的不同，两段磨矿流程可分为 3 种类型：第一段开路的两段磨矿流程（图 2.3）、第一段完全闭路的两段磨矿流程和第一段局部闭路的两段磨矿流程。与一段磨矿流程相同，第一段磨矿前是否使用预先分级，取决于原矿中细级别的含量。第二段前的预先分级在各组流程中都是必要的，因为第一段磨矿后一定会产生大量粒度合格的产物。流程图 2.3（a）和图 2.3（b）的区别在于，前者的预先分级和检查分级是合一的，图 2.3（c）先进行预先分级，只有在含原生矿泥较多并有分出单独处理的必要时采用。

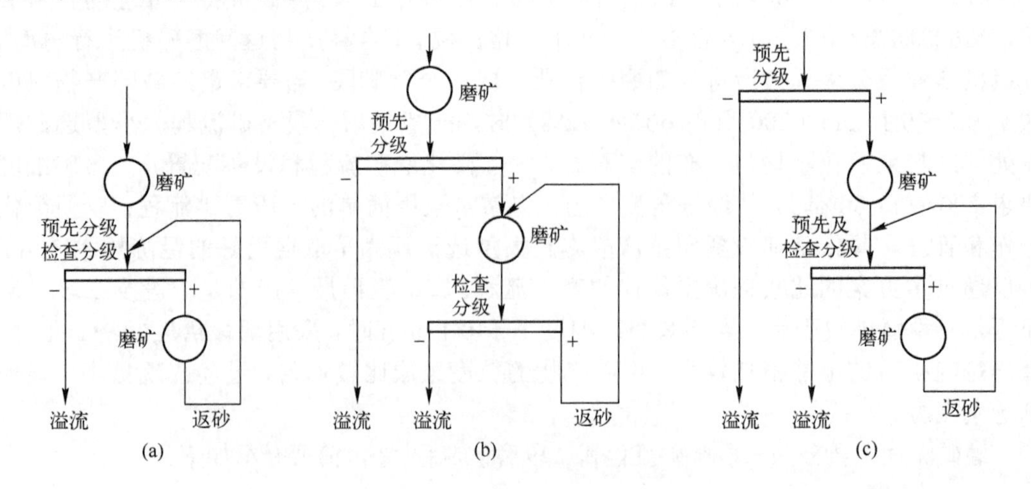

图 2.3　第一段开路的两段磨矿流程

3. 湿式预选的两段式闭环磨矿回路

文献[262]对国内采用湿式预选、阶段磨矿、阶段选别的两段式闭环磨矿回路的流程进行了描述，其过程如下：

原矿通过振动给料机给到运输皮带，然后输送到湿式预选机，进入一段磨矿回路。在一段磨矿回路内，湿式预选机通过磁力选择有用矿石，抛尾矿，然后混合来自一段旋流器的沉砂以及周期性添加的钢球和入口加水，通过给矿器进入一段球磨机；球磨机依靠筒体旋转带动钢球对矿石进行冲击破碎，形成矿浆；矿浆依靠自身的流动性排出磨机，进入一段泵池，与泵池内的新加水混合后的矿浆被泵入一段旋流器；一段旋流器将矿浆分为粒度较细的溢流和较粗的沉砂，后者进入一段球磨机再磨，构成一段球磨的闭路循环；前者进入一次磁选机选别，选别的溢流为尾矿，沉砂则进入二段磨矿回路。二段磨矿回路的研磨过程是与一段磨矿回路相同的闭路循环过程。二段磨矿的沉砂进入三次磁选机选别；三次磁选机选别的溢流为尾矿，沉砂进入分矿器后分配给浓缩磁选机选别；浓缩磁选机的溢流为尾矿，沉砂进入真空过滤机选出最终的精矿。

本书主要以二段式磨矿流程的一段磨矿球磨机为背景，以实验球磨机为应用对象进行研究。

2.1.2　机械装备描述

磨机是物料被破碎之后再进行粉碎的关键设备，用于对各种矿石和其他可磨性物料进行干式或湿式粉磨。

根据磨矿介质和研磨物料的不同，磨机可分为球磨机、棒磨机、柱磨机、自磨机、立磨机等。球磨机是由筒体内所装载研磨体一般为钢制圆球而得名。棒磨机是由筒体内所装载研磨体为钢棒而得名，一般采用湿式溢流型，被广泛用于冶金选矿厂、化工厂以及热力发电的一段粗磨矿。根据不同方式，球磨机分类如下：

（1）根据有无加水，球磨机通常分为干式和湿式两种磨矿方式。

（2）根据排矿方式不同，可分为格子型球磨机和溢流型球磨机。

（3）根据筒体形状可分为短筒球磨机、长筒球磨机、管磨机和圆锥型球磨机。

球磨机和棒磨机是选矿厂应用最为广泛的磨矿设备，球磨机中的格子型及溢流型被广泛采用。而锥形球磨机因生产率低，现在已不再制造，只有个别选矿厂沿用旧的圆锥球磨机。下面主要针对几种主流球磨机进行简要描述。

1. 格子型球磨机

各种规格的格子型球磨机的构造基本相同，这里以沈阳重型机械厂生产的 2700mm×3600mm（$D\times L$）格子型球磨机为例进行说明。如图 2.4 所示[261]，球磨机的筒体 1 用厚为 18～36mm 的钢板卷制焊成，筒体两端焊有铸钢制作的法兰盘 2，中空轴径端盖 7 和 12 连接在法兰盘上，二者需精密加工及配合，因为承担磨矿机重量的轴颈是焊在端盖上的。在筒体上开有供检修和更换衬板用的人孔盖 5，筒体内装有衬板，其作用是保护筒体和影响钢球的运动状态。衬板多用高锰钢、铬钢、耐磨铸铁或橡胶等材料制成，其中高锰钢应用较广。随着技术革新，近年来橡胶衬板应用也在逐步增多。衬板厚度约 50～

150mm，与筒体壳之间有 10～14mm 的间隙，将胶合板、石棉板、塑料板或橡胶皮铺在其中，用来减缓钢球对筒体的冲击及减少工作噪声。衬板 3 用螺钉 4 及压条 6 固定在筒壳上，下面垫有橡皮环及金属垫，以防止矿浆漏出。

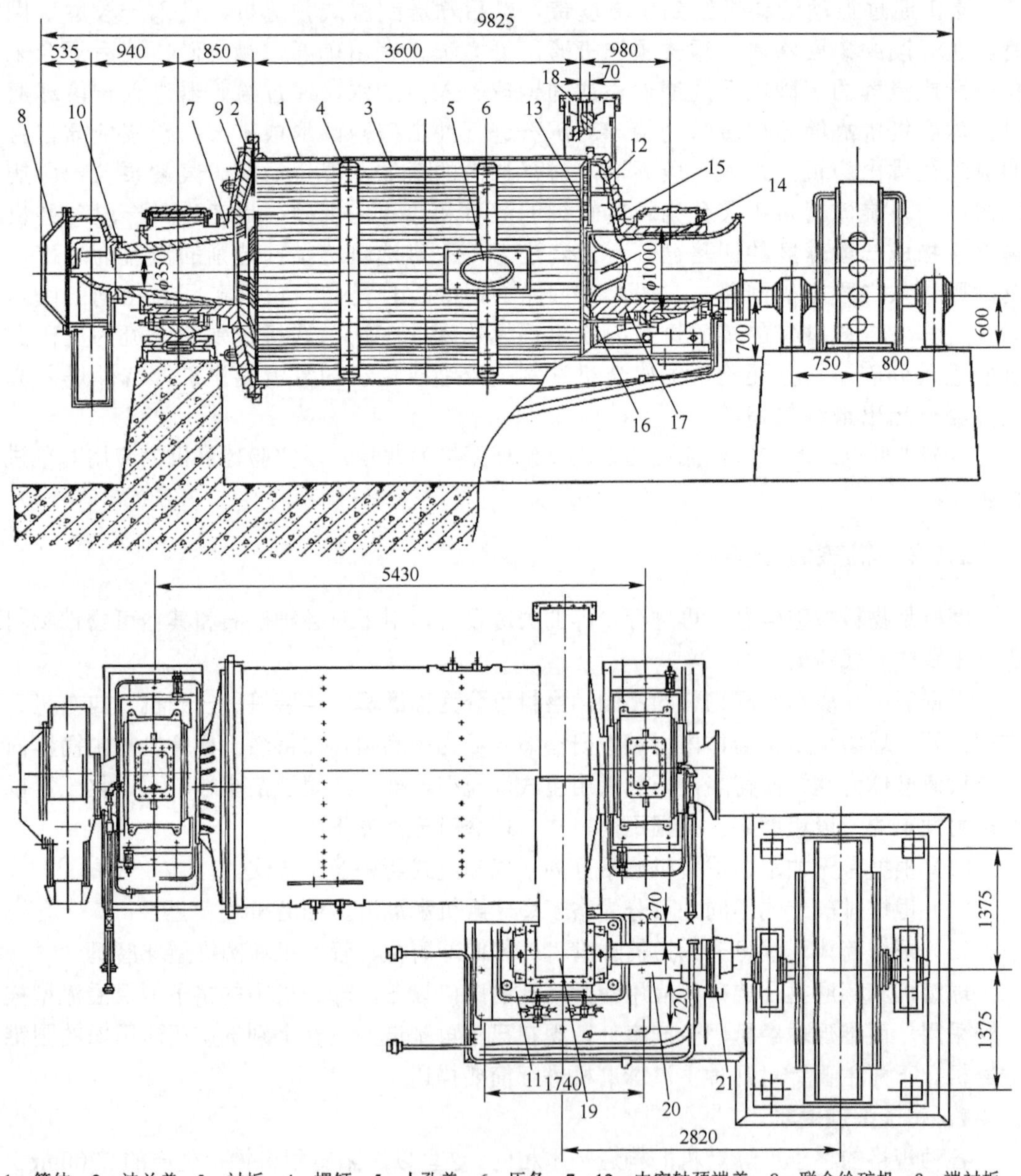

1—筒体；2—法兰盖；3—衬板；4—螺钉；5—人孔盖；6—压条；7，12—中空轴颈端盖；8—联合给矿机；9—端衬板；10—轴颈内套；11—防尘罩；13—格子衬板；14，16—中心衬板；15—簸箕形衬板；17—轴承内套；18—大齿轮；19—小齿轮；20—传动轴；21—联轴节。

图 2.4　2700mm×3600mm 格子型球磨机

衬板是球磨机的易损部件，它在工作时受钢球及矿料的冲击和磨剥作用以及矿浆的腐蚀作用而不断损坏。衬板使用寿命视矿石硬度和磨矿方式而定，一般为半年左右。橡胶衬板的寿命一般为锰钢衬板的 3～4 倍。衬板大体分为平滑和不平滑两类。平滑衬板因钢球滑动大，磨剥作用较强，适宜于细磨。不平滑衬板对钢球的提升作用较强，对钢球及矿料有较强的搅动，适宜于粗磨。

2．溢流型球磨机

溢流型球磨机的构造比格子型简单，除排矿端不同外，其他都和格子型球磨机大体相似。溢流型球磨机因其排矿是靠矿浆本身高过中空轴下边缘而自流溢出，故无须另外装置沉重的格子板。此外，为防止球磨机内小球和粗粒矿块同矿浆一起排出，在中空轴颈衬套的内表面镶有反螺旋片以起阻挡作用。

3．筒形球磨机工作原理

根据球磨机及棒磨机的构造可得如下的简化描述：圆筒形球磨机有一个空心圆筒 1，圆筒两端是入口端盖 2 和出口端盖 3，端盖中心是支在轴承上的入口空心轴颈 4 和出口空心轴颈 5，圆筒绕水平轴回转，如图 2.5 所示。圆筒内装着破碎介质，其装入量约为整个筒体容积的 40%～50%。圆筒回转时，在摩擦力的作用下，破碎介质被筒体的内壁带动，提升到某一高度，然后落下或滚下。磨矿原料从圆筒一端的空心轴颈不断给入，这些物料通过圆筒，受到破碎介质的打击、研磨和压碎。磨碎以后的产物经圆筒另一端的空心轴颈不断排出。筒内物料的运输是利用不断给入物料的压力来实现的：湿磨时，物料被水带走；干磨时，物料被向外抽放的气流带出，也可自动流出。

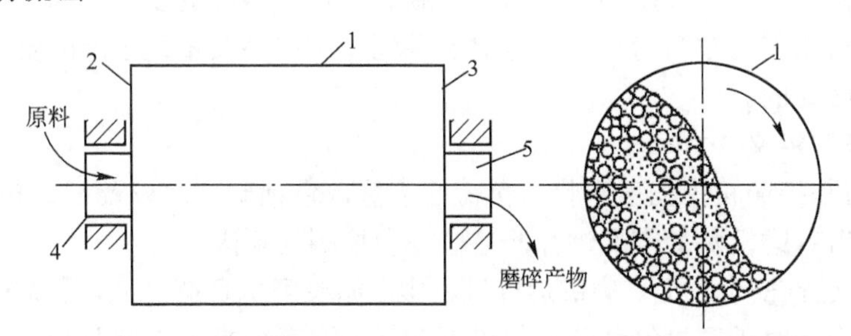

1—空心圆筒；2—入口端盖；3—出口端盖；4—入口空心轴颈；5—出口空心轴颈。

图 2.5　筒形球磨机工作原理图

4．格子型球磨机和溢流型球磨机的性能和应用范围

格子型球磨机是低水平强制排矿，磨机内储存的矿浆少，已磨细的矿粒能及时排出，因此密度较大的矿物不易在磨机内集中，过粉碎现象比溢流型的轻，磨矿速度可以较快。格子型球磨机内储存的矿浆少，且有格栅拦阻，可以多装球，且便于装球，同时磨机也可以获得较大功率。磨机内钢球下落时，受矿浆阻力使打击效果减弱的作用也较其他类型球磨机为轻，这些原因使得格子型磨机的生产率比溢流型磨机高。溢流型与同规格的格子型相比，生产率小 10%～25%。尽管格子型功率消耗也比溢流型大 10%～20%，但因生产率大，所以按 t/（kW·h）计的效率指标综合来看，还是格子型的较高。正因为格子型球磨机有上述优点，在很多一段磨矿的选厂多采用格子型球磨机，在两段磨矿的选厂中一段磨也均采用格子型球磨机。

2.2 机械装备难测参数定义及其建模难度分析

2.2.1 机械装备难测参数的定义

对机械装备难测参数的定义，文献中的磨机负荷定义主要有以下几种方式：

1. 难测参数定义 1[263]

“磨机负荷是指磨机中球负荷、物料负荷以及水量的总和，它是磨矿过程的一个重要参数，直接影响到磨矿的效果。”

同时，指出“在实际生产过程中，由于矿石性质的波动以及一系列外界因素的干扰和操作水平的差异等，使球磨机的负荷难以维持在最佳水平，不能充分发挥球磨机的功效。因此，在磨矿过程自动控制中，球磨机负荷的检测和控制是球磨机自动控制最重要的内容。能否准确地检测出球磨机的负荷（包括球负荷、物料负荷以及水量的各自数值）是整个球磨机优化控制成败的关键。”

2. 难测参数定义 2[264]

“针对选矿行业的磨矿过程，磨机负荷是指磨机内瞬时的全部装载量，包括新给矿量、循环负荷、水量及介质装载量等。”

同时，指出“磨机负荷是影响磨矿效率及磨矿产品质量好坏的重要因素，特别是当负荷过大而又操作不当时，就会造成磨机‘胀肚’危险事故的发生。因此，必须对磨机负荷进行过负荷监测及过负荷控制，这对于保证磨矿产品质量及生产的安全、连续、稳定运行是极其必要的。”

3. 难测参数定义 3[260]

“磨机负荷是指磨机内的所有物料负荷的总量，包括矿、水以及磨矿介质等。”

同时，指出对磨机负荷需要进行严格监视和控制的原因：

“（1）过程运行安全方面。磨矿运行过程中，如果磨机负荷过大，那么就会导致磨机过负荷故障工况。对于磨机过负荷，如果不对其采取有效措施进行及时抑制，那么就有可能导致磨机‘胀肚’等重大安全事故的发生。”

“（2）过程运行性能方面。磨机负荷是影响运行控制指标磨矿粒度和磨矿生产率的非常重要的因素，如增加磨机负荷虽然可以一定程度增加磨矿生产率，但是太大的磨机负荷会使磨矿粒度变粗。”

4. 难测参数定义 4[262]

“磨机负荷指磨机内部研磨介质和物料的总和。磨矿过程的磨机负荷是指磨机内瞬时的全部装载量，包括新给矿量、循环负荷、水量及钢球装载量等，即球磨机内部的物料、钢球和水负荷。”

5. 难测参数——磨机负荷定义总结

综合上述文献的定义可知，磨矿过程的磨机负荷定义如下：

磨机负荷是球磨机内部物料（包括破碎后的原矿等）负荷、水负荷和钢球负荷的总和。

实现磨机负荷的准确检测，保证磨机运转在最佳负荷范围内对磨矿过程的安全运行和优化控制意义重大。

2.2.2　机械装备难测参数建模的重要性

由上述定义，可知磨机负荷与磨机内部的钢球、物料和水负荷的关系为

$$L = L_{\mathrm{m}} + L_{\mathrm{b}} + L_{\mathrm{w}} \tag{2.1}$$

式中：L 为磨机负荷（kg）；L_{m} 为磨机内的物料负荷（kg）；L_{b} 为磨机内的钢球负荷（kg）；L_{w} 为磨机内的水负荷（kg）。

磨矿过程的工艺指标包括磨矿粒度和磨矿生产率，其中：前者是指 200 目的标准筛子的筛下量占产品总量的百分数，后者是指在一定的给矿和产品粒度条件下单位时间内磨机能够处理的原矿量。

磨矿过程的目标是通过粒度的降低释放有用矿物，便于后续过程处理，最终达到经济效益的最大化。在此过程中，其运行控制通常是在保证产品粒度的情况下，最大化磨矿生产率（即最大化磨机负荷），以保证磨矿过程的生产效率。

磨机负荷大小直接关系到磨矿过程加工产品的质量、效率、能耗、物耗和安全运行。若磨机“过负荷”会造成磨机“吐料”、出口粒度变粗，甚至导致磨机“堵磨”“胀肚”、发生停产事故。反之，若磨机“欠负荷”会造成磨机“空转”，导致能源浪费、钢耗增加，甚至设备损坏。

因此，准确检测磨机负荷是实现磨矿过程优化运行的关键因素之一，对提高磨矿产品质量和磨矿生产率、降低磨机能耗和钢耗及保证磨矿过程的安全运行意义重大。

2.2.3　机械装备难测参数建模的难度分析

1. 磨矿回路球磨机的出入口负荷

根据上节介绍，一段球磨机的工艺流程如图 2.6[262]所示。

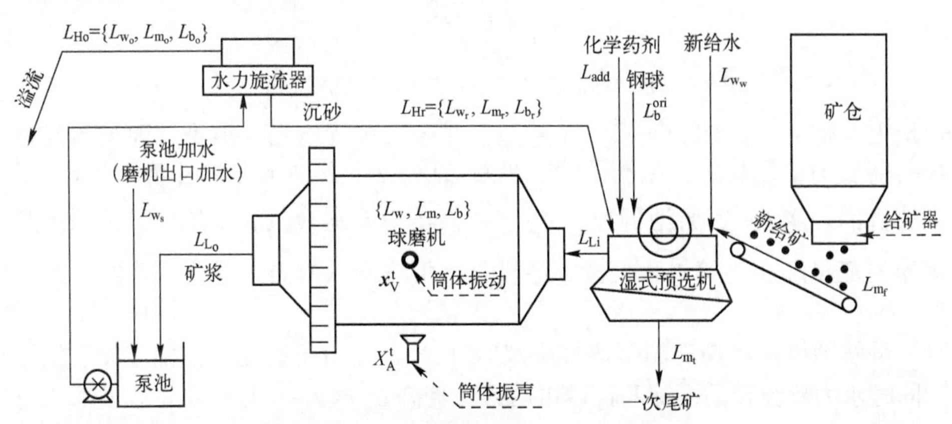

图 2.6　一段磨矿回路的工艺流程图

如图 2.6 所示的一段磨矿回路（GCI）流程，可以描述如下：

原矿通过振动给料机给到运输皮带，然后输送到湿式预选机；湿式预选机通过磁力选择有用矿石，抛尾矿，然后混合来自一段旋流器的沉砂以及周期性添加的钢球，通过

给矿器进入一段球磨机；球磨机依靠筒体旋转带动钢球对矿石进行冲击破碎，形成矿浆；矿浆依靠自身的流动性排出磨机，进入一段泵池，与泵池内的新加水混合后的矿浆被泵入一段旋流器；一段旋流器将矿浆分为粒度较细的溢流和较粗的沉砂，后者进入一段球磨机再磨，构成一段球磨的闭路循环；前者进入一次磁选机选别，选别的溢流为尾矿，沉砂则进入二段磨矿回路（GC II）。

由图 2.6 的工艺流程图可知，磨机的入口负荷包括新给矿、新给水、水力旋流器的沉砂及周期性添加的钢球，可表示为

$$L_{\mathrm{Li}}=\{L_{\mathrm{Lib}},L_{\mathrm{Lim}},L_{\mathrm{Liw}}\}=\{(L_{\mathrm{b}}^{\mathrm{ori}}+L_{\mathrm{br}}),(L_{\mathrm{m_f}}-L_{\mathrm{m_t}}+L_{\mathrm{m_r}}),(L_{\mathrm{w_w}}+L_{\mathrm{w_r}})\} \tag{2.2}$$

磨机的出口负荷包括矿浆和磨碎的钢球，可表示为：

$$L_{\mathrm{Lo}}=\{L_{\mathrm{Lob}},L_{\mathrm{Lom}},L_{\mathrm{Low}}\}=\{(L_{\mathrm{b_o}}+L_{\mathrm{br}}),(L_{\mathrm{m_o}}+L_{\mathrm{m_r}}),(L_{\mathrm{w_o}}+L_{\mathrm{w_r}}+L_{\mathrm{w_s}})\} \tag{2.3}$$

式中：L_{Li} 为磨机入口负荷（kg）；L_{Lo} 为磨机出口负荷（kg）；$L_{\mathrm{b}}^{\mathrm{ori}}$ 为在磨机入口添加的钢球；$L_{\mathrm{m_f}}$ 为给矿机的给矿（kg）；$L_{\mathrm{w_w}}$ 为新给水（kg）；$L_{\mathrm{w_s}}$ 为泵池加水（kg）；$L_{\mathrm{m_t}}$ 为湿式预选机排除的尾矿（kg）；$L_{\mathrm{Hr}}=\{L_{\mathrm{w_r}},L_{\mathrm{m_r}},L_{\mathrm{b_r}}\}$ 为水力旋流器的沉砂，大括号内的 3 项分别对应水、矿和球负荷（kg）；$L_{\mathrm{Ho}}=\{L_{\mathrm{w_o}},L_{\mathrm{m_o}},L_{\mathrm{b_o}}\}$ 是水力旋流器的溢流，大括号内的 3 项分别对应水、矿和球负荷（kg）；L_{add} 为在磨机入口添加的化学药剂，是为了保证磨机内部的矿浆具有合适的黏度或后续处理过程需要。

2．磨矿回路磨机负荷的检测难度分析

根据以上描述，该一段磨矿回路球磨机内部的物料负荷、钢球负荷、水负荷和磨机负荷可按照如下公式计算：

$$L_{\mathrm{b}}=L_{\mathrm{b}}^{\mathrm{ori}}-L_{\mathrm{b_o}}+L_{\mathrm{b_r}} \tag{2.4}$$

$$L_{\mathrm{m}}=L_{\mathrm{m_f}}-L_{\mathrm{m_t}}-L_{\mathrm{m_o}}+L_{\mathrm{m_r}} \tag{2.5}$$

$$L_{\mathrm{w}}=L_{\mathrm{w_w}}+L_{\mathrm{w_r}}+L_{\mathrm{w_s}}-L_{\mathrm{w_o}} \tag{2.6}$$

$$L=L_{\mathrm{b}}^{\mathrm{ori}}-L_{\mathrm{b_o}}+L_{\mathrm{b_r}}+L_{\mathrm{m_f}}-L_{\mathrm{m_t}}-L_{\mathrm{m_o}}+L_{\mathrm{m_r}}+L_{\mathrm{w_w}}+L_{\mathrm{w_r}}+L_{\mathrm{w_s}}-L_{\mathrm{w_o}} \tag{2.7}$$

理论上，球磨机内部的负荷可以按照上述公式进行检测。但是，即使该回路中安装了所有需要的检测仪表，检测了给矿机新给矿 $L_{\mathrm{m_f}}$、湿式预选机丢弃的尾矿 $L_{\mathrm{m_t}}$、为湿式预选机的加水 $L_{\mathrm{w_w}}$、泵池的加水 $L_{\mathrm{w_s}}$，以及给矿泵池液位、泵池内矿浆的浓度、水力旋流器的流量和压力等过程变量，磨机负荷仍然难以依据上述公式确定。主要原因如下：

（1）虽然磨机内周期性的钢球负荷 $L_{\mathrm{b}}^{\mathrm{ori}}$ 是已知，磨机研磨过程中钢球的磨损量难以计量，同时水力旋流器的溢流和沉砂中的钢球负荷 $L_{\mathrm{b_o}}$ 和 $L_{\mathrm{b_r}}$ 难以计量，以及磨机衬板的磨损与腐蚀量难以检测，导致磨机内部的钢球负荷 L_{b} 难以计算得到。

（2）虽然磨机内部的新给矿 $L_{\mathrm{m_f}}$ 是已知的，湿式预选机丢弃的尾矿 $L_{\mathrm{m_t}}$ 也可以增加设备进行计量，但水力旋流器的溢流和沉砂中的物料负荷 $L_{\mathrm{b_o}}$ 和 $L_{\mathrm{b_r}}$ 难以直接计量，只能通过泵池内矿浆的浓度、水力旋流器的进出口的压力和流量等仪表间接计算。用于测量泵池内矿浆的浓度、水力旋流器的流量和压力等过程变量的仪表精度也难以保证，导致溢

流排除的物料负荷 L_{m_o} 和沉砂带回球磨机的物料负荷 L_{m_r} 难以准确计量。另外，球磨机的新给矿 L_{m_f} 具有随机变化的特性，如粒度、品位、硬度、表面的微小裂纹及特性分布等都导致磨机内部的物料负荷 L_m 难以计算得到。

（3）虽然湿式预选机入口处的加水 L_{m_t} 和磨机出口处的泵池加水 L_{w_s} 是可以计量的，但是湿式预选机丢弃尾矿时所损失的水量难以计量，同水力旋流器的溢流和沉砂中的水负荷难以计算相类似，导致溢流排出的水负荷 L_{w_o} 和沉砂带回球磨机的水负荷 L_{w_r} 难以准确计量。另外，磨机入口添加的化学药剂 L_{add} 也会带来水负荷的变化。因此，磨机内部的物料负荷难以计算得到。

（4）磨机内部的物料和钢球的粒度及其分布均为动态变化的难以检测的参量，同时矿浆的流变特性等也难以检测。

综上可知，由于磨矿过程中加入磨机的原矿和水不断变化，钢球的腐蚀与磨损加上磨机封闭、连续运转，钢球与矿石之间的研磨过程机理不清，使得磨机负荷的在线测量成为工业界亟待解决的难题。

在工业实际中，通常采用磨机内部的负荷参数对球磨机工作状态进行描述。由此可见，实现磨机负荷的准确检测需要从反映球磨机内部研磨状态和机理的磨机负荷参数进行突破。

2.3　机械频谱相关难测参数定义及机械频谱特性分析

磨机内部的操作参数（磨机负荷参数）代表球磨机工作时其内部的物料、钢球和水负荷的状态，能够准确反映磨机负荷。工业中常用的磨机内部参数是：料球比（material to ball volume ratio，MBVR）、磨矿浓度（pulp density，PD）和介质充填率（ball charge volume ratio，BCVR）[263]。

2.3.1　机械频谱相关难测参数定义

机械信号相关难测参数的定义，文献中的磨机负荷参数定义有如下几种。

1．相关难测参数定义 1[264]

（1）BCVR。

定义： 球磨机静止时，球磨机内钢球体积与钢球之间的孔隙体积之和占整个磨机内腔体积的百分率。

相关说明： 文献[264]给出如图 2.7 所示的磨机静止时 BCVR 示意图。

图 2.7 中阴影部分为介质所占面积。设磨机筒体有效截面积为 F，阴影部分所占面积为 S，则磨机中介质充填率 φ 为

$$\varphi=\frac{S}{F}\times 100\% \tag{2.8}$$

可采用下式：

$$\varphi=\frac{1}{\pi}\{0.0175\arccos(h/R)-(h/R)^2\tan[\arccos(h/R)]\}\times 100\% \tag{2.9}$$

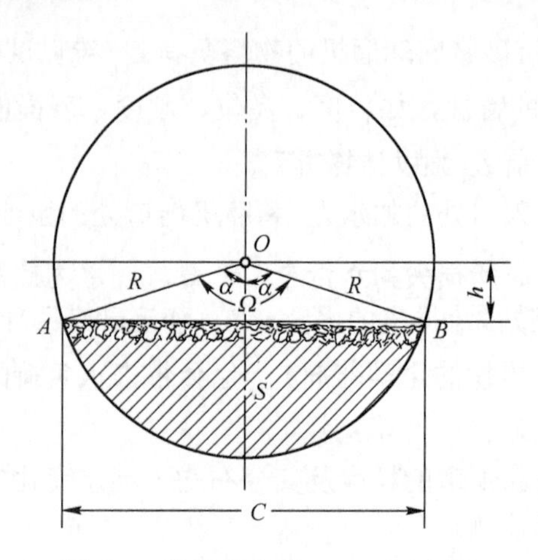

图 2.7　磨机静止时 BCVR 示意图

（2）MBVR。

定义：物料（干物料、水、或矿浆）占介质空隙的比例。

相关说明：料球比的计算公式为

$$\varphi_{\mathrm{m}}=\frac{V_{\mathrm{m}}}{V_{\mathrm{u}}} \tag{2.10}$$

式中：V_{m}为磨机中物料的体积；V_{u}为磨机静止时研磨介质中的空隙体积。

（3）PD。

定义：固体含量的百分比，指质量浓度或体积浓度。

相关说明：磨矿浓度有两种，即体积浓度和质量浓度。体积浓度指固体在悬浮液中的体积浓度，即悬浮液中的固体体积与悬浮液体积之比；质量浓度指矿浆浓度中固体质量的百分比。

注 2-1：本书中的磨矿浓度指磨机内部的质量浓度。

2．相关难测参数定义 2[262]

实际工业生产中，BCVR 在磨机运转的短时间内变化不大，在磨矿过程的建模和磨机负荷的控制等研究中，常把 24h 或 48h 内的 BCVR 当做常量处理[265-266]。但如果操作不当，格子型球磨机在 60s 内会过负荷，导致“堵磨”“胀肚”，甚至发生停产事故，影响整个选矿生产过程。

考虑上述实际因素，文献[262]定义了充填率（charge volume ratio，CVR）这一新的磨机负荷参数来表征磨机负荷在磨机内部的充填容积，其描述如下：

CVR：球磨机静止时，磨机内钢球、物料及水负荷的体积之和占整个磨机内腔体积的百分率。

2.3.2　机械频谱相关难测参数计算公式

综合以上分析，为了能够在较短的时间尺度内描述磨机内部状态的磨机负荷参数，文献[262]采用文献[264]定义的 MBVR、PD 及新定义的 CVR 共 3 个磨机负荷参数来表征磨机内部状态。

本书中采用文献[262]中给出的磨机负荷参数，其计算公式如下[267]：

$$\phi_{\mathrm{mw}} = l_{\mathrm{m}}/(l_{\mathrm{m}} + l_{\mathrm{w}}) \tag{2.11}$$

$$\phi_{\mathrm{mb}} = V_{\mathrm{m}}/V_{\mu} = (L_{\mathrm{m}}/\rho_{\mathrm{m}})/((\mu/(1-\mu))V_{\mathrm{ball}}) \tag{2.12}$$

$$\phi_{\mathrm{bmw}} = (V_{\mathrm{m}} + V_{\mathrm{w}} + V_{\mathrm{ball}})/V_{\mathrm{mill}} = (l_{\mathrm{m}}/\rho_{\mathrm{m}} + l_{\mathrm{w}}/\rho_{\mathrm{w}} + l_{\mathrm{b}}/\rho_{\mathrm{b}})/V_{\mathrm{mill}} \tag{2.13}$$

式中：ϕ_{mb} 为球磨机静态时磨机内部的 MBVR；ϕ_{mw} 为球磨机静态时磨机内部的 PD；ϕ_{bmw} 为球磨机静态时磨机内部的 CVR；l_{b}、l_{w} 和 l_{m} 为球磨机静态时的磨机的钢球负荷、水负荷及物料负荷（kg）；ρ_{b}、ρ_{m} 和 ρ_{w} 分别为钢球、物料和水的密度（$\mathrm{kg/m^3}$）；μ 为介质空隙率，一般取 0.38；V_{mill} 为磨机的有效容积（$\mathrm{m^3}$）；V_{ball} 为磨机中球的体积（$\mathrm{m^3}$）；V_{w} 为磨机中水的体积（$\mathrm{m^3}$）。

由上述公式可知，以上磨机负荷参数能够准确表征任意时间尺度内的磨机负荷。

2.3.3　机械频谱相关难测参数的特性分析

磨矿过程是涉及破碎力学、矿浆流变学、机械振动与噪声学、导致金属磨损和腐蚀的“物理-力学”与“物理-化学”等多个学科的复杂过程。磨机内物料和钢球粒径大小及分布的变化、钢球和磨机衬板磨损及腐蚀的不确定性、与钢球冲击破碎直接相关的矿浆黏度的复杂多变等多种因素导致磨机筒体受到大量的不同强度、不同频率的冲击力，由此产生的筒体振动和振声信号具有较强的非线性、非平稳性和多组分特性。同时，磨机内部的负荷参数与磨机研磨过程、磨机筒体振动和振声产生机理密切相关。

注 2-2：在下文的分析中，磨机负荷参数均具有动态变化特性。为了与 2.3.2 节给出的磨机静态时的磨机负荷参数符号相区别，下文中采用 Φ_{mb}、Φ_{mw} 和 Φ_{bmw} 表示动态变化 MBVR、PD 和 CVR。

1．机械设备运行过程及振动产生机理分析

物料研磨主要通过钢球的运动产生，钢球有泻落式、抛落式和离心式运动 3 种形态。钢球负荷的运动过程可描述为：钢球负荷随着由电动机驱动的磨机筒体的旋转而上升。若磨机转速不高，当钢球倾斜角超过某个角度时，钢球沿此斜坡滚下，产生泻落运动，目前研究仅能够获悉泻落式工作状态下对物料的破碎形式主要是剪切力的研磨作用；若磨机转速足够高，自转的钢球随着筒体内壁做圆曲线上升，上升至一定高度后发生抛落式运动的下落，矿石在钢球下落的底脚区受到钢球的冲击作用，以及翻滚钢球的磨剥作用；如果磨机转速超过某一临界值，则钢球贴在磨机筒体内部的衬板上不再落下，产生离心式运动。此处主要研究钢球的抛落式运动。

戴维斯理论是现阶段分析磨机中钢球运动的依据，并且生产中绝大多数磨机的情况与戴维斯提出的理论相符合。因此，本书此处研究钢球运动的假设如下[262]：

（1）钢球的运动忽略其他运动方式，以抛落式为主。

（2）假定钢球做抛落式运动的落回点是圆曲线运动的开始点，略去钢球落回的底脚区。

（3）不考虑钢球沿衬板的滑动及钢球间的相互摩擦特性。

（4）忽略同一球层中球与球的相互影响及各球层之间的相互干扰。

（5）假设钢球是沿磨机筒体的径向呈均匀分布的，即球磨机各截面的钢球分布状况相同。

（6）在某一时刻，只有一个最外层钢球对磨机筒体产生冲击。

（7）在连续一段时间内，钢球以一定的冲击频率进行连续冲击。

此处仅对磨机筒体的任一横截面上某个钢球的运动过程进行分析。文献[262]将最外层钢球的运动可分为抛落、冲击、研磨和滑动 4 个过程，如图 2.8 所示。

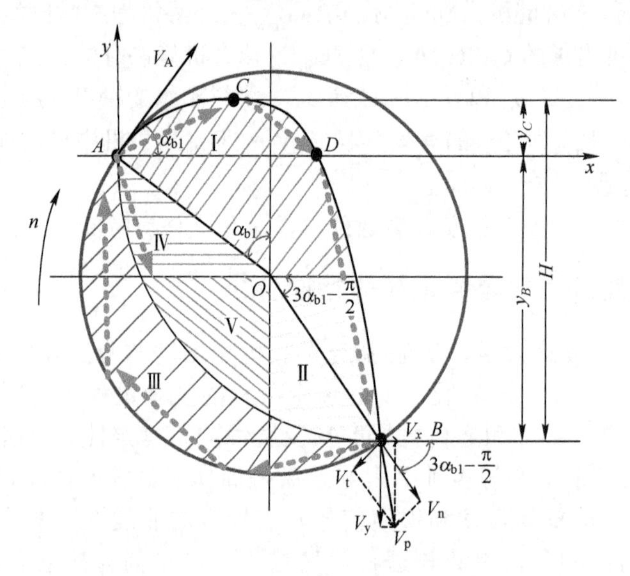

图 2.8　磨机内钢球运动过程示意图

由图 2.8 可知，钢球运动可分为两个阶段：

（1）上升段，钢球从落回点 B 到脱离点 A 绕圆形轨迹运动。

（2）在下落段，钢球到达顶点后做抛物线运动撞击衬板后并反弹。

以上两个阶段按对物料的破碎作用，分 5 个区域：

（1）I 区为抛落区，钢球被提升到 A 点后以初速度 V_A 向下抛落。

（2）II 区为冲击破碎区，钢球从 A 点落到 B 点产生最大的冲击作用。

（3）III 区为滑动区，钢球与物料相互摩擦，冲击作用小。

（4）IV 区为研磨区，基本无冲击作用。

（5）V 区为死角区，既无冲击又无摩擦。图中各符号的详细定义见文献[262]。

下文对磨机研磨过程中涉及的以下不同学科分别进行描述。

1）破碎力学

破碎力学在本质上是发生一个力学过程的磨矿作用，其实现取决于两方面的因素：岩矿自身的力学强度和磨矿机械的施力状态。其中，前者是不可改变并且客观存在的；后者是可调节可控的，随球磨机转速、装球率、磨机内部钢球尺寸和配比、衬板形状及料球比、磨矿浓度、充填率等工作参数而改变，实现能量转换率的改变。

从原理上讲，铁矿磨矿作业是属于解离性磨矿，能够实现的根本依据是矿石力学结构的多元性。由于组成矿石的各种晶体矿物之间的相界面是力学脆面，矿石受力时的破碎行为就会沿着该脆弱面发生。其过程如下：矿石受到破碎力，使得矿石中形成随破碎力增大而增大的应变及应力带，当超过矿石强度时矿石沿着应力带产生脆性断裂或屈服断裂，从而矿石被粉碎。矿石的抗压、抗拉及抗剪切强度等固有性质不同，导致矿石具有不同的可磨度。

在磨机操作参数保持不变的情况下，磨机会因矿石的可磨度差致使矿石“磨不碎”，进一步导致磨机过负荷，产生“堵磨”“吐料”“吐球”等现象，影响磨矿产品的质量及产量，甚至磨矿过程的安全运行。

2）矿浆流变学

文献[264]应用流变学的理论和方法，研究球磨机中的矿浆密度、固体含量、矿浆温度、固体颗粒的粒度分布及形状等因素，以及各因素的单独作用或相互交互作用对磨矿过程的影响。

从流体类型上进行分类，湿式磨矿过程中浓度较稀的矿浆及细粒矿石悬浮液属于塑性流体，而浓度较高的矿浆则属于膨胀型流体。固体悬浮液的黏度与悬浮液中固体颗粒特性的关系可用经验公式描述。如果矿石颗粒是等尺寸球体，并且矿浆浓度（PD）很低，则矿浆黏度可用依斯亭（Einsten）公式描述：

$$\eta = 1 + K_1 \frac{\varPhi_{\mathrm{mw}} \cdot \rho_{\mathrm{w}}}{(1-\varPhi_{\mathrm{mw}}) \cdot \rho_{\mathrm{m}}} \tag{2.14}$$

式中：$\varPhi_{\mathrm{mw}}$为矿浆浓度；ρ_{w}为水的密度；ρ_{m}为物料（矿石）的密度；K_1为常数，一般取2.5；η为悬浮液的相对黏度，即矿浆相对于水的黏度。

当矿浆的浓度较高时，可用下面的多项式表述黏度和PD的关系：

$$\eta = 1 + K_1 \frac{\rho_{\mathrm{w}} \varPhi_{\mathrm{mw}}}{\rho_{\mathrm{m}}(1-\varPhi_{\mathrm{mw}})} + K_2 \left(\frac{\rho_{\mathrm{w}} \varPhi_{\mathrm{mw}}}{\rho_{\mathrm{m}}(1-\varPhi_{\mathrm{mw}})} \right)^2 + K_3 \left(\frac{\rho_{\mathrm{w}} \varPhi_{\mathrm{mw}}}{\rho_{\mathrm{m}}(1-\varPhi_{\mathrm{mw}})} \right)^3 \tag{2.15}$$

其中，K_1=2.5，K_2和K_3随不同研究者实验条件的差异而取不同的值。

矿浆流变性反映矿浆在流动过程中剪应力与剪应变（形变速率）之间的相互关系。研究表明，矿浆黏度是反映矿浆流变性的特征参数[268]，与矿浆密度、PD、颗粒粒度、颗粒形状、物料粒度分布、矿浆温度和压力等因素间存在复杂的映射关系。

在磨矿过程中，矿浆的黏性作用使钢球表面覆盖一层矿浆形成罩盖层。罩盖层的厚度直接影响钢球与钢球、钢球与物料、钢球与衬板之间的相互接触，从而引起钢球磨损速率、磨矿效率及钢球对衬板、钢球对钢球的冲击力和冲击时间的变化。实际生产中，矿浆黏度应该适当，使钢球表面能被适当地覆盖，但不宜太厚，因为太厚则会缓冲钢球之间的研磨作用。如果矿浆黏度太低，钢球表面罩盖层厚度较薄，就会导致钢球的异常磨损及热量堆积。反之，黏度太大，钢球被过度覆盖，导致钢球的运动受阻，难以相互冲击，磨矿效率降低。实际上，增加罩盖层的厚度会增加对冲击力的缓冲作用。

罩盖层的厚度δ可由下式给出[269]：

$$\delta = \delta_0 \exp\left(\frac{K_\delta \rho_{\mathrm{w}} \varPhi_{\mathrm{mw}}}{\rho_{\mathrm{m}}(1-\varPhi_{\mathrm{mw}})\varPhi_{\mathrm{mw}_0}} \right) \tag{2.16}$$

其中，K_δ与矿浆性质有关，取1.5～2.0；δ_0和$\varPhi_{\mathrm{mw}_0}$是罩盖层厚度和PD的最大值。

文献[270]指出，钢球表面覆盖的固体数量与矿浆黏度相关，如图2.9所示。

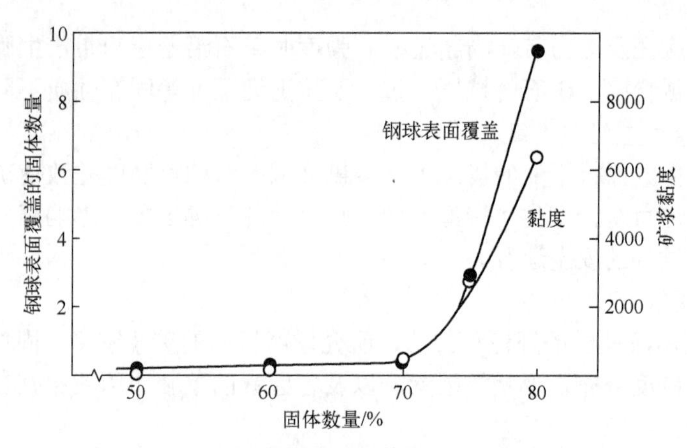

图 2.9　钢球表面覆盖的固体数量与矿浆黏度的关系

文献[270]同时指出，最适宜的罩盖层厚度是矿浆中数量最多的矿石直径的 2 倍。研究表明，应使磨机中的矿浆具有尽量高的浓度和适宜的黏度，以提高磨机的工作效率。为此，可在磨矿过程中添加化学助剂改善磨矿效果。化学添加剂在颗粒表面上的吸附改变了矿浆的流变学性质，从而降低了矿浆的黏度，促进了颗粒之间的分散，提高了矿浆的流动性，进而使得 PD 越高添加剂的作用效果越好。

3）钢球机械磨损和化学腐蚀学

磨机钢球磨损可以分为两大类：

（1）机械磨损，主要是由冲击、磨剥、摩擦、疲劳等机械作用所引起的，按磨损机理可分为冲击磨剥磨损、黏着磨损、磨料磨损和疲劳磨损[272]，影响因素包括钢球和衬板材质、钢球重量、磨机工作条件、给矿和磨矿产品粒度分布、矿石硬度、矿浆温度等。

（2）化学腐蚀磨损，主要是由矿浆中的离子及化学药剂作用所引起的，影响因素主要包括水质、矿浆 pH 值、矿浆成分组成等。

钢球磨损模型可用下图定性表示：

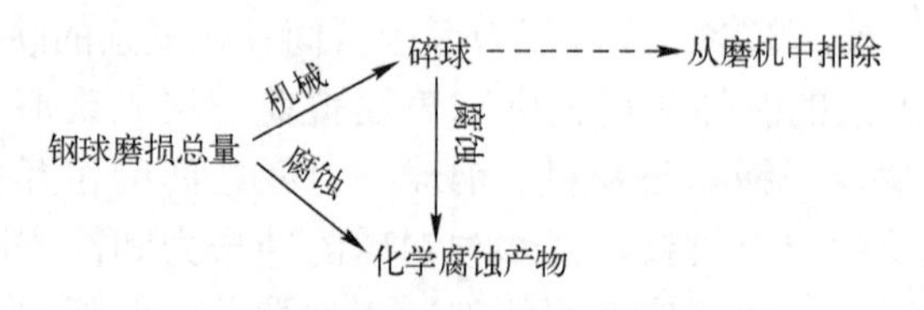

图 2.10　钢球的磨损模型

钢球与物料、钢球与衬板、钢球与钢球之间相互冲击碰撞，在冲击接触的瞬间，在接触点产生高度集中的应力，引起钢球表面的塑性变形，进而在固体金属表面形成不同形状和深度的裂缝。钢球在受到多次的冲击和研磨作用后，裂缝不断加深、加宽，最后部分裂块从钢球上脱落。钢球之间的相互冲击会引起冲击流，从而引起附加的水力磨损。钢球在多次冲击作用下，金属表面硬化，使其比较耐磨，但是也增强了化学反应活性，使钢球表面易于被腐蚀并形成表面裂纹。

研究表明，磨矿过程中的化学腐蚀作用增加了钢球的磨耗速度，其造成的钢耗占磨矿总钢耗的 40%～90%。化学腐蚀的影响因素有：钢球化学成分及物理性质（硬度、金属结构等）、矿石物质组成及性质、矿浆化学成分（pH 值、药剂、气体）及性质等。钢球被腐蚀后可能生成3种产物，即 $Fe(OH)_2$、Fe_3O_4 及 FeOOH[264]，具体方程式如下：

$$Fe \rightarrow Fe^{2+} + 2e \tag{2.17}$$

$$\frac{1}{2}O_2 + H_2O + 2e \rightarrow 2OH^- \tag{2.18}$$

$$Fe^{2+} \xrightarrow{OH^-} FeOH^+ \xrightarrow{OH^-} Fe(OH)_2 \xrightarrow{缓慢氧化} Fe_3O_4 \tag{2.19}$$

$$Fe(OH)_2 \xrightarrow{OH^-} Fe(OH)_3^- \xrightarrow{氧化} Fe(OH)_3(溶液) \tag{2.20}$$

$$Fe(OH)_3(溶液) \xrightarrow{聚合} [Fe(OH)_3]_{n_{Fe}} \xrightarrow{沉淀} \alpha_{Fe}FeOOH \tag{2.21}$$

文献[271]通过实验研究，给出了钢球冲击磨损、磨剥磨损和化学腐蚀磨损的动力学模型：

$$D_b = D_{b0}\exp\left(-\left[-\frac{K_{b1}}{3} + \frac{n_{bm}\pi}{30\rho_b g}(K_{b2} + K_{b3})\right]t\right) \tag{2.22}$$

式中：K_{b1}、K_{b2} 和 K_{b3} 分别为冲击、磨剥和腐蚀磨损的比例系数；D_{b0} 为钢球初始直径；g 为重力加速度；t 为时间。

2．机械信号相关参数与机械振动频谱相关性分析

在工业实际中，磨机筒体内的物料、钢球和水负荷连续运动且比较稳定，故磨机负荷可看作是磨机筒体机械结构的一部分[272]。加入磨机负荷后的球磨机筒体振动系统是由磨机筒体及其内部的物料、钢球和水负荷组成的一个受交变应力载荷作用的新机械结构体。该新机械结构体的物理参数（质量、刚度及阻尼等）中包含磨机负荷信息。磨机负荷发生变化时，该结构体的各种物理参数也随之发生变化。

另外，磨矿过程的球磨机筒体振动系统可以被视为一类典型的机械系统，此类机械系统受到外界的持续扰动并对外界的扰动无反馈作用。磨机负荷的检测与识别问题包含了此类机械系统中机械振动的系统识别和动载荷识别两方面的问题，主要是动载荷识别问题。相对于一般机械系统的动载荷识别，球磨机筒体振动系统识别的是与引起的冲击力相关的钢球、物料和水负荷而不是冲击力，这使得采用一般的机械系统的模态辨识方法难以实现本书所要准确检测的磨机负荷。

1）单层钢球运动和机械设备负荷参数的相关性分析

（1）单个钢球冲击力的分析。

球磨机内侧衬板上最外层钢球在回落点处受到的冲击力 F_{bmw}^{single} 可表示为[262]

$$F_{bmw}^{single} = \Phi_{bmwf}(T_{op}, \eta, \delta, \Phi_{mw}, \Phi_{mb}, \Phi_{bmw}) \cdot F_b^{single} \tag{2.23}$$

式中：$\Phi_{bmwf}(\cdot)$ 为未知非线性函数，用于表示磨机内部多种因素对落点处冲击力的影响；T_{op} 为矿浆温度，其温度的高低直接影响磨机内部矿浆的流动性；η 为悬浮液的相对黏度即矿浆相对于水的黏度，其直接影响矿浆的流动性以及在钢球表面上覆盖的厚度；δ 为罩盖层的厚度，其直接影响冲击的强度；Φ_{mw}、Φ_{mb} 和 Φ_{bmw} 分别为磨机内部的 MBVR、PD 和 CVR，分别影响钢球在矿浆内运动的时间、MBVR、PD 和黏度为对钢球的浮升与黏滞作用；F_b^{single} 是忽略矿浆对球载（钢球及其表面覆盖的矿浆）的浮升作用及其表面覆盖的矿浆质量，以最外层钢球为研究对象，依据动量定理计算的理想状态下最外层钢球在落回点处对磨机筒体的冲击力，其计算如下式所示[262]：

$$F_{\mathrm{b}}^{\mathrm{single}}=\sqrt{(F_{\mathrm{b}x})^2+(F_{\mathrm{b}y})^2}=\sqrt{(L_{\mathrm{bs}}\cdot V_x'/T_{\mathrm{b}})^2+(L_{\mathrm{bs}}\cdot V_y'/T_{\mathrm{b}})^2} \tag{2.24}$$

$$V_x'=R_{\mathrm{mill}}\cdot\omega_{\mathrm{m}}\cdot(\cos\alpha_{\mathrm{bl}}+\cos3\alpha_{\mathrm{bl}}) \tag{2.25}$$

$$V_y'=\sqrt{9\cdot R_{\mathrm{mill}}\cdot g\cdot\sin^2\alpha_{\mathrm{bl}}\cdot\cos\alpha_{\mathrm{bl}}}-R_{\mathrm{mill}}\cdot\omega_{\mathrm{m}}\cdot\sin3\alpha_{\mathrm{bl}} \tag{2.26}$$

$$T_{\mathrm{b}}=k_{\delta}\cdot\sqrt[5]{(R_{\mathrm{b}}L_{\mathrm{b}}'^2)\Big/\left(\left(\frac{1-\mu_{\mathrm{b1}}^2}{E_{\mathrm{b1}}}+\frac{1-\mu_{\mathrm{b2}}^2}{E_{\mathrm{b2}}}\right)^2\cdot\sqrt{R_{\mathrm{mill}}\cdot g\cdot\cos\alpha_{\mathrm{bl}}\cdot(9-8\cos^2\alpha_{\mathrm{bl}})}\right)} \tag{2.27}$$

式中：$F_{\mathrm{b}}^{\mathrm{single}}$为理想情况下钢球对落回点的冲击力；$V_x'$为落回点的水平速度；$V_y'$为落回点的垂直速度；$\omega_{\mathrm{m}}$为磨机转动的角速度；$\alpha_{\mathrm{bl}}$为钢球脱离角；$R_{\mathrm{mill}}$为磨机筒体的内径；$g$为重力加速度；$R_{\mathrm{b}}$，$L_{\mathrm{b}}'$为单个钢球的半径和质量；$T_{\mathrm{b}}$为钢球在$B$点对磨机衬板的冲击时间；$k_{\delta}$为钢球表面的罩盖层厚度对$T_{\mathrm{b}}$的影响系数；$E_{\mathrm{b1}}$、$E_{\mathrm{b2}}$、$\mu_{\mathrm{b1}}$和$\mu_{\mathrm{b2}}$分别为钢球和衬板的弹性模量及泊松系数。

（2）单个钢球冲击能量的分析。

从钢球冲击所产生的磨矿作用的视角出发，磨机钢球在冲击点的速度可以分为径向分速度V_{n}和切向分速度V_{t}。其中，前者对物料负荷产生冲击作用，后者对物料负荷产生磨剥作用。在实际磨矿过程中，矿浆对钢球的浮升作用和黏滞作用阻碍了钢球运动，球磨机内的径向分速度$V_{\mathrm{n_{bmw}}}$和切向分速度$V_{\mathrm{t_{bmw}}}$可表示为

$$V_{\mathrm{n_{bmw}}}=\varPhi_{\mathrm{bmwn}}(\eta,\varPhi_{\mathrm{mw}},\varPhi_{\mathrm{mb}},\varPhi_{\mathrm{bmw}})\cdot V_{\mathrm{n}} \tag{2.28}$$

$$V_{\mathrm{t_{bmw}}}=\varPhi_{\mathrm{bmwt}}(\eta,\varPhi_{\mathrm{mw}},\varPhi_{\mathrm{mb}},\varPhi_{\mathrm{bmw}})\cdot V_{\mathrm{t}} \tag{2.29}$$

式中：$\varPhi_{\mathrm{bmwn}}$和$\varPhi_{\mathrm{bmwt}}$为磨机负荷参数和矿浆黏度的未知函数。

另外，球在冲击点对磨机衬板的冲击时间还受到钢球表面的罩盖层厚度的影响。因此，进行抛落运动的球载质量按下式计算：

$$L_{\mathrm{bs}}'=L_{\mathrm{bs}}+\Delta L_{\mathrm{m}}=L_{\mathrm{bs}}+\frac{4}{3}\pi[(R_{\mathrm{bs}}+\delta)^3-R_{\mathrm{bs}}^3]\cdot\rho_{\mathrm{m}} \tag{2.30}$$

式中：ΔL_{m}为进行抛落运动的钢球表面的物料的质量；R_{bs}为钢球半径；δ为钢球表面的罩盖层厚度。

综上，湿式磨机内部的钢球冲击和磨剥能量，可以依据动能定理按照下式进行计算：

$$\begin{aligned}E_{\mathrm{V_n}}&=\frac{1}{2}L_{\mathrm{bs}}'\cdot V_{\mathrm{n_{bmw}}}^2=\frac{1}{2}(L_{\mathrm{bs}}+\frac{4}{3}\pi[(R_{\mathrm{bs}}+\delta)^3-R_{\mathrm{bs}}^3]\cdot\rho_{\mathrm{m}})\cdot[\varPhi_{\mathrm{bmwn}}(\eta,\varPhi_{\mathrm{mw}},\varPhi_{\mathrm{mb}},\varPhi_{\mathrm{bmw}})\cdot V_{\mathrm{n}}]^2\\&=\frac{1}{2}\left(L_{\mathrm{bs}}+\frac{4}{3}\pi\left[\left(R_{\mathrm{bs}}+\delta_0\exp\left(\frac{K_{\delta}\rho_{\mathrm{w}}\varPhi_{\mathrm{mw}}}{\rho_{\mathrm{m}}(1-\varPhi_{\mathrm{mw}})\phi_{\mathrm{mw_0}}}\right)\right)^3-R_{\mathrm{bs}}^3\right]\cdot\rho_{\mathrm{m}}\right)\cdot\\&\left[\varPhi_{\mathrm{bmwn}}(\eta,\varPhi_{\mathrm{mw}},\varPhi_{\mathrm{mb}},\varPhi_{\mathrm{bmw}})\cdot8\sqrt{R_{\mathrm{mill}}\cdot g\cdot\frac{\psi^2N_{\mathrm{c}}^2R_{\mathrm{mill}}}{900}}\cdot\left(\sqrt{1-\left(\frac{\psi^2N_{\mathrm{c}}^2R_{\mathrm{mill}}}{900}\right)^2}\right)^3\cdot\frac{\psi^2N_{\mathrm{c}}^2R_{\mathrm{mill}}}{900}\right]^2\end{aligned} \tag{2.31}$$

$$E_{V_t}=\frac{1}{2}L'_{bs}\cdot V^2_{t_{bmw}}=\frac{1}{2}(L_{bs}+\frac{4}{3}\pi[(R_{bs}+\delta)^3-R^3_{bs}]\cdot\rho_m)\cdot[\Phi_{bmwt}(\eta,\Phi_{mw},\Phi_{mb},\Phi_{bmw})\cdot V_t]^2$$

$$=\frac{1}{2}\left(L_{bs}+\frac{4}{3}\pi\left[\left(R_{bs}+\delta_0\exp\left(\frac{K_\delta\rho_w\Phi_{mw}}{\rho_m(1-\Phi_{mw})\Phi_{mw_0}}\right)\right)^3-R^3_{bs}\right]\cdot\rho_m\right)\cdot$$

$$\left[\Phi_{bmwt}(\eta,\Phi_{mw},\Phi_{mb},\Phi_{bmw})\cdot 8\sqrt{R_{mill}\cdot g\cdot\frac{\psi^2N_c^2R_{mill}}{900}}\cdot\left(\frac{1+8\left(1-\left(\frac{\psi^2N_c^2R_{mill}}{900}\right)^2\right)\cdot\frac{\psi^2N_c^2R_{mill}}{900}\cdot}{\sqrt{1-\left(\frac{\psi^2N_c^2R_{mill}}{900}\right)^2}}\right)\right]^2 \tag{2.32}$$

式中：δ_0 为罩盖层厚度的最大值；ϕ_{mw_0} 为 PD 的最大值；ψ^2 为磨机的转速率；N_c^2 为磨机的临界转速；R_{mill} 为最外层钢球的回转半径（忽略钢球直径，以磨机内径代替）。

另外，文献[273]基于单个钢球的 DEM 分析表明，钢球和衬板间的摩擦因数决定了钢球负荷脱离衬板的“肩部”区域和下落的“底角”区域；并且钢球与衬板间的反弹系数决定了冲击后的反弹速度。显而易见，在实际的磨矿过程中，磨机内部的摩擦因数和反弹系数均会受到磨机负荷参数（MBVR、PD 和 CVR）的影响。

综上分析，从磨机研磨机理的视角出发，磨机负荷参数（MBVR、PD 和 CVR）及矿浆黏度（PD 的非线性函数）均直接影响钢球下落时对物料的冲击和磨剥能量，间接影响对磨机筒体的冲击力和冲击周期，以及由此导致的磨机筒体振动信号的幅度和频率。

（3）单个钢球引起的筒体振动的分析。

基于牛顿运动定律，磨机筒体上在回落点处的运动方程可表述为

$$M_{wet}(B_{shell})\cdot\frac{\partial^2u(B_{shell},t)}{\partial t^2}+C_{wet}(B_{shell})\cdot\frac{\partial\,u(B_{shell},t)}{\partial t}+\sum[K_{wet}(B_{shell})\cdot u(B_{shell},t)]=F^{single}_{bmw}$$

(质量特征)（加速度）（阻尼特性）（速度）（刚度特性）（位移）（冲击力）

（2.33）

式中：$u(B_{shell},t)$ 和 F^{single}_{bmw} 为回落点处的位移和在该回落点处受到的冲击力；$M_{wet}(B_{shell})$ 为由磨机筒体及磨机负荷所组成的振动系统的质量特性，可表示为

$$M_{wet}(B_{shell})=L_b+L_w+L_m+L_{shell}=f_{Mwet}(\Phi_{mb},\Phi_{mw},\Phi_{bmw},L_{shell}) \tag{2.34}$$

$C_{wet}(B_{shell})$ 为由磨机筒体及磨机负荷所组成的振动系统的阻尼特性，可表示为

$$C_{wet}(B_{shell})=\Phi_{CB}(L_m,L_b,L_w,L_{shell})=f_{Cwet}(\Phi_{mb},\Phi_{mw},\Phi_{bmw},L_{shell}) \tag{2.35}$$

$K_{wet}(B_{shell})$ 为由磨机筒体及磨机负荷所组成球磨机振动系统的刚度特性，可表示为

$$K_{wet}(B_{shell})=\Phi_{KB}(L_m,L_b,L_w,L_{shell})=f_{Kwet}(\Phi_{mb},\Phi_{mw},\Phi_{bmw},L_{shell}) \tag{2.36}$$

其中：L_{shell} 为球磨机筒体的质量；Φ_{CB} 和 Φ_{KB} 均为球磨机振动系统的未知函数，同时也是磨机负荷参数（MBVR、PD 和 CVR）的未知函数。

只考虑磨机筒体的径向变形，依据式（2.33）可知最外层单个钢球在筒体落回点处的径向振动加速度信号（后文简称为筒体振动信号）与磨机筒体的质量、阻尼、刚度特

性及冲击力间的映射关系可由下式表示：

$$\begin{aligned} x_{\mathrm{V}}^{\mathrm{single}} &= \Theta_{\mathrm{a}}(M_{\mathrm{wet}}(B_{\mathrm{shell}}), C_{\mathrm{wet}}(B_{\mathrm{shell}}), K_{\mathrm{wet}}(B_{\mathrm{shell}}), \Phi_{\mathrm{bmwf}}(\eta, \delta, \Phi_{\mathrm{mw}}, T_{\mathrm{op}}, \Phi_{\mathrm{mb}}, \Phi_{\mathrm{bmw}}) \cdot F_{\mathrm{bmw}}^{\mathrm{single}})) + \Delta d \\ &= \Theta_{\mathrm{a}}(f_{\mathrm{Kwet}}(\Phi_{\mathrm{mb}}, \Phi_{\mathrm{mw}}, \Phi_{\mathrm{bmw}}, L_{\mathrm{shell}}), f_{\mathrm{Cwet}}(\Phi_{\mathrm{mb}}, \Phi_{\mathrm{mw}}, \Phi_{\mathrm{bmw}}, L_{\mathrm{shell}}), f_{\mathrm{Kwet}}(\Phi_{\mathrm{mb}}, \Phi_{\mathrm{mw}}, \Phi_{\mathrm{bmw}}, L_{\mathrm{shell}}), \\ &\quad \Phi_{\mathrm{bmwf}}(\eta, \delta, \Phi_{\mathrm{mw}}, T_{\mathrm{op}}, \Phi_{\mathrm{mb}}, \Phi_{\mathrm{bmw}}) \cdot F_{\mathrm{bmw}}^{\mathrm{single}}) + \Delta d \end{aligned} \tag{2.37}$$

式中：$\Theta_{\mathrm{a}}(\cdot)$为最外层单个钢球在筒体落回点处的筒体振动信号与磨机负荷参数（MBVR、PD 和 CVR）间关系的未知非线性函数；$f_{\mathrm{Mwet}}(\cdot)$为球磨机振动系统的质量特性与磨机负荷参数间关系的未知非线性函数；$f_{\mathrm{Cwet}}(\cdot)$为球磨机振动系统的阻尼特性与磨机负荷参数间关系的未知非线性函数；$f_{\mathrm{Kwet}}(\cdot)$为球磨机振动系统的刚度特性与磨机负荷参数间关系的未知非线性函数；$\Phi_{\mathrm{bmwf}}(\cdot)$为磨机内部多种因素对落点处冲击力的影响的未知非线性函数；$F_{\mathrm{bmw}}^{\mathrm{single}}$为理想状态下最外层钢球在落回点处对磨机筒体的冲击力；$x_{\mathrm{V}}^{\mathrm{single}}$为最外层单个钢球在筒体落回点处的径向振动加速度信号。

综上可知，筒体振动信号与磨机负荷参数间存在复杂的非线性映射关系。

2）机械设备表面振动频谱分析

综上分析，筒体振动信号中蕴含着磨机负荷参数信息，但是这些信息如何在振动信号的频谱中体现呢？众所周知，任何结构体在频域内的振动波形都是该结构体固有模态或外部冲击力引起的模态的体现[274]，并且振动频谱中每个分频段均表征一个振动模态[275]。结合前面的机理分析可知，筒体振动频谱应该包含至少两个模态即磨机筒体与磨机内的钢球、物料和水负荷组成的机械结构体的固有模态，以及外部冲击力引起的冲击模态。这些不同的模态中应该包含不同的磨机负荷参数信息。

由前面几节的分析可知，物料的研磨是通过磨机筒体的旋转实现的。如果球磨机筒体自身存在着质量不平衡或是安装不同心，筒体自身空转时就会产生振动和振声信号。下面给出了 XMQL 420×450 格子型实验球磨机在空转（零负荷）时的筒体振动频谱，如图 2.11 所示。

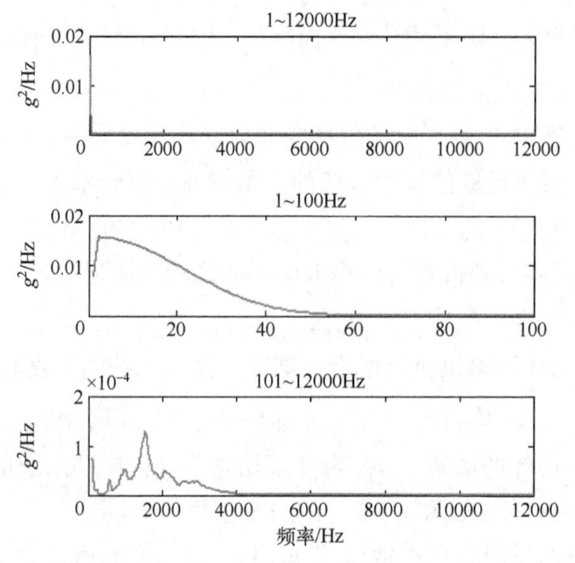

图 2.11　实验球磨机在空转（零负荷）时的筒体振动频谱

图 2.11 表明零负荷时筒体振动频谱的全谱波形难以分辨。但如果将全谱分为 1～100Hz 和 101～12000Hz 两部分，可知第一部分的最大幅值是第二部分的 122 倍。这表明前 100Hz 的振动频谱是由球磨机筒体的自身旋转引起[209]，第二部分则是磨机筒体这个机械结构体固有模态的体现。

下文主要分析 101～12000Hz 间的频谱在不同研磨条件下的差异。

XMQL 420×450 格子型实验球磨机的筒体振动信号在空转（零负荷）、空砸（球负荷）、干磨（球、料负荷）、水磨（球、水负荷）及湿磨（球、料和水负荷）等不同研磨条件下的时域波形（内部小图）及频域波形（PSD）如图 2.12 所示。

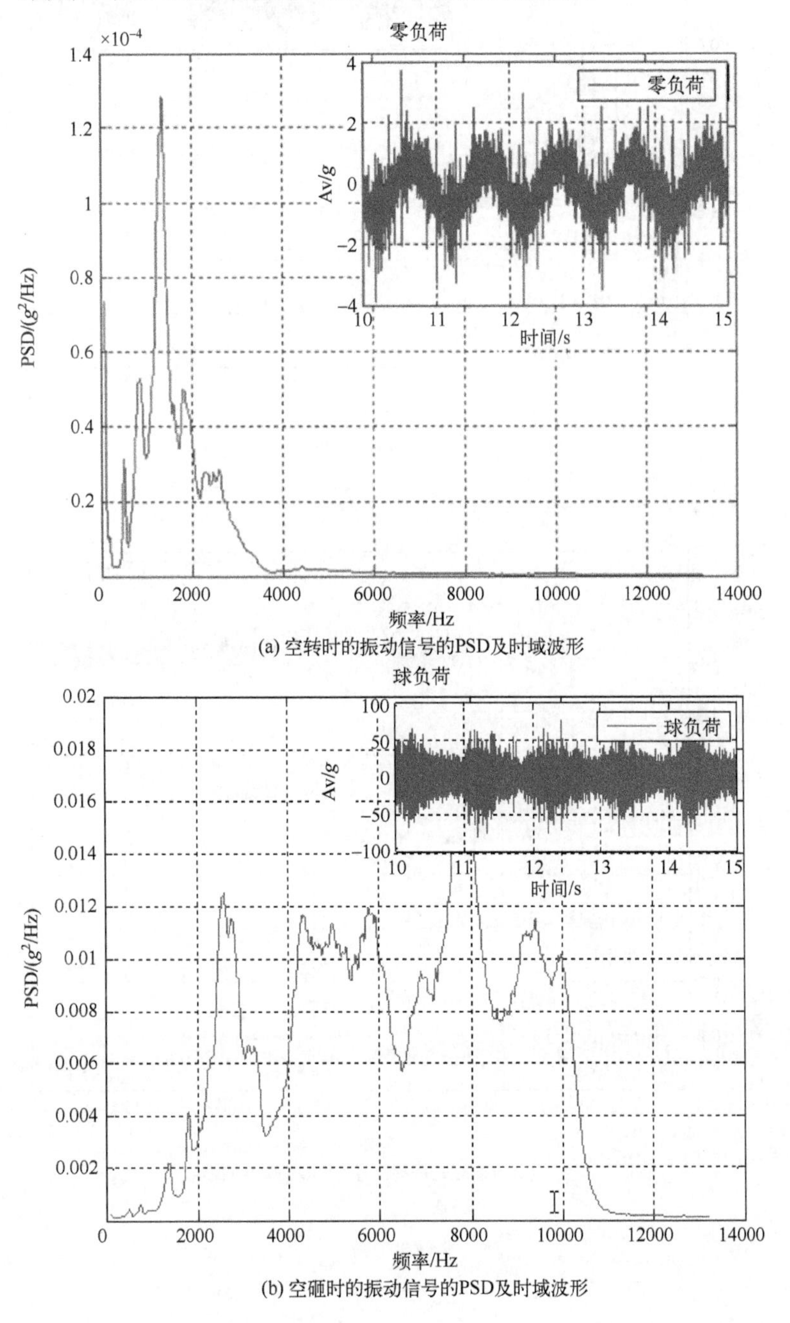

(a) 空转时的振动信号的PSD及时域波形

(b) 空砸时的振动信号的PSD及时域波形

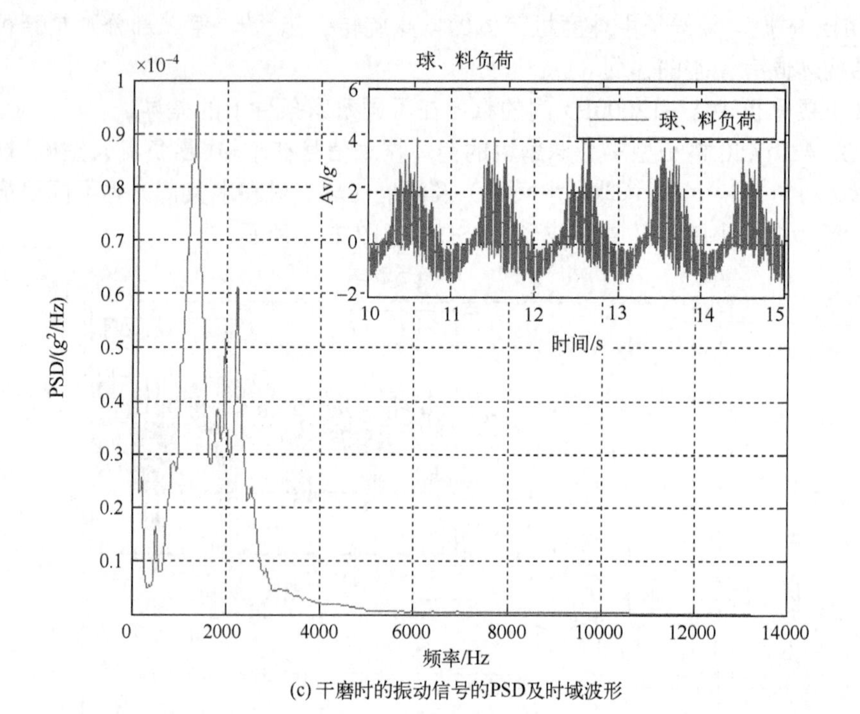

(c) 干磨时的振动信号的PSD及时域波形

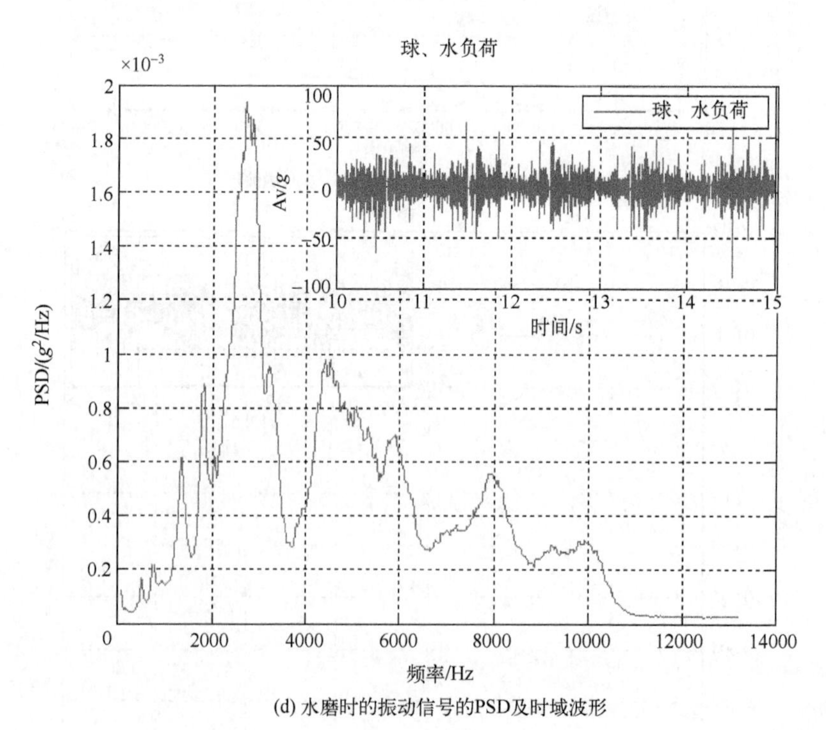

(d) 水磨时的振动信号的PSD及时域波形

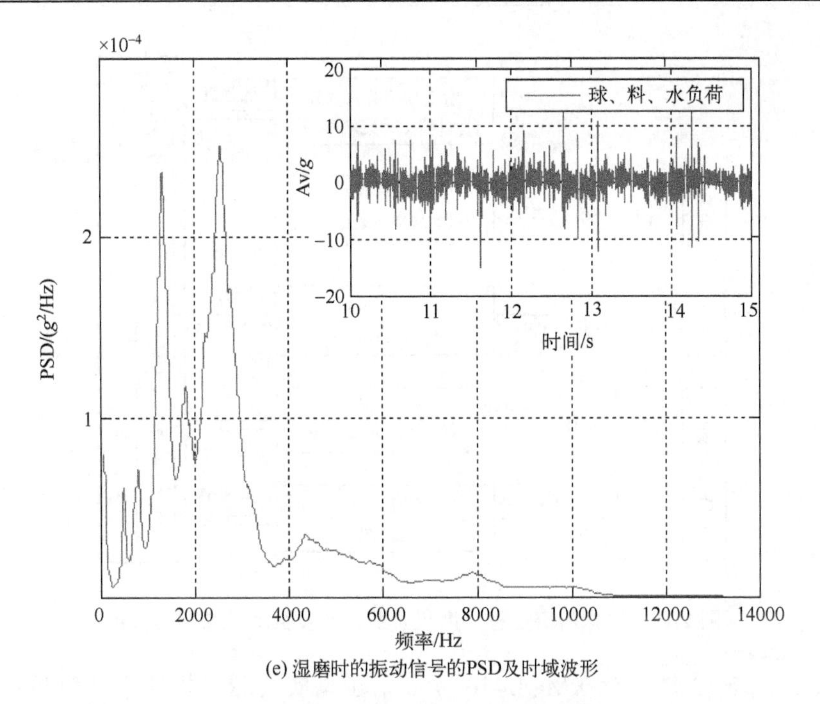

(e) 湿磨时的振动信号的PSD及时域波形

图 2.12　不同研磨条件下球磨机筒体振动信号的 PSD 及时域波形

图 2.12 中的磨机负荷为：钢球负荷 40kg，物料负荷 30kg 和水负荷 10kg。实验分别在：（a）空载（零负荷）、（b）空砸（球负荷）、（c）干磨（球、料负荷）、（d）水磨（球、水负荷）、（e）湿磨（料、球、水负荷）共 5 种不同的研磨条件下进行。

图 2.12 的结果表明，不同研磨条件下的时域及频域波形存在明显差异：在时域内，不同研磨条件下的振幅从 4g 到 100g，虽然以干磨的振幅最小，但其时域特征明显，与 Huang 的描述相符[206]；在频域内，所有频谱均具有相同的 100～2000Hz 分频段，从而表明此分频段是由磨机筒体和磨机内的钢球、物料和水负荷组成的机械结构体的固有模态。

球磨机对物料的研磨作用包括下落钢球的直接冲击破碎、通过其他钢球的间接冲击破碎和旋转钢球间的磨剥破碎。钢球的运动和研磨条件（干磨、水磨、湿磨）影响着钢球与衬板、钢球与物料、钢球与钢球相互之间的冲击力和冲击时间，并最终体现在筒体振动频谱上。不同研磨条件下，钢球对衬板的冲击力和冲击时间不同。物料的研磨过程可认为是个能量的损耗过程，也就是说，物料、水、矿浆以不同的能量损耗机理影响钢球对衬板的冲击，导致筒体振动信号在水磨、干磨、湿磨条件下具有不同的时域和频域波形。研究表明，XMQL420×450 格子型湿式球磨机的振动频谱可以分为固有模态段、主冲击模态段和次冲击模态段。

综合前文的分析，该实验磨机的研磨过程、筒体振动的不同模态及磨机负荷参数间的对应关系如图 2.13 所示。

图 2.13 表明，筒体振动频谱的不同分频段中包含不同的磨机负荷参数信息。为构建有效的软测量模型进行频谱分频段的划分和为不同的磨机负荷参数选择不同的频谱特征是必要的。

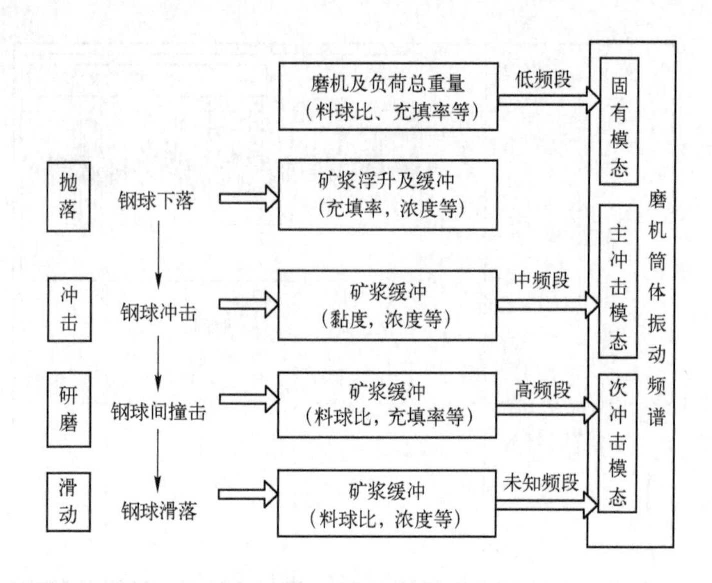

图 2.13 钢球研磨过程、磨机负荷参数及振动频谱间的关系

注 2-3：图 2.13 是结合 XMQL420×450 格子型实验球磨机给出的钢球研磨过程、磨机负荷参数及振动频谱之间相互关系，这只是一个定性的分析，而且其普适性待深入研究。

3）机械设备内多层钢球运动和表面振动的多尺度特性

实际上，磨机内的钢球数量众多并且分层排列，不同层的钢球运动轨迹不同。各层钢球的循环周期不同，钢球落回点的区域有限，内层钢球只能通过钢球之间的碰撞间接冲击筒体。以上只是针对最外层的单个钢球在落点处的分析，其他层钢球的落点分析类似，只是其落点在其下一层的钢球上，如图 2.14 所示。

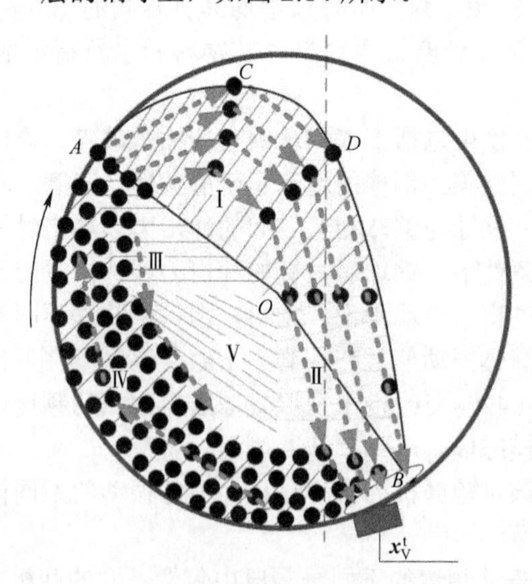

图 2.14 多层钢球运动示意图

因此，多层钢球在落点处引起的冲击力和振动信号可以表示为

$$x_{\mathrm{V}}^{\mathrm{layers}}=\sum w_{\mathrm{V}}^{\mathrm{layer}}\cdot x_{\mathrm{V}}^{\mathrm{single}} \tag{2.38}$$

$$F_{\mathrm{bmw}}^{\mathrm{layers}}=\sum w_{\mathrm{bwmw}}^{\mathrm{layer}}\cdot F_{\mathrm{bmw}}^{\mathrm{single}} \tag{2.39}$$

式中：$w_{\mathrm{V}}^{\mathrm{layer}}$ 和 $w_{\mathrm{bwmw}}^{\mathrm{layer}}$ 为不同层钢球在落点处引起的筒体振动和冲击力的加权系数。

下面研究在磨机筒体旋转一周的过程中磨机筒体上的任一点的受力情况。例如，最外层钢球（第一层钢球）在任意时刻受到的冲击力如图 2.15 所示。

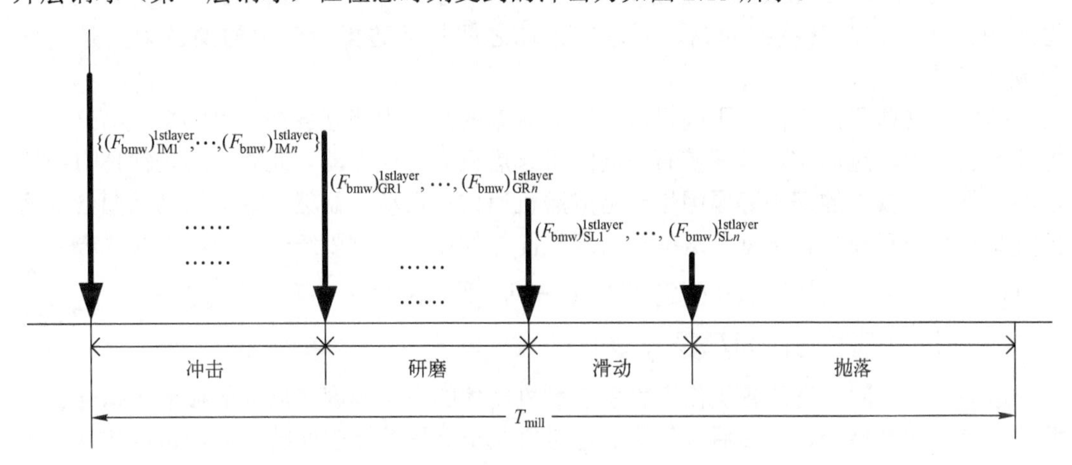

图 2.15　磨机旋转一周内筒体任意点所受冲击力示意图

T_{mill} 表示磨机旋转周期，箭头的长短表磨机筒体受到冲击力大小

以最外层钢球作为第一层，以其下落冲击点为起点，则上述所标记的 $F_{\mathrm{bmw}}^{\mathrm{single}}$ 为最大冲击力；同时假定最外层钢球对磨机筒体的直接或间接冲击力共有 IMn 个，并依此标记为 $\{(F_{\mathrm{bmw}})_{\mathrm{IM1}}^{\mathrm{1stlayer}},\cdots,(F_{\mathrm{bmw}})_{\mathrm{IM}n}^{\mathrm{1stlayer}}\}$，则 $F_{\mathrm{bmw}}^{\mathrm{single}}=(F_{\mathrm{bmw}})_{\mathrm{IM1}}^{\mathrm{1stlayer}}$；同理，假定最外层钢球对磨机筒体的直接或间接研磨力共有 GRn 个，并依此标记为 $(F_{\mathrm{bmw}})_{\mathrm{GR1}}^{\mathrm{1stlayer}},\cdots,(F_{\mathrm{bmw}})_{\mathrm{GR}n}^{\mathrm{1stlayer}}$；假定最外层钢球对磨机筒体的直接或间接滑动力共有 SLn 个，并依此标记为 $(F_{\mathrm{bmw}})_{\mathrm{SL1}}^{\mathrm{1stlayer}},\cdots,(F_{\mathrm{bmw}})_{\mathrm{SL}n}^{\mathrm{1stlayer}}$。因此，磨机筒体上任意一点在磨机旋转一周过程中不同时刻受到的多种作用力可表示为

$$\begin{aligned}(\boldsymbol{F}_{\mathrm{bmw}}^{\mathrm{1stlayer}})_{\mathrm{period}}=\{&(F_{\mathrm{bmw}})_{\mathrm{IM1}}^{\mathrm{1stlayer}},\cdots,(F_{\mathrm{bmw}})_{\mathrm{IM}n}^{\mathrm{1stlayer}},\cdots,(F_{\mathrm{bmw}})_{\mathrm{GR1}}^{\mathrm{1stlayer}},\cdots,(F_{\mathrm{bmw}})_{\mathrm{GR}n}^{\mathrm{1stlayer}},\\&\cdots,(F_{\mathrm{bmw}})_{\mathrm{SE1}}^{\mathrm{1stlayer}},\cdots,(F_{\mathrm{bmw}})_{\mathrm{SL}n}^{\mathrm{1stlayer}},\cdots\}\end{aligned} \tag{2.40}$$

上式给出了磨机内部钢球在冲击（impact）、研磨（grinding）和滑动（sliding）等不同阶段对磨机筒体的作用力。显然，这些作用力具有不同的冲击强度和频率。由此可见，单独分析某一时刻的筒体振动信号进行磨机负荷参数的估计是不合理的。为了能够包含磨机旋转一周内的全部筒体振动信号特性，需要以磨机旋转整周期的信号为单位长度进行分析。$(F_{\mathrm{bmw}}^{\mathrm{1stlayer}})_{\mathrm{period}}$ 引起的磨机旋转一周的最外层筒体振动可以表示为

$$\begin{aligned}(\boldsymbol{x}_{\mathrm{V}})_{\mathrm{period}}^{\mathrm{1stlayer}}=\{&(x_{\mathrm{V}}^{\mathrm{t}})_{\mathrm{IM1}}^{\mathrm{1stlayer}},\cdots,(x_{\mathrm{V}}^{\mathrm{t}})_{\mathrm{IM}n}^{\mathrm{1stlayer}},\cdots,(x_{\mathrm{V}}^{\mathrm{t}})_{\mathrm{GR1}}^{\mathrm{1stlayer}},\cdots,(x_{\mathrm{V}}^{\mathrm{t}})_{\mathrm{GR}n}^{\mathrm{1stlayer}},\cdots,\\&(x_{\mathrm{V}}^{\mathrm{t}})_{\mathrm{SL1}}^{\mathrm{1stlayer}},\cdots,(x_{\mathrm{V}}^{\mathrm{t}})_{\mathrm{SL}n}^{\mathrm{1stlayer}},\cdots\}\end{aligned} \tag{2.41}$$

式中：$\{(x_{\mathrm{V}}^{\mathrm{t}})_{\mathrm{IM1}}^{\mathrm{1stlayer}},\cdots,(x_{\mathrm{V}}^{\mathrm{t}})_{\mathrm{IM}n}^{\mathrm{1stlayer}}\}$，$\{(x_{\mathrm{V}}^{\mathrm{t}})_{\mathrm{GR1}}^{\mathrm{1stlayer}},\cdots,(x_{\mathrm{V}}^{\mathrm{t}})_{\mathrm{GR}n}^{\mathrm{1stlayer}}\}$，$\{(x_{\mathrm{V}}^{\mathrm{t}})_{\mathrm{SL1}}^{\mathrm{1stlayer}},\cdots,(x_{\mathrm{V}}^{\mathrm{t}})_{\mathrm{SL}n}^{\mathrm{1stlayer}}\}$ 分别为

最外层钢球在冲击、研磨和滑动阶段对磨机筒体的作用力所引起筒体振动信号。显然，之前所推导的最外层钢球在落回点处引起的振动 $x_{\mathrm{V}}^{\mathrm{single}}$ 就是 $(x_{\mathrm{V}}^{\mathrm{t}})_{\mathrm{IM1}}^{\mathrm{1stlayer}}$ 。

除了磨机内部众多钢球的分层抛落，不同层的钢球在不同的研磨阶段对磨机筒体的冲击力不同之外，研磨钢球的不同配比所选用的不同直径大小的钢球的冲击力也不同，不同性质的矿石由于硬度和粒度分布的不同而对冲击的影响也不同，不同的矿浆黏度下对钢球的浮升和黏滞作用的不同也导致冲击周期和频率的不同。另外，在实际生产中，还存在泻落状态的钢球，这些钢球之间相互碰撞所产生的冲击力更是周期和频率各异。

因此，这些不同来源、不同幅值、不同频率的冲击力相互叠加而对物料负荷产生冲击和磨剥作用，进而实现破碎矿石，同时引起磨机筒体的振动。此外，磨机筒体自身质量的不平衡、安装的偏心等原因也会造成磨机筒体的振动；显然，这类振动所蕴含的磨机负荷参数信息较少。可见，这些冲击磨机筒体的作用力可以统一采用如下公式表示：

$$\begin{aligned}(\boldsymbol{F}_{\mathrm{bmw}}^{\mathrm{All}})_{\mathrm{period}}=&(F_{\mathrm{bmw}}^{\mathrm{1stlayer}})_{\mathrm{period}}+(F_{\mathrm{bmw}}^{\mathrm{2ndlayer}})_{\mathrm{period}}+(F_{\mathrm{bmw}}^{\mathrm{3rdlayer}})_{\mathrm{period}}+\cdots+(F_{\mathrm{bmw}}^{\mathrm{millself}})_{\mathrm{period}}+\\&(F_{\mathrm{bmw}}^{\mathrm{install}})_{\mathrm{period}}+(F_{\mathrm{bmw}}^{\mathrm{others}})_{\mathrm{period}}+\cdots\end{aligned}\tag{2.42}$$

这些不同时间尺度的各类作用力引起磨机筒体的不同幅度多周期的振动子信号。当振动子信号相互耦合、叠加后，便构成通常安装于磨机筒体表面的振动加速度传感器所采集得到的筒体振动信号。将上述作用力对磨机筒体上的某点的合力记为 F_{bmw} 。

综上，筒体振动信号的组成可以表示为

$$\begin{aligned}\boldsymbol{x}_{\mathrm{V}}^{\mathrm{t}}&=(x_{\mathrm{V}}^{\mathrm{t}})_{\mathrm{period}}^{\mathrm{1stlayer}}+(x_{\mathrm{V}}^{\mathrm{t}})_{\mathrm{period}}^{\mathrm{2ndlayer}}+(x_{\mathrm{V}}^{\mathrm{t}})_{\mathrm{period}}^{\mathrm{3rdlayer}}+\cdots+(x_{\mathrm{V}}^{\mathrm{t}})^{\mathrm{millself}}+(x_{\mathrm{V}}^{\mathrm{t}})^{\mathrm{install}}+(x_{\mathrm{V}}^{\mathrm{t}})^{\mathrm{others}}+\cdots\\&=\sum_{j_{\mathrm{V}}=1}^{J_{\mathrm{V}}^{\mathrm{all}}}x_{j_{\mathrm{V}}}^{\mathrm{t}}\end{aligned}\tag{2.43}$$

式中：$x_{j_{\mathrm{V}}}^{\mathrm{t}}$ 和 $J_{\mathrm{V}}^{\mathrm{all}}$ 分别为第 j_{V} 个子信号和子信号的数量；$(x_{\mathrm{V}}^{\mathrm{t}})_{\mathrm{period}}^{j\mathrm{thlayer}}$ 、$(x_{\mathrm{V}}^{\mathrm{t}})^{\mathrm{millself}}$ 、$(x_{\mathrm{V}}^{\mathrm{t}})^{\mathrm{install}}$ 和 $(x_{\mathrm{V}}^{\mathrm{t}})^{\mathrm{others}}$ 分别为由第 j 层钢球冲击、磨机质量不平衡、安装偏差和其他原因引起的某个筒体振动子信号。

以上分析表明，筒体振动信号具有多组分特性，并且理论上这些不同的子信号具有不同的物理含义。如何从所采集的筒体振动信号中有效分解得到这些具有不同阐释的子信号，并提取与磨机负荷参数相关的信息是构建磨机负荷模型所需解决的首要问题。

研究表明，在时域内难以提取有效的有价值信息时，通常采用信号处理技术将其变换至频域再进行处理。因此，针对上述具有多组分特性的筒体振动信号，采用时频技术进行预先处理是必要的。

4）机械设备表面振动的多尺度分解

由多层钢球受力和振动分析可知，就最外层钢球而言，在磨机筒体旋转一周过程中的不同时刻受到了不同强度和频率的冲击力，而磨机内包裹着矿浆的钢球数以万计且分层排列，不同层的钢球的运动轨迹又不相同。这些因素都导致了筒体振动信号具有较强的非线性、非平稳、多组分和多时间尺度的特性，解决此类问题，通常采用适当的时频分析方法得到具有时间尺度的子信号，从而呈现出这些子信号的多尺度特性，同时获得多尺度子信号中蕴含的磨机负荷参数的不同信息。由球磨机内介质运动与研磨作用的分析可知，磨机内矿浆黏度复杂多变且难以测量，钢球和磨机衬板磨损及腐蚀量难以确定，物料和钢球粒径大小及分布随时间波动的规律性难以描述，湿式球磨机研磨物料过程的机理比干式球磨机更为复杂。

此处，将文献[262]中对原始信号直接 FFT 获得的频谱称为单尺度频谱，对原始信号进行多尺度分解后再 FFT 变换获得的频谱称为多尺度频谱。针对筒体振动信号具有的非线性、非平稳、多组分和多时间尺度的特性，进行筒体振动的多尺度分解。前述的磨机筒体振动产生机理的定性分析表明，通常所采集到的筒体振动信号具有多组分、多尺度特性，并且这些子信号中蕴含着磨机负荷参数信息。

下面通过对 XMQL420×450 格子型实验球磨机的筒体振动信号进行多尺度分解以展现这些特性。

在（a）空转（零负荷）、（b）空砸（球负荷）、（c）水磨（球和水负荷）、（d）干磨（球和物料负荷）和（e）湿磨（球、料和水负荷）共 5 种条件下的筒体振动信号，经过 EMD 进行自适应分解，其分解得到的不同 IMF 及其频谱如图 2.16（以两个周期为例）所示，其中，球、料和水负荷分别为 40kg、30kg 和 10kg。

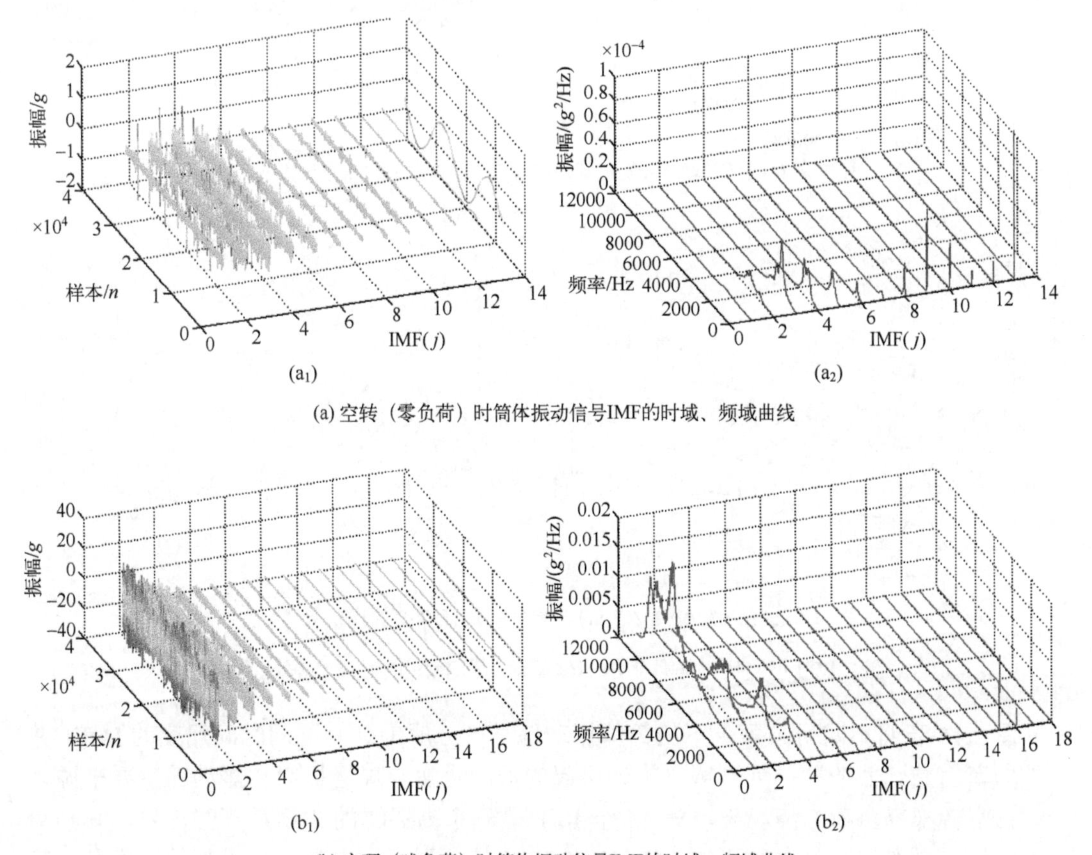

(a) 空转（零负荷）时筒体振动信号IMF的时域、频域曲线

(b) 空砸（球负荷）时筒体振动信号IMF的时域、频域曲线

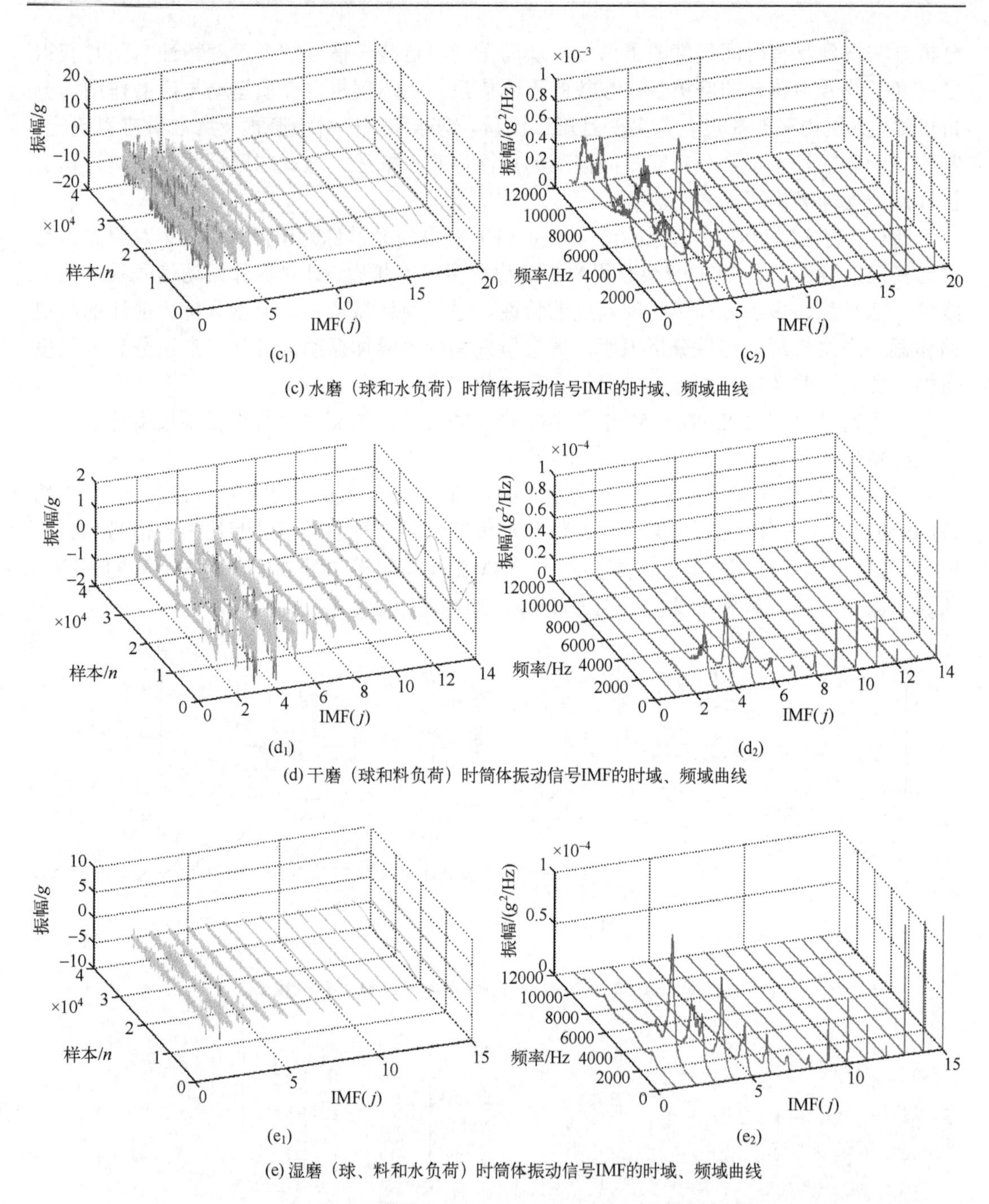

(c₁) (c₂)

(c) 水磨（球和水负荷）时筒体振动信号IMF的时域、频域曲线

(d₁) (d₂)

(d) 干磨（球和料负荷）时筒体振动信号IMF的时域、频域曲线

(e₁) (e₂)

(e) 湿磨（球、料和水负荷）时筒体振动信号IMF的时域、频域曲线

图 2.16 不同研磨条件下的筒体振动信号 IMF 的时域和频域曲线

图 2.16 表明不同研磨条件下的筒体振动信号可分解为具有不同时间尺度的 IMF，并且按频率由高到低依次排列。磨机旋转引起的振动是实验球磨机筒体振动的主要来源之一。在空转（零负荷）情况下，第 13 个 IMF 是一个高振幅的 2 周期正弦信号，其频率与磨机旋转频率相同。由此可知，第 13 个 IMF 是由于磨机自身旋转引起的。而且，第 13 个 IMF 频谱的幅值是第 3 个 IMF 的 122 倍，而此时磨机内没有任何负荷，据此可以

推测该磨机筒体自身可能存在质量不平衡或安装偏心的问题。

为了较清晰地在图 2.16 中展示全部 IMF 频谱，除了图 2.16（b）外，其他图中 z 轴的最高值被限制在 0.0001。由空砸（球负荷）工况下的图 2.16（b）可知，钢球负荷冲击磨机筒体引起的巨大振动导致磨机筒体旋转周期信号相对难以分辨。由此可见，磨机筒体振动主要是由钢球冲击引起的。在（a）、（b）、（c）、（d）和（e）五种不同工况下，时域 IMF 信号的最大的幅值分别是 2、40、20、2 和 10。在空砸工况下，对钢球负荷的冲击没有任何缓冲介质，筒体振动幅值最大，并且主要是高频子信号的幅值最大；在其他工况下，振幅最大的均为磨机旋转周期信号。水磨、干磨和湿磨对钢球负荷缓冲机理的不同，导致这 3 种不同研磨工况下筒体振动 IMF 子信号时域和频域形状的差异，其中干磨和湿磨的 IMF 频域波形的差异也间接表明了两者在研磨机理上的差异。

综上，不同 IMF 均是由不同的振源引起的，这些振源在理论上具有相应的物理意义，只是由于磨机研磨机理的不清晰导致目前难以给出合理解释。显然，这些不同的 IMF 蕴含的磨机负荷参数信息不同。

3．机械信号相关参数与机械振声频谱的相关性分析

1）机械设备振声信号的多尺度特性

振声主要是由声源的振动引起的，与振动密切相关。振动量是时间的函数，而振声的波动量则是时间和空间的函数。按振声传递媒介的不同，机械噪声可以分为空气噪声和结构噪声，其中：空气噪声指经由空气途径（包括通过隔墙）传播到接收点的噪声，结构噪声指通过固体结构传递到接收点附近的构件后声辐射到达接收处的噪声[276]。

磨机振声信号由振动辐射噪声即筒体结构噪声、磨机内部混合声场传输至磨机外部的空气噪声、与磨机负荷无关的环境噪声等三部分组成，主要来源是筒体振动，如图 2.17 所示。

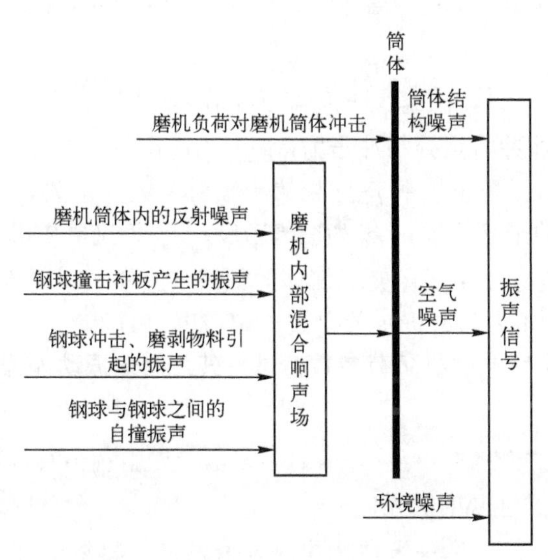

图 2.17　磨机振声信号的组成示意图

磨机内部的振声主要是由磨机转动时钢球与衬板、钢球与钢球、钢球与物料间的撞击产生，其中，钢球撞击衬板产生的振声以中低频为主，钢球与钢球之间的自撞振声以中高频为主[277]。钢球撞击衬板引起筒体振动，由此振动产生的声辐射即筒体的结构噪声构成了磨机外部振声的主要部分。磨机外部可检测的振声信号至少由筒体的结构噪声及通过筒体和固定磨机衬板的螺栓传输至磨机外部的空气噪声两部分组成。

基于上述定性分析可知，振声信号是由多种噪声信号叠加而成，并且不同组成部分蕴含的磨机负荷参数信息明显不同，其组成较筒体振动信号更为复杂，可用下式表示：

$$x_{\mathrm{A}}^{\mathrm{t}}=\sum_{j_{\mathrm{A}}=1}^{J_{\mathrm{A}}} x_{j_{\mathrm{A}}}^{\mathrm{t}} \tag{2.44}$$

式中：$x_{j_{\mathrm{A}}}^{\mathrm{t}}$ 为振声信号的第 j_{A} 个组成成分；J_{A} 为振声信号组成成分个数。

2）机械设备振声频谱与设备负荷参数的相关性分析

研究表明，尽管振声组成复杂，但其主要声源依然是钢球负荷对磨机衬板的冲击[278]。文献[279]指出，磨机筒体在冲击点处形成的中心频率为 f_{bmw0}，频率带宽为 Δf_{bmw} 的声级能量可表示为

$$E_{\mathrm{rad}}(A_{\mathrm{wet}}, f_{\mathrm{bmw0}}, \Delta f_{\mathrm{bmw}})=N_{\mathrm{imp}} \frac{A_{\mathrm{wet}} \sigma_{\mathrm{rad}}}{f_{\mathrm{bmw0}}} \frac{1}{\eta_{\mathrm{s}} d_{\mathrm{mill}}} \frac{\Delta f_{\mathrm{bmw}}}{f_{\mathrm{bmw0}}} \frac{\rho_{0} c_{\mathrm{air}}}{2 \pi^{2} \rho_{\mathrm{m}}}\left|\dot{F}_{\mathrm{bmw}}^{\mathrm{layers}}(f_{0})\right|^{2} \operatorname{Im}\left[H_{\mathrm{bmw}}(f_{\mathrm{bmw0}})\right] \tag{2.45}$$

或是采用对数形式 L_{eq} 表示：

$$\begin{aligned} L_{\mathrm{eq}}(A, f_{\mathrm{bmw0}}, \Delta f_{\mathrm{bmw}})= & 10 \log N_{\mathrm{imp}}+10 \log \left|\dot{F}_{\mathrm{bmw}}(f_{\mathrm{bmw0}})\right|^{2}+10 \log \{\operatorname{Im}[H_{\mathrm{bmw}}(f_{\mathrm{bmw0}})]\} \\ & +10 \log (A_{\mathrm{wet}} \sigma_{\mathrm{rad}} / f_{\mathrm{bmw0}})+10 \log (\Delta f_{\mathrm{bmw}} / f_{\mathrm{bmw0}})+ \\ & -10 \log \eta_{\mathrm{s}}-10 \log d_{\mathrm{mill}}+10 \log (\rho_{0} c_{\mathrm{air}} / 2 \pi^{2} \rho_{\mathrm{b}}) \end{aligned} \tag{2.46}$$

式中：N_{imp} 为每秒的冲击次数；$H_{\mathrm{bmw}}(f_{\mathrm{bmw0}})$ 为冲击点的响应 $h_{\mathrm{bmw}}(t)$ 在频率处 f_{bmw0} 的傅里叶变换，其定义为

$$V_{\mathrm{bmw}}(f_{\mathrm{bmw0}})=\dot{F}_{\mathrm{bmw}}(f_{\mathrm{bmw0}}) H_{\mathrm{bmw}}(f_{\mathrm{bmw0}}) \tag{2.47}$$

式中：$F_{\mathrm{bmw}}^{\mathrm{layers}}$ 为磨机筒体冲击点处的冲击力；V_{bmw} 为冲击引起的速度；A_{wet} 为在频率 f_{bmw0} 处的声级加权系数；σ_{rad} 为在频率 f_{bmw0} 处的声辐射系数；η_{s} 为在频率 f_{bmw0} 处的阻尼系数；d_{mill} 为磨机筒体的平度厚度；ρ_{0} 为空气密度；c_{air} 为空气中的声速。

因此，振声的频谱分布主要由磨机筒体的频率响应模型、平均辐射效率及冲击力的导数项决定，其中，冲击力与磨机负荷参数（MBVR、PD 和 CVR）密切相关。因此，筒体振声信号中蕴含着丰富的磨机负荷参数信息，其与筒体振动和磨机负荷参数间的映射关系可以表示为

$$\boldsymbol{x}_{\mathrm{A}}^{\mathrm{t}}=\mathit{\Theta}_{\mathrm{A}}(\boldsymbol{x}_{\mathrm{V}}^{\mathrm{t}}, \boldsymbol{x}_{\mathrm{others}}^{\mathrm{t}})=\mathit{\Theta}_{\mathrm{A}}(\mathit{\Theta}_{\mathrm{V}}(F_{\mathrm{bmw}}^{\mathrm{layers}}, \mathit{\Phi}_{\mathrm{mb}}, \mathit{\Phi}_{\mathrm{mw}}, \mathit{\Phi}_{\mathrm{bmw}})) \tag{2.48}$$

式中：$\mathit{\Theta}_{\mathrm{A}}$ 为未知的非线性映射关系。

如前所述，人耳本质上是一组自适应带通滤波器，熟练的球磨机操作人员能够凭借听音判断所熟悉的特定磨机的负荷及其内部参数状态。针对这些现象，文献[283]采用 HS5670 型积分声级计，基于 305mm×305mm 中心传动式邦德功指数球磨机，研究了湿式球磨机振声信号的倍频中心频率的频谱分布与磨机负荷参数间的映射关系，

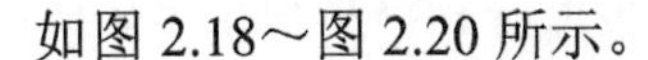
如图 2.18～图 2.20 所示。

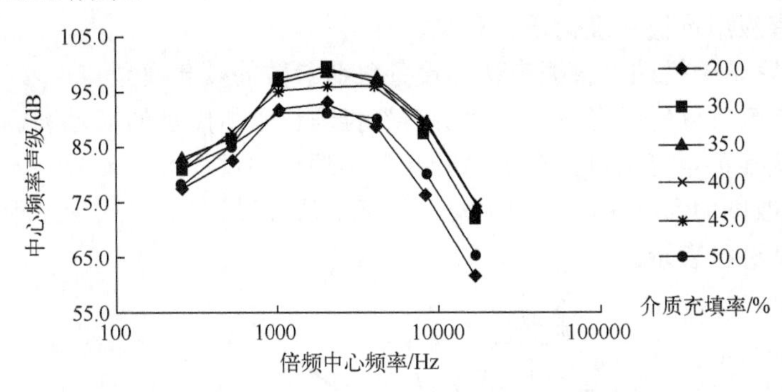

图 2.18　磨矿浓度为 0.80、料球比 0.56 时，介质充填率对振声频谱分布的影响

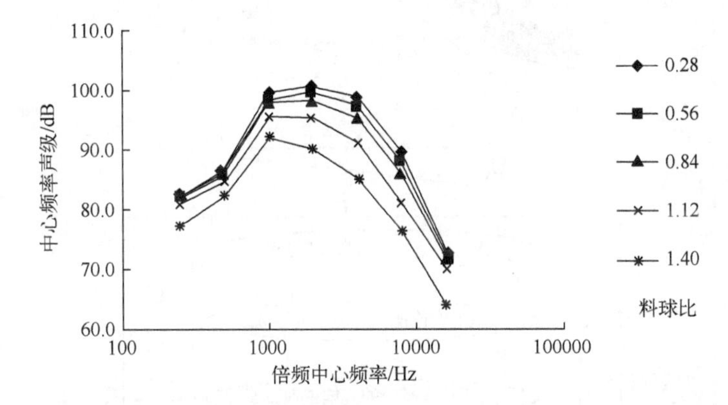

图 2.19　磨矿浓度为 0.80、介质充填率为 0.30 时，料球比对振声频谱分布的影响

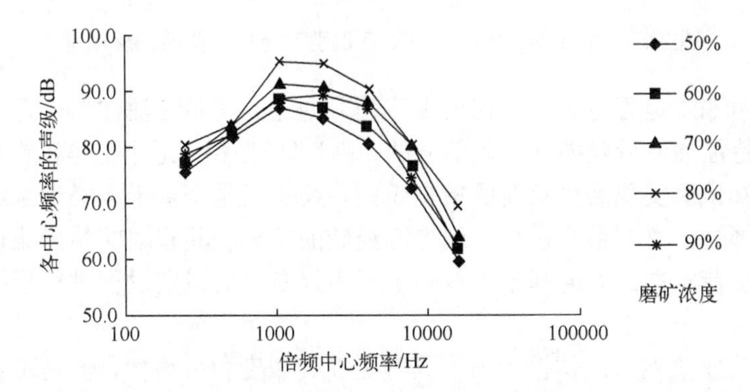

图 2.20　料球比为 1.12、介质充填率为 0.30 时，磨矿浓度对振声频谱分布的影响

图 2.18～图 2.20 表明，振声频谱能够准确反映磨机负荷参数。具体而言，当球磨机物料增加时，球磨机噪声发“闷”，即高频部分声级明显降低；球磨机物料减少时，噪声发“脆”，高频部分声级迅速提高。

此外，文献[263]得出了球磨机振声信号能够有效地检测磨机内部料球比的结论，文献[278]指出振声信号的低频部分包含更多的磨机负荷信息。可见，模仿人耳在整个振声频域内进行频谱特征分析、提取和选择蕴含不同信息的频谱特征是必要的。

因此，将振声信号有效分解为具有不同尺度的子信号，并提取其频谱特征用于构造软测量模型具有应用价值和理论研究意义。

3）运行专家基于机械设备振声认知设备负荷参数的概念模型

优秀运行专家可以凭借自身经验“听音”推理识别所熟悉的特定磨机的负荷及其内部参数状态。从某种角度上讲，专家“听音”推理识别过程可以理解为人耳带通滤波能力、人脑特征抽取能力和专家经验规则推理的逐层认知过程。这一认识过程可用如图 2.21 表示的概念模型进行表示。

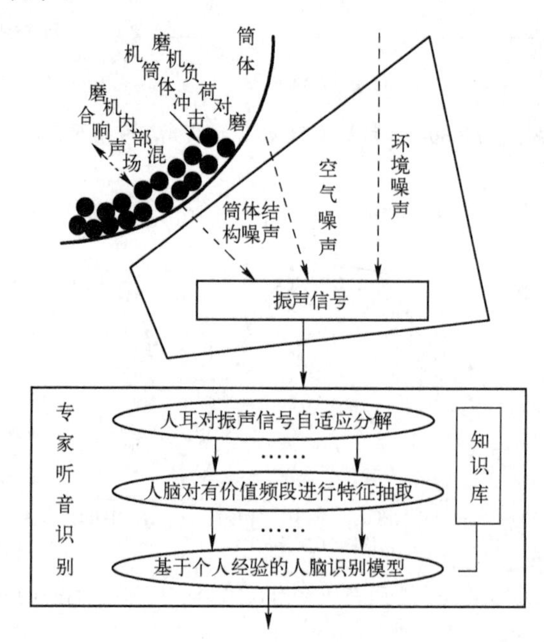

图 2.21　运行专家凭经验“听音识别”磨机负荷的概念模型

由图 2.21 可知，运行专家所利用的振声信号通过人耳带通滤波器自适应分解为不同的子信号，经特征抽取后获得某频段信号的“高”“低”和“适中”等模糊值，再基于不同专家的自身知识库实现磨机负荷的模糊识别。显然这是个基于人类专家经验进行不确定性推理的选择性信息的融合过程，但专家经验的差异和其有限的精力难以保证磨机长期运行在优化负荷状态。如何基于现有技术对运行专家的识别过程进行模拟正是本书的关注点之一。

另外，图 2.21 表明，筒体振动信号具有更高灵敏度和可靠性，但是工业现场的运行专家并不能凭借人耳直接有效利用该信号。显然，借助现代信号分析技术和建模技术，能够有效融合筒体振动和振声以实现对运行专家认知过程的模拟。

2.4　机械装备难测参数的专家认知过程及其建模难点

上述分析表明，筒体振动和振声信号由蕴含各种有价值信息的不同子信号组成。通常，领域专家可通过所听到的振声信号估计其所熟悉的磨机负荷，但受限于其有限的精力和经验的差异，难以维持磨机长期运行在最优状态。本质上，耳朵的带通滤波器作用能够从原始信号中识别出有价值的子信号。加之人脑的多层次结构，领域专家对有价值多源特征和多种操作条件的确定，最终决策有效的磨机负荷估计。因此，必须通过基于筒体振动和振声的产生机理，采用数据驱动建模方法模拟领域专家估计磨机负荷的过程。此外，球磨机系统的时变特性要求在实际应用中必须及时更新离线的训练模型。

图 2.22 所示为机械研磨信号产生机理、领域专家对磨机负荷估计过程、关键工业应用存在问题和数据驱动建模方法之间的关系。

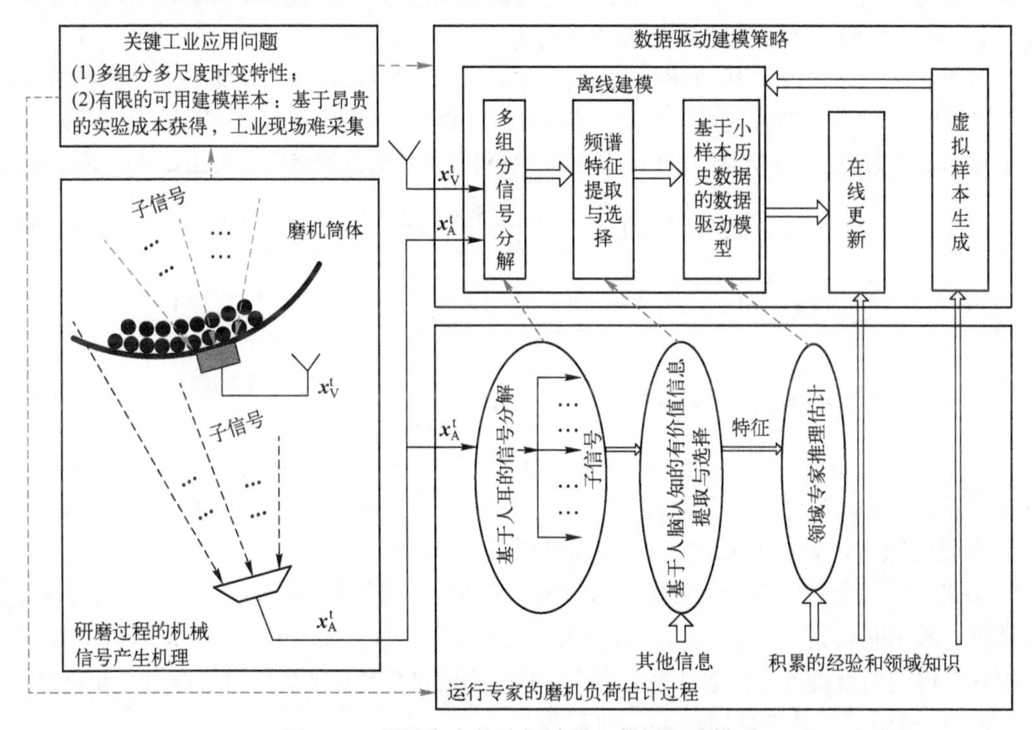

图 2.22　领域专家的认知过程和数据驱动模型

鉴于球磨机的封闭旋转的工作特性和复杂的研磨机理，在球磨机的实验设计和开始运行段可获得有价值的建模样本，这使得现场采集的数据所对应的工况极为相似，进而导致有效建模样本数据稀少且分布不均衡。这表明，只有具有丰富经验的领域专家才能有效估计磨机负荷参数。

与这些专家参与的估计过程相比，数据驱动的建模方法应该重点关注如下的几个问题：

（1）以类似于人耳的方式对机械信号进行分解。

（2）以类似于人脑的多级特征提取和选择过程的方式选择机械信号所蕴含的有效特征。

（3）构建一个模拟专家选择性融合多源信息和历史经验过程的磨机负荷估计模型，并考虑采用数据增强手段提高离线构建的测量模型的预测精度和鲁棒性。

（4）在线更新磨机负荷测量模型。

因此，基于机械信号的磨机负荷建模面对的是样本小、维数高、覆盖工况不完备的训练数据。图 2.22 表明的数据驱动建模方法相对于领域专家的至少的一个优点是，后者不能直接利用高灵敏度的筒体振动信号。

2.5 机械频谱驱动智能集成建模策略及其功能描述

2.5.1 机械装备难测参数智能集成模型

综合以上分析可知，磨机负荷参数与磨机研磨机理、筒体振动/振声产生机理是密切相关的，与多尺度筒体振动/振声频谱特征间也存在复杂的非线性映射关系，并由静态实验下的磨机负荷及相关物料、钢球和水的密度、介质充填率等经验参数和磨机容积计算获得。

1）磨机负荷参数确定时的磨机负荷模型

根据 2.3.2 节给出的磨机负荷参数计算公式，假定磨机转速率恒定，通过检测磨机负荷参数（MBVR、PD 和 CVR）的具体值，结合磨机的容积、物料、钢球和水的密度以及介质空隙率等已知参数，任一时刻磨机负荷（钢球、物料及水负荷）的准确值可由如下公式计算：

$$l_{\mathrm{m}} = (\phi_{\mathrm{bmw}} \cdot V_{\mathrm{mill}}) \Big/ \left(\frac{1}{\rho_{\mathrm{m}}} + \frac{1-\phi_{\mathrm{mw}}}{\rho_{\mathrm{w}} \cdot \phi_{\mathrm{mw}}} + \frac{1-\mu}{\mu} \cdot \frac{1}{\phi_{\mathrm{mb}} \cdot \rho_{\mathrm{m}}} \right) \tag{2.49}$$

$$l_{\mathrm{w}} = (\phi_{\mathrm{bmw}} \cdot V_{\mathrm{mill}}) \Big/ \left(\frac{1}{\rho_{\mathrm{m}}} \cdot \frac{\phi_{\mathrm{mw}}}{1-\phi_{\mathrm{mw}}} + \frac{1}{\rho_{\mathrm{w}}} + \frac{1-\mu}{\mu} \cdot \frac{\phi_{\mathrm{mw}}}{1-\phi_{\mathrm{mw}}} \cdot \frac{1}{\phi_{\mathrm{mb}}} \cdot \frac{1}{\rho_{\mathrm{m}}} \right) \tag{2.50}$$

$$l_{\mathrm{b}} = \left(\phi_{\mathrm{bmw}} \cdot V_{\mathrm{mill}} \cdot \rho_{\mathrm{b}} \cdot \frac{1-\mu}{\mu} \right) \Big/ \left(\phi_{\mathrm{mb}} + \frac{1-\phi_{\mathrm{mw}}}{\phi_{\mathrm{mw}}} \cdot \frac{\rho_{\mathrm{m}} \cdot \phi_{\mathrm{mb}}}{\rho_{\mathrm{w}}} + \frac{1-\mu}{\mu} \right) \tag{2.51}$$

式中：ϕ_{mb}、ϕ_{mw} 和 ϕ_{bmw} 分别为 MBVR、PD 和 CVR 磨机负荷参数；l_{b}、l_{w} 和 l_{m} 分别为钢球负荷、水负荷及物料负荷（kg）；ρ_{b}、ρ_{m} 和 ρ_{w} 分别为钢球、物料和水的密度（kg/m^3）；μ 为介质空隙率，一般取 0.38；V_{mill} 为磨机的有效容积（m^3）。

由式（2.49）～式（2.51）可知，当确定具体添加的某种物料和钢球时，ρ_{b}、ρ_{m} 和 ρ_{w} 是常量，其中参数 ρ_{b}、ρ_{m}、ρ_{w}、μ 和 V_{mill} 均为已知常数。由于上式是依据磨机参数的定义推导而得到的磨机负荷模型，本书中将其称之为磨机负荷参数确定时的磨机负荷模型。

2）磨机负荷参数变化时的磨机负荷模型

由 2.3 节的磨机负荷参数的特性分析可知：实际磨矿过程是个连续的循环过程，同时该过程中存在诸多的不确定性和波动性变化，如新给矿的粒度、品位、硬度、表面的微小裂纹和特性分布等具有的随机变化特性，循环负荷中包含的难以量化的矿石负荷、水负荷以及被腐蚀破碎的钢球负荷等，随研磨过程而变化的磨机内部物料和钢球的粒度及其分布的变化，以及矿浆流变特性的变化等。这些众多因素导致磨机负荷参数有较强的动态特性，因此磨机负荷参数与磨机筒体振动和振声的多尺度频谱间存在复杂的非线性关系，可采用如下公式所示：

$$\begin{aligned} \varPhi_{\mathrm{mb}} &= F_{\mathrm{mb}}(f_{\mathrm{Vmb}}^{1},\cdots,f_{\mathrm{Vmb}}^{j_{\mathrm{V}}},\cdots,f_{\mathrm{Vmb}}^{J_{\mathrm{V}}},f_{\mathrm{Amb}}^{1},\cdots,f_{\mathrm{Amb}}^{j_{\mathrm{A}}},\cdots,f_{\mathrm{Amb}}^{J_{\mathrm{A}}}) \\ &= F_{\mathrm{mb}}(\{f_{\mathrm{Vmb}}^{j_{\mathrm{V}}}\}_{j_{\mathrm{V}}=1}^{J_{\mathrm{V}}},\{f_{\mathrm{Amb}}^{j_{\mathrm{A}}}\}_{j_{\mathrm{A}}=1}^{J_{\mathrm{A}}}) \end{aligned} \tag{2.52}$$

$$\begin{aligned} \varPhi_{\mathrm{mw}} &= F_{\mathrm{mw}}(f_{\mathrm{Vmw}}^{1},\cdots,f_{\mathrm{Vmw}}^{j_{\mathrm{V}}},\cdots,f_{\mathrm{Vmw}}^{J_{\mathrm{V}}},f_{\mathrm{Amw}}^{1},\cdots,f_{\mathrm{Amw}}^{j_{\mathrm{A}}},\cdots,f_{\mathrm{Amw}}^{J_{\mathrm{A}}}) \\ &= F_{\mathrm{mw}}(\{f_{\mathrm{Vmw}}^{j_{\mathrm{V}}}\}_{j_{\mathrm{V}}=1}^{J_{\mathrm{V}}},\{f_{\mathrm{Amw}}^{j_{\mathrm{A}}}\}_{j_{\mathrm{A}}=1}^{J_{\mathrm{A}}}) \end{aligned} \tag{2.53}$$

$$\begin{aligned} \varPhi_{\mathrm{bmw}} &= F_{\mathrm{bmw}}(f_{\mathrm{Vbmw}}^{1},\cdots,f_{\mathrm{Vbmw}}^{j_{\mathrm{V}}},\cdots,f_{\mathrm{Vbmw}}^{J_{\mathrm{V}}},f_{\mathrm{Abmw}}^{1},\cdots,f_{\mathrm{Abmw}}^{j_{\mathrm{A}}},\cdots,f_{\mathrm{Abmw}}^{J_{\mathrm{A}}}) \\ &= F_{\mathrm{bmw}}(\{f_{\mathrm{Vbmw}}^{j_{\mathrm{V}}}\}_{j_{\mathrm{V}}=1}^{J_{\mathrm{V}}},\{f_{\mathrm{Abmw}}^{j_{\mathrm{A}}}\}_{j_{\mathrm{A}}=1}^{J_{\mathrm{A}}}) \end{aligned} \tag{2.54}$$

式中：下标 V 和 A 分别表示磨机筒体振动和振声；$i = \text{mb,mw和bmw}$ 时分别表示 MBVR，PD 和 MBVR；$F_i(\cdot)$ 表示磨机负荷参数与磨机筒体振动/振声多尺度频谱间的非线性映射关系；$f_{Vi}^{j_V}$ 和 $f_{Ai}^{j_A}$ 表示筒体振动和振声频谱的第 j_V 和 j_A 个多尺度频谱。

综上所述，具有动态特性的磨机负荷参数和磨机负荷静态模型，可得到如下列公式所示的物料负荷、水负荷和钢球负荷的动态模型：

$$
\begin{aligned}
L_m &= \frac{\Phi_{bmw}\cdot V_{mill}}{\dfrac{1}{\rho_m}+\dfrac{1-\Phi_{mw}}{\rho_w\cdot\Phi_{mw}}+\dfrac{1-\mu}{\mu}\cdot\dfrac{1}{\Phi_{mb}\cdot\rho_m}} \\
&= \frac{F_{bmw}(\{f_{Vbmw}^{j_V}\}_{j_V=1}^{J_V},\{f_{Abmw}^{j_A}\}_{j_A=1}^{J_A})\cdot V_{mill}}{\dfrac{1}{\rho_m}+\dfrac{1-F_{mw}(\{f_{Vmw}^{j_V}\}_{j_V=1}^{J_V},\{f_{Amw}^{j_A}\}_{j_A=1}^{J_A})}{\rho_w\cdot F_{mw}(\{f_{Vmw}^{j_V}\}_{j_V=1}^{J_V},\{f_{Amw}^{j_A}\}_{j_A=1}^{J_A})}+\dfrac{1-\mu}{\mu}\cdot\dfrac{1}{F_{mb}(\{f_{Vmb}^{j_V}\}_{j_V=1}^{J_V},\{f_{Amb}^{j_A}\}_{j_A=1}^{J_A})\cdot\rho_m}}
\end{aligned}
\tag{2.55}
$$

$$
\begin{aligned}
L_w &= \frac{\Phi_{bmw}\cdot V_{mill}}{\dfrac{1}{\rho_m}\cdot\dfrac{\Phi_{mw}}{1-\Phi_{mw}}+\dfrac{1}{\rho_w}+\dfrac{1-\mu}{\mu}\cdot\dfrac{\Phi_{mw}}{1-\Phi_{mw}}\cdot\dfrac{1}{\Phi_{mb}}\cdot\dfrac{1}{\rho_m}} \\
&= \frac{F_{bmw}(\{f_{Vbmw}^{j_V}\}_{j_V=1}^{J_V},\{f_{Abmw}^{j_A}\}_{j_A=1}^{J_A})\cdot V_{mill}}{\dfrac{1}{\rho_m}\cdot\dfrac{F_{mw}(\{f_{Vmw}^{j_V}\}_{j_V=1}^{J_V},\{f_{Amw}^{j_A}\}_{j_A=1}^{J_A})}{1-F_{mw}(\{f_{Vmw}^{j_V}\}_{j_V=1}^{J_V},\{f_{Amw}^{j_A}\}_{j_A=1}^{J_A})}+\dfrac{1}{\rho_w}+\dfrac{1-\mu}{\mu}\cdot\dfrac{F_{mw}(\{f_{Vmw}^{j_V}\}_{j_V=1}^{J_V},\{f_{Amw}^{j_A}\}_{j_A=1}^{J_A})}{1-F_{mw}(\{f_{Vmw}^{j_V}\}_{j_V=1}^{J_V},\{f_{Amw}^{j_A}\}_{j_A=1}^{J_A})}\cdot\dfrac{1}{F_{mb}\left(\{f_{Vmb}^{j_V}\}_{j_V=1}^{J_V},\{f_{Amb}^{j_A}\}_{j_A=1}^{J_A}\right)}\cdot\dfrac{1}{\rho_m}}
\end{aligned}
\tag{2.56}
$$

$$
\begin{aligned}
L_b &= \frac{\Phi_{bmw}\cdot V_{mill}\cdot\rho_b\cdot\dfrac{1-\mu}{\mu}}{\Phi_{mb}+\dfrac{1-\Phi_{mw}}{\Phi_{mw}}\cdot\dfrac{\rho_m\cdot\Phi_{mb}}{\rho_w}+\dfrac{1-\mu}{\mu}} \\
&= \frac{F_{bmw}(\{f_{Vbmw}^{j_V}\}_{j_V=1}^{J_V},\{f_{Abmw}^{j_A}\}_{j_A=1}^{J_A})\cdot V_{mill}\cdot\rho_b\cdot\dfrac{1-\mu}{\mu}}{F_{mb}(\{f_{Vmb}^{j_V}\}_{j_V=1}^{J_V},\{f_{Amb}^{j_A}\}_{j_A=1}^{J_A})+\dfrac{1-F_{mw}(\{f_{Vmw}^{j_V}\}_{j_V=1}^{J_V},\{f_{Amw}^{j_A}\}_{j_A=1}^{J_A})}{F_{mw}(\{f_{Vmw}^{j_V}\}_{j_V=1}^{J_V},\{f_{Amw}^{j_A}\}_{j_A=1}^{J_A})}\cdot\dfrac{\rho_m\cdot F_{mb}(\{f_{Vmb}^{j_V}\}_{j_V=1}^{J_V},\{f_{Amb}^{j_A}\}_{j_A=1}^{J_A})}{\rho_w}+\dfrac{1-\mu}{\mu}}
\end{aligned}
\tag{2.57}
$$

按照磨机负荷定义，将上述物料负荷、水负荷和钢球负荷求和，可得到磨机负荷参数变化时的磨机负荷模型：

$$
\begin{aligned}
L &= L_m + L_b + L_w \\
&= \frac{F_{bmw}(\{f_{Vbmw}^{j_V}\}_{j_V=1}^{J_V},\{f_{Abmw}^{j_A}\}_{j_A=1}^{J_A})\cdot V_{mill}}{\dfrac{1}{\rho_m}+\dfrac{1-F_{mw}(\{f_{Vmw}^{j_V}\}_{j_V=1}^{J_V},\{f_{Amw}^{j_A}\}_{j_A=1}^{J_A})}{\rho_w\cdot F_{mw}(\{f_{Vmw}^{j_V}\}_{j_V=1}^{J_V},\{f_{Amw}^{j_A}\}_{j_A=1}^{J_A})}+\dfrac{1-\mu}{\mu}\cdot\dfrac{1}{F_{mb}(\{f_{Vmb}^{j_V}\}_{j_V=1}^{J_V},\{f_{Amb}^{j_A}\}_{j_A=1}^{J_A})\cdot\rho_m}} \\
&+ \frac{F_{bmw}(\{f_{Vbmw}^{j_V}\}_{j_V=1}^{J_V},\{f_{Abmw}^{j_A}\}_{j_A=1}^{J_A})\cdot V_{mill}\cdot\rho_b\cdot\dfrac{1-\mu}{\mu}}{F_{mb}(\{f_{Vmb}^{j_V}\}_{j_V=1}^{J_V},\{f_{Amb}^{j_A}\}_{j_A=1}^{J_A})+\dfrac{1-F_{mw}(\{f_{Vmw}^{j_V}\}_{j_V=1}^{J_V},\{f_{Amw}^{j_A}\}_{j_A=1}^{J_A})}{F_{mw}(\{f_{Vmw}^{j_V}\}_{j_V=1}^{J_V},\{f_{Amw}^{j_A}\}_{j_A=1}^{J_A})}\cdot\dfrac{\rho_m\cdot F_{mb}(\{f_{Vmb}^{j_V}\}_{j_V=1}^{J_V},\{f_{Amb}^{j_A}\}_{j_A=1}^{J_A})}{\rho_w}+\dfrac{1-\mu}{\mu}} \\
&+ \frac{F_{bmw}(\{f_{Vbmw}^{j_V}\}_{j_V=1}^{J_V},\{f_{Abmw}^{j_A}\}_{j_A=1}^{J_A})\cdot V_{mill}}{\dfrac{1}{\rho_m}\cdot\dfrac{F_{mw}(\{f_{Vmw}^{j_V}\}_{j_V=1}^{J_V},\{f_{Amw}^{j_A}\}_{j_A=1}^{J_A})}{1-F_{mw}(\{f_{Vmw}^{j_V}\}_{j_V=1}^{J_V},\{f_{Amw}^{j_A}\}_{j_A=1}^{J_A})}+\dfrac{1}{\rho_w}+\dfrac{1-\mu}{\mu}\cdot\dfrac{F_{mw}(\{f_{Vmw}^{j_V}\}_{j_V=1}^{J_V},\{f_{Amw}^{j_A}\}_{j_A=1}^{J_A})}{1-F_{mw}(\{f_{Vmw}^{j_V}\}_{j_V=1}^{J_V},\{f_{Amw}^{j_A}\}_{j_A=1}^{J_A})}\cdot\dfrac{1}{F_{mb}(\{f_{Vmb}^{j_V}\}_{j_V=1}^{J_V},\{f_{Amb}^{j_A}\}_{j_A=1}^{J_A})}\cdot\dfrac{1}{\rho_m}}
\end{aligned}
\tag{2.58}
$$

由磨机负荷参数变化时的模型可知，磨机负荷与磨机负荷参数直接相关，磨机负荷参数又与多尺度筒体振动和振声频谱相关。因此，可以通过首先构建磨机负荷参数的软测量模型，再通过负荷参数与磨机负荷间的数学模型获取最终磨机负荷。

注 2-4：通过分析磨机负荷参数变化时的模型，理论上可以直接构建磨机负荷与多尺度筒体振动和振声频谱间的软测量模型，但实际工业过程中更关心磨机内部的物料负荷和水负荷，其原因主要包括以下几点：

（1）钢球通常是按照加球策略进行周期性的添加或者采用加球机定时添加，球负荷在短周期内变化较小。

（2）原矿和磨机入口给水、矿浆泵池给水是随着磨矿过程的运行实时变化的，通过上述的公式可以实时获得磨机内部的物料负荷和水负荷，可为磨矿过程的控制提供更为有效的支撑。

（3）从另外一个视角，磨矿的研磨机理、筒体振动和振声的产生机理都是与磨机负荷参数更为直接相关，采用多尺度频谱构建磨机负荷参数软测量模型在理论上是可行和适合的。

（4）磨机负荷参数也是与磨机的研磨效率、研磨状态直接相关，是磨矿过程中的重要参数，如 PD 和 MBVR 的过大或过小均可直接导致磨机的过负荷，CVR 是直接反映了磨机负荷在磨机内部的充填容积。

由此可见，磨机负荷参数的检测对于了解磨机内部研磨状态至关重要。因此，通过构建有效、可靠的磨机负荷参数模型即可实现磨机负荷的准确检测。

2.5.2 智能集成模型结构与功能描述

结合磨机负荷动态机理模型，本书提出基于磨机负荷参数的磨机负荷软测量结构，包括多尺度频谱特征提取与特征选择模块、基于多尺度振动与振声频谱特征的磨机负荷参数软测量模块和基于磨机负荷参数软测量的磨机负荷混合集成建模模块，关系如图 2.23 所示。

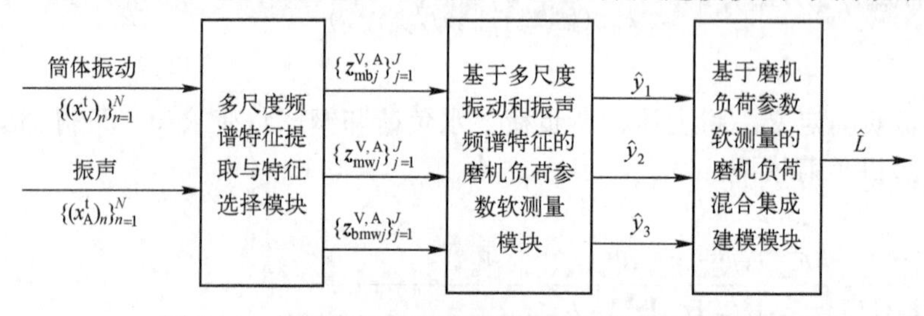

图 2.23 基于磨机负荷参数的磨机负荷软测量结构

图中，$x_{\mathrm{V}}^{\mathrm{t}}=\{(x_{\mathrm{V}}^{\mathrm{t}})_n\}_{n=1}^N$，$x_{\mathrm{A}}^{\mathrm{t}}=\{(x_{\mathrm{A}}^{\mathrm{t}})_n\}_{n=1}^N$ 分别为采样点数为 N 的时域筒体振动和振声信号；$\{z_{\mathrm{mb}j}^{\mathrm{V,A}}\}_{j=1}^J$，$\{z_{\mathrm{mw}j}^{\mathrm{V,A}}\}_{j=1}^J$，$\{z_{\mathrm{bmw}j}^{\mathrm{V,A}}\}_{j=1}^J$ 为磨机负荷参数 MBVR、PD 和 CVR 选择和提取的筒体振动和振声的多尺度频谱特征；$\hat{y}_1$、$\hat{y}_2$ 和 $\hat{y}_3$ 分别为 $\varPhi_{\mathrm{mb}}$、$\varPhi_{\mathrm{mw}}$ 和 $\varPhi_{\mathrm{bmw}}$ 模型的输出值；$\hat{L}$ 为磨机负荷模型的输出值。

下文中对各个模块功能做详细介绍。

1. 多源高维频谱数据的特征约简功能描述

该模块的主要功能是从时域的筒体振动和振声信号中为不同的磨机负荷参数提取和选择多尺度频谱特征，其输入为原始筒体振动信号 $\{(x_{\mathrm{V}}^{\mathrm{t}})_n\}_{n=1}^N$ 和原始振声信号 $\{(x_{\mathrm{A}}^{\mathrm{t}})_n\}_{n=1}^N$，其输出为磨机负荷参数 MBVR、PD 和 CVR 选择和提取的筒体振动和振声的多尺度频谱特征 $\{z_{\mathrm{mb}j}^{\mathrm{V,A}}\}_{j=1}^{J}$、$\{z_{\mathrm{mw}j}^{\mathrm{V,A}}\}_{j=1}^{J}$ 和 $\{z_{\mathrm{bmw}j}^{\mathrm{V,A}}\}_{j=1}^{J}$，其实现过程可如图 2.24 所示。

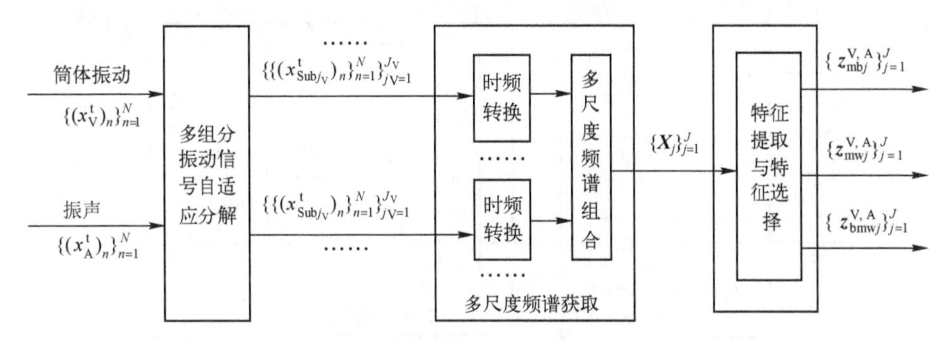

图 2.24 机械频谱的特征提取与特征选择模块的组成

图中：$\{\{(x_{\mathrm{Sub}j_{\mathrm{V}}}^{\mathrm{t}})_n\}_{n=1}^{N}\}_{j_{\mathrm{V}}=1}^{J_{\mathrm{V}}}$ 为由原始筒体振动信号 $\{(x_{\mathrm{V}}^{\mathrm{t}})_n\}_{n=1}^{N}$ 分解得到的多时间尺度的筒体振动时域子信号；$\{\{(x_{\mathrm{Sub}j_{\mathrm{V}}}^{\mathrm{t}})_n\}_{n=1}^{N}\}_{j_{\mathrm{V}}=1}^{J_{\mathrm{V}}}$ 为原始振声信号 $\{(x_{\mathrm{A}}^{\mathrm{t}})_n\}_{n=1}^{N}$ 分解得到的多时间尺度的振声时域子信号；$\{X_j\}_{j=1}^{J}$ 为经过时频转换后得到的筒体振动和振声多尺度频谱。

图中各模块的详细功能如下：

（1）多组分信号自适应分解模块。将原始筒体振动和振声信号，通过采用多组分信号自适应分解算法分解为理论上具有不同的物理含义、不同时间尺度的子信号。

（2）时频转换模块。通过 FFT 将不同时间尺度的子信号分别变换至频域获得多尺度频谱，并依据先验知识选择用于构建软测量模型的筒体振动和振声频谱并统一编号。

（3）特征提取与特征选择模块。采用能够提取高维频谱变化的特征提取算法，以及选择与变量相关的特征选择算法，为不同的磨机负荷参数选择不同的频谱特征，并进一步结合软测量模型的学习参数选择进行特征的二次选择。

此处，将从多尺度频谱中为不同磨机负荷参数提取和选择特征的过程可表示为

$$\left.\begin{matrix}\{(x_{\mathrm{V}}^{\mathrm{t}})_n\}_{n=1}^{N}\\ \{(x_{\mathrm{A}}^{\mathrm{t}})_n\}_{n=1}^{N}\end{matrix}\right\}\Rightarrow\begin{cases}\{f_{\mathrm{Vmb}}^{1},\cdots,f_{\mathrm{Vmb}}^{j_{\mathrm{V}}},\cdots,f_{\mathrm{Vmb}}^{J_{\mathrm{V}}},f_{\mathrm{Amb}}^{1},\cdots,f_{\mathrm{Amb}}^{j_{\mathrm{A}}},\cdots,f_{\mathrm{Amb}}^{J_{\mathrm{A}}}\}=\{z_{\mathrm{mb}j}^{\mathrm{V,A}}\}_{j=1}^{J}\\ \{f_{\mathrm{Vmw}}^{1},\cdots,f_{\mathrm{Vmw}}^{j_{\mathrm{V}}},\cdots,f_{\mathrm{Vmw}}^{J_{\mathrm{V}}},f_{\mathrm{Amw}}^{1},\cdots,f_{\mathrm{Amw}}^{j_{\mathrm{A}}},\cdots,f_{\mathrm{Amw}}^{J_{\mathrm{A}}}\}=\{z_{\mathrm{mw}j}^{\mathrm{V,A}}\}_{j=1}^{J}\\ \{f_{\mathrm{Vbmw}}^{1},\cdots,f_{\mathrm{Vbmw}}^{j_{\mathrm{V}}},\cdots,f_{\mathrm{Vbmw}}^{J_{\mathrm{V}}},f_{\mathrm{Abmw}}^{1},\cdots,f_{\mathrm{Abmw}}^{j_{\mathrm{A}}},\cdots,f_{\mathrm{Abmw}}^{J_{\mathrm{A}}}\}=\{z_{\mathrm{bmw}j}^{\mathrm{V,A}}\}_{j=1}^{J}\end{cases} \tag{2.59}$$

多尺度频谱的特征提取与特征选择方法的算法详见第 3 章。

2．多源高维频谱数据驱动的选择性集成模型功能描述

磨机负荷参数软测量模型模块的输入为筒体振动和振声的多尺度频谱特征 $\{z_{\mathrm{mb}j}^{\mathrm{V,A}}\}_{j=1}^{J}$、$\{z_{\mathrm{mw}j}^{\mathrm{V,A}}\}_{j=1}^{J}$ 和 $\{z_{\mathrm{bmw}j}^{\mathrm{V,A}}\}_{j=1}^{J}$，输出为磨机负荷参数 MBVR、PD 和 CVR 模型的输出值 $\hat{y}_1$、$\hat{y}_2$ 和 $\hat{y}_3$。从多传感器信息融合的视角考虑，磨机负荷参数软测量问题就是如何选择性地融合有价值的多尺度频谱信息对选择性集成模型进行准确构建，如何集成“操纵特征子集”构造策略（将不同的多尺度频谱特征子集看作训练样本子集）。其建模过程是：首先构建基于不同多尺度频谱特征子集的磨机负荷参数候选子模型，然后对候选子模型进行选择，最后采用加权算法对所选择的集成子模型进行加权以获得最终的磨机负荷软测量模型。这里，候选子模型的建模算法可以采用能够对高维数据进行有效建模的潜结构映射模型，也可以采用能够模仿运行专家“听音”推理识别机制的模糊推理模型。

由于 3 个不同的磨机负荷参数模型采用的是相同的模型结构，所以为了便于描述，图 2.25 统一采用$\{z_j^{\mathrm{V,A}}\}_{j=1}^J$和$\hat{y}$作为模型的输入和输出。

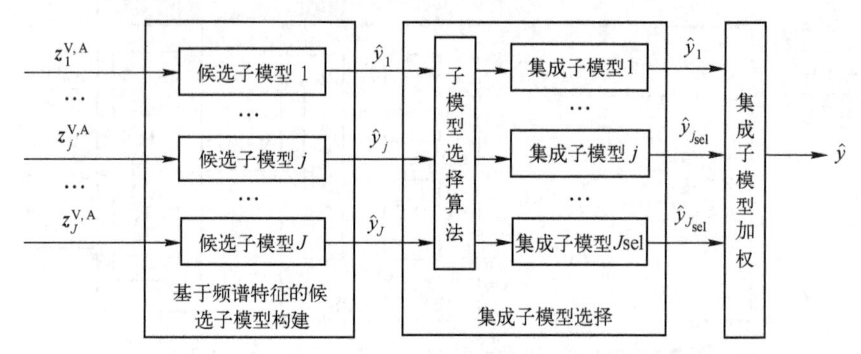

图 2.25　基于多尺度振动与振声频谱特征的磨机负荷参数软测量模块的组成

图中：$\{\hat{y}_j\}_{j=1}^J$和$\{\hat{y}_{j_{\mathrm{sel}}}\}_{j_{\mathrm{sel}}=1}^{J_{\mathrm{sel}}}$为基于频谱特征的磨机负荷参数候选子模型和集成子模型的输出。图中各模块的详细功能如下：

（1）基于频谱特征的候选子模型构建模型。以不同尺度频谱的特征作为独立的训练子样本构建磨机负荷参数子模型，这些子模型可以看作不同源传感器的输出。

（2）集成子模型选择。从候选子模型中选择若干组合后具有最佳建模性能的集成子模型，可以看作选择有价值传感器的输出。

（3）集成子模型加权。采用适合的算法加权子模型的输入得到最终的磨机负荷参数模型的输出。

综上可知，磨机负荷参数与有价值筒体振动和振声多尺度频谱间的非线性映射关系可用如下集成模型予以表征：

$$\hat{y}_1=\hat{\Phi}_{\mathrm{mb}}=F_{\mathrm{mb}}(\cdot)=\sum_{j_{\mathrm{sel}}=1}^{J_{\mathrm{mb_{sel}}}}w_{\mathrm{mb}j_{\mathrm{sel}}}\cdot f_{\mathrm{mb}j_{\mathrm{sel}}}(z_{\mathrm{mb}j_{\mathrm{sel}}}^{\mathrm{V,A}}) \tag{2.60}$$

$$\hat{y}_2=\hat{\Phi}_{\mathrm{mw}}=F_{\mathrm{mw}}(\cdot)=\sum_{j_{\mathrm{sel}}=1}^{J_{\mathrm{mw_{sel}}}}w_{\mathrm{mw}j_{\mathrm{sel}}}\cdot f_{\mathrm{mw}j_{\mathrm{sel}}}(z_{\mathrm{mw}j_{\mathrm{sel}}}^{\mathrm{V,A}}) \tag{2.61}$$

$$\hat{y}_3=\hat{\Phi}_{\mathrm{bmw}}=F_{\mathrm{bmw}}(\cdot)=\sum_{j_{\mathrm{sel}}=1}^{J_{\mathrm{bmw_{sel}}}}w_{\mathrm{bmw}j_{\mathrm{sel}}}\cdot f_{\mathrm{bmw}j_{\mathrm{sel}}}(z_{\mathrm{bmw}j_{\mathrm{sel}}}^{\mathrm{V,A}}) \tag{2.62}$$

式中：$z_{ij_{\mathrm{sel}}}$为不同磨机负荷参数选择的多尺度频谱特征；$J_{i_{\mathrm{sel}}}$为选择的多尺度频谱的数量；$f_{ij_{\mathrm{sel}}}(\cdot)$为基于选择的第$j_{\mathrm{sel}}$个多尺度频谱构建的第$i$个磨机负荷参数的集成子模型；$\sum_{j_{\mathrm{sel}}=1}^{J_{ij\mathrm{sel}}}w_{ij_{\mathrm{sel}}}=1$，$0\leqslant w_{ij\mathrm{sel}}\leqslant 1$，$w_{ij_{\mathrm{sel}}}$是子模型加权系数；$i=1,2,3$分别表示 MBVR、PD 和 CVR。

磨机负荷参数软测量模型的建模算法详见第 4 章。

3．多源高维频谱数据驱动的混合集成模型功能描述

磨机负荷混合集成模型由磨机负荷参数软测量模型、基于磨机负荷参数的磨机负荷主模型和磨机负荷补偿模型组成，其结构如图 2.26 所示。

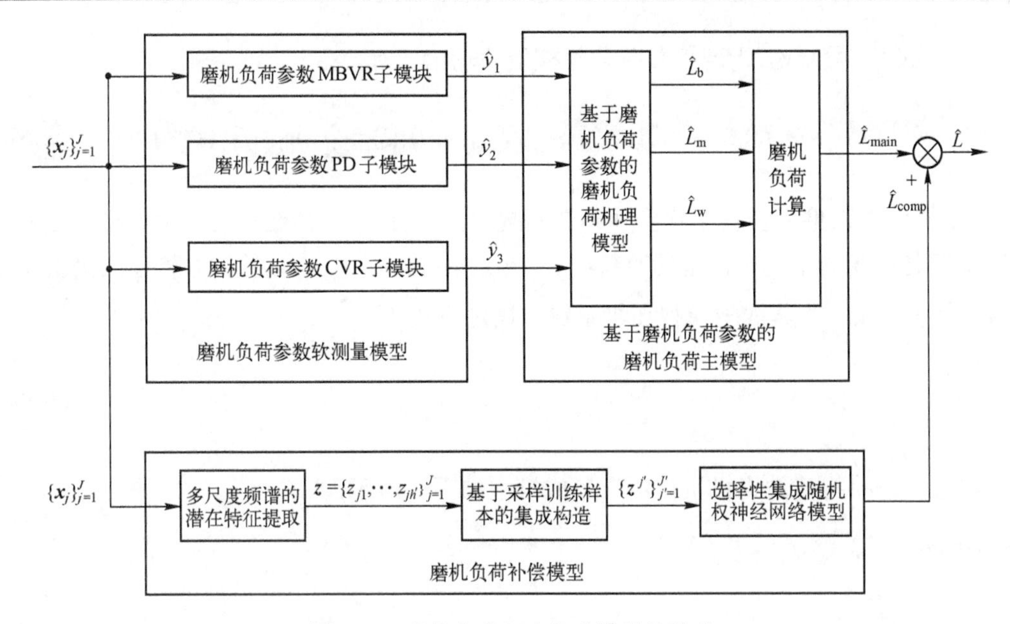

图 2.26　磨机负荷混合集成模型的组成

图中，各模块的详细功能如下：

（1）磨机负荷软测量模型。采用多源信息选择性融合的策略融合有价值多尺度频谱子模型的输出，得到磨机负荷参数 MBVR、PD 和 CVR 的输出值。

（2）基于磨机负荷参数的磨机负荷主模型。由基于磨机负荷参数的磨机负荷机理模型计算得到物料负荷、水负荷和钢球负荷，并经求和计算得到磨机负荷值。

（3）磨机负荷补偿模型。通过提取多尺度频谱潜在特征，构建基于采样训练样本的集成构造的选择性集成随机权神经网络模型对磨机负荷主模型进行补偿。

磨机负荷混合集成模型可采用如下公式表示：

$$\hat{L}=\hat{L}+\Delta\hat{L}=(\hat{L}_{\mathrm{m}}+\hat{L}_{\mathrm{w}}+\hat{L}_{\mathrm{b}})+\Delta\hat{L} \tag{2.63}$$

式中：$\hat{L}_{\mathrm{m}}$、$\hat{L}_{\mathrm{w}}$和$\hat{L}_{\mathrm{b}}$为物料负荷模型、水负荷模型和球负荷模型的输出，有

$$\hat{L}_{\mathrm{m}}=\frac{\hat{\Phi}_{\mathrm{bmw}}\cdot V_{\mathrm{mill}}}{\dfrac{1}{\rho_{\mathrm{m}}}+\dfrac{1-\hat{\Phi}_{\mathrm{mw}}}{\rho_{\mathrm{w}}\cdot\hat{\Phi}_{\mathrm{mw}}}+\dfrac{1-\mu}{\mu}\cdot\dfrac{1}{\hat{\Phi}_{\mathrm{mb}}\cdot\rho_{\mathrm{m}}}}=\frac{\hat{y}_3\cdot V_{\mathrm{mill}}}{\dfrac{1}{\rho_{\mathrm{m}}}+\dfrac{1-\hat{y}_2}{\rho_{\mathrm{w}}\cdot\hat{y}_2}+\dfrac{1-\mu}{\mu}\cdot\dfrac{1}{\hat{y}_1\cdot\rho_{\mathrm{m}}}} \tag{2.64}$$

$$\hat{L}_{\mathrm{w}}=\frac{\hat{\Phi}_{\mathrm{bmw}}\cdot V_{\mathrm{mill}}}{\dfrac{1}{\rho_{\mathrm{m}}}\cdot\dfrac{\hat{\Phi}_{\mathrm{mw}}}{1-\hat{\Phi}_{\mathrm{mw}}}+\dfrac{1}{\rho_{\mathrm{w}}}+\dfrac{1-\mu}{\mu}\cdot\dfrac{\hat{\Phi}_{\mathrm{mw}}}{1-\hat{\Phi}_{\mathrm{mw}}}\cdot\dfrac{1}{\hat{\Phi}_{\mathrm{mb}}}\cdot\dfrac{1}{\rho_{\mathrm{m}}}}=\frac{\hat{y}_3\cdot V_{\mathrm{mill}}}{\dfrac{1}{\rho_{\mathrm{m}}}\cdot\dfrac{\hat{y}_2}{1-\hat{y}_2}+\dfrac{1}{\rho_{\mathrm{w}}}+\dfrac{1-\mu}{\mu}\cdot\dfrac{\hat{y}_2}{1-\hat{y}_2}\cdot\dfrac{1}{\hat{y}_1}\cdot\dfrac{1}{\rho_{\mathrm{m}}}} \tag{2.65}$$

$$\hat{L}_{\mathrm{b}}=\frac{\hat{\Phi}_{\mathrm{bmw}}\cdot V_{\mathrm{mill}}\cdot\rho_{\mathrm{b}}\cdot\dfrac{1-\mu}{\mu}}{\hat{\Phi}_{\mathrm{mb}}+\dfrac{1-\hat{\Phi}_{\mathrm{mw}}}{\hat{\Phi}_{\mathrm{mw}}}\cdot\dfrac{\rho_{\mathrm{m}}\cdot\hat{\Phi}_{\mathrm{mb}}}{\rho_{\mathrm{w}}}+\dfrac{1-\mu}{\mu}}=\frac{\hat{y}_3\cdot V_{\mathrm{mill}}\cdot\rho_{\mathrm{b}}\cdot\dfrac{1-\mu}{\mu}}{\hat{y}_1+\dfrac{1-\hat{y}_2}{\hat{y}_2}\cdot\dfrac{\rho_{\mathrm{m}}\cdot\hat{y}_1}{\rho_{\mathrm{w}}}+\dfrac{1-\mu}{\mu}} \tag{2.66}$$

式（2.63）中，$\Delta\hat{L}$ 为磨机负荷补偿模型的输出，有

$$\Delta\hat{L} = F^{\mathrm{NN}}(f_{\mathrm{Vmb}}^{1},\cdots,f_{\mathrm{Vmb}}^{j_{\mathrm{V}}},\cdots,f_{\mathrm{Vmb}}^{J_{\mathrm{V}}},f_{\mathrm{Amb}}^{1},\cdots,f_{\mathrm{Amb}}^{j_{\mathrm{A}}},\cdots,f_{\mathrm{Amb}}^{J_{\mathrm{A}}}) = \sum_{j'_{\mathrm{sel}}=1}^{J'_{\mathrm{sel}}} w_{j'_{\mathrm{sel}}} \cdot f_{j'_{\mathrm{sel}}}(z^{\mathrm{V,A}}) \tag{2.67}$$

式中：$z^{\mathrm{V,A}}$ 为针对磨机负荷主模型输出误差提取的特征；J'_{sel} 为选择的基于采样训练样本的训练子集构建的集成子模型的数量；$f_{j'_{\mathrm{sel}}}(\cdot)$ 为采样的第 j'_{sel} 个训练样本构建的磨机负荷集成子模型；$w_{j'_{\mathrm{sel}}}$ 为集成子模型加权系数，满足下式：

$$\sum_{j'_{\mathrm{sel}}=1}^{J'_{\mathrm{sel}}} w_{j'_{\mathrm{sel}}} = 1，\ 0 \leqslant w_{j'_{\mathrm{sel}}} \leqslant 1 \tag{2.68}$$

综上，最终构建的磨机负荷混合集成模型如下式所示：

$$\hat{L} = \bar{L} + \Delta\hat{L} = (\bar{L}_{\mathrm{m}} + \bar{L}_{\mathrm{w}} + \bar{L}_{\mathrm{b}}) + \Delta\hat{L}$$

$$= \left\{ \frac{\hat{\Phi}_{\mathrm{bmw}} \cdot V_{\mathrm{mill}}}{\frac{1}{\rho_{\mathrm{m}}} + \frac{1-\hat{\Phi}_{\mathrm{mw}}}{\rho_{\mathrm{w}} \cdot \hat{\Phi}_{\mathrm{mw}}} + \frac{1-\mu}{\mu} \cdot \frac{1}{\hat{\Phi}_{\mathrm{mb}} \cdot \rho_{\mathrm{m}}}} + \frac{\hat{\Phi}_{\mathrm{bmw}} \cdot V_{\mathrm{mill}}}{\frac{1}{\rho_{\mathrm{m}}} \cdot \frac{\hat{\Phi}_{\mathrm{mw}}}{1-\hat{\Phi}_{\mathrm{mw}}} + \frac{1}{\rho_{\mathrm{w}}} + \frac{1-\mu}{\mu} \cdot \frac{\hat{\Phi}_{\mathrm{mw}}}{1-\hat{\Phi}_{\mathrm{mw}}} \cdot \frac{1}{\hat{\Phi}_{\mathrm{mb}}} \cdot \frac{1}{\rho_{\mathrm{m}}}} \right.$$

$$\left. + \frac{\hat{\Phi}_{\mathrm{bmw}} \cdot V_{\mathrm{mill}} \cdot \rho_{\mathrm{b}} \cdot \frac{1-\mu}{\mu}}{\hat{\Phi}_{\mathrm{mb}} + \frac{1-\hat{\Phi}_{\mathrm{mw}}}{\hat{\Phi}_{\mathrm{mw}}} \cdot \frac{\rho_{\mathrm{m}} \cdot \hat{\Phi}_{\mathrm{mb}}}{\rho_{\mathrm{w}}} + \frac{1-\mu}{\mu}} \right\} + \Delta\hat{L}$$

$$= \left(\frac{\hat{y}_3 \cdot V_{\mathrm{mill}}}{\frac{1}{\rho_{\mathrm{m}}} + \frac{1-\hat{y}_2}{\rho_{\mathrm{w}} \cdot \hat{y}_2} + \frac{1-\mu}{\mu} \cdot \frac{1}{\hat{y}_1 \cdot \rho_{\mathrm{m}}}} + \frac{\hat{y}_3 \cdot V_{\mathrm{mill}}}{\frac{1}{\rho_{\mathrm{m}}} \cdot \frac{\hat{y}_2}{1-\hat{y}_2} + \frac{1}{\rho_{\mathrm{w}}} + \frac{1-\mu}{\mu} \cdot \frac{\hat{y}_2}{1-\hat{y}_2} \cdot \frac{1}{\hat{y}_1} \cdot \frac{1}{\rho_{\mathrm{m}}}} + \right.$$

$$\left. \frac{\hat{y}_3 \cdot V_{\mathrm{mill}} \cdot \rho_{\mathrm{b}} \cdot \frac{1-\mu}{\mu}}{\hat{y}_1 + \frac{1-\hat{y}_2}{\hat{y}_2} \cdot \frac{\rho_{\mathrm{m}} \cdot \hat{y}_1}{\rho_{\mathrm{w}}} + \frac{1-\mu}{\mu}} \right) + \Delta\hat{L}$$

$$= \left\{ \frac{\sum_{j_{\mathrm{sel}}=1}^{J_{\mathrm{bmw_{sel}}}} w_{\mathrm{bmw}j_{\mathrm{sel}}} \cdot f_{\mathrm{bmw}j_{\mathrm{sel}}}(z_{\mathrm{bmw}j_{\mathrm{sel}}}^{\mathrm{V,A}}) \cdot V_{\mathrm{mill}}}{\frac{1}{\rho_{\mathrm{m}}} + \frac{1-\sum_{j_{\mathrm{sel}}=1}^{J_{\mathrm{mw_{sel}}}} w_{\mathrm{mw}j_{\mathrm{sel}}} \cdot f_{\mathrm{mw}j_{\mathrm{sel}}}(z_{\mathrm{mw}j_{\mathrm{sel}}}^{\mathrm{V,A}})}{\rho_{\mathrm{w}} \cdot \sum_{j_{\mathrm{sel}}=1}^{J_{\mathrm{mw_{sel}}}} w_{\mathrm{mw}j_{\mathrm{sel}}} \cdot f_{\mathrm{mw}j_{\mathrm{sel}}}(z_{\mathrm{mw}j_{\mathrm{sel}}}^{\mathrm{V,A}})} + \frac{1-\mu}{\mu} \cdot \frac{1}{\sum_{j_{\mathrm{sel}}=1}^{J_{\mathrm{mb_{sel}}}} w_{\mathrm{mb}j_{\mathrm{sel}}} \cdot f_{\mathrm{mb}j_{\mathrm{sel}}}(z_{\mathrm{mb}j_{\mathrm{sel}}}^{\mathrm{V,A}}) \cdot \rho_{\mathrm{m}}}} \right.$$

$$
\left. +\frac{\sum\limits_{j_{\mathrm{sel}}=1}^{J_{\mathrm{bmw}_{\mathrm{sel}}}} w_{\mathrm{bmw}j_{\mathrm{sel}}}\cdot f_{\mathrm{bmw}j_{\mathrm{sel}}}(z_{\mathrm{bmw}j_{\mathrm{sel}}}^{\mathrm{V,A}})\cdot V_{\mathrm{mill}}}{\frac{1}{\rho_{\mathrm{m}}}\cdot\frac{\sum\limits_{j_{\mathrm{sel}}=1}^{J_{\mathrm{mw}_{\mathrm{sel}}}} w_{\mathrm{mw}j_{\mathrm{sel}}}\cdot f_{\mathrm{mw}j_{\mathrm{sel}}}(z_{\mathrm{mw}j_{\mathrm{sel}}}^{\mathrm{V,A}})}{1-\sum\limits_{j_{\mathrm{sel}}=1}^{J_{\mathrm{mw}_{\mathrm{sel}}}} w_{\mathrm{mw}j_{\mathrm{sel}}}\cdot f_{\mathrm{mw}j_{\mathrm{sel}}}(z_{\mathrm{mw}j_{\mathrm{sel}}}^{\mathrm{V,A}})}+\frac{1}{\rho_{\mathrm{w}}}+\frac{1-\mu}{\mu}\cdot\frac{\sum\limits_{j_{\mathrm{sel}}=1}^{J_{\mathrm{mw}_{\mathrm{sel}}}} w_{\mathrm{mw}j_{\mathrm{sel}}}\cdot f_{\mathrm{mw}j_{\mathrm{sel}}}(z_{\mathrm{mw}j_{\mathrm{sel}}}^{\mathrm{V,A}})}{1-\sum\limits_{j_{\mathrm{sel}}=1}^{J_{\mathrm{mw}_{\mathrm{sel}}}} w_{\mathrm{mw}j_{\mathrm{sel}}}\cdot f_{\mathrm{mw}j_{\mathrm{sel}}}(z_{\mathrm{mw}j_{\mathrm{sel}}}^{\mathrm{V,A}})}\cdot\frac{1}{\sum\limits_{j_{\mathrm{sel}}=1}^{J_{\mathrm{mb}_{\mathrm{sel}}}} w_{\mathrm{mb}j_{\mathrm{sel}}}\cdot f_{\mathrm{mb}j_{\mathrm{sel}}}(z_{\mathrm{mb}j_{\mathrm{sel}}}^{\mathrm{V,A}})}\cdot\frac{1}{\rho_{\mathrm{m}}}}
\right.
$$

$$
\left. +\frac{\sum\limits_{j_{\mathrm{sel}}=1}^{J_{\mathrm{bmw}_{\mathrm{sel}}}} w_{\mathrm{bmw}j_{\mathrm{sel}}}\cdot f_{\mathrm{bmw}j_{\mathrm{sel}}}(z_{\mathrm{bmw}j_{\mathrm{sel}}}^{\mathrm{V,A}})\cdot V_{\mathrm{mill}}\cdot\rho_{\mathrm{b}}\cdot\frac{1-\mu}{\mu}}{\sum\limits_{j_{\mathrm{sel}}=1}^{J_{\mathrm{mb}_{\mathrm{sel}}}} w_{\mathrm{mb}j_{\mathrm{sel}}}\cdot f_{\mathrm{mb}j_{\mathrm{sel}}}(z_{\mathrm{mb}j_{\mathrm{sel}}}^{\mathrm{V,A}})+\frac{1-\sum\limits_{j_{\mathrm{sel}}=1}^{J_{\mathrm{mw}_{\mathrm{sel}}}} w_{\mathrm{mw}j_{\mathrm{sel}}}\cdot f_{\mathrm{mw}j_{\mathrm{sel}}}(z_{\mathrm{mw}j_{\mathrm{sel}}}^{\mathrm{V,A}})}{\sum\limits_{j_{\mathrm{sel}}=1}^{J_{\mathrm{mw}_{\mathrm{sel}}}} w_{\mathrm{mw}j_{\mathrm{sel}}}\cdot f_{\mathrm{mw}j_{\mathrm{sel}}}(z_{\mathrm{mw}j_{\mathrm{sel}}}^{\mathrm{V,A}})}\cdot\frac{\rho_{\mathrm{m}}\cdot\hat{y}_1}{\rho_{\mathrm{w}}}+\frac{1-\mu}{\mu}}
\right\}+\sum_{j'_{\mathrm{sel}}=1}^{J'_{\mathrm{sel}}} w_{j'_{\mathrm{sel}}}\cdot f_{j'_{\mathrm{sel}}}(z^{\mathrm{V,A}})
\tag{2.69}
$$

磨机负荷混合集成软测量模型的建模算法详见第 5 章。

此外，球磨机系统的时变特性要求在实际应用中必须及时更新离线的训练模型，相关研究详见第 6 章。

2.6 本 章 小 结

本章首先介绍了磨矿过程，包括选矿流程、磨矿流程和球磨机设备。其次给出了磨机负荷的定义，准确检测磨机负荷的重要性，并对其测量难度进行了分析。然后给出了磨机负荷参数的定义，并结合磨机研磨机理和筒体振动产生机理对磨机负荷参数进行了特性分析。最后给出了由多尺度频谱特征提取与特征选择、磨机负荷参数软测量模型及基于磨机负荷参数的磨机负荷混合集成建模的软测量策略，并对各部分功能进行了描述和指出需要依据系统的时变特性进行软测量模型的在线更新。

第3章 高维机械频谱数据特征约简

3.1 相关知识

3.1.1 振动信号处理技术

信号是一种可测量、记录和处理的物理量，一般表示为时间函数。按照信号的特性，可分为确定性信号和随机信号两大类。因此，振动信号也可以分为确定性振动和随机振动两类。确定性振动指该振动信号的时间历程都可以用一个以时间为自变量的确定性函数来描述（物体在未来任一时刻的值都可以精确计算得到），具体可以分为周期性振动和非周期性振动。随机振动虽然很难确定出变量在任一时刻的确切值，但是通过统计却能够给出该变量在一定范围内的概率值，一般可以分为平稳随机振动和非平稳随机振动。随机振动常被看作马尔可夫过程，即当变量的当前值给出后，其未来值的随机状态就可唯一地确定下来，并且与过去值无关[281]。随机信号具有一定的统计规律性，其分布通常借助概率论和随机过程理论来解析。若是随机信号的概率结构不随时间原点的选取而变化，则该信号为平稳的随机信号；反之，称为非平稳的随机信号。如果平稳随机过程的任一样本函数所得的概率密度函数都相等，则该平稳过程称为各态历经的随机过程。严格地讲，实际的随机振动都是非平稳的，但是如果适当的分割时间范围，即可把它看作是平稳的。因此，对于磨机的筒体振动信号，在某一时间段内即若干个磨机的旋转周期内，可看作为平稳的随机振动信号。

在实际过程中，准确地确定随机过程的分布函数往往是不现实的。一种可行的方法是从信号的数字特征方面加以分析，可以从时域、幅值域、时差域、频率域等不同的角度进行描述。随着信号处理技术的不断发展，基于信号处理的方法得到不断丰富，并在机械故障诊断中得到了广泛应用。主要方法有时域特征分析方法[282-283]、频域特征分析方法、时间序列分析方法[284-285]、Wigner-Ville时频分析方法[286-287]、小波分析方法[288-289]及高阶谱分析[290-291]。这些方法被用于处理具有不连续、突变、非平稳等特性的设备振动信号，并取得了进展。

1. FFT

振动信号蕴藏的信息是进行振动系统识别和动态载荷识别的基础。工程上所测信号多为时域信号，进行时域分析只能反映信号幅值随时间变化情况，难以明确揭示信号的频率成分和各频率分量的大小。在很多工程应用中，如机械系统的故障诊断，采用振动信号频率描述振动系统特征更加简洁和明确。

频域是指将周期信号展开为傅里叶级数，研究其中每个正弦谐波信号的幅值和相位等；或者对非周期信号或是各态历经的随机信号进行傅里叶变换，变换后的信号是频率的函数。因此，频域分析是指计算这些傅里叶级数并进行分析。

若一个周期信号 $x(t)$ 满足狄利克雷（Dirichlet）条件，即在一个周期内处处连续或只有有限个不连续点、在一个周期内只有有限个极大值和极小值、在一个周期内的积分存在，即 $\int_0^T |x(t)|\mathrm{d}t<\infty$，则此周期信号可以展开为傅里叶级数。根据傅里叶级数的基本理论，具有确定周期的振动信号可分解为许多不同频率的谐波分量。由此可知，周期性振动信号的频谱是离散型的。通过研究此频谱中幅值和相位的关系，就能够根据信号频率结构对信号进行详细分析。

若一个非周期信号或是各态历经过程 $x(t)$ 满足狄利克雷条件，则非周期信号或是各态历经过程 $x(t)$ 可以进行傅里叶变换，为

$$X(f)=\int_{-\infty}^{+\infty}x(t)\mathrm{e}^{-\mathrm{i}2\pi ft}\mathrm{d}t \tag{3.1}$$

式中：$X(f)$ 为非周期信号或是各态历经随机信号 $x(t)$ 的连续频谱即幅值密度谱，其量纲为单位频率上的幅值。

若引入函数，则有些不满足狄利克雷条件的周期或非周期信号或是各态历经随机信号的傅里叶变化也是存在的。

假设 $x(t)$ 和 $X(f)$ 为傅里叶变换对，它们之间存在巴塞阀（Parsaval）等式，即

$$\int_{-\infty}^{+\infty}x^2(t)\mathrm{d}t=\int_{-\infty}^{+\infty}|X(f)|^2\,\mathrm{d}f \tag{3.2}$$

式中：$x(t)$ 为 $(-\infty,+\infty)$ 上的总能量；$|X(f)|^2$ 为 $x(t)$ 的能量谱密度，其积分可以理解为总能量的谱表达式[292]。

巴塞伐等式把一个过程在时域上表示的总能量和在频域上表示的总能量建立起了等价关系，即能量谱密度 $|X(f)|^2$ 和 f 轴所围的面积等于 $x^2(t)$ 对 t 的积分。

在工程实际中，只能研究某一有限时间间隔内 $(-T,+T)$ 上的平均能量（功率），式

$$X(f)=\int_{-\infty}^{+\infty}x_{\mathrm{T}}(t)\mathrm{e}^{-\mathrm{i}2\pi ft}\mathrm{d}t=\int_{-T}^{+T}x(t)\mathrm{e}^{-\mathrm{i}2\pi ft}\mathrm{d}t \tag{3.3}$$

称为有限傅里叶变换。

随机振动信号 $x(t)$ 的功率谱密度函数（简称自功率谱密度）定义为

$$P_{\mathrm{xx}}(f)=\lim_{T\to\infty}\frac{1}{2T}|X(f)|^2 \tag{3.4}$$

式中：$P_{\mathrm{xx}}(f)$ 的单位为（信号的单位）^{2}/Hz。

随机振动信号是以时间为参数的无限长的非确定性信号，能量无限，不满足傅里叶变换在整个时域内绝对可积的条件，不存在傅里叶变换。但是，随机振动信号的自相关函数适合于表征时域内的随机信号，是以时间为参数的确定性函数，并且其傅里叶变换可生成功率谱密度 [293]。因此，自功率谱密度与自相关函数是一个傅里叶变换对。功率谱不仅可以表征某些特征频率值的能量集中状况，而且可以研究某一段频带范围内的能量分布水平。

从理论上讲，对随机振动信号序列$x(n)$，只要先估计其自相关序列，然后计算傅里叶变换即可估计该随机振动信号序列的功率谱。这种方法存在两个问题：一是所用的数据不是无限的；二是数据中经常含有噪声或其他干扰信号。因此，谱估计是采用有限个含噪的观测数据估计 PSD。谱估计的方法分为两类：第一类是经典方法或非参数方法，即上面所提方法；第二类方法为非经典方法，或参数模型法，即基于信号的一个随机模型估计功率谱。

1）经典谱估计方法[294]

最早的周期图法是 1898 年 Schuster 在研究太阳黑子序列的周期性时提出的。该方法计算容易，但很难获得精确的谱估计。其改进的方法有修正周期图法、Bartlett 法、Welch 法以及 Blackman-Turkey 法。

（1）周期图法。

对自相关各态遍历过程且数据量无限时，自相关序列在理论上可用时间平均来确定，但实际上只能做有限区间的估计。对得到的估计做离散时间傅里叶变换（discrete time Fourier transform，DTFT），可得到功率谱的一种估计，称为周期图。设$x_N(n)$是$x(n)$在区间$[0, N-1]$的有限长信号：

$$x_N(n)=\begin{cases}x(n), & 0\leqslant n\leqslant N\\ 0, & 其他\end{cases}\tag{3.5}$$

由此可见，$x_N(n)$是$x(n)$与矩形窗$w_{\mathrm{R}}(n)$的乘积：

$$x_N(n)=w_{\mathrm{R}}(n)\cdot x(n)\tag{3.6}$$

进一步，自相关序列的估计$\hat{r}_{xx}(k)$可用$x_N(n)$表达为

$$\hat{r}_{xx}(k)=\frac{1}{N}\sum_{n=-\infty}^{+\infty}x_N(n+k)x_N^*(n)=\frac{1}{N}x_N(k)\cdot x_N^*(-k)\tag{3.7}$$

取其傅里叶变换并利用卷积定理，得到周期图为

$$\hat{P}_{\mathrm{er}}(f)=\frac{1}{N}|X_N(f)|^2=\frac{1}{N}|\sum_{n=0}^{N-1}x(n)\cdot \mathrm{e}^{-\mathrm{j}2\pi fn}|^2\tag{3.8}$$

式中：$X_N(f)$是N点数据序列$x_N(n)$的 DTFT。

因此，周期图正比于 DTFT 的幅度平方，从而很容易利用 FFT 计算。

（2）修正周期图法。

周期图法相当于对原始信号$x(n)$加矩形窗，而用一般的窗$w(n)$对数据加窗所获得的周期图就称为修正周期图，可表达为

$$\hat{P}_{\mathrm{M}}(f)=\frac{1}{NU}|\sum_{n=-\infty}^{\infty}w(n)\cdot x(n)\cdot \mathrm{e}^{-\mathrm{j}2\pi fn}|^2\tag{3.9}$$

其中，N为窗口的长度，而

$$U=\frac{1}{N}\sum_{n=0}^{N-1}|w(n)|^2\tag{3.10}$$

是特别定义的常数，它使得$\hat{P}_{\mathrm{M}}(f)$渐进无偏。

（3）Bartlett 法。

Bartlett 法是简单的周期图平均。设 $x_{k_n}(n)$ 是随机过程 $x(n)$ 在区间 $0 \leqslant n < L$ 上的 k_n 个不相关实现，$\hat{P}_{\text{er}}^{k_n}(f)$ 是 $x_{k_n}(n)$ 的周期图，即

$$\hat{P}_{\text{er}}^{k_n}(f) = \frac{1}{L} \left| \sum_{n=0}^{L-1} x_{k_n}(n) \cdot \mathrm{e}^{-\mathrm{j}2\pi fn} \right|^2, \quad k_n = 1, 2, \cdots, K_N \tag{3.11}$$

取这些周期图的平均，得

$$\hat{P}_{\text{B}}^{k_n}(f) = \frac{1}{K} \sum_{k_n=1}^{K} \hat{P}_{\text{er}}^{k_n}(f) = \frac{1}{N} \sum_{k_n=1}^{K} \left| \sum_{n=0}^{L-1} x(n + k_n L) \cdot \mathrm{e}^{-\mathrm{j}2\pi fn} \right|^2 \tag{3.12}$$

（4）Welch 法。

Welch 法是基于交叠子序列的修正周期图的平均，即是对 Bartlett 法提出的两个改进：允许各个子序列相互重叠和对各个子序列加数据窗。假设相继的各子序列偏移 D 个点，各子序列长度为 L，则第 k_n 个序列为

$$x_{k_n}(n) = x_{k_n}(n + k_n D), \quad n = 0, 1, \cdots, L-1 \tag{3.13}$$

式中：$x_{k_n}(n)$ 和 $x_{k_n+1}(n)$ 的重叠量是 $L-D$ 个点。

这种子序列重叠的方法可以增加要平均的子序列个数和长度，从而在分辨率和方差性能之间进行均衡。该方法的谱估计为

$$\hat{P}_{W}^{i}(f) = \frac{1}{KLU} \sum_{k_n=1}^{K-1} \left| \sum_{n=0}^{L-1} w(n) \cdot x(n + k_n D) \cdot \mathrm{e}^{-\mathrm{j}2\pi fn} \right|^2 \tag{3.14}$$

（5）Blackman-Turkey 法。

Blackman-Turkey 法不同于 Bartlett 和 Welch 法通过平均周期图和平均修正周期图降低周期图的方差，而是通过周期图平滑实现方差的降低。该方法主要是通过对自相关估计 $\hat{r}_{xx}(k)$ 加窗减少不可靠的 $r_{xx}(k)$ 估计对周期图的贡献，其谱估计为

$$\hat{P}_{\text{BT}}^{k_n}(f) = \sum_{k=-M}^{M} \hat{r}_{xx}(k) \cdot w(k) \cdot \mathrm{e}^{-\mathrm{j}2\pi fn} \tag{3.15}$$

式中：$w(k)$ 为作用于自相关估计 $\hat{r}_{xx}(k)$ 的时滞窗。

上述所有的经典非参数谱估计的性能主要都依赖于数据序列的长度 N，相互间的差异主要是在分辨率和方差之间做出不同的权衡。

信号的频域处理均是针对有限时间长度的数据，这就相当于用一个矩形时间窗对无限长时间信号的突然截断。从能量的角度看，这种时域上的截断会导致本来集中于某一频率的能量，部分被分散到该频率附近的频域，从而造成频域分析出现误差，造成谱泄漏[295]，也称吉布斯现象。通过对进行傅里叶变换的信号采用不同形状的窗函数，使信号在截断处逐步衰减平滑过渡，可以减少谱泄漏[296]。

窗函数的选择，力求从各方面的影响加以权衡，尽量选取频率窗有高度集中的主瓣，即主瓣衰减率尽量大，主瓣宽度尽量小，旁瓣高度尽量小。6 种常用窗函数如表 3.1 所列。

表 3.1　6 种常用窗函数基本性能参数

窗函数	主瓣宽度	旁瓣峰值衰减/dB	阻带最小衰减/dB
矩形窗	$4\pi/N$	−13	−21
三角形窗	$4\pi/N$	−25	−25
汉宁窗	$8\pi/N$	−31	−44
海明窗	$8\pi/N$	−41	−53
布莱克曼窗	$12\pi/N$	−57	−74
凯泽窗	$14\pi/N$	−57	−80

2）功率谱估计的参数模型法

非参数估计方法的缺陷是未将信号的可用信息结合到估计过程中，尤其在获取已知数据样本是如何产生的一些知识时，采用非参数估计方法将具有严重缺陷。因此，研究人员期望将信号模型直接结合到谱估计的算法中，以便获得更精确、更高分辨率的谱估计。

谱估计参数方法通过选择一个合适模型（结合先验知识）实现这一目标。通常采用的模型包括自回归（auto-regressive，AR）、滑动平均（moving average，MA）、自回归滑动平均（auto-regressive and moving average，ARMA）模型和谐波模型（噪声中含复指数）。模型选好后，可用给定数据估计模型参数，然后将估计参数代入谱估计参数方法中估计功率谱。该方法的精度主要取决于谱估计模型是否与数据产生方式一致，其次取决于模型参数能够多准确地被估计出。

3）其他功率谱估计方法

随机信号功率谱的经典估计方法和参数估计方法，分别适用于较长数据记录和较短数据记录的情况。此外，还有将信号通过一个窄带带通滤波器组进行功率谱估计的最小方差法；对自相关函数进行精确外推以消除加窗效应，获得更精确谱估计的最大熵方法；基于信号自相关阵特征分解将样本空间分成信号子空间和噪声子空间，然后在噪声子空间内采用频率估计函数估计频率值，主要用于多正弦或复指数并叠加了噪声谐波过程的 Pisarenko 谐波分解法、多信号分类方法、特征矢量法及最小范数法；基于信号模型的旋转不变性方法和其改进方法等，详见文献[294]。

2．小波分析

傅里叶变换通过对信号的频率域和能量域分布的描述揭示信号的频率域的特征，它能说明信号中含有哪些频率分量，并且能表示出信号在相应的频率处的幅度和相位。但是，傅里叶变换是一种整体的全局变换，它揭示的是信号的时域和频域的全局特性，所给出的只是信号在时域和频域的统计平均结果，并不能说明其中某种频率分量出现的时刻以及其相应的变化情况。

小波分析是法国科学家 Gsossman 和 Morlet 于 20 世纪 30 年代，针对傅里叶分析不能做局部分析的缺点，提出并发展起来的一种强有力的数学工具。由于其分析时间-频率局部化的卓越效果而被称为“数学显微镜”。小波理论是一种调和分析方法，主要思想就是对信号分析进行伸缩与平移，是傅里叶分析发展史上的一个“里程碑”。小波分析已成为信号处理、信息获取与处理等许多领域首选的数学分析工具。

1）小波的定义

小波，即是“小的波”，它具有在一个有限的时间周期内生成和衰减的特性。考虑定义于整个实轴上的满足以下两条基本性质的实值函数$\psi(t)$，用以量化小波的概念。

当$\psi(t)$的积分等于零时，存在下式：

$$\int_{-\infty}^{+\infty}\psi(t)\mathrm{d}t=0 \tag{3.16}$$

当$\psi(t)$的积分等于 1 时，存在下式：

$$\int_{-\infty}^{+\infty}\psi(t)^2\,\mathrm{d}t=1 \tag{3.17}$$

如果式（3.16）成立，那么对于$\forall\varepsilon\in$（0，1），一定存在某个区间[$-T$，T]，使得$\int_{-\infty}^{+\infty}\psi(t)^2\,\mathrm{d}t>1-\varepsilon$，若$\varepsilon$接近于零，那么$\psi(t)$在区间[$-T$，$T$]外仅仅是不显著地偏离零，它的非零变动范围存在于有限的区间[$-T$，T]内。由于区间[$-T$，T]的长度和整个实轴的长度相比非常小，那么就可认为$\psi(t)$的非零变动范围只是在一个相对较小的时间区间上。式（3.16）显示大于零的偏移必定会被小于零的偏移抵消，而式（3.17）表明$\psi(t)$相对于零有一些偏离，所以函数$\psi(t)$的图像必然是上下振荡的。因此，式（3.16）和式（3.17）导致了小波。

小波通常定义为一类具有振荡特性，能够迅速衰减为零的函数。其中式（3.17）中的$\psi(t)$称为小波母函数，它的伸缩和平移构成一族函数系：

$$\psi_{a,b}(t)=|a|^{-1/2}\psi\left(\frac{t-b}{a}\right) \tag{3.18}$$

式中：$a\in\boldsymbol{R}$，$b\in\boldsymbol{R}$，$a\neq0$，$\psi_{a,b}(t)$为子小波，t 为时间；a为尺度参数，反映了小波的周期长度；b为时间参数，反映了在时间上的平移。

（1）连续小波变换。

设$\psi(t)\in L^2(R)$为小波母函数，$\psi_{a,b}(t)\in L^2(R)$为连续小波。对$\forall x(t)\in L^2(R)$，$x(t)$的连续小波变换为

$$WT_x(a,b)=<x,\psi_{a,b}>=\frac{1}{\sqrt{a}}\int_R x(t)\psi_{a,b}\left(\frac{t-b}{a}\right)\mathrm{d}t \tag{3.19}$$

当$x(t)$在某一尺度a、时间b处的小波变换表示在该时刻频域中心点为$\frac{\omega_0}{a}$、频率窗口宽度为$\frac{\Delta\omega}{a}$内的频率份量的大小。高频时，频域窗宽$\frac{w_0}{a}$变小；低频时，频域窗宽$\frac{w_0}{a}$变大。通过$x(t)$在$t=b$处的小波变换，可对信号在此处的局部情况进行分析。

（2）离散小波变换（连续小波变换的离散化）。

在连续小波变换中，尺度函数a与时间位移参数b是连续变化的，在相平面的不同点处，连续小波变换的基函数$\psi_{a,b}(t)$具有很大的相关性，因此信号$x(t)$的连续小波变换系数$WT_X(a,b)$的信息量是冗余的。在实际应用中，通常是将连续小波中的参数a和b离散化，不涉及时间变量t。

在连续小波中，包含两类离散化：

$$\psi_{a,b}(t)=|a|^{-1/2}\psi\left(\frac{t-b}{a}\right) \tag{3.20}$$

① 尺度的离散化：一般将尺度按幂级数进行离散，其中a取$a_0^0,a_0^1,\cdots,a_0^J$，此时离散

后的 $\psi_{a,b}(t)$ 变为

$$a_0^{-\frac{1}{2}}\psi[a_0^{-j}(t-b)]，j=0，1，2，\cdots \tag{3.21}$$

② 位移的离散化：为了保证信息不丢失，对位移 b 以 $\Delta b = a_0^j b_0$ 为采样间隔，其中 b_0 为尺度 j=0 时的均匀采样间隔。此时 $\psi_{a,b}(t)$ 变为

$$a_0^{-\frac{1}{2}}\psi[a_0^{-j}(t-ka_0^j b_0)]，\quad j=0，1，2，\cdots；\ k\in\mathbf{Z} \tag{3.22}$$

在实际工作中，通常取 $a_0=2, b_0=1$，称 $\psi_{j,k}(t)$ 为离散小波，对 $x(t)\in L^2(R)$ 做离散小波变换 $\mathrm{WT}_x(j,k)$，记作 DWT。其中：

$$\mathrm{WT}_x(j,k) = < x(t), \psi_{J,k}(t) > = \int_R x(t)\bar{\psi}_{j,k}(t)\mathrm{d}t \tag{3.23}$$

小波变换在继承了窗口傅里叶变换的时频局部化思想的同时，克服了其窗口大小固定不变的限制，能敏感地反映信号突变，即在高频的时候有着较高的时间分辨率而在低频时有着较高的频率分辨率。然而，由于小波基的限制、基函数固定、多分辨率恒定等原因的存在，使得小波分析缺乏自适应性。又由于有限长的小波基会造成信号能量的泄漏，使得信号在能量、时间和频率方面的综合分布很难定量地给出，同时小波变换也受到 Heisenberg 不确定原理的制约。

2）小波分析的特点

文献[297]指出，小波分析具有如下特点：

（1）小波函数能同时在时频域上进行联合局部分析。相对于传统的傅里叶变换，小波函数不仅能对信号进行全时域的分析，并且还能突出信号在局部时域的特征，能对信号进行时频联合局部分析，表现出多尺度特性，即具有类似自适应“变焦”的功能。这种功能会随着频率的高低，使小波在尺度、时窗宽度及中心频率方面都有相应的变化与调整，具体为：分析高频时，表现为小尺度、窄时窗及增大的中心频率；分析低频时，则表现为大尺度、宽时窗和减小的中心频率，因而非常适用于信号的局部分析。

（2）小波具有多分辨分析功能。多分辨分析理论中包括了正交尺度函数和正交小波，通过小波的多分辨分析功能，可以将信号细致有效地划分为具有不同频带的分量，从而实现更深入地分析信号的特征，并且通过对不同频带进行分频设计和建模，能够更完备、深入地认识复杂现象。

（3）小波具有非线性系统局部逼近基。通过正交小波基可以获得信号的局部信息，从而可以重构原信号。基于统计理论的离散小波族在一定的条件下，有可能成为函数的逼近基，甚至正交基。由于非线性系统局部逼近基能完全刻画原函数并对其进行重构，并且结果稳定，解析表达式清晰。因此，非常适合用于对高维非线性函数的逼近。

（4）基于共轭镜像滤波器组的小波算法快速有效。正交小波变化看似复杂，但由于其算法通常是由一组简单的共轭镜像滤波器系数和 Mallat 金字塔型算法来实现。因此，其计算量也小，计算的复杂程度也较低。

3．经验模态分解（EMD）

为彻底摆脱上述时频分析方法的局限性，更好地分析非线性非平稳信号的局部时域和频域特征，美国航空航天局 Nordca E.Huang 等于 1998 年提出了经验模态分解（empirical mode decomposition，EMD）[210]。该方法是一种新型的自适应信号时频处理

方法，特别适用于非线性、非平稳信号的分析处理，被认为是对以傅里叶变换为基础的线性和稳态频谱分析的重大突破[298-299]。

EMD 方法基于信号本身的局部特征时间尺度，把复杂的信号函数分解成了有限的本征模态函数（intrinsic mode function，IMF）之和。信号经过 EMD 分解后，其瞬时频率也具有了物理意义。通过对每一个本征模态函数进行希尔伯特变换，可以求出每一本征模态函数伴随时间变化的瞬时频率和瞬时幅值，进一步地可以得到非平稳信号的完整时频分布。EMD 方法不再受 Heisenberg 测不准原理的限制，不但能够获得很高的频率分辨率，而且该方法基于信号自身的特征进行分解，不需要预先定义基函数，也无需采用信号的先验知识，具有很好的自适应性。EMD 方法具有划时代的意义，为信号处理方法的研究提供了新的思路，已经成功地运用到了很多工程实际中[300-306]。随着 EMD 方法的进一步研究和发展，将会给许多信号处理分析领域的学者带来新的思路，有力地促进信号时频分析方法的发展及应用。

1）EMD 算法流程

满足特定假设条件的非线性、非稳态信号可以采用 EMD 算法分解为具有不同时间尺度的 IMF。这些 IMF 需要满足两个条件：①在整个数据集中，极值点和穿越零点的数量相等或最多相差 1 个；②在任何点上，最大值和最小值包络的均值为 0。

EMD 算法实际上是一个递归过程，其流程如图 3.1 所示。

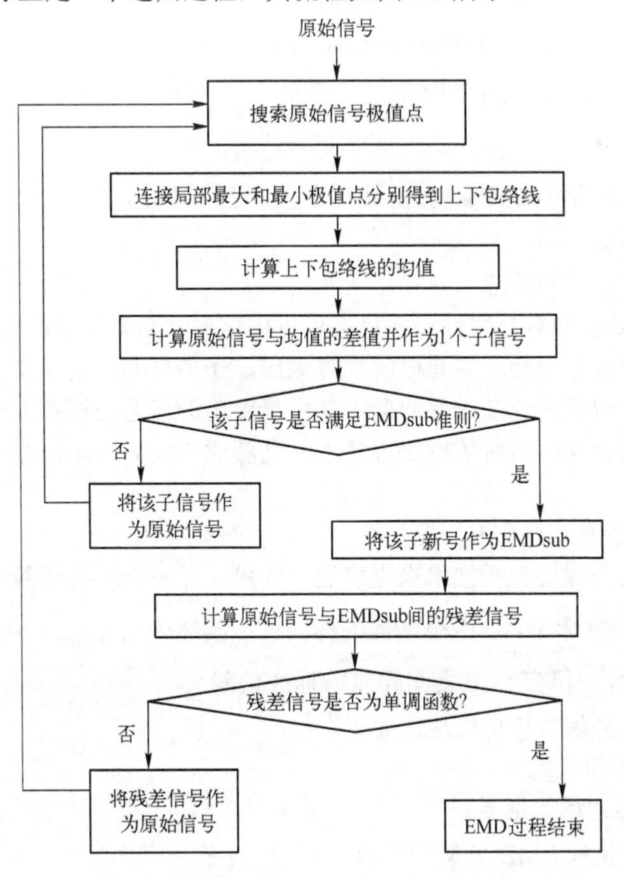

图 3.1　EMD 算法流程示意图

结合图 3.1，EMD 算法的具体步骤如下：

步骤 1：寻找原始信号 $\boldsymbol{x}^{\mathrm{t}}(t)$ 极值点。

步骤 2：连接信号最大点和最小点获得上下包络线。

步骤 3：计算上下包络线均值 m_1，将原始信号 $\boldsymbol{x}^{\mathrm{t}}(t)$ 与 m_1 的差值作为第 1 成分，记为 h_1。

$$h_1 = \boldsymbol{x}^{\mathrm{t}}(t) - m_1 \tag{3.24}$$

步骤 4：检查 h_1 是否满足 IMF 准则，即：极值点和过零点的个数必须相等或最多相差 1 个；在任何点上，局部最大包络和局部最小包络的均值是 0。如果 h_1 是 IMF，则 h 是 $\boldsymbol{x}^{\mathrm{t}}(t)$ 的第 1 个成分。

步骤 5：如果不是 IMF，重复步骤 1～3，此时，h_1 作为原始信号。

$$h_{11} = h_1 - m_{11} \tag{3.25}$$

式中：m_{11} 是 h_1 上下包络的均值。这个过程重复 k 次直到 h_{1k} 满足 IMF 准则：

$$h_{1k} = h_{1(k-1)} - m_{1k} \tag{3.26}$$

每次都要检查 h_{1k} 的过 0 次数是否与极值点个数相等；最后得到的成分即第 1 个 IMF，并记为

$$\boldsymbol{x}_{\mathrm{IMF1}}^{\mathrm{t}} = h_{1k} \tag{3.27}$$

式中：$\boldsymbol{x}_{\mathrm{IMF1}}^{\mathrm{t}}$ 包含筒体振动信号的最小时间尺度。

步骤 6：从原始信号 $\boldsymbol{x}^{\mathrm{t}}(t)$ 中剥离 $\boldsymbol{x}_{\mathrm{IMF1}}^{\mathrm{t}}$ 得到

$$r_1^t = \boldsymbol{x}^{\mathrm{t}} - \boldsymbol{x}_{\mathrm{IMF1}}^{\mathrm{t}} \tag{3.28}$$

步骤 7：判断是否满足 EMD 分解终止条件：若不满足，令 $\boldsymbol{x}^{\mathrm{t}} = r_1^t$，并转至步骤 1；若满足，则分解结束。

2）EMD 算法存在的问题

EMD 算法在处理具有非线性和非稳态特点的信号时具有明显的优势，但同时也存在虚假人工成分导致模态混叠、具有分解端点效应、子信号非严格正交、分辨率低、有效子信号数量有限、缺少理论基础等问题。其中最突出的问题是模态混叠，这使得子信号本身会丢失其物理含义，对应的解决方法之一是集成 EMD（Ensemble EMD，EEMD）算法。

3）EEMD 算法及其存在的问题

EEMD 通过噪声辅助分析技术来克服这一问题，但是需要选择两个分解参数，即附加噪声 A_{noise} 和集成数量 M。这两个参数的影响可以描述为 $\ln e_{\mathrm{EEMD}} + \frac{A_{\mathrm{noise}}}{2}\ln M = 0$，其中 e_{EEMD} 表示原始信号与相应 IMF 之间误差的标准偏差。

EEMD 算法的分解过程可以描述如下：

（1）初始化 M 和 A_{noise}。

（2）添加 A_{noise} 到原始信号。

（3）对新信号执行 EMD 分解的步骤 1～7 共 M 次。

（4）计算 M 次 EMD 分解的平均结果作为最终的 EEMD 分解结果。

显然，EEMD 算法存在分解参数需要人工确定以及计算耗时等问题。

3.1.2　基于主元分析（PCA）和核 PCA（KPCA）的特征提取方法

PCA 是一种统计分析方法，能够解析出多变量的主要影响因素，使复杂问题得以简化。PCA 是进行信息抽取和数据压缩的有力工具，其主要思想是在保证信息损失最小的前提下，通过线性变换（正交）和舍弃一小部分信息，以少数新的相互独立的综合变量（主成分）取代原始多维变量，将原始数据从高维数据空间投影到低维特征空间。

1．PCA 原理及特征提取

假设原始数据 $\boldsymbol{X}^0 \in \mathbf{R}^{k\times p}$ 由 k 个样本（行）和 p 个变量组成（列），则 $\boldsymbol{X}_k^0$ 首先被标准化为 0 均值 1 方差的 $\boldsymbol{X}_k$。$\boldsymbol{X}_k$ 按下式分解：

$$\boldsymbol{X}_k = \boldsymbol{t}_1\boldsymbol{p}_1^{\mathrm{T}} + \boldsymbol{t}_2\boldsymbol{p}_2^{\mathrm{T}} + \cdots + \boldsymbol{t}_h\boldsymbol{p}_h^{\mathrm{T}} + \boldsymbol{t}_{h+1}\boldsymbol{p}_{h+1}^{\mathrm{T}} + \cdots + \boldsymbol{t}_p\boldsymbol{p}_p^{\mathrm{T}} \tag{3.29}$$

式中：$\boldsymbol{t}_{i_h}$ 和 $\boldsymbol{p}_{i_h}$（$i_h = 1,\cdots,p$）为得分向量和负荷向量。

$\boldsymbol{p}_{i_h}$ 是相关系数阵 $\boldsymbol{R}_k \in \Re^{p\times p}$ 的第 i_h 个特征向量，即

$$\begin{cases} \boldsymbol{R}_k \approx \dfrac{1}{k-1}\boldsymbol{X}_k^{\mathrm{T}} \cdot \boldsymbol{X}_k \\ (\boldsymbol{R}_k - \lambda_k)\boldsymbol{P}_k = 0 \end{cases} \tag{3.30}$$

式中：λ_k 为 $\boldsymbol{R}_k$ 的特征值，$\boldsymbol{P}_k \in \Re^{p\times p}$ 是 $\boldsymbol{R}_k$ 的特征向量。

由于 $\boldsymbol{T}_k \in \Re^{k\times p}$ 是 $\boldsymbol{X}_k$ 在新的坐标轴 $\boldsymbol{P}_k$ 上的正交投影，可按下式计算得分矩阵 $\boldsymbol{T}_k$：

$$\boldsymbol{T}_k = \boldsymbol{X}_k\boldsymbol{P}_k \tag{3.31}$$

通过 $\boldsymbol{X}_k$ 的分解即可实现降维：

$$\boldsymbol{X}_k = \hat{\boldsymbol{X}}_k + \tilde{\boldsymbol{X}}_k = \hat{\boldsymbol{T}}_k\hat{\boldsymbol{P}}_k^{\mathrm{T}} + \tilde{\boldsymbol{T}}_k\tilde{\boldsymbol{P}}_k^{\mathrm{T}} \tag{3.32}$$

式中：$\hat{\boldsymbol{X}}_k$ 和 $\tilde{\boldsymbol{X}}_k$ 分别是模型部分和残差部分；$\hat{\boldsymbol{P}}_k \in \Re^{p\times h}$ 由 $\boldsymbol{R}_k$ 的前 h 个特征向量组成，称为负荷矩阵，其覆盖的空间称之为主元子空间（PCS）；$\hat{\boldsymbol{T}}_k \in \Re^{n\times h}$ 是 $\boldsymbol{X}_k$ 在 $\hat{\boldsymbol{P}}_k$ 上的投影，称为得分矩阵；$\tilde{\boldsymbol{P}}_k^{\mathrm{T}} \in \Re^{p\times(p-h)}$ 称为残差负荷矩阵，其覆盖的空间称为残差子空间（RS）；$\tilde{\boldsymbol{T}}_k \in \Re^{n\times(p-h)}$ 称为残差得分。

$\hat{\boldsymbol{T}}_k$ 和 $\tilde{\boldsymbol{T}}_k$ 可分别重写为

$$\hat{\boldsymbol{T}}_k = \boldsymbol{X}_k\hat{\boldsymbol{P}}_k \tag{3.33}$$

$$\tilde{\boldsymbol{T}}_k = \boldsymbol{X}_k\tilde{\boldsymbol{P}}_k \tag{3.34}$$

从而，式（3.33）提取的得分矩阵可作为软测量模型的输入。

2．主元个数的选取方法

一般情况下需要选取 h（$h < p$）个主元代替原来的 p 个相关变量，并要求这 h 个主元能够概括原来 p 个变量所提供的绝大部分信息。方差累计贡献率法（cumulative percent variance，CPV）和平均值法是两种最常用的选取主元个数的方法。

1）方差累计贡献率法

根据 PCA 理论，样本协方差矩阵的最大特征值所对应的特征向量即为第一主元方向，最大特征值即为第一主元的方差。以此类推，第二主元的方差和方向由协方差矩阵

的第二大特征值和对应的特征向量来决定，每个主元的方差和总方差的比值称为该主元对样本总方差的贡献率。方差累计贡献率的计算公式为

$$\mathrm{CPV}_h = 100\sum_{i_h=1}^{h}\lambda_{i_h} \Big/ \sum_{i_h=1}^{p}\lambda_{i_h} \tag{3.35}$$

式中：λ_{i_h} 为协方差矩阵的特征值，p 为变量个数，h 为选择的主元个数。

当 CPV 值大于期望的值时，对应的 h 值就是应该保留的主元个数。

该方法的缺点是主观性很强，即必须人为地选定一个期望的 CPV 值作为准则，如 90%、95%或 99%。

2）平均特征值法

该方法选取大于所有特征值均值的特征值作为主元特征值，同时舍弃掉那些小于均值的特征值。因此，对于相关系数矩阵 $\boldsymbol{R}_k$，只有特征值大于 $\bar{\lambda} = \dfrac{\mathrm{trace}(R_k)}{p}$ 的特征值作为主元特征值，选择的主元个数是大于 $\bar{\lambda}$ 的特征值的个数。

尽管 PCA 是容易建立且有效的算法，它仍然有些不足和局限性，其中一个局限是 PCA 只能有效地掌握数据之间的线性关系而不能处理数据间的非线性关系。这个局限可以通过改进上述算法来解决，如 KPCA 方法。另外一个问题就是主元只是描述了输入空间数据，未映射到用于建模的输出数据空间，PLS 算法给出了一个解决方法。

3．基于 KPCA 的特征提取

KPCA 是利用线性代数、支持向量机等有关理论来实现非线性空间的降维，在解决信息冗余的同时，保证了原始信息的完整性。其核心思想是通过非线性变换 $\boldsymbol{\Phi}$ 将输入数据向量 $\boldsymbol{x}_l \in \mathrm{R}^p (l = 1,2,\cdots,k)$ 从输入空间映射到一个高维特征空间 Ψ 上，然后在 Ψ 上执行 PCA。

映射后的样本矢量被中心化后，映射在高维特征空间 Ψ 上的样本集的协方差矩阵定义为

$$C^{\Psi} = \frac{1}{k}\sum_{l=1}^{k}\boldsymbol{\Phi}(\boldsymbol{x}_l)\boldsymbol{\Phi}^{\mathrm{T}}(\boldsymbol{x}_l) \quad (l = 1,2,\cdots,k) \tag{3.36}$$

可通过求解 C^{Ψ} 的特征值 $\lambda_{\mathrm{c}}(\lambda_{\mathrm{c}} \geqslant 0)$ 和特征向量 $\boldsymbol{v} \in \psi, \boldsymbol{v} \neq 0$ 计算得到特征空间主元。对应的特征值方程为

$$\lambda_{\mathrm{c}}\boldsymbol{v} = C^{\Psi}\boldsymbol{v} \tag{3.37}$$

以符号 $< x_1, x_2 >$ 表示 x_1 和 x_2 间的点积，则式（3.37）等同于

$$< \boldsymbol{\Phi}(\boldsymbol{x}_l), C^{\Psi}\boldsymbol{v} > = \lambda_{\mathrm{c}} < \boldsymbol{\Phi}(\boldsymbol{x}_l), \boldsymbol{v} > \quad (l = 1,2,\cdots,k) \tag{3.38}$$

由于式（3.37）的所有解均在 $\boldsymbol{\Phi}(\boldsymbol{x}_1),\cdots,\boldsymbol{\Phi}(\boldsymbol{x}_k)$ 张成的子空间内，故存在系数 $\theta_1,\theta_2,\cdots,\theta_k$，可将 ψ 中的向量 $\boldsymbol{v}$ 表示为

$$\boldsymbol{v} = \sum_{l=1}^{k}\theta_l\boldsymbol{\Phi}(\boldsymbol{x}_l) \tag{3.39}$$

合并式（3.38）和式（3.39），得

$$\lambda_{\mathrm{c}}\sum_{l=1}^{k}\theta_l<\boldsymbol{\Phi}(\boldsymbol{x}_{l_{\mathrm{c}}}),\boldsymbol{\Phi}(\boldsymbol{x}_l)>=\frac{1}{k}\sum_{l=1}^{k}\theta_l<\boldsymbol{\Phi}(\boldsymbol{x}_{l_{\mathrm{c}}}),\sum_{l=1}^{k}\boldsymbol{\Phi}(\boldsymbol{x}_l)>\cdot<\boldsymbol{\Phi}(\boldsymbol{x}_l),\boldsymbol{\Phi}(\boldsymbol{x}_l)>\boldsymbol{\Phi}^{\mathrm{T}}(\boldsymbol{x}_l)\quad (l_{\mathrm{c}}=1,2,\cdots,k) \tag{3.40}$$

引入核函数将特征空间ψ的点积运算转化为核函数运算简化计算量。$k\times k$阶核矩阵的定义如下：

$$K_{c_{l,m}}=[k_{c_{lm}}]_{k\times k}=<\boldsymbol{\Phi}(\boldsymbol{x}_l),\boldsymbol{\Phi}(\boldsymbol{x}_m)>\quad (l,m=1,2,\cdots,k) \tag{3.41}$$

则式（3.40）可化解为用核函数表示的特征值方程：

$$k\lambda_{\mathrm{c}}\boldsymbol{K\theta}=\boldsymbol{K}^2\boldsymbol{\theta} \tag{3.42}$$

式中：$\boldsymbol{\theta}$表示列向量$[\theta_1,\theta_2,\cdots,\theta_k]^{\mathrm{T}}$。由于$\boldsymbol{K}$是对称矩阵，因此，有

$$k\lambda_{\mathrm{c}}\boldsymbol{\theta}=\boldsymbol{K\theta} \tag{3.43}$$

特征空间中的 PCA 就转化为求解式（3.43），可得到特征值$\lambda_{\mathrm{c}_1}\geqslant\lambda_{\mathrm{c}_2}\geqslant\cdots\geqslant\lambda_{\mathrm{c}_k}$以及对应的特征向量$\theta_1,\theta_2,\cdots,\theta_k$。

对于第h个特征向量，可以表示为：

$$\boldsymbol{v}_h=\sum_{l=1}^{k}\theta_l^h\boldsymbol{\Phi}(\boldsymbol{x}_l) \tag{3.44}$$

进行如下推导：

$$<\boldsymbol{v}_h,\boldsymbol{v}_h>=\sum_{l=1}^{k}\sum_{m=1}^{k}\theta_l^h\theta_m^h k_{c_{lm}}=\lambda_{c_h}<\theta_h,\theta_h> \tag{3.45}$$

由上式可以看出，可以通过对$\theta_1,\theta_2,\cdots,\theta_k$进行标准化达到对特征空间中相应向量的标准化，即

$$<\boldsymbol{v}_h,\boldsymbol{v}_h>=1 \tag{3.46}$$

对于某一测试样本$\boldsymbol{x}$，主元的选取只需计算在特征空间ψ中的特征向量$\boldsymbol{v}_h$上的投影，即为 KPCA 的第h个主元对应的得分向量：

$$t_h=(v_h\cdot\boldsymbol{\Phi}(\boldsymbol{x}))=\sum_{l=1}^{k}\theta_l^h(\boldsymbol{\Phi}(\boldsymbol{x}_l)\cdot\boldsymbol{\Phi}(\boldsymbol{x}))=\sum_{l=1}^{k}\alpha_l^h K_{\mathrm{c}}(\boldsymbol{x}_l,\boldsymbol{x}) \tag{3.47}$$

基于 CPV 选择前h个得分向量组成的得分矩阵即为提取的非线性特征，用于建立软测量模型。

3.1.3 基于互信息（MI）的特征选择方法

1. 互信息度量原理

熵的原始含义是对于物理系统无序度状态的描述，或紊乱程度的一种测度。信息理论中将其表述为随机变量不确定性的一种度量[307]，对数据而言也有解释为不纯度的表示[308]。1948 年香农将熵（Entropy）概念第一次引入到信息论中，定义如下：

$$H(X)=-\sum p(x)\log p(x) \tag{3.48}$$

关于互信息定义，在此采用文献[307]中的基本形式，并结合信息熵的概念，得到：

$$I(\boldsymbol{Y};\boldsymbol{X})=\sum\sum p(y,x)\log\frac{p(x,y)}{p(x)p(y)}=H(\boldsymbol{Y})-H(\boldsymbol{Y}\mid\boldsymbol{X}) \tag{3.49}$$

式中：$\boldsymbol{X}$，$\boldsymbol{Y}$分别为两个离散随机变量，它们的联合概率密度函数是$p(x，y)$，$p(x)$与$p(y)$分别称为边缘概率密度函数。

互信息表现了一个随机变量包含另一个随机变量的信息量的度量，或可以理解为由于另一个随机变量信息获得后，原随机变量不确定度的缩减值。因此，它表现了一种相对量，并可称为“互熵”[309]。$H(\boldsymbol{Y}\mid\boldsymbol{X})$是$\boldsymbol{X}$已知时$\boldsymbol{Y}$的条件熵，采用下式计算：

$$H(\boldsymbol{Y}\mid\boldsymbol{X})=-\sum\sum p(y\mid x)\log(p(y\mid x)) \tag{3.50}$$

Haykin 总结了以互信息为神经元网络模型优化目标函数下的 4 种情况[310]，其中分别包括了最大互信息与最小互信息的目标函数，具体应用有信息传输系统自组织处理、无监督方式图像处理、独立分量分析等。另一方面，互信息或熵也被广泛地应用在特征提取与特征选择方面[311-314]。国内学者也很早就注意到熵方法的应用，并将其应用到复杂系统分析等方面，取得了很好的应用效果。

对于连续的随机变量，信息熵和 MI 采用如下公式计算：

$$H(\boldsymbol{X})=-\int_x p(x)\log p(x)\mathrm{d}x \tag{3.51}$$

$$H(\boldsymbol{Y}\mid\boldsymbol{X})=-\iint_{x,y} p(y,x)\log(p(y\mid x))\mathrm{d}x\mathrm{d}y \tag{3.52}$$

$$I(\boldsymbol{Y};\boldsymbol{X})=\iint_{x,y} p(y,x)\log\frac{p(x,y)}{p(x)p(y)}\mathrm{d}x\mathrm{d}y \tag{3.53}$$

联合熵、条件熵和互信息之间的关系如图 3.2 所示。

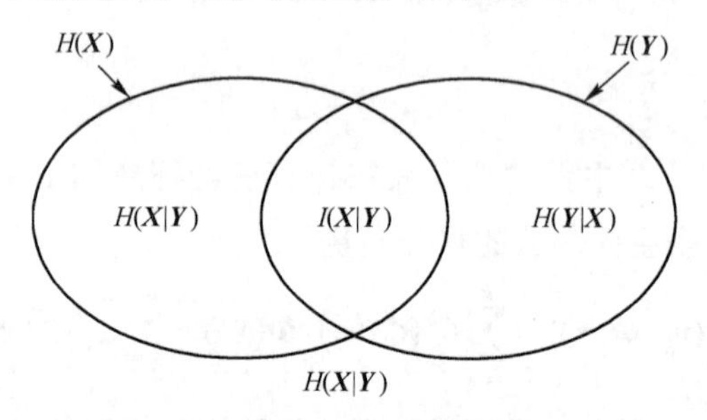

图 3.2 联合熵、条件熵和互信息之间的关系

因此，基于概率论和信息论，MI 可用于定量的度量两个变量间的互相依靠程度。基于 MI 的特征选择就是基于高阶统计矩进行特征的选择[311]，主要优点是对噪声和数据变换具有较好的鲁棒性[303,315]。理论上，该方法能够提供与分类器（估计函数）无关的最优特征子集[316]。

2．基于 MI 特征选择及存在的问题

文献[303]提出了互信息特征选择（mutual information feature selector，MIFS）算法，在候选特征中选择特征子集作为神经网络分类器的输入。该算法首先分别计算每个特征与分类变量以及特征与特征之间的 MI，然后采取的选择准则为：选择与分类变量具有最大 MI 的特征，惩罚与已选特征具有较大 MI 的特征。该文采用贪婪算法优选最优特征子集。文献[317]提出改进 MIFS 算法中输入特征与类别变量间 MI 的估计方法。

文献[313]提出了最小冗余最大相关（minimal-redundancy-maximal-relevance，MRMR）算法，首先采用最小冗余最大相关的准则寻找候选特征子集，然后在候选特征子集中基于最小分类误差准则，通过前向或后向选择策略选择最佳特征子集，并分别基于离散数据和连续数据的分类问题进行了验证。

文献[316]提出了最优特征选择互信息（optimal feature selection MI，OFS-MI）算法，采用 Parzen 窗估计器和 QMI（Quadratic mutual information）对 MI 进行更加有效的估计。文献[318]则对各个特征的熵值进行了标准化处理，提出标准化互信息特征选择（Normalized mutual information feature selection，NMIFS）方法，并提出了与 GA 相结合的 NAMIFS 算法解决分类问题。文献[319]指出基于 MI 的特征选择方法比其他方法更易于理解。

针对高维光谱数据的回归问题，文献[224]提出了采用 MI 选择与输出变量最相关的第一个特征，然后采用前向/后向特征选择算法选择其他特征，建立光谱数据的线性和非线性模型。文献[320]建立了基于 MI 和 KPLS 的软测量模型，采用 MIFS 算法，通过设置惩罚参数为 0，并只根据输入特征和输出变量间的 MI 值进行特征选择，从而简化了特征选择过程。

3.1.4　基于偏最小二乘（PLS）的特征约简

PLS 是一种新型的多元统计数据分析方法[321]。PLS 是一种多因变量对多自变量的回归建模方法，特别当各变量集合内部存在较高程度的相关性时，用 PLS 进行回归建模分析，比对逐个因变量做多元回归更加有效，其结论更加可靠，整体性更强。在普通多元线性回归的应用中，常受到许多限制，最典型的问题就是自变量之间的多重相关性。如果采用普通最小二乘方法，这种变量多重相关性就会严重危害参数估计，扩大模型误差，并破坏模型的稳健性。PLS 利用对系统中的数据信息进行分解和筛选的方式，提取对因变量解释性最强的潜在变量，辨识系统中的信息与噪声，更好地克服变量多重相关性在系统建模中的不良影响[322]。

使用普通多元回归建模时经常受到的另一个限制是样本数量不宜太少，即样本数量应是变量个数的两倍以上[323]。然而，在一些试验性的科学研究中，常常会有许多必须考虑的重要变量，但由于费用、时间等条件的限制，所能得到的样本点个数却远少于变量的个数。普通多元回归对这样的高维小样本数据的建模分析是完全无能为力的，这个问题的数学本质与变量多重相关性十分类似。因此，采用 PLS 方法能较好地对具有这样特点的数据有效建模。

1．PLS 算法原理

PLS 算法是一种将高维空间信息投影到由几个隐含变量组成的低维信息空间的多元线性回归方法，这其中的隐含变量间是互相独立并且包含了原始数据中的重要信息。

假设数据矩阵 $\boldsymbol{X}$ 和 $\boldsymbol{Y}$，其中 $\boldsymbol{X}\in\Re^{k\times p}$，$\boldsymbol{Y}\in\Re^{k\times q}$，将 $\boldsymbol{X}$ 经标准化处理后的数据矩阵记为 $\boldsymbol{E}_0=(\boldsymbol{E}_{01}\boldsymbol{E}_{02}\cdots\boldsymbol{E}_{0p})_{k\times p}$，将 $\boldsymbol{Y}$ 经标准化处理后的数据矩阵记为 $\boldsymbol{F}_0=(\boldsymbol{F}_{01}\boldsymbol{F}_{02}\cdots\boldsymbol{F}_{0q})_{k\times q}$。

记$\boldsymbol{t}_1$是$\boldsymbol{E}_0$的第一个成分，$\boldsymbol{t}_1=\boldsymbol{E}_0\boldsymbol{w}_1$，$\boldsymbol{w}_1$是$\boldsymbol{E}_0$的第一个轴且有$\|\boldsymbol{w}_1\|=1$；记$\boldsymbol{u}_1$是$\boldsymbol{F}_0$的第一个成分，$\boldsymbol{u}_1=\boldsymbol{F}_0\boldsymbol{c}_1$，$\boldsymbol{c}_1$是$\boldsymbol{F}_0$的第一个轴且有$\|\boldsymbol{c}_1\|=1$，要使$\boldsymbol{t}_1$与$\boldsymbol{u}_1$的协方差达到最大，需要解决如下优化问题：

$$\max(\boldsymbol{E}_0\boldsymbol{w}_1,\boldsymbol{F}_0\boldsymbol{c}_1)$$
$$\text{s.t.}\begin{cases}\boldsymbol{w}_1^{\mathrm{T}}\boldsymbol{w}_1=1\\ \boldsymbol{c}_1^{\mathrm{T}}\boldsymbol{c}_1=1\end{cases}\tag{3.54}$$

采用拉格朗日算法求解，可知$\boldsymbol{w}_1$和$\boldsymbol{c}_1$分别是对应于矩阵$\boldsymbol{E}_0^{\mathrm{T}}\boldsymbol{F}_0\boldsymbol{F}_0^{\mathrm{T}}\boldsymbol{E}_0$和$\boldsymbol{F}_0^{\mathrm{T}}\boldsymbol{E}_0\boldsymbol{E}_0^{\mathrm{T}}\boldsymbol{F}_0$的最大特征值$\theta_1^2$的单位特征向量。从而，可得到$\boldsymbol{t}_1$和$\boldsymbol{u}_1$，进一步得到：

$$\boldsymbol{E}_0=\boldsymbol{t}_1\boldsymbol{p}_1^{\mathrm{T}}+\boldsymbol{E}_1\tag{3.55}$$

$$\boldsymbol{F}_0=\boldsymbol{u}_1\boldsymbol{q}_1^{\mathrm{T}}+\boldsymbol{F}_1^0\tag{3.56}$$

$$\boldsymbol{F}_0=\boldsymbol{t}_1\boldsymbol{r}_1^{\mathrm{T}}+\boldsymbol{F}_1\tag{3.57}$$

式中：回归向量系数分别为$\boldsymbol{p}_1=\dfrac{\boldsymbol{E}_0^{\mathrm{T}}\boldsymbol{t}_1}{\|\boldsymbol{t}_1\|^2}$、$\boldsymbol{q}_1=\dfrac{\boldsymbol{F}_0^{\mathrm{T}}\boldsymbol{u}_1}{\|\boldsymbol{u}_1\|^2}$、$\boldsymbol{r}_1=\dfrac{\boldsymbol{F}_0^{\mathrm{T}}\boldsymbol{t}_1}{\|\boldsymbol{t}_1\|^2}$；$\boldsymbol{E}_1$，$\boldsymbol{F}_1^0$和$\boldsymbol{F}_1$分别为3个回归方程的方差矩阵。

用残差矩阵$\boldsymbol{E}_1$和$\boldsymbol{F}_1$取代$\boldsymbol{E}_0$和$\boldsymbol{F}_0$，求第二个主成分$\boldsymbol{t}_2$和$\boldsymbol{u}_2$，直到残差矩阵$\boldsymbol{E}_h=\boldsymbol{F}_h=0$。

从而，PLS的外部和内部关系可写为

$$\boldsymbol{X}=\sum_{i_h=1}^{h}\boldsymbol{t}_{i_h}\boldsymbol{p}_{i_h}^{\mathrm{T}}+\boldsymbol{E}\tag{3.58}$$

$$\boldsymbol{Y}=\sum_{i_h=1}^{h}\boldsymbol{u}_{i_h}\boldsymbol{q}_{i_h}^{\mathrm{T}}+\boldsymbol{F}\tag{3.59}$$

$$\hat{\boldsymbol{u}}_{i_h}=\boldsymbol{b}_{i_h}\boldsymbol{t}_{i_h}=\left(\frac{\boldsymbol{t}_{i_h}^{\mathrm{T}}\boldsymbol{u}_{i_h}}{\boldsymbol{t}_{i_h}{}^{\mathrm{T}}\boldsymbol{t}_{i_h}}\right)\cdot\boldsymbol{t}_{i_h}\tag{3.60}$$

因此，输入输出矩阵$\boldsymbol{X}$和$\boldsymbol{Y}$最终分解为

$$\boldsymbol{X}=\boldsymbol{T}\boldsymbol{P}^{\mathrm{T}}+\boldsymbol{E}_h\tag{3.61}$$

$$\boldsymbol{Y}=\boldsymbol{T}\boldsymbol{B}\boldsymbol{Q}^{\mathrm{T}}+\boldsymbol{F}_h\tag{3.62}$$

式中：$\boldsymbol{T}=[\boldsymbol{t}_1,\boldsymbol{t}_2,\cdots,\boldsymbol{t}_h]$；$\boldsymbol{P}=[\boldsymbol{p}_1,\boldsymbol{p}_2,\cdots,\boldsymbol{p}_h]$；$\boldsymbol{Q}=[\boldsymbol{q}_1,\boldsymbol{q}_2,\cdots,\boldsymbol{q}_h]$；$\boldsymbol{B}=\mathrm{diag}\{b_1,b_2,\cdots,b_h\}$。

综上可知，PLS的原理和结构可用图3.3表示。

图3.3表明PLS是具有线性结构的多层模型，其层数就是LV数量h，即PLS模型的结构参数。通常，较小的h值意味着简单的模型结构。同时，每层模型又包含内部和外部两个模型，其中：外部模型用于提取和输入输出空间均相关潜在变量，内部模型通过这些潜在变量构建回归模型。基于PLS的软测量模型可用下式表示：

$$\begin{cases}\hat{\boldsymbol{Y}}=\boldsymbol{X}\boldsymbol{B}+\boldsymbol{G}\\ \boldsymbol{B}=\boldsymbol{X}^{\mathrm{T}}\boldsymbol{U}\left(\boldsymbol{T}^{\mathrm{T}}\boldsymbol{X}\boldsymbol{X}^{\mathrm{T}}\boldsymbol{U}\right)^{-1}\boldsymbol{T}^{\mathrm{T}}\end{cases}\tag{3.63}$$

式中：$\boldsymbol{G}$ 为未建模动态。

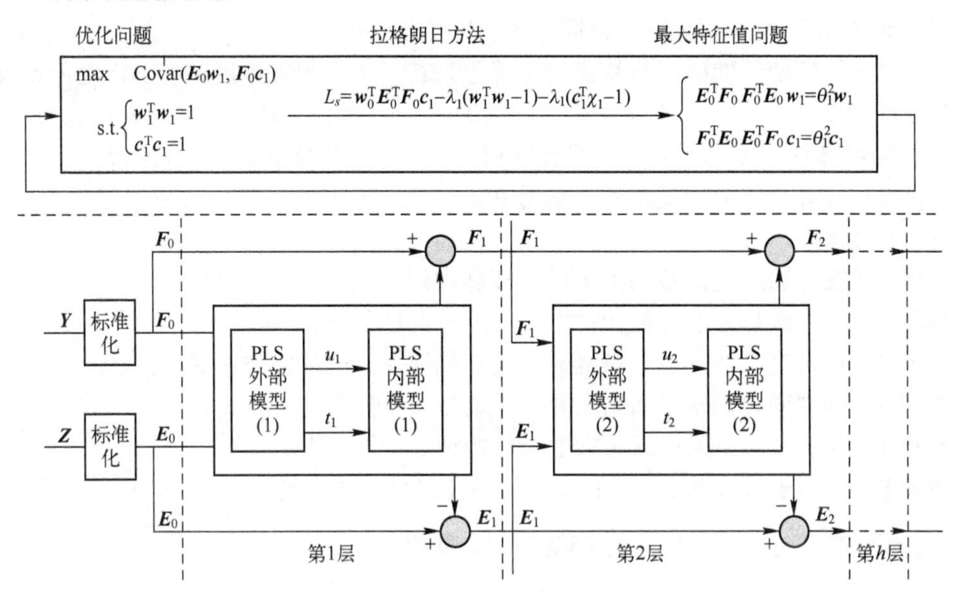

图 3.3　PLS 的原理和结构图

2．PLS 算法步骤

在实际计算中，对于给定输入矩阵 $\boldsymbol{X}$ 和输出矩阵 $\boldsymbol{Y}$，为了保持 $\boldsymbol{t}_{i_h}$ 和 $\boldsymbol{u}_{i_h}$ 更多的具有对方的信息，PLS 常采用 NIPALS 算法，步骤如下：

步骤 1　标准化矩阵 $\boldsymbol{X}$ 和 $\boldsymbol{Y}$ 为零均值 1 方差。

步骤 2　令 $\boldsymbol{E}_0=\boldsymbol{X}$，$\boldsymbol{F}_0=\boldsymbol{Y}$ 和 $h=1$。

步骤 3　对于每一个潜在变量（LV），令 $u_h=y_{j_q}$，y_{j_q} 取 $\boldsymbol{F}_{h-1}$ 中的某一个值。

步骤 4　计算矩阵 $\boldsymbol{X}$ 的权重：$\boldsymbol{w}_h^{\mathrm{T}}=\boldsymbol{u}_h^{\mathrm{T}}\boldsymbol{E}_{h-1}/(\boldsymbol{u}_h^{\mathrm{T}}\boldsymbol{u}_h)$；标准化 $\boldsymbol{w}_h$：$\boldsymbol{w}_h=\boldsymbol{w}_h/\|\boldsymbol{w}_h\|$。

步骤 5　计算矩阵 $\boldsymbol{X}$ 的得分：$\boldsymbol{t}_h=\boldsymbol{E}_{h-1}\boldsymbol{w}_h$。

步骤 6　计算 $\boldsymbol{Y}$ 的载荷：$\boldsymbol{q}_h^{\mathrm{T}}=\boldsymbol{t}_h^{\mathrm{T}}\boldsymbol{F}_{h-1}/(\boldsymbol{t}_h^{\mathrm{T}}\boldsymbol{t}_h)$，标准化 $\boldsymbol{q}_h$：$\boldsymbol{q}_h=\boldsymbol{q}_h/\|\boldsymbol{q}_h\|$。

步骤 7　计算矩阵 $\boldsymbol{Y}$ 的得分：$\boldsymbol{u}_h=\boldsymbol{F}_{h-1}\boldsymbol{q}_h$。

步骤 8　重复进行步骤 3～步骤 6 直至收敛。比较步骤 5 中的 $\boldsymbol{t}_h$ 与上次循环中的值，如相等或误差在某一范围之内，转至步骤 9，否则转至步骤步骤 4。

步骤 9　计算矩阵 $\boldsymbol{X}$ 的载荷：$\boldsymbol{p}_h^T=\boldsymbol{t}_h^{\mathrm{T}}\boldsymbol{E}_{h-1}/(\boldsymbol{t}_h^{\mathrm{T}}\boldsymbol{t}_h)$，进行标准化：$\boldsymbol{p}_h=\boldsymbol{p}_h/\|\boldsymbol{p}_h\|$，$\boldsymbol{t}_h=\boldsymbol{t}_h\|\boldsymbol{p}_h\|$，$\boldsymbol{w}_h=\boldsymbol{w}_h\|\boldsymbol{p}_h\|$。

步骤 10　计算回归系数：$\boldsymbol{b}_h^{\mathrm{T}}=\boldsymbol{u}_h^{\mathrm{T}}\boldsymbol{t}_{h-1}/(\boldsymbol{t}_h^{\mathrm{T}}\boldsymbol{t}_h)$。

步骤 11　计算潜变量 h 的残差：$\boldsymbol{E}_h=\boldsymbol{E}_{h-1}-\boldsymbol{t}_h\boldsymbol{p}_h^{\mathrm{T}}$，$\boldsymbol{F}_h=\boldsymbol{F}_{h-1}-b_h\boldsymbol{t}_h\boldsymbol{q}_h^{\mathrm{T}}$。

步骤 12　令 $h=h+1$，返回步骤 3 直到所有的潜变量 LV 计算完毕。

3．基于 GA-PLS 的特征选择算法

GA 是模仿生物遗传和自然选择机理的优化算法，不受目标函数连续性、可导性等限制，能够以较大的概率找到全局最优解，对流程工业中复杂的非线性、离散、含有噪声的高维数据有很强的处理能力。PLS 算法是一种将高维空间信息投影到由几个隐含变量组成的低维信息空间的多元线性回归方法，较少的隐含变量中包含了原始数据中的重要信息。将 GA 与 PLS 结合进行特征选择的算法步骤如下：

步骤 1　特征变量编码：将特征变量等分为若干个区间（根据需要确定区间长度）。随机地给每个染色体赋值，直接采用二进制编码，用 0 代表某个谱区间未被选中，1 代表选中。染色体的长度为划分的区间长度和区间个数，由需要解决问题的维数决定。

步骤 2　计算个体适应度函数：采用 PLS 交叉验证模型中的均方根误差作为种群个体的适应度函数。

步骤 3　按照适应度函数的大小进行种群排列。

步骤 4　种群选择，选择最佳种群，其余种群进行替代。

步骤 5　种群交叉，采用单点交叉方式随机选择交配的父体和交叉点。

步骤 6　种群变异，采用基本变异算子进行变异操作。

步骤 7　种群替换，采用新种群替换初始种群。

步骤 8　重复进行步骤 1～步骤 7 直至循环终止条件满足。

3.1.5　基于支持向量机（SVM）的建模

1. 支持向量机（SVM）原理

SVM 是一种基于输入输出数据的黑箱建模技术[324]，采用非线性映射把数据映射到一个高维特征空间，然后在该空间里进行线性建模。为避免高维数据带来的计算复杂性，引入核函数 $K(x_i,x)$，则带有高维核函数的线性回归问题记为

$$f(x)=(w\cdot K(x_i,x))+b \tag{3.64}$$

通过极小化目标函数：

$$\varphi(w,\zeta^*,\zeta)=\frac{1}{2}\|\boldsymbol{w}\|^2+c\left(\sum_{i=1}^{l}\zeta_i+\sum_{i=1}^{l}\zeta_i^*\right) \tag{3.65}$$

式中：c 为一个事先确定的数；ζ，ζ^*为表征系统输出上下限的松弛变量。

从而，最终求解得到的非线性函数的表达式为

$$f(x)=\sum_{l=1}^{k}(\beta_l-\beta_l^*)K_L(z_l,z)+b \tag{3.66}$$

由于很多 $(\beta_l-\beta_l^*)=0$，因此最终得到的解向量是稀疏的[325]。

最终的非线性函数采用非零的值（支持向量）表示为

$$f(x)=\sum_{l=1}^{\mathrm{SV}}(\beta_l-\beta_l^*)K_L(z_l,z)+b \tag{3.67}$$

式中：SV 为支持向量的数量。

支持向量机在解决小样本、非线性及高维模式识别中表现出许多特有的优势，并能够推广应用到函数拟合等其他机器学习问题中。然而，当处理较大数据集时，还有许多问题需要解决，比如训练过程的计算复杂度等问题。

SVM 采用最小化结构风险代替最小化经验风险，从而具有更好的建模性能，有效地避免了过拟合问题，但是 SVM 需要解决二次规划（quadratic programming，QP）问题。

2．最小二乘支持向量机（LS-SVM）

LS-SVM 选择误差的二次项 ζ_k^2 作为 SVM 优化目标中的损失函数，通过求解线性方程组得出模型参数。针对函数估计问题的 LS-SVM 的原理描述如下。

首先，LS-SVM 需要考虑解决如下的优化问题：

$$\begin{cases} \min\limits_{W\cdot b} \quad J = \dfrac{1}{2}\boldsymbol{W}^{\mathrm{T}}\boldsymbol{W} + \dfrac{1}{2}\gamma\sum\limits_{l=1}^{k}\zeta_l^2 \\ \text{s.t:} \quad y_l = \boldsymbol{W}^{\mathrm{T}}\Phi(x_{s_l}) + b + \zeta_l \end{cases} \tag{3.68}$$

然后，把问题转化为拉格朗日形式：

$$\begin{aligned} \mathrm{L}(\boldsymbol{W}, b, \xi, \beta) = & \frac{1}{2}\boldsymbol{W}^{\mathrm{T}}\boldsymbol{W} + \frac{1}{2}\gamma\sum_{l=1}^{k}\zeta_i^2 \\ & - \sum_{l=1}^{k}\beta_l[\boldsymbol{W}^{\mathrm{T}}\Phi(x_{s_l}) + b + \zeta_l - y_l] \end{aligned} \tag{3.69}$$

式中：β_l 为拉格朗日乘子。

进一步，通过求解 $(k+1)\times(k+1)$ 的线性等式，可得式（3.68）的解：

$$\boldsymbol{A}_k\boldsymbol{\Theta}_k = \boldsymbol{Y}_k' \tag{3.70}$$

式中：$\boldsymbol{A}_k = \begin{bmatrix} \mathbf{0} & \tilde{\mathbf{1}}^{\mathrm{T}} \\ \tilde{\mathbf{1}} & \boldsymbol{\Omega} + \dfrac{1}{\gamma}\boldsymbol{I} \end{bmatrix}$；$\boldsymbol{\Theta}_k = \begin{bmatrix} b \\ \boldsymbol{B}_k \end{bmatrix}$；$\boldsymbol{Y}_k' = \begin{bmatrix} 0 \\ \boldsymbol{Y}_k \end{bmatrix}$；$\tilde{\mathbf{1}} = [1,1,\cdots,1]^{\mathrm{T}}$；$\boldsymbol{B}_k = [\beta_1, \beta_2, \cdots, \beta_k]^{\mathrm{T}}$；$\boldsymbol{Y}_k = [y_1, y_2, \cdots, y_k]^{\mathrm{T}}$；$\boldsymbol{I}$ 为 $k \times k$ 的单位阵，$\boldsymbol{\Omega}$ 为核矩阵。

最后，LS-SVM 模型可表示为

$$y(z) = \sum_{l=1}^{k}\beta_k\boldsymbol{K}_L(z, z_l) + b \tag{3.71}$$

3.2　基于自适应 GA-PLS 的多源高维频谱特征选择

3.2.1　引言

球磨机是重大耗能设备，在水泥、煤炭、化工、电力和冶金等行业应用广泛。磨矿过程的磨机负荷（mill load，ML）是指磨机中球、料、水负荷的总和，能否准确检测 ML 状态（欠负荷、适中负荷、过负荷）及其内部负荷参数（矿浆浓度、料球比、充填率），对实现磨矿过程的优化控制和节能降耗意义重大。然而，球磨机系统旋转运行的工作特点及其综合复杂特性使 ML 难以检测。在实际生产中，一般是由操作员通过振声（电耳）、轴承振动或功率等间接方法，凭经验判别 ML 状态。但选矿过程的工业应用表明，以上这些信号难以准确反映 ML 状态。比如，由于 ML 参数与 ML 状态密切相关（如矿浆浓度、料球比过大及矿石性质差），就会引起磨机的过负荷甚至“胀肚”问题。为克服人工操作的主观性和随意性，出现了结合领域专家知识、规则推理、证据理论等 ML 状态检测方法，但仍难以定量检测 ML 参数。研究表明，轴承振动、振声频谱的特征频段与磨机操作参数强相关，并且后者比前者包含更多信息，但其研究涉及的 ML 参数仅有矿浆浓度。振声的频谱分布与 ML 参数间具有显著对应关系。目前，基于磨机筒体振动信号的 ML 检测方法成为研究热点，其研究背景多为干式球磨机。结合筒体振动的产生机理，结合磨机筒体振动在不同研磨条件（干磨、水磨、湿磨）下的时/频域波形的差异[11]，表明湿式球磨机频域特征明显，且频谱与 ML 参数强相关。但频谱数据存在超高维和共线性问题，不利于构建有效的软测量模型。综上所述，本书给出了基于自适应 GA-PLS 的多源高维频谱特征选择策略并予以应用。

PLS 是处理共线性、高维、病态数据的有力工具，对高维变量进行特征选择有利于提高模型精度，其中 GA-PLS 方法在高维谱变量选择中应用广泛。但是，标准 GA 具有早熟和进化缓慢的问题，可采用交叉概率和变异概率，能够根据适应度值进行自动调整的自适应遗传算法（adaptive genetic agorithm，AGA）克服此类欺骗问题。因此，本节通过 AGA-PLS 对磨机筒体振动及振声的频谱进行特征选择，将选择后的谱特征融合时域内的磨机电流信号，建立了以时频混合信号为模型输入，矿浆浓度、料球比、充填率为输出的 ML 参数检测模型。

3.2.2 特征选择策略

磨矿过程是闭路循环作业，具有典型的非线性、强耦合等综合复杂特性，其中球磨机是磨矿过程的作业瓶颈。磨机负荷是磨矿过程的重要参数，能否准确地确定磨机负荷状态（欠负荷、适中负荷、过负荷）及磨机负荷参数（矿浆浓度、料球比、充填率）直接影响到磨矿产品的质量、产量以及设备的安全性。物料的粉碎过程涉及破碎力学、矿浆流变学、化学腐蚀等复杂的物理化学过程，通过定性分析机理与实验，可获得筒体振动频谱所反映的磨机负荷参数，尤其是与之直接相关的矿浆浓度。已有研究表明，振声信号与料球比、电流信号与充填率相关性较强。由于振动、振声等数据与磨机负荷状态间存在复杂的耦合关系、冗余性、互补性，甚至矛盾性，使得直接采用单一或多源信号反映的磨机负荷状态具有不确定性。图 3.4 结合磨机振动、声音信号的产生机理和不同工况下的实验分析，融合振动、振声频谱及时域电流信号，建立了磨机负荷软测量策略。该策略依据磨机负荷参数与频谱相关的特性，通过谱特征的提取和选择，实现磨机负荷参数检测模型的最优输入。

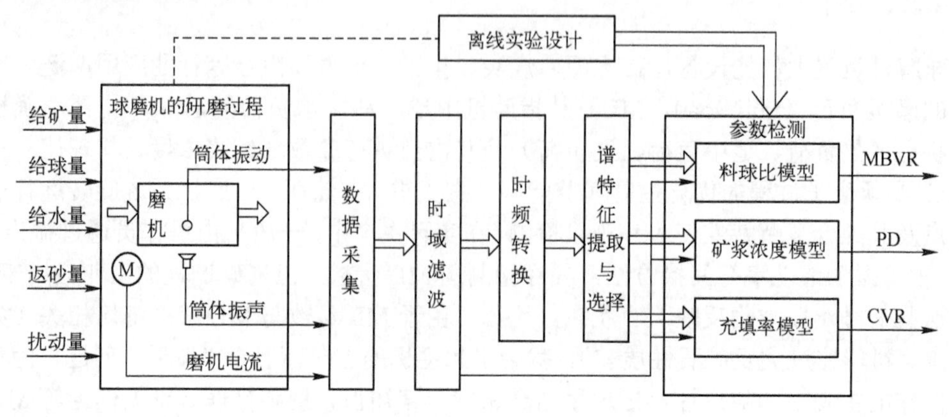

图 3.4　磨机负荷软测量模型的策略

该策略由五部分组成，即数据采集、数据滤波、时频转换、谱特征提取与选择、参数检测。数据采集模块完成筒体振动、振声、磨机电流信号的采集；时域滤波模块进行数据离群点剔除、中心化处理、振动/振声数据的重采样及滤除高频和低频干扰；时频转换模块将特征难以提取的时域信号转换为更易于特征提取的频域信号；谱特征提取与选择模块实现高维频谱数据的降维，实现不同负荷参数模型输入的优化选择；参数检测模块则融合谱特征和时域电流信号，预测磨机负荷参数。

3.2.3 特征选择算法

根据以上的建模策略，提出了如图 3.5 所示的基于 AGA-PLS 的频谱特征选择方法。

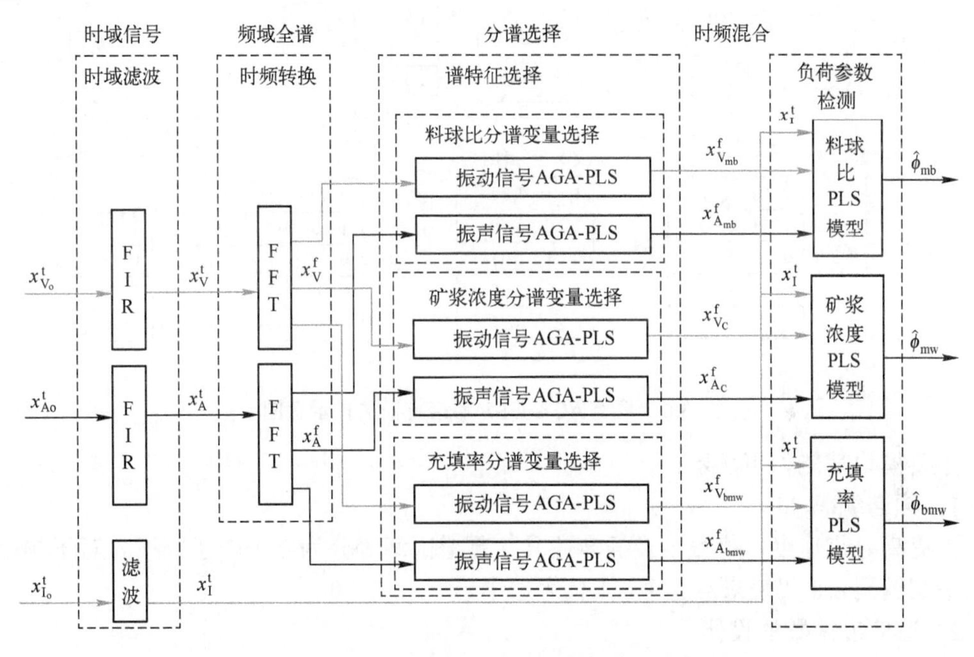

图 3.5　基于 AGA-PLS 的频谱特征选择方法

该方法首先通过 AGA-PLS 选择振动频谱分谱变量 $x_{V_i}^{f}$ 和振声频谱分谱变量 $x_{A_i}^{f}$，合并时域磨机电流 x_{I}^{t} 组成混合输入变量 $\boldsymbol{X}=[x_{V_i}^{f},x_{A_i}^{f},x_{I}^{t}]$，然后采用基于 PLS 的融合多源数据特征的参数检测模型检测磨机负荷参数 $\{\phi_{mb},\phi_{mw},\phi_{bmw}\}$。其中，上标 t 表示该信号是时域信号，而 f 表示该信号为频域信号，i=mb、mw 和 bmw 时分别对应 MBVR、PD 和 CVR。

1．基于 AGA-PLS 的频谱特征变量选择

GA 是不受目标函数连续性、可导性等限制，能够以较大的概率找到全局最优解，对流程工业中复杂的非线性、离散、含有噪声的高维数据具有很强的处理能力。AGA 采用交叉概率和变异概率，根据适应度值进行参数自动调整，解决标准 GA 的早熟和进化缓慢问题。PLS 算法是一种将高维空间信息投影到由几个隐含变量组成的低维信息空间的多元线性回归方法。AGA 与 PLS 结合进行谱变量特征选择的过程如图 3.6 所示。

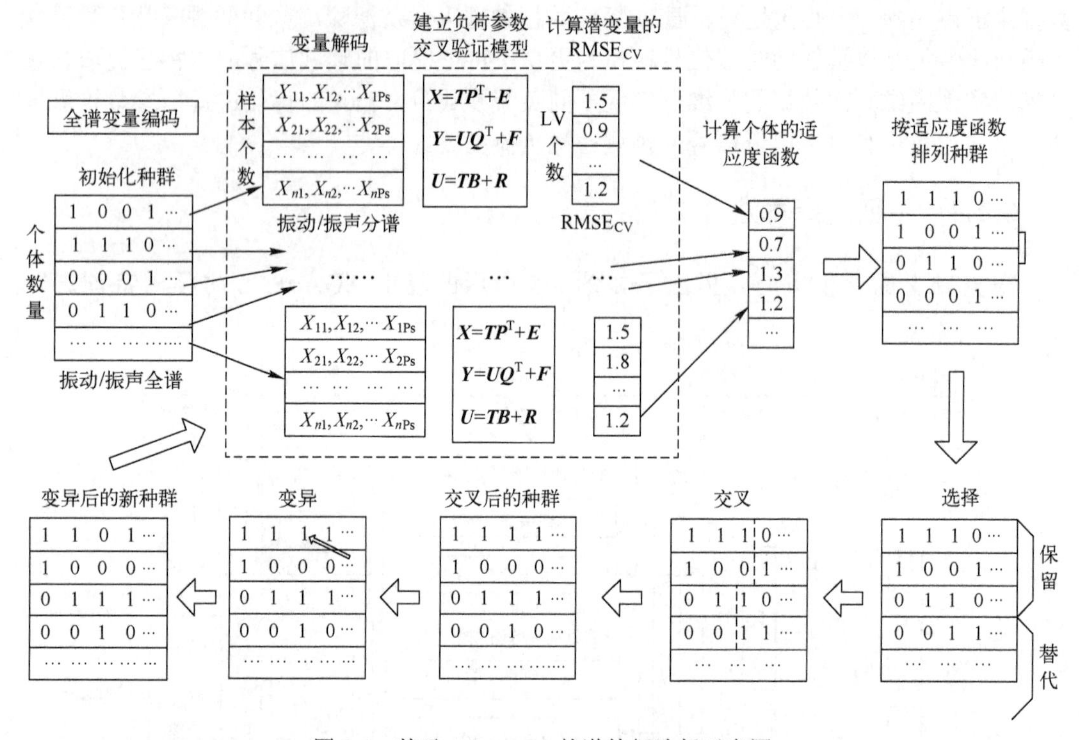

图 3.6 基于 AGA-PLS 的谱特征选择示意图

主要模块功能如下所示：

1）频谱编码

为提高寻优速度，将振动及振声信号的频谱区间等分为若干个子频段。对子频段进行二进制编码，0 代表未被选中，1 代表选中。

2）适应度函数的设计

采用 PLS 交叉验证模型中的均方根误差作为种群个体的适应度函数，由分析可知，其值越小，该个体的适应度越强。其定义如下：

$$F(j)=\min\{\mathrm{RMSECV}(1),\cdots,\mathrm{RMSECV}(\mathrm{LV}_{\max})\} \tag{3.72}$$

式中：j 为种群中的第 j 个个体；$\mathrm{RMSECV}(h)$ 为采用 h 个潜变量建模时的均方根交叉验证误差，$\mathrm{LV}_{\max}$ 为建立交叉验证模型的最大潜变量个数。

$$\mathrm{RMSECV}_h=\sqrt{\frac{\mathrm{CUMPRESS}_h}{n}}\Big/k \tag{3.73}$$

$$\mathrm{CUMPRESS}_h=\sum_{i=1}^{n}(y_h-y)_i^2 \tag{3.74}$$

式中：$i=1,2,\cdots,n$，n 为样本数量；$h=1,2,\cdots,\mathrm{LV}_{\max}$ 为建立交叉验证模型时采用的主元个数；k 为对每个个体 PLS 模型进行交叉验证的迭代次数；$\mathrm{CUMPRESS}_h$ 为采用 h 个潜变量建模的 n 个交叉验证模型的累积预测误差平方和。

3）自适应交叉概率 p_c 和变异概率 p_m

其随着适应度的变化进行动态调整，如下：

$$\begin{cases} p_c = p_{k1}\dfrac{f_{max}-f_{larger}}{f_{max}-f_{ave}}, & f_{larger} \geqslant f_{ave} \\ p_c = p_{k2}, & f_{larger} < f_{ave} \end{cases} \tag{3.75}$$

$$\begin{cases} p_m = p_{k3}\dfrac{f_{max}-f_{larger}}{f_{max}-f_{ave}}, & f_{larger} \geqslant f_{ave} \\ p_m = p_{k4}, & f_{larger} < f_{ave} \end{cases} \tag{3.76}$$

式中：$p_{k1}, p_{k2}, p_{k3}, p_{k4} \leqslant 1.0$，$p_{k2}$ 和 p_{k4} 为基本交叉和变异概率；f_{ave} 和 f_{max} 为种群的平均和最大适应度；f_{larger} 为进行交叉的个体中较大适应度。

4）AGA-PLS 的操作

随机初始化种群，指定最大迭代次数、交叉率和变异率以及交叉验证模型中的最大潜变量个数。首先对初始种群中个体的离散频谱变量编码进行译码；然后建立 PLS 交叉验证模型，计算个体适应度值，按适应度值的大小对个体进行排序，选择最佳个体，随机排序后替换适应度较弱的个体；再采用单点交叉方式，随机选择配对的父体和交叉点，并采用基本变异算子作为变异操作；最后，采用更新后的种群继续循环操作直到循环终止条件满足，算法结束。

2．基于 PLS 融合多源信息的磨机负荷参数软测量模型

由分析可知，振动、振声、电流信号间存在未知的冗余与互补关系，且不同的磨机负荷参数对应的频谱特征不同。采用 PLS 方法分别建立融合频谱特征和时域电流信号的磨机负荷参数检测模型，每个模型的输入均包括振动谱特征、振声谱特征、时域电流信号三部分，但输入变量的维数不同，结构如图 3.7 所示。

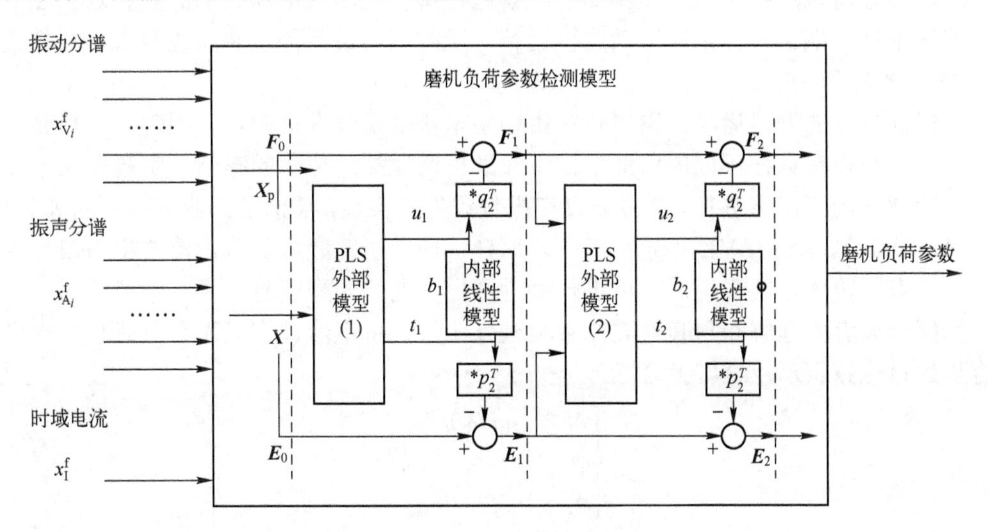

图 3.7　磨机负荷参数软测量模型

3.2.4 实验研究

1．实验球磨机与实验实施

实验在如图 3.8 所示的 XMQL 420×450 格子型球磨机上进行，其滚筒的外径和长度均为 460mm。该磨机由功率为 2.12kW 的三相电动机驱动，最大钢球装载量为 80kg，设计磨粉能力为 10kg/h，转速为 57r/min。磨机中部开口，用于添加钢球、物料和水负荷。实验中采用的物料为铜矿石，直径均小于 6mm，密度为 4.2t/m^3。采用直径为 30mm、20mm 和 15mm 的钢球作为研磨介质，配比为 3:4:3。

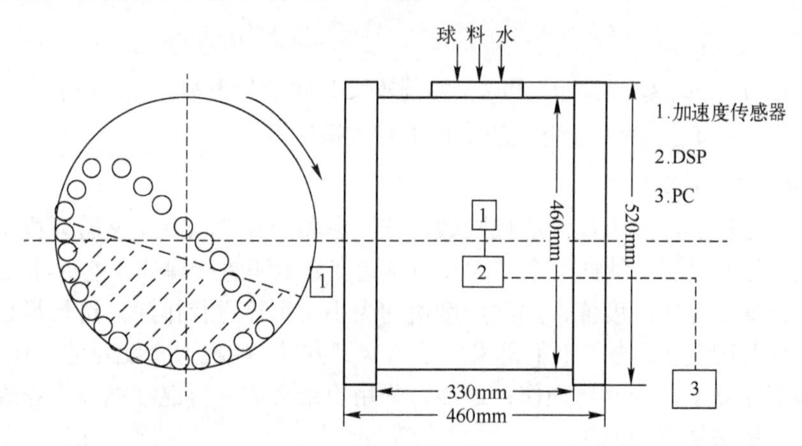

图 3.8　实验磨机及测试设备

采集磨机筒体振动信号的数据采集系统安装在磨机筒体上，主要由高分辨率的加速度传感器和 DSP 设备组成，其安装如图 3.8 所示。DSP 设备采用电池供电，可存储原始振动信号。

采用该球磨机进行实验的步骤如下：首先在磨机内装入钢球、铜矿石和水；然后均匀地混合钢球、铜矿石和水，启动磨机运行一段时间；最后停止并清洗磨机，并将数据从 DSP 设备移到 PC。

为保证钢球的抛落运动，钢球负荷由经验丰富的操作人员确定。同时，为找到每种负荷和每个负荷参数在不同的研磨条件下对磨机筒体振动信号的影响，实验多在不符合工业实际情况的工况下进行。这些非真实操作条件的实验，模拟了工业现场中的欠负荷、过负荷、低 PD、高 MBVR 等异常工况。这样，便于研究磨机负荷参数与振动信号的相关性。在取得阶段性的成果后，可进行接近现场工况的研磨试验。

为便于读者的理解和与其他类似实验进行比较，将钢球、物料和水负荷转为磨机内部容积的百分数表示，其转换公式为

$$\begin{cases}\phi_{\mathrm{b}}=(\mathrm{L_b}/\rho_{\mathrm{b}})/V_{\mathrm{mill}}\\ \phi_{\mathrm{m}}=\mathrm{L_m}/\rho_{\mathrm{m}}/V_{\mathrm{mill}}\\ \phi_{\mathrm{w}}=\mathrm{L_w}/\rho_{\mathrm{w}}/V_{\mathrm{mill}}\end{cases} \tag{3.77}$$

实验分为 3 种工况进行：只有钢球负荷变化、只有物料负荷变化和只有水负荷变化。详细实验情况统计如表 3.2 所列。

表 3.2　4 种研磨工况的详细实验情况统计

研磨时间/s	实验次数/n	磨机负荷/kg						每次实验增加负荷/kg	充填率的范围
		钢球				物料	水		
		大球	中球	小球	全部球				
60	6	12	16	12	40	10	5～40	5,10	20.1%～79.1%
60	7	12	16	12	40	20	2～20	3,2,5	20.1%～49.7%
60	9	12	16	12	40	22～50	10	2,5	33.9%～45.0%
60	6	12	16	12	40	10～20	2	2	20.1%～20.1%
60	6	6～9	8～16	6～12	20～37	4	5	3,4,3	14.2%～18.6%

由表 3.2 可知，对只有钢球负荷变化的工况，钢球负荷从 20kg 增加到 37kg（ϕ_b=4.24%～7.85%），物料和水负荷保持 4kg（ϕ_m=1.59%）和 5kg（ϕ_w=8.33%）不变。

对于只有物料负荷变化和水负荷变化的工况，球负荷均保持 40kg（φ_b=8.48%）不变，物料负荷的质量和粒度分布变化，以及水负荷的变化如表 3.3 所列。

表 3.3　物料负荷的粒度变化情况统计

实验分组编号		物料/kg										
		原矿	1M	2M	3M	4M	5M	6M	7M	8M	>8M	总负荷
1	1	0	0	0	0	0	0	0	0	10	0	10
	2	0	0	0	0	0	0	0	0	10	0	10
	3	0	0	0	0	0	0	0	0	10	0	10
	4	0	0	0	0	0	0	0	0	10	0	10
	5	0	0	0	0	0	0	0	0	0	10	10
	6	0	0	0	0	0	0	0	0	0	10	10
2	1	0	0	0	0	0	0	0	0	0	10	10
	2	2	2	0	0	0	0	0	0	0	10	14
	3	2	2	2	0	0	0	0	0	0	10	16
	4	2	2	2	2	0	0	0	0	0	10	18
	5	2	2	2	2	2	0	0	0	0	10	20
3	1	0	2	2	2	2	2	0	0	0	10	20
	2	0	0	2	2	2	2	2	0	0	10	20
	3	0	0	0	2	2	2	2	2	0	10	20
	4	0	0	0	0	2	2	2	2	2	10	20
	5	0	0	0	0	0	2	2	2	2	12	20
	6	0	0	0	0	0	0	2	2	2	14	20
4	1	2	0	0	0	0	0	0	2	2	16	22
	2	2	2	0	0	0	0	0	0	2	18	24
	3	2	2	2	0	0	0	0	0	0	20	26
	4	2	2	2	2	0	0	0	0	0	20	28
	5	2	2	2	2	2	0	0	0	0	20	30
	6	5	2	2	2	2	2	0	0	0	20	35
	7	5	5	2	2	2	2	2	0	0	20	40
	8	5	5	5	2	2	2	2	2	0	20	45
	9	5	5	5	5	2	2	2	2	2	20	50

由表 3.2 可知，共进行了 4 组物料和水负荷变化的实验。

（1）第一组：料负荷为 10kg（ϕ_m=3.97%），水负荷从 5kg 增加到 40kg（ϕ_w=8.33%～46.67%）；

（2）第二组：料负荷为 20kg（ϕ_m=7.94%），水负荷从 2kg 增加到 20kg（ϕ_w=3.33%～33.33%）；

（3）第三组：水负荷为 2kg（ϕ_w=3.33%），料负荷从 10kg 增加到 20kg（ϕ_m=3.97%～7.94%）；

（4）第四组：水负荷为 10kg（ϕ_w=16.67%），料负荷从 22kg 增加到 50kg（ϕ_m=8.73%～19.84%）。

2．实验球磨机筒体振动频谱分析

依据只有球负荷时筒体振动信号的功率谱密度（power spectral density，PSD）确定该磨机筒体振动信号的带宽为 11000Hz。为了减少计算时间和增加 FFT 转换的精度，首先对原始采样信号进行了重新采样，重采样的频率为 31130Hz；然后对信号进行了剔点和中心化处理；最后采用 welch 法求 PSD。这个过程设计的参数包括：磨机旋转一周产生的数据长度为 32768、段数为 32 和重叠段的长度为 512。

由第 2 章中不同研磨条件下的筒体振动信号的时域及频域波形可知，湿式球磨机筒体振动信号中的有用信息在时域内难以提取，故此处只分析不同研磨工况下的筒体振动频谱。

1）不同研磨工况下的频谱分析

（1）只有水负荷变化的振动频谱。

该组实验中钢球负荷为 40kg（ϕ_b=8.48%），物料负荷为 10kg（ϕ_m=3.97%）。水负荷从 5kg 变化到 40kg（ϕ_w=8.33%～46.67%）时，PD 的变化范围是 66.7%～20%，CVR 的变化范围是 20.1%～9.1%。湿磨时水负荷逐渐增加时的瀑布图如图 3.9 所示。

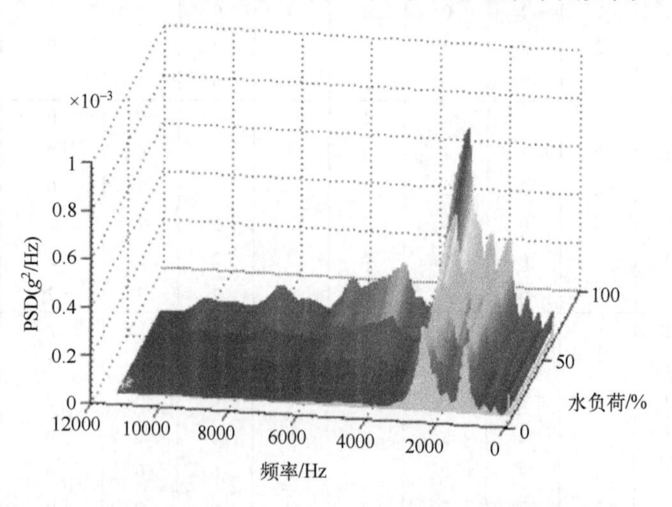

图 3.9　湿磨时水负荷逐渐增加时的瀑布图

本组实验与水磨（只有钢球负荷与水负荷）实验相比，信号带宽为 3500Hz，幅值下降了 1/5。这两组实验的主要区别就是对钢球负荷缓冲的介质从水变为矿浆。开始时，磨机中的水负荷只有 5kg（ϕ_w=8.33%），但磨矿浓度为ϕ_{mw}=66.7%，在这组试验中较高，此时信号带宽为 3500Hz。但随着水负荷的增加，3500Hz 以上频段的幅值逐渐增加，其中 2800Hz 处的峰值快速增加，而 1500Hz 的峰值则增加缓慢。比较合理的解释就是：1500Hz 是磨机筒体与磨机内的物料、钢球和水负荷组成的机械结构体固有模态的中心频率，其幅值随水负荷的增加而变化，但 2000～3500Hz 的频率段是由钢球对磨机衬板的冲击引起的，受 PD 和 CVR 的影响显著。

结合第 2 章的机理分析可知：随着水负荷的增加，PD 下降，矿浆黏度下降，进而钢球表面罩盖层厚度减小，缓冲作用减弱，冲击力增强。图 3.9 的结果表明矿浆的流变特性对振动频谱幅值有明显影响。

（2）只有物料负荷变化时的振动频谱。

该实验中球负荷为 40kg（ϕ_b=8.48%），水负荷为 10kg（ϕ_w=16.67%）。物料负荷从 22kg 到 50kg（ϕ_m=8.73%～19.84%）时，磨矿浓度的变化范围是 68.8%～83.3%，充填率的变化范围是 34.6%～45.0%。湿磨时物料负荷逐渐增加时的瀑布图如图 3.10 所示。

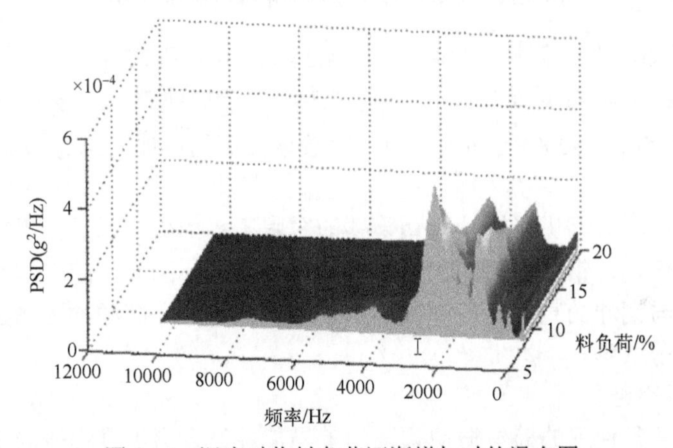

图 3.10　湿磨时物料负荷逐渐增加时的瀑布图

本组实验中，信号的主要带宽是 3500Hz，但是在 3500～8000Hz 间仍然存在微小振动。由图 3.10 可知，当物料负荷从 22kg（ϕ_m=8.73%）增加到 30kg（ϕ_m=11.9%）时，振动频谱在 2800Hz 和 1500Hz 处的幅值下降很快；但当物料负荷由 30kg（ϕ_m=11.9%）增加到 50kg（ϕ_m=19.84%）时，则变化缓慢。由表 3.2 可知，当物料负荷为 30kg（ϕ_m=11.9%）时，对应的磨矿浓度为 75%。合理的解释就是：钢球表面的罩盖层厚度在磨矿浓度达到 75%以后不再随着磨矿浓度的增加而增加，从而使钢球与衬板、钢球与钢球间的缓冲作用不再得到增强，从而钢球负荷对磨机筒体的冲击力不再发生大的变化。在本组的最后一次实验中，3500～8000Hz 频段的幅值几乎为零，其原因在于此时的 PD 很高，MBVR 也很大。

以上的实验结果和分析与磨矿原理相符合，即当 PD 高于某个值时，矿浆的黏度不再发生变化。

（3）只有球负荷变化时的振动频谱。

该组实验中物料负荷为 4kg（ϕ_m=1.59%），水负荷为 5kg（ϕ_w=8.33%）。钢球负荷从 20kg 到 37kg（ϕ_b=4.24%～7.85%），CVR 的变化范围是 14.2%～18.6%，BCVR 的变化

范围是 10.1%～18.6%。湿磨时球负荷逐渐增加时的瀑布图如图 3.11 所示。

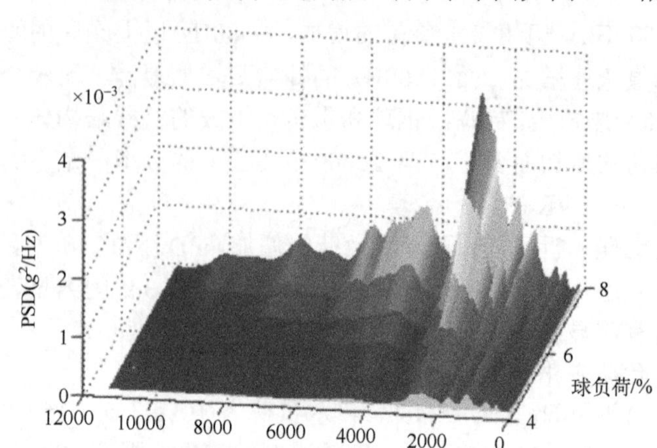

图 3.11　湿磨时球负荷逐渐增加时的瀑布图

由图 3.11 可知，当球负荷从 20kg（ϕ_b=4.24%）增加到 27kg（ϕ_b=5.73%）时，功率谱幅值变化缓慢；但是当负荷由 30kg（ϕ_b=6.36%）增加到 37kg（ϕ_b=7.85%）时，则变化显著，尤其在 3500～8000Hz 间的幅值，随着球负荷的增加而迅速增加。主要原因是：当球负荷为 27kg （ϕ_b=6.36%）时，CVR（ϕ_{bmw}=16.2%）几乎与 BCVR（ϕ_{bf}=15.1%）相同，也就是说，所有的矿浆都填充在钢球的空隙中。该组实验中，PD（ϕ_{mw}=44.4%）和物料负荷保持恒定，钢球表面的罩盖层厚度保持不变。因此，随着球负荷的增加，钢球与衬板，钢球与钢球的直接相撞次数增加，冲击力增加，高频冲击增加，导致筒体振动信号的幅值显著增强。

2）频谱分析小结

综合不同研磨条件下的筒体振动频谱的差异，并结合磨矿过程研磨机理和筒体振动信号产生机理的分析，振动频谱可分为两部分：固有模态段，范围为 100～1800Hz，暂称为低频段；冲击模态段，范围为 1800～11000Hz，暂称为中、高频段。通过比较磨机空转状态与其他研磨状态的频谱可知：

（1）低频段是由磨机筒体及其内部的钢球、物料和水负荷组成的机械结构体的固有模态，其幅值变化随球负荷与水负荷的增加而增加，随物料负荷的增加而降低。

（2）中高频段主要由钢球负荷对磨机衬板的冲击及钢球与钢球、钢球与物料间的高频冲击引起，可以分为主冲击频率段 1800～3600Hz（中频段）和次要冲击频率段 3600～11000Hz（高频段）。中频段存在于真实的操作条件即通常的磨矿生产过程中，而高频段通常在非真实操作状态下存在较大的幅值，如低 PD、高 CVR、低 MBVR 等。从另外一个角度看，中、高频段的划分可以解释为磨矿浓度（湿磨）的缓冲作用介于水（水磨）与物料（干磨）之间。从冲击力的角度考虑，中频段是由于球直接或间接对衬板的冲击引起的，而高频段是由于球对球的高频冲击或其他高频冲击引起的。

由图 3.11 可知，在 BCVR 逐渐增加的情况下，除了各个频段的幅值变化较大外，3 个频段的范围变化不大。如果 BCVR 即钢球负荷的连续变化范围很大，则存在频段偏移的情况。在本书的研究中还发现，在保持钢球负荷恒定，并且 CVR 很高（>54%）、PD 相差很大（如 20%与 50%）的情况下，两者的振动频谱在低、中频段差异不大，在高频段的差异相对于低、中频稍大。此时，较难区分两种工况。这两种工况在实际生产中是不存在的，即使存在，也可以从其之前的工况递推判断出是哪种工况。因此，磨机负荷的软测量还需要结合其他传感器信息或是专家经验才能更可靠。

总之，本书的振动频谱分析是基于实验球磨机的，并且多是在异常情况进行的。针对振动频谱的深入分析与研究还需要进行更多的实验。

3. 频谱特征的选择

筒体振动及振声频谱的不同子频段与不同的磨机负荷参数具有不同的相关性。采用 AGA-PLS 方法设定的参数值：频谱区间长度 100，初始群体 60，最大选取变量数 40，基本交叉和变异概率 0.8 和 0.1，遗传迭代次数 100，最大潜变量个数 10；交叉验证迭代次数 3。由此可得，不同负荷参数对应的振动及振声信号的谱特征分布如图 3.12、图 3.13 所示。

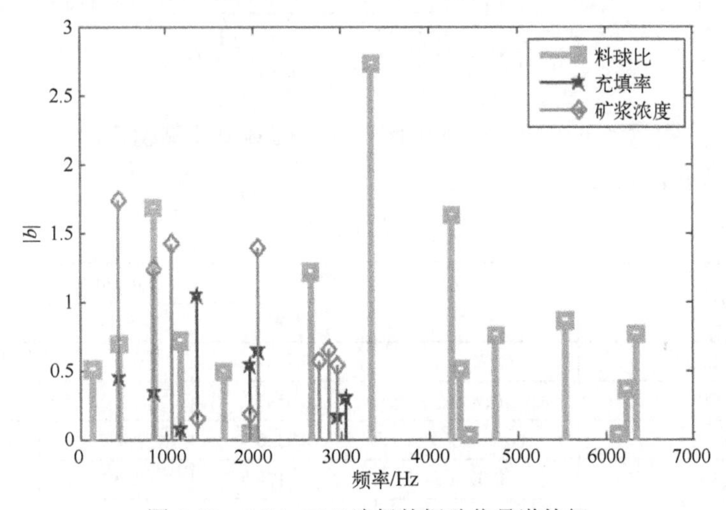

图 3.12　AGA-PLS 选择的振动信号谱特征

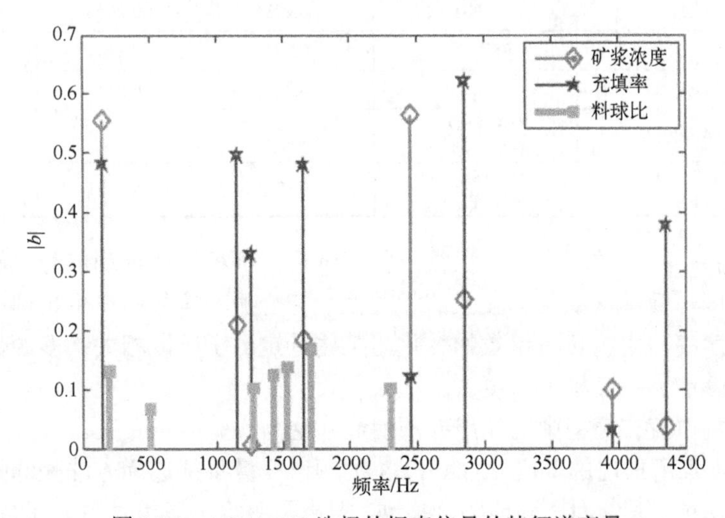

图 3.13　AGA-PLS 选择的振声信号的特征谱变量

从图 3.13 中可知，振动信号的低中频与 3 个负荷参数均相关，高频与料球比的相关性较大。而振声信号正好相反，料球比只与低中频相关。结果表明不同信号的不同频段包含不同的磨机负荷参数信息。

4．磨机负荷参数的软测量

采用 AGA-PLS 选择变量的速度与变量维数相关，即维数越高速度越慢。由于产生机理的不同，筒体振动及振声信号中所包含的磨机负荷参数信息并不相同。此处分别提取特征谱变量，建立融合多源信息的磨机负荷参数软测量模型。其中，料球比、矿浆浓度和充填率模型选择的振动及振声信号的谱频段的个数分别为 16 和 7、9 和 8、8 和 8，并采用与建模数据在同一数据空间的全新样本数据对建好的模型进行了测试。同时，分别利用 PCR 方法及基于全谱的 PLS 方法与本书所提方法进行了比较。

为比较不同的磨机负荷参数与振动频谱间的灵敏度，采用测试样本的 RMSRE 评估模型的建模性能，其定义如下：

$$\text{RMSRE}=\sqrt{\left\{\sum_{l=1}^{k_{\text{test}}}\left[\left(y_l-\hat{y}_l\right)/y_l\right]^2\right\}\Big/k_{\text{test}}} \tag{3.78}$$

式中：k_{test} 为样本数量；y_l 和 $\hat{y}_l$ 为第 l 个测试样本的真值和测量值。

统计结果详见表 3.4。

表 3.4　磨机负荷参数软测量的结果

方法	数据集	RMSRE		
		料球比	浓度	充填率
振动 PLS	PSD_v	0.4002	0.1429	0.1793
振动 PCR	PCs_v	0.3533	0.1358	0.1494
振动 GA-PLS	GA-PSD_v	0.2328	0.0953	0.1811
振声 PLS	PSD_a	0.3179	0.2932	0.2578
振声 PCR	PCs_a	0.3329	0.3004	0.3557
振声 GA-PLS	GA-PSD_a	0.2736	0.2046	0.1932
振动振声 PLS	PSD_v_a	0.2711	0.2141	0.1922
振动振声 PCR	PCs_v_a	0.2878	0.2135	0.1942
振动振声 GA-PLS	GA-PSD_v GA-PSD_a	0.1771	0.1112	0.1273
振动振声电流 GA-PLS	GA-PSD_v+I +GA-PSD_a	0.1771	0.1104	0.1172

从表 3.4 各个模型的精度，可以得出如下结论：磨机筒体振动信号灵敏度高于振声信号；矿浆浓度与筒体振动具有较强的相关性，符合振动信号的产生机理；基于谱特征选择的模型精度高，磨机负荷参数的变化与某些特定的子频段相关；多源信号间存在冗余与互补，融合能够提高模型精度。

但是，磨机电流在模型中的作用并不明显，这与实验磨机有关。

注 3-1：本章所提出的基于 AGA-PLS 的频谱变量特征选择方法是选择与磨机负荷参数最相关的特征频段。为充分地融合振动、振声及磨机电流信号中的冗余和互补信息，再次采用 PLS 方法建立了融合多源信息的磨机负荷软测量模型。因此，文中虽然多次用到 PLS 方法，但是功能与作用不同：前两次用到 AGA-PLS 方法是为了进行特征选择，而且由于不同的磨机负荷参数与不同的频段相关，进行特征选择是很必要的；最后用 PLS 建立最终软测量模型。

3.3　基于组合优化的高维频谱特征约简

3.3.1　引言

球磨机的机械研磨产生的筒体振动信号灵敏度高、抗干扰性强，包含着丰富的与磨机负荷参数相关的信息。在时域内，这些信息被淹没在宽带随机噪声“白噪声”内。任何信号均可通过正弦波的叠加方式产生，因此可以采用正弦波在频域内表示振动信号[177]。研究表明，这些不同频率的正弦波的相对振幅中包含着与磨机操作参数直接相关的信息。因此，可以采用基于 FFT 技术的时频转换方法将筒体振动信号转换为与磨机负荷参数直接相关的频谱，但采用高维频谱建模，需要处理“hushes 现象”和“维数灾”的问题[326]。特征约简（包括特征提取和特征选择）可以解决这类高维数据的建模问题，并且可避免过拟合、抵制噪声并加强模型的泛化性能和建模精度。

结果表明，遗传算法（GA）结合 PLS 算法能够进行谱数据的特征选择，其分谱模型具有比全谱模型更好的精度[327]。本书作者将该方法用于选择子频段特征，建立磨机负荷参数软测量模型。但由于 GA 随机初始化的特点，该方法需要运行多次才能获得最佳特征子集。光谱数据中的应用表明，基于 MI 的特征选择方法可以有效地选择高维谱数据的特征[320]。因此，可以通过计算筒体振动频谱数据与磨机负荷参数间的 MI 进行子频段特征的选择。

基于 PCA 的特征提取方法广泛应用于工业过程的软测量建模。研究表明，机械结构体的振动频谱的不同分频段代表了该结构体的固有振动模态和周期性的激励力引起的冲击模态[274]。实验球磨机的筒体振动频谱可以被分为 3 个分频段：自然频率段、主冲击频率段和次冲击频率段，这些不同的分频段包含不同的磨机负荷参数信息。因此，tang 等提出了基于 PCA 和 SVM 的建模方法[328]，但该文中的分频段是手动划分的，并且 PCA 不能提取非线性特征。KPCA 可用于提取非线性特征[77]，然而，提取的谱主元只能够代表频谱的主要变化，频谱内与磨机负荷参数相关的一些信息可能被忽略[151]，而且采用贡献率低、预测性能高的主元建模会导致软测量模型的不稳定。因此，仅有的解决方案是重新选择特征[329]。

振动频谱由若干个大的分频段组成，同时也可以看作是很多小的局部波峰的集合，这些局部波峰的质量和中心频率的相对变化中包含着磨机负荷参数信息。局部波峰的这些特征可作为特征子集建立磨机负荷参数软测量模型，但也需要通过特征选择方法移除无关和冗余的特征。

因此，综合基于 PCA/KPCA 的特征提取方法和基于 MI 的特征选择方法的优点可知：提取的特征与频谱的主要变化相关，选择的特征通过某种准则与磨机负荷参数更相关。因此，可以集成 3 类特征：子频段特征、局部波峰特征以及分频段的谱主元。这些组合后的特征克服了基于振动频谱的特征提取和选择方法均会丢失部分信息的缺点，但这些组合特征中却包含了冗余信息。

频谱特征提取和选择后，需要选择适合的建模方法。SVM 是一种流行的适合小样本建模的方法，但 SVM 需要求解 QP 问题，并且不确定的模型输入特征子集和学习参数均影响模型的泛化性[330]。为此，LS-SVM 以求解次优解为代价避开了 QP 问题。SVM/LS-SVM 模型的输入特征和学习参数的选择问题可以借助 GA 等智能优化算法完成[331]，但 GA 的收敛过程缓慢，还可能陷入局部最优。AGA 依据适应度函数自动调整交叉和变异概率[332]，可有效地避免上述问题。因此，可以采用 AGA 同时选择 LS-SVM 模型的输入特征子集和学习参数。

综上，本书提出了基于筒体振动频谱的特征提取和特征选择方法。

3.3.2 特征约简策略

综合特征提取和特征选择方法的优点以及 SVM 软测量模型的特点，提出了基于组合优化的振动频谱特征提取和特征选择策略。该策略由频谱特征选择模块、频谱特征提取模块和模型输入特征和学习参数组合优化三部分组成，如图 3.14 所示。

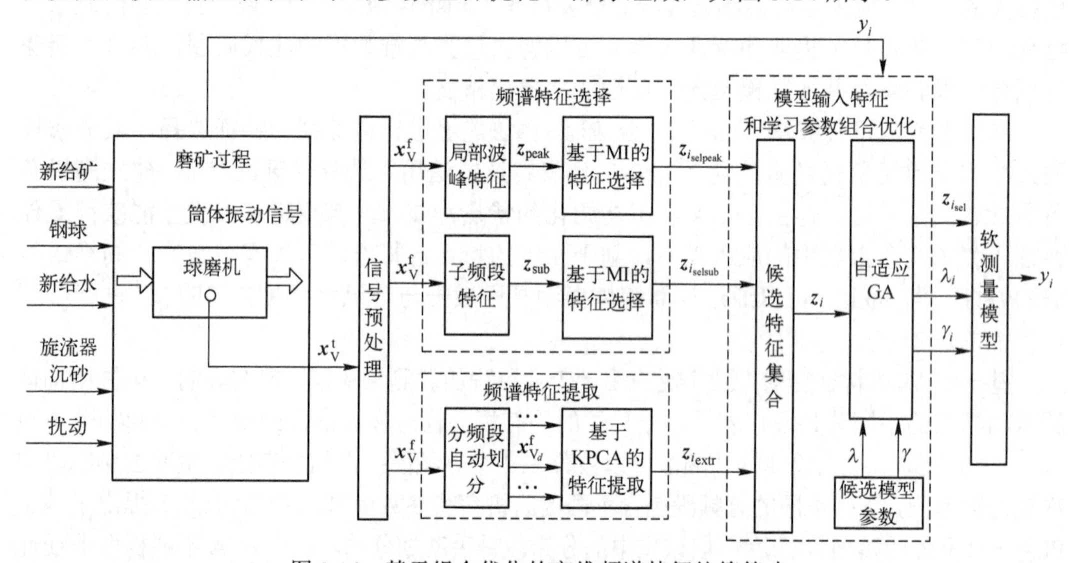

图 3.14 基于组合优化的高维频谱特征约简策略

在图 3.14 中，上标 t 和 f 分别表示时域和频域信号；下标 v 表示筒体振动信号；$\boldsymbol{x}_V^t$ 表示时域信号；$\boldsymbol{x}_V^f$ 表示振动频谱；$\boldsymbol{x}_{Vd}^f$ 表示振动频谱的分频段，$d=1,\cdots,D_v$，D_v 为振动频谱分频段的个数；z_{peak} 是振动频谱的局部波峰特征；$\boldsymbol{z}_{i_{selpeak}}$ 是针对第 i 个磨机负荷参数基于 MI 算法选择的局部波峰特征；$\boldsymbol{z}_{i_{extr}}$ 是针对第 i 个磨机负荷参数基于 KPCA 算法提取的分频段谱主元；$\boldsymbol{z}_{i_{selsub}}$ 是针对第 i 个磨机负荷参数基于 MI 算法提取的子频段特征；$\boldsymbol{z}_i=[\boldsymbol{z}_{i_{selpeak}},\boldsymbol{z}_{i_{extr}},\boldsymbol{z}_{i_{selsub}}]$表示候选特征集合；$\lambda$，$\gamma$ 表示软测量模型的候选参数集合；λ_i，γ_i，$\boldsymbol{z}_{i_{sel}}$ 表示组合优化算法选择模型的学习参数和输入特征子集；为了表述方便，采用 y_i，$\hat{y}_i$ 分别表示磨机负荷参数的真值与预测值；$i=1,2,3$ 分别表示 MBVR、PD 和 CVR 即 y_1、y_2 和 y_3 分别代表第 2 章的符号 $\varPhi_{mb}$、$\varPhi_{mw}$ 和 $\varPhi_{bmw}$。

图 3.14 表明该软测量模型的输入和输出分别是 $\boldsymbol{x}_{\mathrm{V}}^{\mathrm{t}}$ 和 y_i 。各模块的功能如下所示：

（1）频谱特征选择模块。此模块采用基于 MI 的特征选择方法选择频谱中与磨机负荷参数具有较多共享信息的特征，包括局部波峰特征和子频段特征两类。

（2）频谱特征提取模块。此模块采用频谱聚类算法将振动频谱自动划分为若干个分频段，然后采用 KPCA 算法提取能够代表分频段中主要信息的谱主元。

（3）模型输入特征和学习参数组合优化模块。此模块将局部波峰特征、分频段的谱主元和子频段特征组合为候选特征，由于模型的输入特征子集和学习参数相互影响，采用 AGA 优化选择软测量模型的输入特征子集和学习参数。执行组合优化的原因：不同特征中的磨机负荷参数信息是冗余与互补的；不同的磨机负荷参数需要选择不同的特征；对于同一个输入特征子集，优化的模型学习参数可以提高模型的预测性能。

本书提出的基于筒体振动频谱的特征提取和特征选择策略的实现过程为：首先通过 FFT 把振动时域信号转换为振动频谱；然后在频谱中采用 MI、频谱聚类和 KPCA 等方法选择和提取子频段特征、局部波峰特征及分频段的谱主元等特征，并组合为候选特征；最后，采用基于 AGA 的组合优化方法同时选择软测量模型的输入子集和学习参数，建立磨机负荷参数软测量模型。

3.3.3 特征约简算法

1．频谱特征选择算法

1）局部波峰特征选择

振动频谱由很多小的局部波峰组成。对干式球磨机而言，振声频谱的中心频率和频率的变化率能够反映磨机负荷。研究表明，湿式球磨机振动频谱的局部波峰的质量和中心频率中包含与磨机负荷参数相关的信息。此处采用基于 MI 的特征选择方法为不同的磨机负荷参数选择不同的局部波峰特征，结构如图 3.15 所示。

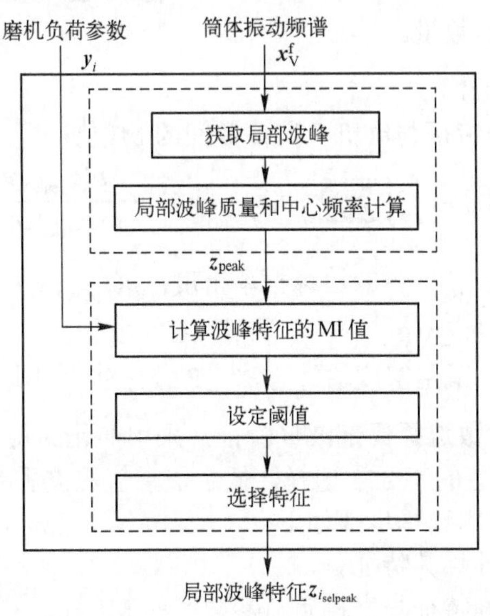

图 3.15　基于 MI 的局部波峰特征选择方法

图 3.15 中各符号的含义与图 3.14 相同。由此可见，该方法以筒体振动频谱和磨机负

荷参数作为输入，局部波峰特征作为输出，并且由局部波峰特征提取和局部波峰特征选择两部分组成。

（1）局部波峰特征提取。

将振动频谱表示为$\{x_n^{\mathrm{f}} > 0, n = 1, \cdots, N\}$，在给定的频率范围$[n_1, n_2]$之间，满足以下条件则为一个局部波峰[275]：

① 在$[n_1, n_2]$范围内，只有一个频率点$x_{L_{\mathrm{f}}}^{\mathrm{f}}\ (n_1 \leqslant L_{\mathrm{f}} \leqslant n_2)$满足

$$\begin{cases} x_{L_{\mathrm{f}}-1}^{\mathrm{f}} \leqslant x_{L_{\mathrm{f}}}^{\mathrm{f}} \\ x_{L_{\mathrm{f}}+1}^{\mathrm{f}} \leqslant x_{L_{\mathrm{f}}}^{\mathrm{f}} \end{cases} \tag{3.79}$$

那么，$x_{L_{\mathrm{f}}}$称为局部波峰的波峰。

② 在$[n_1, n_2]$范围内，对于其他的频率点x_n^{f}，存在

$$\begin{cases} x_n^{\mathrm{f}} \leqslant x_{n+1}^{\mathrm{f}}, n_1 \leqslant n < L_{\mathrm{f}} \\ x_n^{\mathrm{f}} \leqslant x_{n-1}^{\mathrm{f}}, L_{\mathrm{f}} \leqslant n < n_2 \end{cases} \tag{3.80}$$

式中：x_n^{f}为在频率点f_n处的幅值。

根据上面的定义将振动频谱划分为若干个局部波峰，按下式计算这些局部波峰的质量和中心频率：

$$L_{\mathrm{m}} = \sum_{n=n_1}^{n_2} x_n^{\mathrm{f}} \tag{3.81}$$

$$L_{\mathrm{f}} = \left(\sum_{n=n_1}^{n_2} f_n x_n^{\mathrm{f}} \Bigg/ \sum_{n=n_1}^{n_2} x_n^{\mathrm{f}} \right) \tag{3.82}$$

因此，振动频谱可以采用如下的数据序列表示：

$$\boldsymbol{z}_{\mathrm{peak}} = \{L_{\mathrm{m1}}, L_{\mathrm{f1}}, \cdots, L_{\mathrm{m}N_{\mathrm{peak}}}, L_{\mathrm{f}N_{\mathrm{peak}}}\} \tag{3.83}$$

式中：N_{peak}为局部波峰的数量。

（2）局部波峰特征选择。

计算局部波峰的每个特征与磨机负荷参数间的MI值：

$$I_{i_{\mathrm{peak}}}(\boldsymbol{z}_{\mathrm{peak}}; \boldsymbol{y}_i) = \int_{\boldsymbol{z}_{\mathrm{peak}}} \int_{\boldsymbol{y}_i} \sum \sum p(\boldsymbol{z}_{\mathrm{peak}}, \boldsymbol{y}_i) \log \frac{p(\boldsymbol{z}_{\mathrm{peak}}, \boldsymbol{y}_i)}{p(\boldsymbol{z}_{\mathrm{peak}}) p(\boldsymbol{y}_i)} \mathrm{d}\boldsymbol{z}_{\mathrm{peak}} \mathrm{d}\boldsymbol{y}_i \tag{3.84}$$

式中：$p(\boldsymbol{z}_{\mathrm{peak}})$，$p(\boldsymbol{y}_i)$为$\boldsymbol{z}_{\mathrm{peak}}$和$\boldsymbol{y}_i$的边缘概率密度；$p(\boldsymbol{z}_{\mathrm{peak}}, \boldsymbol{y}_i)$是联合概率密度；$i = 1,2,3$时分别表示MBVR、PD和CVR。

本书中，$I_{i_{\mathrm{peak}}}(\boldsymbol{z}_{\mathrm{peak}}; \boldsymbol{y}_i)$采用密度估计方法（Parzen 窗法）近似计算[313]。

为不同的磨机负荷参数选择局部波峰特征，采用简化的特征选择方法，即依据经验给定MI阈值：高于该阈值的特征被选择，低于该阈值的被丢弃。

综上，局部波峰特征的选择步骤如下：

① 获得局部波峰并计算其特征。

② 计算每个局部波峰特征与磨机负荷参数间的MI值。

③ 通过给定的阈值选择局部波峰特征。

采用上述方法，为不同的磨机负荷参数选择的局部波峰特征采用下式表示：

$$z_{i_{\mathrm{selpeak}}}=\{L_{i_{\mathrm{m1}}},\cdots,L_{i_{\mathrm{m}N_{\mathrm{peak\_m}_i}}},L_{i_{\mathrm{f1}}},\cdots,L_{i_{\mathrm{f}N_{\mathrm{peak\_f}_i}}}\} \tag{3.85}$$

式中：$N_{\mathrm{peak\_m}_i}$ 和 $N_{\mathrm{peak\_f}_i}$ 是为第 i 个磨机负荷参数选择的局部波峰特征的数量，分别对应局部波峰的质量和局部波峰的中心频率。

2）子频段特征提取

实验和工业磨机的实验表明，轴承振动频谱与磨机的研磨状态相关。基于筒体振动频谱，本书作者在上一节提出了采用 GA-PLS 算法选择子频段特征的方法，但 GA 随机初始化的特点使得特征选择过程计算消耗较大，而且只能选择线性特征。

因此，此处采用基于 MI 的特征选择方法，步骤如下：

（1）将振动频谱划分为等间隔的子频段。

（2）计算每个子频段与磨机负荷参数间的 MI 值。

（3）通过给定的阈值选择子频段。

采用上述方法，为磨机负荷参数选择的子频段特征可表示为

$$z_{i_{\mathrm{selsub}}}=\{x^{\mathrm{f}}_{i_{\mathrm{sub1}}},\cdots,x^{\mathrm{f}}_{i_{\mathrm{sub}N_{\mathrm{sub}_i}}}\} \tag{3.86}$$

式中：N_{sub_i} 为第 i 个磨机负荷参数选择的特征个数。

2．频谱特征提取算法

1）基于频谱聚类的分频段划分

振动频谱由许多局部波峰组成，相近的局部波峰可以组成一个分频段，每个分频段代表一个振动模态[275]。实验球磨机的实验表明，筒体振动频谱至少可以分为 3 个分频段，每个分频段具有不同的物理解释和包含不同的磨机负荷参数信息。

因此，为了克服人工硬性划分的随意性，通过改进文献[275]提出的波峰聚类的方法实现振动频谱分频段的自动分割，结构如图 3.16 所示。图 3.16 中，$\boldsymbol{x}^{\mathrm{f}}_{\mathrm{V}d}$ 表示振动频谱的分频段，$d=1,\cdots,D_{\mathrm{v}}$，$D_{\mathrm{v}}$ 为分频段的个数。

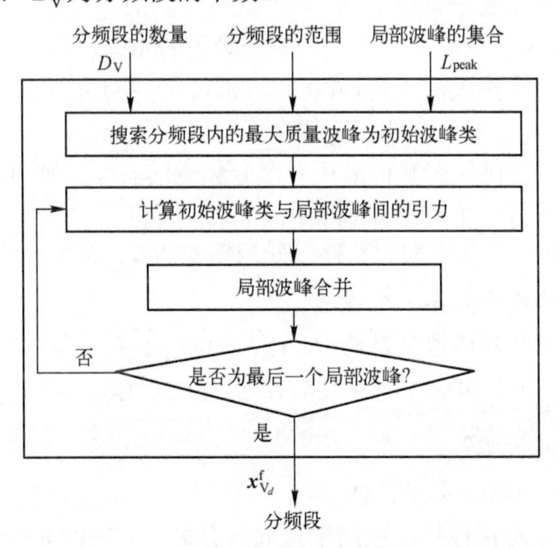

图 3.16　基于频谱聚类的分频段自动划分

该方法的输入是局部波峰的集合、分频段的个数及依据经验给定的分频段的大概范

围，输出是具有不同物理含义的分频段。

为实现分频段的准确划分，首先定义局部波峰的质心L_c：

$$L_c = \left(\sum_{n=n_1}^{n_2} n(x_n^f)^2 \Big/ \sum_{n=n_1}^{n_2} (x_n^f)^2 \right) \tag{3.87}$$

则局部波峰可用$<n_1, n_2, L_f, L_m, L_c>$表示。

因此，可将第z个局部波峰记为$L_z = <n_{z1}, n_{z2}, L_{zf}, L_{zm}, L_{zc}>$。

将局部波峰看作是待聚类的样本，则可根据某种准则将某些局部波峰聚为一个波峰类。于是，一个波峰类就是振动频谱的一个模态，即要划分的分频段。设分频段表示为$\{S_{n_1}, S_{n_2}, S_{B_m}, S_{B_c}\}$，其中$S_{n_1}$和$S_{n_2}$是分频段的频率范围，$S_{B_m}$和$S_{B_c}$是分频段的质量和质心，第$d$个分频段表示为$S_d = \{S_{dn_1}, S_{dn_2}, S_{dB_m}, S_{dB_c}\}$。

局部波峰和分频段间的引力定义如下[275]：

$$G_f(L,S) = (L_m S_{B_m} \big/ (L_c - S_{B_c})^2) \tag{3.88}$$

本书提出的基于频谱聚类的分频段划分算法步骤如下：

步骤 1：给定局部波峰的集合$L_{peak} = \{L_1, \cdots, L_z, \cdots, L_{N_{peak}}\}, \quad z = 1,2,\cdots,N_{peak}$。

步骤 2：给定分频段的范围，在每个分频段的范围内搜索最大质量的局部波峰，并将这些局部波峰作为初始的分频段。所有的分频段按频率的升序排列，可以表示为$S_{seg} = \{S_1, \cdots, S_d, \cdots, S_{D_V}\}, d = 1,2,\cdots,D_V\}$，其中$D_V$是分频段的数量。

步骤 3：计算第z个局部波峰的质心与每个初始分频段的质心间的距离（$L_{zc} - S_{dB_c}$），从而判断第z个波峰与分频段间的相对位置。

步骤 4：如果第z个局部波峰在第一分频段的左面，则将该局部波峰合并到第一个初始分频段，得到一个新的分频段。

步骤 5：如果第z个分频段位于两个初始分频段的中间，则采用式（3.77）分别计算该局部波峰与相邻两个分频段的引力，并将局部波峰合并到引力较大的相邻初始分频段，得到一个新的分频段。

步骤 6：如果第z个局部波峰在最后一个分频段的右面，则将该局部波峰合并到最后一个初始分频段，得到一个新的分频段。

步骤 7：重新计算每个新得到的初始分频段的质量S_{B_m}和质心S_{B_c}。重复步骤 4 到步骤 6 直到所有局部波峰均聚到某一分频段。

通过以上算法，振动频谱被分割为D_V个分频段，可表示为

$$\boldsymbol{x}_V^f = [\boldsymbol{x}_{V1}^f, \cdots, \boldsymbol{x}_{Vd}^f, \cdots \boldsymbol{x}_{VD_V}^f], \quad d = 1,\cdots,D_V \tag{3.89}$$

式中：$\boldsymbol{x}_{Vd}^f$表示第d个分频段。

2）基于 KPCA 的分频段特征提取

采用 KPCA 的目标是在核特征空间中提取具有最大方差的非线性频谱特征。此处，定义样本的数量为k，以第d个分频段$\{(\boldsymbol{x}_{Vd}^f)_l\}_{l=1}^k$为例，其过程如下：

首先，分频段被非线性映射到高维特征空间，即$\Phi : (\boldsymbol{x}_{Vd}^f)_l \to \Phi((\boldsymbol{x}_{Vd}^f)_l)$；然后执行

标准的线性 PCA 算法，得到原始空间的非线性特征。

采用以下的核技巧，可得分频段的核矩阵表示的非线性映射：

$$<\Phi((\boldsymbol{x}_{\mathrm{V}d}^{\mathrm{f}})_l)\cdot\Phi((\boldsymbol{x}_{\mathrm{V}d}^{\mathrm{f}})_m>=\boldsymbol{K}_{\mathrm{V}d}^{\mathrm{f}},\qquad l,m=1,2,\cdots,k \tag{3.90}$$

采用下式对核矩阵 $\boldsymbol{K}_{\mathrm{V}d}^{\mathrm{f}}$ 进行中心化处理：

$$\tilde{\boldsymbol{K}}_{\mathrm{V}d}=\left(\boldsymbol{I}-\frac{1}{k}1_k1_k^{\mathrm{T}}\right)\boldsymbol{K}_{\mathrm{V}d}^{\mathrm{f}}\left(\boldsymbol{I}-\frac{1}{k}1_k1_k^{\mathrm{T}}\right) \tag{3.91}$$

其中，$\boldsymbol{I}$ 是一个 k 维单位阵，1_k 表示所有元素为 1 的向量。

KPCA 通过求解核矩阵的特征值得到核主元（KPC）：

$$\tilde{\boldsymbol{K}}_{\mathrm{V}d}\boldsymbol{\alpha}_{\mathrm{V}d}^{h_{\mathrm{v}}}=k\lambda_h\boldsymbol{\alpha}_{\mathrm{V}d}^{h_{\mathrm{v}}}=\hat{\lambda}\boldsymbol{\alpha}_{\mathrm{V}d}^{h_{\mathrm{v}}} \tag{3.92}$$

式中：$\boldsymbol{\alpha}_{\mathrm{V}d}^{h_{\mathrm{v}}}=(\boldsymbol{\alpha}_{\mathrm{Vq}}^{h_{\mathrm{v}}},\boldsymbol{\alpha}_{\mathrm{V}2}^{h_{\mathrm{v}}},\cdots,\boldsymbol{\alpha}_{\mathrm{V}kd}^{h_{\mathrm{v}}})^{\mathrm{T}}$ 为对应第 h_{v} 个最大特征值的标准化后的特征向量。

在核特征空间中，KPC 表示如下：

$$\boldsymbol{v}_{\mathrm{V}d}=[\boldsymbol{v}_{\mathrm{V}d}^{1},\cdots,\boldsymbol{v}_{\mathrm{V}d}^{h_{\mathrm{V}d\max}}]^{\mathrm{T}}=[\Phi((\boldsymbol{x}_{\mathrm{V}d}^{\mathrm{f}})_1),\cdots,\Phi((\boldsymbol{x}_{\mathrm{V}d}^{\mathrm{f}})_k)]\boldsymbol{A}_{\mathrm{V}d}^{\mathrm{f}} \tag{3.93}$$

式中：$\boldsymbol{v}_{\mathrm{V}d}^{h_{\mathrm{v}}}$ 为 $\boldsymbol{v}_{\mathrm{V}d}$ 的第 h_{v} 个列；$\boldsymbol{A}_{\mathrm{V}d}^{\mathrm{f}}$ 为以 $\boldsymbol{\alpha}_{\mathrm{V}d}^{h_{\mathrm{v}}}$ 为列的矩阵；$h_{\mathrm{v}}=1,2,\cdots,h_{\mathrm{V}d\max}$。

分频段 $\boldsymbol{x}_{\mathrm{V}d}^{\mathrm{f}}$ 的第 h_{v} 个分向量为

$$\boldsymbol{t}_{\mathrm{V}d}^{\mathrm{f}}(h_{\mathrm{v}})=\boldsymbol{v}_{\mathrm{V}d}\cdot\Phi(\boldsymbol{z}_{\mathrm{V}d}^{\mathrm{f}})=\sum_{l=1}^{k}(\alpha_{\mathrm{V}d}^{h_{\mathrm{v}}})_l\tilde{\boldsymbol{K}}_{\mathrm{V}d} \tag{3.94}$$

采用 KPCA 算法针对分频段 $\boldsymbol{x}_{\mathrm{V}d}^{\mathrm{f}}$ 提取的非线性特征可表示为

$$\boldsymbol{T}_{\mathrm{VK}d}^{\mathrm{f}}=[\boldsymbol{t}_{\mathrm{V}1}^{\mathrm{f}},\cdots,\boldsymbol{t}_{\mathrm{V}h_{\mathrm{v}}}^{\mathrm{f}},\cdots\boldsymbol{t}_{\mathrm{V}h_{\mathrm{V}d\max}}^{\mathrm{f}}],\qquad h_{\mathrm{v}}=1,\cdots,h_{\mathrm{V}d\max} \tag{3.95}$$

式中：$h_{\mathrm{V}d\max}$ 为分频段 $\boldsymbol{x}_{\mathrm{V}d}^{\mathrm{f}}$ 选择的主元个数，其值由 KPC 的 CPV 确定。

由于为不同磨机负荷参数选择的主元个数不同，最终在振动频谱 $\boldsymbol{x}_{\mathrm{V}}^{\mathrm{f}}$ 中提取的非线性特征可表示为

$$\boldsymbol{Z}_{i_{\mathrm{extr}}}=[\boldsymbol{T}_{i_{\mathrm{VK}1}}^{\mathrm{f}},\cdots,\boldsymbol{T}_{i_{\mathrm{VK}d}}^{\mathrm{f}},\cdots\boldsymbol{T}_{i_{\mathrm{VK}D_{\mathrm{V}}}}^{\mathrm{f}}],\qquad d=1,\cdots,D_{\mathrm{V}} \tag{3.96}$$

3．模型输入特征和学习参数组合优化算法

将特征选择与特征提取得到的 3 类特征组合为候选特征集合，记为

$$\boldsymbol{Z}_i=[\boldsymbol{Z}_{i_{\mathrm{selpeak}}},\boldsymbol{Z}_{i_{\mathrm{extr}}},\boldsymbol{Z}_{i_{\mathrm{selsub}}}] \tag{3.97}$$

由于每类特征均有其优缺点，简单的组合会导致特征冗余和模型预测性能的降低，而选择过多的输入变量也是导致模型过拟合的主要原因之一[222]。因此，本书在候选特征中选择模型的输入特征子集的同时优选模型学习参数，并将这一问题作为一个组合优化问题进行求解。选择 LS-SVM 方法作为软测量模型的建模算法，则采用 AGA 算法对软测量模型的输入子集和学习参数进行优化选择的详细描述如下所示。

1）编码与解码

选择 LS-SVM 模型的核函数为 RBF，将模型的惩罚系数和核参数记为 λ 和 γ；定义 f_{ea_i} 为候选特征的参数。对代表这些参数的遗传基因采用二进制的编码方式，如图 3.17 所示。

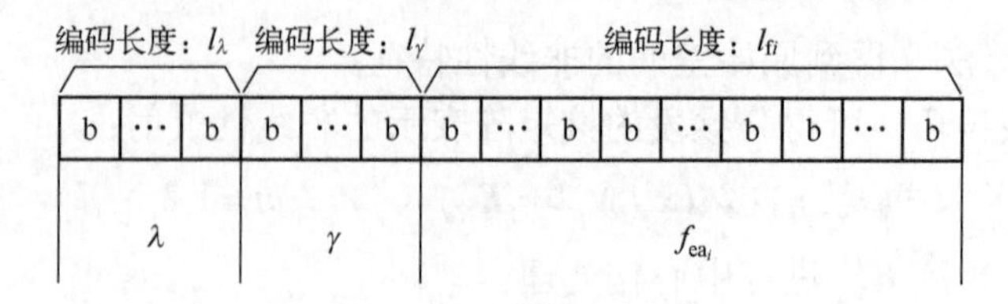

图 3.17　基因编码方式

图 3.17 中，$b=\{0,1\}$；l_λ、l_γ、l_{fi} 分别为参数 λ、γ 和 f_{ea_i} 的编码长度。

对于 λ，采用如下公式进行解码：

$$\lambda=\lambda_{\min}+\frac{\lambda_{\max}-\lambda_{\min}}{2^{l_\lambda-1}}\times\sum_{l_i=1}^{l_\lambda}(2^{l_i}\cdot b_{l_i})\tag{3.98}$$

式中：$\lambda_{\min}$ 和 $\lambda_{\max}$ 分别为 λ 的最小值和最大值。

对参数 γ 而言，其解码与参数 λ 相同。

对 f_{ea_i} 而言，‘1’代表选中，‘0’代表未选中。

2）适应度函数的设计

采用 AGA 算法进行组合优化的目标是通过选择 $f_{ea_{isel}}$、λ_i 和 γ_i，使软测量模型的输出 $\hat{y}$ 和目标 y 间的误差 ξ 最小。为提高预测精度和模型的泛化能力，本书采用赤池信息准则，准则（AIC）[333]设计如下的适应度函数:

$$\text{Fitness}(f_{ea_i},\lambda,\gamma)=k\cdot\ln\left(\left(\frac{1}{k}\sum_{l=1}^{k}[y(l)-\hat{y}(l)]^2\right)\Big/k\right)+2\cdot(n_{\text{subset}}+1)\tag{3.99}$$

式中：k 为验证样本的数量，n_{subset} 为输入子集的特征个数，$\hat{y}(l)$ 验证数据的预测值。

3）自适应交叉和变异概率 p_{c} 和 p_{m}：

文献[19]提出了 p_c 和 p_m 随着适应度的变化进行动态调整的方法，如下所示：

$$\begin{cases}p_{\text{c}}=p_{\text{k1}}\dfrac{f_{\max}-f_{\text{larger}}}{f_{\max}-f_{\text{ave}}}, & f_{\text{larger}}\geqslant f_{\text{ave}}\\ p_{\text{c}}=p_{\text{k2}}, & f_{\text{larger}}<f_{\text{ave}}\end{cases}\tag{3.100}$$

$$\begin{cases}p_{\text{m}}=p_{\text{k3}}\dfrac{f_{\max}-f_{\text{larger}}}{f_{\max}-f_{\text{ave}}}, & f_{\text{larger}}\geqslant f_{\text{ave}}\\ p_{\text{m}}=p_{\text{k4}}, & f_{\text{larger}}<f_{\text{ave}}\end{cases}\tag{3.101}$$

式中：$p_{\text{k1}},p_{\text{k2}},p_{\text{k3}},p_{\text{k4}}\leqslant 1.0$；$f_{\text{ave}}$ 和 $f_{\max}$ 为种群的平均和最大适应度；f_{larger} 为进行交叉的个体中较大的适应度。

因进化初期群体中的优良个体不一定是优化的全局最优解，上述方法易使进化走向局部最优。因此，按如下公式计算交叉率和变异率[334]：

$$\begin{cases}p_{\text{c}}=p_{\text{c1}}-\dfrac{(p_{\text{c1}}-p_{\text{c2}})(f_{\max}-f_{\text{larger}})}{f_{\max}-f_{\text{ave}}}, & f_{\text{larger}}\geqslant f_{\text{ave}}\\ p_{\text{c}}=p_{\text{c1}}, & f_{\text{larger}}<f_{\text{ave}}\end{cases}\tag{3.102}$$

$$\begin{cases} p_{\mathrm{m}} = p_{\mathrm{m1}} - \dfrac{(p_{\mathrm{m1}} - p_{\mathrm{m2}})(f_{\max} - f_{\mathrm{larger}})}{f_{\max} - f_{\mathrm{ave}}}, & f_{\mathrm{larger}} \geqslant f_{\mathrm{ave}} \\ p_{\mathrm{m}} = p_{\mathrm{m1}}, & f_{\mathrm{larger}} < f_{\mathrm{ave}} \end{cases} \tag{3.103}$$

通常，取 $p_{\mathrm{c1}} = 0.9$， $p_{\mathrm{c2}} = 0.6$， $p_{\mathrm{m1}} = 0.1$， $p_{\mathrm{m2}} = 0.001$。

4．基于最小二乘-支持向量机（LS-SVM）的软测量模型

对于不同的磨机负荷参数软测量模型，基于 AGA 的组合优化算法在候选特征集合中优选的输入特征子集所选特征的数量是不同的，但模型结构相同，如图 3.18 所示。

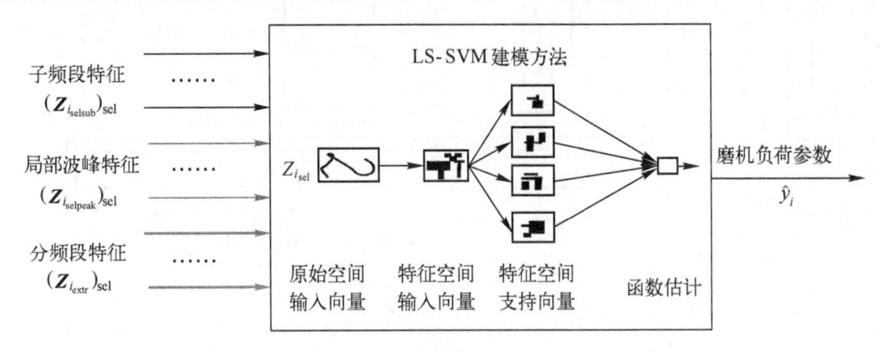

图 3.18　基于 LS-SVM 的磨机负荷参数软测量模型

由图 3.18 可知，磨机负荷参数软测量模型的输入特征子集包括三部分，即频段特征、局部波峰特征和分频段特征，可用下式表示：

$$\boldsymbol{Z}_{i_{\mathrm{sel}}} = [(\boldsymbol{Z}_{i_{\mathrm{selsub}}})_{\mathrm{sel}}, (\boldsymbol{Z}_{i_{\mathrm{extr}}})_{\mathrm{sel}}, (\boldsymbol{Z}_{i_{\mathrm{selpeak}}})_{\mathrm{sel}}] \tag{3.104}$$

结合 3.1.5 节描述的 LS-SVM 算法，磨机负荷参数的软测量模型可表示为

$$\hat{y}_i = \sum_{l=1}^{k} \beta_k \boldsymbol{K}_L(\boldsymbol{Z}_{i_{\mathrm{sel}}}, (\boldsymbol{Z}_{i_{\mathrm{sel}}})_l) + b \tag{3.105}$$

3.3.4　算法步骤

基于筒体振动频谱的特征提取与特征选择算法的流程图如图 3.19 所示，具体步骤如下：

1．离线训练步骤

（1）数据预处理：采用 Welch 方法计算振动频谱。

（2）谱特征提取与选择：

① 首先按式（3.79）和式（3.80）得到局部波峰，再按式（3.81）和式（3.82）计算得到局部波峰的特征，然后按式（3.84）计算局部波峰特征的 MI 值，最后按式（3.85）为不同的磨机负荷参数选择局部波峰特征。

② 将振动频谱划分为等间隔的子频段，按式（3.84）的方法计算每个子频段的 MI，最后按式（3.77）为不同的磨机负荷参数选择子频段特征。

③ 首先按式（3.88）计算局部波峰的质心，并依据经验给出分频段的范围，然后按照 3.2.3 节中的“基于频谱聚类的分频段划分”算法实现分频段的自动划分，最后按照式（3.95）为不同的磨机负荷参数提取谱主元。

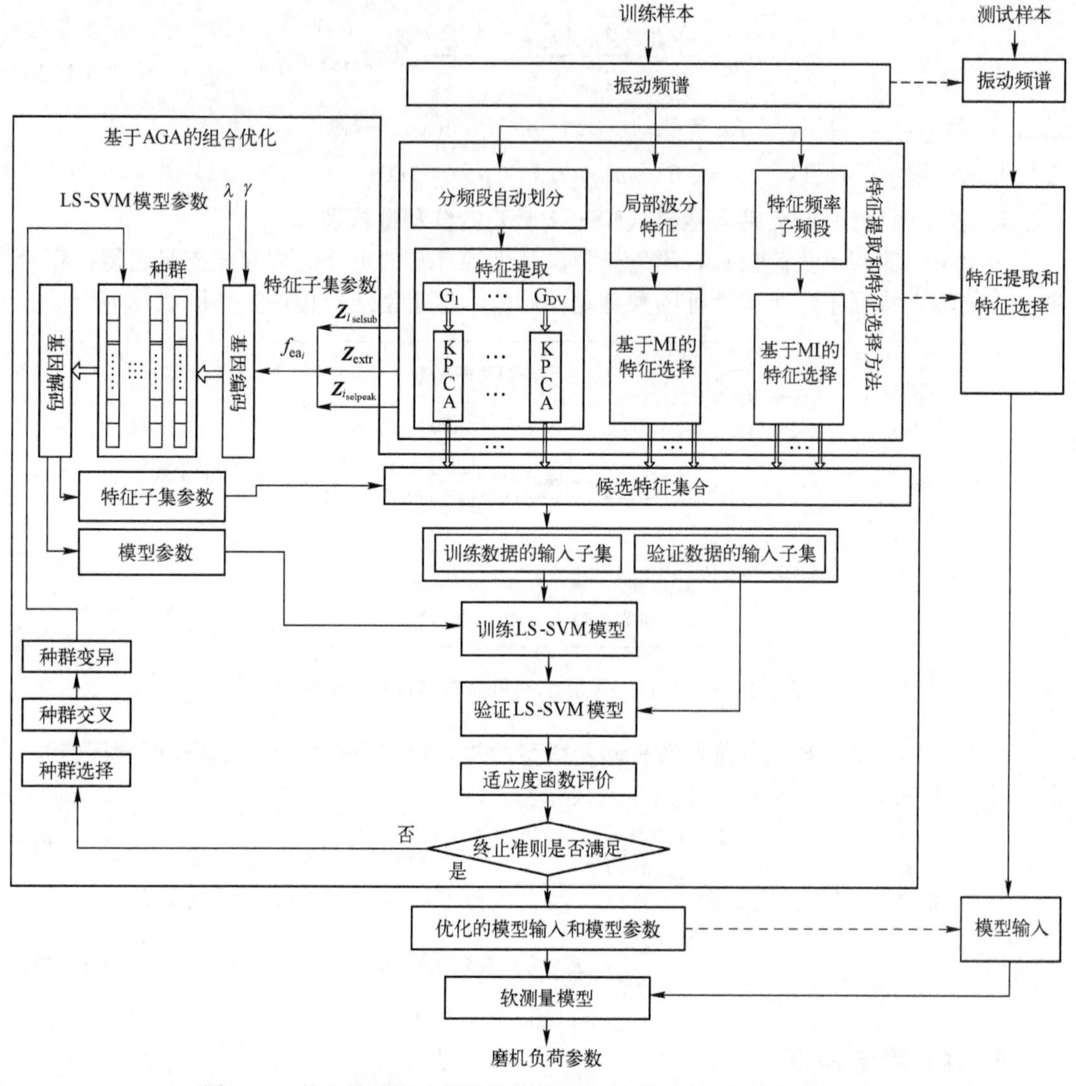

图 3.19　基于筒体振动频谱的特征提取与特征选择算法的流程图

④ 按照式（3.97）组合特征，得到候选特征集合。

（3）基于 AGA 的组合优化：

① 按图 3.17 的方法对 λ、γ 和 f_{ea_i} 进行编码。

② 初始化种群。

③ 按照式（3.98）进行解码。

④ 针对选择的模型特征子集及学习参数建立种群中每个个体的模型。

⑤ 按照式（3.99）计算适应度。

⑥ 如果满足终止准则，则获得模型的最优输入特征子集和学习参数，转步骤④；否则，转步骤⑦。

⑦ 进行种群选择，按照式（3.100）和式（3.101）进行种群的自适应交叉和变异，生成新种群，转步骤③。

（4）获得最优模型输入特征子集和学习参数，建立磨机负荷参数软测量模型。

2．在线测量步骤

（1）数据预处理：对新样本采用与训练样本相同的参数进行预处理。

（2）特征提取与选择：获得新样本的候选特征集合。

（3）特征再选：获得新样本的特征子集。

（4）在线测量。

3.3.5　实验研究

1．筒体振动频谱特征的选择结果

按 3.3.2 节给出的相关定义，可求得局部波峰的中心频率质量，如图 3.20 所示。

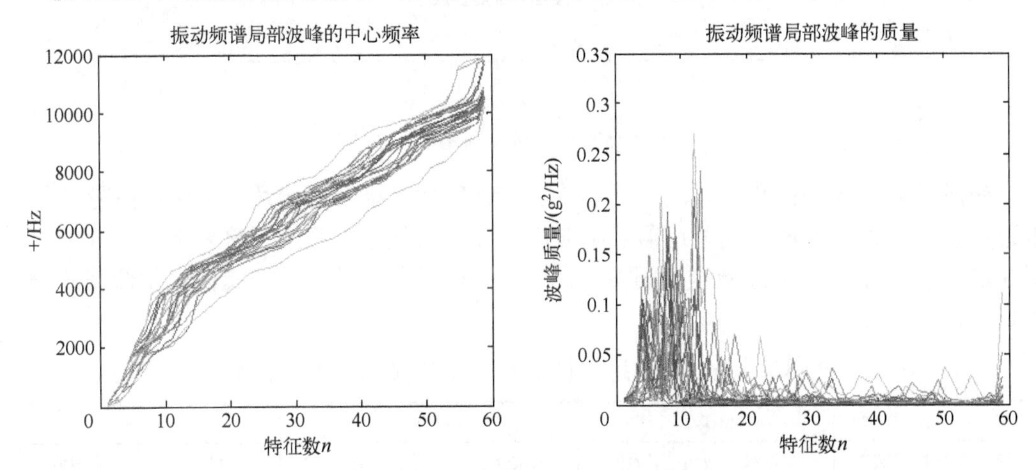

图 3.20　振动频谱局部波峰的中心频率和质量

局部波峰的特征与磨机负荷参数间的 MI 值采用 MutualInfo 0.9 软件包[313]计算得到，结果如图 3.21 所示。

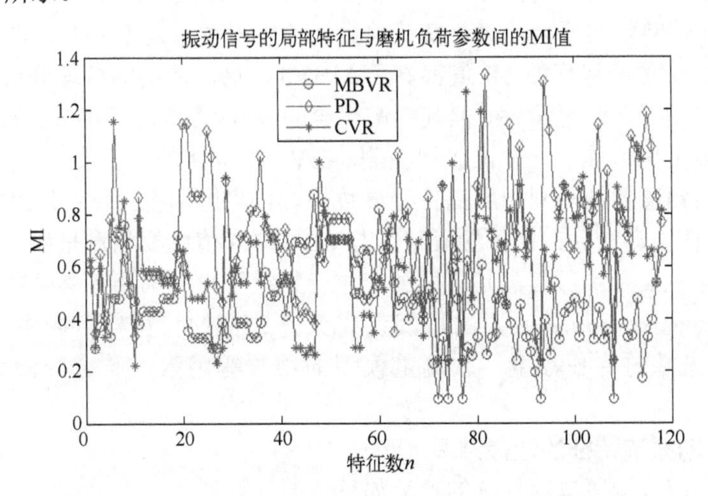

图 3.21　局部波峰特征与磨机负荷参数间的 MI 值

将振动频谱等间隔划分为 109 个子频段。采用相同的方法计算子频段与磨机负荷参数间的 MI 值，结果如图 3.22 所示。

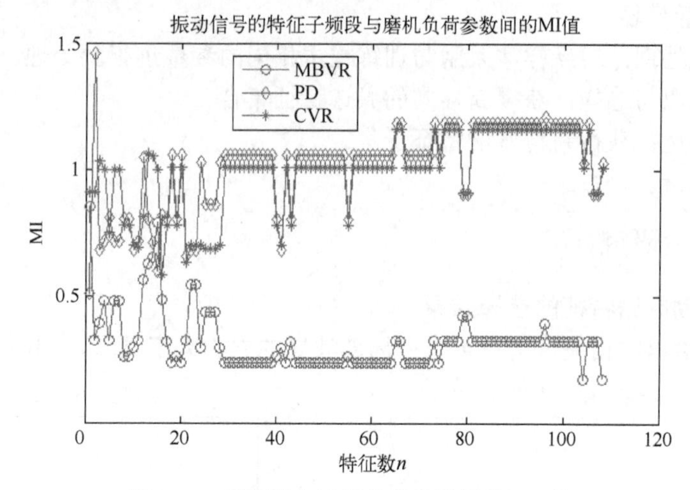

图 3.22 子频段与磨机负荷参数间的 MI 值

完成局部波峰特征和子频段特征的 MI 值计算后，需要确定适合的阈值进行特征子集选择。由于建立软测量模型还需要结合模型参数对候选特征进行重新选择，此处结合图 3.21 和图 3.22，依据经验给定阈值。为不同磨机负荷参数设定的阈值以及依据此阈值选择的特征数量，如表 3.5 所列。

表 3.5 基于 MI 的磨机负荷参数特征选择数据统计

	MBVR		PD		CVR	
特征个数与阈值	数量 n	阈值	数量 n	阈值	数量 n	阈值
局部波峰特征	35	0.5	38	0.8	21	0.8
子频段特征	16	0.4	78	1	77	1

结合图 3.21、图 3.22 和表 3.5，以及前文对筒体振动信号的定性机理分析，可知：

（1）同一频谱特征与不同的磨机负荷参数间的映射关系是不同的。如 PD 和 CVR 与局部波峰特征和子频段特征的 MI 值都高于 MBVR，这与前文的机理分析相符合，同时也说明虽然振动信号的灵敏度高，但其频谱包含的 MBVR 信息并不多。如果要可靠地检测磨机负荷，需要融合能够比较准确地检测 MBVR 的振声信号。

（2）不同的频谱特征与同一磨机负荷参数的 MI 值也不同。如对于 PD，局部波峰特征与 PD 的 MI 值波动较大，而子频段特征与 PD 的 MI 值则要相对平稳，这表明不同的特征子集包含磨机负荷参数信息是不同的，进行特征子集的选择是必要的。

（3）合理地选择阈值是必要的，阈值越大，选择的特征数目越多。在实际应用中，还要考虑选择的特征数量、软测量模型的结构等因素，结合经验和实际情况选择阈值。

2．筒体振动频谱特征的选择结果

筒体振动频谱分频段自动划分的过程如下：

（1）首先依据经验将振动频谱划分为 4 个分频段，其范围分别为 100～1600Hz（LF），1600～4000Hz（MF），4000～7000Hz（HF）和 7000～11000Hz（HHF）。

（2）按 3.3.3 节的波峰聚类算法，可计算得到每个分频段范围内的具有最大局部波峰质量的局部波峰<848，1375，1205，0.03420，1255>、<2595，3679，2884，0.04895，2760>、<4626，4928，4769，0. 002186，4762>和<7303，7415，7357，0.000272，7356>分别作为初始的分频段；初始的分频段可表示为<848，1375，0.03420，1255>、<2595，3679，0.04895，2760>、<4626，4928，0.002186，4762>和<7303，7415，0.000272，7356>。

（3）将局部波峰按低频到高频进行排列，然后计算每个局部波峰的质心与每个初始分频段的质心间的距离，从而判断局部波峰与分频段间的相对位置；如果位于两个初始分频段的中间，则计算局部波峰和两个分频段的引力，如第 7 个局部波峰<1674，1841，1754，0.0006305，1752>位于第一个分频段和第二个分频段的中间，计算该局部波峰与两个分频段间的引力分别为 8.7296×10^{-11} 和 3.0375×10^{-11}，则第 7 个波峰要合并到第一个初始分频段。

（4）重复以上过程，最后得到的分频段表示为<2，2023，0.03420，1255>、<2347，4523，0.04895，2760>、<4523，7088，0.002186，4762>和<7171，11000，0.000272，7356>。最后将 13 个训练样本划分的分频段的起始和终止频率值进行平均，可得到的 4 个分频段的范围为：102～2385Hz（LF）、2385～4122Hz（MF）、4122～7227Hz（HF）和 7227～11000Hz（HHF）。

结合 3.4.2 节的频谱分析可知：LF 为自然频率段，是磨机筒体和磨机内的物料、钢球和水负荷组成的机械结构体的固有模态；MF 为主冲击频率段，主要是钢球负荷对筒体的周期性冲击引起的冲击模态；HF 和 HHF 为次冲击频率段，主要是钢球与钢球之间的高频冲击等其他原因引起的冲击模态。

采用 KPCA 算法分别提取每个分频段的主元，分析不同分频段数据间变化的差异性。基于 KPCA 提取的分频段的主元贡献率的统计结果如表 3.6 所列，其中 KPCA 采用 RBF 核函数，核半径为 100。

表 3.6　基于 KPCA 提取的分频段的主元贡献率

	LF	MF	HF	HHF
1	0.8732	0.9847	0.9988	0.9967
2	0.9474	0.9964	0.9994	0.9993
3	0.9777	0.9979	0.9996	0.9996
4	0.9885	0.9989	0.9997	0.9998
5	0.9934	0.9995	0.9998	0.9998

表 3.6 表明 MF、HF 和 HHF 频段的灵敏度高于 LF 频段，这与前文的机理分析相符合。本书为不同的磨机负荷参数选择了相同的主元个数，设定的累计方差贡献率的阈值为 99.8%，并且保证了每个分频段至少选择一个主元，则在 LF、MF、HF 和 HHF 中提取的谱主元的个数分别为 5、3、1 和 1。

3．模型输入特征与学习参数的组合优结果

组合基于 KPCA 提取的分频段谱主元和基于 MI 选择的频谱特征，则 MBVR、PD 和 CVR 三个磨机负荷参数的候选特征的个数分别为 61、126 和 108 个。结合 LS-SVM 建模算法，基于 AGA 的组合优化方法从候选特征中优选模型的输入子集，同时选择模型参数。AGA 算法在学习阶段的适应度及特征个数的变化曲线如图 3.23（以 PD 模型为例）所示。

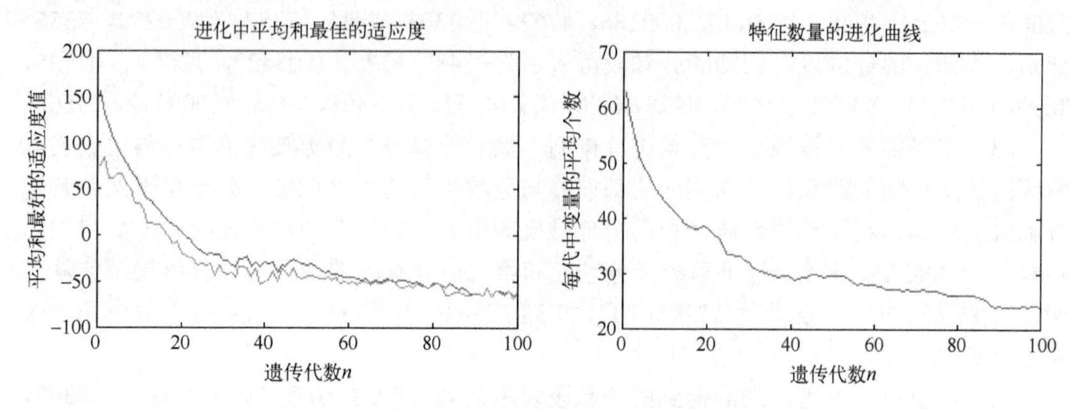

图 3.23　训练阶段的适应度函数和变量选择曲线

考虑到遗传算法初始化的随机性，组合优化过程运行 20 次，每次选择的特征如图 3.24 所示。表 3.7 同时给出了选择的不同特征数量的统计结果，并与原始特征进行了比较，其中 AGA 选择的特征是 20 次运行结果的平均值；其中，“Can”表示全部的候选特征，“Sel”表示选择的特征，“Peak”表示局部波峰特征，“Sub”表示子频段特征，“Kpca”表示分频段特征。

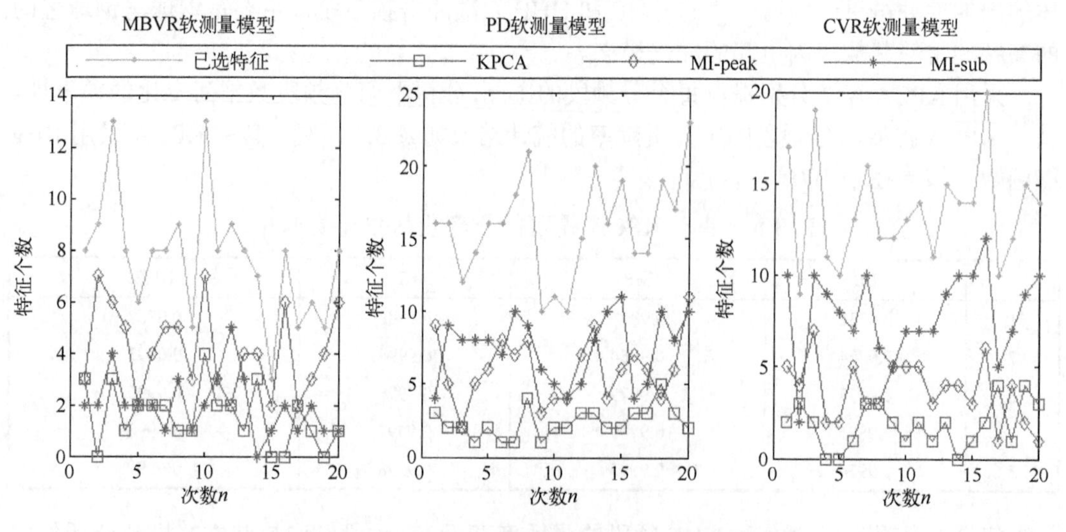

图 3.24　基于 AGA 的组合优化算法选择的特征个数

表 3.7　基于 AGA 组合优化方法的选择特征与原始特征的比较

	原始特征 n				AGA 选择后的特征 n			
	“Kpca”	“Peak”	“Sub”	“Can”	“Kpca”	“Peak”	“Sub”	“Sel”
MBVR	10	35	16	61	1.55	4.15	2	7.7
PD	10	38	78	126	2.35	6.05	7.45	15.85
CVR	10	21	77	108	1.85	3.7	8	13.55

图 3.24 和表 3.7 表明：

（1）本书所提方法选择的输入特征的个数远小于原始特征，简化了模型结构，如对于 MBVR 模型，候选特征与选择特征从 61 缩减到 7.7。

（2）磨机负荷参数与不同特征间的相关性不同，如子频段特征与 CVR 更相关，子频段特征占全部的 59%。

（3）KPCA 提取的特征在选择的特征中占的比例最小，在 MBVR、PD 和 CVR 模型中占的比例分别为 20%、15%和 6%，表明能够反映大部分频谱变化的频谱主元对建模的贡献不大。因此，应该采用能够同时提取输入输出数据的最大变化的非线性特征建立软测量模型。

4．磨机负荷参数软测量结果

为与所提出的特征提取和选择方法相比较，下面给出基于不同特征的 LS-SVM 软测量模型的测试结果，如图 3.25 所示。

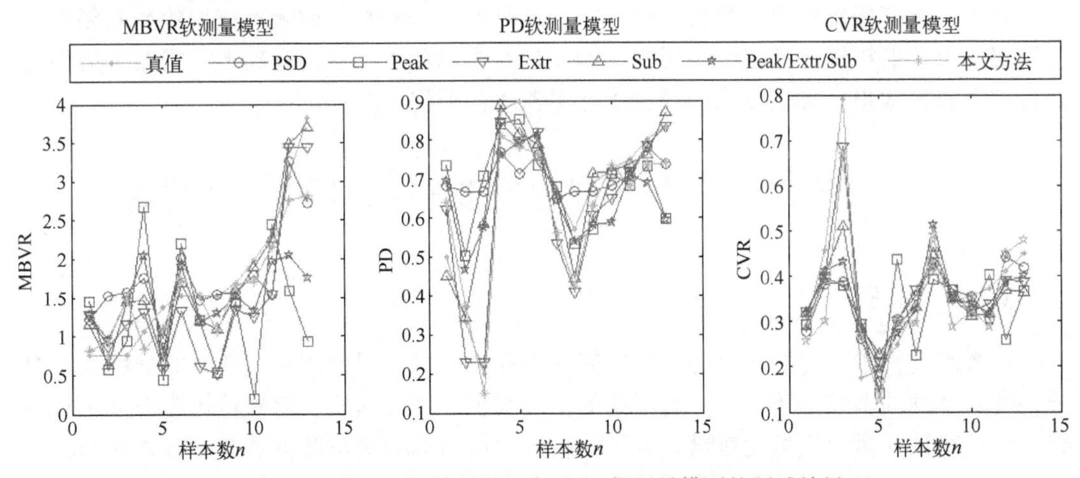

图 3.25　基于不同特征的 LS-SVM 软测量模型的测试结果

不同建模方法的测试误差及相关参数的统计结果如表 3.8 所列。在表 3.8 中，“数据集（Peak//Extra_kpca/Sub/PSD）”分别代表不同的建模数据，其中“peak”代表基于 MI 选择的局部波峰特征；“Eatr_kpca”代表采用 KPCA 方法提取的特征；“Sub”代表基于 MI 选择的子频段特征；“Peak/Extr/Sub”代表候选特征的集合；“参数（N_fea，λ，γ）”表示建模参数，其中“N_fea”代表不同特征子集中特征的数量，“λ”和“γ”分别代表 LS-SVM 模型的惩罚参数和核半径的宽度。

表 3.8　基于不同输入特征的 LS-SVM 模型测试结果

特征（Peak/Extr/Sub/PSD）	MBVR 参数		PD 参数		CVR 参数		RMSRE（平均）
	（N_fea，λ，γ）	RMSRE	（N_fea，λ，γ）	RMSRE	（N_fea，λ，γ）	RMSRE	
PSD	（10901，38748，509）	0.5026	（10901，36699，295）	0.7181	（10901，79，990）	0.2277	0.4828
Peak	（35，25000，12）	0.5494	（38，3440，262）	0.7360	（21，59，16）	0.3634	0.5496
Extr_kpca	（10，25000，99）	0.4176	（10，2548，125）	0.1623	（10，80，998	0.2215	0.2671
Sub	（16，269642，31）	0.3467	（78，630，63）	0.4942	（77，1674，992）	0.2379	0.3596
Peak/Extr/Sub	（61，31235，570）	0.4874	（126，359，63）	0.5575	（108，20，140）	0.2285	0.4244
本书此处方法	（6，9381，17）	0.3104	（10，206，563）	0.1524	（23，858，41）	0.1866	0.2165

上述结果表明本书所提方法具有最佳的平均预测精度。基于“Sub”和“Extr_kpca”数据集的模型比基于“PSD”数据集的模型精度高，表明了特征提取和特征选择方法的有效性；基于“Peak”数据集的精度并没有提高，这与本次建模数据的特点相关，但是基于“PSD”数据集的具有最慢的建模速度。基于候选特征集和“Peak/Extr/Sub”的模型精度低于基于“Sub”和“Extr_kpca”数据集的模型，表明简单的组合不同的特征并不能提高模型的性能，进行重新选择是必要的。

采用本书所提方法，为 MBVR、PD、CVR 软测量模型选择的特征数量分别是 6、10、23；惩罚参数λ和核半径γ分别是 9381 和 17、206 和 563、858 和 41，结果表明：不同的磨机负荷参数选择不同的特征，表明了本书所提方法是有效的；λ和γ的值比较大，主要原因在于建模数据多是来自于异常工况，样本的分布范围较广；基于 RMSRE，PD 和 CVR 比 MBVR 对振动信号更加灵敏，这也说明，需要融合其他信号才能更加有效地检测 MBVR。

总之，本书提出的集成特征提取和特征选择的方法提高了软测量模型的预测精度。实际上，工业磨机运行环境十分恶劣。因此，在本书此处方法的基础上，需要考虑如何结合现有研究成果、领域专家的经验进行更深入的研究和验证。

3.4 基于 EMD 和组合优化的多源高维频谱特征约简

3.4.1 引言

在磨矿过程中，球磨机研磨产生的筒体振动信号具有很强的非线性、非平稳和多组分特性，不同的多组分子信号具有不同的物理解释，并且这些子信号转换会得到具有高维共线性特性的多尺度振动频谱。为了解析多尺度振动频谱与磨机负荷参数之间的相关性，已有的 FFT 是利用平稳和线性的假设进行原始信号分析的，而常用的小波分析方法不能实现对多组分信号的自适应分解。因此，在对磨机筒体振动信号进行时频域转换之前，需要寻找有效方法将其进行自适应分解，以便得到富有物理含义、有利于帮助理解磨机内部工作状态和筒体振动产生机理的多尺度频谱特征信息，为建立具有更佳精度的软测量模型做准备。现有的湿式球磨机负荷参数建模方法，大多数是针对单尺度频谱的建模，针对多尺度频谱建立的模型精度较低，甚至低于单尺度模型。

近年来，基于筒体振动和振声检测磨机负荷参数成为研究热点[208]。振动和振声信号的频谱经常被作为软测量模型的输入，如何提取和选择这些信号所蕴含的有价值信息是开展软测量建模工作首先要解决的问题。由前述可知，FFT 不适合于具有非稳态特性的机械振动和振声信号的处理[335]。离散小波变换、连续小波变换、小波包变换等时频分析方法已经被广泛应用于旋转机械设备的故障诊断[336-339]，然而，面对任何一个具体实际应用问题，必须要为小波变换选择合适的母小波。因此，这些方法不能自适应分解本书所面对的多组分信号。文献[340]提出的 EMD 方法是一种能够将时域信号自适应分解成 IMF 的多组分信号处理技术。针对不同应用问题，这些不同的 IMF 具有不同的物理含义，使得 EMD 广泛用于旋转设备的故障诊断和高层建筑结构健康状态监测[235,341-342]。

高维频谱数据固有的高维、共线性等问题使得直接采用原始频谱构建所得的软测量模型的建模精度较低。因此，对高维频谱数据进行维数约简，可以有效避免模型过拟合、抵制噪声以增强模型建模性能。特征提取和特征选择是两种解决这类问题的重要方法[19-20]，常用的特征提取方法是 PCA。根据筒体振动频谱的自身特点，文献[343]提出了一种基于PCA提取分频段特征组合后建立基于SVM的磨机负荷参数软测量模型的方法。为了避免人工划分频段不精确的问题，文献[344]提出了频谱聚类方法。上述基于 PCA 的特征提取方法所提取的特征有可能与磨机负荷参数无关。特征选择方法会按照一定特征选择准则丢弃部分特征[235]，导致部分信息丢失。为了充分利用特征提取和特征选择方法的优点，文献[226]利用频谱聚类、KPCA、MI、AGA 和 LS-SVM 相结合的方法，建立了基于选择和提取振动频谱特征的磨机负荷软测量模型。为了提高基于传统单模型软测量方法的建模精度，文献[233]提出了融合多传感器多特征信息的选择性集成（selective ensemble，SEN）建模方法。上述建模方法均采用了单尺度频谱，并且频谱的分段受到了频谱分辨率的影响。

文献[345]提出了基于 EMD 和 PSD 的轴承故障诊断方法，通过分析信号特有的 IMF 成分，原始信号的特征信息能被更准确、有效地提取出来。在文献[346，211，238]中，EMD 和 PSD 被应用于筒体振动信号的分析。文献[239]对振动和振声信号进行了详细分析，利用 MI 方法对不同 IMF 频谱进行了选择。上述方法的建模精度较低，甚至低于单尺度频谱建模方法。频谱特征提取和选择后，需要选择适合的建模方法。SVM 是一种流行的适合小样本建模的方法，但 SVM 需要求解 QP 问题，并且不确定的模型输入特征子集和学习参数均影响模型的泛化性[331]。LS-SVM 以求解次优解为代价避开了 QP 问题。SVM/LS-SVM 模型的输入特征和学习参数的选择问题可以借助 GA 等其他智能优化算法完成[331]，但 GA 的收敛过程缓慢，还可能陷入局部最优。AGA 依据适应度函数自动调整交叉和变异概率[332]，可有效地避免上述问题。因此，可以采用 AGA 同时选择 LS-SVM 模型的输入特征子集和学习参数，以组合优化方式实现特征二次选择。

综上，本书提出了多尺度筒体振动频谱特征的提取和选择方法。采用 EMD 对筒体振动信号进行自适应分解，从而得到具有不同时间尺度的筒体振动子信号；接着，采用 KPCA 和 MI 方法对多尺度振动频谱进行特征提取和特征选择，从而获得建立软测量模型的候选特征集合；然后，采用 AGA 算法对模型输入特征子集和学习参数进行优化选择。实验证明，本书所提方法经实验球磨机的实际运行数据验证是有效的。

3.4.2 特征约简策略

本书提出的基于 EMD 和组合优化的特征提取和特征选择策略如图 3.26 所示，分为三部分：多尺度振动频谱转换模块、频谱特征提取和选择模块以及特征及学习参数组合优化模块。

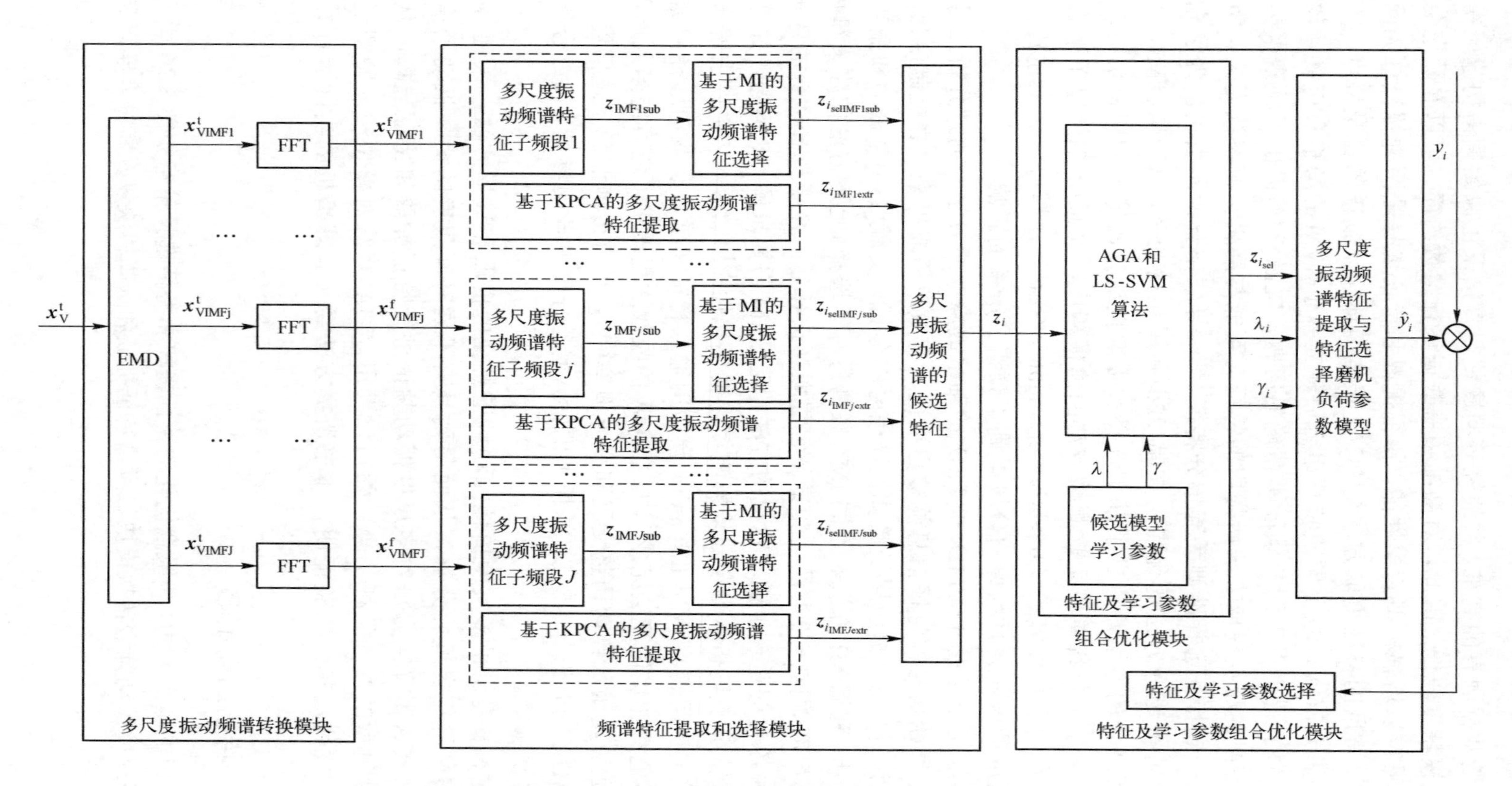

图 3.26　基于 EMD 和组合优化的特征提取与特征选择策略示意图

各模块的功能如下：

（1）多尺度振动频谱转换模块。采用 EMD 技术将球磨机筒体振动信号分解为不同时间尺度的 IMF，采用 FFT 技术将 IMF 转换成多尺度频谱。

（2）频谱特征提取和选择模块。采用 MI 算法为不同的磨机负荷参数选择不同的多尺度频谱特征子频段，采用 KPCA 算法提取不同多尺度频谱的非线性特征，串行组合这些特征作为候选特征。

（3）特征及学习参数组合优化模块。采用 AGA 算法从候选特征中选择软测量模型的输入特征子集和参数。

图 3.26 中，上标 t 和 f 分别代表时域和频域信号；下标 v 代表筒体振动信号；$\boldsymbol{X}_{\mathrm{V}}^{\mathrm{t}}$ 是筒体振动的原始时域信号；$\boldsymbol{X}_{\mathrm{VIMF}j}^{\mathrm{t}}$ 表示经 EMD 分解后筒体振动信号的第 j 个 IMF，$j=1,2,\cdots,J$，J 是 IMF 的数量；$X_{\mathrm{VIMF}j}^{\mathrm{f}}$ 是 $X_{\mathrm{VIMF}j}^{\mathrm{t}}$ 经 FFT 转换得到的频谱；$z_{\mathrm{IMF}j\mathrm{sub}}$ 是表示 $x_{\mathrm{VIMF}j}^{\mathrm{t}}$ 的特征子频段；$z_{i_{\mathrm{selIMF}j\mathrm{sub}}}$ 是经过 MI 特征选择后，第 i 个磨机负荷参数的特征子频段；$z_{i_{\mathrm{IMF}j\mathrm{extr}}}$ 是经过 KPCA 特征提取的第 i 个磨机负荷参数的提取特征；$\boldsymbol{Z}_i$ 表示第 i 个磨机负荷参数的候选特征；λ 和 γ 表示软测量模型的候选参数；λ_i，γ_i 和 $z_{i_{\mathrm{sel}}}$ 表示基于 AGA 组合优化算法的第 i 个磨机负荷参数被选择的输入特征子集；y_i 代表第 i 个磨机负荷参数，$i=1,2,3$ 分别代表 3 个磨机负荷参数料球比（MBVR，ϕ_{mb}），磨矿浓度（PD，ϕ_{mw}）和介质充填率（CVR，ϕ_{bmw}）。

3.4.3　特征约简算法

1．多尺度振动频谱转换

球磨机筒体振动信号是由周期性作用于磨机筒体的不同振幅和频率的冲击力形成的多种类型的振动相互叠加而产生的，耦合了其他与磨机负荷无关的信号，构成复杂且难以解释。研究表明，这种具有强非线性、非平稳性和多组分等特性的信号适合于采用 EMD 技术进行自适应分解和分析。满足特定假设条件的非线性、非稳态信号可以采用 EMD 算法自适应分解为具有不同时间尺度的 IMF。每个 IMF 均需满足的条件是：极值点和过零点的个数必须相等或最多相差 1 个，任何点上的局部最大包络和局部最小包络的均值是 0。

面对具体对象，理论上讲每个 IMF 均有其特定物理含义。因此，EMD 算法在处理多组分振动信号上较传统 FFT 和小波变换具有明显优势。采用 EMD 算法，自适应分解筒体振动信号为不同尺度 IMF 信号的步骤如表 3.9 所列。

表 3.9　磨机筒体振动信号自适应分解算法

输入：磨机旋转若干周期的筒体振动信号
输出：不同时间尺度的 IMF 信号
步骤： 步骤（1）：寻找筒体旋转若干周振动信号 $\boldsymbol{X}_{\mathrm{V}}^{\mathrm{t}}$ 极值点。 步骤（2）：连接筒体振动信号最大点和最小点获得上下包络线。 步骤（3）：计算上下包络线均值 m_{V1}，将原始信号 $X_{\mathrm{V}}^{\mathrm{t}}(t)$ 与 m_{V1} 的差值作为第 1 成分 h_{V1}。 $h_{\mathrm{V1}}=X_{\mathrm{V}}^{\mathrm{t}}(t)-m_{\mathrm{V1}}$

续表

步骤（4）：检查 h_{V1} 是否满足 IMF 准则，即极值点和过零点的个数必须相等或最多相差 1 个；在任何点上，局部最大包络和局部最小包络的均值是 0。如果 h_{V1} 是 IMF，则 h_{V1} 是 $X_V^t(t)$ 的第 1 个成分。 步骤（5）：如果不是 IMF，重复步骤（1）到步骤（3），此时，h_{V1} 作为原始信号。 $h_{V11}=h_{V1}-m_{V11}$ 其中，m_{V11} 是 h_{V1} 上下包络的均值。这个过程重复 k_V 次直到 h_{V1k_V} 满足 IMF 准则： $h_{V1k}=h_{V1(k_V-1)}-m_{V1k_V}$ 每次都要检查 h_{V1k_V} 的过零点次数是否与极值点个数相等；最后得到的成分即第 1 个 IMF，记为 $X_{VIMF1_V}^t=h_{V1k_V}$ 其中，$X_{VIMF1_V}^t$ 包含筒体振动信号的最小时间尺度。 步骤（6）：从原始信号 $X_V^t(t)$ 中剥离 $\boldsymbol{x}_{VIMF1_V}^t$ 得到：$r_{V1}^t=X_V^t-X_{VIMF1_V}^t$ 步骤（7）：判断是否满足 EMD 终止条件：若不满足，令 $X_V^t=r_{V1}^t$，转至步骤（1）；若满足，分解结束，获得不同时间尺度的 IMF 信号。

按照上述步骤，筒体振动信号可分解为若干个 IMF 和 1 个残差之和，每个 IMF 子信号代表筒体振动信号某种时间尺度的组成成分，且按照频率从高到低的顺序进行排列。IMF 和原始筒体振动信号间的关系为

$$X_V^f=\sum_{j=1}^{t}x_{VIMFj}^t+r_J \tag{3.106}$$

式中：r_J 为筒体振动信号分解后的残差。

通过 FFT，将每个 IMF 子信号转换成频谱。IMF 和与之对应的频谱的关系为

$$X_{VIMFj}^t\xrightarrow{\text{FFT}}X_{VIMFj}^f \tag{3.107}$$

式中：X_{VIMFj}^f 为筒体振动信号第 j 个 IMF 的频谱。

2．基于 KPCA 的多尺度振动频谱特征提取

基于 KPCA 的频谱特征提取是为了在核空间里找到不同尺度频谱的非线性特征。假设训练样本的数量是 k，将第 j 个 IMF 频谱 $\{(\boldsymbol{x}_{VIMFj}^f)_l\}_{l=1}^k$ 映射到高维空间 $\boldsymbol{\Phi}$，即 $\boldsymbol{\Phi}:(\boldsymbol{x}_{VIMFj}^f)_l\to\boldsymbol{\Phi}((\boldsymbol{x}_{VIMFj}^f)_l)$。在空间 $\boldsymbol{\Phi}$ 上执行标准线性 PCA 算法，可提取非线性特征，即核主元（KPC）。

通过引入核函数将特征空间的点积运算转化为核函数运算，得到核矩阵：

$$\boldsymbol{K}_{VIMFj}^f=((X_{VIMFj}^f)_l)^T\boldsymbol{\Phi}((X_{VIMFj}^f)_m),\quad h=1,2,\cdots,h_{j\max}\ l,m=1,2,\cdots,k \tag{3.108}$$

采用下式对核矩阵 $\boldsymbol{K}_{VIMFj}^f$ 进行中心化处理：

$$\tilde{\boldsymbol{K}}_{VIMFj}^f=\left(\boldsymbol{I}-\frac{1}{k}1_k1_k^T\right)K_{VIMFj}^f\left(\boldsymbol{I}-\frac{1}{k}1_k1_k^T\right) \tag{3.109}$$

式中：$\boldsymbol{I}$ 是一个 k 维单位阵，1_k 表示元素均为 1 的向量。

通过求解核矩阵双特征值问题得到核主元：

$$\tilde{\boldsymbol{K}}_{VIMFj}^f\boldsymbol{\alpha}_{VIMFj}^h=k\lambda_h\boldsymbol{\alpha}_{VIMFj}^h=\hat{\lambda}\boldsymbol{\alpha}_{VIMFj}^h \tag{3.110}$$

式中：$\boldsymbol{a}_{VIMFj}^h=(a_{VIMFj1}^h,a_{VIMFj2}^h,\cdots,a_{VIMFjk_j}^h)^T$ 为对应第 h 个最大特征值的标准化后的特征向量。

在核特征空间中，KPC 表示为

$$\boldsymbol{v}_{\mathrm{VIMF}j}=[v_{\mathrm{VIMF}j}^{1},\cdots,v_{\mathrm{VIMF}j}^{h_{\mathrm{VIMF}j\max}}]^{\mathrm{T}}=[\Phi((\boldsymbol{x}_{\mathrm{VIMF}j}^{\mathrm{f}})_{1}),\cdots,\Phi((\boldsymbol{x}_{\mathrm{VIMF}j}^{\mathrm{f}})_{k})]\boldsymbol{A}_{\mathrm{VIMF}j}^{\mathrm{f}} \tag{3.111}$$

式中：$\boldsymbol{v}_{\mathrm{VIMF}j}^{h}$ 为 $\boldsymbol{v}_{\mathrm{VIMF}j}$ 的第 h 列，$\boldsymbol{A}_{\mathrm{VIMF}j}^{\mathrm{f}}$ 是以 $\boldsymbol{\alpha}_{\mathrm{VIMF}j}^{h}$ 为列的矩阵，$h=1,2,\cdots,h_{j\max}$。

分频段 $\boldsymbol{x}_{\mathrm{VIMF}j}^{\mathrm{f}}$ 的第 h 个得分向量为

$$t_{\mathrm{VIMF}j}^{\mathrm{f}}(h_{\mathrm{v}})=\boldsymbol{v}_{\mathrm{VIMF}j}\cdot\Phi(\boldsymbol{x}_{\mathrm{VIMF}j}^{\mathrm{f}})=\sum_{l=1}^{k}(\alpha_{\mathrm{VIMF}j}^{h_{\mathrm{v}}})_{l}\tilde{\boldsymbol{K}}_{\mathrm{VIMF}j}^{\mathrm{f}} \tag{3.112}$$

针对 IMF 分频段 $\boldsymbol{x}_{\mathrm{VIMF}j_{\mathrm{v}}}^{\mathrm{f}}$ 提取的非线性特征表示为

$$\boldsymbol{T}_{\mathrm{VIMF}j}^{\mathrm{f}}=[\boldsymbol{t}_{\mathrm{VIMF}j1}^{\mathrm{f}},\cdots,\boldsymbol{t}_{\mathrm{VIMF}jh}^{\mathrm{f}},\cdots,\boldsymbol{t}_{\mathrm{VIMF}jh_{j\max}}^{\mathrm{f}}] \tag{3.113}$$

式中：$h=1,\cdots,h_{j\max}$，$h_{j\max}$ 为提取的分频段 $\boldsymbol{x}_{\mathrm{VIMF}j_{\mathrm{v}}}^{\mathrm{f}}$ 的最大非线性特征数量，其值由 KPC 的 CPV 确定或者由经验确定。

最终对多尺度频谱 $\{\boldsymbol{x}_{\mathrm{VIMF}j}^{\mathrm{f}}\}_{j=1}^{J}$ 提取的第 i 个磨机负荷参数的非线性特征可表示为

$$\boldsymbol{Z}_{i_{\mathrm{extr}}}=[T_{i\mathrm{VIMF}1}^{\mathrm{f}},\cdots,T_{i\mathrm{VIMF}j}^{\mathrm{f}},\cdots,T_{i\mathrm{VIMF}J}^{\mathrm{f}}],\quad j=1,2,\cdots,J \tag{3.114}$$

注 3-2：因 KPCA 所提取的特征并不考虑磨机负荷参数的影响，故所提取的特征均是相同的。此处仅是为统一表示，将为不同负荷参数提取的特征标记为 $I_{i_{\mathrm{extr}}}$。

3．基于互信息的多尺度振动频谱特征选择

对于经 EMD 方法分解之后得到的每个 IMF 频谱，本书首先采用文献[226]的方法，获得候选特征子频段，然后采用一种新的自适应 MI 阈值确定方法，实现对特征子频段的选择。具体步骤如下：

（1）将每个 IMF 频谱分为相同时间间隔的子频段，计算每个子频段的平均值，作为候选特征子频段。

（2）计算候选特征子频段与磨机负荷参数间的 MI 值。

（3）设置阈值，为不同的磨机负荷参数选择特征子频段。

本书采用的自适应 MI 阈值确定方法为

$$\theta_{\mathrm{MI}ji}=\alpha_{ji}\cdot\min\{\theta_{\mathrm{IMFMI}ji}\}+\mu_{\mathrm{MI}ji}\frac{(\theta_{\mathrm{MI}ji})_{\max}-\alpha_{ji}\cdot\min\{\theta_{\mathrm{IMFMI}ji}\}}{10} \tag{3.115}$$

式中：$\theta_{\mathrm{MI}ji}$ 为采用自适应方法计算的第 i 个磨机负荷参数与第 j 个 IMF 频谱的 MI 阈值；$\mu_{\mathrm{MI}ji}=1,\cdots,10$，$\alpha_{ji}=0,\cdots,1$ 为加权系数；$\min\{\theta_{\mathrm{IMFMI}ji}\}$ 为第 j 个 IMF 频谱与第 i 个磨机负荷参数间的最小 MI 值；$(\theta_{\mathrm{MI}ji})_{\max}$ 为第 i 个磨机负荷参数与第 j 个 IMF 频谱间的最大 MI 值。

从 $\boldsymbol{x}_{\mathrm{VIMF}j}^{\mathrm{f}}$ 中选择的子频段特征可以表示为

$$z_{i_{\mathrm{selIMF}j\mathrm{sub}}}=\{z_{i_{\mathrm{IMF}j\mathrm{sub}_1}},\cdots,z_{i_{\mathrm{IMF}j\mathrm{sub}_j}},\cdots,z_{i_{\mathrm{IMF}j\mathrm{sub}_{N_{\mathrm{sub}j}^{i}}}}\} \tag{3.116}$$

式中：$z_{i_{\mathrm{IMF}j\mathrm{sub}_j}}$ 为选择的第 i 个磨机负荷参数的第 j 个 IMF 子频段特征，$N_{\mathrm{sub}j}^{i}$ 为所选择的特征数。

多尺度频谱选择的子频段特征表示为

$$z_{i_{\mathrm{selsub}}}=\{z_{i_{\mathrm{selIMF1sub}}},\cdots,z_{i_{\mathrm{selIMF}j\mathrm{sub}}},\cdots,z_{i_{\mathrm{selIMF}J\mathrm{sub}}}\} \tag{3.117}$$

将提取和选择的多尺度频谱候选特征子集称为候选特征，表示如下：

$$Z_i=[Z_{i_{\text{extr}}},Z_{i_{\text{selsub}}}] \tag{3.118}$$

4．输入特征及学习参数组合优化

候选特征包括经过 MI 特征选择的 IMF 特征频谱子频段和经过 KPCA 特征提取的 IMF 频谱主元。由于每类特征均有其优缺点，简单的组合会导致特征冗余和模型建模性能的降低，选择过多的输入变量又将导致模型过拟合。因此，在候选特征中选择模型的输入特征子集的同时优选模型学习参数，并将这一问题作为一个组合优化问题进行求解。

选择 LS-SVM 方法作为软测量模型的建模算法，采用 AGA 算法对软测量模型的输入特征子集和学习参数进行优化选择。LS-SVM 模型的核函数为 RBF，惩罚系数和核参数记为 λ 和 γ。由于简单的组合将导致特征冗余和模型建模性能的降低，本书采用同时选择输入特征子集和模型学习参数的方法[226]，对遗传基因进行编码、解码和适应度函数的设计。

1）编码与解码

选择 LS-SVM 模型的核函数为 RBF，将模型的惩罚系数和核参数记为 λ 和 γ；定义 f_{ea_i} 为候选特征的参数。对代表这些参数的遗传基因采用二进制的编码方式，如图 3.27 所示。

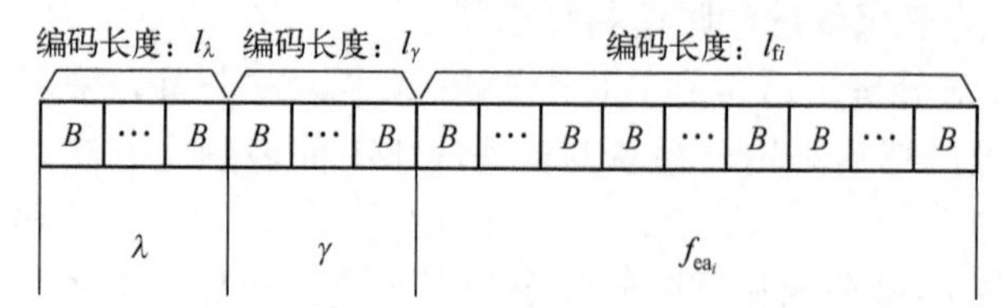

图 3.27　基因编码方式

图 3.27 中，$B=\{0,1\}$；l_λ、l_γ、$l_{\text{f}i}$ 分别为参数 λ、γ 和 f_{ea_i} 的编码长度。

对于参数 λ，采用如下公式进行解码：

$$\lambda=\lambda_{\min}+\frac{\lambda_{\max}-\lambda_{\min}}{2^{l_\lambda-1}}\times\sum_{l_i=1}^{l_\lambda}(2^{l_i}\cdot B) \tag{3.119}$$

式中：$\lambda_{\min}$、$\lambda_{\max}$ 分别为 λ 的最小值和最大值。

参数 γ 的解码与参数 λ 相同。

对于参数 f_{ea_i}，‘1’代表选中，‘0’代表未选中。

2）适应度函数的设计

采用 AGA 算法进行组合优化的目标是通过选择 $f_{\text{ea}_{i\text{sel}}}$、$\lambda_i$ 和 γ_i，使软测量模型的输出 $\hat{y}$ 和目标 y 间的误差 ξ 最小，采用如下的适应度函数：

$$\text{Fitness}(f_{\text{ea}_i},\lambda,\gamma)=k\cdot\ln\left(\left(\frac{1}{k}\sum_{l=1}^{k}\left[y(l)-\hat{y}(l)\right]^2\right)\bigg/k\right) \tag{3.120}$$

式中：k 为验证样本的数量，n_{subset} 为输入子集的特征个数，$\hat{y}(l)$ 为验证数据的输出值。

3）自适应交叉和变异概率 p_{c} 和 p_{m}

p_c 和 p_m 随着适应度的变化进行动态调整的方法如下：

$$\begin{cases} p_c = p_{k1}\dfrac{f_{max}-f_{larger}}{f_{max}-f_{ave}}, & f_{larger} \geqslant f_{ave} \\ p_c = p_{k2}, & f_{larger} < f_{ave} \end{cases} \tag{3.121}$$

$$\begin{cases} p_m = p_{k3}\dfrac{f_{max}-f_{larger}}{f_{max}-f_{ave}}, & f_{larger} \geqslant f_{ave} \\ p_m = p_{k4}, & f_{larger} < f_{ave} \end{cases} \tag{3.122}$$

式中：$p_{k1}, p_{k2}, p_{k3}, p_{k4} \leqslant 1.0$；$f_{ave}$ 和 f_{max} 为种群的平均和最大适应度；f_{larger} 是进行交叉的个体中较大的适应度。

因进化初期群体中的优良个体不一定是优化的全局最优解，上述方法易使进化走向局部最优。因此，按如下公式计算交叉率和变异率[334]：

$$\begin{cases} p_c = p_{c1} - \dfrac{(p_{c1}-p_{c2})(f_{max}-f_{larger})}{f_{max}-f_{ave}}, & f_{larger} \geqslant f_{ave} \\ p_c = p_{c1}, & f_{larger} < f_{ave} \end{cases} \tag{3.123}$$

$$\begin{cases} p_m = p_{m1} - \dfrac{(p_{m1}-p_{m2})(f_{max}-f_{larger})}{f_{max}-f_{ave}}, & f_{larger} \geqslant f_{ave} \\ p_m = p_{m1}, & f_{larger} < f_{ave} \end{cases} \tag{3.124}$$

此处，取 $p_{c1}=0.9$、$p_{c2}=0.6$、$p_{m1}=0.1$ 和 $p_{m2}=0.001$。

4）磨机负荷参数软测量模型

LS-SVM 模型的输入特征子集不同，但模型结构相同，如图 3.28 所示。

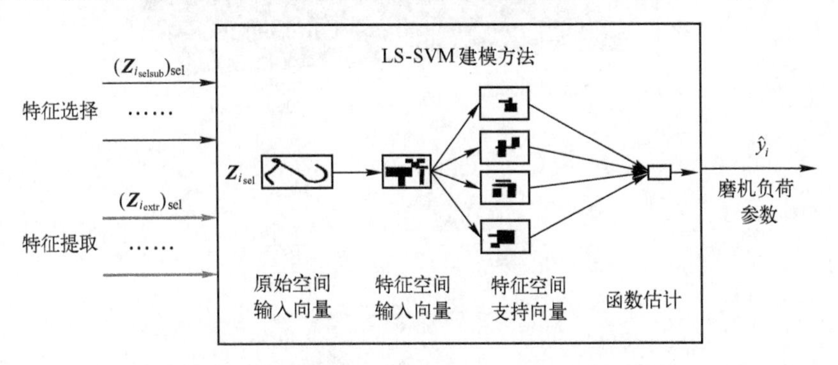

图 3.28　基于 LS-SVM 的磨机负荷参数软测量模型

最后，磨机负荷参数软测量模型可表示为

$$\hat{y}_i = \sum_{l=1}^{k} \beta_{i_k} K_i(z_{i_{sel}}, (z_{i_{sel}})_l) + b_i, \quad i=1,2,3 \tag{3.125}$$

式中：K_i、β_i 和 b_i 为第 i 个磨机负荷参数的 LS-SVM 模型参数。

3.4.4 实验研究

1．实验球磨机筒体振动频谱分析

考虑到数据量较大，此处取磨机旋转 4 周期长度的筒体振动和振声信号采用 EMD 方法自适应分解，然后再将每个 IMF 信号采用 FFT 技术变换到频域，获得具有不同时间尺度的频谱[238]。

FFT 变换的处理方式同文献[226]，简单描述为：依据只有球负荷时筒体振动信号的功率谱密度（PSD）确定该磨机筒体振动信号的带宽为 11000Hz。为了减少计算时间和增加 FFT 转换的精度，首先对原始采样信号进行了重新采样，重采样的频率为 31130Hz；然后对信号进行了剔点和中心化处理；最后采用 Welch 法求 PSD，其参数为，对应磨机旋转一周的数据的长度为 32768，段数为 32，重叠段的长度为 512。

1）空砸（球负荷）时多尺度频谱分析

采用 3 种不同直径的钢球（ϕ30mm，ϕ20mm，ϕ15mm）以不同的质量配比进行了实验。其中，直径为ϕ15mm 的小球实验中，其质量为 10～80kg（φ_b=2.12%～16.96%），前 6 个 IMF 的频谱的瀑布图如图 3.29 所示。

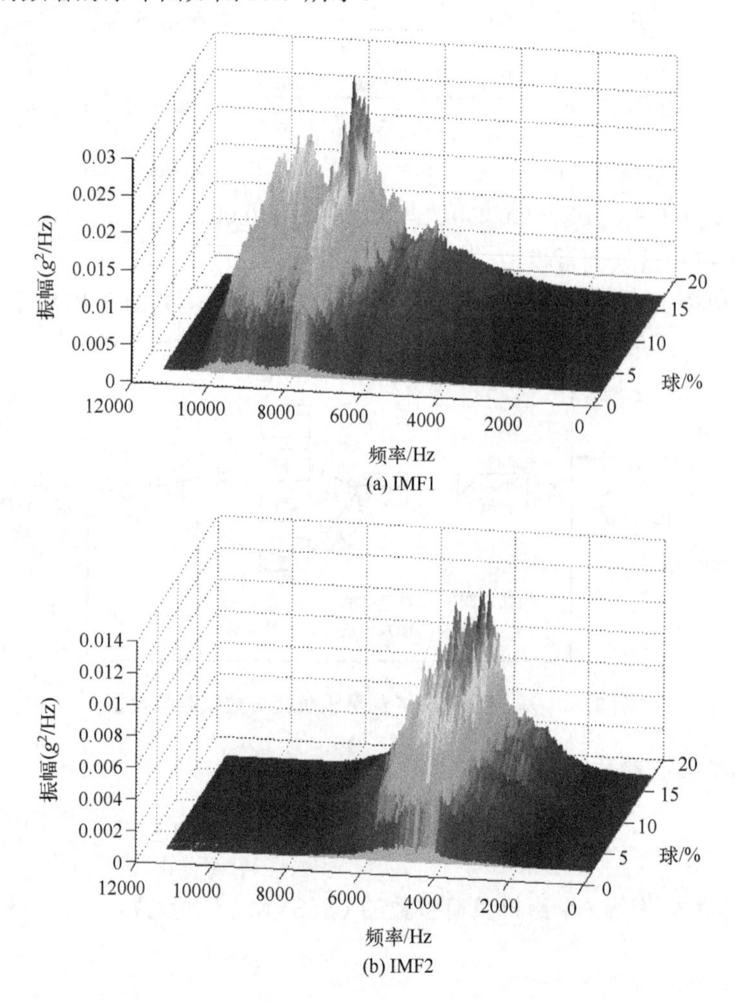

(a) IMF1

(b) IMF2

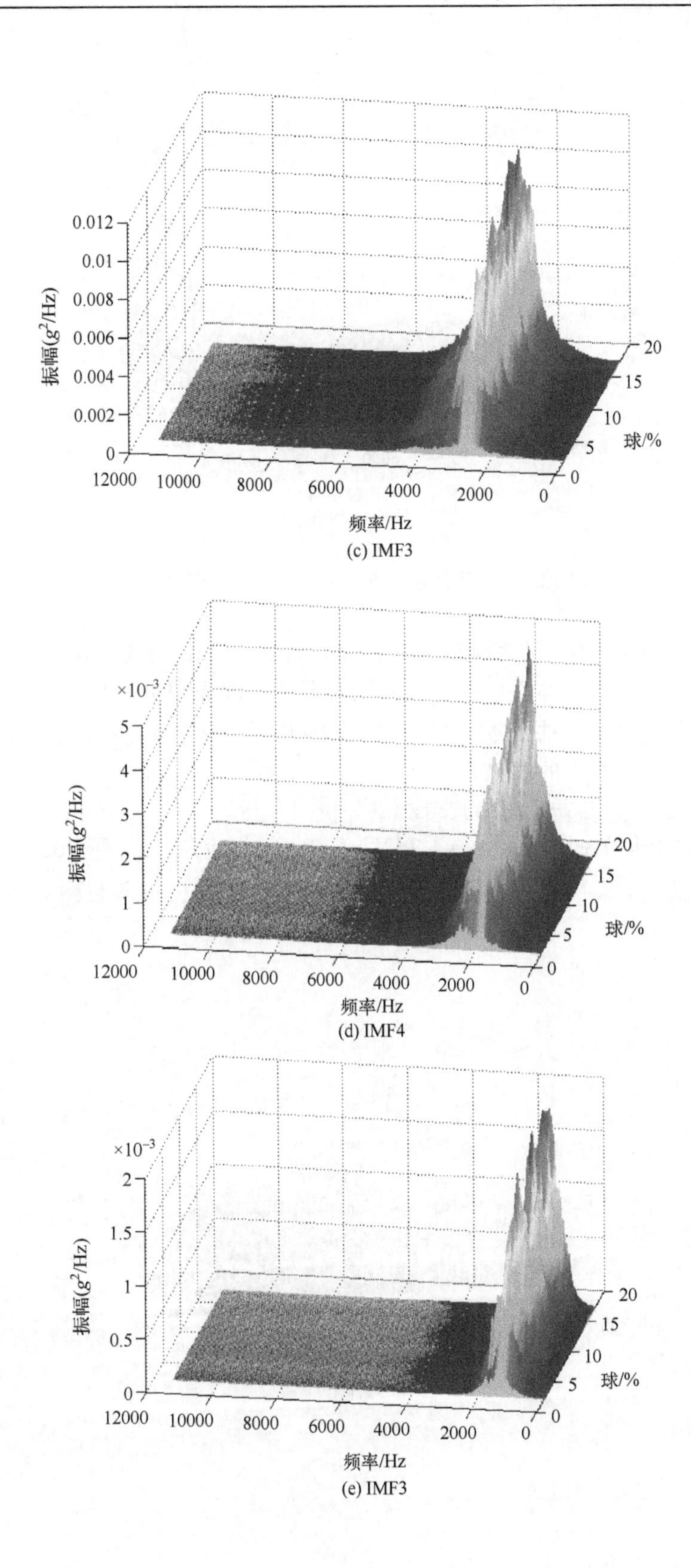

(c) IMF3

(d) IMF4

(e) IMF3

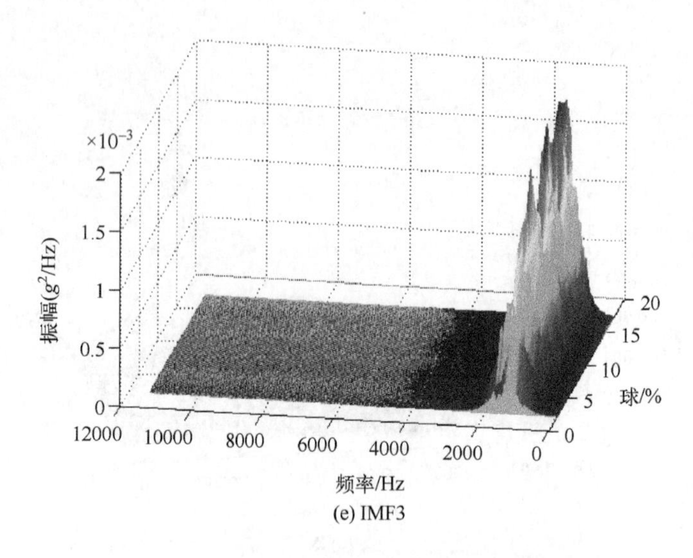

(e) IMF3

图 3.29 空砸小球负荷变化时前 6 个 IMF 瀑布图

由图 3.29 可知，IMF1 的高频振动具有最大幅值，是 IMF2 和 IMF3 的 2 倍多，并且信号带宽界限比较分明。与文献[262]中单尺度频谱的瀑布图进行对比，EMD 算法可以有效地自适应分解筒体振动信号。这些不同的 IMF 所代表的具体物理意义需要结合磨机研磨机理，进行更为深入的研究。

2）水磨（球、水负荷）时多尺度频谱分析

保持磨机的球负荷 20kg(φ_b=4.24%)不变，水负荷从 5kg 到 50kg(φ_w = 8.3%～83%)进行实验，则采用 EMD 自适应分解后前 6 个 IMF 的瀑布图如图 3.30 所示。

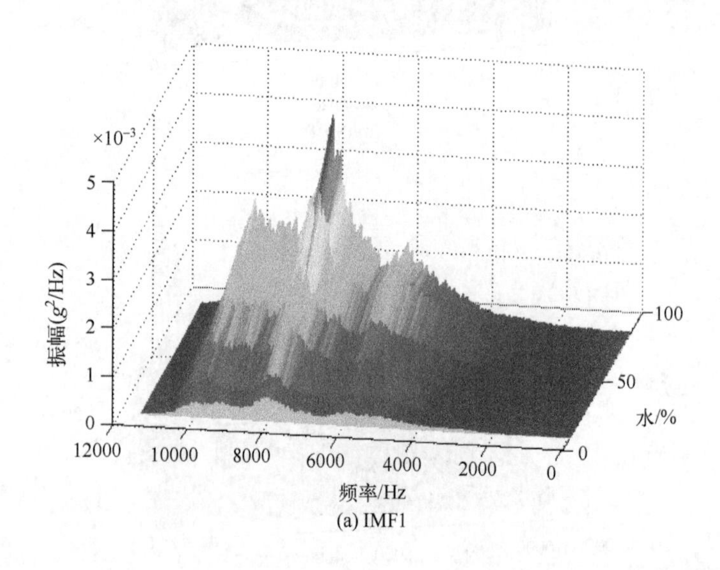

(a) IMF1

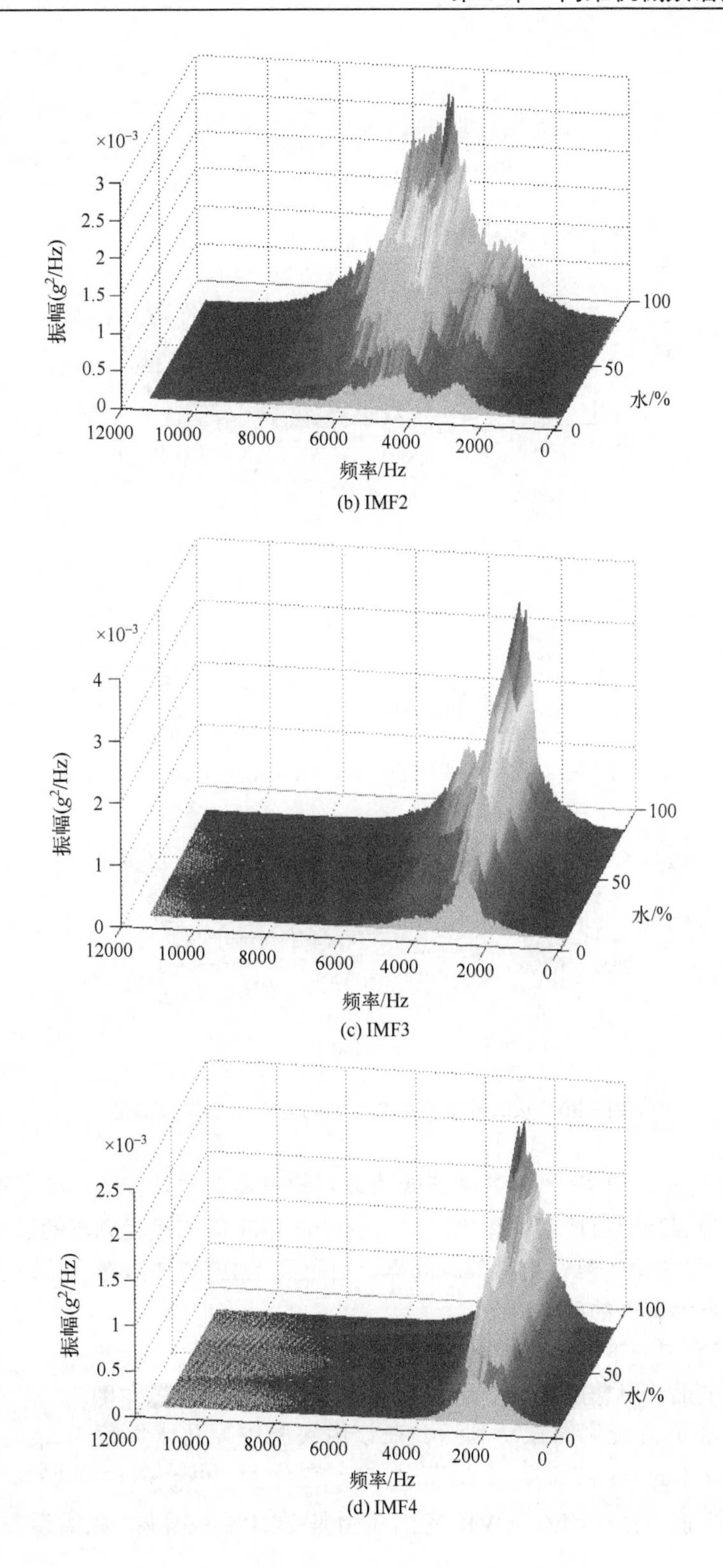

(b) IMF2

(c) IMF3

(d) IMF4

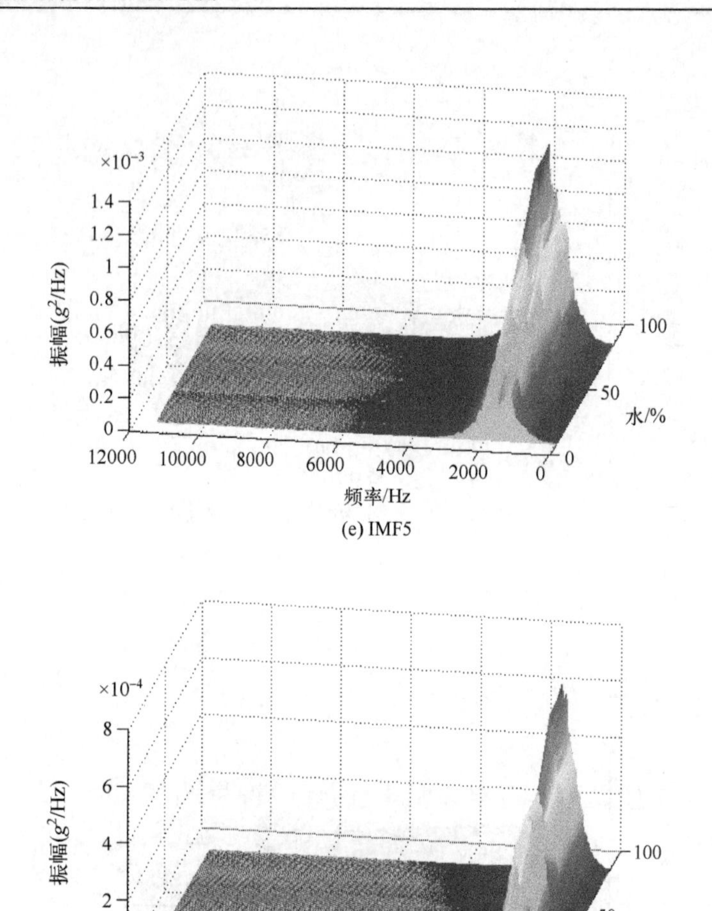

(e) IMF5

(f) IMF6

图 3.30　水磨时水负荷变化时的前 6 个 IMF 瀑布图

由图 3.30 可知，前 6 个 IMF 频谱幅值之间的差异不如只有球负荷空砸时明显，这表明水负荷作为缓冲介质所起的作用。与文献[262]给出的单尺度频谱的瀑布图相比，在相同实验条件下，EMD 算法更有效。同样，对不同 IMF 的具体物理解释需要结合数值仿真模型进行更为深入的研究。

3）湿式研磨工况下的多尺度频谱分析

此处给出了水、料和球负荷变化情况下的前 6 个 IMF 的瀑布图。

（1）只有水负荷变化的振动频谱。在该组实验中，钢球负荷 40kg（φ_b=8.48%），物料负荷 10kg（φ_m=3.97%），水负荷从 5kg 变化到 40kg（φ_w=8.33%～46.67%），PD 变化范围是 66.7%～20%，CVR 变化范围是 20.1%～9.1%，频谱瀑布图如图 3.31 所示。

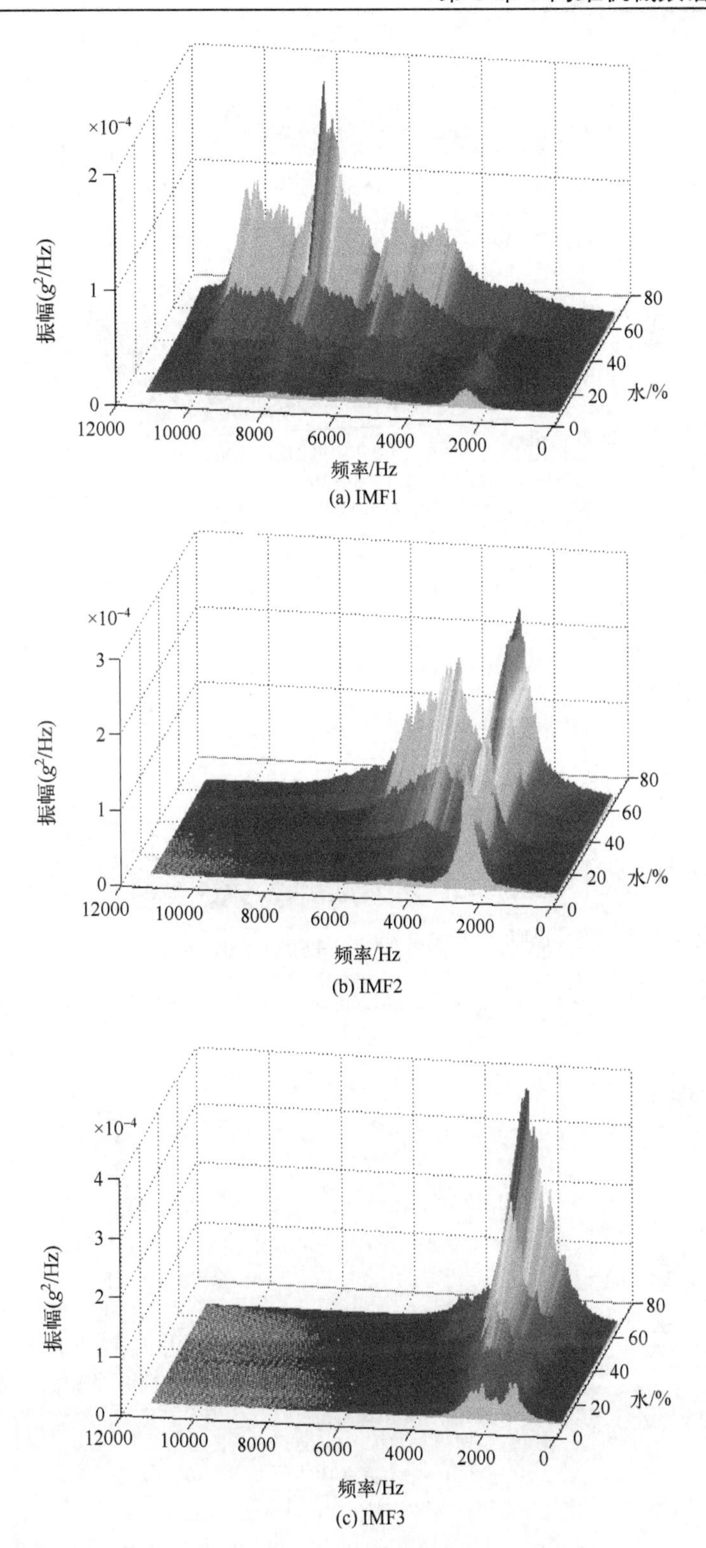

(a) IMF1

(b) IMF2

(c) IMF3

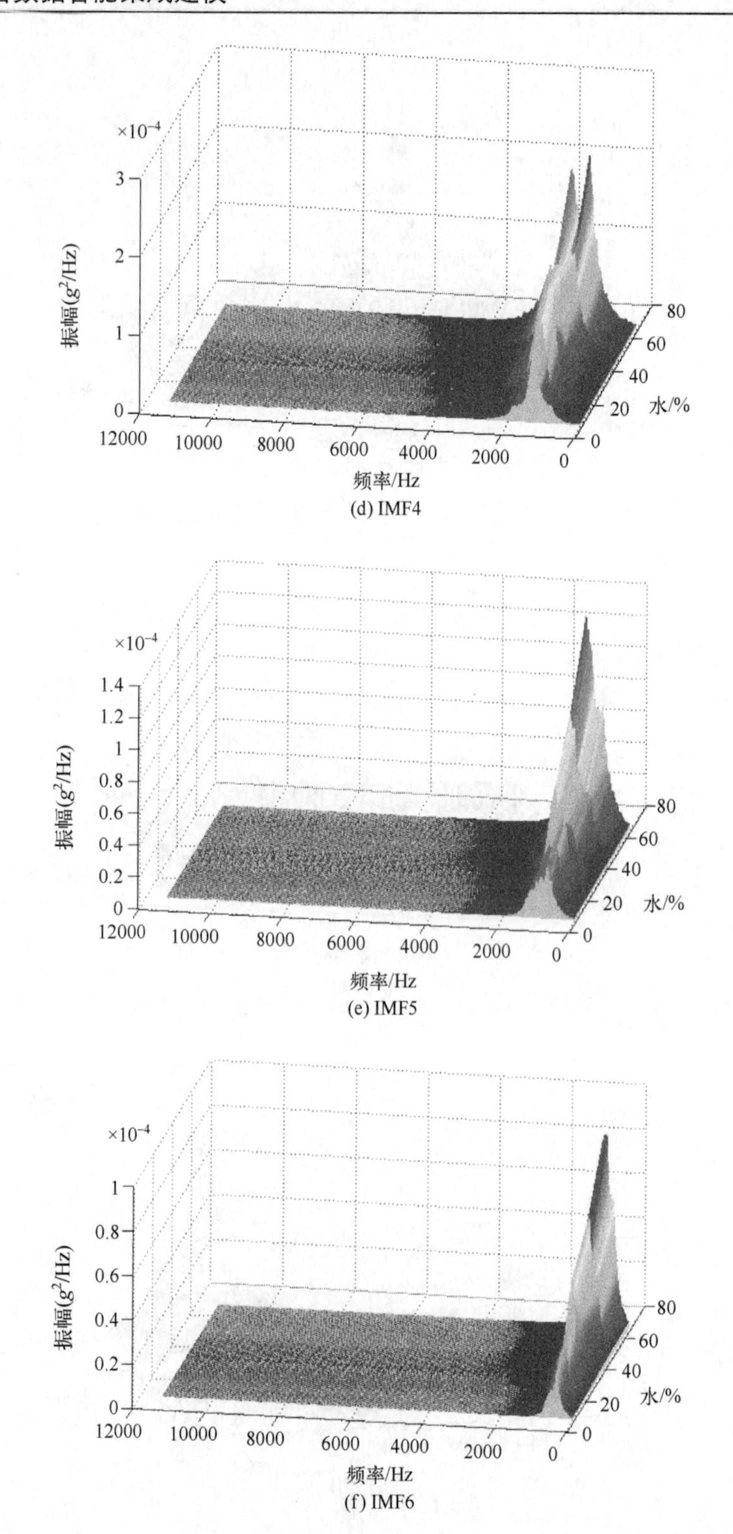

图 3.31　湿磨只有水负荷变化时的前 6 个 IMF 的瀑布图

图 3.31 表明，前 6 个 IMF 的频谱幅值随着水负荷的增加而逐渐变大。开始实验时，

水负荷较少，故 PD 较高，对球负荷的缓冲作用较强；随着水负荷的逐渐增加，PD 和矿浆黏度变小，增大了球负荷与磨机筒体间的冲击力。对其成分的组成和物理含义分析如下：IMF1 的频谱宽度为 4000～12000Hz，由高频冲击力引起，极有可能是源于不同层间的钢球相互冲击造成的；IMF2 和 IMF3 的频谱宽度为 2000～6000Hz，主要由中频冲击力引起，可能是由钢球对磨机筒体的直接冲击造成的；IMF4、IMF5 和 IMF6 可能与筒体振动系统的自然振动频率相关。

这些分析都是基于定性的判断，准确与否需要对磨机研磨机理和筒体振动模型进行深入研究，进而结合更多的磨机实验来确定。此处的分析结果表明，筒体振动信号可以被自适应分解为不同部分，并且每个部分的幅值随着水负荷的增加而增大。

（2）只有料负荷变化时的振动频谱。在该组实验中，球负荷 40kg（φ_b=8.48%），水负荷 10kg（φ_w=16.67%），物料负荷从 22kg 到 50kg（φ_m=8.73%～19.84%），PD 从 68.8% 到 83.3%，CVR 从 34.6%～45.0%，筒体振动频谱瀑布图如图 3.32 所示。

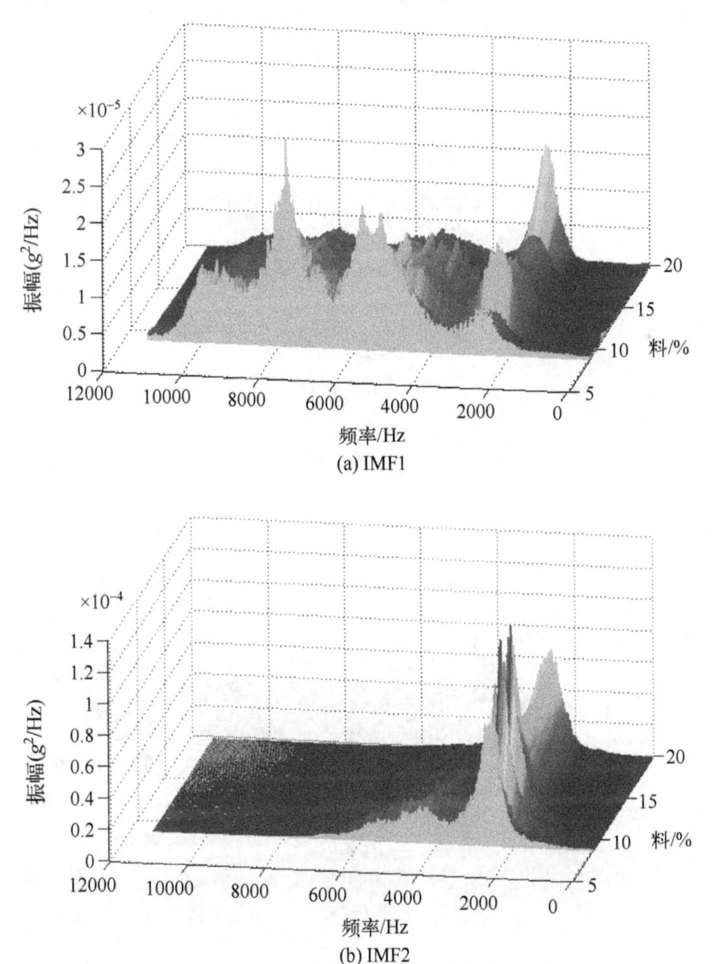

(a) IMF1

(b) IMF2

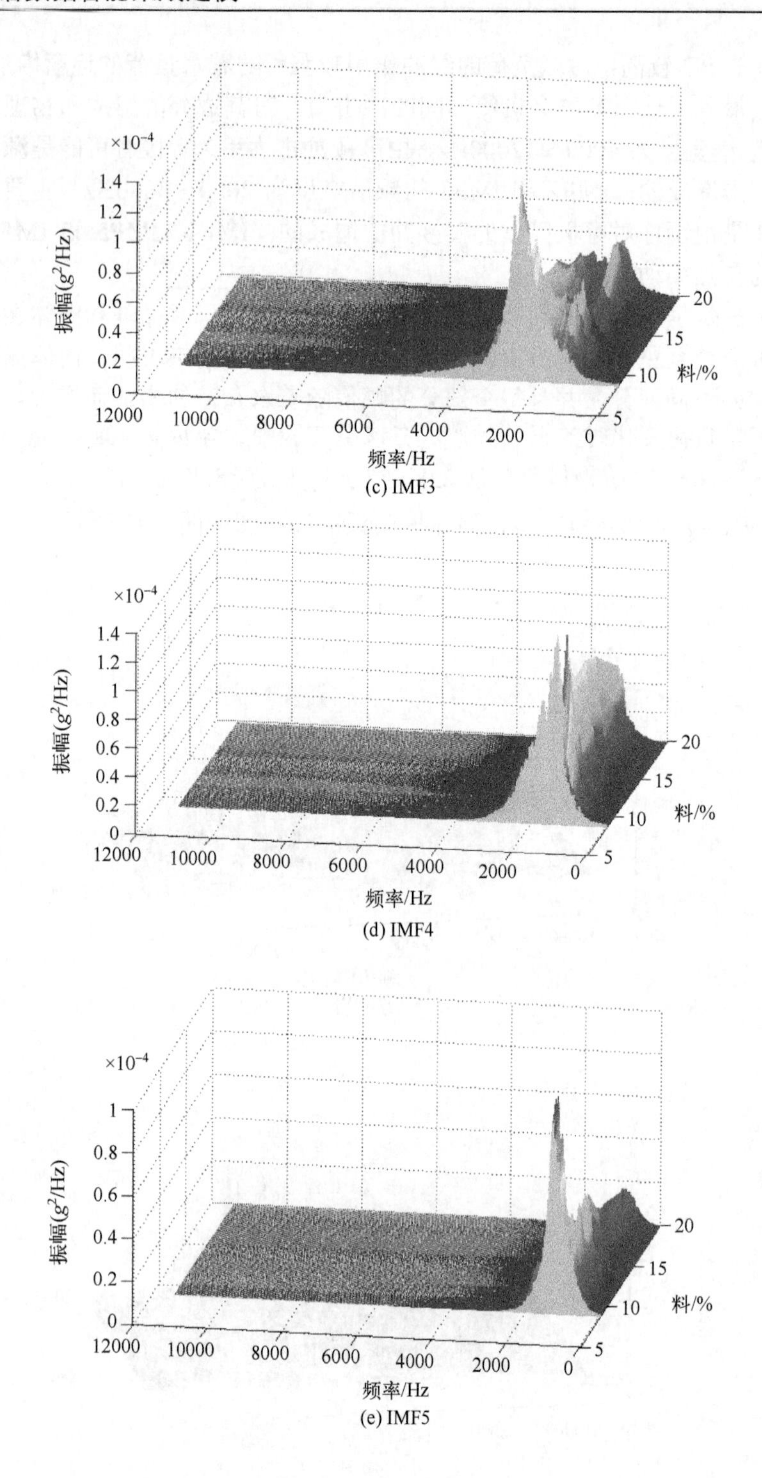

(c) IMF3

(d) IMF4

(e) IMF5

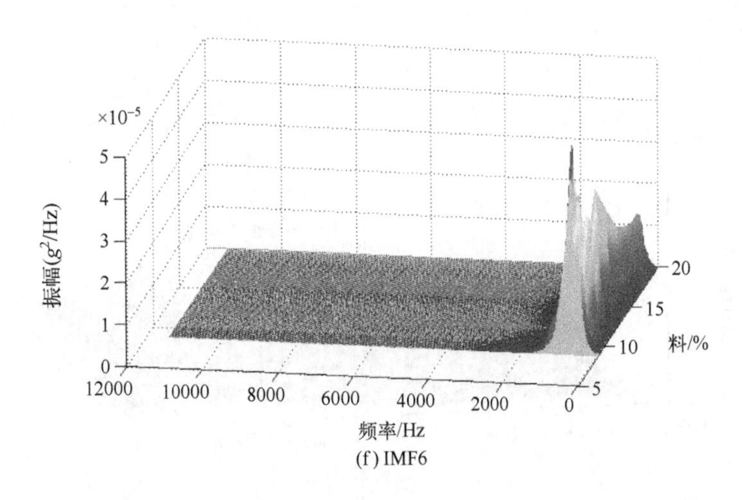

(f) IMF6

图 3.32　湿磨只有料负荷变化时前 6 个 IMF 的瀑布图

本组实验中，料负荷 30kg 时的 PD 是 75%。图 3.32 表明，不同 IMF 频谱幅值变化的规律性相对于只有水负荷变化时要弱。IMF1 和 IMF2 在 2000～4000Hz 间的频谱幅值先降后升，IMF3 表现出不同的规律。IMF5 和 IMF6 的频谱范围在 0～2000Hz，并呈现随料负荷增加而逐渐变小的规律。不同 IMF 频谱的宽度与只有水负荷变化的实验基本相同。

然而，更科学合理的解释还需要结合更深入的机理分析和基于磨机负荷参数实验设计的筒体振动分解结果。同时，EMD 算法自身存在的模态混叠现象等原因也需要采用改进算法进行克服。

（3）只有球负荷变化时的振动频谱。在该组实验中，物料负荷 4kg（φ_{m}=1.59%），水负荷 5kg（φ_{w}=8.33%），钢球负荷从 20kg 到 37kg（φ_{b}=4.24%～7.85%），CVR 变化范围是 14.2%～18.6%，BCVR 变化范围是 10.1%～18.6%。筒体振动频谱瀑布图如图 3.33 所示。

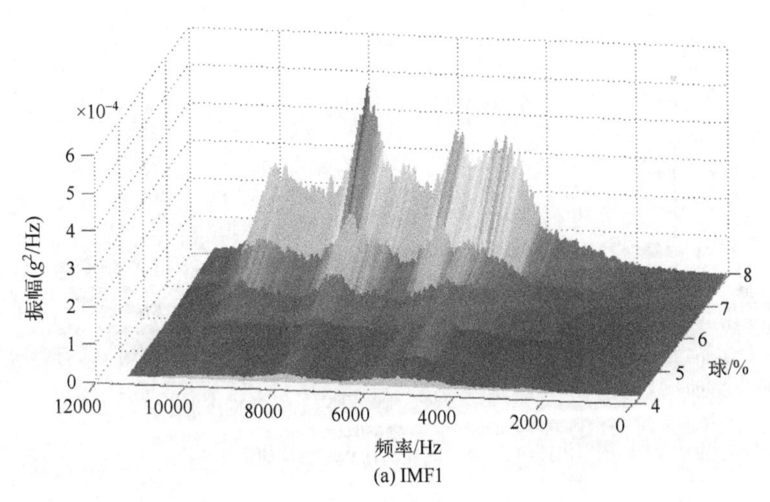

(a) IMF1

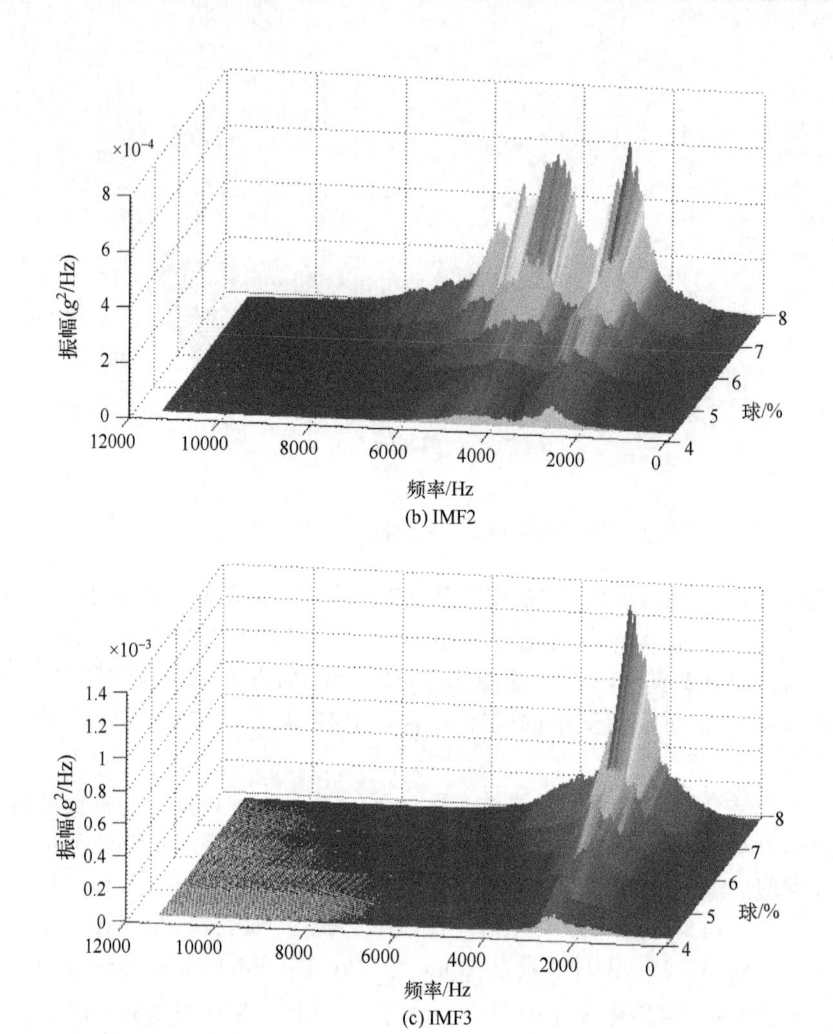

(b) IMF2

(c) IMF3

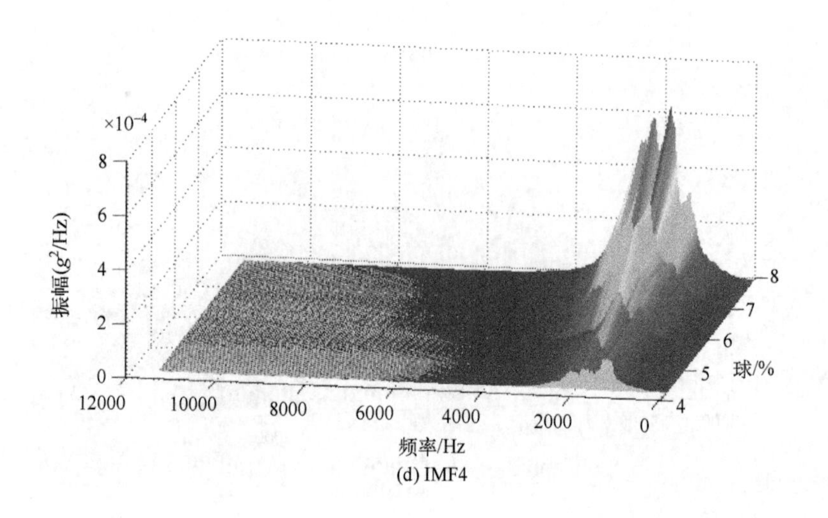

(d) IMF4

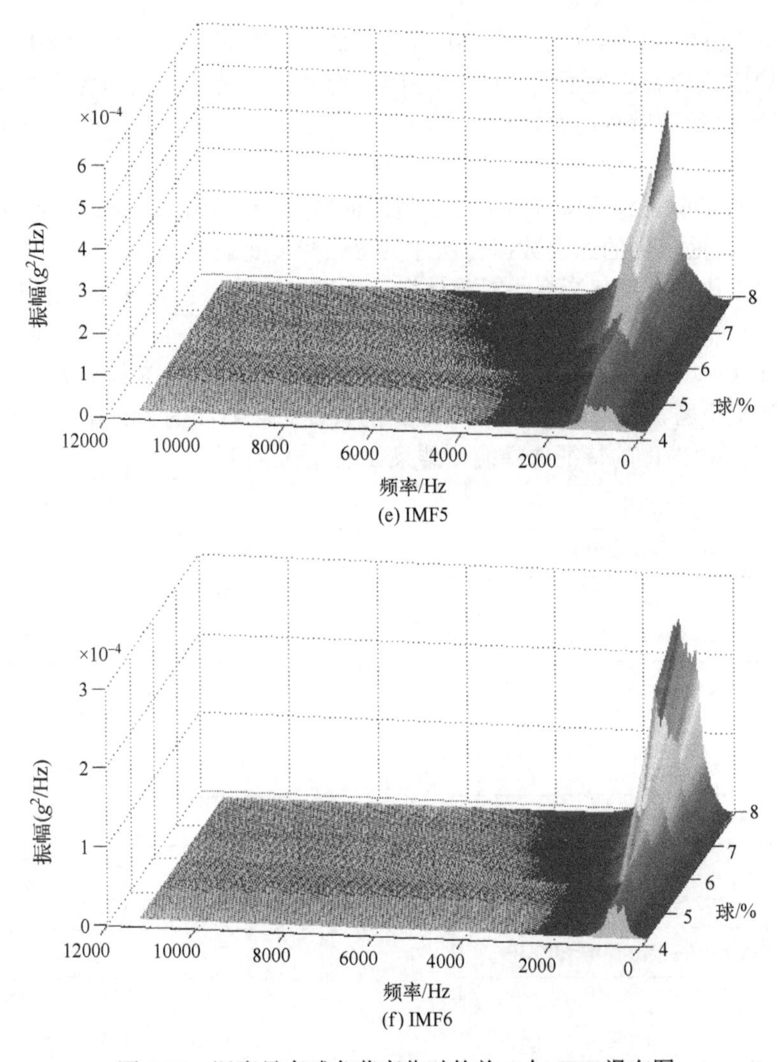

(e) IMF5

(f) IMF6

图 3.33　湿磨只有球负荷变化时的前 6 个 IMF 瀑布图

图 3.33 表明随着球负荷的增加，前 6 个 IMF 频谱的不同频段的幅值均显著增加，这表明球负荷的变化体现在每个 IMF 频谱上。但在工业实际中，球负荷在短时间内变化较小。

综合上述湿磨条件下的筒体振动 EMD 分解结果可知，不同 IMF 频谱蕴含着不同磨机负荷参数信息。因此，需要采用适当的方法来度量这些多尺度频谱与磨机负荷参数间的非线性映射关系。

2．多尺度筒体振动频谱特征选择与特征提取

为便于进行特征的选择和提取，此处首先给出零负荷时筒体振动的原始信号和不同时间尺度的子信号的时频曲线，如图 3.34 所示。

由图 3.34 可知，原始筒体振动信号可分解为 15 个不同的 IMF。不同的 IMF 频谱代表原始信号的单尺度频谱的不同部分。第 13 个 IMF 曲线为 4 周期正弦曲线，与磨机的旋转 4 个周期相一致。通过对频谱的幅值进行比较，可计算出第 13 个 IMF 的幅值至少是其他 IMF 幅值的 100 倍。从第 1 个 IMF 到第 15 个 IMF 时间尺度逐渐缩小的现象可知，这些多尺度频谱蕴含着极为不同的信息。因此，对其进行特征提取和特征选择十分必要。

1）多尺度振动频谱特征选择结果

考虑到工业过程的实际情况，磨矿过程通常采用短周期定时加球的自动加球机或是长周期的工艺加球策略对钢球负荷进行控制，钢球负荷在 24h 或 48h 内通常作为常数进行处理。因此，此处采用的建模数据为钢球负荷保持不变的湿式研磨工况下的实验样本。考虑研磨过程中物料粒度逐渐变小对筒体振动频谱的影响，以每 4 个周期为一组求取多尺度频谱，再对得到的全部分组频谱进行平均处理。

前 6 个 IMF 频谱被分为 100 个等间隔的子频段，后 4 个 IMF 被分为 10 个等间隔的子频段。计算每个磨机负荷参数与每个 IMF 的特征子频段间的 MI 值，3 个磨机负荷参数 MBVR、PD 和 CVR 的特征选择统计结果如表 3.10 所列。

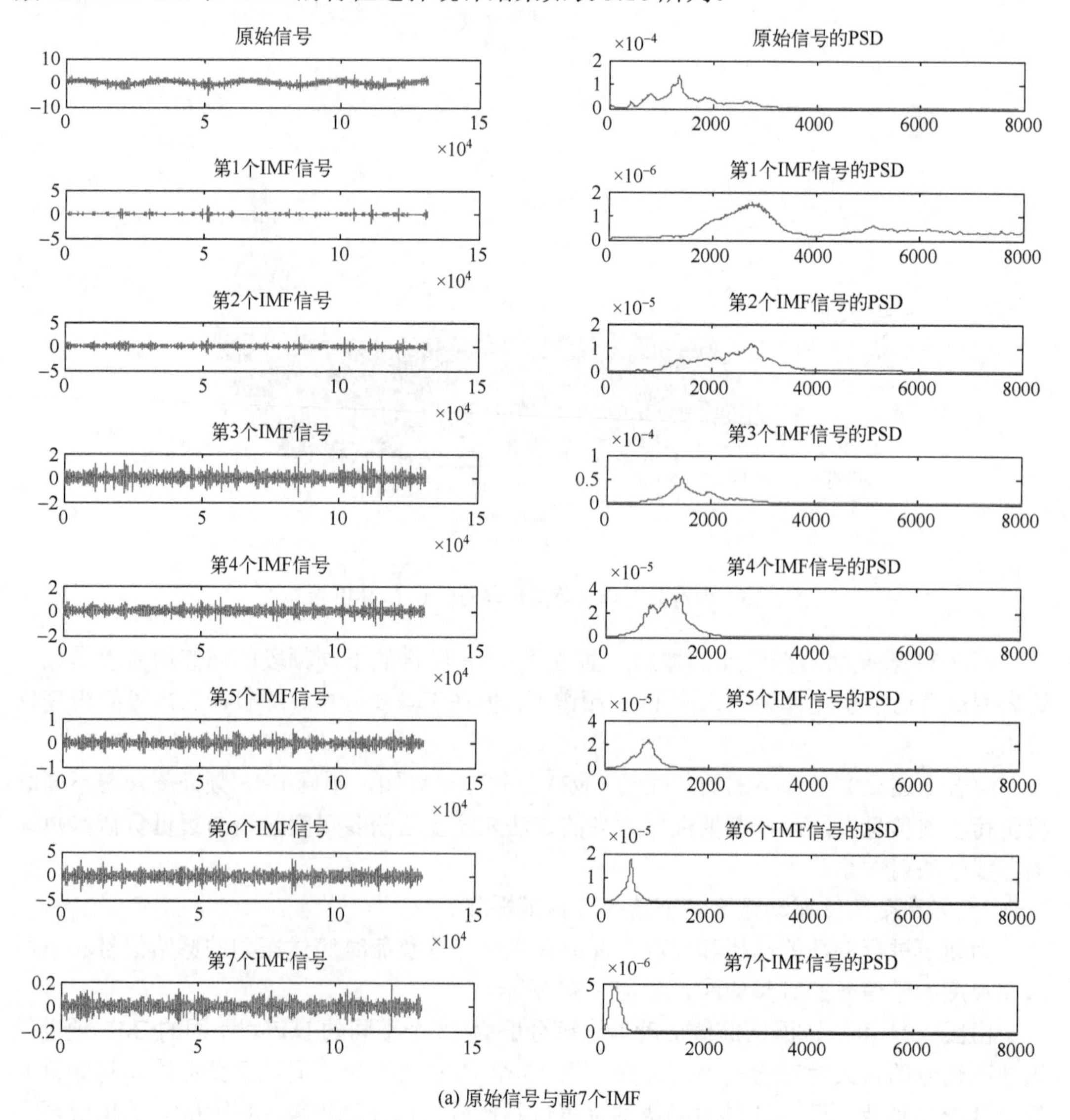

(a) 原始信号与前7个IMF

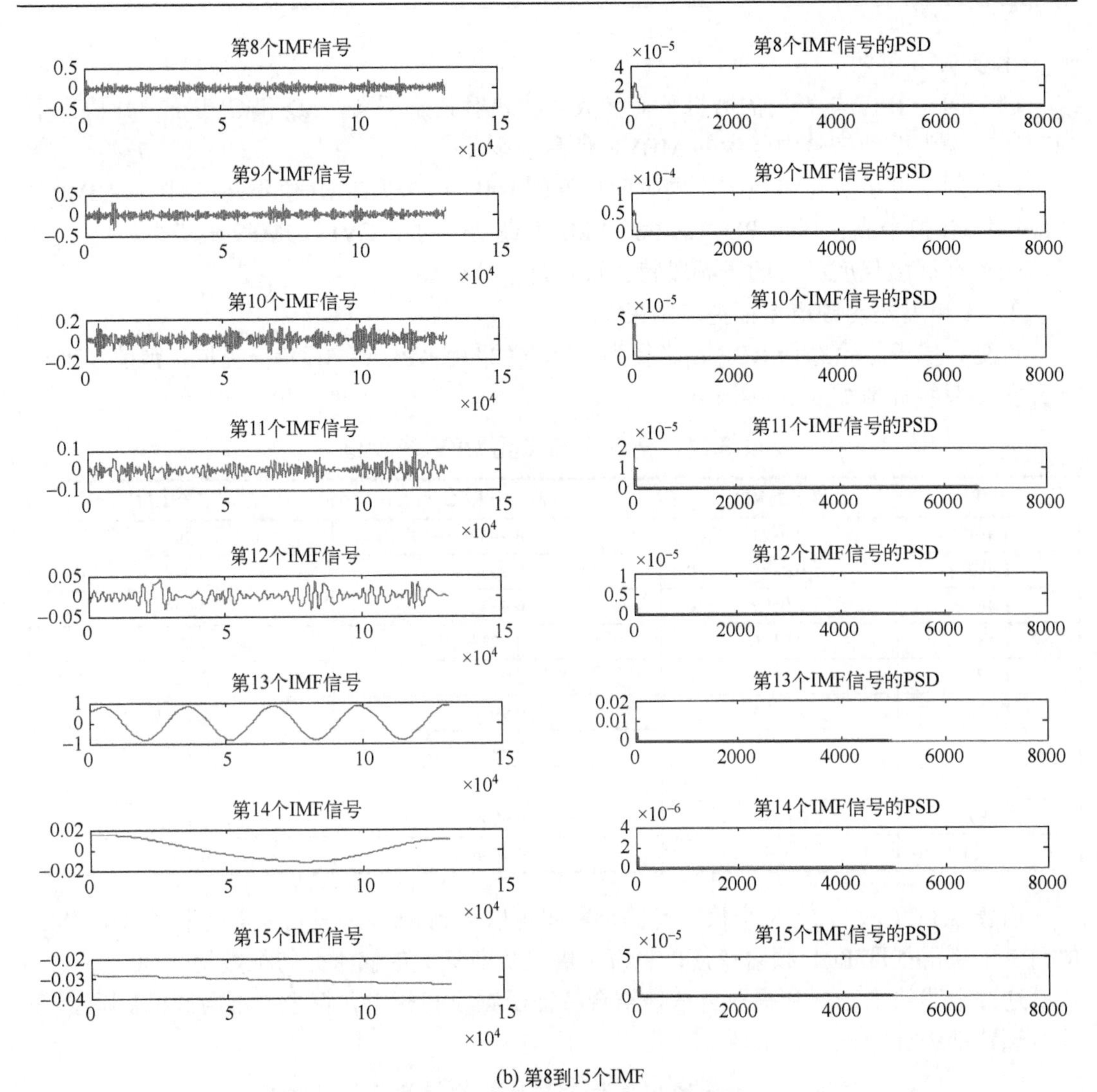

(b) 第8到15个IMF

图 3.34　磨机零负荷筒体振动时频曲线

表 3.10　特征选择统计结果

IMF	频谱范围	MBVR		PD		CVR	
		MI 阈值	特征数量	MI 阈值	特征数量	MI 阈值	特征数量
IMF1	2000:12000	0.4373	8	1.0897	41	1.1604	40
IMF2	1000:8500	0.5993	12	1.1960	1	1.0444	4
IMF3	500:5500	0.5250	3	1.0375	14	0.9513	14
IMF4	100:4000	0.5465	13	0.9513	7	0.9059	5
IMF5	100:3000	0.4542	16	1.0645	1	1.1237	2
IMF6	10:2000	0.6916	2	1.0277	8	0.9059	7
IMF7	10:1000	0.5813	32	0.9443	31	0.9582	6
IMF8	10:900	0.4193	38	1.1960	8	1.1150	1
IMF9	10:400	0.4890	8	1.1690	1	1.1759	1
IMF10	10:300	0.6510	3	0.8651	3	0.9484	1
SUM		135		115		81	

由表 3.10 可知：

（1）同一 IMF 与不同的磨机负荷参数间的映射关系不同：PD 和 CVR 的 MI 值高于 MBVR，说明振动信号中包含的 MBVR 信息较少。

（2）同一磨机负荷参数与不同时间尺度的 IMF 子频段的 MI 值不同：对于 MBVR，IMF6 的 MI 值最高；对于 PD，IMF8 的 MI 值最高；对于 CVR，IMF9 值最高。

（3）开展多尺度频谱的子频段特征选择是十分必要的。

2）多尺度振动频谱特征提取结果

此处，基于经验选择 RBF 核半径为 100，并采用 KPCA 进行特征提取，则前 3 个核主元贡献率统计值如表 3.11 所列。

表 3.11　前 3 个核主元 CPV 统计值

IMF	第 1 个 KPC	前 2 个 KPC	前 3 个 KPC
IMF1	0.9821	0.9950	0.9980
IMF2	0.9286	0.9830	0.9929
IMF3	0.9597	0.9881	0.9944
IMF4	0.9136	0.9737	0.9860
IMF5	0.9714	0.9924	0.9967
IMF6	0.9576	0.9911	0.9973
IMF7	0.9621	0.9942	0.9987
IMF8	0.9243	0.9815	0.9936
IMF9	0.8589	0.9500	0.9931
IMF10	0.7696	0.9636	0.9981

由表 3.11 可知，前 3 个核主元的贡献率可以达到 99%。因此，本书采用每个 IMF 的前 3 个主元提取 IMF 频谱特征，且每个磨机负荷参数的核主元特征数均为 30 个。

通过上述特征选择和提取方法，结合特征子频段和核主元特征，不同磨机负荷参数的候选特征统计如表 3.12 所列。

表 3.12　不同磨机负荷参数选择的候选特征统计表

参数	特征子频段 n										KPC	Sum
	IMF1	IMF2	IMF3	IMF4	IMF5	IMF6	IMF7	IMF8	IMF9	IMF10		
MBVR	8	12	3	13	16	2	32	38	8	3	30	165
PD	41	1	14	7	1	8	31	8	1	3	30	145
CVR	40	4	14	5	2	7	6	1	1	1	30	111

由表 3.12 可知，MBVR、PD 和 CVR 的候选特征分别为 165 个（其中子频段特征 135 个，核主元特征 30 个）、145 个（其中子频段特征 115 个，核主元特征 30 个）和 111 个（其中子频段特征 81 个，核主元特征 30 个）。不同磨机负荷参数选择的特征数是不同的，就最大特征数而言，MBVR、PD 和 CVR 的分别来自于 IMF8、IMF1 和 IMF1。

3）多尺度振动频谱特征组合优化结果

基于 AGA 的组合优化方法同时选择多尺度频谱候选特征中的优化输入特征子集和 LS-SVM 模型学习参数。AGA 的参数设置为：Population size=40、Maximum generations=120、Percent at convergence=98 和 Percent initial terms=40。考虑到 AGA 算法初始化的随机性，运行 20 次后，为不同的磨机负荷参数选择的 IMF 特征的平均数量如图 3.35 所示。为便于表示，图 3.35 中对纵坐标进行了取对数处理。

不同 IMF 特征选择的统计结果如表 3.13 所列。

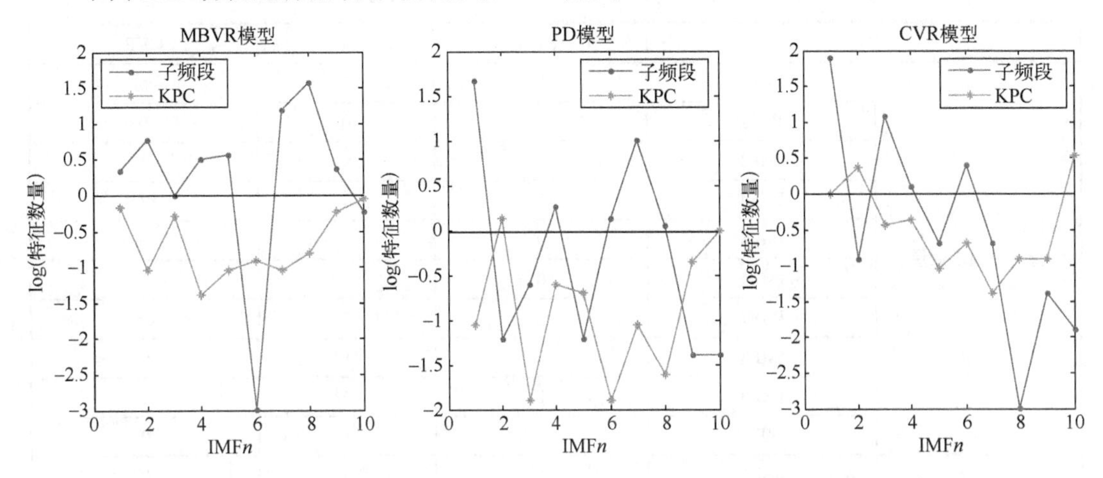

图 3.35　不同的磨机负荷参数模型选择的不同 IMF 特征平均数量

表 3.13　基于 AGA 的多尺度频谱特征选择统计结果

	MBVR		PD		CVR		汇总
	特征子频段	KPC	特征子频段	KPC	特征子频段	KPC	
IMF1	1.20	0.65	5.30	0.35	5.95	1.00	14.45
IMF2	1.55	0.35	0.30	1.15	0.40	1.15	4.90
IMF3	0.60	0.75	0.55	0.15	2.50	0.65	5.20
IMF4	1.25	0.25	1.30	0.55	0.80	0.70	4.85
IMF5	1.75	0.35	0.30	0.50	0.50	0.35	3.75
IMF6	0.05	0.40	1.15	0.15	1.20	0.50	3.45
IMF7	2.90	0.15	2.75	0.35	0.50	0.25	6.90
IMF8	4.05	0.45	1.05	0.20	0.05	0.40	6.20
IMF9	1.25	0.60	0.25	0.70	0.10	0.40	3.30
IMF10	0.60	0.75	0.25	1.0	0.15	1.55	4.30
汇总	15.20	4.70	13.20	5.10	12.15	6.95	—

图 3.35 和表 3.13 表明：

（1）对于 MBVR 模型，特征数从 165 个减少到 19.9 个，大部分特征来自于 IMF1、IMF2、IMF4、IMF5、IMF8 和 IMF9，子频段的特征数是 KPC 特征数的 3.2 倍。

（2）对于 PD 模型，特征数从 145 个减少到 18.3 个，大部分特征来自于 IMF1、IMF2、IMF4、IMF6、IMF7 和 IMF8，子频段的特征数是 KPC 特征数的 2.6 倍。

（3）对于 CVR 模型，特征数从 111 个减少到 19.1 个，大部分特征来自于 IMF1、IMF2、IMF3、IMF6 和 IMF10，子频段的特征数是 KPC 特征数的 1.7 倍。

与文献[262]相同，采用 RMSRE 对软测量模型的泛化性能进行评估。

表 3.14 所列为运行 20 次中具有最佳建模精度的磨机负荷参数软测量模型的输入特征和学习参数。

表 3.14　最佳建模精度的磨机负荷参数软测量模型统计结果

参数		MBVR	PD	CVR
特征子频段数量	IMF1	1	7	5
	IMF2	3	0	0
	IMF3	2	1	3
	IMF4	2	0	2
	IMF5	0	1	0
	IMF6	0	2	2
	IMF7	2	2	0
	IMF8	4	1	0
	IMF9	1	0	1
	IMF10	1	1	0
KPCs 数量	IMF1	1	0	0
	IMF2	0	0	2
	IMF3	0	0	0
	IMF4	0	0	0
	IMF5	0	1	0
	IMF6	0	0	0
	IMF7	1	0	0
	IMF8	0	0	0
	IMF9	1	1	0
	IMF10	1	0	1
模型的核参数	λ_i	2857.52	21446.40	12761.35
	γ_i	129.90	37.57	29.20
RMSRE	训练	0.001560	0.003774	0.007802
	测试	0.3620	0.1346	0.08992

表 3.14 表明：

（1）对于 MBVR、PD 和 CVR 的磨机负荷参数软测量模型选择的特征子集分别包含了 20、17 和 16 个特征，软测量模型的参数 λ_i 和 γ_i 的取值分别是 2857.52 和 129.90、21446.40 和 37.57、12761.35 和 29.20。

（2）特征子频段对软测量模型的贡献要高于 KPC，其主要的原因是提取的 KPC 只是与频谱的变化相关，并未考虑到磨机负荷参数。

（3）CVR 模型在 3 个磨机负荷参数中具有最佳建模精度。

3．不同湿式球磨机负荷参数建模方法结果比较

本书此处方法与文献[226]的单尺度频谱的特征提取和选择方法、文献[238]的基于 PLS 的多尺度集成建模方法和文献[348]的基于 KPLS 与 BB 算法的多尺度选择性集成建模方法的输出结果进行了比较，结果如表 3.15 所列。

表 3.15　不同建模方法的测试结果（RMSRE）

方法	MBVR	PD	CVR	均值	备注
文献[226]	0.2711	0.1158	0.1368	0.1745	{FFT，V}
文献[238]	0.5454	0.3074	0.2527	0.3685	{EMD，V}
文献[347]	0.3173	0.1876	0.1932	0.2327	{EMD，V，A}
本书	0.3620	0.1346	0.08992	0.1955	{EMD，V}

由表 3.15 可知，本书所用方法的平均误差略高于文献[226]，低于前面提到的所有采用 EMD 方法的文献。未结合具体的建模方法对 KPC 和子频段阈值进行优化选择是平均误差高于文献[226]的原因之一。但是可以明显看出，CVR 模型的建模误差低于前面提到的所有方法。这表明，对于不同的磨机负荷参数需要采用不同的特征选择和建模方法。因此，与振声频谱相结合，开展更有效的特征提取和特征选择，构建选择性集成软测量模型，其模型性能可以得到进一步改善。

3.5　本章小结

本章进行面向高维频谱数据的特征约简研究，包括频域变换、小波分析、经验模态分解、主元分析、互信息、偏最小二乘、支持向量机等相关知识，给出了基于自适应 GA-PLS、基于组合优化、基于 EMD 和组合优化的多源机械频谱的特征约简算法，为后续构建集成模型提供支撑。

第 4 章　高维机械频谱数据选择性集成建模

4.1　相 关 知 识

4.1.1　KPLS 算法及其特征提取简述

KPLS 算法采用核技巧将训练样本映射到高维特征空间，并在这个特征空间中执行线性的 PLS 算法，最终得到原始输入空间的非线性模型[348]，其原理如图 4.1 所示。

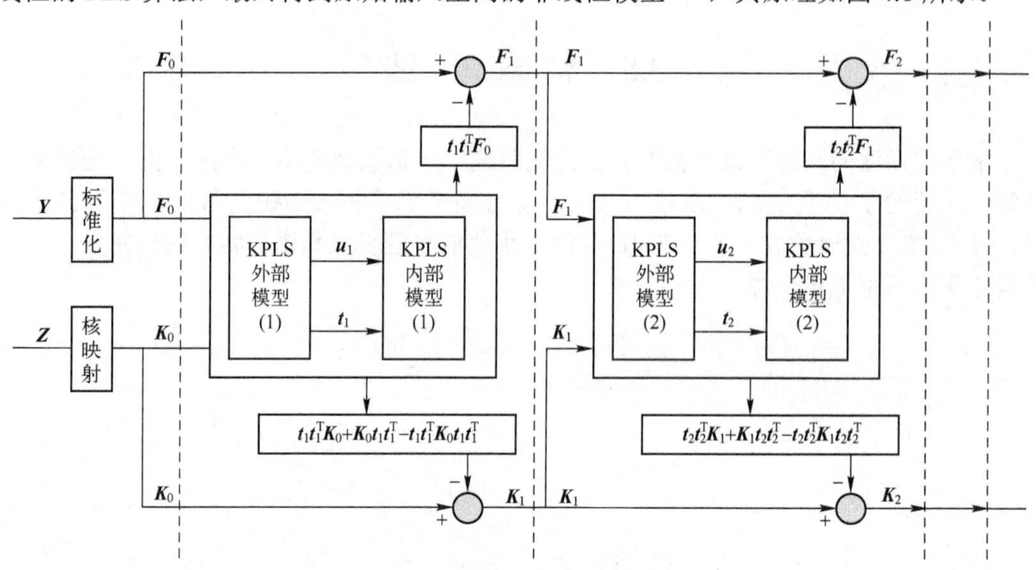

图 4.1　KPLS 算法的原理

其算法如表 4.1 所列。

表 4.1　KPLS 算法

记 h 为可获得的全部核 LV（KLV）的数量，重复 i=1 到 $h=\mathrm{rank}(\boldsymbol{X})$。
步骤（1）：令 $i=1$，$\tilde{\boldsymbol{K}}_1=\tilde{\boldsymbol{K}}$，$\boldsymbol{Y}_1=\boldsymbol{Y}$。 步骤（2）：随机初始化 $\boldsymbol{u}_i$ 等于 $\boldsymbol{Y}_i$ 中的任何列。 步骤（3）：$\boldsymbol{t}_i=\tilde{\boldsymbol{K}}_i^{\mathrm{T}}\boldsymbol{u}_i, \boldsymbol{t}_i\leftarrow \boldsymbol{t}_i/\Vert\boldsymbol{t}_i\Vert$。 步骤（4）：$\boldsymbol{c}_i=\boldsymbol{Y}_i^{\mathrm{T}}\boldsymbol{t}_i$。 步骤（5）：$\boldsymbol{u}_i=\boldsymbol{Y}_i\,\boldsymbol{c}_i, \boldsymbol{c}_i\leftarrow \boldsymbol{c}_i/\Vert\boldsymbol{c}_i\Vert$。 步骤（6）：如果 $\boldsymbol{t}_i$ 收敛，转到步骤 （7）；否则转到步骤 （3）； 步骤（7）：按下式计算残差：$\boldsymbol{K}_i\leftarrow(\boldsymbol{I}-\boldsymbol{t}_i\boldsymbol{t}_i^{\mathrm{T}})\tilde{\boldsymbol{K}}_i(\boldsymbol{I}-\boldsymbol{t}_i\boldsymbol{t}_i^{\mathrm{T}})$，$\boldsymbol{Y}_i\leftarrow\boldsymbol{Y}_i-\boldsymbol{t}_i\boldsymbol{t}_i^{\mathrm{T}}\boldsymbol{Y}_i$。 步骤（8）：令 $i=i+1$，如果 $i\geqslant h$，终止；否则转到步骤 （2）

提取全部数量的 KLV，可以分别得到低维得分矩阵 $\boldsymbol{T}=[\boldsymbol{t}_1,\boldsymbol{t}_2,\cdots,\boldsymbol{t}_h]$ 和 $\boldsymbol{U}=[\boldsymbol{u}_1,\boldsymbol{u}_2,\cdots,\boldsymbol{u}_h]$。因此，原始输入矩阵 $\boldsymbol{X}$ 的维数缩减到 h，所提取的特征可以记为

$$\boldsymbol{Z}^{\text{all}}=\tilde{\boldsymbol{K}}\boldsymbol{U}(\boldsymbol{T}^{\text{T}}\tilde{\boldsymbol{K}}\boldsymbol{U})^{-1} \tag{4.1}$$

从测试样本 $\boldsymbol{X}^{\text{test}}=\{\boldsymbol{x}_l^{\text{test}}\}_{l=1}^{k_t}$ 提取的特征可以记为

$$(\boldsymbol{Z}^{\text{test}})^{\text{all}}=\tilde{\boldsymbol{K}}_{\text{t}}\boldsymbol{U}(\boldsymbol{T}^{\text{T}}\tilde{\boldsymbol{K}}\boldsymbol{U})^{-1} \tag{4.2}$$

式中：$\tilde{\boldsymbol{K}}_{\text{t}}$ 为由 $\boldsymbol{K}_{\text{t}}$ 标定得到的核矩阵，如下所示：

$$\tilde{\boldsymbol{K}}_{\text{t}}=\left(\boldsymbol{K}_{\text{t}}\boldsymbol{I}-\frac{1}{k}\boldsymbol{1}_{kt}\boldsymbol{1}_k^{\text{T}}\boldsymbol{K}\right)\left(\boldsymbol{I}-\frac{1}{k}\boldsymbol{1}_k\boldsymbol{1}_k^{\text{T}}\right) \tag{4.3}$$

$$\boldsymbol{K}_{\text{t}}=\boldsymbol{K}((\boldsymbol{x}_{\text{t}}')_l,(\boldsymbol{x}')_m) \tag{4.4}$$

式中：1_{kt} 为值为 1 长度为 k_{t} 的向量。

最后，$\boldsymbol{Z}^{\text{all}}$ 和 $(\boldsymbol{Z}^{\text{test}})^{\text{all}}$ 可以作为原始训练和测试数据的低维输入特征。

4.1.2　模糊建模简述

对于动态非线性系统建模问题，越来越多的学者把注意力转向模糊建模和神经网络模糊建模，这使得建立在模糊理论上的建模方法得到迅速的发展。在工程中，依据输出形式和推理算法的不同，最常用的模糊模型可以分为两大类，即 Mamdani 模糊模型和 T-S 模糊模型。

1. Madani 和 T-S 模型原理

Madani 模型诞生于 1975 年，是模糊理论最早成功应用于实际控制系统的实例。最初的 Madani 模型用于设计由一系列模糊规则构成的模糊控制器，其形式为

如果控制偏差 b 较大，且偏差变化率 de 较小，则控制量 u 较大。

其中："较大""较小"等描述均为模糊语言，或者称为模糊划分、模糊集合，可以用隶属度函数描述。

经过推广，一个具有 L 条模糊规则的多输入单输出 Mamdani 模型的第 l 条模糊规则表达形式为

$$R^l:\ \text{if}\ \ x_1\ \ \text{is}\ \ A_1^l,x_2\ \ \text{is}\ \ A_2^l,\cdots,x_n\ \ \text{is}\ \ A_n^l\ \ \textit{then}\ \ y^l\ \ \text{is}\ B^l \tag{4.5}$$

式中：A_j^l 为第 j 个输入变量的第 l 个模糊集合，B^l 为输出变量的第 l 个模糊集合。

Mamdani 模型是一种纯模糊模型，其输入变量和输出变量均为模糊集合。而在实际工程系统中，输入变量和输出变量均为真值变量。为了在一定程度上解决这一问题，1985 年，日本学者高木（Takagi）和杉野（Sugeno）提出一种动态模糊模型辨识方法，简称 T-S 模型[349]。对于多输入单输出的离散系统，可采用 L 条模糊规则组成的集合进行表示，其中的第 l 条模糊规则的形式为：

$$\begin{aligned}&R^l:\ \text{if}\ \ x_1\ \ \text{is}\ \ A_1^l,x_2\ \ \text{is}\ \ A_2^l,\cdots,x_n\ \ \text{is}\ \ A_n^l\ \ \textit{then}\\&y^l=p_0^l+p_1^lx_1+p_2^lx_2+,\cdots,+p_n^lx_n\end{aligned} \tag{4.6}$$

其中：A_j^l 为第 j 个输入变量的第 l 个模糊集合；$0\leqslant p_j^l\leqslant 1;\ j=1,2,\cdots,n$。

比较两个模型可知，规则的 *then* 部分由自然语言描述的词语变成了数学公式，这样就无需对 T-S 模型的输出变量进行模糊划分。

模糊模型的求解方法有重心法、加权平均法、最大值法等，最常用的是重心法。

假设给定一个输入向量$[x_{10},x_{20},\cdots,x_{n0}]$，那么由诸规则的输出 $y^l(l=1,2,\cdots,L)$ 经过加权平均即可求得系统的总输出为

$$\hat{y}=\frac{\sum_{l=1}^{L}\mu^l y^l}{\sum_{l=1}^{L}\mu^l} \tag{4.7}$$

式中：L 为模糊规则数量。

对于 Mamdani 模型，y^l 为第 l 条规则的隶属度函数 $F_{B^l}(y^l)$ 为 1 的输出变量数值。对于 T-S 模型，需要把 *then* 部分的 y^l 代入，并采用最小二乘法等方法辨识 p_j^l 。

μ^l 为广义输入量的第 l 条规则的隶属度，可以由下式决定：

$$\mu^l=\prod_{j=1}^{n}F_{A_j^l}(x_{j0}) \tag{4.8}$$

式中：$F_{A_j^l}(x_j)$ 为输入变量 x_j 在上 A_j^l 的隶属度函数。

2．模糊建模存在的问题

T-S 模型的主要问题在于两方面：一是规则的 *then* 部分是一个数学公式，无法提供一个自然的体系以表达人类知识；二是模糊逻辑的各种原理和算法得到应用的自由度受限，使其未能有效地体现模糊系统的广泛用途。

隶属度函数的确立目前还没有一套成熟有效的方法，大多数系统的确立方法还停留在经验和实验的基础上。对于同一个模糊概念，采用不同的方法会建立不完全相同的隶属度函数，尽管形式不完全相同，只要能反映同一模糊概念，在解决和处理实际模糊信息的问题中仍然殊途同归。传统的隶属度函数确立方法包括模糊统计法、例证法、专家经验法、二元对比排序法等。

总之，隶属度函数的确立应当通过大量的统计分析或长期的学习修正完成。同时，隶属度函数是对于某些自然属性的数学描述。自然界最常见的分布形式是正态分布，在缺乏试验条件，或客观原因无法进行大量试验的情况下，能够反映正态分布的高斯函数是最常用的隶属度分布函数。

对于采用高斯型隶属函数的 Mamdani 模型和 T-S 模型，有

$$A^l(x_j)=\exp\left(-\frac{1}{2}\frac{(x_j-\upsilon_l)^2}{\sigma_l^2}\right) \tag{4.9}$$

式中：υ_l 和 σ_l 分别为高斯函数的中心和方差，可以采用 G-K 模糊聚类算法、减法聚类、K-均值聚类、模糊 C-均值聚类等方法得出。

4.1.3 选择性集成建模与多源信息融合简述

1. 神经网络集成理论

文献[350]给出了构造集成回归器的通用理论框架，提出了建立在均方误差（MSE）意义下性能优于任何子模型的混合神经网络集成模型，其特点为：有效利用了参与集成的全部神经网络；有效利用了全部训练数据并且未造成过拟合；通过平滑函数空间的内在正则化避免了过拟合；利用局部最小构造了改进的估计器；适用于理想情况下的并行计算等。

混合或多个神经网络集成的关键问题是如何设计网络结构、如何合并不同神经网络的最优输出获得最佳估计和如何利用数量有限的建模数据集。通过重新采样技术可以从单个建模数据集中得到多个具有差异的神经网络系统。通常的做法是选择具有最佳建模性能的神经网络，而这是非常低效的。于是，通过平均函数空间而非参数空间的集成建模方法不仅可以提高效率，还能避免局部最小问题。对于神经网络集成理论，下文给予详细描述。

1）基本集成方法（basic ensemble method，BEM）

BEM 主要是合并一组基回归估计器的估计函数 $f(x)$，其定义为 $f(x)=E[y|x]$。假定有两个独立的有限数据集，训练集 $\boldsymbol{Z}^{\text{train}}=\{z_l,y_l\}_{l=1}^{k}$ 和交叉验证数据集 $\boldsymbol{Z}^{\text{valide}}=\{z_m,y_m\}_{m=1}^{k_{\text{valide}}}$；进一步假定采用 $\boldsymbol{Z}^{\text{train}}$ 产生一系列的函数集 $\Gamma=\{f_j(x)\}_{j=1}^{J}$，目标是采用 Γ 寻求 $f(x)$ 的最好近似。

通常选择基于最小化均方误差（mean squared error， MSE）的估计器 $f_{\text{Naive}}(x)$：

$$f_{\text{Naive}}(x)=\arg\min_j\{\text{MSE}[f_j]\} \tag{4.10}$$

式中

$$\text{MSE}[f_j]=E_{\boldsymbol{Z}^{\text{valide}}}[(y_m-f_j(x_m))^2] \tag{4.11}$$

该方法难以得到满意数据模型，原因有两个：一是在所有神经网络中只是选择一个网络时会丢弃其他网络所含有的有用信息；二是验证数据集的随机性会导致未建模数据的建模性能好于所选择的估计器 $f_{\text{Naive}}(x)$。对未建模数据进行可靠估计的方法是平均 Γ 中所有估计器，即采用 BEM 估计器 $f_{\text{BEM}}(x)$。

定义函数 $f_j(x)$ 偏离真值的偏差为偏差函数，记为 $m_j(x)\equiv f(x)-f_j(x)$，于是 MSE 可以改写为 $\text{MSE}[f_j]=E[m_j^2]$，则平均 MSE 可表示为

$$\overline{\text{MSE}}=\frac{1}{J}\sum_{j=1}^{J}E[m_j^2] \tag{4.12}$$

将 $f_{\text{BEM}}(x)$ 回归函数定义为

$$f_{\text{BEM}}(x)=\frac{1}{J}\sum_{j=1}^{J}f_j(x)=f(x)-\frac{1}{J}\sum_{j=1}^{J}m_j(x) \tag{4.13}$$

假设 $m_j(x)$ 是零均值互相独立的，采用下式计算 $f_{\text{BEM}}(x)$ 的 MSE：

$$
\begin{aligned}
\text{MSE}[f_{\text{BEM}}] &= E\left[\left(\frac{1}{J}\sum_{j=1}^{J} f_j(x)\right)^2\right] \\
&= \frac{1}{J^2}E\left[\left(\sum_{j=1}^{J} m_j\right)^2\right] + \frac{1}{J^2}E\left[\sum_{j\neq s} m_j m_s\right] \\
&= \frac{1}{J^2}E\left[\left(\sum_{j=1}^{J} m_j\right)^2\right] + \frac{1}{J^2}\sum_{j\neq s} E[m_j]E[m_s] \\
&= \frac{1}{J^2}E\left[\left(\sum_{j=1}^{J} m_j\right)^2\right] \\
&= \frac{1}{J^2}\overline{\text{MSE}}
\end{aligned}
\tag{4.14}
$$

因此，通过平均若干个基回归估计器，可以有效减小 MSE。这些基回归器能够或多或少地跟踪真值回归函数。若把偏差函数作为叠加在真值回归函数上的随机噪声函数，并且这些噪声函数是零均值不相关的，则对这些基回归器进行平均就如同对噪声进行平均。在这种意义下，集成方法就是平滑函数空间。

集成方法的另外一个优点就是可以合并不同来源的多个基回归器。因此，可以容易地扩展统计 Jackknife、Bootstrap 和交叉验证技术用于获得性能更佳的回归函数。但是，由于 Γ 中的所有偏差函数间不是不相关的，也不是零均值的，上述期望的结果往往难以获得。

2）广义集成方法（generalized ensemble method，GEM）

此处介绍 Γ 中基回归器的最佳线性合并方法，即 GEM 方法，可以获得低于最佳基回归器 $f_{\text{Naive}}(x)$ 和 BEM 回归器 $f_{\text{BEM}}(x)$ 的估计误差。GEM 回归器 $f_{\text{GEM}}(x)$ 的定义为

$$
f_{\text{GEM}}(x) \equiv \sum_{j=1}^{J} w_j f_j(x) = f(x) + \sum_{j=1}^{J} w_j m_j(x) \tag{4.15}
$$

式中：w_j 是实数，并且满足 $\sum w_j = 1$。

定义误差函数之间的对称相关系数矩阵 $\boldsymbol{C}_{js} \equiv E[m_j(x)m_s(x)]$，其目标是选择合适的 w_j 来最小化目标函数 $f(x)$ 的 MSE，即需要最小化：

$$
\begin{aligned}
\boldsymbol{w}_{\text{opt}} &= \arg\min(\text{MSE}[f_{\text{GEM}}]) \\
&= \arg\min\left(\sum_{j,s} w_j w_s C_{js}\right)
\end{aligned}
\tag{4.16}
$$

将 $\boldsymbol{w}_{\text{opt}}$ 的第 j^* 个变量记为 w_{opt,j^*}，采用拉格朗日乘子法求解 $\boldsymbol{w}_{\text{opt}}$：

$$
\partial w_{\text{opt},j^*}\left[\sum_{j,s} w_j w_s C_{js} - 2\lambda\left(\sum_{j} w_j - 1\right)\right] = 0 \tag{4.17}
$$

上式可简写为

$$\sum_{j^*} w_{j^*} C_{j^* j} = \lambda \tag{4.18}$$

考虑到$\sum w_j = 1$，可得

$$w_{\text{opt},j^*} = \frac{\sum_j C_{sj}^{-1}}{\sum_{j^*} \sum_j C_{j^* j}^{-1}} \tag{4.19}$$

进一步，可知最优 MSE 为

$$\text{MSE}[f_{\text{GEM}}] = \left[\sum_{js} C_{js}^{-1} \right]^{-1} \tag{4.20}$$

上述结果依赖于两个假设，分别是$\boldsymbol{C}$的行与列是线性独立和能够可靠估计$\boldsymbol{C}$。实际上，由于神经网络几乎是在Γ中复制，$\boldsymbol{C}$的行与列就几乎都是线性依靠的，从而使得求逆的过程会很不稳定，导致$\boldsymbol{C}^{-1}$的估计不可靠。

2．选择性集成建模

1）采样训练样本的神经网络选择性集成

为提高神经网络模型建模性能，针对 GEM 在解决实际问题时难以直接使用的问题，文献[58]提出了 GASEN 算法。

该方法采用 GA 通过演化子模型的随机权重解决最优权重问题，首先 BPNN 用于构建候选子模型，接着采用 GAOT 工具箱[351]用于优化子模型权重，然后通过预先设定的阈值确定优选子模型，最后通过简单平均加权合并选择的子模型。该算法的简化步骤如下：

GASEN 算法：给定训练和验证数据集S和S^{valid}，设定 GA 算法的个体数量为p_{GA}，并设定子模型选择阈值为$\lambda_{\text{GA}} = 1/p_{\text{GA}}$，

步骤 1　从训练样本S中采用 Bootstrap 算法产生p_{GA}个训练子集$\{S_{j_{\text{sub}}}\}_{j_{\text{sub}}=1}^{p_{\text{GA}}}$。

步骤 2　采用训练子集$\{S_{j_{\text{sub}}}\}_{j_{\text{sub}}=1}^{p_{\text{GA}}}$构造候选子模型$\{f_{\text{BPNN}}(S_{j_{\text{sub}}})\}_{j_{\text{sub}}=1}^{p_{\text{GA}}}$。

步骤 3　计算验证数据集S^{valid}基于全部候选子模型的输出$\{\hat{y}_{j_{\text{sub}}}^{\text{valid}}\}_{j_{\text{sub}}=1}^{p_{\text{GA}}}$。

步骤 4　计算候选子模型的建模误差$\{e_{j_{\text{sub}}}^{\text{valid}}\}_{j_{\text{sub}}=1}^{p_{\text{GA}}}$。

步骤 5　构造建模误差的相关系数矩阵$[C_{\text{error}}]_{p_{\text{GA}} \times p_{\text{GA}}}$。

步骤 6　产生随机权重$\{w_{j_{\text{sub}}}\}_{j_{\text{sub}}=1}^{p_{\text{GA}}}$。

步骤 7　采用 GAOT 工具箱对权重向量进行演化，将新权重记为$\{w_{j_{\text{sub}}}^*\}_{j_{\text{sub}}=1}^{p_{\text{GA}}}$。

步骤 8　选择$w_{j_{\text{sub}}}^* \geqslant \lambda_{\text{GA}}$的候选子模型，并重新标记为$\{f_{j_{\text{sub}}}^{\text{BPNN}}(S_{j_{\text{sub}}}^*)\}_{j_{\text{sub}}=1}^{p_{\text{GA}}^*}$，其中$p_{\text{GA}}^*$为集成子模型的数量，即集成尺寸。

步骤 9　计算验证数据集的集成输出：$\hat{y}_{\text{BPNN}}^{\text{valid}} = \sum_{j_{\text{sub}}=1}^{p_{\text{GA}}^*} \hat{y}_{j_{\text{sub}}}^{\text{valid}}$。

基于测试数据集 S^{test} 的输出可记为

$$\hat{y}_{\text{BPNN}}^{\text{test}} = \sum_{j_{\text{sub}}=1}^{p_{\text{GA}}^{*}} \hat{y}_{j_{\text{sub}}}^{\text{test}} = \sum_{j_{\text{sub}}=1}^{p_{\text{GA}}^{*}} f_{j_{\text{sub}}}^{\text{BPNN}}(S^{\text{test}}) \tag{4.21}$$

2）特征子集选择与选择性集成建模

特征选择最直接的方法是在所有原始特征可能组合得到的特征子集中选择模型性能最优的特征子集。穷举方法可以获得最优特征子集，但计算效率低。基于 BB 算法的特征选择方法提高了搜索效率,但在包含上千个特征的高维数据挖掘和文本分类等应用中，计算效率也常常难以满足要求。为了在优化特征子集和提高计算效率间进行均衡，出现了序列前向浮动搜索、序列后向浮动搜索及模拟退火法、Tabu 搜索法、GA 等基于智能优化算法的特征选择方法，但这些方法选择的特征均为次优解。

特征选择过程与基于输入特征采样的选择性集成建模过程间的对比关系如图 4.2 所示。

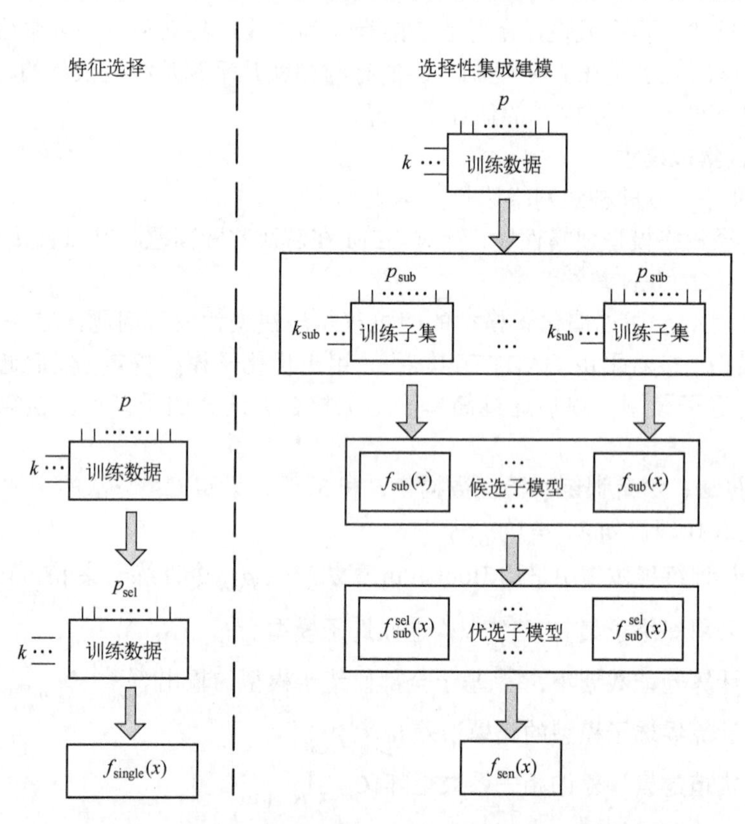

图 4.2　特征子集选择过程与选择性集成建模过程比较

由图 4.2 可知，在确定集成模型结构，完成候选子模型构建，并确定子模型合并方法后，选择性集成建模的实质就是子模型的优化选择问题。该过程类似于最优特征选择问题，不同之处在于前者选择最优子模型进行合并，后者选择最优特征进行模型构建。面对具有具体工业背景的数据建模问题，如果选择具有具体物理含义的数据建立候选子模型，则子模型的数量是有限的。因此，完全可以将最优特征选择方法用于构建选择性集成模型。

3. 基于自适应加权的多源信息融合

AWF 算法的思想是在总均方差最小的条件下，根据各个传感器所得到的测量值以自适应的方式寻找各个传感器所对应的最优加权因子，使融合后的目标观测值达到最优。

假定各传感器的测量值之间彼此独立，获得观测值的最优权重需要解决如下优化问题：

$$\begin{aligned} \min \quad & \sigma^2 = \sum_{j_{\mathrm{AWF}}=1}^{J_{\mathrm{sel}}} w_{j_{\mathrm{AWF}}}^2 \sigma_{j_{\mathrm{AWF}}}^2 \\ \text{s.t.} \quad & \sum_{j_{\mathrm{AWF}}=1}^{J_{\mathrm{sel}}} w_{j_{\mathrm{AWF}}} = 1 \end{aligned} \tag{4.22}$$

式中：σ 为需要融合的观测值 $\hat{y}_{\mathrm{AWF}}$ 的方差；σ_j 为测试值 $\{\hat{y}_{j_{\mathrm{AWF}}}^l\}(l=1,2,\cdots,k)$ 的方差；J_{sel} 为测量值的数量。

求解上述问题可获得最优权重：

$$w_{j_{\mathrm{AWF}}} = 1 \Bigg/ \left((\sigma_{j_{\mathrm{AWF}}})^2 \sum_{j_{\mathrm{AWF}}=1}^{J_{\mathrm{sel}}} \frac{1}{(\sigma_{j_{\mathrm{AWF}}})^2} \right) \tag{4.23}$$

其估计值 $\hat{y}_{\mathrm{AWF}}$ 的最小方差为

$$\sigma_{i_{\min}}^2 = \frac{1}{\sum_{j_{\mathrm{AWF}}=1}^{J_{\mathrm{sel}}} \frac{1}{\sigma_{j_{\mathrm{AWF}}}^2}} \tag{4.24}$$

最优观测值通过下式计算：

$$\hat{y}_{\mathrm{AWF}} = \sum_{j_{\mathrm{AWF}}=1}^{J_{\mathrm{sel}}} w_{j_{\mathrm{AWF}}} \hat{y}_{j_{\mathrm{AWF}}} \tag{4.25}$$

AWF 算法具有线性无偏最小方差特性[352]，其特点包括：

（1）融合后的估计值是多传感器测量值或测量值样本均值的线性函数。

（2）算法是无偏估计。

（3）与单个传感器均值做估计和用多个传感器均值做估计的均方误差相比较，AWF 估计算法的均方误差一定是最小的。

4.1.4　基于 PLS/KPLS 的集成建模简述

针对高维谱数据的建模，文献[353]给出了基于改进 boosting 算法的集成 PLS（ensemblePLS，EPLS）建模方法，并应用到近红外谱数据建模。也有学者提出了根据随机选择的训练集建立 PLS 子模型，同时根据子模型建模精度判断子模型是否参与集成的 EPLS 建模方法。上述建模方法中，均采用简单平均加权子模型输出值的方法作为 EPLS 模型的输出。

通过采用不同的特征子集增加训练数据子集的个数的方法，可以获得多样性的子模型建立集成模型。针对磨机负荷参数软测量问题，文献[109]提出了采用 PLS 算法建立振动频谱不同分频段的子模型，并结合 AWF 算法[108,354]加权集成各子模型的 EPLS 建模方法。针对文献[109]存在的振动频谱手动划分、只能建立线性回归模型等问题，文献[231]提出了基于 KPLS 的集成模型构建方法，采用不同子模型建模误差的熵值确定子模型加权系数。

PLS/KPLS 建模方法在工业过程软测量建模中得到了广泛应用，特别是在维数高、样本少、变量之间具有较强相关性的计量化学领域，但基于 PLS/KPLS 的集成建模存在如下问题：

（1）PLS 只能建立线性回归模型，不能满足现在的许多实际过程的模型均为非线性的要求；KPLS 方法基于核映射虽能够实现输入输出空间的非线性映射，但核函数和核参数的选择往往依赖于特定的应用问题。

（2）针对基于小样本高维数据的集成 PLS/KPLS 建模，可以采用增加特征子集的方式增加训练数据集的数量，但该方法建立的集成模型并不具有最佳建模精度，甚至个别子模型的精度还高于集成模型。

（3）选择性集成建模方法是目前的研究热点之一，然而，仍没有有效的方法能够选择最佳集成子模型的子集并同时求解这些子模型的加权系数。

4.2 基于 KPLS 和分支定界算法的多源高维频谱选择性集成建模

4.2.1 引言

通常球磨机的负荷主要通过磨机电流（功率）信号进行检测，但是该方法难以保证磨机运行在最佳负荷状态。基于磨机振声信号针对干式球磨机的磨机负荷检测仪表已产品化，并成功应用于氧化铝回转窑制粉系统的负荷控制[11]。Gugel 等基于振动频谱采用人工神经网络测量水泥磨机的料位[179-180]，研究表明该方法的分辨率是传统方法的数倍。目前的研究多集中在干式球磨机，针对于湿式球磨机的研究较少。选矿过程中湿式球磨机的负荷检测主要是结合领域专家知识、规则推理、统计过程控制及融合轴承振动、振声、磨机电流等多源信号估计磨机负荷状态[259]，但这种方法具有较大的主观性和随意性。为保证磨矿生产过程的安全性，防止因过负荷导致设备的损坏甚至停产，球磨机常运行在低负荷状态，这就容易造成能源浪费、钢耗增加。

众多实验表明，磨机内部的 PD 和磨矿粒度等关键参数与磨机轴承振动和振声频谱的子频段特征直接相关。尽管振声信号比轴承振动信号包含更多的磨机负荷信息，却受到邻近磨机的交叉干扰。基于半自磨机（SAG）的筒体振动信号的研究表明，筒体振动能够反映磨机内部的 PD 和黏度[185]。大连理工大学的张勇等基于振声、轴承压力和磨机功率及磨矿过程的其他变量对 MBVR、PD 及 BCVR 等磨机负荷参数进行软测量[250]，但该文中采用较难测量的轴承压力作为模型的输入之一，也未对振声信号进行有效的频域特征提取，并且依据该方法仍然难以计算磨机负荷。Zeng 等基于人工给定的阈值选择不同的子频段特征，但采用该方法选择的子频段特征不一定与研磨参数具有较强的映射关系。Tang 等基于 GA-PLS 选择筒体振动频谱的子频段特征进行建模，但 GA 随机初始化的特点，使该特征选择过程计算消耗大。

从振动系统分析的角度讲，基于振动频谱的磨机负荷检测的实质是针对由磨机筒体与磨机负荷组成的机械振动系统的物理参数及其冲击载荷的识别问题。当振动频谱的频率分辨率较高时，分频段的载荷识别方法可以提高识别模型的稳定性和可靠性[355]。不同的分频段与不同磨机负荷参数间的映射不同，通过提取振动频谱的分频段特征，汤健等提出了基于 PCA 和 SVM 的软测量方法[328]，但该方法存在分频段硬性划分、PCA 只能提取线性特征、SVM 需要解决二次规划问题等缺点。

尽管筒体振动信号比振声、磨机电流等信号更加灵敏和抗干扰，研究却表明筒体振动与 PD[185]、振声与 MBVR、磨机电流与 CVR 更相关。因此，针对不同信号、同一信号的不同分频段包含信息的冗余与互补性，基于 PCA/KPCA 的融合多源数据特征的磨机负荷参数软测量方法取得了较好的效果[267]。PCA/KPCA 提取的主元虽能够解释原始输入数据，但没有考虑对输出数据的影响[151]，并且采用方差变化率很小的主元建模，会导致模型性能的不稳定。

PLS 能够提取输入与输出数据中的潜变量建立多元线性回归模型，可对存在共线性、高维、病态等特征的数据进行有效回归[356]。在分析化学领域，EPLS 方法在高维近红外复杂谱数据建模中成功应用；基于移除非确定性变量的 EPLS 方法的应用表明，模型的稳定性和建模精度得到了进一步的提高。因此，基于振动频谱，tang 等采用 PLS 算法建立不同分频段的子模型，并结合 AWF 算法加权集成各子模型的磨机负荷参数集成模型[109]，但该方法存在振动频谱手动划分、只能建立线性回归模型及部分子模型的建模精度高于集成模型等问题。基于频谱聚类进行分频段自动划分和基于 KPLS 算法建立的磨机负荷参数集成模型解决了上述问题，但该方法同样存在部分子模型的建模精度高于集成模型的问题，而且未融合振声、磨机电流等信号。

Zhou 提出了 GASEN 算法，表明集成部分子模型可以得到比集成全部子模型更好的模型性能[58]，但该方法存在计算消耗大、算法中需要人工设定阈值确定子模型的取舍、选择的子模型采用简单的平均法进行加权和 GA 的寻优结果为次优等问题。选择性集成建模可以看作一个同时优选集成子模型及其加权系数的最优化问题。BB 作为组合优化工具，可以通过分支和定界过程以较高的计算效率获得最优子集，在特征选择问题上得到了广泛应用[357-359]。因此，可以结合基于 BB 的寻优算法和基于 AWF 的加权算法，实现同时选择最佳集成子模型和计算子模型加权系数的选择性集成建模。

综上，本书提出了基于选择性集成多传感器信息的磨机负荷软测量方法。

4.2.2 建模策略

生产实际中，磨矿过程中的很多信息（如磨机电流、振声和其他过程变量），离线化验的矿石信息及其他信息均被领域专家用于识别磨机负荷状态。该过程实际上就是一个选择性信息融合的过程。因此，采用基于 KPLS 和分支定界算法的多源高维频谱选择性集成模型主要基于以下原因：

（1）不同的信号包含不同的磨机负荷参数信息。

（2）同一个信号的不同特征也包含不同的磨机负荷参数信息。

（3）不同信号间存在冗余与互补信息。

（4）基于领域专家的磨机负荷状态识别过程本质上就是一个选择有价值信息进行集成的过程。

综上，本书提出如图 4.3 所示的基于 KPLS 和分支定界算法的多源高维频谱选择性集成建模策略。该策略由基于 FFT 的预处理模块，基于频谱聚类和 MI 的特征子集选择模块，基于 KPLS、BB 和 AWF 算法的选择性集成建模模块组成。

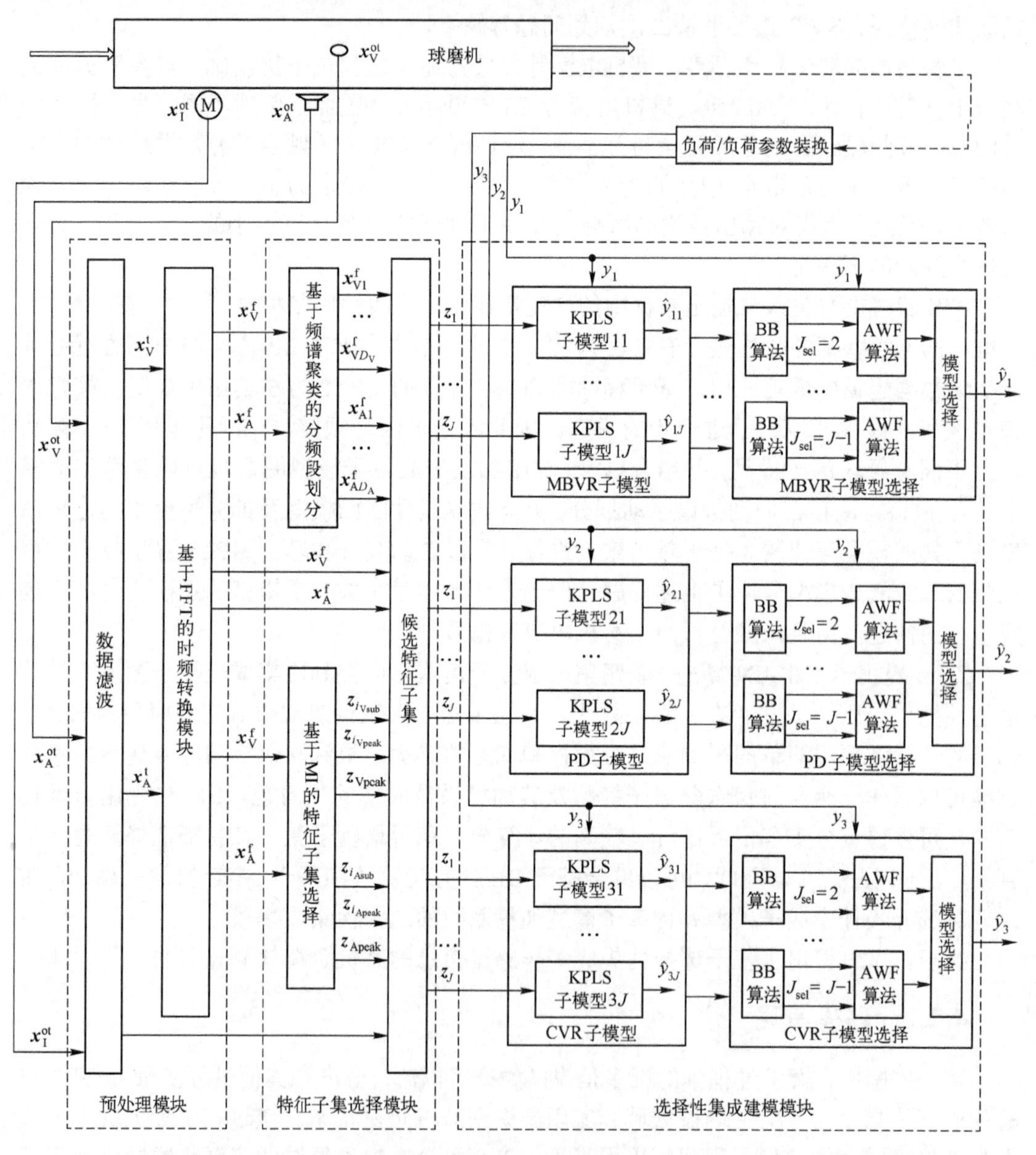

图 4.3　基于 KPLS 和分支定界算法的多源高维频谱选择性集成建模策略

在图 4.3 中，上标 t 及 f 分别表示时域及频域信号；下标 V、A 和 I 分别表示筒体振动、振声及时域电流信号；$\boldsymbol{x}_{\mathrm{V}}^{\mathrm{ot}}$，$\boldsymbol{x}_{\mathrm{A}}^{\mathrm{ot}}$和$\boldsymbol{x}_{\mathrm{I}}^{\mathrm{ot}}$表示未经信号预处理的时域信号；$\boldsymbol{x}_{\mathrm{V}}^{\mathrm{t}}$、$\boldsymbol{x}_{\mathrm{A}}^{\mathrm{t}}$和

$\boldsymbol{x}_{\rm I}^{\rm t}$ 表示预处理后的时域信号；$\boldsymbol{x}_{\rm V}^{\rm f}$ 和 $\boldsymbol{x}_{\rm A}^{\rm f}$ 表示振动和振声频谱；$\boldsymbol{x}_{{\rm V}d_{\rm V}}^{\rm f}$ 表示振动分频段频谱，$d_{\rm V}=1,\cdots,D_{\rm V}$，$D_{\rm V}$ 为振动频谱分频段的个数；$\boldsymbol{x}_{{\rm A}d_{\rm A}}^{\rm f}$ 表示振声分频段频谱，$d_{\rm A}=1,\cdots,D_{\rm A}$，$D_A$ 为振声频谱分频段的个数；$z_{\rm Vpeak}$ 和 $z_{\rm Apeak}$ 是振动与振声频谱的局部波峰特征；$z_{i_{\rm Vpeak}}$ 和 $z_{i_{\rm Apeak}}$ 是针对第 i 个磨机负荷参数基于 MI 算法选择的局部波峰特征；$z_{i_{\rm Vsub}}$ 和 $z_{i_{\rm Asub}}$ 是针对第 i 个磨机负荷参数基于 MI 算法选择的子频段特征；$z=\{z_1,\cdots,z_j,\cdots,z_J\}$ 表示候选特征子集的集合，J 为特征子集的个数；$\hat{y}_{ij}$ 表示第 j 个子特征对应的第 i 个磨机负荷参数子模型的输出；$\hat{y}_i$ 表示第 i 个磨机负荷参数选择性集成模型的测量输出；$i=1$、2和3 分别表示 MVBR、PD 和 CVR；$j=1,\cdots,J$，表示特征子集的编号。

由图 4.3 可知，该软测量策略的输入 $X=\{\boldsymbol{x}_{\rm V}^{\rm ot},\boldsymbol{x}_{\rm A}^{\rm ot},\boldsymbol{x}_{\rm I}^{\rm ot}\}$，输出 $\{\hat{y}_1,\hat{y}_2,\hat{y}_3\}$。该策略中不同模块的功能如下：

（1）预处理模块。滤波时域信号并将筒体振动和振声信号转换至频域。

（2）特征子集选择模块。采用基于 MI 的特征选择方法分别选择频谱的子频段特征及局部波峰特征，结合频谱聚类的分频段划分算法实现筒体振动和振声频谱各分频段的自动分割，并将子频段特征、局部波峰特征、各分频段、全谱及时域电流信号分别作为一个特征子集。

（3）选择性集成建模模块。首先建立基于 KPLS 算法的不同特征子集的磨机负荷参数子模型；然后运行 $J-2$ 次 BB 和 AWF 算法，得到 $J-2$ 个集成模型；最后依据建模精度得到最终的选择性集成模型。

该策略的实现过程如下：首先将筒体振动与振声信号转换为频谱 $\boldsymbol{x}_{\rm V}^{\rm f}$ 和 $\boldsymbol{x}_{\rm A}^{\rm f}$；接着采用改进的频谱聚类算法将频谱自动分段，其 d 个分频段分别表示为 $\boldsymbol{x}_{{\rm V}d_{\rm V}}^{\rm f}$ 和 $\boldsymbol{x}_{{\rm A}d_{\rm A}}^{\rm f}$；并采用基于 MI 的特征选择算法选择原始频谱的子频段特征及局部波峰特征，从而得到由原始频谱、分频段频谱、子频段特征、局部波峰特征及时域电流信号组成候选特征子集的集合 z；然后采用 KPLS 算法建立每个特征子集 z_j 对磨机负荷参数的子模型；采用 BB 和 AWF 算法相结合选择子模型并计算加权系数，获得最终的磨机负荷参数选择性集成模型。

该策略通过对 FFT、聚类、KPLS、BB 和 AWF 算法的创新集成，给出了一种新的磨机负荷软测量方法。在工业实际中，还可以考虑将离线化验等其他有用信息作为软测量模型的输入。

4.2.3　建模算法

1. 筒体振动及振声频谱的特征子集选择

1）基于频谱聚类的特征子集选择

采用 3.4.2 节中的基于频谱聚类的分频段自动划分算法，实现筒体振动和振声频谱的自动划分，将分段后的筒体振动和振声频谱记为

$$\boldsymbol{x}_{\rm V}^{\rm f}=\{\boldsymbol{x}_{\rm V1}^{\rm f},\cdots,\boldsymbol{x}_{{\rm V}d_{\rm V}}^{\rm f},\cdots,\boldsymbol{x}_{{\rm V}D_{\rm V}}^{\rm f}\},\quad d_{\rm V}=1,\cdots,D_{\rm V} \tag{4.26}$$

$$\mathbf{x}_{\rm A}^{\rm f}=\{\mathbf{x}_{\rm A1}^{\rm f},\cdots,\mathbf{x}_{{\rm A}d_{\rm A}}^{\rm f},\cdots,\mathbf{x}_{{\rm A}D_{\rm A}}^{\rm f}\},\quad d_{\rm A}=1,\cdots,D_{\rm A} \tag{4.27}$$

且每个分频段分别作为一个特征子集。

2）基于 MI 的特征子集选择

采用 3.2.3 节的基于 MI 的特征选择算法，实现筒体振动及振声频谱的局部波峰特征和子频段特征的选择，分别表示如下：

$$\boldsymbol{Z}_{i_{\text{Vselpeak}}}=\{L_{i_{\text{Vma1}}},\cdots,L_{i_{\text{Vm}N_{\text{Vpeak\_ma}_i}}},L_{i_{\text{Vf1}}},\cdots,L_{i_{\text{Vf}N_{\text{Vpeak\_f}_i}}}\} \tag{4.28}$$

$$\boldsymbol{Z}_{i_{\text{Aselpeak}}}=\{L_{i_{\text{Ama1}}},\cdots,L_{i_{\text{Am}N_{\text{peak\_ma}_i}}},L_{i_{\text{Af1}}},\cdots,L_{i_{\text{Af}N_{\text{Apeak\_f}_i}}}\} \tag{4.29}$$

$$\boldsymbol{Z}_{i_{\text{Vselsub}}}=\{x^f_{i_{\text{Vsub1}}},\cdots,x^f_{i_{\text{Vsub}j}},\cdots,x^f_{i_{\text{Vsub}N_{\text{Vsub}_i}}}\} \tag{4.30}$$

$$\boldsymbol{Z}_{i_{\text{Aselsub}}}=\{x^f_{i_{\text{Asub1}}},\cdots,x^f_{i_{\text{Asub}j}},\cdots,x^f_{i_{\text{Asub}N_{\text{Asub}_i}}}\} \tag{4.31}$$

式中：$N_{\text{Vpeak\_ma}_i}$ 和 $N_{\text{Apeak\_ma}_i}$，$N_{\text{Vpeak\_f}_i}$ 和 $N_{\text{Apeak\_f}_i}$ 为振动和振声频谱中为第 i 个磨机负荷参数选择的局部波峰特征中的波峰质量和中心频率的数量；N_{Vsub_i} 和 N_{Asub_i} 表示振动和振声频谱中为第 i 个磨机负荷参数选择的子频段数量。

3）候选特征子集

子模型的多样性可以提高集成模型的精度，本书通过包括不同频谱特征的多个子集实现子模型的多样性，针对不同磨机负荷参数的候选特征子集的集合表示为

$$\begin{aligned}\boldsymbol{z}_i&=\{\boldsymbol{x}^{\text{f}}_{\text{V1}},\cdots,\boldsymbol{x}^{\text{f}}_{\text{V}d_{\text{V}}},\cdots,\boldsymbol{x}^{\text{f}}_{\text{V}D_{\text{V}}},\boldsymbol{x}^{\text{f}}_{\text{V}},\boldsymbol{x}^{\text{f}}_{\text{A1}},\cdots,\boldsymbol{x}^{\text{f}}_{\text{A}d_{\text{A}}},\cdots,\boldsymbol{x}^{\text{f}}_{\text{A}D_{\text{A}}},\boldsymbol{x}^{\text{f}}_{\text{A}},\boldsymbol{x}^{\text{t}}_{\text{I}},\boldsymbol{Z}_{i_{\text{Vselpeak}}},\boldsymbol{Z}_{i_{\text{Aselpeak}}},\boldsymbol{Z}_{i_{\text{Vselsub}}},\boldsymbol{Z}_{i_{\text{Aselsub}}}\}\\&=\{\boldsymbol{z}_{i1},\cdots,\boldsymbol{z}_{ij},\cdots,\boldsymbol{z}_{iJ}\}\end{aligned} \tag{4.32}$$

可见，候选特征子集包括三大类，分别是磨机电流、筒体振动及振声频谱。其中频谱又包含四类特征：分频段、全谱、局部波峰特征及子频段特征。

2．基于选择性集成 KPLS 的旋转机械设备负荷参数软测量

集成建模的目标就是通过有效的合并多个子分类器（子模型）从而提高分类器（软测量模型）的性能，比如更好的泛化性、更快的效率和更清晰的结构。本书中，用于建立磨机负荷参数集成模型的振声、筒体振动及磨机电流信号是并行的多传感器信号。因此，本书采用并联的集成模型结构。下面分别对子模型建模算法、子模型集成方法、选择性集成的优化描述及求解进行叙述。

1）基于 KPLS 算法的子模型建模

不同的特征子集与磨机负荷参数间的映射关系不同。建立不同特征子集的子模型有利于比较不同特征子集与磨机负荷参数的相关性，并验证前文的机理定性分析。

由于筒体振动及振声频谱具有高维共线性的特点，难以建立有效模型，而 PLS 算法能够通过提取频谱中与磨机负荷参数相关的潜变量实现降维及消除共线性，并保持频谱中尽可能多的变化信息，但该算法难以描述非线性。

KPLS 算法能够很好地处理非线性问题：假设有 k 个训练样本，将特征子集 $\{(\boldsymbol{z}_j)_l\}_{l=1}^k$ 非线性映射到高维特征空间即 $\boldsymbol{\Phi}:(z_j)_l\rightarrow\boldsymbol{\Phi}((z_j)_l)$，在这个高维特征空间中执行线性的 PLS 算法，得到原始输入空间的非线性模型。为避免显式的非线性映射，采用核技巧 $\boldsymbol{K}_j=\boldsymbol{\Phi}((z_j)_l)^{\text{T}}\boldsymbol{\Phi}((z_j)_m),\quad l,m=1,2,\cdots k$ 将训练样本 $\{(z_j)_l\}_{l=1}^k$ 映射到高维特征空间。对特

征子集的核矩阵 $\boldsymbol{K}_j$ 按下式进行中心化处理：

$$\tilde{\boldsymbol{K}}_j = \left(\boldsymbol{I} - \frac{1}{k}\mathbf{1}_k\mathbf{1}_k^{\mathrm{T}}\right)\boldsymbol{K}_j\left(\boldsymbol{I} - \frac{1}{k}\mathbf{1}_k\mathbf{1}_k^{\mathrm{T}}\right) \tag{4.33}$$

式中：$\boldsymbol{I}$ 为 k 维的单位阵；$\mathbf{1}_k$ 是值为 1，长度为 k 的向量。

基于非线性迭代偏最小二乘队算法（NIPALS）和再生核希尔伯特空间（RKHS）理论，最终训练数据 $\{(\boldsymbol{z}_j)_l\}_{l=1}^{k}$ 基于 KPLS 算法的磨机负荷参数子模型可表示为

$$\hat{y}_{ij} = \tilde{\boldsymbol{K}}_j\boldsymbol{U}_j(\boldsymbol{T}_j^{\mathrm{T}}\tilde{\boldsymbol{K}}_j\boldsymbol{U}_j)^{-1}\boldsymbol{T}_j^{\mathrm{T}}y_i \tag{4.34}$$

对于测试样本 $\{(\boldsymbol{x}_{\mathrm{t},j}^{\mathrm{f}})_l\}_{l=1}^{k_{\mathrm{t}}}$，则要首先对测试样本按下式进行标定处理：

$$\tilde{\boldsymbol{K}}_{\mathrm{t},j} = \left(\boldsymbol{K}_{\mathrm{t},j}\boldsymbol{I} - \frac{1}{k}\mathbf{1}_{kt}\mathbf{1}_k^{\mathrm{T}}\right)\boldsymbol{K}_j\left(\boldsymbol{I} - \frac{1}{k}\mathbf{1}_k\mathbf{1}_k^{\mathrm{T}}\right) \tag{4.35}$$

式中：$\boldsymbol{K}_{\mathrm{t},j}$ 为测试样本的核矩阵，$\boldsymbol{K}_{\mathrm{t},j} = \boldsymbol{K}_j((\boldsymbol{z}_{\mathrm{t},j})_l,(\boldsymbol{z}_j)_m)$，$\{(\boldsymbol{z}_j)_m\}_{m=1}^{k}$ 是训练数据；k_{t} 为测试样本的个数；$\mathbf{1}_{kt}$ 为值为 1，长度为 k_{t} 的向量。

测试样本 $\{(\boldsymbol{z}_{\mathrm{t},j})_l\}_{l=1}^{k_{\mathrm{t}}}$ 基于 KPLS 算法的磨机负荷参数子模型可表示为

$$\hat{y}_{\mathrm{t},ij} = \tilde{\boldsymbol{K}}_{\mathrm{t},j}\boldsymbol{U}_{ij}(\boldsymbol{T}_{ij}^{\mathrm{T}}\tilde{\boldsymbol{K}}_{t,j}\boldsymbol{U}_{ij})^{-1}\boldsymbol{T}_{ij}^{\mathrm{T}}y_i \tag{4.36}$$

2）基于 AWF 算法的子模型集成方法

AWF 算法主要用于多传感器信息的融合，其主要思想是在总均方差最小的条件下，根据各个传感器所得到的测量值以自适应的方式寻找各个传感器所对应的最优加权因子，使融合后的目标观测值最优。

本书采用 AWF 算法计算被选子模型的加权系数，其计算公式如下：

$$w_{ij_{\mathrm{sel}}} = 1\Bigg/\left((\sigma_{ij_{\mathrm{sel}}})^2\sum_{j_{\mathrm{sel}}=1}^{J_{\mathrm{sel}}}\frac{1}{(\sigma_{ij_{\mathrm{sel}}})^2}\right) \tag{4.37}$$

式中：$\sum_{j_{\mathrm{sel}}=1}^{J_{\mathrm{sel}}} w_{ij_{\mathrm{sel}}} = 1$，$0 \leqslant w_{ij_{\mathrm{sel}}} \leqslant 1$，$w_{ij_{\mathrm{sel}}}$ 是基于第 j_{sel} 个子特征建立的第 i 个磨机负荷参数子模型所对应的加权系数；$\sigma_{ij_{\mathrm{sel}}}$ 为子模型输出值 $\{\hat{y}_{ij_{\mathrm{sel}}}^{l}\}(l=1,2,\cdots,k)$ 的标准差，k 为样本个数；$j_{\mathrm{sel}}=1,2,\cdots,J_{\mathrm{sel}}$，$J_{\mathrm{sel}}$ 是选择的集成子模型的个数。

选择性集成模型对第 i 个磨机负荷参数的输出值 $\hat{y}_i$ 为

$$\hat{y}_i = \sum_{j_{\mathrm{sel}}=1}^{J_{\mathrm{sel}}} w_{ij_{\mathrm{sel}}}\hat{y}_{ij_{\mathrm{sel}}} \tag{4.38}$$

式中：$\hat{y}_{ij_{\mathrm{sel}}}$ 为基于第 j_{sel} 个子特征建立的第 i 个磨机负荷参数子模型的输出。

3）选择性集成的优化描述

在集成模型结构和子模型集成方法确定的情况下，选择性集成建模的实质是优选子模型的过程。选择性集成模型的均方根相对误差（root mean squne relative error，RMSRE）可以表示为

$$E_{\mathrm{RMSRE}}=\sqrt{\frac{1}{k}\sum_{l=1}^{k}\left(\frac{y_i^l-\hat{y}_i^l}{y_i^l}\right)^2}=\sqrt{\frac{1}{k}\sum_{l=1}^{k}\left(\frac{y_i^l-\sum_{j_{\mathrm{sel}}=1}^{J_{\mathrm{sel}}}w_{ij_{\mathrm{sel}}}\hat{y}_{ij_{sel}}^l}{y_i^l}\right)^2} \tag{4.39}$$

式中：k 为样本个数；y_i^l 为第 l 个样本第 i 个磨机负荷参数的真值；$\hat{y}_i^l$ 为第 i 个磨机负荷参数的选择性集成模型对第 l 个样本的软测量值；$\hat{y}_{ij_{\mathrm{sel}}}^l$ 为基于第 j_{sel} 个子特征建立的第 i 个磨机负荷参数子模型对第 l 个样本的软测量值。

建立高性能的选择性集成模型的过程需要解决几个问题：如何确定集成子模型数量，如何选择集成子模型，如何计算集成子模型的加权系数 $w_{ij_{\mathrm{sel}}}$。因此，该过程可表述为如下优化问题：

$$\begin{aligned}&\min\quad E_{\mathrm{RMSRE}}=\sqrt{\frac{1}{k}\sum_{l=1}^{k}\left(\frac{y_i^l-\sum_{j_{\mathrm{sel}}=1}^{J_{\mathrm{sel}}}w_{ij_{\mathrm{sel}}}\hat{y}_{ij_{\mathrm{sel}}}^l}{y_i^l}\right)^2}\\&\text{s.t.}\quad \sum_{j_{\mathrm{sel}}=1}^{J_{\mathrm{sel}}}w_{ij_{\mathrm{sel}}}=1,\ \ 0\leqslant w_{ij_{\mathrm{sel}}}\leqslant 1,\ \ 1<j_{\mathrm{sel}}<J_{\mathrm{sel}},\ \ 1<J_{\mathrm{sel}}\leqslant J\end{aligned} \tag{4.40}$$

采用优化目标最大化，上述优化问题转化为

$$\begin{aligned}&\max\quad E_{\mathrm{RMSRE}}=\theta_{\mathrm{th}}-\sqrt{\frac{1}{k}\sum_{l=1}^{k}\left(\frac{y_i^l-\sum_{j_{\mathrm{sel}}=1}^{J_{\mathrm{sel}}}w_{ij_{\mathrm{sel}}}\hat{y}_{ij_{\mathrm{sel}}}^l}{y_i^l}\right)^2}\\&\text{s.t.}\quad \sum_{j_{\mathrm{sel}}=1}^{J_{\mathrm{sel}}}w_{ij_{\mathrm{sel}}}=1,\ \ 0\leqslant w_{ij_{\mathrm{sel}}}\leqslant 1,\ \ 1<j_{\mathrm{sel}}<J_{\mathrm{sel}},\ \ 1<J_{\mathrm{sel}}\leqslant J\end{aligned} \tag{4.41}$$

式中：θ_{th} 为设定的阈值。

直接求解式（4.37）的优化问题需要同时确定集成子模型的数量、哪些集成子模型及集成子模型的加权系数。但我们并不知道需要集成多少子模型，而且集成子模型的加权系数是在选择完集成子模型后再通过加权算法得到的，而且最优子模型的数量也是未知的。

因此，此处将这一较为复杂的优化问题进行分解：

（1）给定集成子模型的数量。

（2）选择集成子模型并计算加权系数。

（3）在选择完具有不同子模型数量的最优选择性集成模型后，排序选择具有最小建模误差的选择性集成模型作为最终的磨机负荷参数集成模型。

4）基于 BB 优化算法和 AWF 加权算法的选择性集成

在权系数采用 AWF 算法确定的情况下，在上述准则下选择最优集成子模型的算法类似于最优特征选择算法。在已知最优特征个数，能够实现最优特征选择的算法只有枚举和 BB 算法。

因此，本书采用多次运行 BB 算法的方式实现最优子模型的选择：首先分别确定子模型个数为 2，3，…，$(J-1)$ 时的最优选择性集成模型，然后将这些选择性集成模型进行排序，依据建模精度选择最终的磨机负荷参数集成模型。

综上所述，本书提出的基于 BB 和 AWF 的 SEKPLS 算法如下：

步骤 1：建立 J 个不同特征子集的 KPLS 子模型。

步骤 2：设定选择子模型的数量 $J_{sel}=2$。

步骤 3：依据式（4.37），结合 BB 和 AWF 算法选择包含 J_{sel} 个子模型的最优选择性集成模型。

步骤 4：令 $J_{sel}=J_{sel}+1$。

步骤 5：若 $J_{sel}=J-1$，转至步骤 6，否则，转至步骤 3。

步骤 6：排序 $(J-2)$ 个选择性集成模型，确定最终的磨机负荷参数集成模型。

4.2.4　建模步骤

本书所提软测量方法的离线训练和在线使用的步骤分别描述如下：

1．离线训练步骤

（1）数据预处理。对筒体振动、振声及磨机电流时域信号进行预处理，并采用 Welch 方法计算筒体振动和振声频谱。

（2）特征子集选择。

① 分频段划分。采用分频段识别算法自动划分筒体振动和振声频谱，得到的特征子集。

② 特征子集选择。采用基于 MI 的特征选择算法选择局部波峰特征子集和子频段特征子集，得到局部波峰特征子集。

③ 候选特征子集集合。

（3）选择性集成 KPLS。

① 建立基于 KPLS 算法的各个特征子集的子模型。采用“基于 KPLS 算法的子模型建模算法”建立不同特征子集的磨机负荷参数软测量模型，首先对特征子集进行中心化处理，然后建立各个特征子集的留一交叉验证模型，计算软测量模型的输出。

② 设定选择子模型的数量 $J_{sel}=2$。

③ 用 BB 和 AWF 算法选择包含 J_{sel} 个子模型的最优集成模型，其中子模型的加权系数采用式（4.37）计算，集成模型的输出采用（4.38）计算。

④ 令 $J_{sel}=J_{sel}+1$。

⑤ 若 $J_{sel}=J-1$，转至步骤⑥，否则，转至步骤③。

⑥ 按照式（4.39）计算 $(J-2)$ 选择性集成模型的 RMSRE，排序选择精度最佳的选

择性集成模型作为最终的磨机负荷参数集成模型。

（4）负荷转换。将磨机负荷参数转换为物料、钢球和水负荷。

上述算法的流程图如图 4.4 所示：

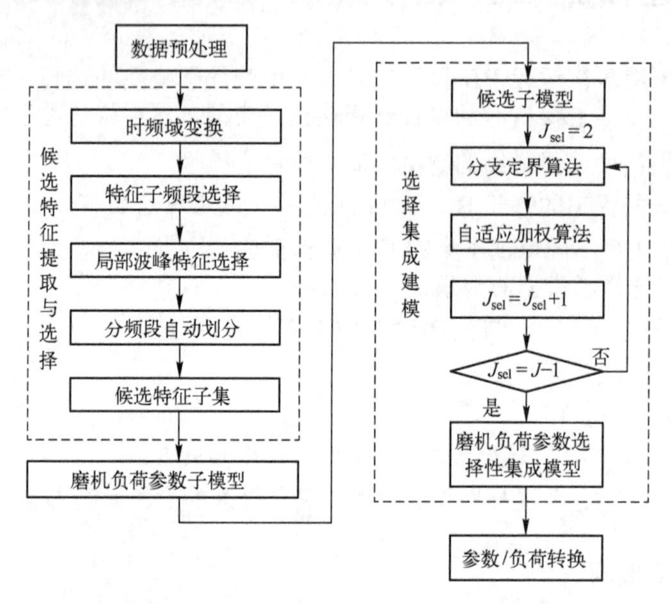

图 4.4　基于选择性集成多传感器信息的磨机负荷软测量方法流程图

2．在线使用步骤

（1）数据预处理。对新样本采用与训练样本相同的参数对筒体振动、振声及磨机电流信号进行预处理。

（2）特征子集选择。首先由“特征子集选择”的方法得到新样本的候选特征子集集合，然后依据离线建模结果选择最优的特征子集。

（3）集成输出。将选择的最优特征子集进行中心化处理，然后计算新样本的输出，最后计算磨机负荷参数集成模型的输出。

（4）负荷转换。将磨机负荷参数转换为物料、钢球和水负荷。

4.2.5　实验研究

1．筒体振动、振声频谱的特征子集

按文献[275]的定义计算局部波峰，并采用频谱聚类算法将筒体振动频谱和振声频谱进行分割。其中筒体振动频谱被分割为 4 个分频段，其频率范围分别是 100～2416Hz（VLF）、2417～4645Hz（VMF）、4646～7111Hz（VHF）和 7112～11000Hz（VHHF）；振声频谱自动分割为 3 个分频段，其频率范围分别为 1～976Hz（ALF）、977～1644Hz（AMF）和 1645～3918Hz（AHF）。将振动及振声频谱的局部波峰和中心频率组成的频谱特征子集分别记为 VLP 和 ALP，将振动及振声的全谱记为 VFULL 和 AFULL，磨机电流记为 I_{mill}，则特征子集及本书中相关缩写的含义如表 4.2 所列。

表 4.2 特征子集及本书中相关缩写的含义

编号	特征子集的编号、缩写及含义		本书中其他缩写和含义	
	缩写	含义	缩写	含义
1	VLF	振动频谱低频段	MBVR	磨机负荷参数：料球比
2	VMF	振动频谱中频段	PD	磨机负荷参数：磨矿浓度
3	VHF	振动频谱高频段	CVR	磨机负荷参数：充填率
4	VHHF	振动频谱高高频段	BCVR	磨机负荷参数：介质充填率
5	VFULL	振动全谱	GPR	磨矿生产率
6	VLP	振动频谱的局部波峰特征	PLS	偏最小二乘
7	ALF	振声频谱低频段	EPLS	集成偏最小二乘
8	AMF	振声频谱中频段	SEPLS	选择性集成偏最小二乘
9	AHF	振声频谱高频段	KPLS	核偏最小二乘
10	AFULL	振声全谱	EKPLS	集成核偏最小二乘
11	ALP	振声频谱的局部波峰特征	SEKPLS	选择性集成核偏最小二乘
12	I_{mill}	磨机电流	MI	互信息
13	MI-VLP	基于互信息选择的振动频谱的局部波峰特征	BB	分支定界算法
14	MI-ALP	基于互信息选择的振声频谱的局部波峰特征	AWF	自适应加权融合算法
15	MI-VSUB	基于互信息选择的振动频谱的特征子频段	PCA	主元分析
16	MI-ASUB	基于互信息选择的振声频谱的特征子频段	KPCA	核主元分析

采用第 3 章的方法分别计算振动/振声频谱的局部波峰特征，通过文献[313]方法得到这些特征与磨机负荷参数间的 MI 值。磨机负荷参数与筒体振动和振声频谱的局部波峰特征的 MI 值如图 3.21 和图 4.5 所示。

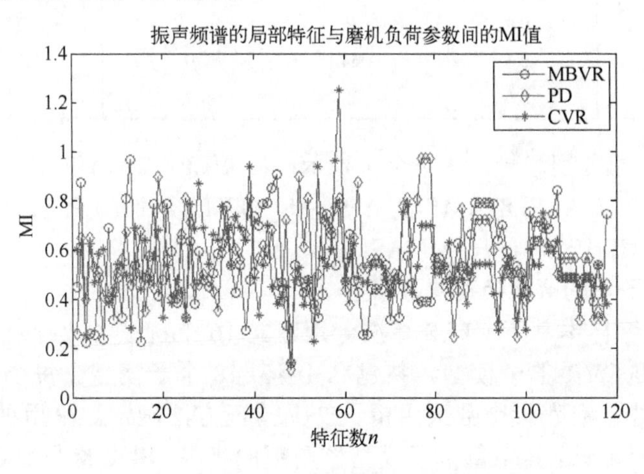

图 4.5 振声频谱的局部波峰特征的 MI 值

对筒体振动和振声频谱，分别间隔 100 个和 50 个频率点，将筒体振动及振声频谱划分为 109 个和 80 个子频段。采用文献[313]的方法，计算不同子频段与磨机负荷参数间的 MI 值，其中振声频谱如图 4.6 所示。

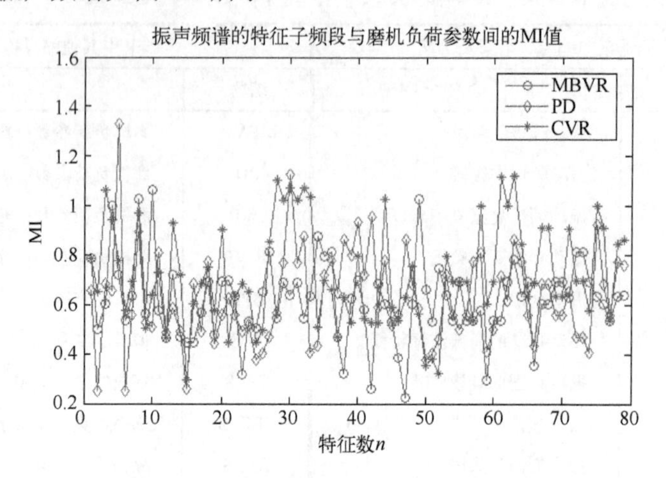

图 4.6 振声频谱的特征子频段的 MI 值

由此可知，不同特征与磨机负荷参数的 MI 信息不同：

（1）MBVR 与筒体振动频谱特征的 MI 低于振声频谱特征。

（2）PD 和 CVR 与筒体振动频谱的 MI 高于振声频谱。

（3）振声频谱与磨机负荷参数的 MI 差异不大。

可见，融合多源信号检测磨机负荷参数是必要的。

采用 MI 方法提取的特征子集的特征数量及阈值的统计值如表 4.3 所列。

表 4.3 MI 方法提取的特征子集的特征数量及设定阈值

	MBVR		PD		CVR	
	数量 n	阈值	数量 n	阈值	数量 n	阈值
VLP	35	0.5	38	0.8	21	0.8
VSUB	16	0.4	78	1	77	1
ALP	37	0.6	44	0.6	34	0.6
ASUB	47	0.6	38	0.6	56	0.6

将以上特征子集分别编号，其集合可表示：{1_VLF，2_VMF，3_VHF，4_VHHF，5_VFULL，6_VLP，7_ALF，8_AMF，9_AHF，10_AFULL，11_ALP，12_I_{mill}，13_MI_VLP，14_MI_ALP，15_MI_VSUB，16_MI_ASUB}。

2．基于特征子集的磨机负荷参数模型

采用 13 个训练样本基于 KPLS 算法分别建立 16 个特征子集针对 3 个磨机负荷参数 MBVR、PD 和 CVR 的子模型，共建立 16×3=48 个子模型。每个子模型的核函数均采用径向基函数，潜变量个数采用留一交叉验证方法确定。采用独立的 13 个样本对各个子模型进行测试，其中每个子模型核函数的半径、潜变量个数（latent variables，LV）、测试数据的 RMSRE 及前 3 个潜变量的方差变化率的统计结果如表 4.4～表 4.6 所列。

表 4.4　MBVR 子模型的统计结果

子模型序号	核半径	LV	RMSRE（测试）	潜变量的方差变化率							
				Z-Block				Y-Block			
				1st LV	2nd LV	3rd LV	累计	1st LV	2nd LV	3rd LV	累计
1	71	5	0.5083	96.66	2.98	0.17	99.81	20.28	42.78	24.56	87.61
2	11	1	0.5177	96.55	3.42	0.03	100.00	12.06	19.70	41.02	72.78
3	100	1	0.5161	99.97	0.03	0.00	100.00	4.74	8.09	16.57	29.41
4	100	1	0.5063	99.98	0.02	0.00	100.00	5.74	10.48	5.30	21.51
5	100	8	0.5006	99.85	0.08	0.02	99.95	8.62	57.54	17.33	83.49
6	0.40	2	0.5166	25.22	7.82	10.89	43.93	76.21	22.05	1.35	99.62
7	110	2	0.2659	41.57	32.71	6.60	80.88	68.11	17.02	12.24	97.36
8	11	6	0.2998	90.51	2.56	4.57	97.64	51.96	36.50	5.42	93.88
9	11	12	0.3101	80.97	9.35	1.81	92.13	61.18	27.70	10.22	99.10
10	11	5	0.2690	79.10	7.56	2.29	88.95	62.49	31.23	5.82	99.54
11	100	1	0.4636	54.49	38.36	1.16	94.01	52.55	24.91	20.56	98.03
12	0.81	1	0.3780	19.91	—	—	19.91	81.84	—	—	81.84
13	31	1	0.4836	78.86	13.60	3.21	95.67	18.76	17.91	21.07	57.74
14	160	1	0.4901	81.17	12.85	1.66	95.68	36.26	37.95	16.93	91.15
15	0.9	12	0.3814	21.22	23.77	16.28	61.28	84.31	9.75	3.49	97.55
16	31	4	0.2925	89.18	4.76	1.15	95.09	57.40	29.49	8.05	94.95

表 4.5　PD 子模型的统计结果

子模型序号	核半径	LV	RMSRE	潜变量的方差变化率							
				Z-Block				Y-Block			
				1st LV	2nd LV	3rd LV	累计	1st LV	2nd LV	3rd LV	累计
1	61	4	0.1141	98.17	0.37	1.22	99.76	43.24	46.94	3.91	94.08
2	100	1	0.3258	99.95	0.04	0.01	100.00	47.35	19.93	5.55	72.83
3	100	1	0.3017	99.98	0.02	0.00	100.00	47.19	23.15	14.32	84.67
4	10	5	0.1757	98.72	1.28	0.01	100.00	57.84	17.53	6.55	81.92
5	31	4	0.3192	99.61	0.26	0.06	99.92	50.67	29.88	11.09	91.64
6	41	6	0.1801	82.82	4.22	7.16	94.20	58.86	28.07	5.71	92.64
7	110	1	0.5881	15.43	14.30	36.44	66.17	79.65	13.52	4.31	97.47
8	11	2	0.4023	69.81	22.26	4.59	96.66	43.52	38.39	8.56	90.47
9	11	2	0.6258	17.31	70.93	4.21	92.45	78.12	9.45	11.32	98.89
10	101	2	0.5528	15.81	74.53	2.19	92.52	83.31	7.67	8.54	99.51
11	31	12	0.6931	80.45	7.64	3.28	91.38	35.34	53.34	8.50	97.18
12	91	1	0.8007	99.94	—	—	99.94	7.96	—	—	7.96
13	31	12	0.3669	91.65	3.60	2.06	97.31	60.87	19.04	8.78	88.69
14	0.4	2	0.8463	59.70	26.48	3.34	89.52	54.12	27.95	11.45	93.52
15	201	3	0.07998	99.99	0.01	0.01	100.00	49.42	38.67	2.16	90.25
16	11	1	0.5103	20.73	69.41	3.72	93.86	76.53	7.34	12.32	96.18

表 4.6　CVR 子模型的统计结果

子模型序号	核半径	LVs	RMSRE	潜变量的方差变化率							
				Z-Block				Y-Block			
				1st LV	2nd LV	3rd LV	累计	1st LV	2nd LV	3rd LV	累计
1	11	11	0.1424	93.88	2.62	0.28	96.78	44.97	25.64	19.80	90.42
2	0.1	4	0.2149	31.32	26.66	16.38	74.36	88.64	7.20	1.99	97.84
3	100	1	0.2854	99.98	0.02	0.00	100.00	46.09	9.47	13.89	69.45
4	41	1	0.2770	99.92	0.08	0.00	100.00	51.04	8.37	4.81	64.22
5	11	10	0.1645	98.00	1.36	0.55	99.92	50.78	24.08	12.68	87.54
6	41	3	0.2543	81.96	5.63	6.46	94.05	45.15	28.55	9.46	83.16
7	10	1	0.3111	34.30	25.88	7.00	67.18	75.55	18.89	4.91	99.35
8	1	2	0.2843	55.51	11.64	7.77	74.92	61.73	30.35	6.54	98.63
9	1	3	0.3183	32.01	14.19	7.11	53.32	81.89	16.81	1.26	99.96
10	1	2	0.3010	30.12	14.85	6.81	51.78	82.75	16.18	1.04	99.97
11	1	2	0.4024	13.13	15.06	5.54	33.73	87.55	10.57	1.71	99.84
12	100	1	0.3504	99.96	—	—	99.96	39.95	—	—	39.95
13	11	2	0.3733	83.44	5.60	9.03	98.06	56.32	12.15	3.20	71.67
14	1	3	0.3814	15.33	19.26	8.78	43.37	89.91	8.55	1.34	99.80
15	1	7	0.1673	71.55	5.08	9.67	86.31	64.06	19.67	5.67	89.40
16	0.7	2	0.3132	40.46	18.58	5.50	64.54	75.95	20.96	2.76	99.67

由表 4.4 可知，MBVR 子模型按建模误差 RMSRE 排序为：'7_ALF'、'10_AFULL'、'16_MIASUB'、'8_AMF'、'9_AHF'、'12_I'、'15_MIVSUB'、'11_ALP'、'13_MIVLP'、'14_MIALP'、'5_VFULL'、'4_VHHF'、'1_VLF'、'3_VHF'、'6_VLP'和'2_VMF'。可见，基于振声信号的特征子集与 MBVR 密切相关，这与工业现场一致。

对比表 4.4 中给出的特征子集和 MBVR 的第 1 个 LV 的方差变化率可知：

（1）振动全谱是 99.85%的变化只与 MBVR 的 8.62%的变化相关；振声全谱则是 79.10%的变化与 MBVR 的 62.49%的变化相关，可见振声比筒体振动包含更多的 MBVR 信息。

（2）采用 MI 算法选择的筒体振动及振声频谱的子频段特征，将第 1 个 LV 的方差变化率提高到了 21.22%和 89.18%。

（3）对于振声频谱，低频段 ALF 包含更多的 MBVR 信息，其子模型的预测误差 RMSRE 为 0.2659。

由表 4.5 可知，PD 子模型按建模误差 RMSRE 排序为：'15_MIVSUB'、'1_VLF'、'4_VHHF'、'6_VLP'、'3_VHF'、'5_VFULL'、'2_VMF'、'13_MIVLP'、'8_AMF'、'16_MIASUB'、'10_AFULL'、'7_ALF'、'9_AHF'、'11_ALP'、'12_I'和'14_MIALP'。可见，基于振动频谱的特征子集与 PD 密切相关，这与文献[185]的结论一致。

对比表 4.5 中给出的特征子集和 PD 的第 1 个 LV 的方差变化率可知：

（1）振动全谱 99.61%的变化与 PD 的 50.67%的变化相关；振声全谱是 15.81%的变化与 PD 的 83.31%的变化相关，可见筒体振动比振声对 PD 更灵敏。

（2）对于筒体振动频谱，基于 MIVSUB 子集的子模型具有最佳建模精度，其预测误差 RMSRE 为 0.07998。

（3）对于振声频谱，中频段 AMF 包含更多 PD 信息。

由表 4.6 可知，CVR 按建模误差 RMSRE 排序为：'1_VLF'、'5_VFULL'、'15_MIVSUB'、'2_VMF'、'6_VLP'、'4_VHHF'、'8_AMF'、'3_VHF'、'10_AFULL'、'7_ALF'、'16_MIASUB'、'9_AHF'、'12_I'、'13_MIVLP'、'14_MIALP'和'11_ALP'。可见，基于筒体振动频谱的特征子集与 CVR 密切相关。

对比表 4.6 中给出的特征子集和 CVR 的第 1 个 LV 的方差变化率可知：

（1）振动全谱是 98.00%的变化与 CVR 的 50.78%的变化相关；振声全谱是 30.12%的变化与 CVR 的 82.75%的变化相关。

（2）对于筒体振动频谱，低频段 VLF 包含较多的 CVR 信息。基于特征子集 VLF 的子模型具有最佳的精度，其预测精度 RMSRE 为 0.1424。可见，基于振动频谱的子模型精度高于基于振声频谱的子模型精度，说明基于振动频谱可准确检测 CVR。

（3）对于振声频谱，中频段 AMF 包含较多 CVR 信息。

为了便于比较，将表 4.4～表 4.6 中，*Z*-block（特征子集）和 *Y*-block（磨机负荷参数）第 1 个 LV 的方差变化率（percent variance，PV）以及子模型的预测精度（(1-RMSRE)×100）归纳成图 4.7。

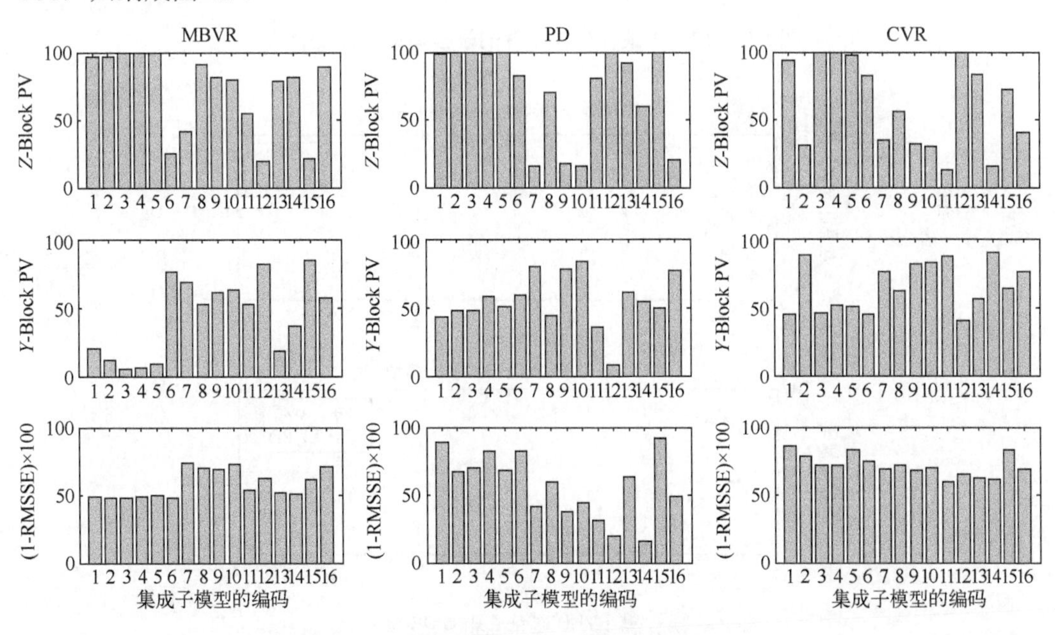

图 4.7　磨机负荷参数子模型的统计结果

对 MBVR、PD 和 CVR 软测量模型，建模精度最佳的 3 个子模型分别为{'7_ALF', '10_AFULL', '16_MIASUB'}、{'15_MIVSUB', '1_VLF', '4_VHHF'}和{'1_VLF', '5_VFULL', '15_MIVSUB'}。每个子模型对应的各个潜变量的方差变化率如图 4.8～图 4.10 所示。

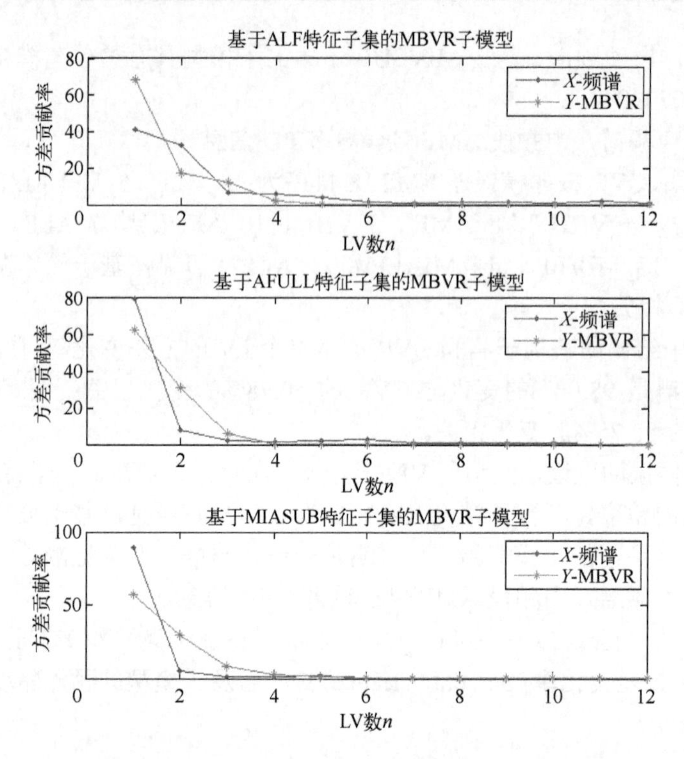

图 4.8　MBVR 最佳建模精度的子模型的方差变化率

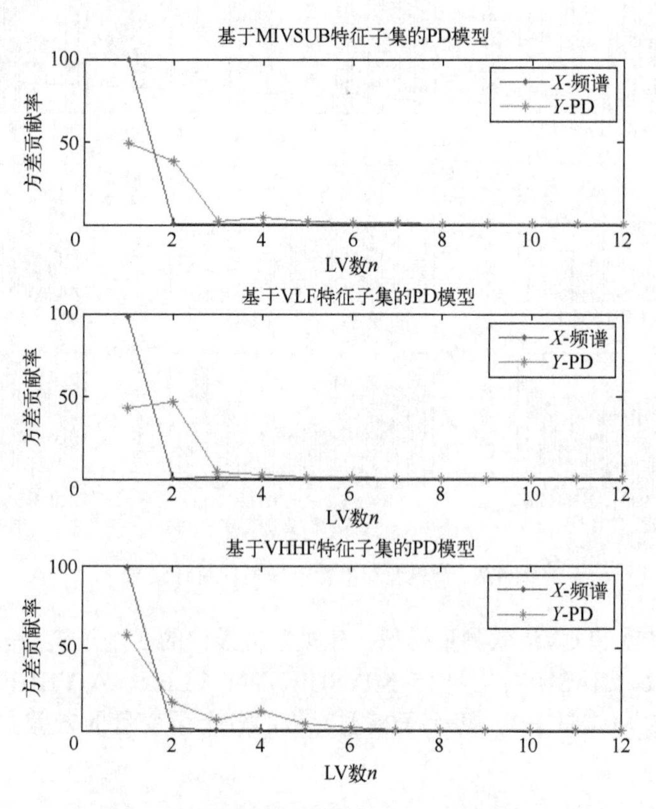

图 4.9　PD 最佳建模精度的子模型的方差变化率

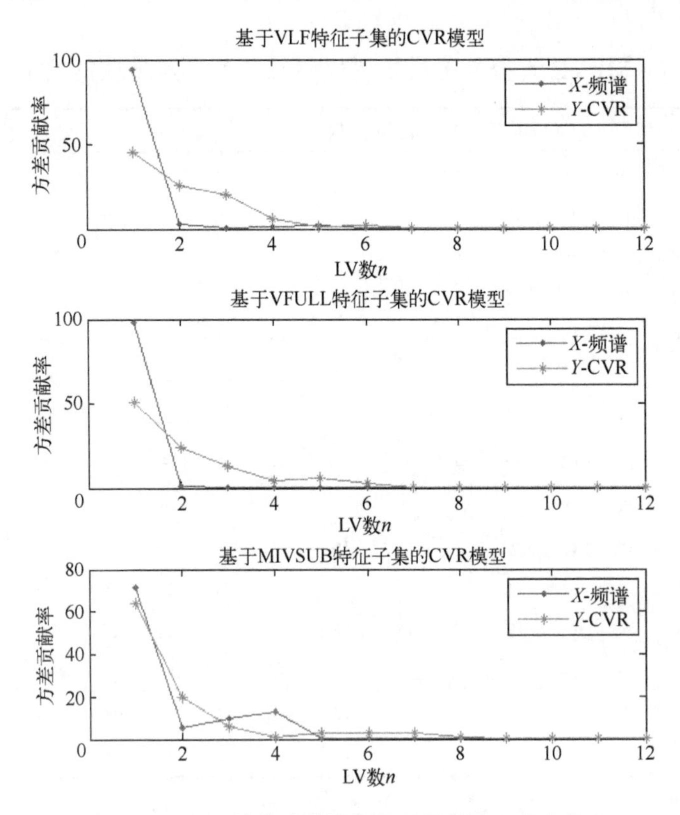

图 4.10　CVR 最佳建模精度的子模型的方差变化率

由图 4.8～图 4.10 可知，建模精度较好的 KPLS 子模型的特点是：特征子集与磨机负荷参数的第 1 个 LV 的方差变化率都较高，并且特征子集及磨机负荷参数的方差变化率随 LV 个数增加而变化的趋势基本一致。

综合对表 4.4～表 4.6 和图 4.7～图 4.10 的分析，可得到如下的结论：

（1）同一信号的不同特征子集与磨机负荷参数间的映射关系不同，说明进行筒体振动和振声频谱的特征子集的提取和选择是必要的，也说明通过增加不同特征子集的方式增加子模型多样性的方法是可取的。

（2）KPLS 算法适合于建立非线性磨机负荷参数子模型，可以同时提取特征子集和磨机负荷参数的最大变化。

（3）磨机负荷参数子模型的建模误差表明，不同的信号与不同的磨机负荷参数相关：如 MBVR 主要与振声和磨机电流信号相关，而 PD 和 CVR 主要与筒体振动信号相关。由此得出，为不同的磨机负荷参数选择性集成不同的子模型是非常必要的。因此，只有对多传感器信息进行选择性的融合才能得到最佳的建模精度。

注 4-1： 由于实验磨机较小，电流与磨机负荷参数的相关性还需进一步地验证。

3. 基于选择性集成建模的磨机负荷估计结果

采用本书提出的基于 BB 和 AWF 的选择性集成方法对磨机负荷参数子模型进行优化选择，并按测试数据的测量精度进行排序。选择性集成模型包含的集成子模型及其测试误差的统计结果，如表 4.7～表 4.9 所列。

表 4.7　MBVR 选择性集成模型的测试误差及其选择集成子模型

序号	选择的子模型																RMSRE
1	12	9	8	16	10	7	—	—	—	—	—	—	—	—	—	—	0.2049
2	15	12	9	8	16	10	7	—	—	—	—	—	—	—	—	—	0.2054
3	8	16	10	7	—	—	—	—	—	—	—	—	—	—	—	—	0.2206
4	11	15	12	9	8	16	10	7	—	—	—	—	—	—	—	—	0.2265
5	9	8	16	10	7	—	—	—	—	—	—	—	—	—	—	—	0.236
6	16	10	7	—	—	—	—	—	—	—	—	—	—	—	—	—	0.2484
7	10	7	—	—	—	—	—	—	—	—	—	—	—	—	—	—	0.2551
8	5	14	13	11	15	12	9	8	16	10	7	—	—	—	—	—	0.2767
9	13	11	15	12	9	8	16	10	7	—	—	—	—	—	—	—	0.2825
10	14	13	11	15	12	9	8	16	10	7	—	—	—	—	—	—	0.2985
11	1	4	5	14	13	11	15	12	9	8	16	10	7	—	—	—	0.3671
12	6	1	4	5	14	13	11	15	12	9	8	16	10	7	—	—	0.369
13	4	5	14	13	11	15	12	9	8	16	10	7	—	—	—	—	0.3804
14	2	6	1	4	5	14	13	11	15	12	9	8	16	10	7	—	0.3941
15	3	2	6	1	4	5	14	13	11	15	12	9	8	16	10	7	0.4314

表 4.8　PD 选择性集成模型的测试误差及其选择集成子模型

序号	选择的子模型																RMSRE
1	1	15	—	—	—	—	—	—	—	—	—	—	—	—	—	—	0.0778
2	4	1	15	—	—	—	—	—	—	—	—	—	—	—	—	—	0.0858
3	6	4	1	15	—	—	—	—	—	—	—	—	—	—	—	—	0.0912
4	5	3	6	4	1	15	—	—	—	—	—	—	—	—	—	—	0.1317
5	3	6	4	1	15	—	—	—	—	—	—	—	—	—	—	—	0.1366
6	2	5	3	6	4	1	15	—	—	—	—	—	—	—	—	—	0.1715
7	8	13	2	5	3	6	4	1	15	—	—	—	—	—	—	—	0.1747
8	13	2	5	3	6	4	1	15	—	—	—	—	—	—	—	—	0.1759
9	16	8	13	2	5	3	6	4	1	15	—	—	—	—	—	—	0.1984
10	10	16	8	13	2	5	3	6	4	1	15	—	—	—	—	—	0.2198
11	7	10	16	8	13	2	5	3	6	4	1	15	—	—	—	—	0.2428
12	9	7	10	16	8	13	2	5	3	6	4	1	15	—	—	—	0.2676
13	11	9	7	10	16	8	13	2	5	3	6	4	1	15	—	—	0.2879
14	14	11	9	7	10	16	8	13	2	5	3	6	4	1	15	—	0.3223
15	12	14	11	9	7	10	16	8	13	2	5	3	6	4	1	15	0.5113

表 4.9　CVR 选择性集成模型的测试误差及其选择集成子模型

序号	选择的子模型																RMSRE
1	15	5	1	—	—	—	—	—	—	—	—	—	—	—	—	—	0.1378
2	5	1	—	—	—	—	—	—	—	—	—	—	—	—	—	—	0.1449
3	6	2	15	5	1	—	—	—	—	—	—	—	—	—	—	—	0.1479
4	2	15	5	1	—	—	—	—	—	—	—	—	—	—	—	—	0.1512
5	4	6	2	15	5	1	—	—	—	—	—	—	—	—	—	—	0.1741
6	8	4	6	2	15	5	1	—	—	—	—	—	—	—	—	—	0.1803
7	3	8	4	6	2	15	5	1	—	—	—	—	—	—	—	—	0.1987
8	10	3	8	4	6	2	15	5	1	—	—	—	—	—	—	—	0.2043
9	7	10	3	8	4	6	2	15	5	1	—	—	—	—	—	—	0.2102
10	16	7	10	3	8	4	6	2	15	5	1	—	—	—	—	—	0.2155
11	9	16	7	10	3	8	4	6	2	15	5	1	—	—	—	—	0.2204
12	12	9	16	7	10	3	8	4	6	2	15	5	1	—	—	—	0.2322
13	13	12	9	16	7	10	3	8	4	6	2	15	5	1	—	—	0.2363
14	11	13	12	9	16	7	10	3	8	4	6	2	15	5	1	—	0.2444
15	14	11	13	12	9	16	7	10	3	8	4	6	2	15	5	1	0.3976

采用不同数量子模型的磨机负荷参数选择性集成模型的测试误差如图 4.11 所示。

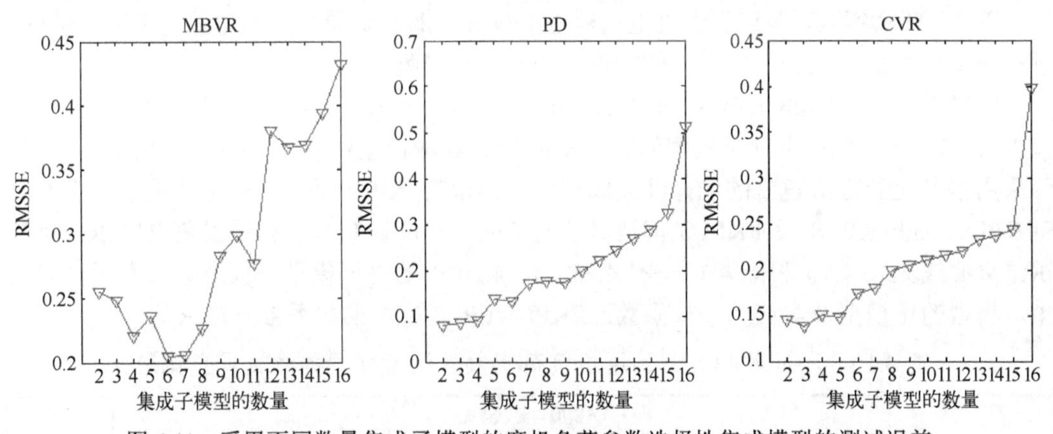

图 4.11　采用不同数量集成子模型的磨机负荷参数选择性集成模型的测试误差

磨机负荷参数选择性集成模型选择的子模型及其权系数如图 4.12 所示。

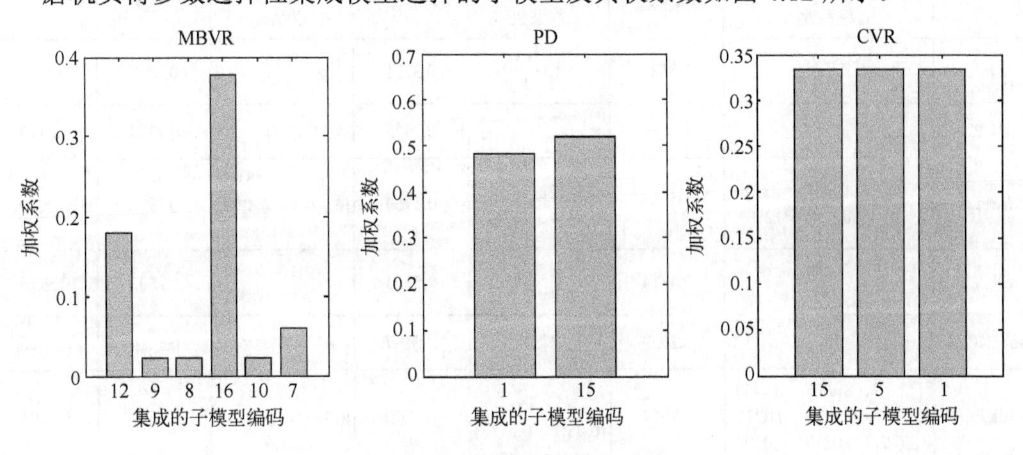

图 4.12　集成子模型的权系数

由表4.7～表4.9和图4.11、图4.12可知，不同磨机负荷参数选择集成模型的选择的集成子模型的来源、顺序及数量各不相同：

（1）MBVR的选择性集成模型先后选择了7_ALF、10_AFULL、16_MIASUB、8_AMF、9_AHF和12_I共6个子模型，表明MBVR的信息主要分布在振声频谱的低频段，但是与振声全谱、振声频谱的子频段特征、振声频谱的中频段、振声频谱的高频段及磨机电流融合可获得最佳建模效果。这说明不同的频谱特征包含的信息不同，也与干式球磨机采用振声得到较为准确的检测料位的结论相符。

（2）PD的选择性集成模型先后选择了1_VLF和15_MIVSUB共两个子模型，表明PD主要和筒体振动频谱相关，融合筒体振动频谱的低频段VLF与筒体振动频谱的子频段特征MIVSUB模型即可达到最小建模误差0.0778，而且PD与振声及磨机电流的相关性不大，此结论与文献[185]在SAG磨机上的研究相符。

（3）CVR的选择性集成模型选择了1_VLF、5_VFULL和15_MIVSUB共3个子模型，表明CVR也主要和筒体振动频谱相关。此结论与SAG磨机上的研究不相符的原因有两个：一是在实验磨机较小，对磨机电流的灵敏度难以与工业磨机相比；二是本次实验为湿式球磨机，与SAG磨机的研磨工况差异较大。

总之，筒体振动、振声及磨机电流信号中包含的磨机负荷参数信息是冗余和互补的，进行选择性的信息融合可以得到性能最佳的软测量模型。

本书中，采用“sub_KPLS”和“sub_PLS”表示最佳KPLS和PLS子模型；“EKPLS”和“EPLS”表示集成全部子模型的KPLS和PLS集成模型；“SEKPLS”和“SEPLS”表示采用本书此处方法建立的选择性集成部分子模型的KPLS和PLS选择性集成模型。SEKPLS、sub_KPLS及EKPLS模型对应的子模型和加权系数，测试误差RMSRE及测试结果曲线见表4.10和图4.13～图4.15。表4.10中的“子模型及权系数”表示建立该集成模型的子模型及对应的加权系数；EKPLS/EPLS模型的权系数省略未写。

表4.10　不同建模方法的磨机负荷参数软测量模型的测试误差比较

建模方法	子模型与测试误差						RMSRE（均值）
	MBVR		PD		CVR		
	子模型及权系数	RMSRE	子模型及权系数	RMSRE	子模型及权系数	RMSRE	
EPLS	{1:16} {…}	0.3530	{1:16} {…}	0.3771	{1:16} {…}	0.3537	0.3612
sub-PLS	{7}	0.2660	{1}	0.2455	{15}	0.2123	0.2413
SEPLS	{10，7} {0.4588，0.5412}	0.2567	{2，1} {0.5734，0.4265}	0.1760	{1，5，15} {0.2927，0.3760，0.3313}	0.1940	0.2089
EKPLS	{1:16} {…}	0.4314	{1:16} {…}	0.5113	{1:16} {…}	0.2502	0.3976
sub-KPLS	{7}	0.2659	{15}	0.07998	{1}	0.1424	0.1628
SEKPLS	{12，9，8，16，10，7} {0.1797，0.0220，0.0221，0.3775，0.0217，0.0597}	0.2049	{1，15} {0.4816，0.5183}	0.07781	{15，5，1} {0.3337，0.3331，0.3332}	0.1377	0.1401

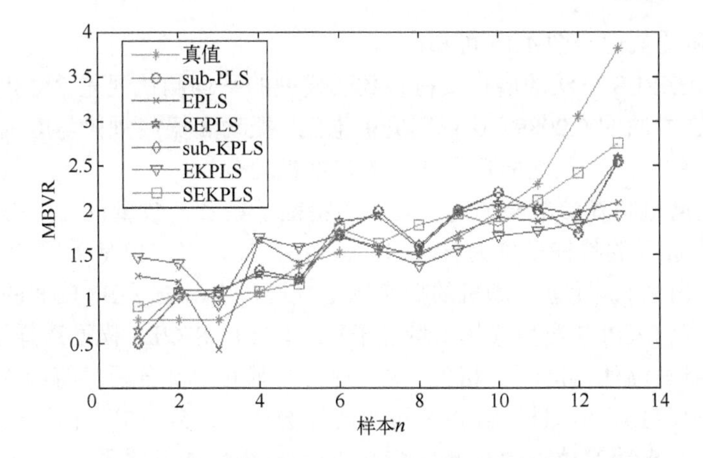

图 4.13　MBVR 软测量模型的测试结果

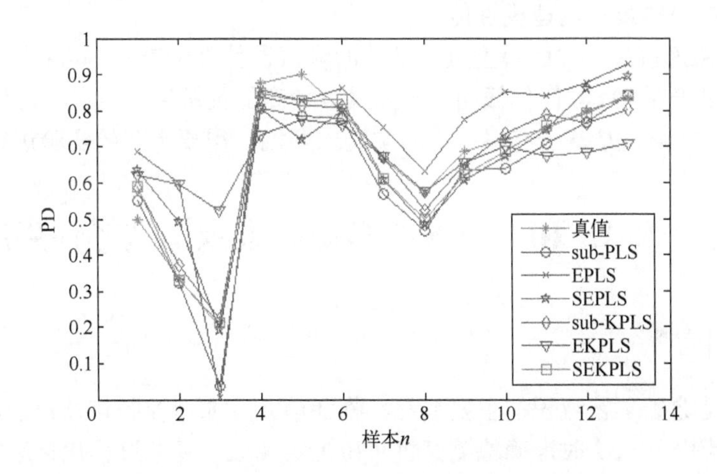

图 4.14　PD 软测量模型的测试结果

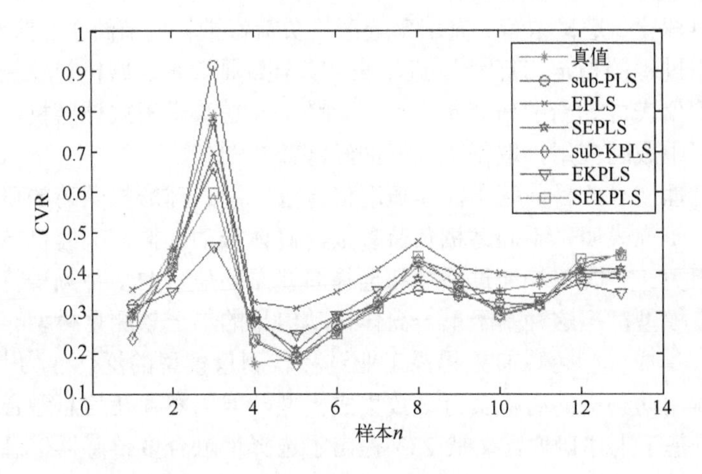

图 4.15　软测量模型的测试结果

由表 4.10 和图 4.13～图 4.15 可知：

（1）基于 SEKPLS 方法的磨机负荷参数子模型的平均测试误差 RMSRE 为 0.1401，高于基于 SEPLS 方法的 0.2089。这说明磨机电流、振动和振声频谱与磨机负荷参数间的非线性映射关系的存在，从而验证了前文的定性机理分析。

（2）不同的磨机负荷参数模型选择集成的特征子集及其数量也各不相同，如 MBVR 的 SEKPLS 模型选择的特征子集为{12，9，8，16，10，7}，但是采用 SEPLS 模型则选择了特征子集{10，7}，验证了磨机的振声频谱及磨机电流与 MBVR 间的非线性映射关系的存在；PD 的 SEKPLS 模型选择了特征子集{1，15}，SEPLS 模型选择了特征子集{2，1}，说明 PD 主要与筒体振动频谱相关，这与现有文献和前文分析相符；CVR 的 SEKPLS 模型选择特征子集{15，5，1}，SEPLS 模型同样选择{1，5，15}，但测试误差从 0.2089 提高到了 0.1401，表明筒体振动频谱与 CVR 间的非线性映射关系。

（3）集成全部特征子集的 EKPLS 和 EPLS 模型的精度最差，说明简单地融合全部传感器信息并不能获得最佳的建模性能。

（4）基于 SEKPLS 的 PD 模型具有最佳的测试误差 0.07781，其次为 CVR，最差为 MBVR，该结果表明 PD 与筒体振动信号间具有较高的灵敏度。

注 4-2：本书结论是基于有限样本的实验球磨机，需要更多的实验进行验证。

4.3 基于 EMD 和 KPLS 的多源高维频谱选择性集成建模

4.3.1 引言

磨矿过程是选矿工艺流程的主要能耗、物耗单元，如何控制该过程的优化运行一直是业界研究重点[1, 360]。实时准确检测磨机负荷是实现这一复杂过程优化运行的关键因素之一[361]。磨机旋转运行使得钢球能对原矿进行周期性的冲击和磨剥，实现矿石研磨，同时产生蕴含着丰富磨机负荷信息的振动和振声信号。领域专家常用这些信号判断能够表征磨机负荷的料球比、磨矿浓度、充填率等磨机负荷参数，调节给矿、给水等操纵变量，以保证选矿生产过程的稳定运行[362]。近年来，基于高灵敏度的磨机筒体振动信号开发磨机负荷在线检测仪表成为新的研究热点[206,208-209]，并在基于干式球磨机、半自磨机生产工艺的选矿过程中成功应用，取得了较好的经济效益[186]。

由于研磨机理差异，目前基于筒体振动信号进行湿式球磨机负荷的研究多在小型实验磨机上进行。研究表明，不同磨机负荷参数与筒体振动、振声、磨机电流等传感器信号的不同特征相关。文献[226]通过提取和选择筒体振动信号的多种频谱特征建立了磨机负荷参数软测量模型，但这种基于单一筒体振动信号的单一软测量模型存在泛化性差、精度低的问题。集成模型可以有效提高工业过程软测量模型的泛化能力[118]。文献[231]提出了基于筒体振动频谱的磨机负荷参数集成模型，但仍然存在信息融合不充分、泛化性能差等问题。基于上述研究，文献[233]提出了选择性融合多传感器信息的磨机负荷参数选择性集成建模，该方法首先确定子模型加权系数计算方式（自适应加权融合算法），然后采用分支定界算法优化选择最佳特征子集，缺点是虽然可以获得最优子模型，但加权算法却不一定最优，导致所提方法的普适性有待提高。提高集成模型对特性漂移的适应能力是当前建模难点[165]。针对磨矿过程的时变特性，文献[161]提出了磨机负荷参数在线集成建模方法。这些软测量方法均以传统的基于傅里叶变换获得的单尺度筒体振动和振声频谱为基础，对磨机采取多种不同方式进行了特征提取和特征选择，获得了具有不同优缺点的候选特征子集，但是每个特征子集的具体物理含义却是难以解释，难以获得对磨机负荷检测问题的更深入理解。

磨矿过程是涉及破碎力学、矿浆流变学、机械振动与噪声学、导致金属磨损和腐蚀的“物理-力学”与“物理-化学”等多个学科的复杂过程。磨机内物料和钢球粒径大小及分布的变化、钢球和磨机衬板磨损及腐蚀的不确定性、与钢球冲击破碎直接相关的矿浆黏度的复杂多变等多种因素导致磨机筒体受到大量的不同强度、不同频率的冲击力，由此产生的筒体振动和振声信号具有较强的非线性、非平稳性。如何从产生机理上分析这些信号组成，以及如何将它们有效分解和进行系统解释是目前基于这些信号进行磨机负荷参数软测量面临的挑战之一。

Huang 等提出的 EMD 是一种基于信号局部特征的自适应分解方法[340]，可以有效地将原始时域信号分解为具有多尺度时频特性的 IMF。该方法在旋转机械故障诊断领域、高层建筑和桥梁健康状态监测得到了广泛应用[363,235,342]。分解得到的不同 IMF 具有不同的物理含义，如文献[342]给出了高层建筑健康状态监测信号 EMD 分解后的物理含义。基于文献[345]提出的基于 EMD 和 PSD 的故障诊断方法的启发，本书作者结合 EMD、PSD 和 PLS 算法分析了筒体振动信号[211]，并提出了基于 PLS 潜变量的方差贡献率度量 IMF 信号蕴含信息量的准则。基于这一准则，Zhao 等详细分析了不同研磨工况下 IMF 分量及其频谱的变化，提出了基于 EMD 和 PLS 的选择性集成建模方法[238]。因这两种方法仅仅是基于 PLS 模型的第 1 个潜变量方差贡献率选择子模型，其合理性有待探讨，建模精度也较低。本书作者采用文献[233]提出的选择性集成建模方法建立了基于 EMD、KPLS、分支定界和误差信息熵加权算法的磨机负荷参数选择性集成模型[237]。上述基于 EMD 的建模方法均未对信号组成复杂机理进行分析，未对 IMF 频谱特征进行分析及选择，未对磨机负荷参数与 IMF 间的关系进行深入分析，也没有考虑选择性融合振声 IMF 频谱，更未能结合 EMD 技术、机理分析、领域专家的操作经验对 IMF 频谱与磨机负荷参数间的关系进行深入探讨。

综上，本书在对筒体振动和振声信号组成的复杂性进行定性分析的基础上，提出了基于 KPLS 和分支定界算法的磨机负荷参数软测量方法。该方法首先基于 EMD 自适应分解筒体振动及振声信号为不同时间尺度的 IMF，然后基于互信息方法选择多尺度 IMF 频谱特征，接着基于 KPLS 提取潜在变量建立磨机负荷参数子模型，最后基于分支定界算法为不同的磨机负荷参数选择性集成不同的磨机负荷参数子模型，进而实现选择性融合多源信息特征。不同于之前的研究，选择性集成算法中的子模型加权算法不固定为自适应加权融合算法，而是扩展为各种加权算法，提高了该算法的普适性。实际运行数据仿真结果表明，该方法对实验球磨机的负荷参数软测量是有效的。

4.3.2　建模策略

综合前面分析可知，对筒体振动和振声信号进行有效分解并提取和选择信号主要组成成分的特征，是深入理解和建立寓意明确的磨机参数软测量模型的关键。基于之前的研究成果，本书提出了由信号分解模块、频谱特征选择模块、子模型模块、选择性集成学习模块四部分组成的软测量策略。其中，信号分解模块采用 EMD 算法将预处理后的筒体振动和振声信号自适应分解为若干个 IMF；频谱特征选择模块将时域 IMF 信号变换为频谱，并采用 MI 方法选择频谱特征；子模型模块建立基于 IMF 频谱特征的 KPLS 磨机负荷参数子模型；选择性集成学习模块采用 BB 和子模型加权算法优化选择加权 KPLS 子模型并获得最终的磨机负荷参数选择性集成子模型，结构如图 4.16 所示。

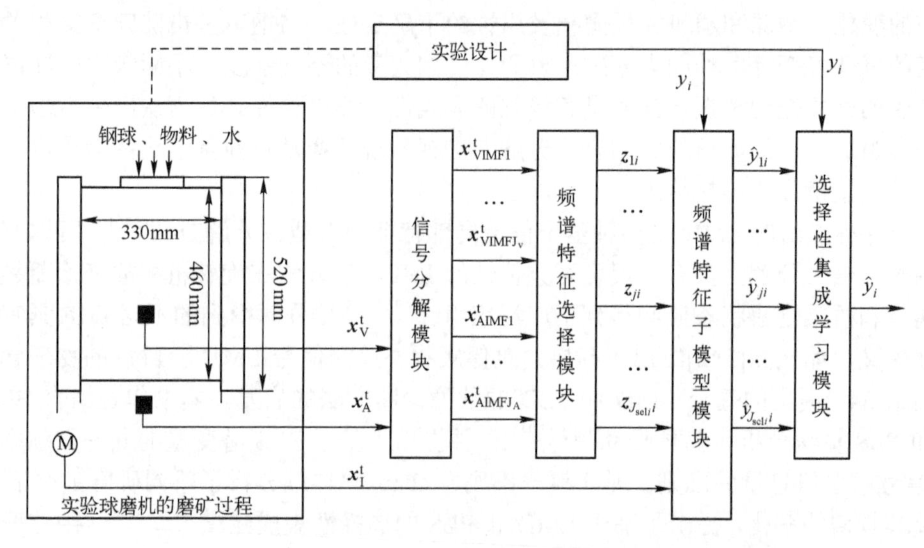

图 4.16　基于 EMD 和 KPLS 的多源高维频谱选择性集成建模策略

图 4.16 中，$\boldsymbol{x}_{\mathrm{V}}^{\mathrm{t}}$，$\boldsymbol{x}_{\mathrm{A}}^{\mathrm{t}}$ 和 $\boldsymbol{x}_{\mathrm{I}}^{\mathrm{t}}$ 分别表示时域筒体振动、振声和磨机电流信号；$\boldsymbol{x}_{\mathrm{VIMF1}}^{\mathrm{t}}$，$\boldsymbol{x}_{\mathrm{VIMFJ_V}}^{\mathrm{t}}$ 表示第 1 和第 J_{V} 个筒体振动 IMF 信号；$\boldsymbol{x}_{\mathrm{AIMF1}}^{\mathrm{t}}$ 和 $\boldsymbol{x}_{\mathrm{AIMFJ_A}}^{\mathrm{t}}$ 表示第 1 和第 J_{A} 个振声 IMF 信号；$\boldsymbol{z}_{ji}$ 表示为第 i 个磨机负荷参数选择的第 j 个特征子集；$\hat{y}_{ij}$ 表示第 i 个磨机负荷参数的第 j 个子模型的输出；$\hat{y}_i$ 表示第 i 个磨机负荷参数选择性集成模型的输出；$i=1,2,3$ 时分别表示 MVBR、PD 和 CVR；$j=1,2,\cdots,J_{\mathrm{sel}i}$ 表示频谱特征子集的编号；$J_{\mathrm{sel}i}$ 表示针对 i 个磨机负荷参数选择的频谱特征子集的数量。

4.3.3　建模算法

1．基于 EMD 的机械信号分解

筒体振动和振声信号是由周期性作用于磨机筒体的不同振幅和频率的冲击力形成的振动相互叠加产生，并耦合其他与磨机负荷无关的信号，构成复杂并且难以解释。研究表明，这种具有强非线性、非平稳性的信号适合于采用 EMD 技术进行自适应分解和分析。采用 EMD 算法将筒体振动和振声信号自适应分解为不同时间尺度 IMF 信号的步骤如表 4.11 所列（以筒体振动为例）。

表 4.11　筒体振动信号自适应分解算法

输入：磨机旋转若干周的筒体振动信号
输出：不同时间尺度的 IMF 信号
步骤： （1）寻找筒体振动信号 $\boldsymbol{x}_{\mathrm{V}}^{\mathrm{t}}$ 极值点。 （2）连接筒体振动信号最大点和最小点获得上下包络线。 （3）计算上下包络线均值 m_{V1}，将原始信号 $\boldsymbol{x}_{\mathrm{V}}^{\mathrm{t}}(t)$ 与 m_{V1} 的差值作为第 1 成分，记为 h_{V1}： $h_{\mathrm{V1}}=\boldsymbol{x}_{\mathrm{V}}^{\mathrm{t}}(t)-m_{\mathrm{V1}}$　（1） （4）检查 h_{V1} 是否满足 IMF 准则，即：极值点和过零点的个数必须相等或最多相差 1 个；在任何点上，局部最大包络和局部最小包络的均值是 0。如果 h_{V1} 是 IMF，则 h_{V1} 是 $\boldsymbol{x}_{\mathrm{V}}^{\mathrm{t}}(t)$ 的第 1 个成分。 （5）如果不是 IMF，重复步骤（1）到步骤（3），此时，h_{V1} 作为原始信号： $h_{\mathrm{V11}}=h_{\mathrm{V1}}-m_{\mathrm{V11}}$　（2） 式中：m_{V11} 是 h_{V1} 上下包络的均值。 这个过程重复 k_{V} 次直到 $h_{\mathrm{V1}k_{\mathrm{V}}}$ 满足 IMF 准则： $h_{\mathrm{V1}k}=h_{\mathrm{V1}(k_{\mathrm{V}}-1)}-m_{\mathrm{V1}k_{\mathrm{V}}}$　（3） 每次都要检查 $h_{\mathrm{V1}k_{\mathrm{V}}}$ 的过 0 次数是否与极值点个数相等；最后得到的成分即第 1 个 IMF，并记为： $\boldsymbol{x}_{\mathrm{VIMF1_V}}^{\mathrm{t}}=h_{\mathrm{V1}k_{\mathrm{V}}}$　（4） 式中：$\boldsymbol{x}_{\mathrm{VIMF1_V}}^{\mathrm{t}}$ 包含筒体振动信号的最小时间尺度。 （6）从原始信号 $\boldsymbol{x}_{\mathrm{V}}^{\mathrm{t}}(t)$ 中剥离 $\boldsymbol{x}_{\mathrm{VIMF1_V}}^{\mathrm{t}}$，得 $r_{\mathrm{V1}}^{t}=\boldsymbol{x}_{\mathrm{V}}^{\mathrm{t}}-\boldsymbol{x}_{\mathrm{VIMF1_V}}^{\mathrm{t}}$　（5） （7）判断是否满足 EMD 分解终止条件：若不满足，令 $\boldsymbol{x}_{\mathrm{V}}^{\mathrm{t}}=r_{\mathrm{V1}}^{t}$，并转至步骤（1）；若满足，则分解结束

按上述步骤，筒体振动和振声信号可以分解为若干个 IMF 和 1 个残差之和。分解得到的 IMF 信号按照频率从高到低的顺序进行排列。

EMD 分解得到的各 IMF 信号与原始筒体振动和振声信号的关系可用如下公式表示：

$$\boldsymbol{x}_{\mathrm{V}}^{\mathrm{t}}=\sum_{j_{\mathrm{V}}=1}^{J_{\mathrm{V}}}\boldsymbol{x}_{\mathrm{VIMF}j_{\mathrm{V}}}^{\mathrm{t}}+r_{J_{\mathrm{V}}} \tag{4.42}$$

$$\boldsymbol{x}_{\mathrm{A}}^{\mathrm{t}}=\sum_{j_{\mathrm{A}}=1}^{J_{\mathrm{A}}}\boldsymbol{x}_{\mathrm{AIMF}j_{\mathrm{A}}}^{\mathrm{t}}+r_{J_{\mathrm{A}}} \tag{4.43}$$

式中：$r_{J_{\mathrm{V}}}$ 和 $r_{J_{\mathrm{A}}}$ 分别为筒体振动和振声信号分解后的残差。

2．基于 MI 的 IMF 频谱特征选择

筒体振动和振声信号分解得到的IMF时域信号中蕴含着与磨机负荷参数直接相关的信息，但仍然难以提取有益信息，并且建模需要关注的是磨机筒体上任意点旋转周期内蕴含的信息。另外，频谱与磨机负荷参数虽然直接相关[208]，但不同频谱与不同磨机负荷参数的映射关系差异性很大，还需要一种能够对 IMF 频谱特征进行分析和选择的方法。研究表明，MI 能有效地描述输入和输出数据间的映射关系。基于 MI 的筒体振动 IMF 频谱选择算法步骤如表 4.12 所列（以筒体振动信号为例）。

表 4.12 基于 MI 的筒体振动 IMF 频谱选择算法

输入：筒体振动 IMF 信号，MI 阈值
输出：筒体振动 IMF 频谱特征
步骤： （1）采用 Welch 方法计算 IMF 频谱，并将振动信号的第 j 个 IMF 频谱表示为 $\boldsymbol{x}_{\mathrm{VIMF}j_{\mathrm{V}}}^{\mathrm{f}}$。 （2）计算频谱 $\boldsymbol{x}_{\mathrm{VIMF}j_{\mathrm{V}}}^{\mathrm{f}}$ 的第 $p_{j_{\mathrm{V}}m_{\mathrm{V}}}$ 个变量与第 i 个磨机负荷参数间的 MI 值： $$\mathrm{MI}_i((\boldsymbol{x}_{\mathrm{VIMF}j_{\mathrm{V}}}^{\mathrm{f}})_{p_{j_{\mathrm{V}}m_{\mathrm{V}}}};y_i)=\int_{(\boldsymbol{x}_{\mathrm{VIMF}j_{\mathrm{V}}}^{\mathrm{f}})_{p_{j_{\mathrm{V}}m_{\mathrm{V}}}}}\int_{y_i}\sum\sum p((\boldsymbol{x}_{\mathrm{VIMF}j_{\mathrm{V}}}^{\mathrm{f}})_{p_{j_{\mathrm{V}}m_{\mathrm{V}}}},y_i)\log\frac{p((\boldsymbol{x}_{\mathrm{VIMF}j_{\mathrm{V}}}^{\mathrm{f}})_{p_{j_{\mathrm{V}}m_{\mathrm{V}}}},y_i)}{p((\boldsymbol{x}_{\mathrm{VIMF}j_{\mathrm{V}}}^{\mathrm{f}})_{p_{j_{\mathrm{V}}m_{\mathrm{V}}}})p(y_i)}\mathrm{d}((\boldsymbol{x}_{\mathrm{VIMF}j_{\mathrm{V}}}^{\mathrm{f}})_{p_{j_{\mathrm{V}}m_{\mathrm{V}}}})\mathrm{d}y_i \quad (1)$$ 其中：$p((\boldsymbol{x}_{\mathrm{VIMF}j_{\mathrm{V}}}^{\mathrm{f}})_{p_{j_{\mathrm{V}}m_{\mathrm{V}}}})$，$p(y_i)$ 为 $(\boldsymbol{x}_{\mathrm{VIMF}j_{\mathrm{V}}}^{\mathrm{f}})_{p_{j_{\mathrm{V}}m_{\mathrm{V}}}}$ 和 y_i 的边缘概率密度；$p((\boldsymbol{x}_{\mathrm{VIMF}j_{\mathrm{V}}}^{\mathrm{f}})_{p_{j_{\mathrm{V}}m_{\mathrm{V}}}},y_i)$ 是联合概率密度；$\mathrm{MI}_i((\boldsymbol{x}_{\mathrm{VIMF}j_{\mathrm{V}}}^{\mathrm{f}})_{p_{j_{\mathrm{V}}m_{\mathrm{V}}}};y_i)$ 采用密度估计方法（Parzen 窗法）近似计算[313]。 （3）依据经验设定 MI 阈值 $\theta_{\mathrm{MI}i}$。 （4）若 $\mathrm{MI}_i((\boldsymbol{x}_{\mathrm{VIMF}j_{\mathrm{V}}}^{\mathrm{f}})_{p_{j_{\mathrm{V}}m_{\mathrm{V}}}};\boldsymbol{y}_i)\geqslant\theta_{\mathrm{MI}i}$，保留该谱变量；否则，丢弃该特征。 （5）重复步骤（2）和步骤（4），直到选择完全部频谱变量，记为 $\boldsymbol{x}_{\mathrm{VIMF}j_{\mathrm{sel\_V}}i}^{\mathrm{f}}$，并简写为 $z_{\mathrm{V}ji}$

采用上述算法为第 i 个磨机负荷参数选择的筒体振动和振声的 IMF 频谱特征的集合 $\boldsymbol{Z}_i$ 采用下式表示：

$$\begin{aligned}\boldsymbol{Z}_i&=\{z_{\mathrm{V}1i},\cdots,z_{\mathrm{V}ji},\cdots,z_{\mathrm{V}J_{\mathrm{sel\_V}}i},\\&\quad z_{\mathrm{A}1i},\cdots,z_{\mathrm{A}ji},\cdots,z_{\mathrm{A}J_{\mathrm{sel\_A}}i}\}\\&=\{\boldsymbol{x}_{\mathrm{VIMF}1_{\mathrm{sel\_V}}i}^{\mathrm{f}},\ldots,\boldsymbol{x}_{\mathrm{VIMF}j_{\mathrm{sel\_V}}i}^{\mathrm{f}},\ldots,\boldsymbol{x}_{\mathrm{VIMF}J_{\mathrm{sel\_V}}i}^{\mathrm{f}},\\&\quad\boldsymbol{x}_{\mathrm{AIMF}1_{\mathrm{sel\_A}}i}^{\mathrm{f}},\ldots,\boldsymbol{x}_{\mathrm{AIMF}j_{\mathrm{sel\_A}}i}^{\mathrm{f}},\ldots,\boldsymbol{x}_{\mathrm{AIMF}J_{\mathrm{sel\_A}}i}^{\mathrm{f}}\}\end{aligned} \tag{4.44}$$

式中：$\boldsymbol{x}_{\mathrm{VIMF}j_{\mathrm{sel\_V}}i}^{\mathrm{f}}$，$\boldsymbol{x}_{\mathrm{AIMF}j_{\mathrm{sel\_A}}i}^{\mathrm{f}}$ 为第 i 个磨机负荷参数选择的筒体振动和振声 IMF 频谱特征变量。可见，第 i 个磨机负荷参数选择得到的频谱特征子集为 $(J_{\mathrm{sel\_V}}i+J_{\mathrm{sel\_A}}i)$ 个。本书此处记 $(J_{\mathrm{sel}}i=J_{\mathrm{sel\_V}}i+J_{\mathrm{sel\_A}}i)$，并将频谱特征子集重新编号，采用下式表示：

$$\boldsymbol{Z}_i=\{z_{1i},\cdots,z_{ji},\cdots,z_{J_{\mathrm{sel}}i}\} \tag{4.45}$$

式中：z_{ji} 为第 i 个磨机负荷参数选择的第 j 个频谱特征子集。

3. 基于 KPLS 频谱特征子模型

虽然采用基于 MI 的 IMF 频谱特征选择并没有考虑频谱变量间的相关性，但是与能够消除输入变量间的相关性、提取与输入输出数据均相关的潜变量建模的 KPLS 算法结合后克服了这一缺点。以频谱特征子集 z_{ji} 为例，假设训练样本数量是 k，z_{ji} 包含的频谱变量个数为 p_j，基于 KPLS 频谱特征子模型算法步骤如表 4.13 所列。

表 4.13　基于 KPLS 的 z_{ji} 频谱特征子模型建模算法

输入：筒体振动 IMF 的频谱特征
输出：筒体振动 IMF 频谱特征子模型

步骤：

（1）将 $\{(z_{ji})_l\}_{l=1}^{k}$ 映射到高维特征空间，获得建模样本的核矩阵：

$$\boldsymbol{K}_{ji} = \Phi((z_{ji})_l)^{\mathrm{T}}\Phi((z_{ji})_m),\quad l,m=1,2,\cdots,k \tag{1}$$

（2）对核矩阵 $\boldsymbol{K}_{ji}$ 进行中心化处理：

$$\tilde{\boldsymbol{K}}_{ji} = \left(\boldsymbol{I}-\frac{1}{k}\boldsymbol{1}_k\boldsymbol{1}_k^{\mathrm{T}}\right)\boldsymbol{K}_{ji}\left(\boldsymbol{I}-\frac{1}{k}\boldsymbol{1}_k\boldsymbol{1}_k^{\mathrm{T}}\right) \tag{2}$$

（3）基于非线性迭代偏最小二乘算法（NIPALS）[348]，运用留一交叉验证方法建立频谱特征子模型；计算交叉验证模型对训练样本 $\{(z_{ji})_l\}_{l=1}^{k}$ 的输出：

$$\hat{\boldsymbol{Y}}_{ji} = \tilde{\boldsymbol{K}}_{ji}\boldsymbol{U}_{ji}(\boldsymbol{T}_{ji}^{\mathrm{T}}\tilde{\boldsymbol{K}}_{ji}\boldsymbol{U}_{ji})^{-1}\boldsymbol{T}_{ji}^{\mathrm{T}}\boldsymbol{Y}_i \tag{3}$$

其中：$\boldsymbol{T}_{ji}$ 和 $\boldsymbol{U}_{ji}$ 为建模样本的得分矩阵。

（4）计算测试样本 $\{(z_{\mathrm{t},ji})_l\}_{l=1}^{k_{\mathrm{t}}}$ 的核矩阵：

$$\boldsymbol{K}_{t,ji} = \Phi((z_{\mathrm{t},ji})_l)\Phi((z_{ji})_m) \tag{4}$$

（5）对测试样本核矩阵进行中心化处理：

$$\tilde{\boldsymbol{K}}_{\mathrm{t},ji} = \left(\boldsymbol{K}_{\mathrm{t},ji}\boldsymbol{I}-\frac{1}{k}\boldsymbol{1}_{k_{\mathrm{t}}}\boldsymbol{1}_k^{\mathrm{T}}\boldsymbol{K}_{ji}\right)\left(\boldsymbol{I}-\frac{1}{k}\boldsymbol{1}_k\boldsymbol{1}_k^{\mathrm{T}}\right) \tag{5}$$

（6）计算测试样本的输出：

$$\hat{\boldsymbol{Y}}_{\mathrm{t},ji} = \tilde{\boldsymbol{K}}_{\mathrm{t},ji}\boldsymbol{U}_{ji}(\boldsymbol{T}_{ji}^{\mathrm{T}}\tilde{\boldsymbol{K}}_{ji}\boldsymbol{U}_{ji})^{-1}\boldsymbol{T}_{ji}^{\mathrm{T}}\boldsymbol{Y}_i \tag{6}$$

其中，$\boldsymbol{Y}_i$ 是建模样本第 i 个磨机负荷参数的输出矩阵

采用上述算法，针对第 i 个磨机负荷参数共建立 $J_{\mathrm{sel}}i$ 个频谱特征子模型，将训练样本的输出记为

$$\hat{\boldsymbol{Y}}_i = \{\hat{\boldsymbol{Y}}_{1i},\cdots,\hat{\boldsymbol{Y}}_{ji},\cdots,\hat{\boldsymbol{Y}}_{J_{\mathrm{sel}i}i}\} \tag{4.46}$$

式中：$\hat{\boldsymbol{Y}}_{ji}$ 为 z_{ji} 频谱特征子集的输出。

4．选择性集成学习模型

筒体振动和振声信号的 IMF 分量具有不同时间尺度和难以描述的物理意义。基于 IMF 频谱特征子模型映射了这些 IMF 分量与磨机负荷参数间的函数关系。基于选择性集成学习算法的磨机负荷参数软测量模型，就是通过选择最佳子模型及它们之间的最佳组合方式得到最佳映射关系的描述。在某种意义下，可以将该过程看作是最优特征选择过程。基于文献[233]的研究成果，本书首先确定加权系数（不限定加权系数的确定方法），再采用 BB 优化算法选择子模型及子模型加权系数的选择集成建模方法，算法步骤如表 4.14 所列。

表 4.14　基于频谱特征子集的选择性集成算法

<table>
<tr><td>输入：基于频谱特征子集的候选子模型</td></tr>
<tr><td>输出：最优选择性集成模型</td></tr>
<tr><td>步骤：
（1）按如下准则排序候选子模型的预测精度：
$$J_{\mathrm{RMSRE\_sub}}i=\theta_{\mathrm{th}}-\sqrt{\frac{1}{k}\sum_{l=1}^{k}\left(\frac{y_{ji}^{l}-\hat{y}_{ji}^{l}}{y_{ji}^{l}}\right)^{2}} \quad (1)$$
其中：k 为样本个数；y_i^l 为第 l 个样本第 i 个磨机负荷参数的真值；$\hat{y}_{ji}^l$ 为基于 z_{ji} 建立的磨机负荷参数子模型对第 l 个样本的估计值；θ_{th} 为依据经验设定的阈值。
（2）设定第 i 个磨机负荷参数集成子模型的数量 $J_{\mathrm{selopt}}i=2$ 。
（3）基于子模型排序，结合分支定界优化算法和子模型加权系数计算方法，按如下准则选择最优的集成子模型：
$$\max J_{\mathrm{RMSRE\_ens}}i=\theta_{\mathrm{th}}-\sqrt{\frac{1}{k}\sum_{l=1}^{k}\left(\frac{y_i^l-\sum_{j_{\mathrm{sel}}=1}^{J_{\mathrm{selopt}}i}w_{j_{\mathrm{sel}}i}\hat{y}_{j_{\mathrm{sel}}i}^{l}}{y_i^l}\right)^{2}} \quad (2)$$
其中：$J_{\mathrm{RMSRE\_ens}}i$ 为选择性集成模型的子模型数量为 $J_{\mathrm{selopt}}i$ 时的预测精度；$w_{j_{\mathrm{sel}}i}$ 为子模型加权系数。
若采用 AWF[233]、基于误差信息熵的加权[231]等方法计算加权系数，对 $w_{j_{\mathrm{sel}}i}$ 的约束条件为
$$\sum_{j_{\mathrm{sel}}=1}^{J_{\mathrm{selopt}}i}w_{j_{\mathrm{sel}}i}=1,\qquad 0\leqslant w_{j_{\mathrm{sel}}i}\leqslant 1 \quad (3)$$
若采用各种线性、非线性回归方法计算权系数，$w_{j_{\mathrm{sel}}i}$ 用下式表示
$$w_{j_{\mathrm{sel}}i}=f_w(\hat{y}_{j_{\mathrm{sel}}i})=f_w(f_{j_{\mathrm{sel}}i}(z_{j_{\mathrm{sel}}i})) \quad (4)$$
其中：$f_w(\cdot)$ 为选择的频谱特征子模型输出矩阵 $\hat{\boldsymbol{Y}}_{\mathrm{sel}\_i}$ 与真值 $\boldsymbol{Y}_i$ 间的映射关系；$f_{j_{\mathrm{sel}}i}(\cdot)$ 为频谱特征子集 $z_{j_{\mathrm{sel}}i}$ 与磨机负荷参数 $\boldsymbol{Y}_i$ 间的映射关系。
（4）令 $J_{\mathrm{selopt}}i=J_{\mathrm{selopt}}i+1$ 。
（5）若 $J_{\mathrm{selopt}}i=J_{\mathrm{sel}}i-1$，转至步骤（6）；否则转至步骤（3）；
（6）从大到小排序 $(J_{\mathrm{sel}}i-2)$ 个选择性集成模型，确定 max（ $J_{\mathrm{RMSRE\_ens}}$ ）的选择集成模型为最终磨机负荷参数模型</td></tr>
</table>

采用上述算法，针对第 i 个磨机负荷参数建立的选择性集成模型记为

$$y_i=\sum_{j_{\mathrm{sel}}=1}^{J_{\mathrm{selopt}}i}w_{j_{\mathrm{sel}}i}\hat{y}_{j_{\mathrm{sel}}i}=\sum_{j_{\mathrm{sel}}=1}^{J_{\mathrm{selopt}}i}w_{j_{\mathrm{sel}}i}f_{j_{\mathrm{sel}}i}(\boldsymbol{z}_{j_{\mathrm{sel}}i}) \tag{4.47}$$

式中：$J_{\mathrm{selopt}}i$ ，$\boldsymbol{z}_{j_{\mathrm{sel}}i}$ 和 $f_{j_{\mathrm{sel}}i}(\boldsymbol{z}_{j_{\mathrm{sel}}i})$ 为第 i 个磨机负荷参数选择集成模型的子模型数量、频谱特征子集和子模型表达式。

4.3.4　实验研究

实验在 XMQL420×450 球磨机上进行，该磨机的最大钢球装载量为 80kg，设计磨粉能力为 10kg/h，转速为 57r/min。实验选择的铜矿石直径小于 6mm，钢球尺寸为ϕ30mm、ϕ20mm 和ϕ15mm 三种，球径配比为 3∶4∶3。为保证球做抛落运动，球负荷由经验丰富的操作人员确定。为便于研究筒体振动、振声等信号与磨机负荷间的关系，实验工况的覆盖范围较宽，详见文献[208]。

1. EMD 分解结果

筒体振动信号采用固定在筒体表面的加速度传感器直接采集。考虑到数据量较大，

选取磨机旋转 4 周期长度的筒体振动和振声信号采用 EMD 方法自适应分解为 13 个和 14 个 IMF 信号。这些 IMF 的 2 个周期时域曲线如图 4.17、图 4.18 所示，其中图 4.17 中包含了原始的筒体振动信号。

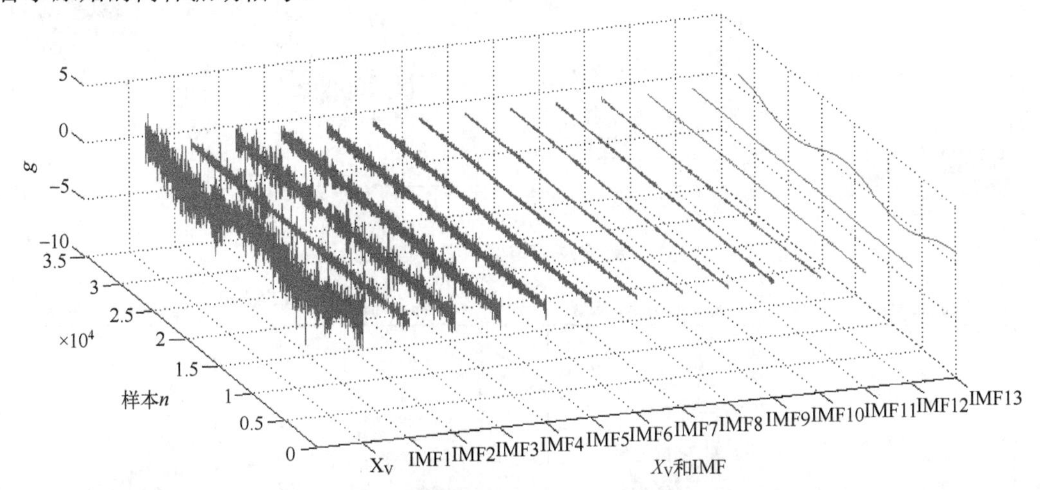

图 4.17　筒体振动信号 IMF 曲线（球负荷 40kg，物料负荷 10kg，水负荷 5kg）

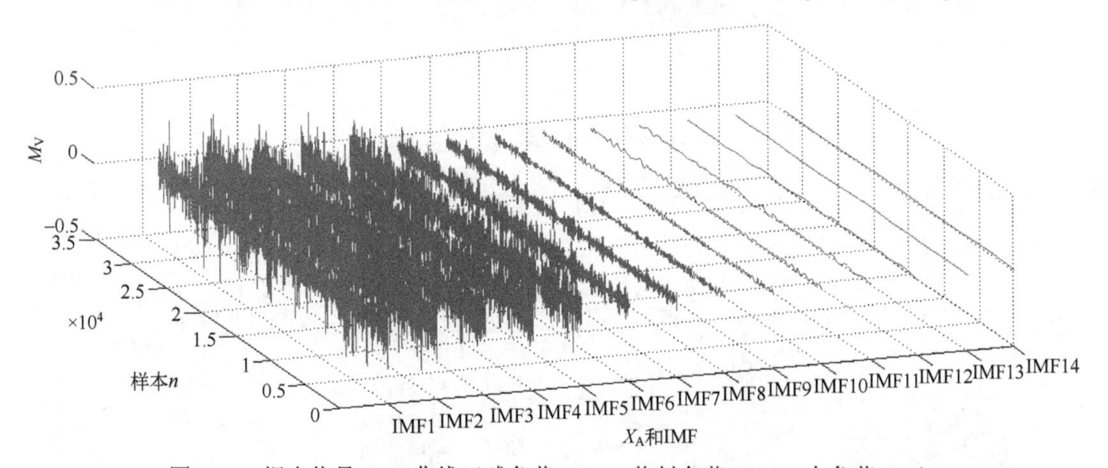

图 4.18　振声信号 IMF 曲线（球负荷 40kg，物料负荷 10kg，水负荷 5kg）

由图 4.17 和图 4.18 可知：采用 EMD 分解得到的 IMF 时间尺度是递减的，其中图 4.17 中的 IMF13 明显是一个周期性的正弦信号。文献[211]的研究表明，该信号即为磨机筒体自身的旋转周期。可见，EMD 分解后的 IMF 应该是具有明确物理含义的。由于磨机研磨机理、振动和振声信号产生机理的认识目前还不够透彻，大部分 IMF 信号物理含义难以合理解释。但是，可以通过选择性集成建模，确定哪些 IMF 蕴含丰富磨机负荷参数信息。

2．频谱特征选择结果

对每个 IMF 信号采用同文献[208]相同的参数变换到频域，然后基于文献[226]的方法计算磨机负荷参数与这些 IMF 频谱间的互信息，部分结果如图 4.19～图 4.23 所示。为减少参与建模的频谱数量，文中依据经验采用阈值 0.6，基于 3.2 节方法选择了不同频谱特征，最终为不同磨机负荷参数选择不同的频谱变量个数，具体如表 4.15 所列。其中 VIMF 和 AIMF 分别表示筒体振动和振声信号 IMF。

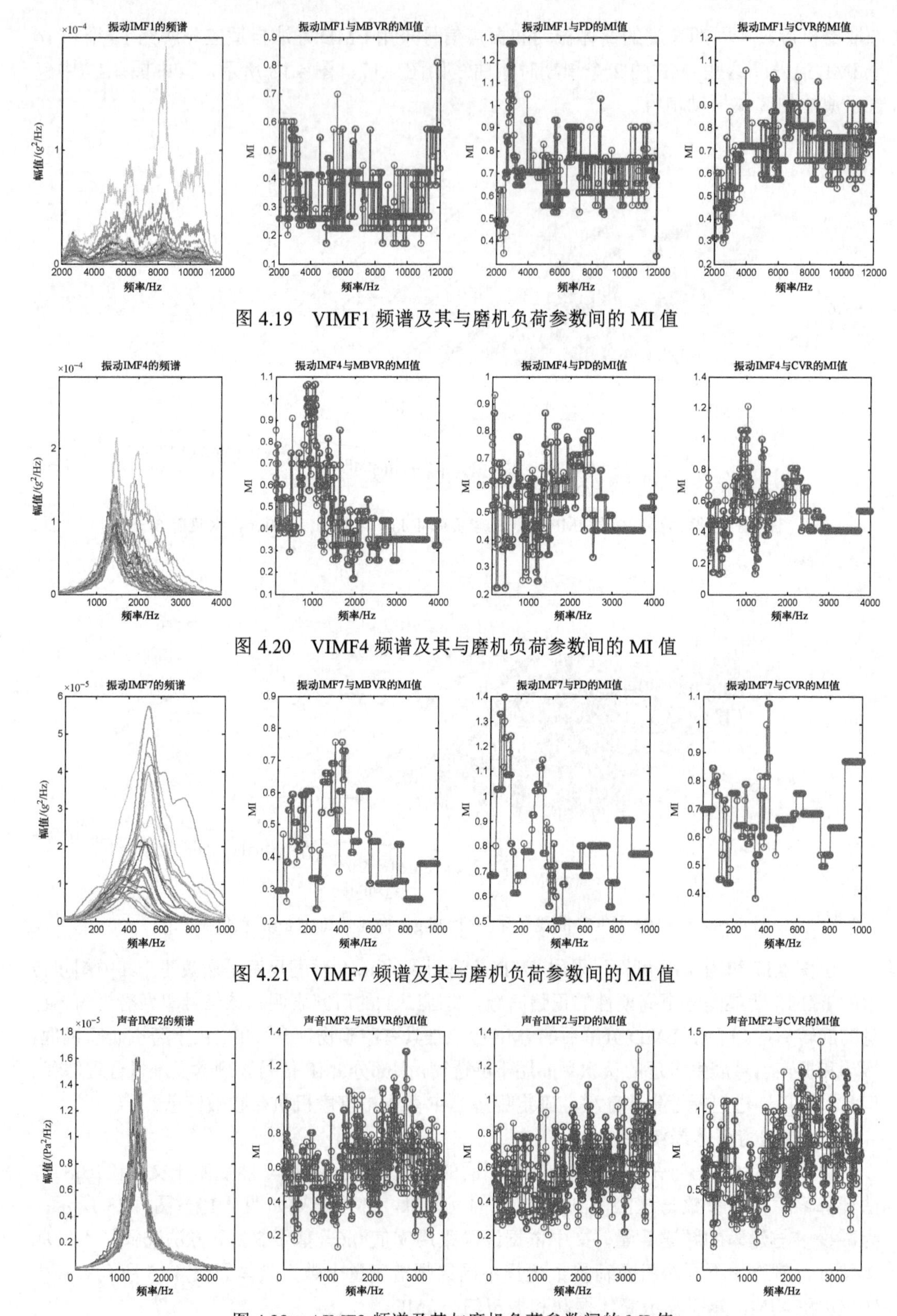

图 4.19　VIMF1 频谱及其与磨机负荷参数间的 MI 值

图 4.20　VIMF4 频谱及其与磨机负荷参数间的 MI 值

图 4.21　VIMF7 频谱及其与磨机负荷参数间的 MI 值

图 4.22　AIMF2 频谱及其与磨机负荷参数间的 MI 值

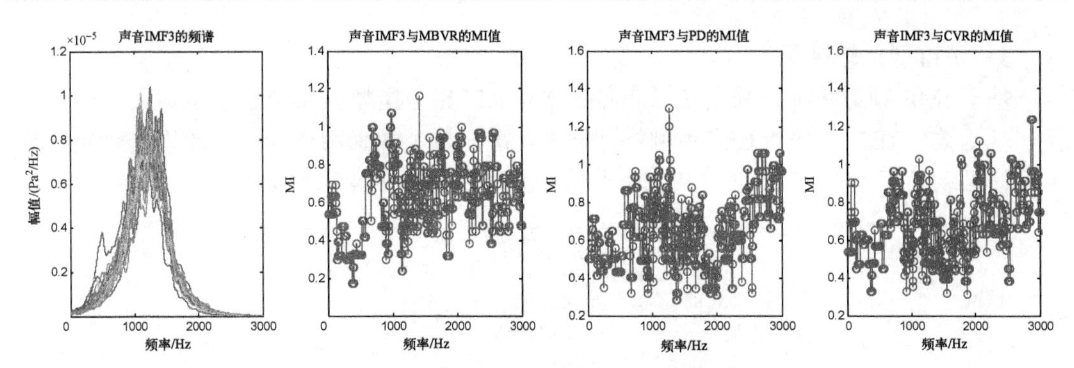

图 4.23　AIMF3 频谱及其与磨机负荷参数间的 MI 值

表 4.15　不同 IMF 频谱的范围、MI 值及选择的频谱数量

频谱	频谱范围	MBVR			PD			CVR		
		MI 最小值	MI 最大值	选择变量个数	MI 最小值	MI 最大值	选择变量个数	MI 最小值	MI 最大值	选择变量个数
VIMF1	2000:12000	0.1716	0.8118	228	0.3351	1.2709	8768	0.2954	1.1699	8239
VIMF2	1000:8500	0.1716	0.9989	1506	0.3351	1.0870	6848	0.3254	1.0570	6063
VIMF3	500:5500	0.1716	0.8731	1083	0.2820	1.2485	2939	0.1716	1.0269	2750
VIMF4	100:4000	0.1716	1.0646	705	0.2220	0.9331	992	0.1307	1.2108	960
VIMF5	100:3000	0.09123	1.102	527	0.2373	1.3289	1443	0.2373	1.3066	1.645
VIMF6	10:2000	0.09123	0.9108	144	0.2373	1.0513	1185	0.2373	1.0570	1028
VIMF7	10:1000	0.2373	0.7570	201	0.5016	1.394	9109	0.3835	1.0723	832
VIMF8	10:1000	0.09123	1.0646	181	0.2373	1.0212	3680	0.2264	0.9957	3240
VIMF9	1:500	0.2674	1.1150	133	0.3555	1.1247	222	0.3254	1.1527	259
VIMF10	1:300	0.1716	0.9485	39	0.2488	0.8751	22	0.2642	11024	37
VIMF11	1:200	0.1955	0.7461	35	0.2520	1.2709	30	0.2877	1.2485	54
VIMF12	1:150	0.3178	0.8150	17	0.2597	1.0493	22	0.2373	1.4604	26
AIMF1	1:4000	0.2297	1.3723	1795	0.1813	1.1751	1831	0.2297	1.2485	2705
AIMF2	1:3600	0.1307	1.2842	1840	0.1530	1.2989	1.541	0.1416	1.4381	2181
AIMF3	1:3000	0.1716	1.1604	1703	0.2820	1.2989	1728	0.3128	1.2389	1877
AIMF4	1:2000	0.2751	1.0570	907	0.2220	1.0870	1130	0.1996	1.0646	3370
AIMF5	1:1200	0.2877	1.0646	567	0.2974	1.1093	401	0.2597	1.1828	315
AIMF6	1:800	0.2597	0.8731	565	0.2016	1.0493	583	0.3254	1.1808	236
AIMF7	1:500	0.2877	1.0346	159	0.3478	1.0870	399	0.4103	1.0269	345
AIMF8	1:300	0.1416	0.9689	123	0.2373	1.0212	96	0.09123	0.9957	86
AIMF9	1:200	0.2297	0.8150	87	0.3478	0.8954	48	0.3254	0.7083	53
AIMF10	1:100	0.2954	0.9408	18	0.5016	1.0870	77	0.3254	0.7570	26
AIMF11	1:80	0.2297	0.6989	4	0.3478	0.8297	48	0.3835	0.9408	50
AIMF12	1:60	0.5450	0.6835	8	0.4940	0.6255	52	0.4716	0.6989	54

上述结果表明：

（1）不同 IMF 频谱的范围不同，时间尺度不同，EMD 分解是有效的。

（2）不同 IMF 频谱包含的磨机负荷参数信息不同，频谱选择是必要的。

（3）不同磨机负荷参数与 IMF 频谱的相关性不同，进行选择性信息融合是合理的。

因此，有效地选择 IMF 频谱特征，建立磨机负荷参数选择性集成模型是必要的。本书计算互信息的样本数量是 13 个，采用更多样本可提高互信息估计的准确度。

3．子模型比较结果

基于 IMF 频谱特征，采用 3.3 节方法建立 KPLS 子模型，其中子模型均采用统一的径向基函数（RBF），核半径采用网格法搜索，潜变量个数采用留一交叉验证法确定。基于筒体振动及振声 IMF 频谱的 KPLS 子模型测试误差如图 4.24 所示。

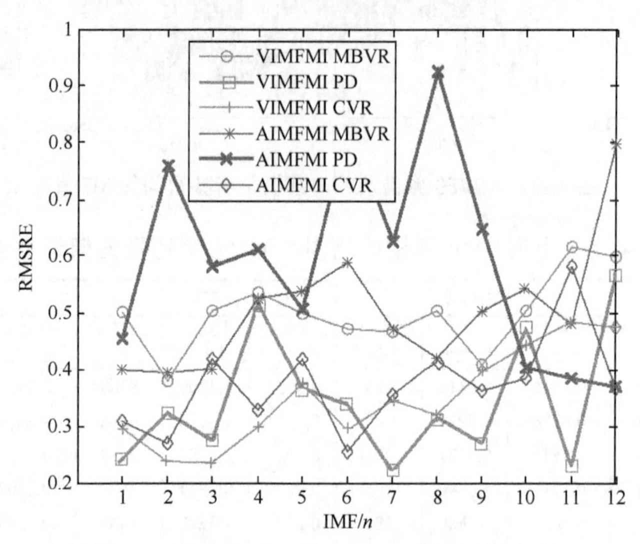

图 4.24 振动/振声 IMF KPLS 子模型测试误差

从图中可知：

（1）最佳频谱子模型是 AIMF2、VIMF7 和 VIMF2，这与 MBVR 主要和振声频谱、PD 以及 CVR 主要和振动频谱的结论相符合。

（2）磨机负荷参数子模型的测试误差并不完全与 MI 最大值和选择的变量个数相对应，表明映射关系的复杂性。

为与文献[238,237]提出的方法相比，图 4.25 和图 4.26 给出了与不进行筒体振动 IMF 频谱特征选择的 PLS/KPLS 子模型测试误差比较。

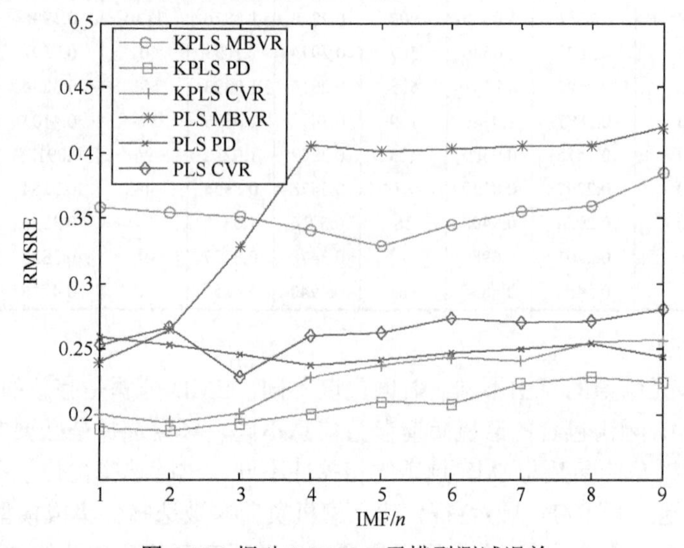

图 4.25 振动 IMF PLS 子模型测试误差

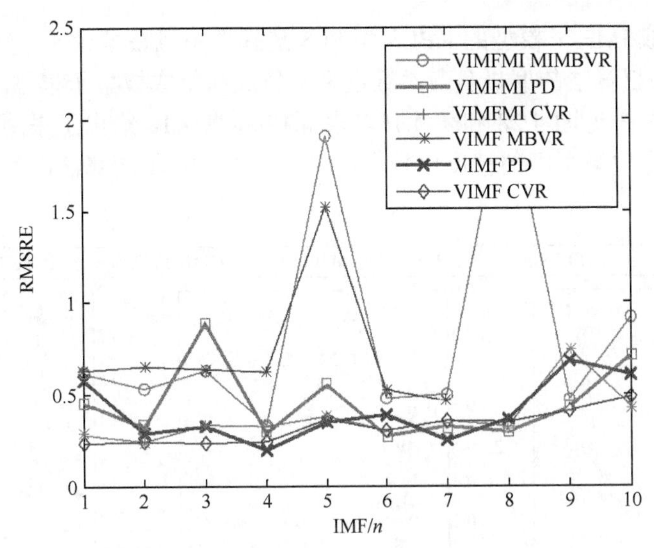

图 4.26　振动 IMFK PLS 子模型测试误差

图 4.25 和图 4.26 结果表明，基于 MI 进行特征选择的策略是有效的。

值得指出的是，考虑到计算量较大，本书并未结合预测误差选择 MI 阈值，特征选择方法还有进一步深入研究的必要。

4．选择性集成结果

采用 3.4 节所提算法对 IMF 子模型进行选择性集成，子模型加权算法分别选择了自适应加权融合算法、基于预测误差信息熵、基于 PLS 的子模型加权算法。为了与文献[10]进行比较，图 4.27 给出了基于 AWF 算法、子模型数量为 2～10 时的磨机负荷参数选择性集成 PLS/KPLS 模型测试误差曲线。

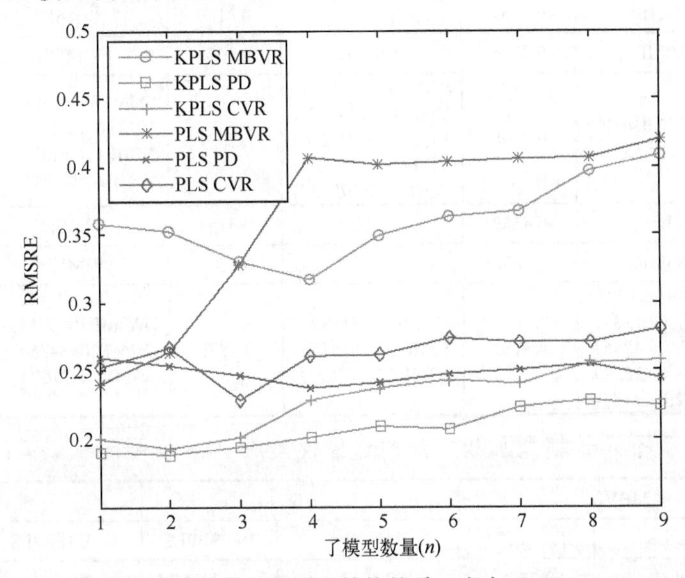

图 4.27　集成子模型数量与预测误差的关系（应为 SEKPLS，SEPLS）

本书中，采用“IMFKPLS”和“IMFPLS”表示最佳 IMF 子模型；“IMFEKPLS”和“IMFEPLS”表示集成全部 IMF 子模型的集成模型；“MFSIEKPLS”和“IMFSEPLS”表

示采用选择性集成 IMF 子模型的 KPLS 和 PLS 选择性集成模型。

基于 AWF 加权算法的磨机负荷参数选择性集成和集成模型子模型、子模型权系数、预测误差和预测曲线见图 4.28 和表 4.16。表 4.17 和表 4.18 给出了采用不同的子模型加权算法的选择性集成模型间的精度比较。表 4.16～4.18 中，不同算法的解释说明如表 4.19 所列。

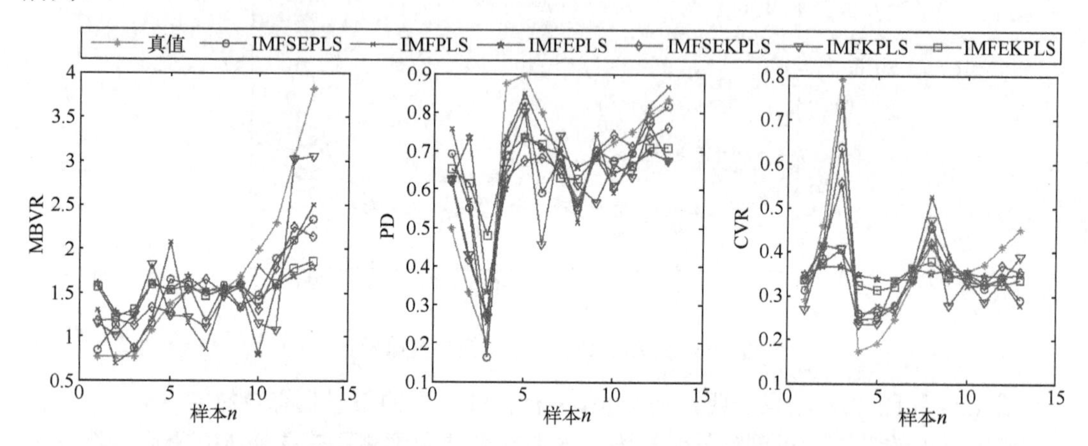

图 4.28 基于 AWF 加权子模型的磨机负荷参数软测量模型测试曲线

表 4.16 基于 AWF 加权子模型的不同建模方法的预测精度比较

建模方法	子模型与测试误差						均值
	MBVR		PD		CVR		
	子模型及权系数	RMSRE	子模型及权系数	RMSRE	子模型及权系数	RMSRE	
IMFEPLS	{1:16}	0.4951	{1:16}	0.4129	{1:16}	0.4127	0.4402
IMFPLS	{VIMF4}	0.3306	{VIMF6}	0.2690	{VIMF2}	0.2390	0.2795
IMFSEPLS	{AIMF3（0.4624）; VIMF4（0.5376）}	0.2398	{VIMF7（0.2072）; VIMF2（0.1481）; VIMF8（0.2425）; VIMF4（0.1302）; VIMF6（0.2721）}	0.2371	{AIMF2（0.1465）; VIMF6（0.4621）; VIMF1（0.1970）; VIMF2（0.1943）}	0.2281	0.2350
IMFEKPLS	{1:16}	0.4659	{1:16}	0.4757	{1:16}	0.3590	0.4335
IMFKPLS	{VIMF2}	0.3802	{VIMF7}	0.2204	{VIMF2}	0.2352	0.2786
IMFSEKPLS	{VIMF9（0.1293）; AIMF3（0.1238）; AIMF1（0.4796）; AIMF2（0.1359）; VIMF2(0.1314）}	0.3173	{VIMF1(0.2158）; VIMF11(0.4557）; VIMF7(0.3285）}	0.1876	{AVIMF7(0.3748）; VIMF2(0.3485）; VIMF3(0.2767）}	0.1932	0.2327

表 4.17 基于不同子模型加权方法的选择性集成 PLS 模型测试误差(RMSRE)

加权方法	MBVR		PD		CVR	
	IMFEPLS	IMFSEPLS	IMFEPLS	IMFSEPLS	IMFEPLS	IMFSEPLS
AWF	0.4951	**0.2398**	0.4129	0.2371	0.4127	0.2281
信息熵	0.3545	0.3931	0.4770	**0.2370**	0.3181	0.2994
PLSR	1.2518	0.2460	1.9227	0.3042	0.3416	**0.2148**
平均	0.7004	0.2929	0.9375	0.2594	0.3574	0.2474

表 4.18　基于不同子模型加权方法的选择性集成 KPLS 模型测试误差(RMSRE)

加权方法	MBVR		PD		CVR	
	IMFEKPLS	IMFSEKPLS	IMFEKPLS	IMFESKPLS	IMFEKPLS	IMFSEKPLS
AWF	0.4659	0.3173	0.4757	**0.1876**	0.3590	0.1932
信息熵	**0.2964**	0.4008	0.3838	0.2350	0.2441	0.2645
PLSR	0.3935	0.3717	0.3169	0.2580	0.2980	**0.1857**
平均	0.3852	0.3632	0.3921	0.2268	0.3003	0.2144

表 4.19　本书所用算法的中英文说明

算法简写	算法英文解释	算法中文解释
IMFPLS	Intrinsic mode functions based partial least squares	基于本征模态函数的偏最小二乘算法
IMFEPLS	Intrinsic mode functions based ensemble partial least squares	基于本征模态函数的集成偏最小二乘算法
IMFSEPLS	Intrinsic mode functions based selective ensemble partial least squares	基于本征模态函数的选择性集成偏最小二乘算法
IMFKPLS	Intrinsic mode functions based kernel partial least squares	基于本征模态函数的核偏最小二乘算法
IMFEKPLS	Intrinsic mode functions based ensemble kernel partial least squares	基于本征模态函数的集成核偏最小二乘算法
IMFSEKPLS	Intrinsic mode functions based selective ensemble kernel partial least squares	基于本征模态函数的选择性集成核偏最小二乘算法

由图 4.27、图 4.28 及表 4.16～表 4.18 可知：

（1）针对 MBVR 模型。由表 4.16 知，IMFSEKPLS 方法选择了{VIMF9，AIMF3，AIMF1，AIMF2，VIMF2}共 5 个子模型，但其预测误差却大于选择了{AIMF3，VIMF4}共 2 个子模型的 IMFSEPLS 方法，表明 MBVR 与 IMF 频谱具有线性关系；两种选择性集成模型中都选择了筒体振动信号的 IMF 子模型，这与文献[233]的选择不一致；但是从振声产生机理的角度看，振声信号的主要来源是筒体振动，通过 EMD 分解得到与 MBVR 更相关的 IMF 是合理的，也说明本书此处方法的合理性；从表 4.17 和表 4.18 可知，不同子模型加权方法的 IMFSEPLS 模型的平均预测误差低于 IMFSEKPLS 方法，同样表明了 MBVR 与 IMF 频谱间的线性映射关系，这与文献研究中可通过振声信号直接判断 MBVR 的结论相符。

（2）针对 PD 模型。由表 4.16 知，IMFSEKPLS 方法选择了{VIMF1，VIMF11，VIMF7}共 3 个子模型，预测误差为 0.1876，小于选择了{VIMF7，VIMF2，VIMF8，VIMF4，VIMF6}共 5 个子模型的 IMFSEPLS 方法，表明 PD 与 IMF 频谱非线性关系的存在；表 4.17 和表 4.18 的结果也表明 PD 与 IMF 频谱间的非线性映射关系；两种选择集成模型都只选择了筒体振动信号，该选择与文献[233]和国外关于半自磨机的研究相符合，也与筒体振动信号的产生机理的定性分析一致。

（3）针对 CVR 模型。由表 4.16 知，IMFSEKPLS 方法选择了{AVIMF7，VIMF2，VIMF3}共 3 个子模型，预测误差为 0.1932，小于选择了{AIMF2，VIMF6，VIMF1，VIMF2}共 4 个子模型的 IMFSEPLS 方法，表明 CVR 与筒体振动和振声 IMF 频谱均存在非线性映射关系；表 4.17 和表 4.18 结果也表明 CVR 与 IMF 频谱间的非线性映射关系；两种选择集成模型都选择了筒体振动和振声频谱，这与文献[233]只选择了筒体振动频谱特征的结论不相符合；但本书此处方法显然更为合理，因为工业现场操作人员往往根据振声信号沉闷与否判断是否“堵磨”，显然是靠人耳将振声信号“分解”，这与本书采用 EMD 方法分解信号相类似；文献[10]难以从振声频谱中提取到有效特征子集；同时，由于振声的源是筒体振动，选择振动 IMF 也是合理的。

（4）从表 4.17 和表 4.18 可知：集成全部子模型的 IMFEKPLS 和 IMFEPLS 模型的平均预测误差最大，说明简单的融合全部 IMF 信息的集成模型并不能获得最佳的建模性能，进行选择性集成建模是合理的；不同子模型加权方法针对不同的磨机负荷参数选择性集成模型的误差不同，表明加权方法还需要进一步的寻优。

本书从建立筒体振动和振声信号的主要组成成分特征与磨机负荷参数间的非线性映射关系角度出发，提出了基于经验模态分解和选择性集成学习算法的软测量方法，建立了基于不同时间尺度的本征模态函数频谱特征的选择性集成模型。该方法将经验模态分解技术与磨机筒体振动和振声信号的产生机理、工业现场领域专家识别磨机负荷的经验相结合，为深入理解筒体振动和振声蕴含磨机负荷参数信息的机理提供了更为有效的分析手段，较之前的研究方法更为合理，可以推广到具有类似信号特征的工业过程关键变量软测量建模中。

本书对筒体振动及振声信号仅是进行 4 个旋转周期自适应分解，需要结合机理和工业实际选择更有效预处理方式；目前对集成子模型的选择准则只考虑了选择性集成模型的均方根相对误差最小，下一步需要深入研究如何综合考虑子模型间的差异进行选择性集成；互信息阈值与集成模型预测精度间的关系有待于结合更多样本进行深入分析；考虑如何结合频谱特点研究更有效的非线性特征选择方法；子模型的加权算法需要进一步深入研究。

4.4 基于 EEMD 和模糊推理的多源高维频谱选择性集成建模

4.4.1 引言

球磨机筒体内部的振动信号相互耦合、叠加后形成筒体振声信号，而工业现场的磨机振声信号是由振动辐射噪声即筒体结构噪声、磨机内部混合声场传输至磨机外部的空气噪声、与磨机负荷无关的环境噪声等部分组成，具有与筒体振动信号相同的多组分特性。优秀运行专家可以凭借自身经验“听音”，推理识别所熟悉的特定磨机的负荷及其内部参数状态。这是基于人类运行专家“人脑模型”进行不确定性推理的选择性信息的融合过程。如何基于现有技术对运行专家的推理认知过程进行模仿是本章的主要关注点。

信号处理、机器学习等多学科领域的研究成果是开展磨机负荷检测研究的有效支撑[361]。EMD 技术可以有效地将筒体振动信号分解为系列具有不同带宽的多尺度信号，类似于对人耳“带通滤波”能力的模拟。对于 EMD 存在的模态混叠问题，可以采取 EEMD 技术予以克服[364]，但有价值的 IMF 特征的数量仍是有限的。为此，文献[365]提出了基于 MI 和 PLS 的 IMF 及其多类型谱特征的自适应选择方法。

特征提取和特征选择技术都可以有效地处理维数约简问题：一方面，特征选择技术以降低估计模型的泛化性能为代价，选择某些最重要的相关特征[366]；另一方面，特征提取方法采用线性或是非线性的方式确定合适的低维潜在特征替代高维原始特征。第 3 章实验研究结果表明，维数约简需要同时考虑输入和输出变量的贡献率，而基于 PCA 的特征选择方法未考虑输入和输出数据间的相关性。基于此，本章采用基于 PLS 的特征提取方法来有效克服这一问题[367]。该方法可以提取同时表征输入输出数据变化的潜在变量，将难以进行规则提取的多尺度频谱进行有效维数约简，从而模拟人脑的“特征抽取”能力。针对该问题，文献[367]提出了基于 PLS 的通用特征提取框架。由于多数工业过程都是非线性的，使得采用为输入数据扩展非线性项而实现非线性模型构建的核方法成为简单、高效的处理方法[368-372]，如 KPCA、核独立主元分析、核费舍尔判别分析和 KPLS 等。

优秀运行专家“听音”推理识别利用的是磨机研磨区域的振声信号。该信号源于筒体振动，并且夹杂着周围其他机械设备的背景噪声。因此，振声信号的灵敏度和可靠性均低于磨机筒体振动信号。由于磨矿过程中球磨机内部运动状态的复杂性和多变性，难以建立机理模型，且难以依据专家经验提取推理规则。长期生产实践表明，筒体振动和振声信号与磨机负荷参数之间具有模糊特性，如：当球磨机物料增加时，球磨机噪声发“闷”，即高频部分声级明显降低；球磨机物料减少时，噪声发“脆”，高频部分声级迅速提高。文献[263]指出，球磨机振声信号能够有效地检测磨机内部的料球比。文献[278]指出，振声信号的低频部分包含更多的磨机负荷信息。因此，采用模糊推理可以模拟专家依据经验进行规则的推理过程。

通常，模糊规则的提取过程被称为结构辨识。很多离线和在线的聚类策略，如模糊 C-均值、爬山聚类[373]、减法聚类[374]、递推在线聚类[375]用于模糊规则的提取，但是这些算法未考虑输入和输出数据空间存在的相互关系。文献[137]通过引入新设计的参数对输入空间进行加权，有效地解决了这一问题。文献[376]提出了基于数据挖掘和系统理论的模糊规则提取和自适应策略用于摩擦模型的建模。文献[377]提出了从数据中挖掘模糊规则的高效率算法，主要利用模糊规则的可解释性和透明性增加了模糊推理模型的可理解性，进而简化了构造模糊推理模型的难度。研究表明，优选可用的集成子模型进行选择性集成建模能够得到比简单集成全部子模型以及单一模型具有更佳的泛化性能[58]。因此，选择性的优化集成多个模糊推理模型可以获得更好的模型性能。依据多组分振动和振声信号的多尺度特征提取模糊规则，并基于专家知识进行合理性和完备性验证，再构建候选模糊推理子模型以避免规则“组合爆炸”，基于选择性信息融合策略建立模糊推理集成识别模型以实现最优化信息融合。

基于上述分析，本章提出了具有多层结构的、模拟“人脑识别”过程的，基于多尺度振动和振声频谱特征的磨机负荷参数软测量模型。

4.4.2 建模策略

基于 4.1 节的分析，本书提出了由多尺度振动/振声频谱变换及潜在特征自适应选择模块、基于多尺度振动和振声频谱有价值特征的模糊推理建模模块两部分组成的基于

EEMD 和模糊推理的多源高维频谱选择性集成建模策略，如图 4.29 所示。

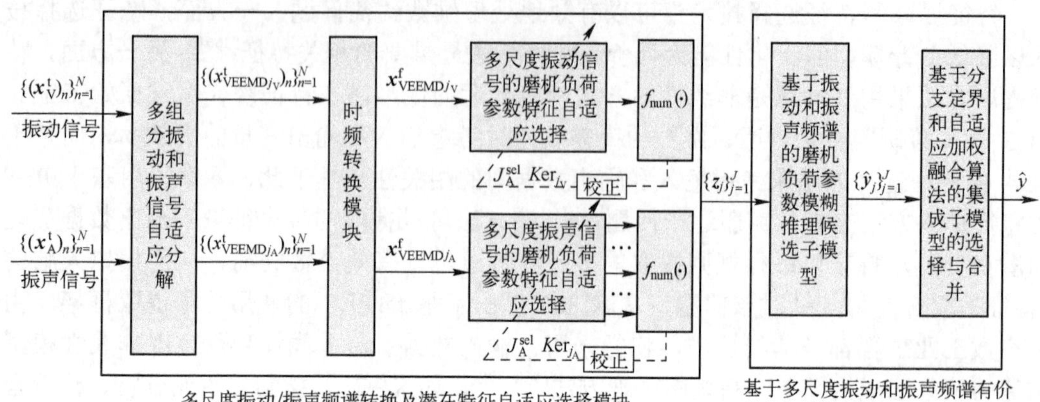

图 4.29　基于 EEMD 和模糊推理的多源高维频谱选择性集成建模策略

图 4.29 中，$\boldsymbol{X}_{\mathrm{V}}^{\mathrm{t}}=\{(x_{\mathrm{V}}^{\mathrm{t}})_n\}_{n=1}^{N}$ 和 $\boldsymbol{X}_{\mathrm{A}}^{\mathrm{t}}=\{(x_{\mathrm{A}}^{\mathrm{t}})_n\}_{n=1}^{N}$ 分别表示时域筒体振动和振声信号；$\boldsymbol{X}_{\mathrm{VEEMD}j_{\mathrm{V}}}^{\mathrm{t}}$ 和 $\boldsymbol{X}_{\mathrm{VEEMD}j_{\mathrm{A}}}^{\mathrm{t}}$ 表示第 j_{V} 个和第 j_{A} 个筒体振动和振声的 IMF 子信号；$J_{\mathrm{V}}^{\mathrm{sel}}$ 和 $J_{\mathrm{A}}^{\mathrm{sel}}$ 表示采用 KPLS 和 MI 相结合的 $f_{\mathrm{num}}(\cdot)$ 准则选择的有价值 IMF 子信号的数量；$\{\boldsymbol{z}_j\}_{j=1}^{J}$ 表示最终选择的 J 个用于构建候选模糊推理子模型的有价值子信号；$\{\hat{\boldsymbol{y}}_j\}_{j=1}^{J}$ 表示 J 个候选模糊推理子模型的输出；$\hat{y}$ 表示最终的选择性集成模糊推理模型的输出。

该策略中不同模块的功能如下：

（1）多尺度振动/振声频谱变换及潜在特征自适应选择模块。采用 EEMD 算法将预处理后的筒体振动和振声信号自适应分解为具有不同时间尺度的 IMF，并将这些子信号变换为多尺度频谱；采用 KPLS 算法提取多尺度频谱的潜在特征，结合 MI 度量不同子信号的频谱潜在特征的贡献率，再依据设定的阈值自适应选择 KPLS 的核参数，完成潜在特征的自适应提取与选择。

（2）基于多尺度振动和振声频谱有价值特征的模糊推理建模模块。采用同步聚类的方法构建候选模糊推理子模型的模糊规则和隶属度函数，采用分支定界优化算法和自适应加权融合算法选择并加权集成模糊推理子模型，获得最终磨机负荷参数选择性集成模糊推理模型。

4.4.3　建模算法

1. 多尺度机械频谱变换算法

原始 EMD 算法具有一些缺点，如缺少理论基础、具有端点效应、需要分解终止准则的确定等。这其中最突出的问题是模态混叠，因为存在模态混叠的 IMF 会使子信号本身丢失其物理含义。EEMD 通过噪声辅助分析技术来克服这一问题，但是需要选择两个分解参数，即附加噪声 A_{noise} 和集成数量 M。这两个参数的关系可以描述为

$$\ln e_{\mathrm{EEMD}}+\frac{A_{\mathrm{noise}}}{2}\ln M=0 \tag{4.48}$$

式中：e_{EEMD} 为原始信号与相应的 IMF 之间的误差的标准偏差。

EEMD 的分解过程可以描述如下：

（1）初始化 M 和 A_{noise}。

（2）添加 A_{noise} 到原始信号。

（3）对新信号执行 EMD 分解 M 次（步骤见第 3 章）。

（4）计算 M 次 EMD 分解的平均结果为最终的 EEMD 分解结果。

以筒体振动信号为例，EEMD 的分解结果可以表示为

$$X_{\mathrm{V}}^{\mathrm{t}} = \sum_{j_{\mathrm{V}}=1}^{J_{\mathrm{V}}} X_{\mathrm{VEEMD}j_{\mathrm{V}}}^{\mathrm{t}} + r_{J_{\mathrm{V}}} \tag{4.49}$$

EEMD 和 EMD 之间的关系可以表示为

$$\begin{cases} X_{\mathrm{VEEMD}j_{\mathrm{V}}}^{\mathrm{t}} = \dfrac{1}{M}\sum\limits_{m=1}^{M}(x_{\mathrm{VEMD}j_{\mathrm{V}}}^{\mathrm{t}})_m \\ r_{\mathrm{VEEMD}J_{\mathrm{V}}}^{\mathrm{t}} = \dfrac{1}{M}\sum\limits_{m=1}^{M}(r_{\mathrm{VEMD}J_{\mathrm{V}}}^{\mathrm{t}})_m \end{cases} \tag{4.50}$$

式中：$X_{\mathrm{VEMD}j_{\mathrm{V}}}^{\mathrm{t}}$ 为第 m 个 EMD 分解的第 j_{V} 个 IMF；$r_{\mathrm{VEEMD}J_{\mathrm{V}}}^{\mathrm{t}}$ 为分解后的残差。

EEMD 技术可以在一定程度上模拟人耳的带通滤波功能。对磨机筒体振动和振声信号的分解过程可以采用如下公式表示：

$$X_{\mathrm{V}}^{\mathrm{t}} = \{(x_{\mathrm{V}}^{\mathrm{t}})_n\}_{n=1}^{N} \Rightarrow \begin{cases} X_{\mathrm{VEEMD}j_1}^{\mathrm{t}} = \{(x_{\mathrm{VEEMD}j_1}^{\mathrm{t}})_n\}_{n=1}^{N} \\ \cdots \\ X_{\mathrm{VEEMD}j_{\mathrm{V}}}^{\mathrm{t}} = \{(x_{\mathrm{VEEMD}j_{\mathrm{V}}}^{\mathrm{t}})_n\}_{n=1}^{N} \\ \cdots \\ X_{\mathrm{VEEMD}J_{\mathrm{V}}}^{\mathrm{t}} = \{(x_{\mathrm{VEEMD}J_{\mathrm{V}}}^{\mathrm{t}})_n\}_{n=1}^{N} \end{cases} \tag{4.51}$$

$$X_{\mathrm{A}}^{\mathrm{t}} = \{(x_{\mathrm{A}}^{\mathrm{t}})_n\}_{n=1}^{N} \Rightarrow \begin{cases} X_{\mathrm{AEEMD}j_1}^{\mathrm{t}} = \{(x_{\mathrm{AEEMD}j_1}^{\mathrm{t}})_n\}_{n=1}^{N} \\ \cdots \\ X_{\mathrm{AEEMD}j_{\mathrm{A}}}^{\mathrm{t}} = \{(x_{\mathrm{AEEMD}j_{\mathrm{A}}}^{\mathrm{t}})_n\}_{n=1}^{N} \\ \cdots \\ X_{\mathrm{AEEMD}J_{\mathrm{V}}}^{\mathrm{t}} = \{(x_{\mathrm{AEEMD}J_{\mathrm{A}}}^{\mathrm{t}})_n\}_{n=1}^{N} \end{cases} \tag{4.52}$$

这些分解的信号按照频率由高到低依次排列。因有价值信息难以在时域内提取，有必要进行频域分析，将每个 IMF 采用 FFT 变换到频域。时域与频域 IMF 可用下式表示：

$$\begin{cases} \cdots \\ X_{\mathrm{VEEMD}j_{\mathrm{V}}}^{\mathrm{t}} \xrightarrow{\mathrm{FFT}} X_{\mathrm{VEEMD}j_{\mathrm{V}}}^{\mathrm{f}} \\ X_{\mathrm{AEEMD}j_{\mathrm{A}}}^{\mathrm{t}} \xrightarrow{\mathrm{FFT}} X_{\mathrm{AEEMD}j_{\mathrm{A}}}^{\mathrm{f}} \\ \cdots \end{cases} \tag{4.53}$$

虽然不同 IMF 信号具有不同的带宽，但在分辨率为 1Hz 时，高频段频谱的数量仍然高达数千维。

2．多尺度振动和振声频谱潜在特征自适应选择算法

特征提取方法采用线性/非线性方式确定适当的低维数据替代原始的高维数据。PLS 算法的目标是最大化输入数据 $\boldsymbol{X}=\{\boldsymbol{x}_l\}_{l=1}^k$ 和输出数据 $\boldsymbol{Y}=\{y_l\}_{l=1}^k$ 间的协方差，其中 k 为训练样本数量。第 1 个 PLS 的潜在得分 $\boldsymbol{t}_1$ 从求解 $\boldsymbol{X}$ 和 $\boldsymbol{Y}$ 的协方差的过程获得，可看作是第 1 个 LV；其余的 LV 是从前一步计算的 $\boldsymbol{X}$ 和 $\boldsymbol{Y}$ 的残差获得的，代表着前一步特征提取后剩余的变化。这样，采用较少数量的潜在特征可以替代较多的原始输入变量；但是 PLS 算法只能提取线性特征。KPLS 通过扩展非线性项到输入矩阵 $\boldsymbol{X}$ 进行数据非线性的处理：首先 $\boldsymbol{X}$ 被非线性映射到高维特征空间，然后在该特征空间上执行 PLS；最后获得原始输入变量的非线性潜在特征。

以筒体振动信号中第 j_{V} 个频谱 $\{(\boldsymbol{x}_{\mathrm{VEEMD}j_{\mathrm{V}}}^{\mathrm{f}})_l\}_{l=1}^k$ 为例进行说明。

首先，采用如下的“核技巧”实现非线性映射：

$$\boldsymbol{K}_{j_{\mathrm{V}}}^{\mathrm{Ker}_{j_{\mathrm{V}}}}=\varPhi((\boldsymbol{x}_{\mathrm{VEEMD}j_{\mathrm{V}}}^{\mathrm{f}})_l)^{\mathrm{T}}\varPhi((\boldsymbol{x}_{\mathrm{VEEMD}j_{\mathrm{V}}}^{\mathrm{f}})_m),\quad l,m=1,2,\ldots,k \tag{4.54}$$

式中：$\mathrm{Ker}_{j_{\mathrm{V}}}$ 为特征提取算法所采用的核参数。

从 $\{(\boldsymbol{x}_{\mathrm{VEEMD}j_{\mathrm{V}}}^{\mathrm{f}})_l\}_{l=1}^k$ 所提取的潜在特征可以表示为

$$\boldsymbol{Z}_{j_{\mathrm{V}}}=[(\boldsymbol{z}_{j_{\mathrm{V}}})_1,\ldots,(\boldsymbol{z}_{j_{\mathrm{V}}})_{p_{j_{\mathrm{V}}}},\ldots,(\boldsymbol{z}_{j_{\mathrm{V}}})_{h_{\mathrm{sel}}}] \tag{4.55}$$

式中：h_{sel} 是 KLVs 的数量，由下式决定：

$$\begin{aligned}&h_{\mathrm{sel}}=\min\{h_{\mathrm{hel}}^{\mathrm{Can}}\}\\&\mathrm{s.t.}\begin{cases}\sum\limits_{h_{\mathrm{klv}}=1}^{h_{\mathrm{hel}}^{\mathrm{Can}}}PV_{h_{\mathrm{klv}}}>K_{\mathrm{CPV}}\\h_{\mathrm{hel}}^{\mathrm{Can}}\in[1,h_{\mathrm{max}}]\end{cases}\end{aligned} \tag{4.56}$$

式中：

$$h_{\mathrm{max}}=\min\{\mathrm{rank}(\boldsymbol{X}_{\mathrm{VEEMD}j_{\mathrm{V}}}^{\mathrm{f}}),p_{j_{\mathrm{V}}}\} \tag{4.57}$$

式中：$p_{j_{\mathrm{V}}}$ 是 $\{(\boldsymbol{x}_{\mathrm{VEEMD}j_{\mathrm{V}}}^{\mathrm{f}})_l\}_{l=1}^k$ 的输入特征维数，即频谱变量的数量。

因此，通过基于先验知识给出预设定的 K_{CPV} 的值，可得到候选 KLV。

如何为不同的 IMF 频谱自适应的选择不同的核参数是首先需要解决的问题。

为了在给定范围 $[\mathrm{Ker}_{\min},\cdots,\mathrm{Ker}_{\max}]$ 内优化选择 $\mathrm{Ker}_{j_{\mathrm{V}}}$，此处定义新指标 $\delta_{j_{\mathrm{V}}}^{\mathrm{Ker}_{j_{\mathrm{V}}}}$，即综合指标：

$$\begin{aligned}\delta_{j_{\mathrm{V}}}^{\mathrm{Ker}_{j_{\mathrm{V}}}}&=\sum_{p_{j_{\mathrm{V}}}=1}^{h_{\mathrm{sel}}}(\delta_{j_{\mathrm{V}}}^{\mathrm{Ker}_{j_{\mathrm{V}}}})_{p_{j_{\mathrm{V}}}}\\&=\sum_{p_{j_{\mathrm{V}}}=1}^{h_{\mathrm{sel}}}\{(\delta_{j_{\mathrm{V}}}^{\mathrm{Ker}_{j_{\mathrm{V}}}})_{p_{j_{\mathrm{V}}}}*MI(\boldsymbol{y};(\boldsymbol{z}_{j_{\mathrm{V}}})_{p_{j_{\mathrm{V}}}})\}_{p_{j_{\mathrm{V}}}}\end{aligned} \tag{4.58}$$

式中：$(\delta_{j_V}^{\mathrm{Ker}_{jV}})_{p_{jV}}$ 是采用核参数 Ker_{j_V} 时第 p_{j_V} 个潜在特征的方差百分比；$\mathrm{MI}(\boldsymbol{y};(\boldsymbol{z}_{j_V})_{p_{jV}})$ 是第 p_{j_V} 个潜在特征 $(\boldsymbol{z}_{j_V})_{p_{jV}}$ 和磨机负荷参数 $\boldsymbol{y}$ 间的互信息值，其计算采用如下公式：

$$\begin{aligned}\mathrm{MI}\left(\boldsymbol{y};(\boldsymbol{z}_{j_V})_{p_{jV}}\right)&=\iint p(\boldsymbol{y},(\boldsymbol{z}_{j_V})_{p_{jV}})\log\frac{p(\boldsymbol{y},(\boldsymbol{z}_{j_V})_{p_{jV}})}{p((\boldsymbol{z}_{j_V})_{p_{jV}})p(\boldsymbol{y})}\mathrm{d}((\boldsymbol{z}_{j_V})_{p_{jV}})\mathrm{d}\boldsymbol{y}\\&=H(\boldsymbol{y})-H(\boldsymbol{y}\mid(\boldsymbol{z}_{j_V})_{p_{jV}})\end{aligned}\tag{4.59}$$

式中：$p((\boldsymbol{z}_{j_V})_{p_{jV}})$，$p(\boldsymbol{y})$ 为 $(\boldsymbol{z}_{j_V})_{p_{jV}}$ 和 $\boldsymbol{y}$ 的边际概率密度；$p(\boldsymbol{y},(\boldsymbol{z}_{j_V})_{p_{jV}})$ 为联合概率密度；$H(\boldsymbol{y}\mid(\boldsymbol{z}_{j_V})_{p_{jV}})$ 是条件熵；$H((\boldsymbol{z}_{j_V})_{p_{jV}})$ 是信息熵。

潜在特征提取的核参数 Ker_{j_V} 采用如下公式进行选择：

$$\begin{aligned}&\mathrm{Ker}_j=\max\{\delta_{j_V}^{\mathrm{Ker}_{jV}}\}\\&\mathrm{s.t.}\begin{cases}\delta_{j_V}^{\mathrm{Ker}_{jV}}=\sum\limits_{p_{jV}=1}^{h_{\mathrm{sel}}}(\delta_{j_V}^{\mathrm{Ker}_{jV}})_{p_{jV}}\\\mathrm{Ker}_{j_V}\in[\mathrm{Ker}_{\min},\cdots,\mathrm{Ker}_{\max}]\end{cases}\end{aligned}\tag{4.60}$$

式中：指标 $\delta_{j_V}^{\mathrm{Ker}_{jV}}$ 用于评估 IMF 是否是有价值。

通过预设定 θ_δ，采用如下准则进行判别：

$$\zeta_j=\begin{cases}1, & \delta_j^{\mathrm{Ker}_j}\geqslant\theta_\delta\\0, & \delta_j^{\mathrm{Ker}_j}<\theta_\delta\end{cases}\tag{4.61}$$

这些 $\zeta_j=1$ 的 IMF 被选择为有价值的子信号，将被选择的 IMF 的数量记为 $J_\mathrm{V}^{\mathrm{sel}}$，其计算为

$$J_\mathrm{V}^{\mathrm{sel}}=f_{\mathrm{num}}(\delta_{j_V}^{\mathrm{Ker}_{jV}}>\theta_\delta,\zeta_{j_V}=1)\tag{4.62}$$

式中：$f_{\mathrm{num}}(\cdot)$ 为 $\zeta_{j_V}=1$ 的全部 IMF 的数量。

对多尺度振声频谱而言，可利用相同方式进行处理。

最终，将这些选择的筒体振动和振声信号的 IMF 潜在特征作为训练子集。

为方便表述，将提取的磨机筒体振动和振声多尺度潜在特征进行统一编号，如下式：

$$\boldsymbol{Z}=[\boldsymbol{Z}_{1_V},\cdots,\boldsymbol{Z}_{j_V}^{\mathrm{sel}},\cdots,\boldsymbol{Z}_{J_V}^{\mathrm{sel}},\boldsymbol{Z}_{1_A},\cdots,\boldsymbol{Z}_{j_A}^{\mathrm{sel}},\cdots,\boldsymbol{Z}_{J_A}^{\mathrm{sel}}]=[\boldsymbol{Z}_1,\cdots,\boldsymbol{Z}_j,\cdots,\boldsymbol{Z}_J]=\{\boldsymbol{z}_j\}_{j=1}^{J}\tag{4.63}$$

式中：$J=J_\mathrm{V}^{\mathrm{sel}}+J_\mathrm{A}^{\mathrm{sel}}$，表示选择的 IMF 子信号数量，并假定 $\boldsymbol{Z}_j$ 中包含的潜在特征数量为 h'，其本质是基于某个被选择的 IMF 子信号频谱提取的潜在特征。

3．选择性集成模糊推理模型算法

针对上述过程产生的训练子集，可以看作是不同来源的传感器信息。这些训练子集是由不同的潜在特征集合构成的，而这些潜在特征是从理论上具有不同物理含义的多尺度子信号中提取的。可见，这些潜在特征以不同角度代表了所蕴含的磨机负荷参数的信息。

磨机筒体振动和振声信号都与磨机负荷参数间存在难以用精确数学模型描述的模糊关系，其子信号频谱特征与磨机负荷参数间同样存在类似的非线性映射关系。优秀的运

行专家凭借多年积累的经验，可以依据这些外部响应信号对磨机负荷进行模糊性的识别和估计，具体过程包括以下两个步骤：

（1）采用语言规则式的模糊推理技术，利用每个训练子集构建候选模糊推理子模型，避免因过多输入特征造成规则的组合爆炸。

（2）通过选择性信息融合技术选择互补性强的候选模糊推理子模型进行集成，模拟运行专家和大脑结构的多层模糊认知机制。

此处，采用选择性集成学习理论构建模糊推理模型。从集成学习的视角来看，该方法区别于其他常用的构造方式，属于基于“操纵输入特征”的集成构造方式，即采用不同的、在理论上具有真实物理含义的输入特征作为训练子集。

因此，结合具体的工程背景进行的选择性集成建模更具有实际价值和意义。

1）候选模糊推理子模型构建

构建候选子模型的模糊推理规则，如下式所示：

$$Rule\ g:\ \text{IF}\ z_{j1}\ \text{is}\ A^g\ \text{and},\cdots,\text{and}\ z_{jh'}\ \text{is}\ C^g\ \text{THEN}\ y\ \text{is}\ D^g \tag{4.64}$$

式中：g=1，…，G，G 为规则的数目，采用同步聚类方法确定；A^g、C^g 和 D^g 的隶属度函数分别为 γ_{A^g}、γ_{C^g} 和 γ_{D^g}。

采用产生式规则推理、单点模糊化和重心法解模糊后，系统的输出可由下式计算[377]：

$$\hat{y}_j = \left(\sum_{g=1}^{G} W_g[\gamma_{A^g},\cdots,\gamma_{C^g}]\right) \Bigg/ \left(\sum_{g=1}^{G}[\gamma_{A^g},\cdots,\lambda_{C^g}]\right) \tag{4.65}$$

式中：$\hat{y}_j$ 为第 j 个候选模糊推理模型的输出；W_g 为 $\gamma_{D^j}=1$ 的 $\hat{y}_j$ 点。

为了能够有效避免不正确规则，利用同步聚类方法确定隶属函数和模糊规则数，对输入和输出空间在同一时间区间内进行划分，具体规则为：如果从一个点到中心的距离小于指定的长度，那么该点就属于该类；当新的数据进入聚类时，聚类中心和整个类都要随该新的数据点的位置而进行变化。

为表示方便，本书中以构建三输入一输出的模糊推理子模型为例进行叙述。令 $u(k)=[z_1(k),z_2(k),z_3(k),y(k)]$ 表示在 k 时刻的新的数据点，则在该时刻的欧拉距离可以定义为

$$d_k = \left(\sum_{i=1}^{4}\left[\frac{u_i(k)-\bar{u}z_i^g}{u_{\max}-u_{\min}}\right]^2\right)^{1/2} \tag{4.66}$$

式中：$\bar{u}_i^g$ 为 k 时刻 $u_i(k)$ 的聚类中心。

对于第 g 个聚类，聚类中心的计算公式为

$$\bar{u}^g = \frac{1}{l_2^g - l_1^g + 1}\sum_{l=l_1^g}^{l_2^g} u_i(l) \tag{4.67}$$

式中：l_1^g 为聚类 g 中的第一个元素，l_2^g 为聚类 g 中的最后一个元素。

聚类 g 的长度为 $m^g = l_2^g - l_1^g + 1$，聚类 g 是在 $[l_1^g, l_2^g]$ 时间段上完成的。

同步聚类算法如表 4.20 所列。

表 4.20　同步聚类算法

步骤
步骤（1）：对于第一组数据 G_1，$k=1$，$u(1)$ 为第一个聚类的中心，即存在：$\overline{z}_i^1 = z_i(1)$，$\overline{y}^1 = y(1)$，$l_1^g = l_2^g = 1$。
步骤（2）：若新的一组数据加入聚类，即 $l_2^g = l_2^g + 1$，则计算 d_k；若没有新的数据进行聚类，则转向步骤（5）。
步骤（3）：如果 $d_k \leqslant L$，则 $u(k)$ 仍属于聚类 G_g，转向步骤（2）。
步骤（4）：如果 $d_k > L$，则由 $u(k)$ 产生一个新的类；则 $g = g+1$，$n = n+1$，聚类 G_j 的中心为 $\overline{u}_i^j = u(k)$，$l_1^g = l_2^g = k$，转向步骤（2）。
步骤（5）：重新比较所有聚类中心 $\overline{u}^g$ 之间的距离，如果 $d_k \leqslant L$，则两类合并为一个聚类

表 4.20 中，L 为产生新规则的阈值，即将两个目标聚成一个类所需要的相似度的最小可能取值。L 取值不宜过大，也不宜过小。如果 L 过小，最终将得到过多的聚类数，且许多都是单元素聚类；相反，如果 L 过大，则相似程度不是很高的元素将聚集到一个类中。但如果聚类数大于 1，则必须保证 $L < d_{\max}$。

隶属度函数选取为以下的高斯函数：

$$\gamma_{q^j} = \exp\left[-\left(\frac{z_i - \overline{q}^g}{\delta_q^g}\right)^2\right] \tag{4.68}$$

高斯函数的宽度采用如下公式选择：

$$\delta_q^g = \frac{\sigma_{\max}}{\sqrt{8\lg 2}} \tag{4.69}$$

式中：$q = A, B, \cdots, D$，$\sigma_{\max} = L/2$。

经过同步聚类操作，每个类对应一条模糊规则。假设每个类的中心分别为 $\overline{A}^g$、$\overline{B}^g$ 和 $\overline{C}^g$，则模糊规则的总数 G 为模糊聚类的个数。

2）集成子模型的选择和合并

在集成模型结构和子模型集成方法确定的情况下，选择性集成建模的实质是优选子模型的过程。选择性集成模型的 RMSRE 可表示为

$$E_{\text{RMSRE}} = \sqrt{\frac{1}{k}\sum_{l=1}^{k}\left(\frac{y^l - \hat{y}^l}{y^l}\right)^2} = \sqrt{\frac{1}{k}\sum_{l=1}^{k}\left(\frac{y^l - \sum\limits_{j_{\text{sel}}=1}^{J_{\text{sel}}} w_{j_{\text{sel}}}\hat{y}_{j_{\text{sel}}}^l}{y^l}\right)^2} \tag{4.70}$$

式中：k 为样本个数；y^l 为第 i 个磨机负荷参数的第 l 个样本的真值；$\hat{y}^l$ 为选择性集成模型对第 l 个样本的输出值；$\hat{y}_{j_{\text{sel}}}^l$ 为基于第 j_{sel} 个训练子集建立模型对第 l 个样本的输出值。

建立选择性集成模型的过程需要确定集成子模型数量、选择集成子模型和集成子模型的加权系数 $w_{j_{\text{sel}}}$，其可表述为如下的优化问题：

$$\min \quad E_{\text{RMSRE}} = \sqrt{\frac{1}{k}\sum_{l=1}^{k}\left(\frac{y^l - \sum\limits_{j_{\text{sel}}=1}^{J_{\text{sel}}} w_{j_{\text{sel}}}\hat{y}_{j_{\text{sel}}}^l}{y^l}\right)^2} \tag{4.71}$$

$$\text{s.t.}\quad \sum_{j_{\text{sel}}=1}^{J_{\text{sel}}} w_{j_{\text{sel}}}=1,\quad 0\leqslant w_{j_{\text{sel}}}\leqslant 1,\quad 1<j_{\text{sel}}<J_{\text{sel}},\quad 1<J_{\text{sel}}\leqslant J$$

采用优化目标最大化，上述优化问题转化为

$$\max\quad E_{\text{RMSRE}}=\theta_{\text{th}}-\sqrt{\frac{1}{k}\sum_{l=1}^{k}\left(\frac{y^l-\sum_{j_{\text{sel}}=1}^{J_{\text{sel}}} w_{j_{\text{sel}}}\hat{y}_{j_{\text{sel}}}^l}{y^l}\right)^2} \tag{4.72}$$

$$\text{s.t.}\quad \sum_{j_{\text{sel}}=1}^{J_{\text{sel}}} w_{j_{\text{sel}}}=1,\quad 0\leqslant w_{j_{\text{sel}}}\leqslant 1,\quad 1<j_{\text{sel}}<J_{\text{sel}},\quad 1<J_{\text{sel}}\leqslant J$$

式中：θ_{th}为设定阈值。

直接求解式（4.64）的优化问题需要同时确定集成子模型的数量，选择集成子模型及集成子模型的加权系数。但事先并不知道需要集成多少子模型，并且集成子模型的加权系数是在选择完集成子模型后再通过加权算法得到的，而且最优子模型的数量也是未知的。

为此，将这一较为复杂的优化问题分解为若干个子优化问题：

（1）给定集成子模型的数量。

（2）选择集成子模型并计算加权系数。

（3）在选择完具有不同子模型数量的最优选择性集成模型后，排序选择具有最小建模误差的选择性集成模型作为最终磨机负荷参数软测量模型。

确定上述优化策略后，需要确定子模型的加权算法。

AWF 算法主要用于多传感器信息的融合，在总均方差最小的条件下，根据各个传感器所得到的测量值以自适应的方式寻找各传感器所对应的最优加权因子，使融合后的目标观测值最优。采用 AWF 算法计算被选子模型的加权系数，其计算公式如下：

$$w_{j_{\text{sel}}}=1\bigg/\left((\sigma_{j_{\text{sel}}})^2\sum_{j_{\text{sel}}=1}^{J_{\text{sel}}}\frac{1}{(\sigma_{j_{\text{sel}}})^2}\right) \tag{4.73}$$

式中：$\sum_{j_{\text{sel}}=1}^{J_{\text{sel}}} w_{j_{\text{sel}}}=1$，$0\leqslant w_{j\text{sel}}\leqslant 1$，$w_{j_{\text{sel}}}$是基于第$j_{\text{sel}}$个训练子集建立的子模型所对应的加权系数；$\sigma_{j_{\text{sel}}}$为子模型输出值$\{\hat{y}_{j_{\text{sel}}}^l\}(l=1,2,\cdots,k)$的标准差，$k$为样本个数；$j_{\text{sel}}=1,2,\cdots,J_{\text{sel}}$，$J_{\text{sel}}$是选择的集成子模型的个数。

选择性集成模型的输出值$\hat{y}$为

$$\hat{y}=\sum_{j_{\text{sel}}=1}^{J_{\text{sel}}} w_{j_{\text{sel}}}\hat{y}_{j_{\text{sel}}} \tag{4.74}$$

式中：$\hat{y}_{j\text{sel}}$为基于第j_{sel}个训练子集建立的模型的输出。

集成子模型数量为J_{sel}的选择性集成建模过程可以看作一个同时优选集成子模型及

其加权系数的最优化问题。在权系数采用 AWF 算法确定的情况下，在上述准则下选择最优集成子模型的算法类似于最优特征选择算法。在已知最优特征个数，能够实现最优特征选择的算法只有枚举和 BB 算法。BB 算法作为组合优化工具，可以通过分支和定界过程以较高计算效率获得最优子集，并在特征选择问题上广泛应用[357,359]。因此，可以结合基于 BB 的寻优算法和基于 AWF 的加权算法，实现同时选择最佳集成子模型和计算子模型加权系数的选择性集成建模。

本章采用多次运行 BB 和 AWF 算法的方式实现最优子模型的选择[262]：首先分别确定子模型个数为 2 到 $(J-1)$ 时的最优选择性集成模型，然后将这些选择性集成模型进行排序，最后依据建模精度选择最终的磨机负荷软测量模型。

综上所述，基于 BB 和 AWF 的选择性集成模糊模型算法如表 4.21 所列。

表 4.21　基于 BB 和 AWF 的选择性集成模糊模型算法

步骤
步骤（1）：建立 J 个的候选模糊集成子模型。
步骤（2）：设定选择的子模型的数量 $J_{sel}=2$。
步骤（3）：结合 BB 和 AWF 算法选择包含 J_{sel} 个子模型的最优选择性集成模糊模型。
步骤（4）：令 $J_{sel}=J_{sel}+1$。
步骤（5）：若 $J_{sel}=J-1$，转至步骤（6），否则，转至步骤（3）。
步骤（6）：排序 $(J-2)$ 个选择性集成模糊模型，确定最终集成模型

4.4.4 实验研究

1．数据描述

实验条件和数据的详细描述同第 3 章的实验研究部分，其中：筒体振动信号的采集频率是 51200Hz，振声信号的采集频率是 8000Hz。

2．实验结果

1）多尺度机械频谱分解及变换结果

基于 EEMD 技术将磨机旋转 4 个周期的原始筒体振动和振声信号分解为多时间尺度子信号，再利用 FFT 变换把这些具有不同时间尺度的 IMF 转化为多尺度频谱。前 8 个筒体振动子信号（此处记为 VIMF）和振声子信号（此处记为 AIMF）的频谱如图 4.30 所示。

图 4.30 表明，这些多尺度子信号按照频谱形状处的频率由高到低依次排列。因为这些多尺度子信号分解后获得的多尺度频谱仍然具有高维共线性，所以在构建软测量模型前需要进行维数约简和共线性处理。

2）多尺度机械频谱潜在特征自适应选择结果

针对本书所采用的基于 KPLS 的特征提取方法，为不同的多尺度频谱选择相同的 RBF 作为核函数。基于先验知识，RBF 的候选核半径为 0.1、1、10、100 和 1000。基于 KPLS 提取潜在核特征，基于 MI 计算这些特征与磨机负荷参数间相关性的强弱。下面将对 3 个不同的磨机负荷参数选择的多尺度频谱结果分别进行详细描述。

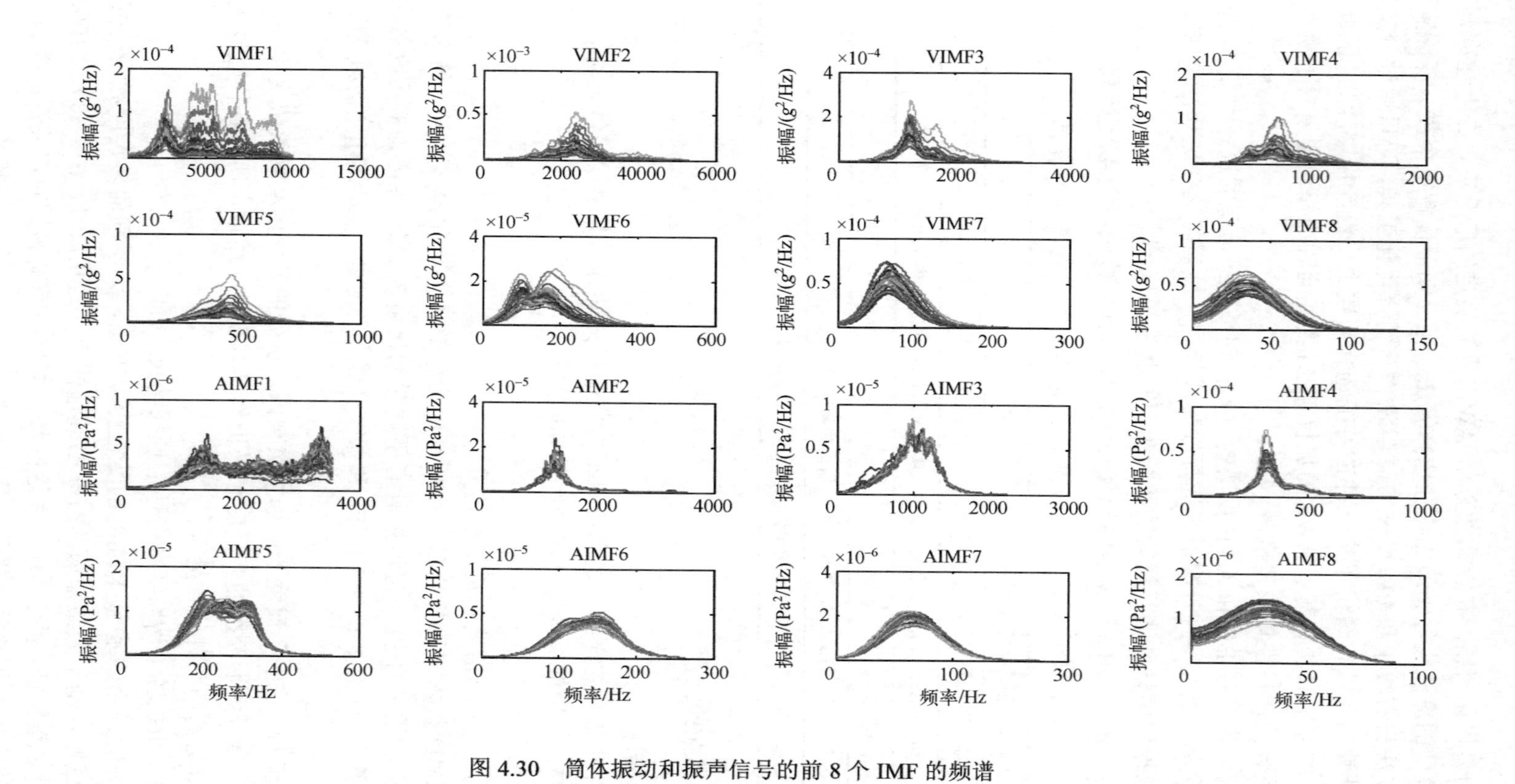

图 4.30 筒体振动和振声信号的前 8 个 IMF 的频谱

（1）针对 MBVR 提取的核潜在频谱特征。

针对 MBVR，取不同 RBF 半径时，前 10 个 IMF 的 KPLS 潜在核特征的方差累积贡献率（cumulative percent variance，CPV）和互信息，如图 4.31 所示（此处以振动信号中核半径取值为 0.1 时为例）；这些 IMF 的最大 PV 值、MI 值和综合指标值如表 4.22 和表 4.23 所列。

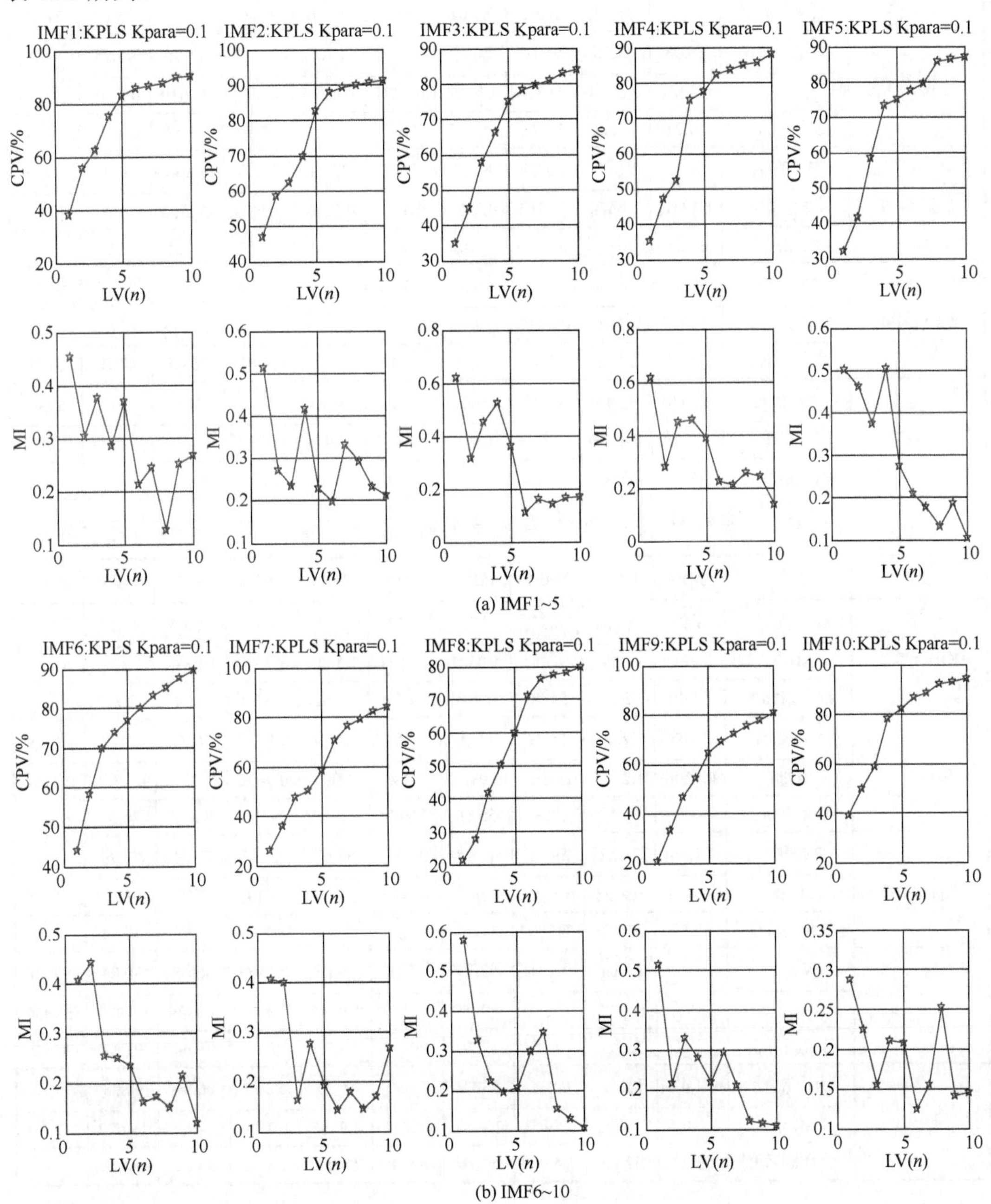

图 4.31　MBVR：筒体振动 IMF1～10 的 KPLS 潜在特征的 CPV 和互信息

表 4.22　MBVR：筒体振动前 10 个 IMF 潜在特征的最大 PV 值、MI 值和综合指标值

参数	指标	IMF1	IMF2	IMF3	IMF4	IMF5	IMF6	IMF7	IMF8	IMF9	IMF10
Kpara=0.1	PV 值/%	37.81	47.10	34.87	35.35	32.05	44.16	26.24	21.18	20.74	38.88
	MI 值	0.4537	0.5132	0.6206	0.6177	0.5036	0.4433	0.4080	0.5798	0.5147	0.2877
	综合指标值	31.21	36.23	39.62	41.02	36.73	31.10	22.97	26.82	25.27	21.97
Kpara=1	PV 值/%	66.98	61.35	53.16	60.49	70.64	68.2	34.02	32.36	43.56	69.39
	MI 值	0.3381	0.5164	0.5356	0.5904	0.4427	0.4117	0.3264	0.5039	0.3617	0.2255
	综合指标值	30.22	42.39	39.41	48.75	37.87	29.50	24.50	29.52	27.82	20.11
Kpara=10	PV 值/%	92.73	91.48	83.84	86.12	72.29	77.84	43.93	57.06	60.44	73.73
	MI 值	0.4110	0.4678	0.3765	0.3938	0.3170	0.3218	0.3471	0.4502	0.3688	0.2411
	综合指标值	32.27	36.04	35.65	30.43	30.41	28.38	27.53	35.21	29.96	23.26
Kpara=100	PV 值/%	98.35	98.15	95.21	96.54	86.88	79.54	56.04	57.08	67.10	61.27
	MI 值	0.4234	0.7109	0.4317	0.5457	0.4118	0.3029	0.2934	0.4236	0.3202	0.2838
	综合指标值	32.98	37.92	32.76	29.39	29.41	27.53	26.81	36.45	30.10	19.26
Kpara=1000	PV 值/%	98.60	98.44	95.80	97.09	88.58	84.96	64.26	59.84	69.43	64.44
	MI 值	0.5273	0.4237	0.5027	0.5506	0.4118	0.2993	0.2961	0.4022	0.3349	0.2381
	综合指标值	33.24	37.48	30.61	29.82	30.70	26.83	27.53	36.56	32.25	19.31

表 4.23　MBVR：振声前 10 个 IMF 潜在特征的最大 PV 值、MI 值和综合指标值

参数	指标	IMF1	IMF2	IMF3	IMF4	IMF5	IMF6	IMF7	IMF8	IMF9	IMF10
Kpara=0.1	PV 值/%	8.40	8.33	8.33	8.35	8.52	9.02	9.79	10.44	11.85	14.54
	MI 值	1.7381	1.7381	1.7381	1.7381	1.7381	1.7381	1.7381	1.7381	1.7381	1.584
	综合指标值	64.49	53.87	54.00	62.63	62.29	61.62	69.29	71.06	62.10	67.88
Kpara=1	PV 值/%	34.68	22.20	18.22	24.69	25.84	21.24	29.31	36.72	29.84	60.83
	MI 值	0.9108	1.2485	1.0366	0.9989	1.248	1.006	0.9656	0.9989	0.9766	0.8150
	综合指标值	70.70	69.52	62.82	65.66	75.13	62.15	56.52	80.15	76.30	63.70
Kpara=10	PV 值/%	71.36	76.32	59.18	49.14	37.33	52.67	55.70	63.21	83.79	97.41
	MI 值	0.8451	1.3723	0.8451	0.7493	1.2485	0.8751	0.9408	1.1604	0.8999	0.9108
	综合指标值	59.53	65.21	60.80	56.55	96.74	78.87	80.33	88.79	70.54	90.75
Kpara=100	PV 值/%	74.20	85.04	67.31	53.55	37.33	56.84	57.46	66.68	89.84	99.40
	MI 值	0.9989	1.0723	0.7870	0.9989	1.2485	1.0646	0.8451	0.9989	0.9989	0.9969
	综合指标值	53.80	62.49	61.60	62.76	90.96	84.92	82.27	89.64	98.11	48.00
Kpara=1000	PV 值/%	74.43	85.77	68.11	53.99	37.30	58.35	57.59	66.94	90.03	99.45
	MI 值	1.0366	1.0723	0.7947	0.8451	1.2485	0.9485	1.0646	0.9989	1.1527	0.7570
	综合指标值	53.83	62.10	64.97	61.76	87.18	85.37	82.34	89.72	99.42	47.99

图 4.32 和图 4.33 所示为不同核参数时，针对磨机负荷参数 MBVR，基于 KPLS 提取的筒体振动和振声潜在特征的 IMF1～10 的最大 PV 值、MI 值和综合指标值。

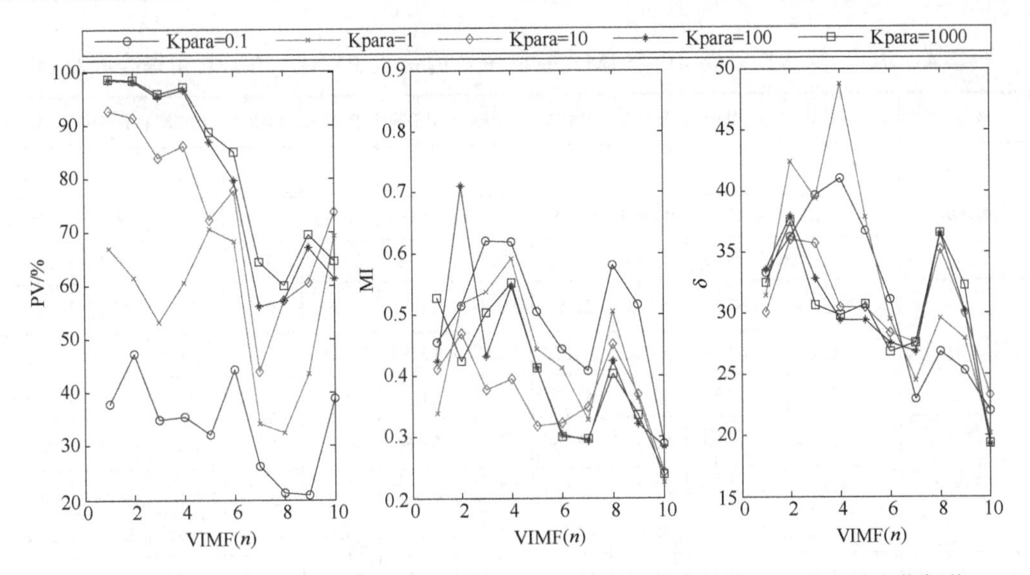

图 4.32　MBVR：不同核参数时筒体振动 IMF1～10 的最大 PV 值、MI 值和综合指标值

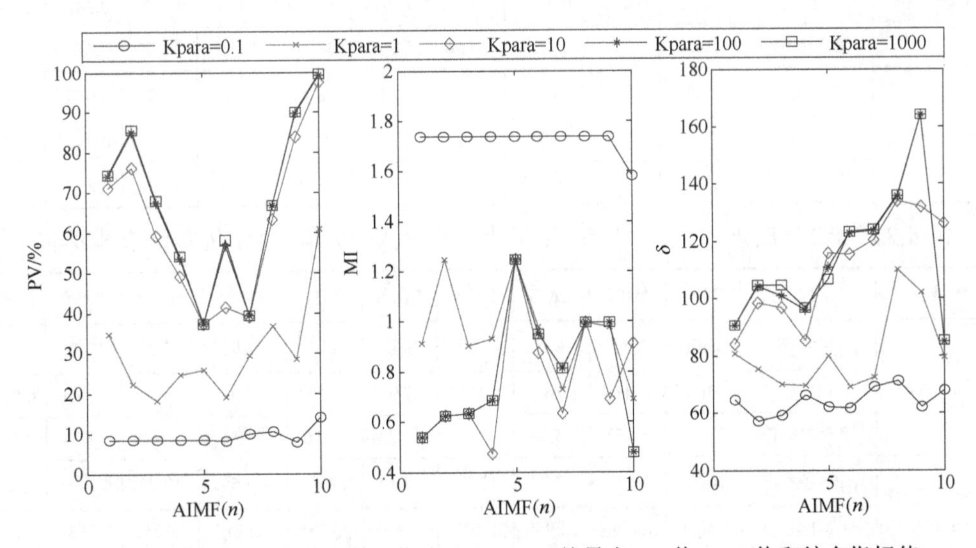

图 4.33　MBVR：不同核参数时振声 IMF1～10 的最大 PV 值、MI 值和综合指标值

由图 4.33 可知：核参数越大，与 MBVR 相关的频谱特征的方差贡献率越高；不同 IMF 的互信息最大值与不同的核参数相关；不同 IMF 的综合指标与不同的核半径相关。

因此，可以为不同 IMF 选择不同的核半径。

构建软测量模型时，带有较少贡献率的潜在变量作为模型输入可能会造成模型稳定性的降低。因此，需要依据实际情况设定 CPV 上限值以选择适合的潜在变量。

（2）针对 PD 提取的核潜在频谱特征。

采取与 MBVR 相同的核潜在频谱特征提取方法，针对 PD 磨机负荷参数，径向基函数（RBF）半径取不同值时，振动和振声信号前 10 个 IMF 的 KPLS 潜在核特征方差贡献率（PV%）、MI 和综合指标值如表 4.24 和表 4.25 所列。

表 4.24 PD：筒体振动前 10 个 IMF 潜在特征的最大 PV 值、MI 值和综合指标值

参数	指标	IMF1	IMF2	IMF3	IMF4	IMF5	IMF6	IMF7	IMF8	IMF9	IMF10
Kpara=0.1	PV 值/%	38.54	34.67	27.69	30.67	35.99	48.51	29.49	20.31	21.01	40.19
	MI 值	0.5045	0.4859	0.5856	0.6249	0.6566	0.5088	0.5611	0.3741	0.4484	0.2962
	综合指标值	38.03	34.70	33.15	36.79	35.59	36.19	29.79	20.86	20.46	19.81
Kpara=1	PV 值/%	68.48	67.83	55.50	63.28	71.49	66.67	40.02	47.48	48.47	69.56
	MI 值	0.5667	0.5155	0.5073	0.5351	0.5594	0.6455	0.5644	0.3790	0.3367	0.2695
	综合指标值	50.25	45.43	42.38	46.67	51.26	55.53	40.09	30.53	23.98	18.69
Kpara=10	PV 值/%	93.40	93.33	88.99	90.06	77.64	79.80	60.14	72.53	74.59	75.49
	MI 值	0.7424	0.7122	0.5570	0.7054	0.7347	0.6316	0.6171	0.4373	0.3270	0.2784
	综合指标值	72.03	65.87	44.14	68.94	68.83	59.81	44.75	38.75	27.50	25.86
Kpara=100	PV 值/%	98.45	98.38	96.38	97.15	89.81	83.64	70.82	73.16	83.50	74.85
	MI 值	0.7724	0.6434	0.5423	0.6579	0.6914	0.5387	0.6408	0.4329	0.3021	0.2423
	综合指标值	76.35	63.80	53.03	65.24	66.78	51.66	53.62	38.67	28.29	22.77
Kpara=1000	PV 值/%	98.68	98.61	96.77	97.56	91.10	88.43	78.93	78.30	86.36	80.21
	MI 值	0.7964	0.6175	0.5619	0.6422	0.6503	0.5546	0.5858	0.4028	0.2986	0.2702
	综合指标值	78.81	61.31	55.09	63.64	63.33	54.39	53.60	39.44	28.76	26.63

表 4.25 PD：振声前 10 个 IMF 潜在特征的最大 PV 值、MI 值和综合指标值

参数	指标	IMF1	IMF2	IMF3	IMF4	IMF5	IMF6	IMF7	IMF8	IMF9	IMF10
Kpara=0.1	PV 值/%	8.42	8.33	8.33	8.38	8.42	8.91	11.95	10.87	12.13	15.11
	MI 值	1.7604	1.7604	1.7604	1.7604	1.7604	1.7604	1.4604	1.4604	1.3066	0.9128
	综合指标值	57.74	52.63	55.39	60.29	47.23	55.86	68.56	54.39	56.34	57.69
Kpara=1	PV 值/%	26.75	17.39	17.23	17.75	19.17	22.62	26.59	49.27	23.19	62.54
	MI 值	1.6066	1.4604	1.2957	1.205	0.9632	0.9255	1.1247	0.9255	0.9331	1.0493
	综合指标值	74.92	64.07	69.16	67.58	55.08	59.88	67.69	62.42	75.49	47.14
Kpara=10	PV 值/%	45.64	64.66	63.15	36.48	41.41	83.95	52.04	86.07	61.06	97.59
	MI 值	1.0870	1.0212	1.0838	0.9555	0.8751	0.8954	1.0590	1.0793	0.7135	0.9255
	综合指标值	70.77	63.11	66.45	73.27	71.94	85.30	71.01	50.98	50.34	50.15
Kpara=100	PV 值/%	51.59	57.13	72.34	38.65	42.67	89.65	42.68	89.70	77.45	99.40
	MI 值	1.0870	0.8297	1.1751	0.9835	0.9632	0.8751	1.17513	0.9632	1.0289	0.8642
	综合指标值	69.00	58.64	44.36	79.57	73.78	84.60	73.12	50.85	92.48	50.33
Kpara=1000	PV 值/%	51.93	55.58	73.19	38.90	42.78	90.06	41.43	89.97	78.58	99.45
	MI 值	1.0870	0.9255	1.1751	0.8374	1.0743	0.8751	1.0212	0.8642	1.0289	1.2989
	综合指标值	69.08	63.02	45.18	75.55	69.81	84.82	75.18	50.85	93.00	50.31

图 4.34 和图 4.35 所示为不同核参数时，针对磨机负荷参数 PD，基于 KPLS 提取的潜在特征的筒体振动和振声 IMF1～10 的最大 PV 值、MI 值和综合指标值。

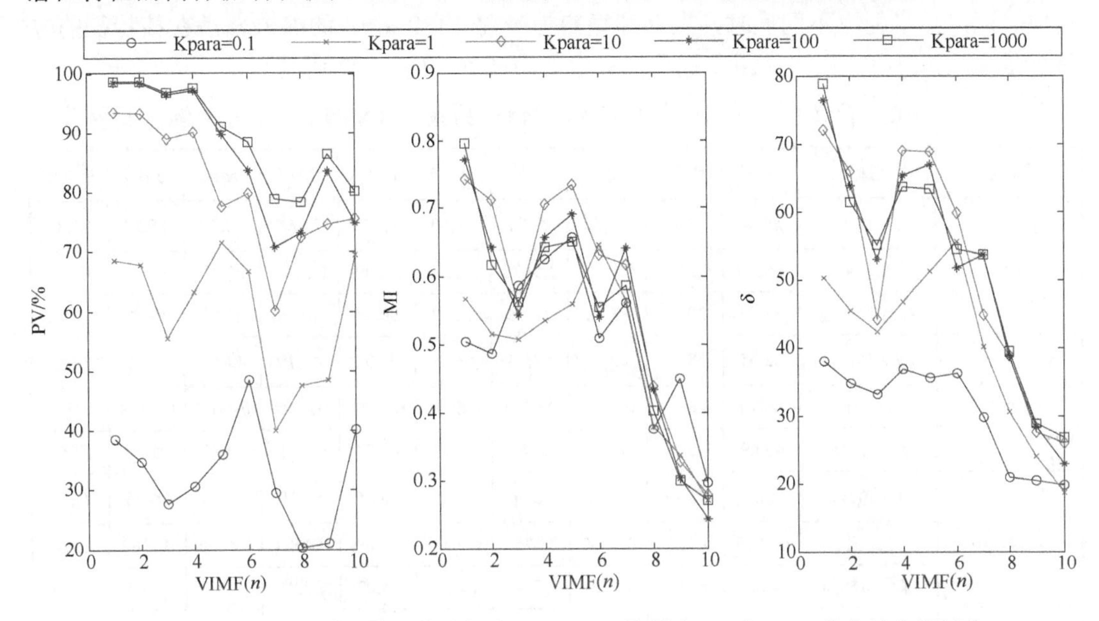

图 4.34　PD：不同核参数时筒体振动 IMF1～10 的最大 PV 值、MI 值和综合指标值

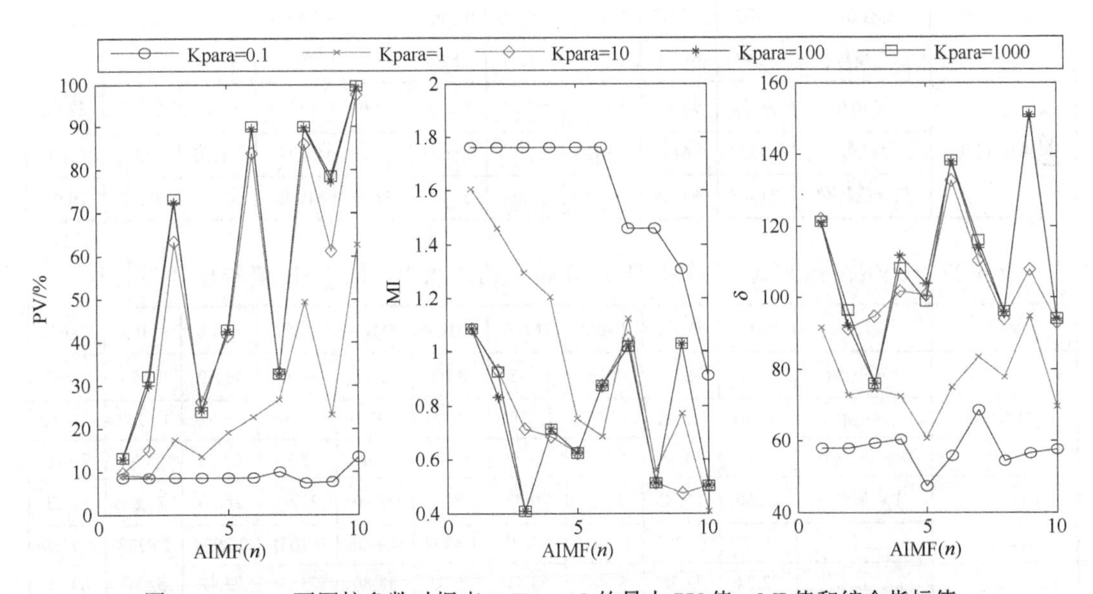

图 4.35　PD：不同核参数时振声 IMF1～10 的最大 PV 值、MI 值和综合指标值

依据图 4.34 和图 4.35 和表 4.24 和表 4.25 可知：核参数越大，与 PD 相关的频谱特征的方差贡献率越高；不同 IMF 的互信息最大值与不同的核参数相关，振动信号的前 7 个 IMF 的最大 MI 值明显大于后面 3 个；不同 IMF 的综合指标与不同的核半径相关，但在核半径为 10～1000 时差别不是很大。

因此，可以为不同 IMF 选择不同的核半径。

（3）针对 CVR 提取的核潜在频谱特征。

采取与 MBVR 相同的核潜在频谱特征提取方法。针对 CVR 磨机负荷参数，径向基函数（RBF）半径取不同值时，振动和振声信号前 10 个 IMF 的 KPLS 潜在核特征的方差贡献率（PV%）、互信息图和综合指标值如表 4.26 和表 4.27 所列。

表 4.26　CVR：筒体振动前 10 个 IMF 潜在特征的最大 PV 值、MI 值和综合指标值

参数	指标	IMF1	IMF2	IMF3	IMF4	IMF5	IMF6	IMF7	IMF8	IMF9	IMF10
Kpara=0.1	PV 值/%	28.88	30.25	22.76	28.71	31.50	43.08	26.56	15.48	15.39	31.83
	MI 值	0.6551	0.5202	0.5472	0.5635	0.6090	0.6069	0.5298	0.5475	0.4296	0.3238
	综合指标值	33.82	39.75	33.56	37.68	32.20	30.41	30.30	25.95	19.18	21.54
Kpara=1	PV 值/%	62.95	58.41	40.40	52.74	63.08	59.32	41.79	44.53	42.92	57.55
	MI 值	0.6048	0.6161	0.6476	0.6514	0.6505	0.5674	0.4084	0.4105	0.3808	0.2853
	综合指标值	40.69	45.19	47.05	56.81	47.60	46.22	31.55	29.38	21.30	22.63
Kpara=10	PV 值/%	93.23	93.14	88.56	90.96	79.96	80.45	62.59	72.85	75.35	71.95
	MI 值	0.7589	0.6335	0.6459	0.4755	0.6500	0.5898	0.4621	0.4235	0.3137	0.2524
	综合指标值	68.44	61.00	61.29	47.02	60.17	54.07	37.82	32.67	28.65	19.11
Kpara=100	PV 值/%	98.40	98.33	96.10	97.18	91.23	85.56	73.27	75.01	85.06	77.23
	MI 值	0.6966	0.6243	0.6498	0.5193	0.5604	0.5841	0.5229	0.3649	0.3239	0.2910
	综合指标值	68.91	61.91	63.69	51.63	55.25	57.23	45.98	35.49	31.14	23.67
Kpara=1000	PV 值/%	98.64	98.57	96.51	97.54	92.32	90.01	81.18	80.42	87.92	82.82
	MI 值	0.7220	0.6440	0.5823	0.5193	0.5604	0.5849	0.5285	0.4222	0.3317	0.2672
	综合指标值	71.49	63.92	57.25	51.65	55.37	57.93	48.13	37.29	32.22	26.01

表 4.27　CVR：振声前 10 个 IMF 潜在特征的最大 PV 值、MI 值和综合指标值

参数	指标	IMF1	IMF2	IMF3	IMF4	IMF5	IMF6	IMF7	IMF8	IMF9	IMF10
Kpara=0.1	PV 值/%	8.50	8.33	8.33	8.35	8.49	8.60	10.86	11.40	12.50	14.67
	MI 值	1.7381	1.7381	1.7381	1.7381	1.7381	1.7381	1.4195	1.5262	1.5262	1.5262
	综合指标值	64.14	54.43	55.83	53.72	54.41	53.47	53.14	62.28	52.63	70.10
Kpara=1	PV 值/%	27.60	15.98	22.67	20.37	17.17	22.70	27.61	26.35	24.84	62.73
	MI 值	1.1527	1.7381	1.4304	1.5843	1.4304	0.9408	0.9031	0.8904	1.0723	0.7289
	综合指标值	72.54	72.38	82.94	68.41	70.57	53.80	75.79	72.98	52.90	64.21
Kpara=10	PV 值/%	69.03	75.24	66.44	55.11	45.41	84.27	45.29	57.55	59.87	97.57
	MI 值	1.1527	0.9689	0.9689	1.1527	1.0570	0.9656	1.0646	0.9989	0.9969	0.8150
	综合指标值	96.93	63.63	88.90	78.42	83.65	64.25	58.95	70.10	76.08	63.19
Kpara=100	PV 值/%	72.64	84.07	73.95	64.72	49.55	90.36	47.51	50.03	62.98	99.40
	MI 值	1.1527	1.0947	0.9689	0.9108	0.9408	0.7870	1.2108	0.8527	0.9485	0.9485
	综合指标值	104.64	66.75	90.54	85.20	70.76	60.29	67.01	66.97	74.71	63.23

续表

参数	指标	IMF1	IMF2	IMF3	IMF4	IMF5	IMF6	IMF7	IMF8	IMF9	IMF10
Kpara=1000	PV 值/%	72.95	84.83	74.67	65.62	49.92	90.75	47.80	50.93	63.23	99.45
	MI 值	1.1527	0.8731	0.9689	0.9076	0.9408	1.2485	0.8227	0.8527	0.9485	0.8150
	综合指标值	104.76	66.64	90.26	85.73	78.89	59.82	68.42	67.33	54.60	63.23

图 4.36 和图 4.37 所示为不同核参数时，针对磨机负荷参数 CVR，基于 KPLS 提取的潜在特征的筒体振动和振声 IMF1～10 的最大 PV 值、MI 值和综合指标值。

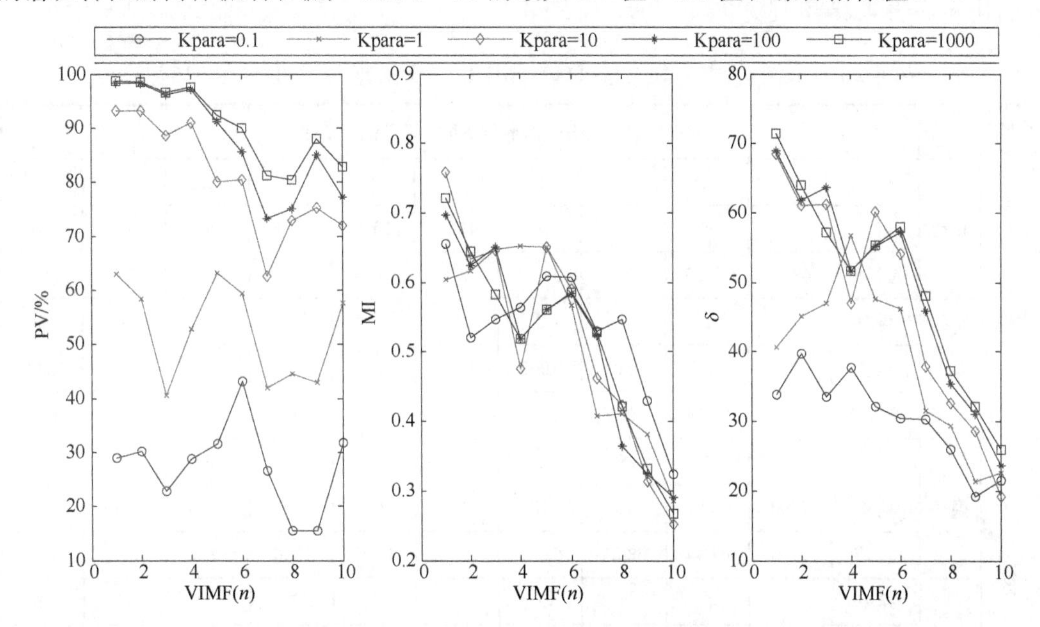

图 4.36　CVR：不同核参数时筒体振动 IMF1～10 的最大 PV 值、MI 值和综合指标值

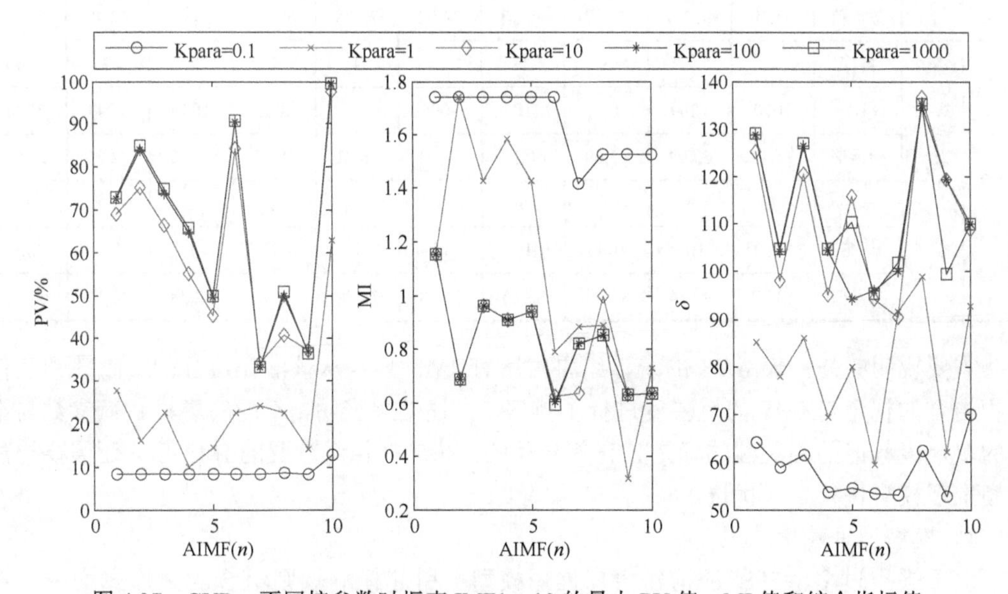

图 4.37　CVR：不同核参数时振声 IMF1～10 的最大 PV 值、MI 值和综合指标值

依据图 4.36 和图 4.37，表 4.26 和表 4.27，可知：核参数越大，与 CVR 相关的频谱特征的方差贡献率越高；不同 IMF 的互信息最大值与不同的核参数相关，振动信号的前 7 个 IMF 的最大 MI 值明显大于后面 3 个；不同 IMF 综合指标与不同核半径相关，但核半径为 10～1000 时差别不是很大。

因此，可以为不同 IMF 选择不同的核半径。

3）有价值 IMF 分析和多尺度频谱潜在特征自适应提取与选择结果

在获取 IMF 的特征提取参数后，针对不同磨机负荷参数的 IMF1～10 依据综合指标值的排序如表 4.28 所列。

表 4.28　不同的磨机负荷参数的 IMF1～10 依据综合指标值的排序

参数	信号类别	IMF 排序，核特征提取参数及综合指标值										
MBVR	振动	排序	4	2	3	5	8	1	9	6	7	10
		核参	1	1	0.1	1	1000	1000	1000	0.1	10	10
		指标值	48.75	42.39	39.62	37.87	36.56	33.24	32.25	31.10	27.53	23.26
	振声	排序	9	5	10	8	6	7	1	2	4	3
		核参	1000	10	10	1000	1000	1000	1	1	1	1000
		指标值	99.42	96.74	90.75	89.72	85.37	82.34	70.70	69.52	65.66	64.97
PD	振动	排序	1	4	5	2	6	3	7	8	9	10
		核参	1000	10	10	10	10	1000	100	1000	1000	1000
		指标值	78.81	68.94	68.83	65.87	59.81	55.09	53.62	39.44	28.76	26.63
	振声	排序	9	6	4	7	1	5	3	2	8	10
		核参	1000	10	100	1000	1	100	1	1	1	0.1
		指标值	93.00	85.30	79.57	75.18	74.92	73.78	69.16	64.07	62.42	57.69
CVR	振动	排序	1	2	3	5	6	4	7	8	9	10
		核参	1000	1000	100	10	1000	1	1000	1000	1000	1000
		指标值	71.49	63.92	63.69	60.17	57.93	56.81	48.13	37.29	32.22	26.01
	振声	排序	1	3	4	5	9	7	8	2	10	6
		核参	1000	100	1000	10	10	1	1	1	0.1	10
		指标值	104.7	90.54	85.73	83.65	76.08	75.79	72.98	72.38	70.10	64.25

需要说明的是，表 4.28 的统计结果对所有 IMF 只是从核潜在特征的贡献率和互信息相结合的视角对 IMF 的重要度进行了排序。上述结果表明，不同的磨机负荷参数与不同的多尺度频谱的相关性的确是具有差异性的。在选择相对重要的 IMF 后，还需要构建模糊推理模型进行二次优选。

4）模糊推理建模结果

由于采用过多潜在特征构建模糊推理模型会引起模糊规则组合的爆炸式增长，本书将潜在变量个数设定为 3～5 个。为保证模糊子模型间的差异性，除采用表 4.10 中为保证多尺度频谱与磨机负荷参数间的互信息较大而自适应选择的核参数外，其余的构建模糊子模型所需要设置的学习参数均采用相同值，该策略同时也简化了学习参数的选择过程。

（1）针对 MBVR 的模糊推理选择性集成模型建模结果。

潜在变量的数量为 3～5 个时，用于产生新规则的阈值 L 与模糊推理选择性集成模型的训练和测试误差的统计结果如图 4.38 所示。

图 4.38 表明，选择不同数量的 KLV 构建的模糊推理模型性能不同，并且不同的产生新规则的阈值 L 也与不同的建模数据集相关。可见，选择完备的建模数据集是非常必要的。因磨矿过程的特殊性和复杂性，基于小规模的数据集构建磨机负荷参数模型是目前主要的选择。以图 4.38 为例，可知合适的阈值 L 为 0.69，KLV 为 4。

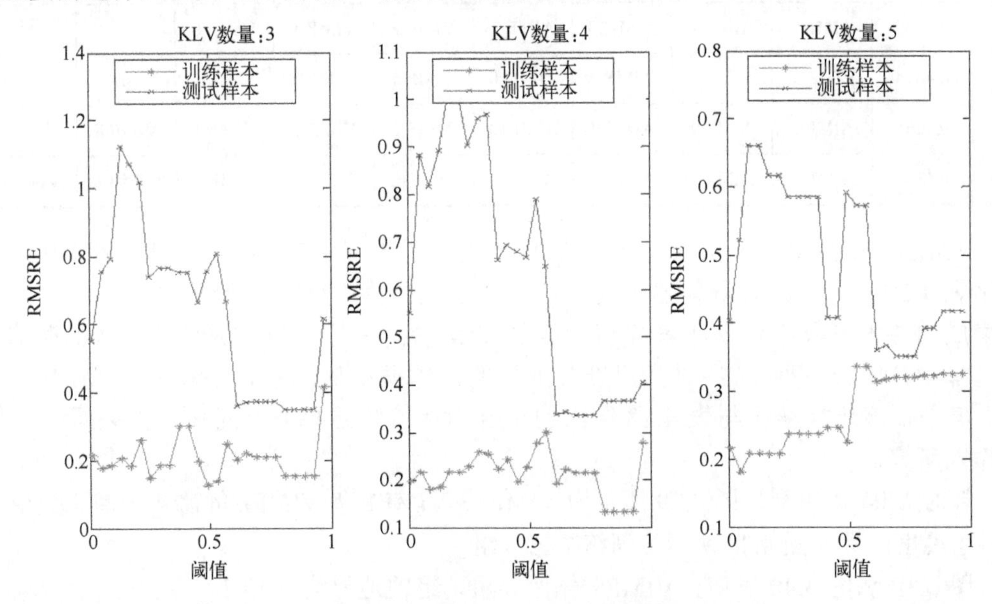

图 4.38　产生新规则的阈值 L 与模型训练和测试误差关系

采用相同的 KLV=4 和 L=0.69 构建的全部候选模糊推理子模型的性能如表 4.29 所列。

表 4.29　MBVR 全部候选模糊推理子模型的性能

序号	1	2	3	4	5	6	7	8	9	10
IMF	VIMF1	VIMF3	VIMF2	VIMF7	VIMF6	VIMF8	AIMF2	AIMF1	AIMF4	AIMF17
RMSRE	0.3808	0.3963	0.4229	0.4844	0.5122	0.5327	0.5371	0.5544	0.6047	0.7039
序号	11	12	13	14	15	16	17	18	19	20
IMF	AIMF10	VIMF10	AIMF3	AIMF8	VIMF5	VIMF9	AIMF9	VIMF4	AIMF6	AIMF5
RMSRE	0.7975	0.8784	1.0270	1.0846	1.1176	1.1425	1.1501	1.1747	1.1876	1.1897

依据上述候选子模型，集成尺寸为2～10时，MBVR选择性集成模糊推理模型的建模误差及选择的集成子模型统计结果如表4.30所列。

表4.30　MBVR选择性集成模糊推理模型的建模误差及选择子模型统计表

集成尺寸	RMSRE	选择的子模型编号（IMF#）								
2	0.3369	VIMF1	VIMF 8							
3	**0.3045**	**VIMF 2**	**VIMF 1**	**VIMF 8**						
4	0.3291	AIMF3	VIMF 2	VIMF 1	VIMF 8					
5	0.3536	AIMF10	AIMF 3	VIMF 2	VIMF 1	VIMF 8				
6	0.3623	AIMF 7	AIMF10	AIMF 3	VIMF 2	VIMF 1	VIMF 8			
7	0.4566	AIMF 9	AIMF 7	AIMF10	AIMF 3	VIMF 2	VIMF 1	VIMF 8		
8	0.4894	VIMF10	AIMF 9	AIMF 7	AIMF10	AIMF 3	VIMF 2	VIMF 1	VIMF 8	
9	0.5261	AIMF 5	AIMF 9	AIMF 7	AIMF10	AIMF 3	VIMF 2	VIMF 1	VIMF 8	
10	0.5349	AIMF 8	AIMF 5	AIMF 9	AIMF 7	AIMF10	AIMF 3	VIMF 2	VIMF 1	VIMF 8

表4.30表明：最佳集成尺寸为3，选择的集成子模型为VIMF8、VIMF1和VIMF2；对比表4.29可知，具有最佳建模性能的集成子模型为VIMF1，但其选择与其进行互补集成的并不是具有仅次于其建模性能的VIMF3；另外，当集成尺寸为4的时候，才选择AIMF3，表明了经过多尺度分解后的筒体振动信号包含了较多的MBVR信息。但是，该选择结果与表4.28给出的综合指标值的结果并不对应，相关原因有待于深入研究。

针对MBVR模型，图4.39所示为VIMF8、VIMF1和VIMF2的前4个潜在变量的模糊隶属度函数，图4.40所示为训练数据分组。

图4.39和图4.40表明：VIMF8分为2组，组的边界为6和12，组的最后数据点为12和13；VIMF1分为3组，组的边界为1、7和12，组的最后数据点为3、12和13；VIMF2分为2组，组的边界为6和12，组的最后数据点为12和13；上述分组结果表明，针对MBVR而言，实验样本分布非常不均匀，不同IMF信号间存在差异性，并且用于建模的实验设计并不是基于磨机负荷参数进行的，这是造成差异性较大分布的主要原因。按上述分组，相应提取的规则数量分别为2、3和2；不同的潜在变量具有不同的隶属度函数，并且同一潜在变量不同组的隶属度函数也存在差异性，表明特征提取的必要性和数据分组的合理性。更多工况和更多样本实验可以进一步验证所提方法的合理性。

本书所提选择性集成模糊推理模型（此处记为BBSEN-Fuzzy），最佳模糊推理子模型（此处记为Sub-Fuzzy）以及集成全部候选模糊子模型的集成模型（此处记为En-Fuzzy）的训练和测试样本的测量曲线如图4.41所示。

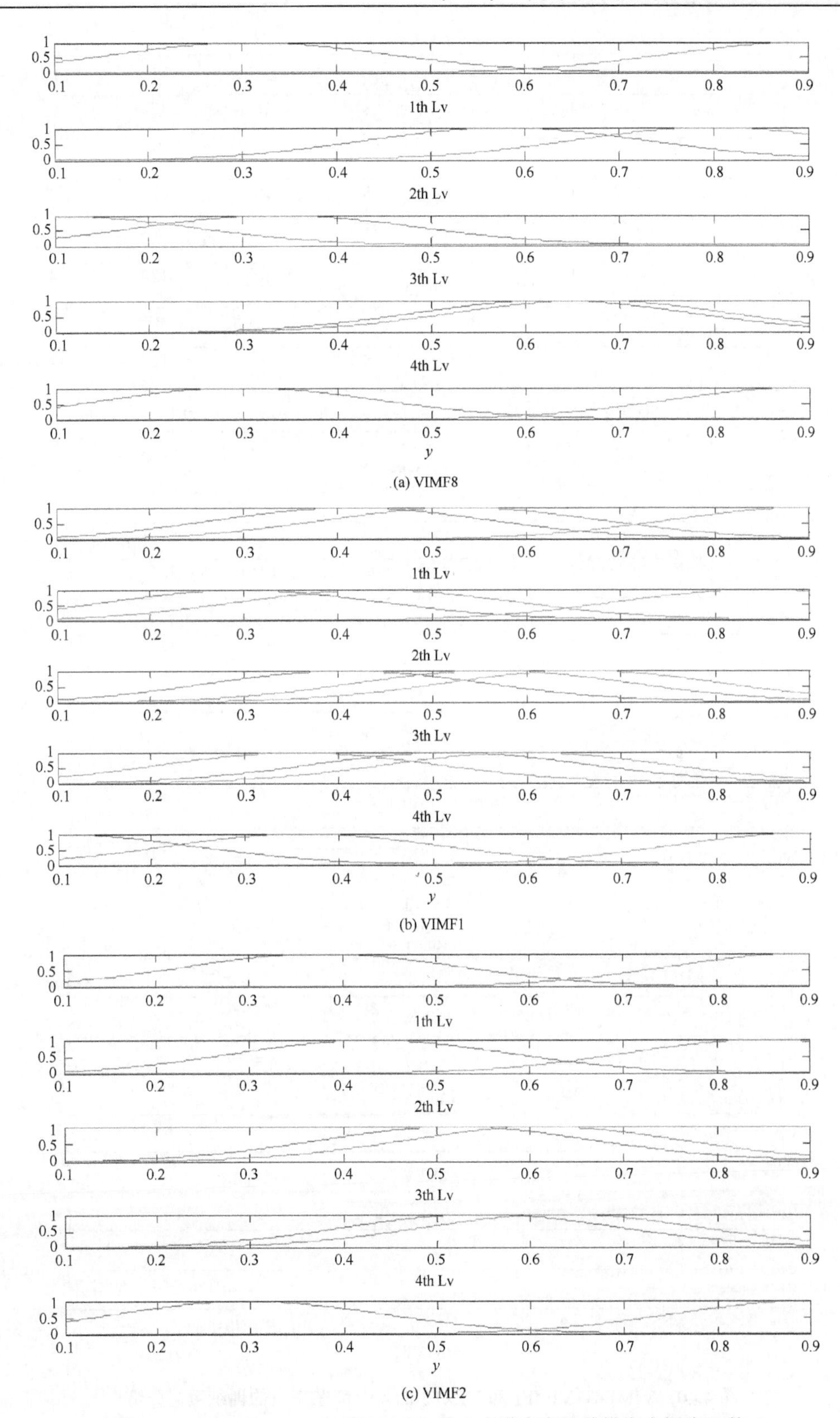

图 4.39　VIMF8、VIMF1 和 VIMF2 的 4 个潜在变量的模糊隶属度函数

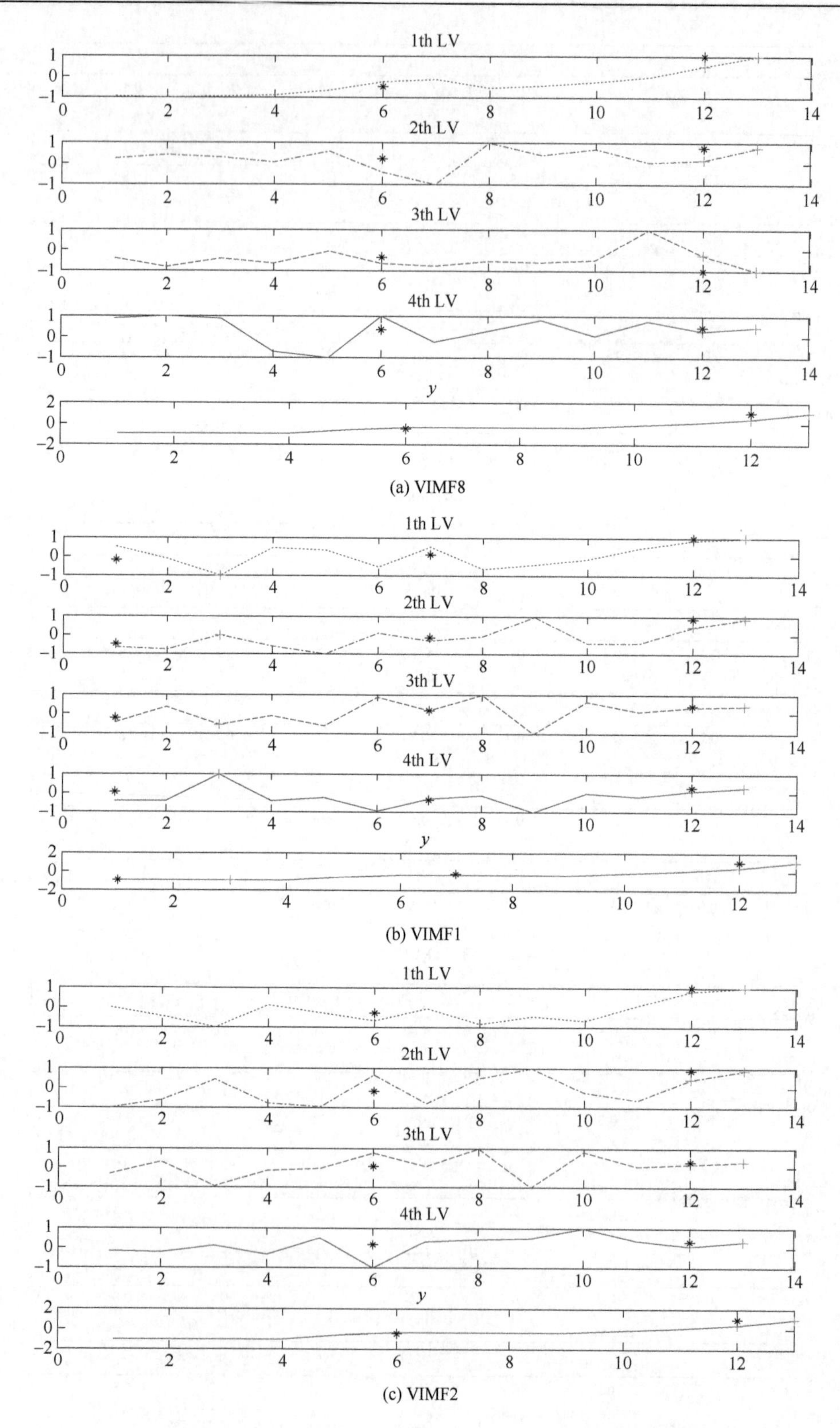

图 4.40　VIMF8、VIMF1 和 VIMF2 的 4 个潜在变量的训练数据分组

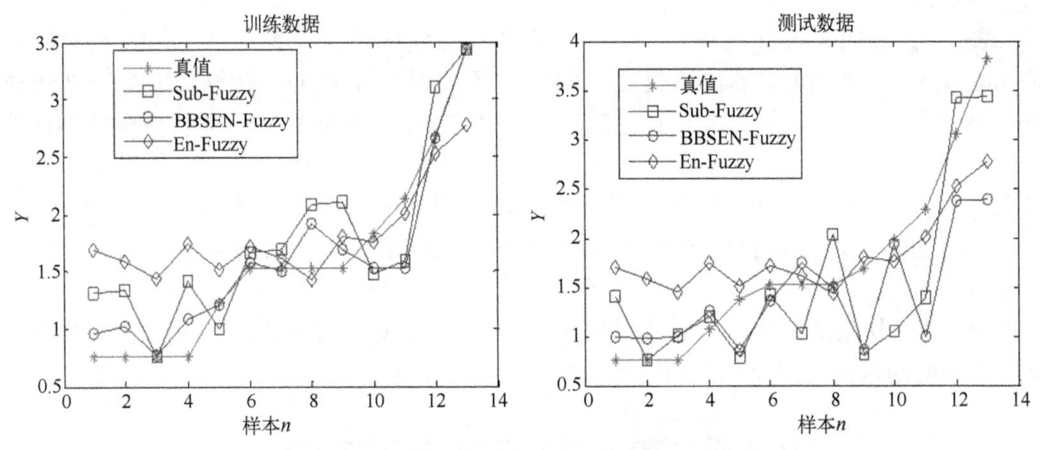

图 4.41 不同模糊推理模型的训练和测试样本的测量曲线（MBVR）

（2）针对 PD 的模糊推理选择性集成模型建模结果。

采用与 MBVR 相同的建模步骤，当潜在变量的数量为 3～5 个时，可得到产生新规则的阈值 L 与训练和测试误差的统计结果。由此可以得到合适的阈值为：L=0.45 和 KLV=4。

对于 PD 磨机负荷参数，构建的全部候选模糊推理子模型的性能如表 4.31 所列。

表 4.31 PD 全部候选模糊推理子模型的性能统计表

序号	1	2	3	4	5	6	7	8	9	10
IMF	VIMF5	VIMF10	VIMF2	AIMF6	AIMF10	AIMF5	VIMF3	AIMF3	AIMF1	VIMF4
RMSRE	0.2486	0.2892	0.2926	0.3064	0.3160	0.3233	0.3910	0.4018	0.4262	0.4283
序号	11	12	13	14	15	16	17	18	19	20
IMF	AIMF4	VIMF7	VIMF8	AIMF9	VIMF6	AIMF8	VIMF1	VIMF9	AIMF2	AIMF7
RMSRE	0.4557	0.4694	0.4862	0.5980	0.6930	0.7118	0.7413	0.7744	0.8989	1.066

依据上述候选子模型，集成尺寸为 2～10 的 PD 选择性集成模糊推理模型的建模误差及选择的集成子模型的统计结果如表 4.32 所列。

表 4.32 PD 选择性集成模糊推理模型的建模误差及选择集成子模型统计表

集成尺寸	RMSRE	选择的子模型编号（IMF#）								
2	**0.2501**	**VIMF8**	**VIMF5**							
3	0.2637	VIMF 3	VIMF8	VIMF5						
4	0.3667	AIMF2	VIMF 3	VIMF8	VIMF5					
5	0.3578	VIMF4	AIMF2	VIMF 3	VIMF8	VIMF5				
6	0.3532	VIMF7	VIMF4	AIMF2	VIMF 3	VIMF8	VIMF5			
7	0.3245	AIMF6	VIMF7	VIMF4	AIMF2	VIMF 3	VIMF8	VIMF5		
8	0.3106	AIMF4	AIMF 6	VIMF7	VIMF4	AIMF2	VIMF 3	VIMF8	VIMF5	
9	0.2981	VIMF 2	AIMF4	AIMF 6	VIMF7	VIMF4	AIMF2	VIMF 3	VIMF8	
10	0.2930	AIMF 3	VIMF 2	AIMF4	AIMF 6	VIMF7	VIMF4	AIMF2	VIMF 3	VIMF8

表 4.32 表明：最佳集成尺寸为 2，所选择的集成子模型为 VIMF8 和 VIMF5；对比表 4.31 可知，具有最佳建模性能的集成子模型为 VIMF5，但与其进行互补集成的子模型的并不是具有仅次于其建模性能的 VIMF10，而是建模性能较弱的 VIMF8；另外，在集成尺寸为 4 的时候，选择的子模型为 AIMF2，表明了经过多尺度分解后的振声信号中包含了 PD 信息，这与经验丰富现场专家依据振声估计磨机内部 PD 的高低相符合。但该选择结果与表 4.28 给出的综合指标值结果并不完全对应，有待于深入研究。

针对 PD 软测量模型，可以分别得到 VIMF5 和 VIMF8 子模型的前 4 个潜在变量的模糊隶属度函数图（图 4.42）和训练数据分组结果图（图 4.43）。

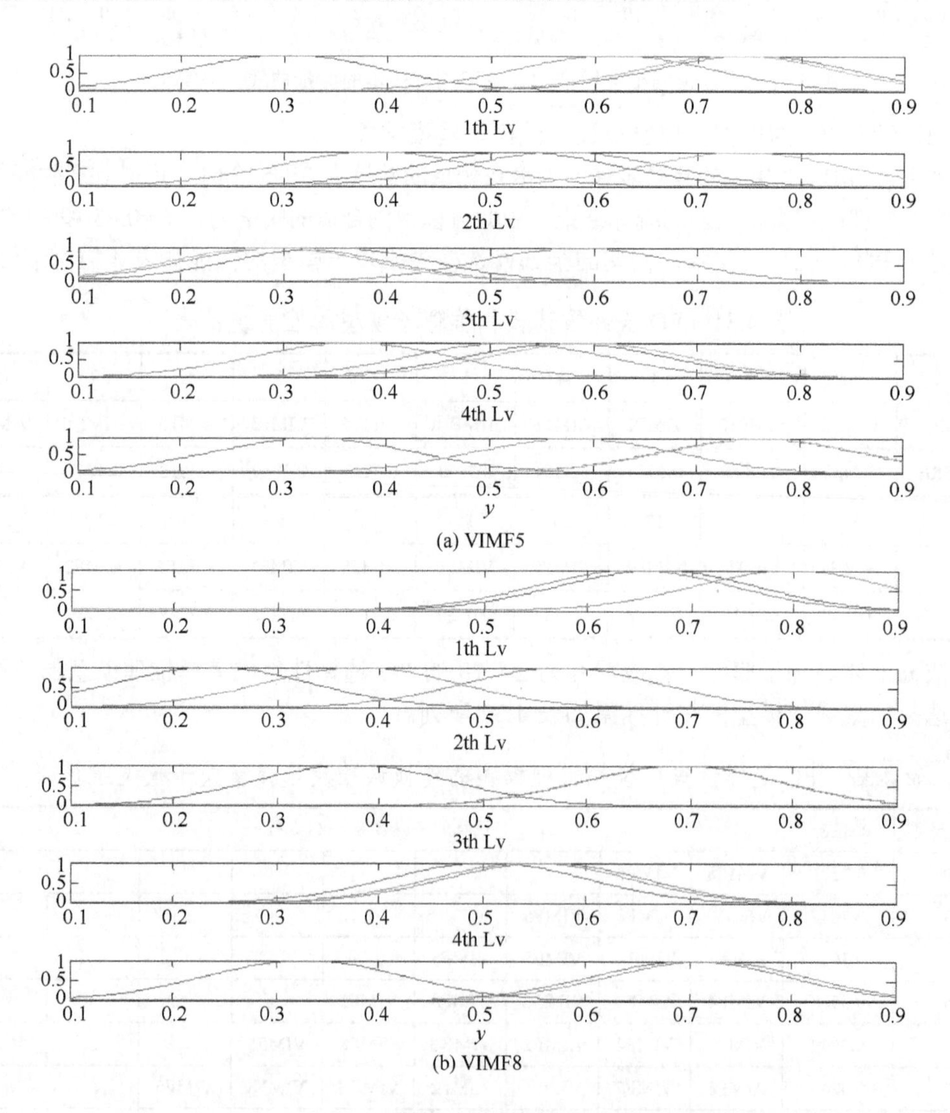

图 4.42　PD 不同子模型的 4 潜在变量的模糊隶属度函数

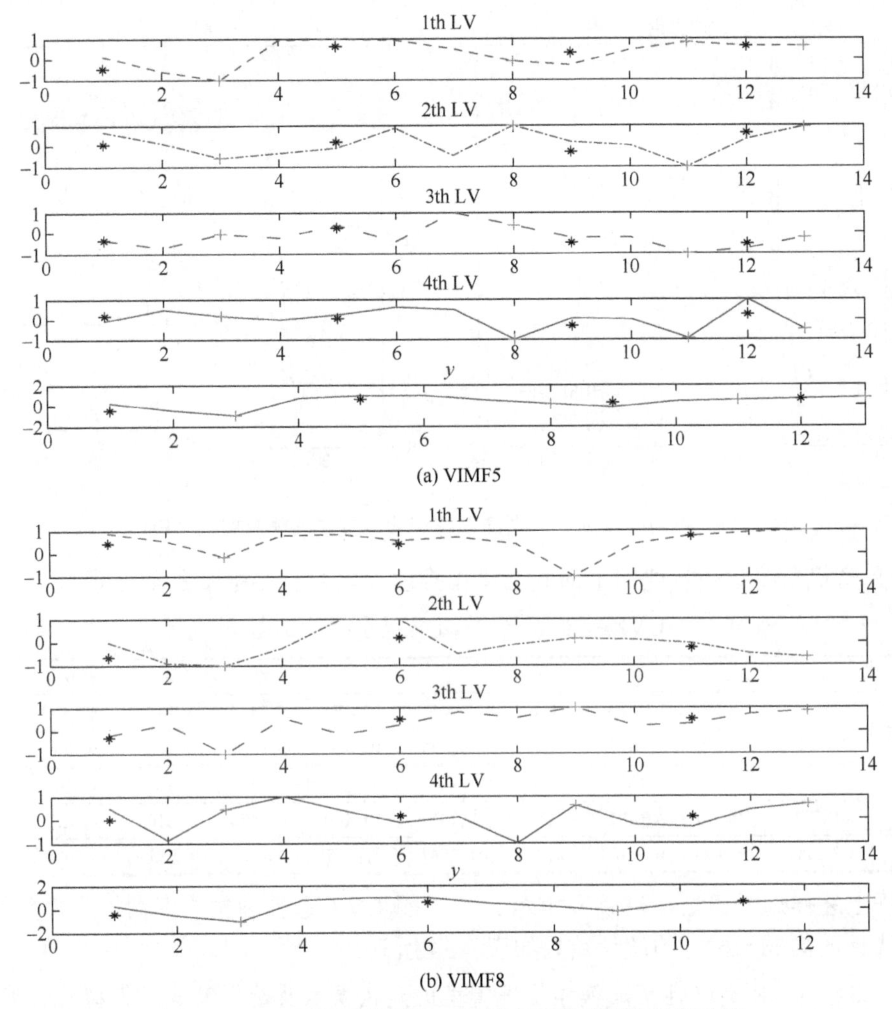

(a) VIMF5

(b) VIMF8

图 4.43　PD 不同子模型的 4 个潜在变量的训练数据分组

由图 4.42 和图 4.43 能够得到如下数据分组情况和结论：训练数据分组对于不同的 IMF 存在差异性，VIMF5 可以分为 3 组，组的边界为 1、6 和 11，组的最后数据点为 3、9 和 13；VIMF8 可以分为 4 组，组的边界为 1、5、9 和 12，组的最后数据点为 3、8、11 和 13；因此，基于 VIMF5 和 VIMF8 的集成子模型提取规则的数量分别为 3 和 4，可见，不同的 IMF 具有不同的特性，蕴含的磨机负荷参数信息也具有差异性；同 MBVR 模型类似，不同的潜在变量具有不同的隶属度函数，并且同一潜在变量的不同组数据的隶属度函数也存在差异性，表明特征提取的必要性和数据分组的合理性；采用更多工况下的样本进行实验，可以进一步验证所提方法的合理性。

本书所提选择性集成模糊推理模型（此处记为 BBSEN-Fuzzy），最佳模糊推理子模型（此处记为 Sub-Fuzzy），以及集成全部候选模糊子模型的集成模型（此处记为 En-Fuzzy）的训练和测试样本的测量曲线如图 4.44 所示。

5）针对 CVR 的模糊推理选择性集成模型建模结果

采用与 MBVR 和 PD 相同的建模步骤，当潜在变量的数量为 3～5 个时，可得到阈值 L 与训练和测试误差的统计结果，进而得到合适的阈值 L=0.53 和 KLV=3。

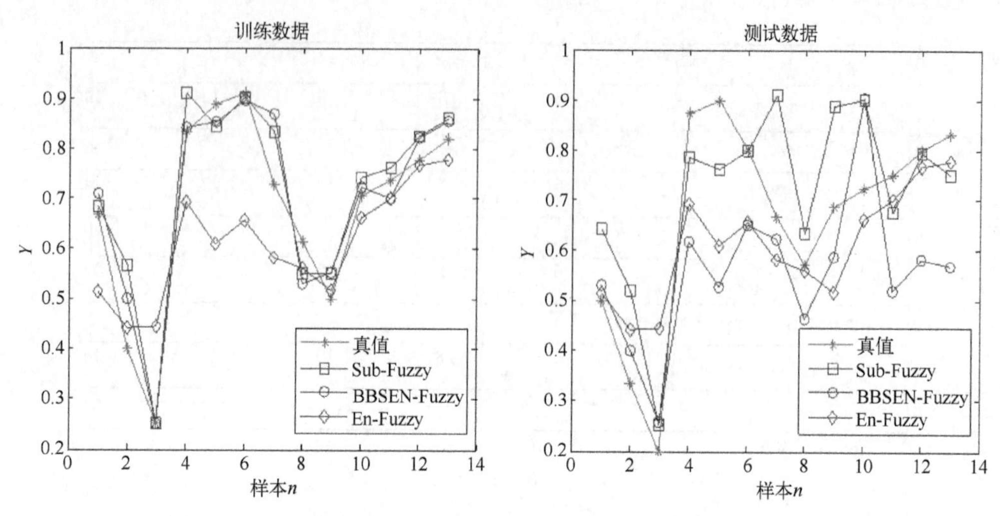

图 4.44　不同模糊推理模型的训练和测试样本的测量曲线（PD）

CVR 磨机负荷参数构建的全部候选模糊推理子模型的性能如表 4.33 所列。

表 4.33　CVR 全部候选模糊推理子模型的性能统计表

序号	1	2	3	4	5	6	7	8	9	10
IMF	AIMF4	AIMF3	VIMF3	AIMF1	AIMF9	VIMF2	AIMF6	VIMF6	AIMF8	AIMF5
RMSRE	0.4011	0.4390	0.4619	0.4870	0.5171	0.5354	0.5778	0.5818	0.5853	0.6065
序号	11	12	13	14	15	16	17	18	19	20
IMF	VIMF7	VIMF10	AIMF2	AIMF10	VIMF8	VIMF9	AIMF4	VIMF1	AIMF7	VIMF5
RMSRE	0.6208	0.6248	0.6646	0.7373	0.7547	0.7595	0.8216	0.8353	0.8695	0.9572

依据上述候选子模型，集成尺寸为 2～10 的 CVR 选择性集成模糊推理模型的建模误差及选择的集成子模型的统计结果如表 4.34 所列。

表 4.34　CVR 选择性集成模糊推理模型的建模误差及选择集成子模型统计表

集成尺寸	RMSRE	选择的子模型编号（IMF#）								
2	0.3521	VIMF3	AIMF 4							
3	**0.3369**	**AIMF1**	**VIMF3**	**AIMF4**						
4	0.3840	VIMF7	AIMF 1	VIMF3	AIMF 4					
5	0.3929	AIMF8	VIMF7	AIMF 1	VIMF3	AIMF 4				
6	0.4312	AIMF7	AIMF8	VIMF7	AIMF 1	VIMF3	AIMF 4			
7	0.5018	VIMF5	AIMF 7	AIMF8	VIMF7	AIMF 1	VIMF3	AIMF 4		
8	0.5172	VIMF8	VIMF5	AIMF 7	AIMF8	VIMF7	AIMF 1	VIMF3	AIMF 4	
9	0.5024	VIMF2	VIMF8	VIMF5	AIMF 7	AIMF8	VIMF7	AIMF 1	VIMF3	AIMF 4
10	0.4829	AIMF9	VIMF2	VIMF8	VIMF5	AIMF 7	AIMF8	VIMF7	AIMF 1	VIMF3

表 4.34 表明：CVR 模型的最佳集成尺寸为 3，选择的集成子模型为 AIMF4、VIMF3 和 AIMF1。对比表 4.33 可知，具有最佳建模性能的集成子模型为 AIMF4，但与其进行互补集成的并不是具有仅次于其建模性能的 AIMF3，而是选择了性能稍弱的 VIMF3 和 AIMF1。可见，筒体振动和振声信号中均包含了较多的 CVR 信息，这与现场运行专家能够依据磨机研磨过程中发出声音的沉闷与否来判断堵磨与否的事实是相符合的。同时，该选择结果与表 4.28 给出的综合指标值结果具有较为一致的对应性。

针对 CVR 模型，可以分别画出 AIMF4、VIMF3 和 AIMF1 子模型的前 3 个潜在变量的模糊隶属度函数和训练数据分组结果图，如图 4.45 和图 4.46 所示。

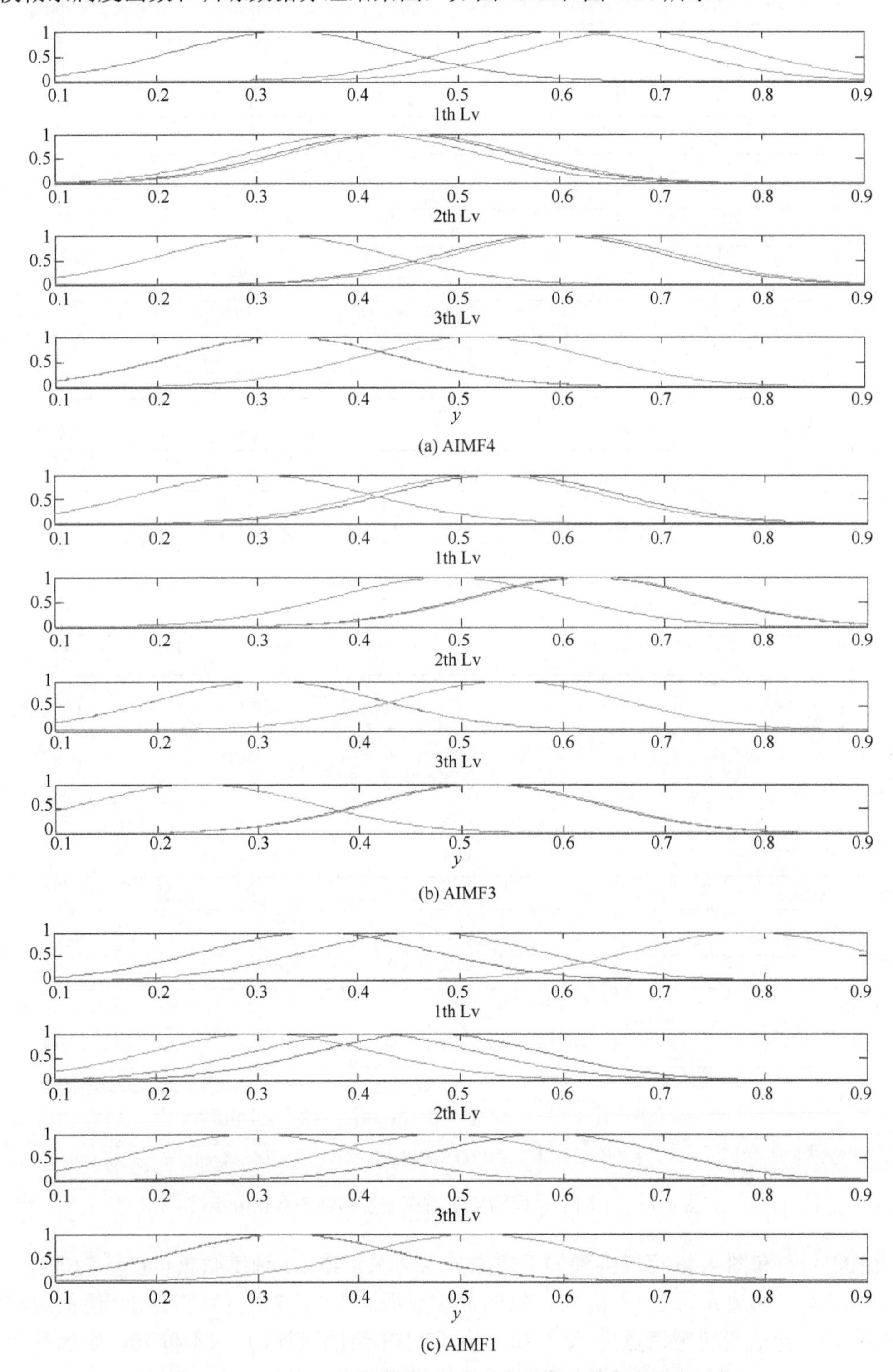

图 4.45　CVR 不同子模型的 4 个潜在变量的模糊隶属度函数

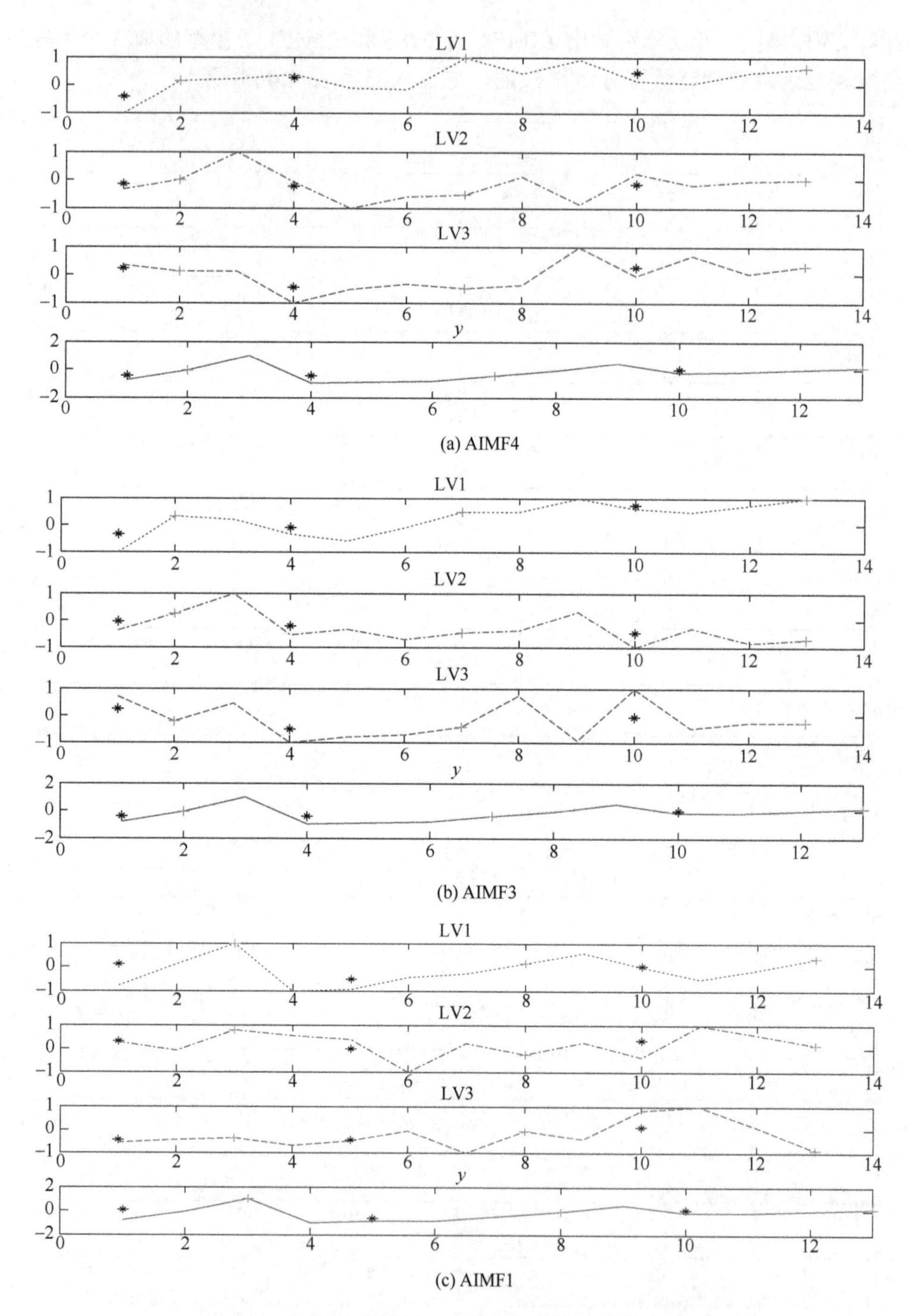

图 4.46 不同子模型的 4 个潜在变量的训练数据分组

由图 4.45 和图 4.46 可以得到如下数据分组情况和结论：训练数据可以分为 3 组，其中，AIMF4 组的边界为 1、4 和 10，组的最后数据点为 2、7 和 13；VIMF3 组的边界为 1、5 和 10，组的最后数据点为 3、8 和 13；AIMF1 组的边界为 1、4 和 10，组的最后数据点为 2、7 和 13；上述分组结果同样表明实验样本分布的不均匀，以及振动和振声数据间的差异性，用于建模的实验设计并不是基于磨机负荷参数进行的，这是造成分布差异的主要原因；按上述分组，提取的规则数量为 3 个；同 MBVR 和 PD 类似，不同的潜在变量具有不同的隶属度函数，并且同一潜在变量的不同组隶属度函数也存在着差异性，表明特征提取的必要性和数据分组的合理性。更多工况的实验样本可以进一步验证所提方法的合理性。

本书所提选择性集成模糊推理模型（此处记为 BBSEN-Fuzzy），最佳模糊推理子模型（此处记为 Sub-Fuzzy）以及集成全部候选模糊子模型的集成模型（此处记为 En-Fuzzy）的训练和测试样本的测量曲线如图 4.47 所示。

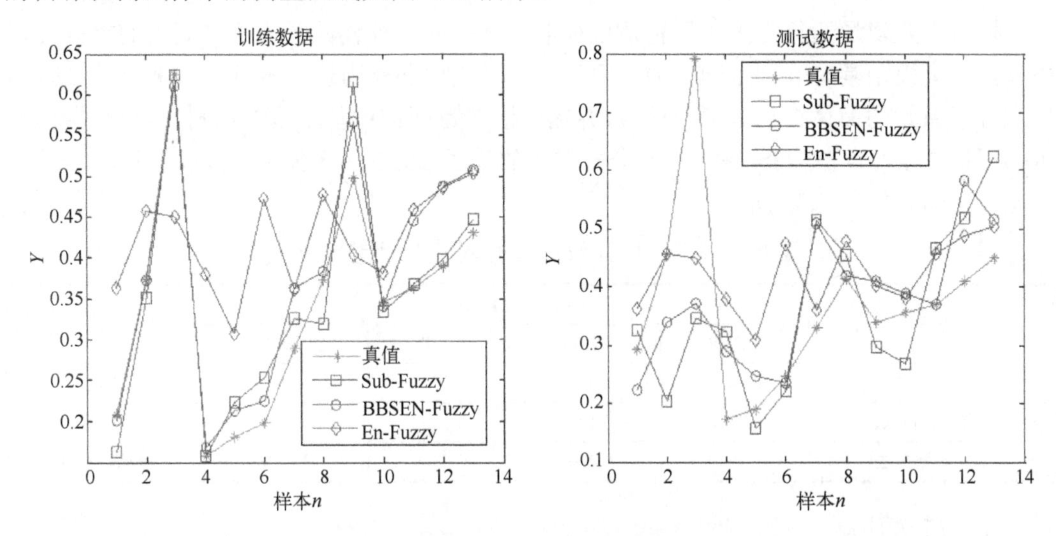

图 4.47　不同模糊推理模型的训练和测试样本的测量曲线（CVR）

1. 方法比较

1）多尺度振动和振声频谱的重要性度量与模糊推理模型的建模性能比较

本书采用互信息和潜在变量贡献率相结合的方式，提出了对多尺度筒体振动和振声频谱重要性进行度量的新方法，并基于候选给定的 RBF 核参数对核参数进行了自适应选择。表 4.28 的结果表明两点：一是对于 MBVR、PD 和 CVR 中的任何一个磨机负荷参数，振声多尺度频谱的综合指标值均高于筒体振动；二是筒体振动对 IMF 选择的多是前面几个，但振声针对 MBVR 和 PD 却是选择了后面的几个 IMF。一般来讲，按照 EEMD 分解得到的前面的 IMF 更具有真实性。然而也有例外，例如筒体振动的后面的 IMF 就完整、准确地分离了磨机筒体的旋转周期信号。同时，本书利用所提方法自适应选择的特征提取参数，构建了基于模糊推理的选择集成模型，以期模拟运行专家在工业现场的认知机制。所构建的不同的磨机负荷参数模型选择了不同的多尺度频谱，例如：MBVR 模型选择的是 VIMF8、VIMF1 和 VIMF2，PD 模型选择的是 VIMF8 和 VIMF5，CVR 模型选择的是 AIMF4、VIMF3 和 AIMF1。由此可见，只有 CVR 选择的多尺度频谱能够与多尺度频谱重要性度量的结果相适应。

从另外的视角分析，多尺度频谱重要性度量与模糊推理模型间的关系也可以看作基于滤波的特征选择方法。然而，以此方法选择的特征难以适应最终的软测量模型。所以，更适合的方法仍然需要更进一步的研究。

2）模糊规则模型与潜结构模型

针对本书研究的基于筒体振动和振声频谱的高维小样本数据，文献[226]基于单尺度频谱潜结构模型（PLS/KPLS 算法），在线性或非线性空间中分层提取与频谱和磨机负荷参数同时相关的潜在变量，并建立这些潜在变量间的回归模型。因此，文献[226]的研究可以看作是从选择性信息融合角度构建面向单尺度频谱的基于潜结构模型的选择性集成学习模型。显然，该类算法适合于小样本高维数据建模，能够较好地拟合现有数据，但推理和外推性能差。

模拟工业现场运行专家采用自适应提取和选择的特征构建基于语言规则的模糊推理模型，该类模型具有规则推理能力，但学习和模式识别能力弱。本章方法采用了 EEMD 技术分解原始的筒体振动和振声信号，并提取潜在特征构建基于模糊规则的软测量模型。本书所提方法与文献[238，347]等已公开发表的基于 EMD 的选择性集成软测量方法进行了比较，结果如表 4.35 所列。

表 4.35　基于 EMD 的选择性集成软测量结果对比

方法	RMSRE				备注
	MBVR	PD	CVR	平均	
文献[238]方法	0.5454	0.3074	0.2527	0.3685	振动
文献[347]方法	0.3173	0.1876	0.1932	0.2327	振动、振声
本书此处方法	0.3045	0.2501	0.3369	0.2892	振动、振声

表 4.35 表明：

（1）本书此处方法的平均建模性能弱于文献[347]采用的基于 EMD 和 BB 与 AWF 优化选择加权潜结构模型集成模型的方法，强于文献[238]采用的基于 EMD 和阈值选择集成子模型加权潜结构模型集成建模的方法。但是，本书的建模策略是首先基于潜变量特征的贡献率与磨机负荷参数间的互信息，为不同的多尺度频谱自适应选择了不同的核参数，再构建选择性集成模糊推理模型。文献[347]是基于单个候选子模型的建模性能选择最佳核参数，再构建选择性集成的潜结构模型。本章所提方法隶属度函数并未进行优化的选择。文献[347]和本章此处方法的共同特点是选择核参数时并未从集成模型的视角进行参数的优化选择，也就是说并未从考虑集成子模型的多样性的视角进行核参数选择。另外，从前面分析可知，潜结构集成模型和模糊规则集成模型间在建模机理上存在互补性，有必要对两者从异质模型集成的视角进行集成，并从全局优化的视角进行模型学习以进行本章参数的选择。

（2）PD 模型具有相对较好的建模性能，这与之前的研究相符合。但在工业现场，MBVR 是运行专家基于振声信号最容易识别的磨机负荷参数。振声信号的产生机理表明，筒体振动是振声的主要来源。同时，运行专家也能够依据筒体振声信号的沉闷与否判断格子式球磨机是否堵磨，也就是判断 CVR 的状态。

（3）MBVR 模型具有最佳建模精度，但建模性能仍需加强。本书的实验效果不佳的一个主要原因是实验球磨机难以模拟工业磨机现场的实际情况。但是，本书所提方法从模拟运行专家的推理认知行为的视角进行建模，深入研究后应具有较好的发展前景。

3）模糊推理模型与专家认知机制

本书采用自适应选择提取和非线性潜在特征，构建基于语言规则的模糊推理模型，从一定程度上可以模拟专家依据所听到的工业现场磨机声音的强弱判断磨机负荷参数状态的认知机制。研究表明，专家经验的积累需要达到一定数量时才能够具有推理认知能力。从另外的视角考虑，在专家经验的积累不是很充分的时候，基于模糊推理的判断很可能会带来误差，其补偿的手段通常是对模糊推理规则进行逐步完善，即进行规则的完备性检查。显然，由于数据有限，该种策略依然难以开展。另外，专家在积累大量经验的过程中，会运用存储的有价值的经验，也会抛弃以往无用的经验。在某种程度上，这些经验对应的就是数据建模对应的训练样本。选择有价值的样本对模拟运行专家的认知模型进行补偿建模，是值得研究的问题。

4.5　基于球域准则选择特征的多源高维频谱选择性集成建模

4.5.1　引言

在磨矿工业过程的控制和操作中，如何保持最佳的磨矿状态是一个关键和开放性的问题[378]。磨机负荷直接关系着磨矿生产率、产品质量和能耗。为了尽快将当前状态调整到最佳状态，准确检测磨机负荷是磨矿过程中需要解决的主要问题[9]。在球磨机的内部研磨机理尚未可知的情况下，通过运动理论分析磨机内部的数百万个分层排列钢球可知，不同层钢球的落点轨迹是一条穿过磨机筒体中心的螺旋线。不同层的钢球对磨机筒体的冲击力和周期不同，从而产生具有非平稳性和多尺度特征的振动和声音信号。研究表明，这些信号包含着与磨机负荷有关的丰富信息[379]，常常被用于判断磨机负荷参数，例如：料球比、磨矿浓度和充填率。因此，可以通过调整进料矿石、水和球的负荷，以确保研磨过程处于优化状态。

多数磨矿过程使用双麦克风测量的振声信号检测球磨机负荷。由于振动是振声的源头，基于磨机筒体振动信号的软测量方法已成为新的研究热点。但是，大多数成功应用在水泥和燃煤电厂的干式球磨机或在半自动磨机上，湿式球磨机在研磨过程中的研究还主要集中在实验室球磨机阶段。已发表的文献包括：采用筒体振动频谱特征，基于最小二乘支持向量机的单模型[226]；采用筒体振动频谱段，基于 KPLS 的集成模型；采用筒体振动和振声频谱特征子集，基于 KPLS 和自适应加权融合算法的选择性在线集成模型[380]。上述方法的第一步是对原始筒体振动和振声信号进行 FFT，这些方法在本书中称为基于单尺度频谱的软测量方法。然而，这些单尺度频谱特征子集难以解释。此外，FFT 技术仅可用于处理平稳信号和线性信号。因此，这些方法不能反映筒体振动和振声信号的多尺度、非平稳性和非线性特征。

由上可知，磨机负荷参数软测量仍然面临许多挑战。例如，如何从产生机理上分析这些信号的成分，如何有效地将这些信号分解为具有物理意义的不同子信号，以及如何对它们进行解释。幸运的是，有一些新方法可以用于处理这些多尺度信号。EMD 是一种基于原始信号部分特征的有效分解方法[210]，它可以自适应地将原始信号分解为 IMF。文献[345]提出了一种基于 EMD 和 PSD 的方法用于轴承故障诊断。Tang J 等提出了一种基于 EMD、PSD 和 PLS 的方法分析筒体振动信号[211]。文献[238，237]提出了基于筒体振动信号多尺度频谱的集成建模方法。但是，这些方法均没有基于产生机理分析筒体振动信号的成分，也没有融合振声信号的 IMF 频谱特征。文献[239]虽然解决了上述问题，但是建模精度仍然弱于基于单尺度频谱的软测量模型。

基于“操纵输入特征”的 SEN 建模是另一种用于多尺度信号建模的技术，它可以用于基于候选子模型的 IMF 频谱特征的选择性融合。由于 SEN 已被证明是一个 NP 完问题[381]，优化集成子模型的加权系数需要分析解决方案，而这对于许多实际问题来说是不现实的。针对这些问题，基于 GASEN 方法使用 BPNN 建立候选子模型，加快计算过程。然而，BPNN 也需要许多训练样本和较长的学习时间，还会导致过度拟合，于是，GASEN 使用简单的平均加权方法来合并集成子模型。此外，这些集成子模型对 SEN 模型的贡献也不同，其预测输出是存在共线性的。研究表明，PLS 和 KPLS 算法适合于高维、小样本频谱数据的建模，BB 和 AWF 算法主要用于集成子模型的选择和组合。但是，这其中的共线性问题仍然没有解决。为此，文献[239]提出了一种通用的基于 BB 的选择性集成（BB-based selective ensemble，BBSEN）方法，提高了基于多尺度频谱特征的建模问题的通用性，其缺点是预测精度仍远低于之前提出的基于单尺度频谱的模型。上述建模方法以高预测精度构造每个候选子模型，这样它们之间的多样性可能会丢失。因此，构建具有不同的多样性的候选子模型可能是解决方案之一。

特征选择对于建立有效的软测量模型很重要。在以前的研究中使用了基于互信息（MI）的特征选择方法[239]，具体操作是将原始建模数据标准化为零均值和单位方差。这样虽然可以消除测量单位对不同特征的影响。但是，频谱数据通常具有相同的测量单位（例如 Raman 光谱），如果标准化谱数据，则会破坏它们的形状。为此，基于球准则（sphere criterion，SC）的特征选择方法可以解决这个问题[89]，该方法已被用于单尺度频谱的特征选择。但是，其不足之处在于特征的选择参数必须手动设置。因此，如何自适应地优化选择多尺度频谱特征仍然是一个悬而未决的问题。

综上，需要一种有效的多尺度频谱特征选择和建模方法。基于上述问题，本书提出了一种新的数据驱动的 SEN 建模方法。它是一种采用 SC 准则进行自适应多尺度频谱的特征选择方法。首先，使用 EMD 技术将原始的筒体振动和振声信号分解为多个 IMF。然后，使用提出的特征选择方法自适应地选择多尺度 IMF 频谱特征。同时，构建基于 PLS 算法的候选子模型。最后，使用 BBSEN 建模方法选择和组合集成子模型。实验室湿式球磨机的结果表明，该新方法比基于多尺度频谱特征的其他建模方法更有效。

与以前的研究相比，本小节的贡献如下。

（1）对于不同的多尺度频谱 SC 的阈值可以被自动调整，解决文献[90]频谱特征的选择参数是手动选择的问题，从而使多频信号的建模精度进一步提高。

（2）同时选择基于多尺度频谱的候选子模型的特征选择参数，克服了文献[239]中不同候选集成子模型的多样性问题。

（3）本书将单尺度频谱模型扩展到多尺度频谱，从而使研磨机理比其他基于频谱特征的方法更加清晰。

4.5.2　建模策略

在前面研究的基础上，提出了基于球域准则选择特征的多源频谱选择性集成建模，过程如图 4.48 所示。

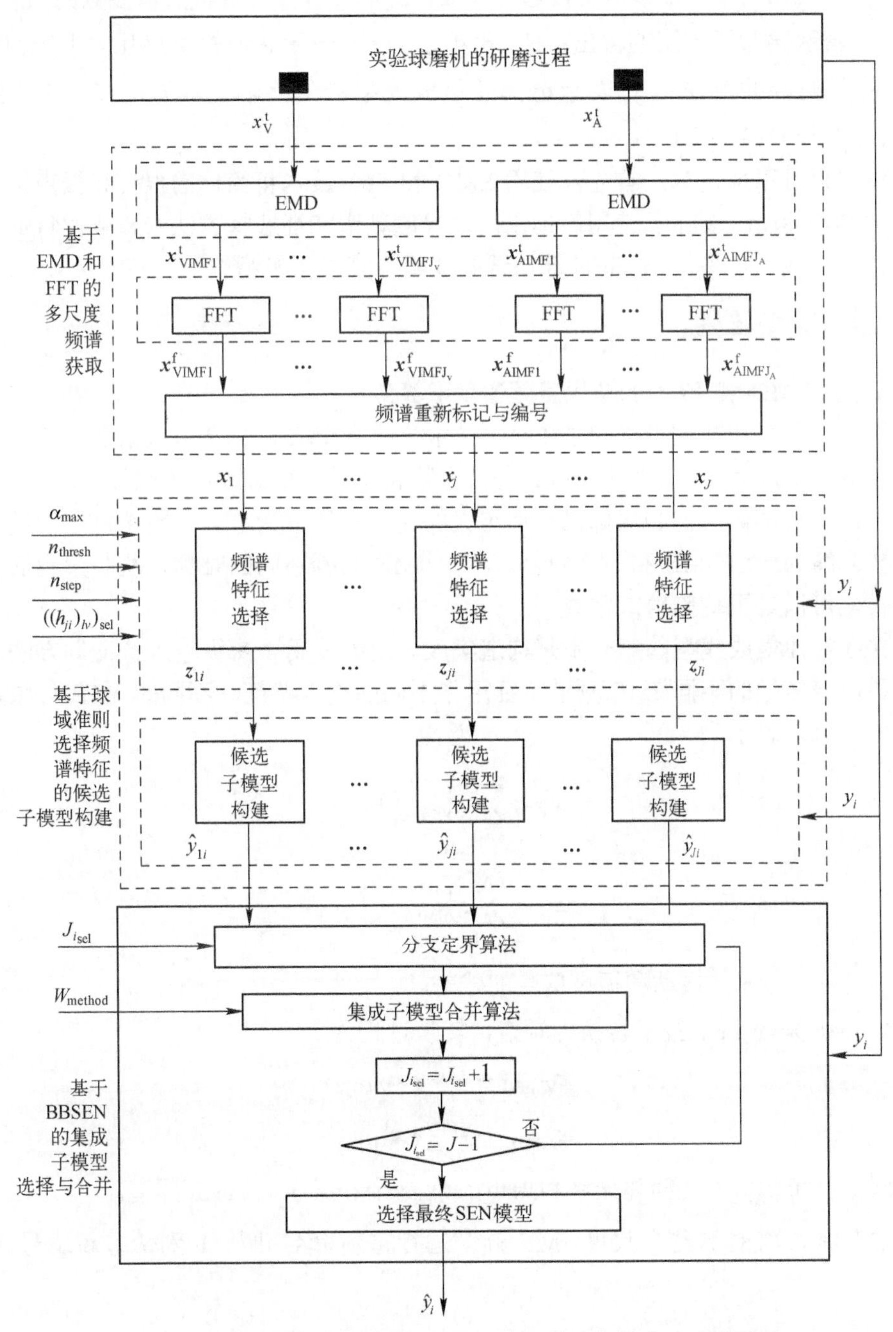

图 4.48　基于球域准则选择特征的多源频谱选择性集成建模策略

在图 4.48 中：上标 t 和 f 分别表示时域和频域；下标 V 和 A 分别表示振动和振声；$\boldsymbol{x}_{\mathrm{V}}^{\mathrm{t}}$ 和 $\boldsymbol{x}_{\mathrm{A}}^{\mathrm{t}}$ 表示原始时域信号；$\boldsymbol{x}_{\mathrm{VIMF1}}^{\mathrm{t}}$ 和 $\boldsymbol{x}_{\mathrm{VIMF}J_{\mathrm{V}}}^{\mathrm{t}}$ 表示筒体振动的第 1 个和第 J_{V} 个 IMF；$\boldsymbol{x}_{\mathrm{AIMF1}}^{\mathrm{t}}$ 和 $\boldsymbol{x}_{\mathrm{AIMF}J_{\mathrm{A}}}^{\mathrm{t}}$ 表示振声的第 1 个和第 J_{V} 个 IMF；$\boldsymbol{x}_{\mathrm{VIMF1}}^{\mathrm{f}}$ 和 $\boldsymbol{x}_{\mathrm{VIMFJ_V}}^{\mathrm{f}}$ 表示筒体振动第 1 个和第 J_{A} 个 IMF 频谱；$\boldsymbol{x}_{\mathrm{AIMF1}}^{\mathrm{f}}$ 和 $\boldsymbol{x}_{\mathrm{AIMFJ_A}}^{\mathrm{f}}$ 表示振声第 1 个和第 J_{A} 个频谱；$\{\boldsymbol{x}_1,\cdots,\boldsymbol{x}_j,\cdots,\boldsymbol{x}_J\}$ 表示重新命名和重新编号的频谱；$J=J_{\mathrm{V}}+J_{\mathrm{A}}$，代表多尺度频谱的总数，即候选子模型的数量；$\{\alpha_{\max},n_{\mathrm{thresh}},n_{\mathrm{step}},h_{\mathrm{multi}}\}$ 代表频谱特征选择参数；z_{ji} 代表第 i 个磨机负荷参数的第 j 个频谱特征；$\hat{y}_{ji}$ 表示候选子模型的输出；J_{sel} 和 W_{method} 分别表示集成模型尺寸大小的初始值和集成子模型的合并算法；$\hat{y}_i$ 表示选择性集成模型的最终输出；$i=1$、2 和 3 分别表示 MBVR、PD 和 CVR。

建模过程可以描述为：首先，使用 EMD 和 FFT 技术将筒体的振动和振声信号分解为多尺度 IMF 频谱；然后，使用新提出的多尺度频谱特征选择方法选择频谱特征并构建候选子模型；最后，使用 BBSEN 算法选择和组合集成子模型。

4.5.3 建模算法

1. 基于 EMD 和 FFT 的多尺度频谱获取算法

非线性和非平稳数据可以通过 EMD 技术分解为 IMF，且全部数据必须满足条件假设[298]。分解后的 IMF 具有两个特征：①极点数和过零点处必须相等或最多相差 1；②在任何时候，由局部最大值和局部最小值定义的包络的均值为零。按照 EMD 的过程，原始信号被分解为一组 IMF 和一个残差。其中 IMF 具有不同的时标，从高频到低频有序排列，残差可以是平均趋势或常数。

建立选择性集成模型的第一步是构造集成。此处使用“操纵输入特征”方法，把筒体振动和振声信号的不同 IMF 频谱特征用作不同的输入特征。不同的 IMF 与原始信号之间的关系可以表示为

$$\boldsymbol{x}_{\mathrm{V}}^{\mathrm{t}}=\sum_{j_{\mathrm{V}}=1}^{J_{\mathrm{V}}}\boldsymbol{x}_{\mathrm{VIMF}j_{\mathrm{V}}}^{\mathrm{t}}+r_{J_{\mathrm{V}}} \tag{4.75}$$

$$\boldsymbol{x}_{\mathrm{A}}^{\mathrm{t}}=\sum_{j_{\mathrm{A}}=1}^{J_{\mathrm{A}}}\boldsymbol{x}_{\mathrm{AIMF}j_{\mathrm{A}}}^{\mathrm{t}}+r_{J_{\mathrm{A}}} \tag{4.76}$$

式中：$r_{J_{\mathrm{V}}}$ 和 $r_{J_{\mathrm{A}}}$ 为筒体振动和振声信号的残差。

每个 IMF 采用 FFT 技术转换为频谱，转换过程为

$$\boldsymbol{x}_{\mathrm{VIMF}j_{\mathrm{V}}}^{\mathrm{t}}\xrightarrow{\mathrm{FFT}}\boldsymbol{x}_{\mathrm{VIMF}j_{\mathrm{V}}}^{\mathrm{f}} \tag{4.77}$$

$$\boldsymbol{x}_{\mathrm{AIMF}j_{\mathrm{A}}}^{\mathrm{t}}\xrightarrow{\mathrm{FFT}}\boldsymbol{x}_{\mathrm{AIMF}j_{\mathrm{A}}}^{\mathrm{f}} \tag{4.78}$$

式中：$\boldsymbol{x}_{\mathrm{VIMF}j_{\mathrm{V}}}^{\mathrm{f}}$ 和 $\boldsymbol{x}_{\mathrm{AIMF}j_{\mathrm{A}}}^{\mathrm{f}}$ 为筒体振动和振声的第 j_{V} 个和第 j_{A} 个 IMF 频谱。

在本节中，将对这些多尺度 IMF 频谱进行重新命名并从 1 到 J 重新编号，它们表示为

$$\begin{aligned}\boldsymbol{x} &= \{\boldsymbol{x}_{\mathrm{VIMF}j_1}^{\mathrm{f}},\cdots,\boldsymbol{x}_{\mathrm{VIMF}j_{\mathrm{V}}}^{\mathrm{f}},\cdots,\boldsymbol{x}_{\mathrm{VIMF}J_{\mathrm{V}}}^{\mathrm{f}},\boldsymbol{x}_{\mathrm{AIMF}j_1}^{\mathrm{f}},\cdots,\boldsymbol{x}_{\mathrm{AIMF}j_{\mathrm{A}}}^{\mathrm{f}},\cdots,\boldsymbol{x}_{\mathrm{AIMF}J_{\mathrm{A}}}^{\mathrm{f}}\} \\ &= \{\boldsymbol{x}_1,\cdots,\boldsymbol{x}_j\cdots,\boldsymbol{x}_J\}\end{aligned} \tag{4.79}$$

其中：$J = J_{\mathrm{V}} + J_{\mathrm{A}}$。

因此，振动 IMF（vibration IMF，VIMF）和振声 IMF（acoustic IMF，AIMF）编号范围分别为 $1 \sim J_{\mathrm{V}}$ 和 $(J_{\mathrm{V}}+1) \sim (J_{\mathrm{V}}+J_{\mathrm{A}})$。

2．基于球域准则的候选子模型构建算法

在之前的研究中[239]，频谱特征选择和候选子模型构建是两个过程，没有考虑模型的预测精度去选择或提取频谱特征和使用所选特征构建具有最佳预测性能的候选子模型。在本书中，我们结合了全局优化的观点将这两个过程结合在一起。

标准化处理模型数据的目标之一是消除具有不同测量单位的特征（变量）的影响。但是，谱数据特征具有相同的测量单位。例如，光发射光谱法的光谱变量表示不同波长下的相对强度。如果标准化处理它们，数据的形状将被破坏，导致光谱数据的正值消失[382]。研究表明，基于 PCA 的方法能够成功地使用未标准化处理的光发射光谱数据[89]，且第 1 主成分主要为光谱数据的平均值。

以前的研究[90]提出了使用 PLS 选择单尺度频谱特征进行回归建模，具体步骤如下：

（1）采用 PLS 算法分析非标准化处理频谱。

（2）使用球域准则选择频谱特征：

$$\sum_{h=h_0}^{h_{\mathrm{single}}} r_{p,h}^2 \geqslant \theta_{\mathrm{th}}, \quad h_0 \geqslant 1 \tag{4.80}$$

式中：$r_{p,h}$ 为第 p 个频谱特征和第 h 个 LV 的半径；θ_{th} 为球域半径，由先验知识决定；h_0 为 LV 的初始编号。

（3）选择落在球域之外的频谱特征。

（4）标准化处理选定的频谱特征用于建模。

多尺度频谱通常包含数千个变量。因此，结合球域准则的 PLS 算法被用于选择多尺度频谱特征并构建候选子模型，该策略如图 4.49 所示。

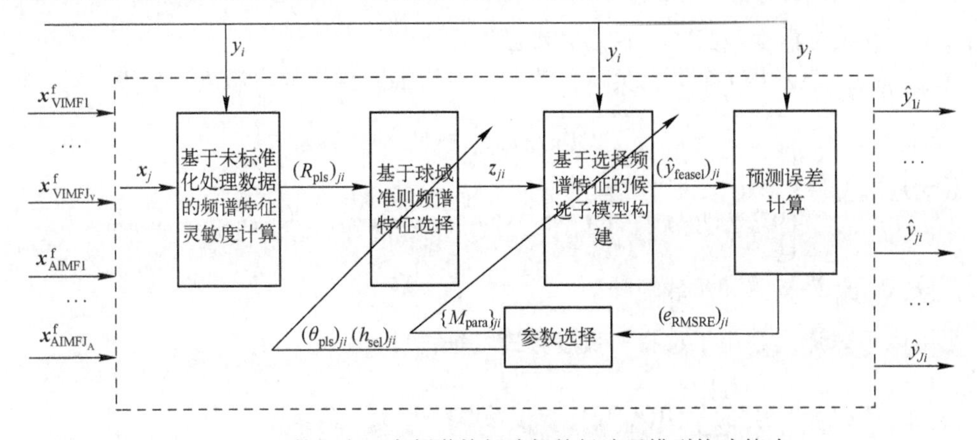

图 4.49　基于多尺度频谱特征选择的候选子模型构建策略

图 4.49 中，$\boldsymbol{x}_j$ 表示第 j 个 IMF 频谱；$\boldsymbol{z}_{ji}$ 表示为第 i 个磨机负荷参数选择的第 j 个 IMF 频谱特征；J 是 IMF 的总数，即候选子模型数；$(R_{\text{pls}})_{ji}$，$(\theta_{\text{pls}})_{ji}$，$(h_{\text{sel}})_{ji}$，$\{M_{\text{para}}\}_{ji}$ 分别表示敏感度、特征选择阈值、潜在变量数（LV）和候选子模型的学习参数；$(\hat{y}_{\text{feasel}})_{ji}$ 和 $(e_{\text{RMSRE}})_{ji}$ 表示基于 $\boldsymbol{z}_{ji}$ 的候选子模型预测输出和误差。

基于多尺度频谱特征选择的候选子模型构建过程可以表示为

$$\min \quad (e_{\text{RMSRE}})_{ji}=\sqrt{\frac{1}{k}\sum_{l=1}^{k}\left(\frac{y_i^l-(\hat{y}_{\text{feasel}})_{ji}^l}{y_i^l}\right)^2}$$
$$\text{s.t.}\quad \begin{cases}\hat{y}_{\text{feasel}}=f_{\text{sub}}(\boldsymbol{z}_{ji},(\theta_{\text{pls}})_{ji},(h_{\text{sel}})_{ji},\{M_{\text{para}}\}_{ji})\\ (\theta_{\text{pls}})_{ji\min}\leqslant(\theta_{\text{pls}})_{ji}\leqslant(\theta_{\text{pls}})_{ji\max}\\ 1\leqslant(h_{\text{sel}})_{ji}\leqslant(h_{\text{sel}})_{ji\max}\\ \{M_{\text{para}}\}_{ji\min}\leqslant\{M_{\text{para}}\}_{ji}\leqslant\{M_{\text{para}}\}_{ji\max}\end{cases} \tag{4.81}$$

式中：y_i^l 为第 l 个样本的真值，$f_{\text{sub}}(\cdot)$ 为候选子模型，$(\hat{y}_{\text{feasel}})_{ji}^l$ 为第 i 个磨机负荷参数第 j 个候选子模型第 l 个样本的估计值。

LV 的最大值 $(h_{\text{sel}})_{ji\max}$ 为

$$(h_{\text{sel}})_{ji\max}=\max(\text{rank}(\boldsymbol{x}_j),f_{\text{ea\_num}_j}) \tag{4.82}$$

式中：$f_{\text{ea\_num}_j}$ 是 $\boldsymbol{x}_j$ 频谱特征数。

特征选择阈值的最大和最小值分别为

$$(\theta_{\text{pls}})_{ji\min}=\sum_{(h_{ji})Lv=2}^{2}((\boldsymbol{r}_{\text{pls}})_{ji})^2_{p_{\text{num}_j},(h_{ji})_{lv}} \tag{4.83}$$

$$(\theta_{\text{pls}})_{ji\max}=\sum_{(h_{ji})_{lv}=3}^{(h_{\text{sel}})_{ji\max}}((\boldsymbol{r}_{\text{pls}})_{ji})^2_{p_{\text{num}_j},(h_{ji})_{lv}} \tag{4.84}$$

式中：$((\boldsymbol{r}_{\text{pls}})_{ji})_{p_{\text{num}_j},(h_{ji})_{lv}}$ 为 $(h_{ji})_{lv}$ LV 时第 p_{num_j} 个频谱特征的灵敏度，$(h_{ji})_{lv}$ 为第 lv 个 LV 针对第 i 个磨机负荷参数时第 j 个 IMF 频谱。

$((\boldsymbol{r}_{\text{pls}})_{ji})_{(h_{ji})_{lv}}$ 表示第 i 个磨机负荷参数对第 j 个 IMF 频谱的灵敏度，如下：

$$((\boldsymbol{r}_{\text{pls}})_{ji})_{(h_{ji})_{lv}}=\begin{cases}((\boldsymbol{r}_{\text{pls}})_{ji})_{(h_{ji})_1}=(\boldsymbol{w}_{ji})_1,\ (h_{ji})_{lv}=1\\ ((\boldsymbol{r}_{\text{pls}})_{ji})_{(h_{ji})_1}=\prod_{(m_{ji})_{lv}=1}^{(h_{ji})_{lv}-1}(\boldsymbol{I}-(\boldsymbol{w}_{ji})_{(m_{ji})_{lv}}(\boldsymbol{p}_{ji})^{\text{T}}_{(m_{ji})_{lv}})(\boldsymbol{w}_{ji})_{(m_{ji})_{lv}},\ (h_{ji})_{lv}>1\end{cases} \tag{4.85}$$

其中：$\boldsymbol{w}_{ji}$，$\boldsymbol{p}_{ji}$ 为权重和负载矩阵。

采用以下球形准则用于选择多尺度频谱特征：

$$\sum_{(h_{ji})_{lv}=1}^{((h_{ji})_{lv})_{\text{sel}}}(((\boldsymbol{r}_{\text{pls}})_{ji})_{p_{\text{num}_j},(h_{ji})_{lv}})^2\geqslant(\theta_{\text{pls}})_{ji},\ h_0\geqslant1 \tag{4.86}$$

该准则的实质是选择落在球域之外的频谱特征。

显然，频谱特征的选择或不选择是可以控制的，即通过改变$(\theta_{\rm pls})_{ji}$和$(h_{\rm sel})_{ji}$的值予以实现。

由于难以通过手动方式为不同IMF频谱选择不同的$(\theta_{\rm pls})_{ji}$，本书此处采用如下策略。

首先，计算$(\theta_{\rm pls})_{ji}$的最大值和最小值之间的步长$n_{\rm step}$，如下：

$$\theta_{\rm step}=\frac{\alpha_{\max}\cdot(\theta_{\rm pls})_{ji\max}-(\theta_{\rm pls})_{ji\min}}{n_{\rm step}} \tag{4.87}$$

其中：$0.1\leqslant\alpha_{\max}\leqslant 1$，$n_{\rm step}>1$。

然后，可以使用以下公式针对不同的IMF频谱自适应地计算$(\theta_{\rm pls})_{ji}$：

$$(\theta_{\rm pls})_{ji}=n_{\rm thresh}\cdot\theta_{\rm step}=n_{\rm thresh}\cdot\frac{\alpha_{\max}\cdot(\theta_{\rm pls})_{ji\max}-(\theta_{\rm pls})_{ji\min}}{n_{\rm step}} \tag{4.88}$$

其中：$1<n_{\rm thresh}\leqslant n_{\rm step}$。

此处，将参数集$\{\alpha_{\max},n_{\rm thresh},n_{\rm step},((h_{ji})_{lv})_{\rm sel}\}$称为频谱特征选择参数，其同时被不同的候选子模型选择。将从第j个IMF频谱中为第i个磨机负荷参数所选择的频谱特征表示为$\boldsymbol{z}_{ji}$。

进一步，以数据集$\{\boldsymbol{z}_{ji},y_i\}$为例，将所构造的候选子模型表示为

$$\hat{y}_{ji}=\boldsymbol{z}_{ji}\boldsymbol{z}_{ji}^{\rm T}\boldsymbol{U}_{ji}(\boldsymbol{T}_{ji}^{\rm T}\boldsymbol{z}_{ji}\boldsymbol{z}_{ji}^{\rm T}\boldsymbol{U}_{ji})^{-1}\boldsymbol{T}_{ji}^{\rm T}y_i \tag{4.89}$$

其中：$\boldsymbol{T}_{ji}=[(\boldsymbol{t}_{ji})_1,(\boldsymbol{t}_{ji})_2,\cdots,(\boldsymbol{t}_{ji})_{{\rm h}_{ji}}]$，$\boldsymbol{U}_{ji}=[(\boldsymbol{u}_{ji})_1,(\boldsymbol{u}_{ji})_2,\cdots,(\boldsymbol{u}_{ji})_{{\rm h}_{ji}}]$。

基于多尺度频谱特征选择的候选子模型构建伪代码如表4.36所列。

表4.36　基于多尺度频谱特征选择的候选子模型构建伪代码

基于多尺度频谱特征选择的候选子模型构建伪代码
（1）根据经验设置$\{\alpha_{\max},n_{\rm thresh},n_{\rm step},((h_{ji})_{lv})_{\rm sel}\}$值。
（2）for$j=1:1:J$。
（3）计算$(h_{\rm sel})_{ji\max}$。
（4）对未进行标准化处理的输入输出数据$\{\boldsymbol{x}_j,y_i\}$运行PLS算法。
（5）计算第j个IMF频谱的敏感度。
（6）计算$(\theta_{\rm pls})_{ji\min}$和$(\theta_{\rm pls})_{ji\max}$。
（7）计算步长。
（8）自适应的计算$(\theta_{\rm pls})_{ji}$。
（9）$P_{{\rm num}_j}=1,\cdots,f_{{\rm ea\_num}_j}$。
（10）if $\sum_{(h_{ji})_{lv}=1}^{((h_{ji})_{lv})_{\rm sel}}(((\boldsymbol{r}_{\rm pls})_{ji})_{p_{{\rm num}_j},(h_{ji})_{lv}})^2\geqslant(\theta_{\rm pls})_{ji}$。
（11）选择第$p_{{\rm num}_j}$个频谱特征。
（12）end if
（13）end for
（14）将选定的频谱特征表示为$\boldsymbol{z}_{ji}$。

续表

基于多尺度频谱特征选择的候选子模型构建伪代码
（15）利用标准化的输入输出数据 $\{z_{ji}, y_i\}$ 构建子模型。
（16）采用不同的 $\{M_{\text{para}}\}_{ji}$ 计算交叉验证模型的预测误差。
（17）选择具有最小 $(e_{\text{RMSRE}})_{ji}$ 的子模型作为最后的候选子模型。
（18）end for

3．基于 BBSEN 的集成子模型选择与合并

针对第 i 个磨机负荷参数共有 J 个候选子模型，其每个候选子模型的预测输出可表示为

$$\hat{\boldsymbol{y}}_i = \{\hat{\boldsymbol{y}}_{1i}, \cdots, \hat{\boldsymbol{y}}_{ji}, \cdots, \hat{\boldsymbol{y}}_{Ji}\} \tag{4.90}$$

在本书中，假设候选子模型数量与 IMF 数量相同。据此，使用目标最大化准则，将选择性集成建模过程问题转化为如下的优化问题：

$$\begin{aligned} \max J_{\text{RMSRE\_ens}} i &= \theta_{\text{th}} - \sqrt{\frac{1}{k}\sum_{l=1}^{k}\left(\left(y_i^l - \sum_{j_{\text{sel}}=1}^{J_{\text{selot}}i} w_{j_{\text{sel}}i}\hat{y}_{j_{\text{sel}}i}^l\right)\Big/ y_i^l\right)^2} \\ \text{s.t.} \quad & 2 \leqslant J_{\text{selot}} i \leqslant J \\ & \hat{y}_{j_{\text{sel}}i}^l = f_{\text{sub\_sel}}(z_{j_{\text{sel}}i}, \alpha_{\max}, n_{\text{thresh}}, n_{\text{step}}, ((h_{j_{\text{sel}}i})_{lv})_{\text{sel}}, \{M_{\text{para}}\}_{j_{\text{sel}}i}) \\ & 0.1 \leqslant \alpha_{\max} \leqslant 1 \\ & n_{\text{step}} > 1, n_{\text{step}} \in \Re^N \\ & 1 \leqslant n_{\text{thresh}} \leqslant n_{\text{step}} \\ & 1 \leqslant ((h_{j_{\text{sel}}i})_{lv})_{\text{sel}} \leqslant ((h_{j_{\text{sel}}i})_{lv})_{\max} \\ & (\{M_{\text{para}}\}_{j_{\text{sel}}i})_{\min} \leqslant \{M_{\text{para}}\}_{j_{\text{sel}}i} \leqslant (\{M_{\text{para}}\}_{j_{\text{sel}}i})_{\max} \end{aligned} \tag{4.91}$$

式中：θ_{th} 为阈值；$\hat{y}_{j_{\text{sel}}i}^l$，$w_{j_{\text{sel}}i}$ 为所选集成子模型的预测输出和加权系数，$f_{\text{sub\_sel}}(\cdot)$ 为选择的集成子模型。

为了保证子模型之间的多样性，本章为所有候选子模型都选择相同的特征选择参数。在此策略下，仅需要选择集成子模型及其组合方法，利用 BBSEN 算法即可实现，流程图如图 4.48 所示，实现过程的伪代码如表 4.37 所列。

表 4.37　用于构建磨机负荷参数模型的 BBSEN 算法伪代码

构建磨机负荷参数模型的 BBSEN 算法伪代码
（1）基于以下准则对候选子模型进行排序： $J_{\text{RMSRE\_sub}} i = \theta_{\text{th}} - \sqrt{\frac{1}{k}\sum_{l=1}^{k}\left((y_{ji}^l - \hat{y}_{ji}^l)/y_{ji}^l\right)^2}$。
（2）For $J_{\text{selot}} i = 2, \cdots, J$
（3）Switch：W_{method}
（4）Case AWF： $w_{j_{\text{sel}}i} = 1\Big/\left((\sigma_{j_{\text{sel}}i})^2 \sum_{j_{\text{sel}}=1}^{J_{\text{selot}}i}\frac{1}{(\sigma_{j_{\text{sel}}i})^2}\right)$ 其中：$\sigma_{j_{\text{sel}}i}$ 为估计值 $\{\hat{y}_{j_{\text{sel}}i}^l\}_{l=1}^k$ 的标准方差。

续表

构建磨机负荷参数模型的 BBSEN 算法伪代码
（5）Case Entropy $w_{j_{\text{sel}}i}=\frac{1}{J_{\text{selot}}i-1}\left(1-(1-E_{j_{\text{sel}}i})\Big/\sum_{j_{\text{sel}}=1}^{J_{\text{selot}}i}(1-E_{j_{\text{sel}}i})\right)$ 其中：$E_{j_{\text{sel}}i}$ 是相对预测误差 $\{e_{j_{\text{sel}}i}^{l}\}_{l=1}^{k}$ 的熵值，并且 $e_{j_{\text{sel}}i}^{l}=\begin{cases}\left|(y_i^l-\hat{y}_{j_{\text{sel}}i}^{l})/y_i^l\right|, & 0\leqslant\left\|y_i^l-\hat{y}_{j_{\text{sel}}i}^{l}\hat{y}_{j_{\text{sel}}i}^{l}/y_i^l\right\|<1 \\ 1 & \left\|y_i^l-\hat{y}_{j_{\text{sel}}i}^{l}\hat{y}_{j_{\text{sel}}i}^{l}/y_i^l\right\|\geqslant 1\end{cases}$；
（6）Case PLS： $w_{j_{\text{sel}}i}=(\boldsymbol{W}_{\text{ien}}(\boldsymbol{P}_{\text{ien}}\boldsymbol{W}_{\text{ien}})^{-1}(\sum\boldsymbol{B}_{\text{ien}}))^{\mathrm{T}}$ 其中：$\boldsymbol{W}_{\text{ien}}=[\boldsymbol{w}_{i1},\boldsymbol{w}_{i2},\cdots,\boldsymbol{w}_{ih_{\text{en}}}]$、$\boldsymbol{P}_{\text{ien}}=[\boldsymbol{p}_{i1},\boldsymbol{p}_{i2},\cdots,\boldsymbol{p}_{ih_{\text{en}}}]$ 和 $\boldsymbol{B}_{\text{ien}}=[\boldsymbol{b}_{i1},\boldsymbol{b}_{i2},\cdots,\boldsymbol{b}_{ih_{\text{en}}}]$ 分别为加权、负载和回归因子矩阵。
（7）Case otherwise： $w_{j_{\text{sel}}i}=f_w(\hat{y}_{j_{\text{sel}}i})=f_w(f_{j_{\text{sel}}i}(\boldsymbol{z}_{j_{\text{sel}}i}))$ 其中：$f_{j_{\text{sel}}i}(\cdot)$ 表示频谱特征 $\boldsymbol{z}_{j_{\text{sel}}i}$ 和真值 y_i 之间的映射关系，$f_w(\cdot)$ 表示集成子模型预测输出 $\hat{y}_{\text{sel}\_i}$ 和真值 y_i 之间的映射关系。
（8）End switch
（9）采用 BB 和 W_{method} 算法优化选择集成子模型。
（10）Let $J_{\text{selot}}i=J_{\text{selot}}i+1$；
（11）If　$J_{\text{selot}}i<J_{\text{selot}}i-1$；
（12）返回到（2）。
（13）Else；
（14）转到（16）。
（15）end for
（16）对 $(J-2)$ 个候选集成模型进行排序。
（17）基于 max　（$J_{\text{rmsre\_ens}}$）准则获取最终软测量模型。

由此可得，针对第 i 个磨机负荷参数的选择性集成模型可表示为

$$\hat{y}_i=\sum_{j_{\text{selot}}=1}^{J_{\text{selot}}i}w_{j_{\text{selot}}i}\hat{y}_{j_{\text{selot}}i} \tag{4.92}$$

式中：$J_{\text{selot}}i$ 表示集成尺寸。

4.5.4　实验研究

1．数据描述

实验条件和数据的详细描述详见第 3 章的实验部分，其中：筒体振动信号的采集频率是 51200Hz，振声信号的采集频率是 8000Hz。

2．实验结果

在本章中，使用 4 个磨机旋转周期的筒体振动和振声信号数据获得多尺度频谱[211]，且仅使用前 12 个 IMF 构建软测量模型。因此，存在 $J_{\text{A}}=12$、$J_{\text{V}}=12$ 和 $J=24$。相应地，VIMF 和 AIMF 的数量范围分别为 1～12 和 13～24。

本章仅从数据分析的角度研究这些多尺度频谱，未来将通过结合球磨机研磨过程的有限元分析进行更为深入的研究。

这些未标准化处理的多尺度频谱用于选择不同磨机负荷参数的特征，MBVR 的 $((\boldsymbol{t}_{\text{pls}})_{j1})_1$、$((\boldsymbol{t}_{\text{pls}})_{j1})_2$、$((\boldsymbol{r}_{\text{pls}})_{j1})_1$ 和 $((\boldsymbol{r}_{\text{pls}})_{j1})_2$ 值如图 4.50 和图 4.51 所示。

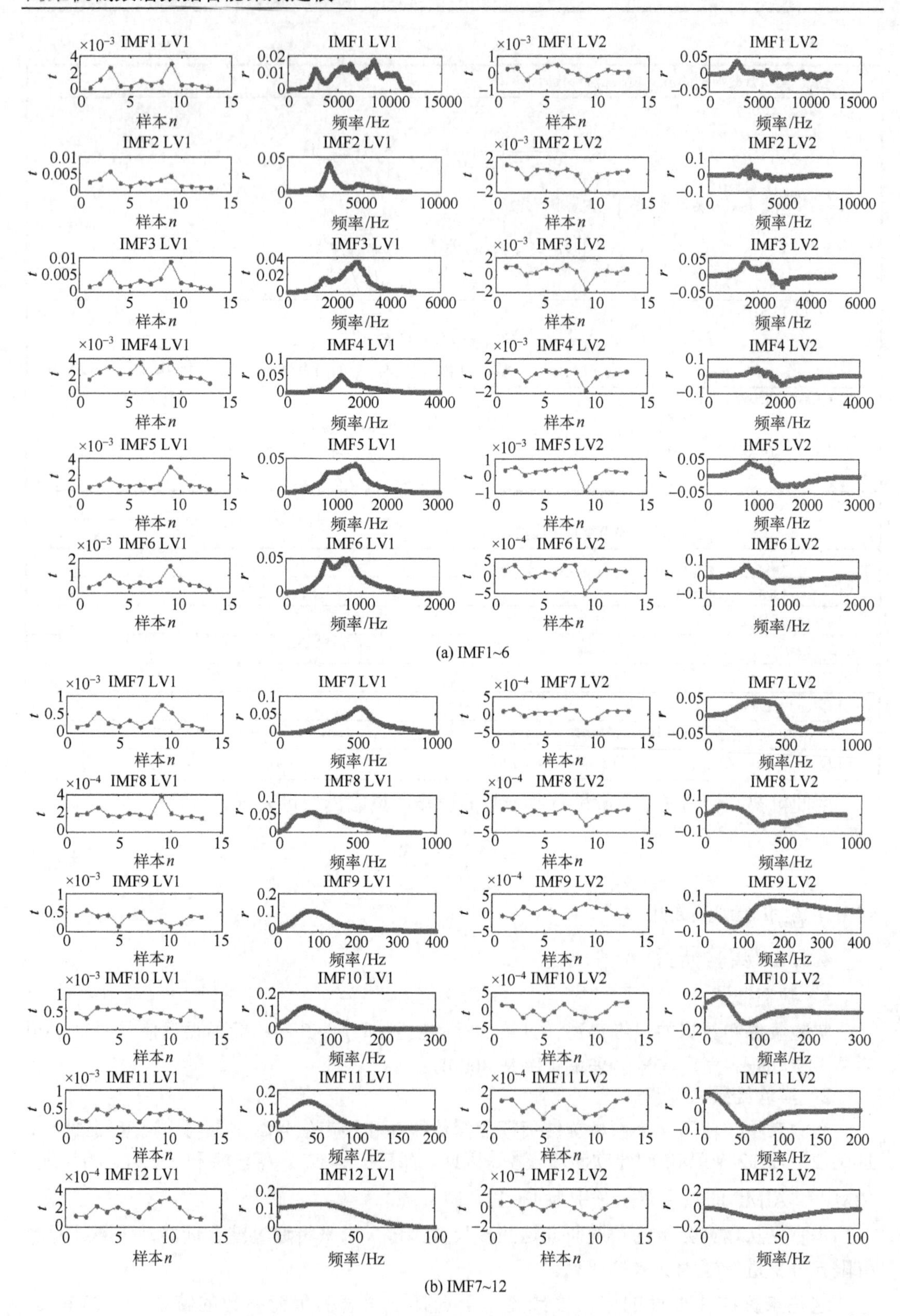

(a) IMF1~6

(b) IMF7~12

图 4.50 MBVR 未标准化处理振动频谱的 PLS 的分向量和 R 值

图 4.51 表明，$((\boldsymbol{r}_{\text{pls}})_{j1})_1$ 的形状与 IMF 频谱类似，这表明第 1 个 LV 是频谱均值，而磨机负荷参数的真实变化均其他 LV 中予以体现。因此，第 1 个 LV 不用于选择频谱特征。

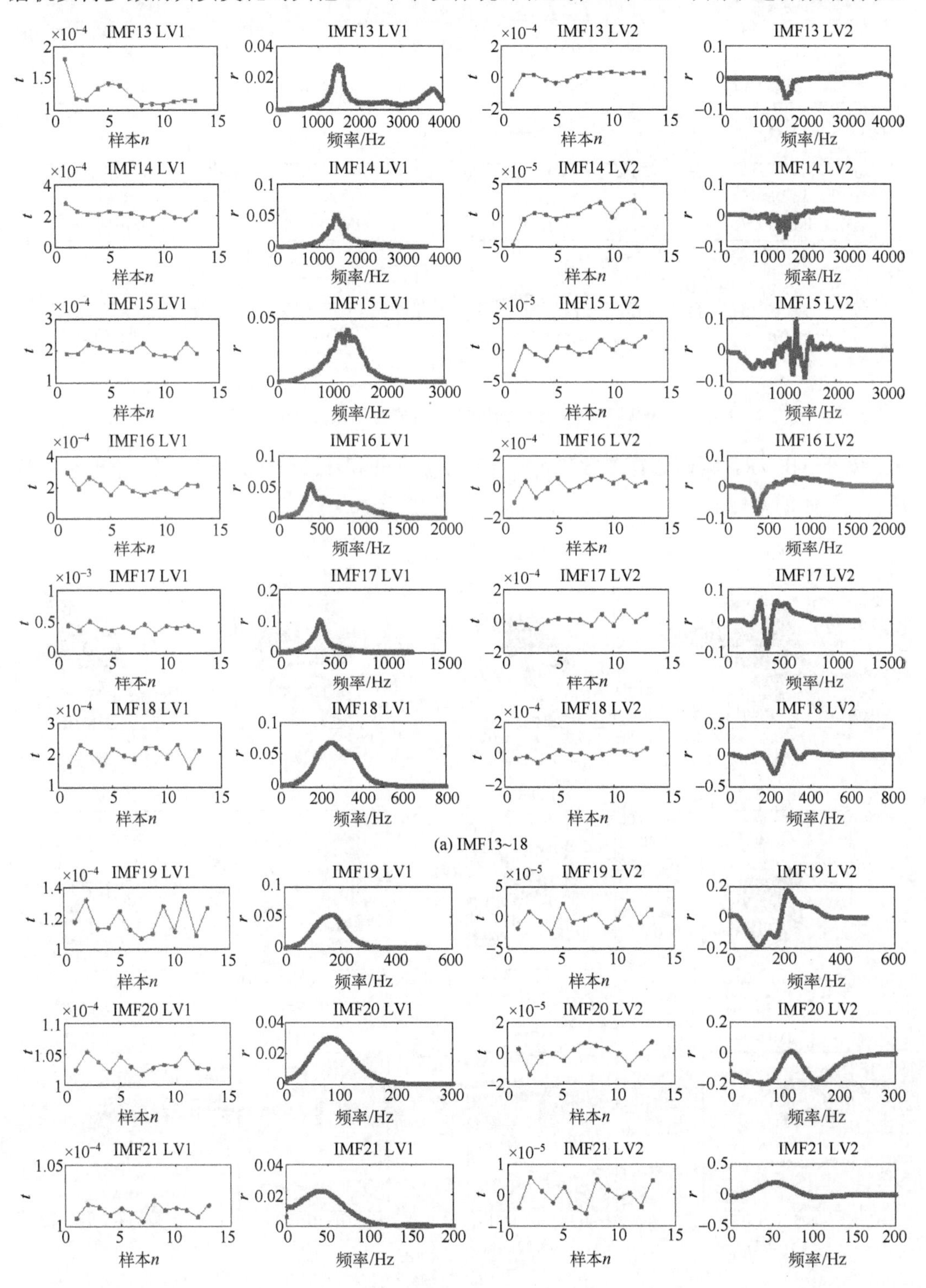

(a) IMF13~18

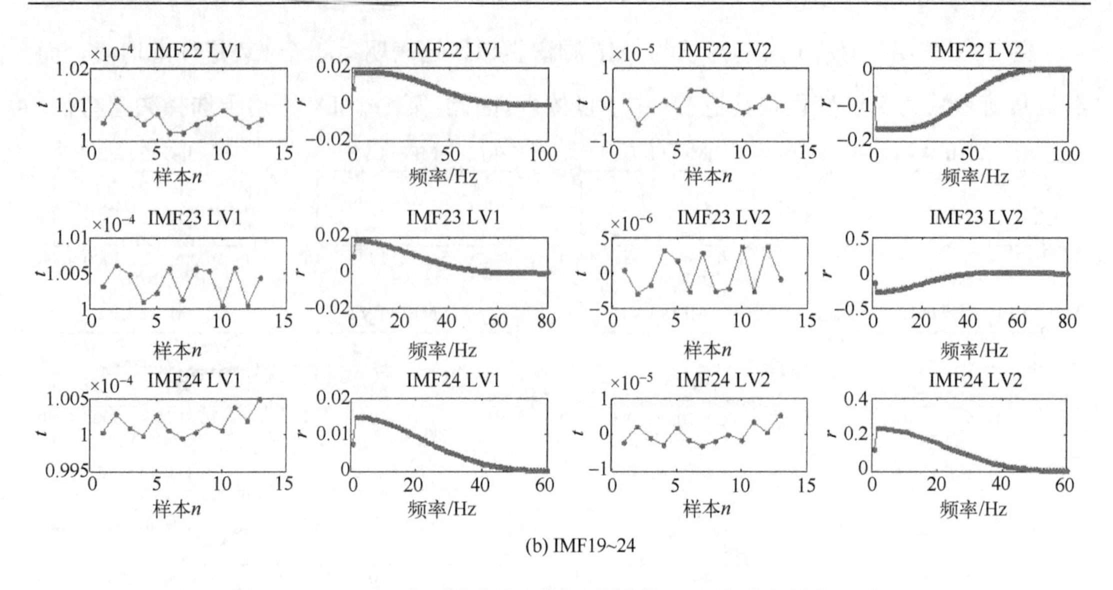

(b) IMF19~24

图 4.51　MBVR 未标准化处理振动频谱的 PLS 得分向量和 R 值

对于 MBVR，频谱选择参数为 $n_{\text{thresh}}=5$、$n_{\text{step}}=20$ 和 $\alpha_{\max}=0.95$。相应地，$((\boldsymbol{r}_{\text{pls}})_{j1})_2$ 和 $((\boldsymbol{r}_{\text{pls}})_{j1})_3$ 如图 4.52 所示。

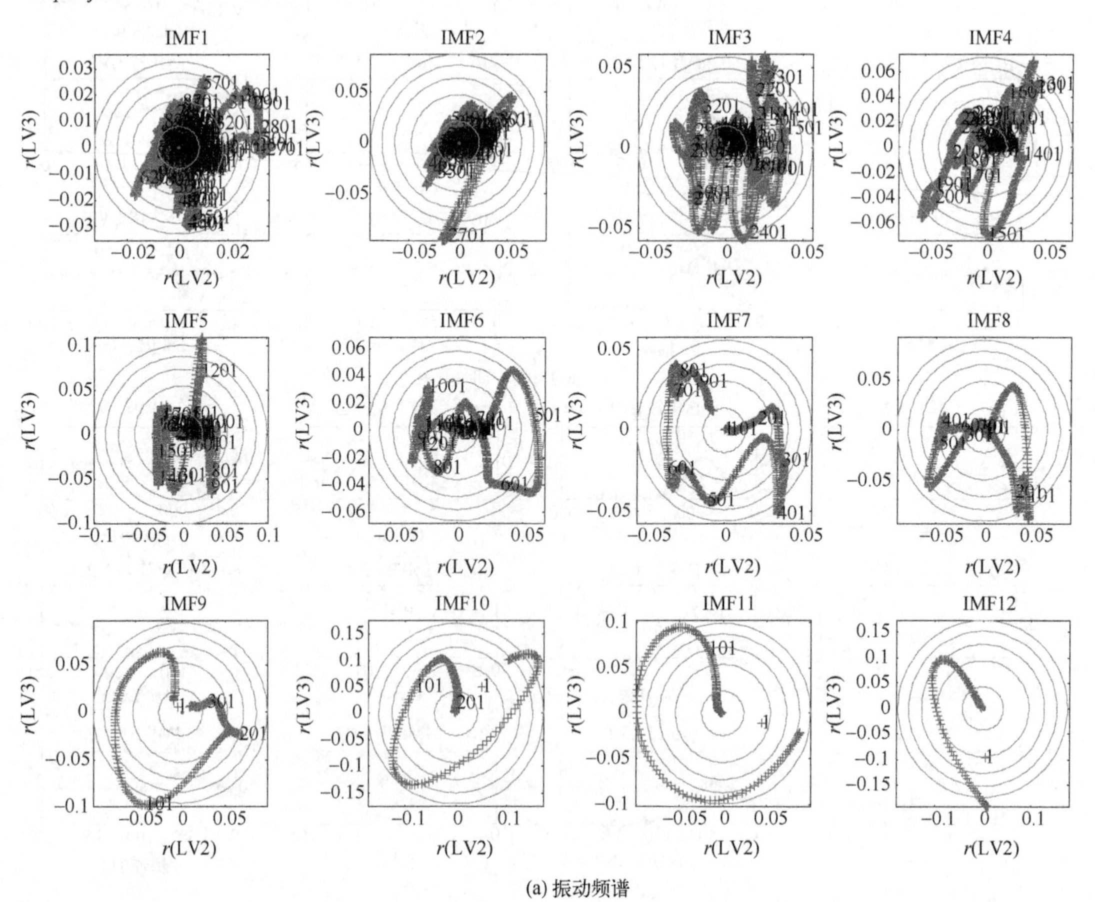

(a) 振动频谱

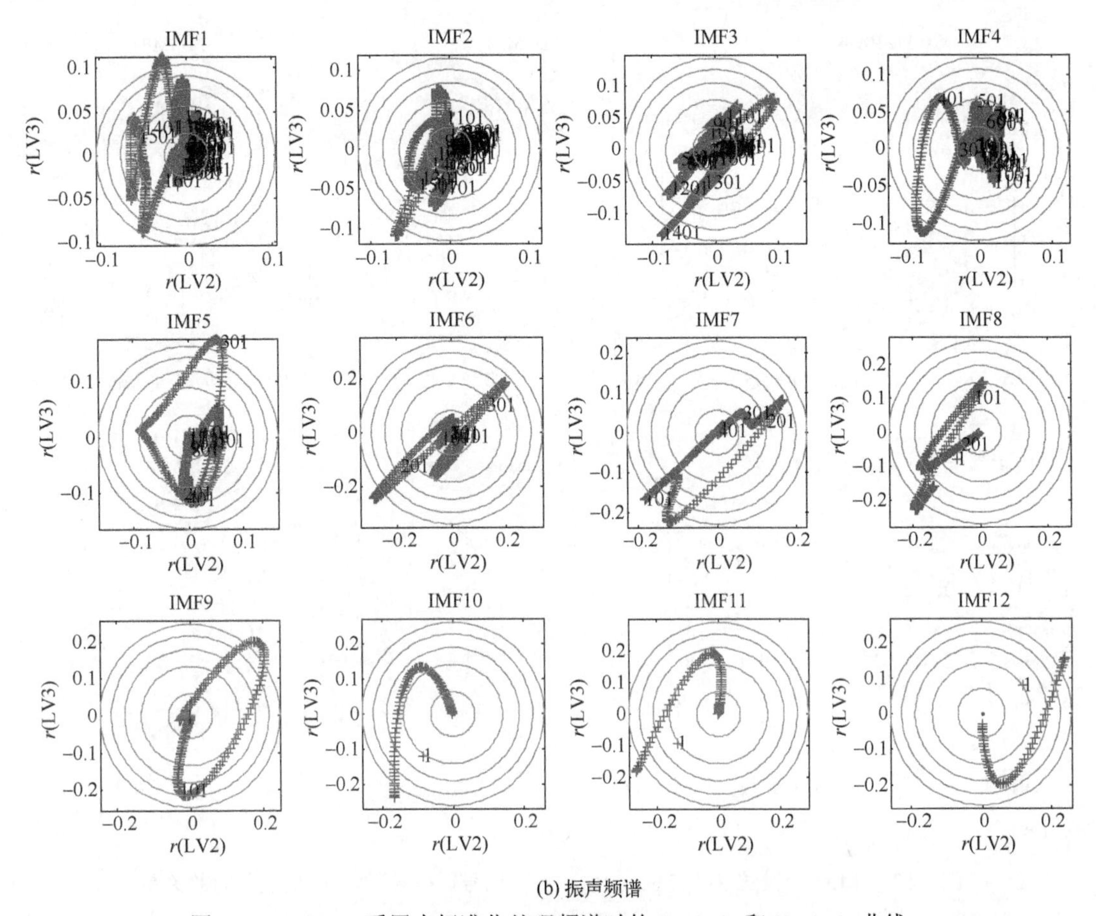

(b) 振声频谱

图 4.52　MBVR 采用未标准化处理频谱时的 $((r_{pls})_{j1})_2$ 和 $((r_{pls})_{j1})_3$ 曲线

由图 4.52 可知，不同的 IMF 频谱特征对磨机负荷参数的贡献不同，这从而说明了特征选择的必要性。

基于 IMF4 频谱的 RMSRE、阈值、特征数、LV 数量（用于计算 R）和阈值步长倍数（用于计算特征选择阈值）间的关系如图 4.53 所示。

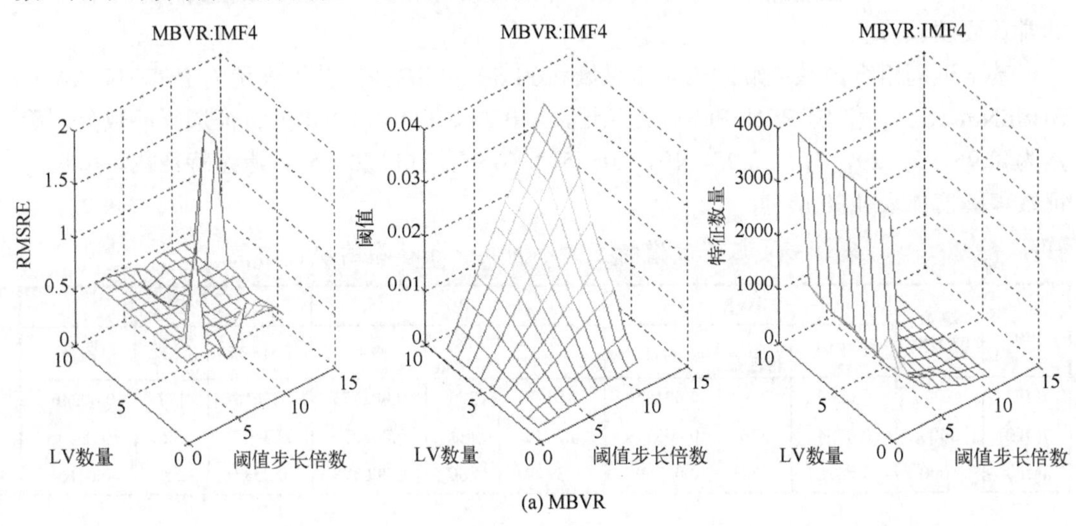

(a) MBVR

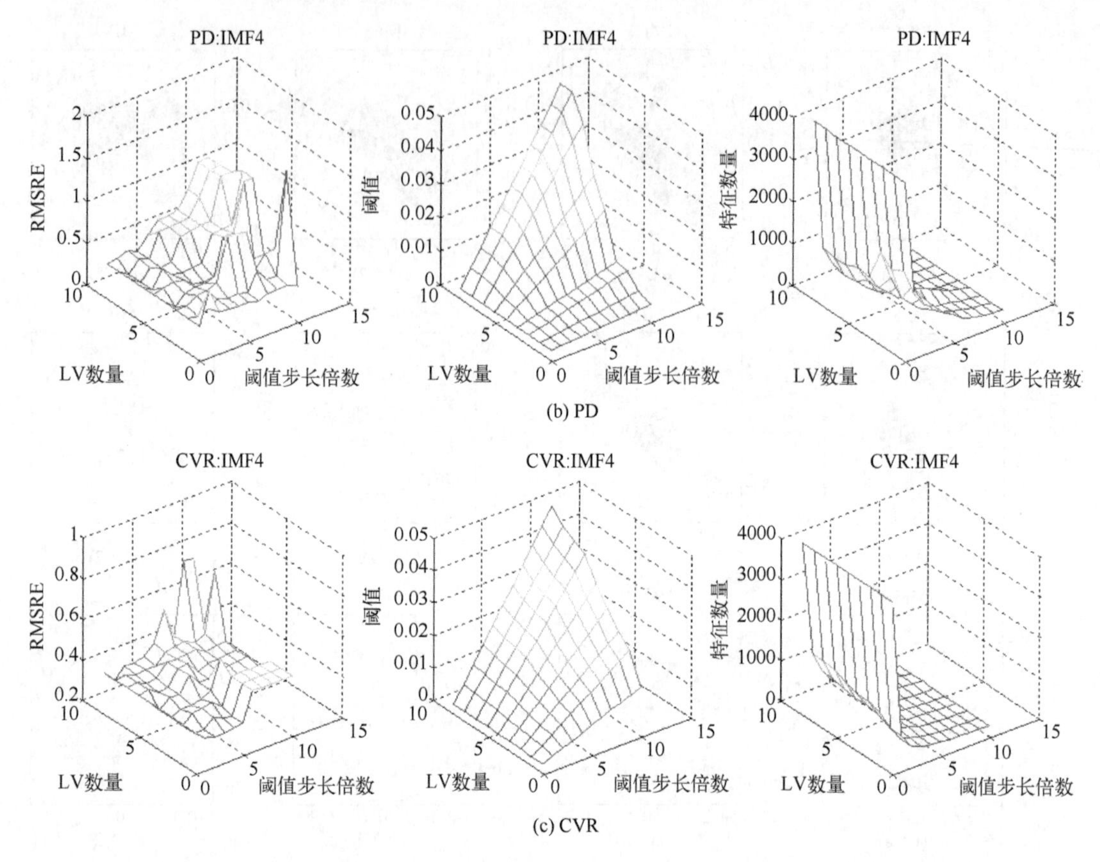

(b) PD

(c) CVR

图 4.53 IMF4 频谱的 RMSRE、阈值、特征编号、LV 编号和阈值次数间的关系

图 4.53 表明：

（1）LV 数量和阈值次数对候选子模型的预测性能有很大影响。

（2）阈值随着 LV 数和阈值次数的增加而迅速增加。

（3）特征数随着 LV 数和阈值次数的增加而减小。

因此，频谱特征选择参数对于构建具有较高预测精度和不同多样性的候选子模型是非常重要的。

基于不同组合方法（如 AWF、信息熵和 PLS）的 BBSEN 分别表示为 BBSEN-AWF，BBSEN-Entropy 和 BBSEN-PLS。相应地，MBVR、PD 和 CVR 的特征选择参数分别确定为{0.95，5，20，5}、{0.95，10，20，5}和{0.95，16，20，5}，原始特征数、所选特征数和阈值如表 4.38 所列。

表 4.38 基于频谱特征的不同候选子模型的统计结果

IMF	原始特征数	MBVR			PD			CVR		
		RMSRE	选择特征数	阈值	RMSRE	选择特征数	阈值	RMSRE	选择特征数	阈值
IMF1	12000	0.6509	769	0.001858	1.0125	385	0.001773	0.2616	177	0.002467
IMF2	8000	0.6754	236	0.005779	0.2745	131	0.005659	0.3647	32	0.03145
IMF3	5000	0.6415	278	0.007500	0.3229	260	0.006378	0.3537	28	0.01658

续表

IMF	原始特征数	MBVR			PD			CVR		
		RMSRE	选择特征数	阈值	RMSRE	选择特征数	阈值	RMSRE	选择特征数	阈值
IMF4	4000	0.4876	289	0.008737	**0.2122**	100	0.01051	0.2782	26	0.02788
IMF5	3000	0.7691	155	0.01062	0.3389	125	0.01591	0.3323	21	0.04482
IMF6	2000	0.5084	115	0.01435	0.2123	206	0.006799	0.4313	35	0.02822
IMF7	1000	0.7556	80	0.01592	0.7612	46	0.01925	0.3760	19	0.05923
IMF8	900	3.5200	82	0.01935	0.3210	182	0.01344	1.8945	79	0.03835
IMF9	400	**0.4204**	48	0.1103	0.6941	53	0.02066	0.6904	42	0.02475
IMF10	300	0.8335	138	0.02020	0.6393	172	0.01712	0.7235	12	0.05350
IMF11	200	0.5735	120	0.01988	0.8420	28	0.03675	0.4088	5	0.09245
IMF12	100	0.6432	44	0.04423	0.3115	7	0.06394	0.4012	34	0.06842
IMF13	4000	0.6272	303	0.009464	0.6844	145	0.01128	**0.2228**	21	0.02678
IMF14	3600	0.5502	116	0.009464	0.7281	85	0.01759	0.2690	38	0.01818
IMF15	3000	1.1913	123	0.01990	0.5833	130	0.01705	0.4731	35	0.02565
IMF16	2000	0.5429	182	0.01294	0.8881	65	0.02078	0.8371	21	0.04927
IMF17	1200	1.4530	95	0.03975	0.9552	103	0.02941	0.5010	35	0.0745
IMF18	800	0.6499	66	0.06374	0.6618	135	0.01726	0.4594	59	0.04223
IMF19	500	0.7771	129	0.05044	0.9176	43	0.04103	0.3827	15	0.1200
IMF20	300	0.5578	82	0.08694	0.6975	44	0.05701	0.4237	20	0.1330
IMF21	200	0.6352	95	0.04315	0.7785	36	0.07368	0.3925	24	0.06758
IMF22	100	9.0111	29	0.05827	9.008	8	0.2032	0.4481	5	0.08790
IMF23	80	0.5115	14	0.07427	0.3544	10	0.08328	0.4452	2	0.1226
IMF24	60	0.7187	2	0.2062	0.4163	2	0.1836	0.3946	1	0.2937

表 4.38 表明，所选择的特征数量远远小于原始特征数量。针对不同磨机负荷参数的特征选择数量比率（选定特征数量与原始特征数量之比）如图 4.54 所示。

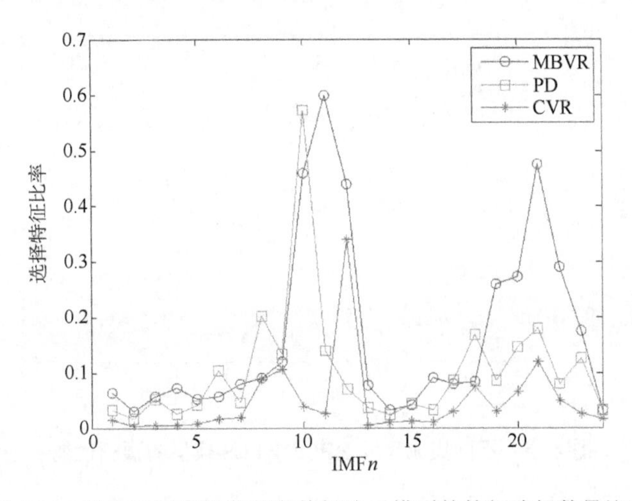

图 4.54　针对不同磨机负荷参数候选子模型的特征选择数量比率

由图 4.54 可知：

（1）多数选择特征的数量比率均低于 0.2，原因使大多数特征与磨机负荷参数之间的映射关系较弱。

（2）大多数具有高特征数比的 IMF 都是低时间尺度 IMF 频谱，表明与低频振动强度的相关性更强。

（3）CVR 模型具有最小的特征数量，MBVR 模型具有最大的特征数量。因此，有必要为不同的磨机负荷参数选择不同的多尺度频谱特征。

表 4.39 所列为采用不同集成子模型组合方式的 BBSEN 模型统计结果。

表 4.39　基于不同集成子模型组合方式的 BBSEN 模型统计结果

加权算法	集成子模型数量			RMSRE			
	MBVR	PD	CVR	MBVR	PD	CVR	均值
PLS	{20，14，16，23，6，4，9}	{6，4}	{4，14，1，13}	0.2461	0.1742	**0.1031**	0.1744
AWF	{4，20}	{6，4}	{4，14，13，3}	0.3219	0.1571	0.1395	0.2039
Entropy	{1，11，16，23，13，6，20，4}	{1，6，23，2，8，7，4}	{5，1，6，4，14，13，3}	0.2375	0.1914	0.1828	0.2062

由表 4.39 可知：

（1）集成子模型的数量均少于 10 个，这一结论与大多数文献的研究结果相符。

（2）对于不同的磨机负荷参数，所选择的相同的集成子模型为 IMF4，即 IMF4 包含着相对而言更为重要的信息。

（3）在所有的磨机负荷参数中，CVR 模型的预测误差最低。

（4）基于 BBSEN-PLS 的软测量模型具有最佳的平均预测精度。

进一步，采用不同集成尺寸时的 RMSRE 如图 4.55 所示，对应的 PLS 算法所对应的不同 LV 对应方差百分比如表 4.40 所列。

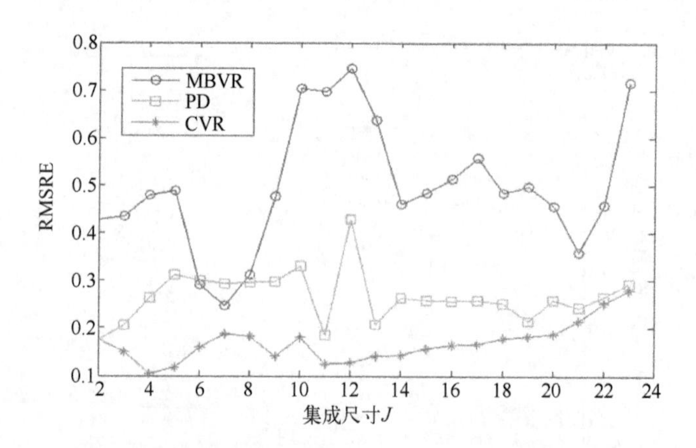

图 4.55　不同集成尺寸 BBSEN-PLS 模型的预测性能

表 4.40　基于 PLS 算法组合集成子模型的不同 LV 对应方差百分比

磨机负荷参数	LV #	$\hat{y}_i$ -Block	累计	y_i -Block	累计
		此 LV		此 LV	
MBVR	1	35.35	35.35	81.72	81.72
	2	13.27	48.62	5.76	87.48
	3	23.96	72.58	0.79	88.27
	4	12.69	85.27	1.19	89.46
	5	5.54	90.80	1.07	90.53
	6	5.10	95.91	0.06	90.59
	7	4.09	100.00	0.00	90.59
PD	1	87.05	87.05	85.22	85.22
	2	12.95	100.00	2.47	87.69
CVR	1	75.97	75.97	83.87	83.87
	2	10.89	86.86	4.56	88.43
	3	8.83	94.68	0.52	88.95
	4	4.32	100.00	0.00	88.95

由图 4.55 和表 4.40 可知：

（1）RMSRE 的变化并不随集成尺寸的增加而单调增加，尤其是对于 MBVR 模型而言，这表明应该进一步研究新的特征选择方法或采用更优化的建模参数。

（2）不同磨机负荷参数的集成子模型预测输出之间存在共线性和差异性，例如，MBVR、PD 和 CVR 第 1 个 LV 获得的方差分别为 35.35%、87.05%和 75.97%。

（3）BBSEN-PLS 能够有效地选择和组合集成子模型，尤其是对于 CVR 模型。

3．方法比较

所提出的方法与单尺度和多尺度[237, 239]方法进行了比较，统计结果如表 4.41 所列。其中“备注”列表示所用技术和算法的摘要，不同软测量模型的预测结果如图 4.56 所示。

表 4.41　不同建模方法的统计结果

方法		频谱类型	RMSRE				备注
			MBVR	PD	CVR	均值	
1		单尺度	0.2567	0.1760	0.1940	0.2089	{FFT，V，A，MI，SEPLS}
2		单尺度	0.2049	0.07781	0.1377	0.1628	{FFT，V，A，MI，SEKPLS}
3		单尺度	0.2711	0.1158	0.1368	0.1745	{FFT, V, MI, AGA, KPCA, LS-SVM}
4		多尺度	0.5454	0.3074	0.2527	0.3685	{EMD，V，KPLS}
5		多尺度	0.2398	0.2371	0.2281	0.2350	{EMD，V，A，MI，PLS}
6		多尺度	0.3173	0.1876	0.1932	0.2327	{EMD，V，A，MI，KPLS}
本书	AWF	多尺度	0.3219	0.1571	0.1395	0.2062	{EMD，V，A，SC，PLS}
	Entropy	多尺度	0.2375	0.1914	0.1828	0.2039	{EMD，V，A，SC，PLS}
	PLS	多尺度	0.2461	0.1742	0.1031	0.1744	{EMD，V，A，SC，PLS}

由表 4.41 可得到以下的结论：

（1）针对 CVR 而言，基于 BBSEN-PLS 方法的软测量模型的预测精度比以前所提出的所有模型的精度都高，这表明所提出方法对测量 CVR 的有效性。

（2）此处的 BBSEN-AWF 和文献[239]的主要区别在于特征选择方法。可见，PD 和 CVR 模型的 RMSRE 比文献[239]低 0.08 和 0.0886，原因在于所提方法考虑了频谱数据的特性，并且采用相同的特征选择参数构建不同的候选子模型，这使得所提出基于球域准则（SC）的特征选择方法比基于 MI 的特征选择方法更为有效。

（3）在所有线性的建模方法中，BBSEN-PLS 具有最高的平均预测精度，即该方法优于其他建模方法。然而，其针对全部磨机负荷参数的平均预测性能却要低于非线性方法。因此，此处所提方法的非线性扩展版本需要进一步地研究。

(4)基于不同的建模方法可使用不同的磨机负荷参数软测量模型获得最佳预测性能。例如，在本章中，MBVR 和 PD 模型的最低预测误差为 0.2049 和 0.07781，CVR 模型的最低预测误差为 0.1031。因此，应选择不同的软测量策略测量不同的磨机负荷参数。

（5）在现有研究中，PD 模型的预测性能均优于 CVR 模型，但与本书此处的结果不符。此外，所提方法构建的 MBVR 模型在现有研究中的预测性能是最差的。因此，应进一步研究使用多尺度频谱有效地测量磨机负荷参数的新方法。

针对复杂工业过程，本书提出了一种有效的选择性集成建模方法，包括：使用经验模态分解和快速傅里叶变换技术对机械振动和振声信号的多尺度频谱进行分解和变换；提出了一种新的基于球域准则的自适应多尺度频谱特征选择方法，这些候选子模型的输入频谱特征是自适应选择的；使用具有不同加权方法的分支定界算法选择和组合集成子模型。实验结果表明，所提出的软测量方法具有更高的拟合精度和更好的预测性能。除了机械设备产生的多尺度振动和振声信号外，该方法还可以应用于使用高维频谱数据的其他过程，例如制药，食品和石油工业的监测和控制。

4.6 基于多视角信号分解的多源高维频谱选择性集成建模

4.6.1 引言

磨机负荷直接检测方法因安装维护困难、成本高等原因难以实施[167]。此外，磨机研磨过程产生的筒体振动信号与磨机负荷参数(MBVR、PD、CVR) 间存在难以用精确数学模型描述的非线性关系，这使得准确检测球磨机负荷成为实现选矿过程全流程优化控制的关键因素之一[1,383]。筒体振动信号作为当前磨机负荷参数间接检测手段的研究热点[206,208-209]，已在干式球磨机、半自磨机上成功应用[186]，并取得了一定的经济效益。

如何对组成复杂、具有明显非平稳和多组分特性的磨机筒体振动信号进行有效分解是目前面临的挑战之一。EMD[298]技术可将多组分信号分解为具有不同物理含义的平稳子信号，已在旋转机械故障诊断、高层建筑和桥梁健康状态监测等领域广泛应用[363,235,342]。本书中将对原始信号直接采用 FFT 获得的频谱称为单尺度频谱，对原始信号进行多组分分解后获得的平稳子信号再进行 FFT 变换获得的频谱称为多尺度频谱。

目前，基于筒体振动信号进行湿式球磨机负荷软测量的研究多在实验磨机上进行[226,231,233]，其中文献[233]构建的软测量模型具有较佳预测性能。这些方法以提取或选择的单尺度频谱特征建立软测量模型，在提高模型可解释性、揭示筒体振动信号组成、剖析磨机内部研磨机理等方面存在难以克服的固有缺陷。Tang 等率先综合 EMD、PSD 和 PLS 分析筒体振动[211]，并提出多尺度子信号蕴含信息量的度量准则及相应的软测量方法[238]；文献[347]定性分析了筒体振动及振声信号的产生机理和多组分特性，建立了基于 EMD、互信息、KPLS、BBSEN 的磨机负荷参数软测量模型，但存在难以有效融合多源多尺度频谱特征、预测误差较高等问题。研究表明，EMD 算法存在频谱分辨率低、分解产生虚假人工成分造成模态混叠、低能量成分不可分等问题。希尔伯特振动分解算法[216]及 EEMD 等改进算法[384-385]可部分解决上述问题，但是同样存在分解参数难以自适应选择、蕴含有价值信息的子信号数量有限等问题。汤等对筒体振动信号的研究表明不同算法及不同 EMD 分解参数获得的结果并不相同，其蕴含信息也有所差异[386]。

选择性集成模型具有较高的泛化性、有效性及可信度，目前已经成为进行磨机负荷参数检测的主流模型。文献[119]基于遗传算法和模拟退火算法，构建综合考虑子模型多样性、子模型选择及子模型合并策略等因素的选择性集成神经网络模型，但其子模型的构建阶段和子模型的选择与加权阶段是分别单独进行优化的。研究表明，候选子模型预测性能最优并不代表集成模型性能最优，还需要考虑子模型间的差异性。将选择性集成建模不同阶段的参数同时进行全局优化虽然是更为合理的建模策略，但其难度很大，在面对基于多尺度频谱的磨机负荷参数建模这样的具体问题时，仍需要结合其自身特点简化其求解过程。

综上，基于多尺度频谱特征的磨机负荷参数软测量模型泛化性能较差，需要结合工业实际情况，从筒体振动信号多组分信号自适应分解结果的优化融合、频谱特征的选择与提取、选择性集成建模的策略等多个角度进行深入研究。本书提出了基于选择性融合多源多尺度筒体振动频谱的磨机负荷参数软测量策略，采用 EMD、EEMD 和 HVD 共 3 种多组分信号分解算法获得磨机筒体振动多尺度信号集合，通过与原始信号的相关性分析剔除虚假无关多尺度子信号子集，将其余子信号变换至频域获得与磨机负荷参数相关性较强的多尺度频谱，然后改进 BBSEN 算法建立磨机负荷软测量模型，进而实现多尺度筒体振动频谱的选择性信息融合。实验球磨机实际运行数据的仿真实验表明，该方法在模型可解释性和预测性能上均优于之前所提方法。

本书所提方法的优势表现在：①采用 EEMD 克服 EMD 算法的模态混叠效应获得更能反映筒体振动固有组成成分的子信号，能够有效模拟人耳带通滤波能力；②采用 HVD 算法对振动信号按强弱进行分解，从另外的视角分解筒体振动信号，与领域专家在工业现场凭强弱估计磨机负荷参数相符；③采用相关性分析在时域内剔除无关子信号；④改进 BBSEN 算法从全局优化角度进行集成建模，提高子模型间的差异性，较之前方法更符合集成学习理论。

4.6.2　建模策略

针对非线性非平稳信号，EMD 算法利用递归过程把信号分解为具有不同时间尺度、包含具体物理含义的 IMF。其在处理机械振动和振声等多组分信号方面具有明显优势，但也存在虚假人工成分导致的模态混叠、具有分解端点效应、子信号非严格正交、有效子信号数量有限等问题。基于白噪声统计属性的 EEMD 算法可以有效克服 EMD 算法的模态混叠问题，其基本思路是加入影响整个时频空间的白噪声后，重复进行整个 EMD 分解过程。EEMD 算法的不足之处在于计算消耗成倍增长，需要选择分解参数，失去了 EMD 算法的自适应特征。HVD 算法可将原始振动信号分解为慢时变的瞬时幅频模态振动子信号，其本质是为每个振动子信号对应一个真实存在的物理或数学信号。HVD 算法不同于 EMD 和 EEMD 算法，其分解子信号不是按频率从高到底进行的，而是按能量从高到底进行的，其原理详见文献[216]。

此外，针对原始 EMD 算法的特点，已出现了其他各种改进算法，如小波包 EMD(WPT-EMD)、在线 EMD 及各种基于预测模型的端点延拓算法等。研究表明，不同算法具有不同的优缺点，需要结合各自的应用背景选择适合的算法。同时，不同多组分信号分解算法获得的有价值子信号的数量是有限和不同的。如何选择有效融合不同多组分信号分解算法获取的有价值子信号，如何进行合理的物理解释和建立高精度的预测模型是需要进一步关注的问题。

显然，获取可靠、有效的多尺度频谱是深入理解和建立寓意明确的磨机负荷参数软测量模型的关键。本书提出由数据预处理、多组分信号分解、子信号相关性分析、时频转换、改进分支定界选择性集成算法共 5 个模块组成的软测量策略，如图 4.56 所示。

图 4.56 中，$\boldsymbol{x}_{\mathrm{V}}^{\mathrm{ot}}$ 和 $\boldsymbol{x}_{\mathrm{V}}^{\mathrm{t}}$ 分别表示预处理前后的时域筒体振动信号；$(\boldsymbol{x}_{\mathrm{V}}^{\mathrm{t}})_{j_{\mathrm{EMD}}}^{\mathrm{o}}$ 、$(\boldsymbol{x}_{\mathrm{V}}^{\mathrm{t}})_{j_{\mathrm{EEMD}}}^{\mathrm{o}}$ 和 $(\boldsymbol{x}_{\mathrm{V}}^{\mathrm{t}})_{j_{\mathrm{HVD}}}^{\mathrm{o}}$ 分别表示采用 EMD、EEMD 和 HVD 获得的振动子信号；$(\boldsymbol{x}_{\mathrm{V}}^{\mathrm{t}})_{j_{\mathrm{EMD}}^{\mathrm{sel}}}$ 、$(\boldsymbol{x}_{\mathrm{V}}^{\mathrm{t}})_{j_{\mathrm{EEMD}}^{\mathrm{sel}}}$ 和 $(\boldsymbol{x}_{\mathrm{V}}^{\mathrm{t}})_{j_{\mathrm{HVD}}^{\mathrm{sel}}}$ 表示与 $\boldsymbol{x}_{\mathrm{V}}^{\mathrm{t}}$ 经过相关性分析后选择的子信号；$(\boldsymbol{z}_{\mathrm{V}})_{j_{\mathrm{EMD}}^{\mathrm{sel}}}$ 、$(\boldsymbol{z}_{\mathrm{V}})_{j_{\mathrm{EEMD}}^{\mathrm{sel}}}$ 和 $(\boldsymbol{z}_{\mathrm{V}})_{j_{\mathrm{HVD}}^{\mathrm{sel}}}$ 表示相应的多尺度频谱；$\hat{y}$ 表示选择性集成模型的输出；$\{M_{\mathrm{para1}}, M_{\mathrm{para2}}, \cdots\}$ 表示候选子模型的学习参数；J_{sel} 表示选择性集成模型所包含的子模型数量，即集成尺寸。

4.6.3 建模算法

1. 信号分解模块

由于筒体振动是由多个子信号组合叠加而成的，采用多组分信号分解算法可将筒体振动信号分解为若干个子信号和 1 个残差之和，即

$$\boldsymbol{x}_{\mathrm{V}}^{\mathrm{t}} = \sum_{j_{\mathrm{EMD}}=1}^{J_{\mathrm{EMD}}} (\boldsymbol{x}_{\mathrm{V}}^{\mathrm{t}})_{j_{\mathrm{EMD}}}^{\mathrm{o}} + r_{J_{\mathrm{EMD}}} \tag{4.93}$$

$$\boldsymbol{x}_{\mathrm{V}}^{\mathrm{t}} = \sum_{j_{\mathrm{EEMD}}=1}^{J_{\mathrm{EEMD}}} (\boldsymbol{x}_{\mathrm{V}}^{\mathrm{t}})_{j_{\mathrm{EEMD}}}^{\mathrm{o}} + r_{J_{\mathrm{EEMD}}} \tag{4.94}$$

$$\boldsymbol{x}_{\mathrm{V}}^{\mathrm{t}} = \sum_{j_{\mathrm{HVD}}=1}^{J_{\mathrm{HVD}}} (\boldsymbol{x}_{\mathrm{V}}^{\mathrm{t}})_{j_{\mathrm{HVD}}}^{\mathrm{o}} + r_{J_{\mathrm{HVD}}} \tag{4.95}$$

式中：$(\boldsymbol{x}_{\mathrm{V}}^{\mathrm{t}})_{j_{\mathrm{EMD}}}^{\mathrm{o}}$、$(\boldsymbol{x}_{\mathrm{V}}^{\mathrm{t}})_{j_{\mathrm{EEMD}}}^{\mathrm{o}}$ 和 $(\boldsymbol{x}_{\mathrm{V}}^{\mathrm{t}})_{j_{\mathrm{HVD}}}^{\mathrm{o}}$ 分别为采用 EMD、EEMD 和 HVD 获得的第 j_{EMD}、j_{EEMD} 和 j_{HVD} 个多尺度子信号；$r_{J_{\mathrm{EMD}}}$、$r_{J_{\mathrm{EEMD}}}$ 和 $r_{J_{\mathrm{HVD}}}$ 分别为分解后的相应残差；J_{EMD}、J_{EEMD} 和 J_{HVD} 为相应数量。

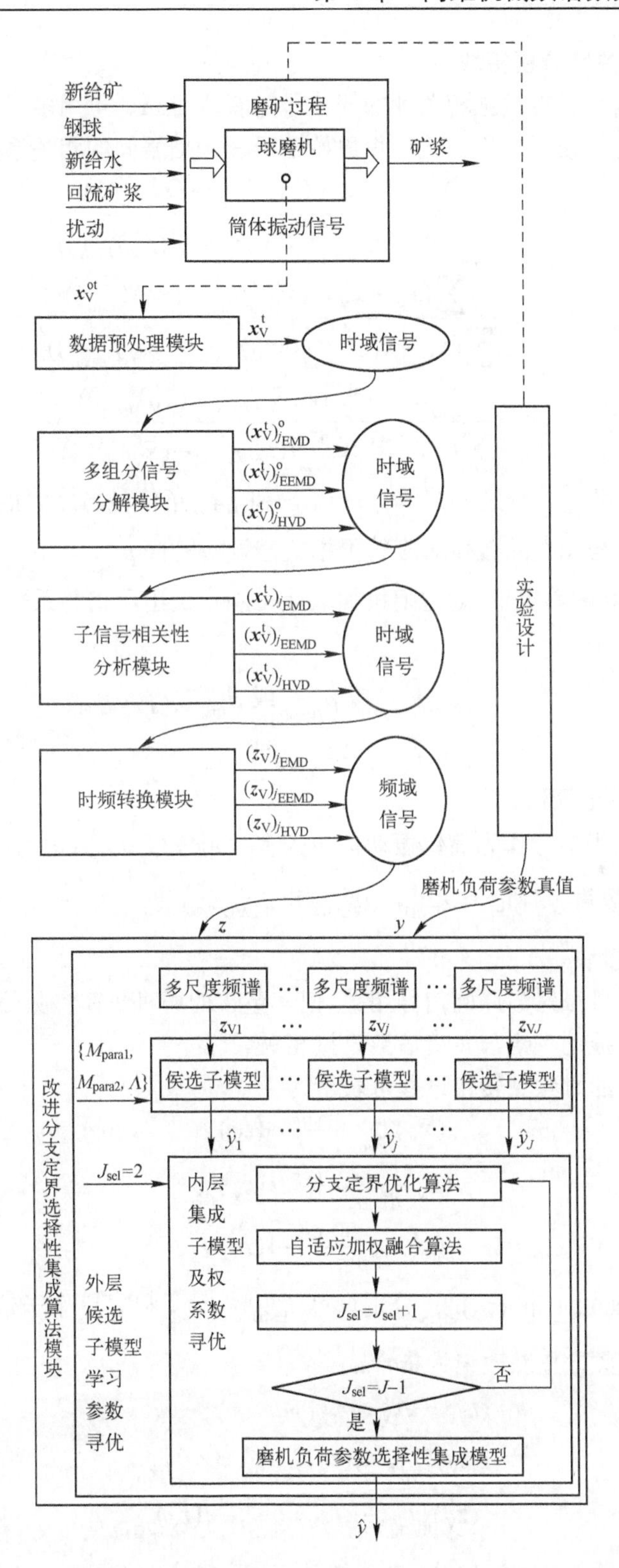

图 4.56　基于多视角信号分解的多源高维频谱选择性集成建模策略

2．子信号相关性分析模块

选择与原始信号具有较强相关性的子信号是获取可靠、可用多尺度频谱和建立有效软测量模型的基础。设置如下公式计算原始信号和子信号间的相关系数：

$$r_{j_{\mathrm{EMD}}}=\frac{\sum(\boldsymbol{x}_{\mathrm{V}}^{\mathrm{t}}-\overline{\boldsymbol{x}}_{\mathrm{V}}^{\mathrm{t}})((\boldsymbol{x}_{\mathrm{V}}^{\mathrm{t}})_{j_{\mathrm{EMD}}}^{\mathrm{o}}-(\overline{\boldsymbol{x}}_{\mathrm{V}}^{\mathrm{t}})_{j_{\mathrm{EMD}}}^{\mathrm{o}})}{\sum(\boldsymbol{x}_{\mathrm{V}}^{\mathrm{t}}-\overline{\boldsymbol{x}}_{\mathrm{V}}^{\mathrm{t}}))^2\sum((\boldsymbol{x}_{\mathrm{V}}^{\mathrm{t}})_{j_{\mathrm{EMD}}}^{\mathrm{o}}-(\overline{\boldsymbol{x}}_{\mathrm{V}}^{\mathrm{t}})_{j_{\mathrm{EMD}}}^{\mathrm{o}}))^2} \tag{4.96}$$

$$r_{j_{\mathrm{EEMD}}}=\frac{\sum(\boldsymbol{x}_{\mathrm{V}}^{\mathrm{t}}-\overline{\boldsymbol{x}}_{\mathrm{V}}^{\mathrm{t}})((\boldsymbol{x}_{\mathrm{V}}^{\mathrm{t}})_{j_{\mathrm{EEMD}}}^{\mathrm{o}}-(\overline{\boldsymbol{x}}_{\mathrm{V}}^{\mathrm{t}})_{j_{\mathrm{EEMD}}}^{\mathrm{o}})}{\sum(\boldsymbol{x}_{\mathrm{V}}^{\mathrm{t}}-\overline{\boldsymbol{x}}_{\mathrm{V}}^{\mathrm{t}}))^2\sum((\boldsymbol{x}_{\mathrm{V}}^{\mathrm{t}})_{j_{\mathrm{EEMD}}}^{\mathrm{o}}-(\overline{\boldsymbol{x}}_{\mathrm{V}}^{\mathrm{t}})_{j_{\mathrm{EEMD}}}^{\mathrm{o}}))^2} \tag{4.97}$$

$$r_{j_{\mathrm{HVD}}}=\frac{\sum(\boldsymbol{x}_{\mathrm{V}}^{\mathrm{t}}-\overline{\boldsymbol{x}}_{\mathrm{V}}^{\mathrm{t}})((\boldsymbol{x}_{\mathrm{V}}^{\mathrm{t}})_{j_{\mathrm{HVD}}}^{\mathrm{o}}-(\overline{\boldsymbol{x}}_{\mathrm{V}}^{\mathrm{t}})_{j_{\mathrm{HVD}}}^{\mathrm{o}})}{\sum(\boldsymbol{x}_{\mathrm{V}}^{\mathrm{t}}-\overline{\boldsymbol{x}}_{\mathrm{V}}^{\mathrm{t}}))^2\sum((\boldsymbol{x}_{\mathrm{V}}^{\mathrm{t}})_{j_{\mathrm{HVD}}}^{\mathrm{o}}-(\overline{\boldsymbol{x}}_{\mathrm{V}}^{\mathrm{t}})_{j_{\mathrm{HVD}}}^{\mathrm{o}}))^2} \tag{4.98}$$

式中：$r_{j_{\mathrm{EMD}}}$、$r_{j_{EEMD}}$和$r_{j_{\mathrm{HVD}}}$分别为第j_{EMD}、j_{EEMD}和j_{HVD}子信号与原始信号间的相关系数。

本书同时计算与相关系数值对应的不相关假设检验值$p_{j_{\mathrm{EMD}}}$、$p_{j_{\mathrm{EEMD}}}$和$p_{j_{\mathrm{HVD}}}$，其含义是：在真实相关为0的前提下，通过随机抽取获得观察值出现相关系数$r_{j_{\mathrm{EMD}}}$、$r_{j_{\mathrm{EEMD}}}$和$r_{j_{\mathrm{HVD}}}$的可能性。准则如下：

$$\xi_{j^{\mathrm{sel}}}=\begin{cases}1, & p_{j_{\mathrm{EMD}}}\text{或}p_{j_{\mathrm{EEMD}}}\text{或}p_{j_{\mathrm{HMD}}}\geqslant p_{\mathrm{threshold}}\\ 0, & p_{j_{\mathrm{EMD}}}\text{或}p_{j_{\mathrm{EEMD}}}\text{或}p_{j_{\mathrm{HMD}}}<p_{\mathrm{threshold}}\end{cases} \tag{4.99}$$

式中：$p_{\mathrm{threshold}}$为设定阈值。

选择$\xi_{j^{\mathrm{sel}}}=1$的子信号作为筒体振动信号的有效组成成分，并记为$(\boldsymbol{x}_{\mathrm{V}}^{\mathrm{t}})_{j_{\mathrm{EMD}}^{\mathrm{sel}}}$、$(\boldsymbol{x}_{\mathrm{V}}^{\mathrm{t}})_{j_{\mathrm{EEMD}}^{\mathrm{sel}}}$和$(\boldsymbol{x}_{\mathrm{V}}^{\mathrm{t}})_{j_{\mathrm{HVD}}^{\mathrm{sel}}}$，相应数量分别记为$J_{\mathrm{EMD}}^{\mathrm{sel}}$、$J_{\mathrm{EEMD}}^{\mathrm{sel}}$和$J_{\mathrm{HVD}}^{\mathrm{sel}}$。

3．时频转换模块

筒体振动子信号虽然与原始信号相关，但其蕴含的磨机负荷参数信息仍然难以提取。研究表明，多尺度振动频谱与负荷参数直接相关。

多尺度子信号的时频域转换过程可表示为

$$(\boldsymbol{x}_{\mathrm{V}}^{\mathrm{t}})_{j_{\mathrm{EMD}}^{\mathrm{sel}}}\xrightarrow{\mathrm{FFT}}(z_{\mathrm{V}})_{j_{\mathrm{EMD}}^{\mathrm{sel}}} \tag{4.100}$$

$$(\boldsymbol{x}_{\mathrm{V}}^{\mathrm{t}})_{j_{\mathrm{EEMD}}^{\mathrm{sel}}}\xrightarrow{\mathrm{FFT}}(z_{\mathrm{V}})_{j_{\mathrm{EEMD}}^{\mathrm{sel}}} \tag{4.101}$$

$$(\boldsymbol{x}_{\mathrm{V}}^{\mathrm{t}})_{j_{\mathrm{HVD}}^{\mathrm{sel}}}\xrightarrow{\mathrm{FFT}}(z_{\mathrm{V}})_{j_{\mathrm{HVD}}^{\mathrm{sel}}} \tag{4.102}$$

式中：$(z_{\mathrm{V}})_{j_{\mathrm{EMD}}^{\mathrm{sel}}}$、$(z_{\mathrm{V}})_{j_{\mathrm{EEMD}}^{\mathrm{sel}}}$和$(z_{\mathrm{V}})_{j_{\mathrm{HVD}}^{\mathrm{sel}}}$分别为第$j_{\mathrm{EMD}}^{\mathrm{sel}}$、$j_{\mathrm{EEMD}}^{\mathrm{sel}}$和$j_{\mathrm{HVD}}^{\mathrm{sel}}$个子信号的频谱。

将上述多尺度频谱重新改记为集合$\boldsymbol{z}$：

$$\begin{aligned}\mathbf{z}&=\{z_{\mathrm{V}1},\cdots,z_{\mathrm{V}j},\cdots,z_{\mathrm{V}J}\}\\&=\{(z_{\mathrm{V}})_{1_{\mathrm{HVD}}^{\mathrm{sel}}},\cdots,(z_{\mathrm{V}})_{j_{\mathrm{HVD}}^{\mathrm{sel}}},\cdots,(z_{\mathrm{V}})_{J_{\mathrm{HVD}}^{\mathrm{sel}}},\\&\quad(z_{\mathrm{V}})_{1_{\mathrm{EEMD}}^{\mathrm{sel}}},\cdots,(z_{\mathrm{V}})_{j_{\mathrm{EEMD}}^{\mathrm{sel}}},\cdots,(z_{\mathrm{V}})_{J_{\mathrm{EEMD}}^{\mathrm{sel}}},\\&\quad(z_{\mathrm{V}})_{1_{\mathrm{EMD}}^{\mathrm{sel}}},\cdots,(z_{\mathrm{V}})_{j_{\mathrm{EMD}}^{\mathrm{sel}}},\cdots,(z_{\mathrm{V}})_{J_{\mathrm{EMD}}^{\mathrm{sel}}}\}\end{aligned} \tag{4.103}$$

式中：$z_{\mathrm{V}j}$表示第j个频谱；$J=J_{\mathrm{HVD}}^{\mathrm{sel}}+J_{\mathrm{EEMD}}^{\mathrm{sel}}+J_{\mathrm{EMD}}^{\mathrm{sel}}$，表示多尺度频谱的数量。

4．改进分支定界选择性集成算法

面对多尺度频谱，本书作者之前的研究均是先建立基于多尺度频谱的候选子模型，然后采用分支定界选择性集成（BBSEN）算法同时寻优最佳子模型及其权系数[233]，简化描述如下:

（1）将采用振动信号多尺度频谱 $\boldsymbol{z}_{\mathrm{V}j}$ 建立的候选子模型记为

$$\hat{\boldsymbol{y}}_j = f_j(\{\boldsymbol{z}_{\mathrm{V}j},\boldsymbol{y}\},\{M_{\mathrm{para1}},M_{\mathrm{para2}},\cdots\}) \tag{4.104}$$

式中：$f_j(\cdot)$ 为映射模型，$\{\boldsymbol{z}_{\mathrm{V}j},\boldsymbol{y}\}$ 为训练样本集，$\hat{\boldsymbol{y}}_j$ 为子模型预测输出。

（2）采用 $\hat{\boldsymbol{y}}_{j_{\mathrm{sel}}}$ 表示为磨机负荷参数选择的第 j 个集成子模型的预测输出，全部集成子模型与候选子模型 $\{\hat{\boldsymbol{y}}_j\}_{j=1}^{J}$ 的关系为

$$\{\hat{\boldsymbol{y}}_{j_{\mathrm{sel}}}\}_{j_{\mathrm{sel}}=1}^{J_{\mathrm{sel}}} \in \{\hat{\boldsymbol{y}}_j\}_{j=1}^{J} \tag{4.105}$$

（3）采用 AWF 算法按下式计算集成子模型权系数：

$$w_{j_{\mathrm{sel}}} = 1\Bigg/\left((\sigma_{j_{\mathrm{sel}}})^2 \sum_{j_{\mathrm{sel}}=1}^{J_{\mathrm{sel}}} \frac{1}{(\sigma_{j_{\mathrm{sel}}})^2}\right) \tag{4.106}$$

式中：$\sum\limits_{j_{\mathrm{sel}}=1}^{J_{\mathrm{sel}}} w_{j_{\mathrm{sel}}} = 1$，$0 \leqslant w_{j\mathrm{sel}} \leqslant 1$，$w_{j_{\mathrm{sel}}}$ 为第 j_{sel} 个子模型的加权系数；$\sigma_{j_{\mathrm{sel}}}$ 为子模型输出值 $\{\hat{y}_{j_{\mathrm{sel}}}^{l}\}_{l=1}^{k}$ 的标准差；k 为样本个数。

（4）给定候选子模型和加权算法后的最佳子模型选择类似最优特征选择。面向有限数量的候选子模型，BBSEN 通过多次运行 BB 和 AWF 算法，获得具有不同集成尺寸的最佳选择性集成模型，最后通过排序这些模型获得最终的磨机负荷软测量模型，其输出值 $\hat{y}$ 由下式计算得到：

$$\hat{y} = \sum_{j_{\mathrm{sel}}=1}^{J_{\mathrm{sel}}} w_{j_{\mathrm{sel}}} \hat{y}_{j_{\mathrm{sel}}} \tag{4.107}$$

（5）依据集成学习理论，候选子模型预测性能最优并不代表集成模型性能最优。针对选择性集成建模不同阶段的学习参数难以进行整体优化的问题，提出如图 4.56 后半部分所示的改进分支定界选择性集成（IBBSEN）算法。其可表述为如下的优化问题：

$$\max J_{\mathrm{RMSRE\_ens}} = \theta_{\mathrm{th}} - \sqrt{\frac{1}{k}\sum_{l=1}^{k}\left(\frac{y^l - \sum\limits_{j_{\mathrm{sel}}=1} w_{j_{\mathrm{sel}}} \hat{y}_{j_{sel}}^{l}}{y^l}\right)^2}$$

$$\text{s.t.}\begin{cases} 2 \leqslant J_{\mathrm{sel}} \leqslant J \\ \hat{y}_{j_{\mathrm{sel}}}^{l} = f_{j_{\mathrm{sel}}}(\{\boldsymbol{z}_{\mathrm{V}j_{\mathrm{sel}}},\boldsymbol{y}\},\{M_{\mathrm{para1}}^{\mathrm{sel}},M_{\mathrm{para2}}^{\mathrm{sel}},\cdots\}) \\ \hat{\boldsymbol{y}}_{j_{sel}} = \{\hat{y}_{j_{sel}}^{1},\cdots,\hat{y}_{j_{sel}}^{l},\cdots,\hat{y}_{j_{sel}}^{k}\} \\ \hat{\boldsymbol{Y}}_{J_{sel}} = \{\hat{\boldsymbol{y}}_{1_{sel}},\cdots,\hat{\boldsymbol{y}}_{j_{sel}},\cdots,\hat{\boldsymbol{y}}_{J_{\mathrm{sel}}}\} \\ \boldsymbol{W}_{j_{\mathrm{sel}}} = \{w_{1_{\mathrm{sel}}},\cdots,w_{j_{\mathrm{sel}}},\cdots,w_{J_{\mathrm{sel}}}\} \end{cases} \tag{4.108}$$

式中：$\hat{y}^l_{j_{\text{sel}}}$ 为选择的频谱子模型（集成子模型）的第 l 个样本的输出；$\hat{\boldsymbol{y}}_{j_{\text{sel}}}$ 为 $f_{\text{V}j_{\text{sel}}}(\cdot)$ 的预测输出集合；$\hat{\boldsymbol{Y}}_{J_{\text{sel}}}$ 为 J_{sel} 集成子模型的预测输出集合。

（6）采用双层寻优策略求解上述问题：外层寻优候选子模型学习参数，内层寻优集成模型尺寸、集成子模型及其加权系数。

最终构建的选择性集成模型可记为

$$y=\sum_{j_{\text{sel}}=1}^{J_{\text{sel}}} w_{j_{\text{sel}}} f_{j_{\text{sel}}}(\{\boldsymbol{z}_{\text{V}j_{\text{sel}}},\boldsymbol{y}\},\{M_{\text{para1}},M_{\text{para2}},\cdots\}) \tag{4.109}$$

4.6.4 实验研究

1. 数据描述

实验在钢球最大装载量 80kg、磨粉能力 10kg/h、转速 57r/min 的 XMQL420×450 球磨机上进行。实验用铜矿石直径小于 6 mm，钢球规格为 $\phi30$、$\phi20$ 和 $\phi15$mm。为便于研究筒体振动与磨机负荷间的映射关系，实验工况的覆盖范围较宽，详见文献[208]。

2. 实验结果

1）多组分信号分解结果

采用 EMD、EEMD 和 HVD 算法对磨机旋转 4 个周期的筒体振动信号进行分解，其中：EMD 算法采用默认参数；EEMD 算法中集成数量为 10，噪声幅值为 0.1；HVD 算法中分解子信号的数量为 15，其他采用默认。首先对磨机空磨信号（零负荷）进行多组分分解，其时域曲线如图 4.57 所示。

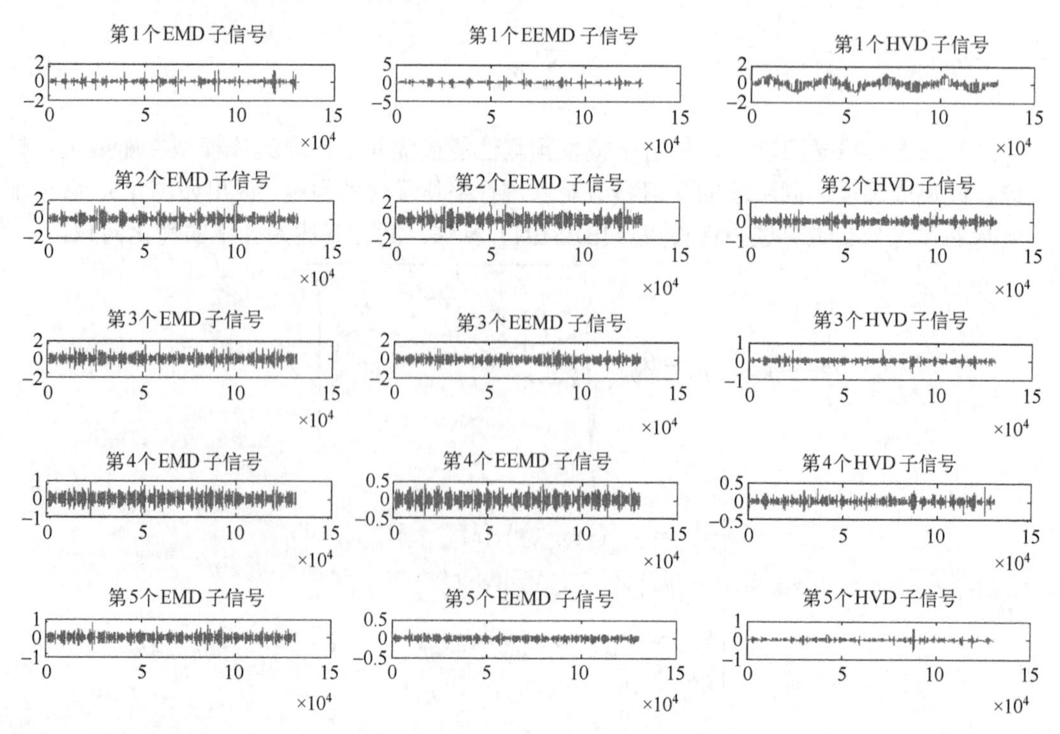

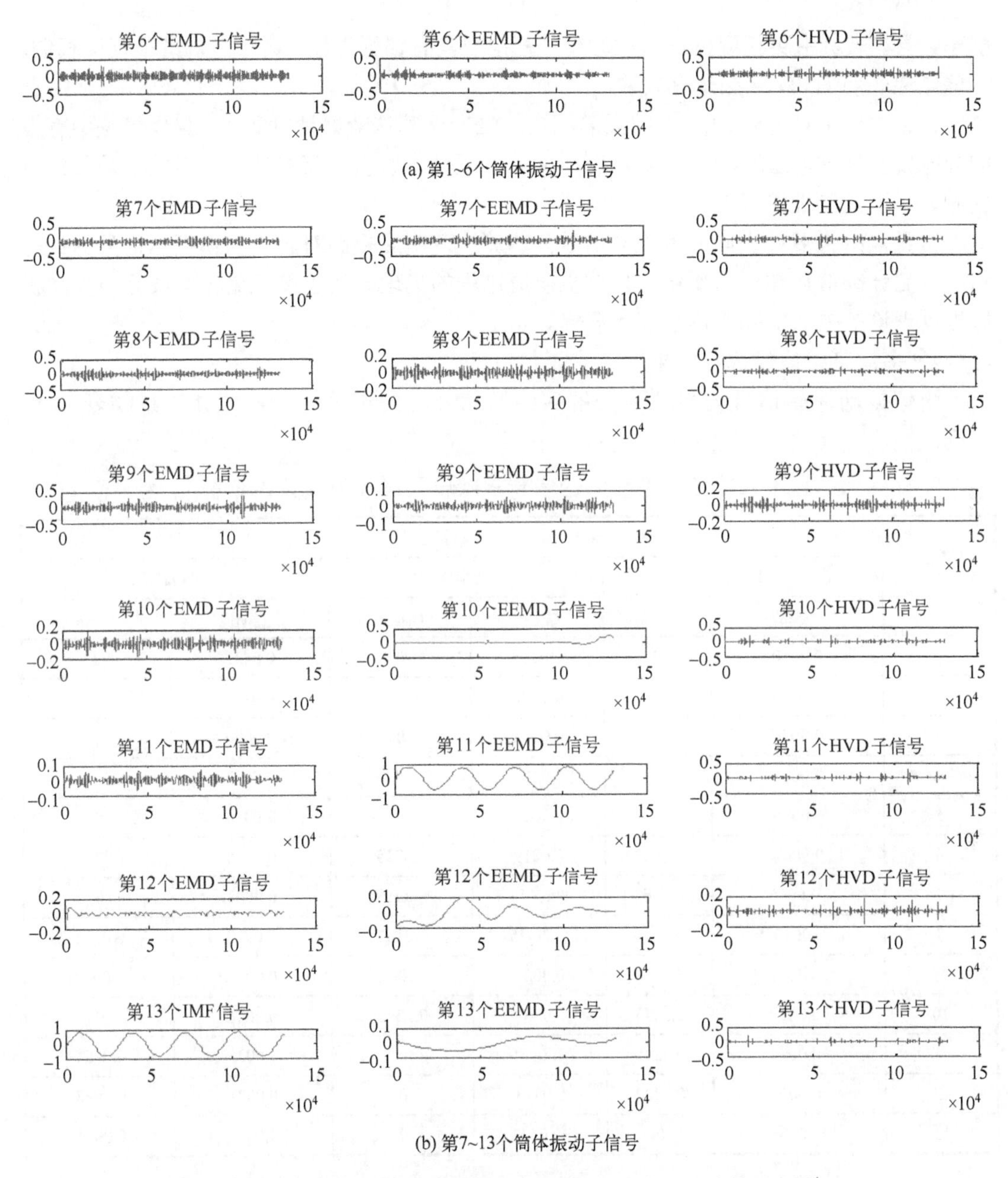

(a) 第1~6个筒体振动子信号

(b) 第7~13个筒体振动子信号

图 4.57　基于不同多组分分解算法的筒体振动子信号（磨机零负荷）

结合图 4.57 和不同子信号的频谱曲线可知：

（1）EMD 和 EEMD 算法按照频率由高到底的方式对筒体振动进行分解。EMDsub13 和 EEMDsub11 都是 4 周期正弦信号。这与我们选择进行多尺度分解的筒体振动信号的长度是相同的，即磨机 4 个旋转周期。可见，EMD 和 EEMD 算法分解得到的某些子信号的确是有明确物理含义的。

（2）HVD 算法按照能量由高到底的方式对筒体振动进行分解的。HVDsub1 具有最大振幅的 4 周期信号，其频谱在 100Hz 以内。正常情况下，磨机空载运行应该为低噪声状态，但本书所用实验磨机在空载运行过程中也具有很强振动，这与磨机磨损程度相关。这些结果表明 HVD 算法是有效的。

（3）对比 EMD 和 EEMD 的频谱可知，EEMD 算法较好地抑制了 EMD 算法中存在的模态混叠现象。但是，HVD 算法获得多尺度频谱与磨机负荷参数的映射关系需要结合软测量模型预测性能说明。

可见，结合多种不同的多组分信号分解算法可明显提高对磨机筒体振动信号的认知水平。更详细的认知还需要结合球磨机研磨过程的机理分析、磨机筒体有限元仿真和机械振动理论等方面的知识逐步深入研究。

2）多尺度子信号选择结果

筒体振动原始信号与自适应分解后的子信号间的相关性分析统计结果如表 4.42 所列。

表 4.42　筒体振动原始信号与时域子信号的相关性分析

序号	分解算法					
	EMD		EEMD		HVD	
	$r_{j\mathrm{EMD}}$	$p_{j\mathrm{EMD}}$	$r_{j\mathrm{EEMD}}$	$p_{j\mathrm{EEMD}}$	$r_{j\mathrm{HVD}}$	$p_{j\mathrm{HVD}}$
1	0.0060	0	0.0346	0	0.0432	0
2	0.0119	0	0.0092	0	0.0119	0
3	0.0070	0	0.0101	0	0.0090	0
4	0.0074	0	0.0105	0	0.0027	0.0105
5	0.0066	0	0.0045	0	0.0046	0
6	0.0004	0.6903	0.0019	0.0725	0.0048	0
7	−0.0008	0.4362	−0.0012	0.2218	0.0043	0
8	0.0013	0.1894	−0.0025	0.0152	0.0020	0.0576
9	−0.0017	0.1054	0.0065	0	0.0032	0.0022
10	−0.0010	0.3043	0.0003	0.7348	0.0046	0
11	−0.0010	0.3200	−0.0965	0	0.0025	0.0154
12	−0.0009	0.3722	0.0573	0	0.0031	0.0028
13	−0.0138	0	−0.0532	0	0.0031	0.0031

通常，如果 P 小于 0.05，认为两信号相关性较强。本书设定 $p_{\mathrm{threshold}}=0.05$，由表 4.42 可知：EMD 分解获得的子信号 EMDsub1～5 和 EMDsub13 与原始信号相关，其中 IMF13 与自身磨机旋转周期密切相关，EMDsub6～12 可认为包含较多虚假模态；EEMD 分解获得的子信号 EEMDsub1～5、EEMDsub8～9、EEMDsub11～13 与原始信号相关，其中 EEMDsub11～13 与磨机自身特性相关；HVD 算法分解获得的前 13 个振动子信号除 HVDsub8 外，均与原始信号具有较强的相关性。

综上，EMD、EEMD 和 HVD 算法分解获得的多尺度子信号分别有 5、7 和 12 个与原始信号相关，且不同多尺度频谱的形状和有效频谱范围均不相同。HVD 算法获得的其他多尺度频谱如 HVDsub6～13 形状比较杂乱，虽然与原始信号相关，但对构建软测量模型不一定具有较好贡献。因此，需要结合软测量模型的泛化性能深入分析。

3）选择性集成模型构建结果

本书将 24 个与原始筒体振动信号相关性较强的子信号重新排序：{HVDsub1～sub7，HVDsub9～13，EEMDsub1～5，EEMDsub8～9，EMDsub1～5，其中编号 1～12、13～19 和 20～24 分别为基于 HVD、EEMD 和 EMD 获得的子信号频谱。采用与文献[347]相同的候选子模型构建算法即 PLS 和 KPLS 为每个负荷参数构建 24 个候选子模型。

IBBSEN 算法需为候选子模型选择的相同模型学习参数，包括：PLS 算法的潜变量个数 LV、KPLS 算法的核参数 Ker 和核潜变量个数 KLV，这些参数采用网格法寻优确定。

BBSEN 算法需为每个 PLS/KPLS 候选子模型选择模型参数，其中核参数采用网格法寻优确定，潜变量个数采用留一交叉验证方法确定。

软测量模型中的其他参数：子模型加权算法采用 AWF 算法，KPLS 采用 RBF 核函数，训练样本和测试样本数量均为 13。

基于 BBSEN 和 IBBSEN 算法的不同集成尺寸的选择性集成模型的测试误差，以及软测量模型测试曲线和统计结果见图 4.58、图 4.59 和表 4.43。

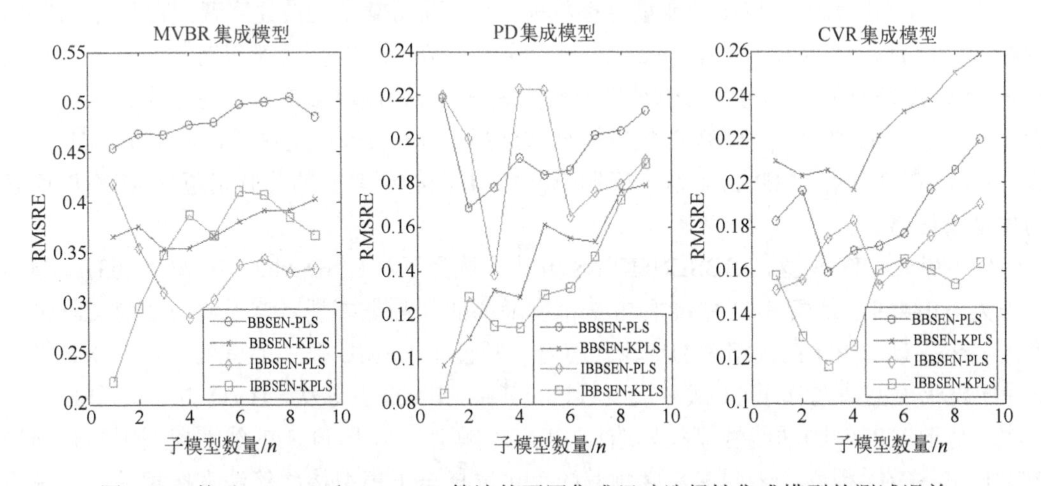

图 4.58　基于 BBSEN 和 IBBSEN 算法的不同集成尺寸选择性集成模型的测试误差

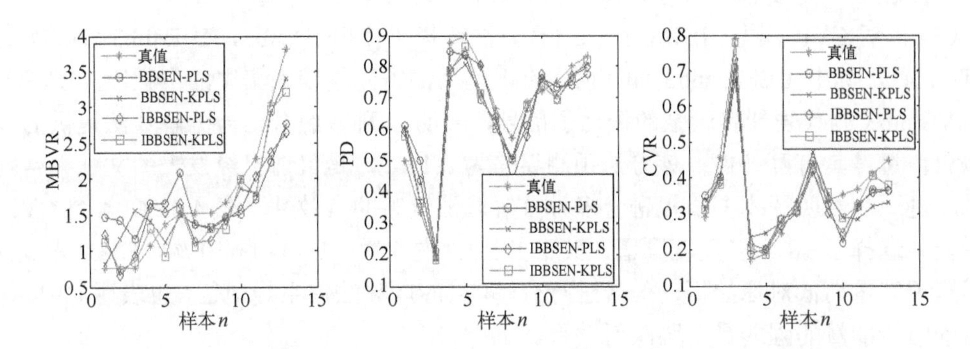

图 4.59　基于 BBSEN 和 IBBSEN 算法的磨机负荷参数软测量模型测试曲线

表 4.43　基于 BBSEN 和 IBBSEN 算法的磨机负荷参数软测量模型统计结果

建模方法		子模型与测试误差						RMSRE（均值）	频谱
		MBVR		PD		PD			
		参数及子模型	RMSRE	参数及子模型	RMSRE	参数及子模型	RMSRE		
BBSEN-PLS（文献[233]）	AWF	{8，1}	0.4533	{1，2，15}	0.1685	{15，2，3，4}	0.1594	0.2604	单尺度
BBSEN-KPLS（文献[233]）	AWF	{18，13，16，15}	0.3531	{14，15}	0.09714	{1，4，3，22，21}	0.1969	0.2157	
IBBSEN-PLS 本书	AWF	{LV: 3} {8，16，23，19，13}	0.2846	{LV:7} {4，11，3，15}	0.1385	{LV:2}，{4，15}	0.1512	0.1914	多尺度
IBBSEN-KPLS 本书	AWF	{Ker: 9，LV: 8}，{2，15}	0.2219	{Ker: 30，LV: 5}，{15，14}	0.08459	{Ker: 30，LV: 10}，{3，15，2，23}	0.1169	0.1411	

由图 4.58、图 4.59 及表 4.43 可知：

（1）针对 MBVR 模型。IBBSEN-KPLS 方法选择了{HVDsub2，EEMDsub3}，其中 HVDsub2 代表了除磨机自身引起的周期振动之外的最强筒体振动子信号；EEMDsub3 的频谱范围是 1000～4000Hz 的中频段，结合之前研究可知该频谱主要是由磨机负荷冲击筒体引起，表明 MBVR 与振动能量直接相关，这与现场操作人员凭声音强弱估计 MBVR 相符合；而且，MBVR 没有选择 EMD 子信号，表明 EMD 算法难以有效分解出蕴含较丰富 MBVR 信息的子信号，这也是之前研究中基于 EMD 算法的软测量模型精度低的原因之一。表 4.43 中 4 个 MBVR 集成模型共选择了 13 次多尺度频谱，其中 EEMD 占 9 次，HVD 占 3 次，EMD 占 1 次，表明 EEMD 算法能更有效的分解出蕴含 MBVR 信息的振动子信号。

（2）针对 PD 模型。IBBSEN-KPLS 方法只选择了{EEMDsub2，EEMDsub3}，预测误差为 0.08459，是表 4.43 中 4 种方法精度最高的软测量模型，这说明与之前文献中研究的筒体振动与 PD 直接相关的结论相符合，验证了 EEMD 算法的有效性。表 4.43 中 4 个 PD 集成模型共选择了 11 次多尺度频谱，其中 EEMD 占 6 次，HVD 占 5 次，EMD 占 0 次；基于 KPLS 的非线性模型只选择 EEMD 频谱，基于 PLS 的线性模型则同时选择 EEMD 和 HVD 频谱，表明多尺度频谱的优化选择与子模型构建算法直接相关，也说明本书所提融合不同多组分信号分解算法策略的合理性。

（3）针对 CVR 模型。IBBSEN-KPLS 方法选择了{EEMDsub3，HVDsub3，HVDsub2，EMDsub4}，其中 EEMDsub3 和 EMDsub4 均为冲击能量较为集中的中频段，HVDsub2 和 HVDsub3 则代表能量较强的振动子信号，表明 3 种多组分信号分解算法提供的多尺度频谱信息是具有互补性；该方法预测误差为 0.1169，是目前已经发表的文献中精度最高的，进一步表明了本书所提融合多种分解算法策略的有效性。表 4.43 中 4 个 CVR 集成模型共选择了 18 次多尺度频谱，其中 EEMD 占 5 次，HVD 占 10 次，EMD 占 3 次，表明基于能量高低对原始振动信号进行分解的 HVD 算法占主导地位，也表明 CVR 与筒体振动信号能量的强弱具有强映射关系。

（4）从选择的多尺度筒体振动频谱上看，表 4.43 中 3 个磨机负荷参数共 12 个集成模型共进行了 42 次多尺度频谱选择，其中 EEMDsub3 频谱在 4 个软测量模型中被选中频率最高，高达 11 次，表明该信号蕴含丰富的磨机负荷参数信息；在 42 次多尺度频谱选择中，EEMD 共 20 次，HVD 共 18 次，EMD 共 4 次，可见在分解信号蕴含信息的贡献率上，EEMD 和 HVD 算法相当，基于频率递减和基于能量递减的多尺度信号分解策略在面对软测量问题时是互补的，表明所提选择性融合多种多组分信号分解算法的建模策略是有效的。

综上，本书所提软测量方法的建模精度较高，平均预测误差为 0.1411；而且，本书并未融合振声信号，说明该方法是有效的，并且模型性能还有进一步提升的潜力。

从综合分析各种多组分信号分解算法获取有效多尺度频谱、全局优化基于特征子集的分支定界选择集成学习算法的视角出发，本书提出了基于选择性融合多源多尺度筒体振动频谱的磨机负荷参数建模方法。通过对经验模态分解、集成经验模态分解、希尔伯特振动分解 3 种多组分信号分解算法获得的多尺度信号分析，剔除了分解中产生的无关虚假成分，为建模提供了更可靠、有效的多源多尺度频谱。结合新提出的基于全局优化策略的改进分支定界选择集成建模算法，建立了磨机负荷参数软测量模型。利用实验球磨机的筒体振动数据，验证了本书所提方法在建模精度和模型可解释性上均优于之前文献中所采用的方法。因此，该方法可以推广到其他基于多源多尺度频谱进行关键变量测量的复杂工业过程。

为与之前的研究相对比，本书只对 4 个旋转周期的筒体振动信号进行自适应分解，而多组分信号分解算法参数选择需要结合磨机机理和工业实际进行选择。建立磨机研磨过程的数值仿真模型，结合多组分信号分解算法深入分析磨机研磨机理，加深对筒体振动信号组成成分的理解和有效测量工业磨机负荷参数是未来研究方向。

4.7　基于虚拟样本生成的多源高维频谱选择性集成建模

4.7.1　引言

工业过程的优化运行控制[387]需要准确检测与生产过程的质量、产量、能耗等指标密切相关的难以检测过程参数[387-389]，如磨矿过程广泛使用的大型机械设备球磨机内部的料球比、磨矿浓度、充填率等[1, 362]。由于流程工业过程的综合复杂特性，以及机械设备连续旋转和封闭运行的特点，其内部过程参数难以通过直接检测方式和建立机理模型计算得到[227]，导致过程参数的实时准确检测一直是工业界亟待解决的难题[390]。虽然运行专家可以依据多源信息和多年工作经验对所熟悉的机械设备内部的过程参数进行较为准确的估计，但专家经验的差异性和精力的有限性难以保证工业过程长期运行在优化状态。因此，基于这些设备工作中产生的机械振动和振声信号构建数据驱动软测量模型，是目前该领域关注的热点和难点问题[391]。

下文分别从多组分机械信号建模、建模样本非完备和本书研究动机等三方面予以描述。

1．多组分机械信号建模

机械振动和振声信号通常具有较强的多组分、非线性和非平稳等特性。基于这些信号进行难以检测过程参数软测量的首要难点问题是：如何从机械信号中提取模型的输入特征。这个问题通常包括信号处理和维数约简两个子问题。

通常，机械信号中蕴含的有价值信息被隐含在宽带随机噪声中[379]。以磨矿过程的关键设备球磨机为例，磨机负荷参数与磨机筒体振动和振声信号的功率谱密度 PSD 密切相关[208]。研究表明，FFT 并不适合具有非平稳特性的振动信号的处理[335]。虽然离散小波变换（discrete wavelet transform，DWT）、连续小波变换（continuous wavelet transform，CWT）、小波包变换等时频分析方法已经被广泛应用于基于机械振动信号的故障诊断[336339]，但这些方法不能自适应分解这些多组分机械信号，比如面对任何一个具体实际应用问题需要为 CWT 选择合适的母小波。为突破上述局限，EMD 技术通过自适应分解获取具有不同时间尺度和物理含义的 IMF[210]，广泛用于处理多组分机械信号[220,392-393]。文献[238，347]采用 EMD 对磨矿过程的球磨机筒体振动信号进行处理，分解得到系列具有不同物理含义和不同时间尺度的子信号。研究表明，EMD 算法存在频谱分辨率低、虚假组分易造成模态混叠、低能量成分不可分等问题。EEMD 技术克服了 EMD 的模态混合问题[394]，但仍存在蕴含有价值信息的子信号数量有限及其时频特征难以选择等问题。

因机械振动和振声的频域特征明显，将其进行时频变换是通常采用的处理手段之一。文献[141]将机械信号直接变换至频域的数据称为单尺度频谱，而将经多组分信号技术分解得到的不同时间尺度子信号变换至频域的数据称为多尺度频谱。显然，当频率分辨率较高(如 1Hz)时，单/多尺度频谱的维数均高达数千维并且谱特征间具有较强的共线性。因此，维数约简成为基于机械信号构建软测量模型需要面对的又一问题[233]。常用的基于 GA 的频谱数据特征选择算法存在运行时间长和效率低等问题[395]。针对机械振动频谱，文献[365]提出基于 MI 和潜结构模型的 IMF 及其多类谱特征的自适应选择方法。研究表明，MI 能有效地描述输入和输出数据间的映射关系，并且更易于理解[319]，但存在寻优耗时等问题。

笔者认为，构建基于机械频谱特征的难以检测过程参数软测量模型，应尽可能模拟运行专家选择多维度有价值信息进行过程参数认知的机制。通常，机械振动/振声信号的多源多尺度频谱是由具有不同物理含义和时间尺度的子信号经时频变换获得，通过选择性的信息融合过程把这些谱数据构建选择性集成（selective ensemble，SEN）软测量模型[390]。文献[347，141]基于这样的思路，构建了基于 BB 优化算法和 AWF 算法的 SENKPLS 算法的软测量模型。从集成学习理论的视角出发，这些方法均属于“操纵输入特征”的集成构造策略进行模型构建，所优化选择的是“有价值的多源信息”。工业实际中，运行专家识别难以检测过程参数不仅需要选择有价值的多源信息进行融合，还需要利用自身积累的历史经验，即也要选择有价值样本进行认知。GASEN[58]采用“操纵训练样本”策略构造集成，利用 BPNN 构建候选子模型，通过 GA 优选集成子模型和简单加权平均组合集成子模型。针对 BPNN 训练时间长、容易过拟合和 GASEN 难以采用高维小样本数据直接建模等缺点，文献[365]提出了基于“操纵训练样本”集成构造策略的改进 SENKPLS 算法，文献[122]提出了采用双层 GA 优化改进 SENKPLS 的建模参数；文献[396]提出基于稀疏非线性特征的 KPLS。显然，需要合适的软测量策略模拟运行专家融合多维度信息的认知机制。

2．建模样本非完备

在实际工业应用过程中，解决难以检测过程参数建模的问题显得更为棘手，主要原因是难以获得能够覆盖多种工况和充足完备的建模样本。然而，充足完备的建模样本是构建有效的学习模型的先决条件。在流程工业中，难以检测过程参数的建模样本仅能在实验设计阶段或工业过程停产重新运行的起始阶段获得。否则，需要以牺牲企业的经济效益或较长周期的时间等待为代价。如何基于短缺、非完备样本构建鲁棒的面向工业应用的数据驱动模型，一直以来都是个开放性的难题。

为提高模型的泛化性能，图像识别领域首次提出了基于先验知识从给定小规模真实训练样本产生虚拟训练样本的方法[397-399]，即虚拟样本产生（virtual sample generation，VSG）技术。目前已有的研究包括：BPNN 和巨型趋势分散技术[400]、运行专家知识[401]、噪声构造[402]、原始样本分布函数[403]等。对面向高维小样本数据的分类问题，文献[404]提出了基于分组的 VSG 用于脱氧核糖核酸微阵列数据建模。上述研究中的 VSG 面向分类问题[403,405]，而本书主要利用 VSG 辅助构建基于多源多尺度谱数据的软测量模型，即面向回归问题的 VSG。

针对回归建模问题，文献[406]提出基于多层感知器网络的 VSG 技术，通过选择真实样本输入附近的点产生作为虚拟样本输入，通过平均多层感知器网络的不同输出数据获得虚拟样本输出；文献[407]提出用分散神经网络（decentralized neural networks，DNN）产生虚拟样本和建模小数据集，验证了 DNN 比 BPNN 具有更强的预测性能；文献[408-410]提出基于 GA、粒子群优化（particle swarm optimization，PSO）算法以及蒙特卡罗与 PSO 相结合的 VSG；文献[411]提出一种的产生通用结构数据的采样方法。上述这些方法多采用传统的单模型产生虚拟样本，针对具有复杂分布的建模数据或高维小样本数据难以有效解决模式识别或回归建模等问题。而且，文献[412]提出的 VSG 难以直接面对高维谱数据建模。

针对真实数据与虚拟数据混合利用问题，文献[413]提出将基于原始数据的特定小数据和虚拟的人工数据相结合，然后对机器学习模型进行更新的策略；文献[414]提出平行学习的概念，并将其作为机器学习研究方向的一个新型理论框架，在该框架中提出通过混合人工数据和原始数据进行基于计算实验的预测学习和集成学习。可见，将 VSG 结合具体的工业背景进行研究具有重要的理论和现实意义。

3．研究动机

综上可知，面对基于多组分机械振动/振声信号的流程工业难以检测过程参数的软测量问题，有以下问题需要解决：

（1）如何将蕴含着丰富难以检测过程参数信息的多组分机械振动/振声信号自适应地分解为具有不同物理含义的不同组成成分，为构建寓意明确的软测量模型和探究旋转机械设备内部的工作机理与振动产生机理奠定基础。

（2）如何基于确定性的先验知识和非充足完备的真实训练样本提出适合于高维谱数据的 VSG 技术。

（3）针对基于多组分机械信号，在利用 VSG 构建虚拟样本输出时需要解决：如何依据不同时间尺度子信号的谱特征所构建的集成子模型对软测量模型预测输出的贡献率，对集成子模型的虚拟样本输出进行加权组合以获得统一的虚拟样本输出。

（4）如何选择有价值子信号及其高维频域特征，以及如何选择性融合多源多尺度谱特征和多工况样本，以便更有效地模拟工业现场运行专家的认知机制。

因此，基于多组分机械信号的软测量建模可以归结为一类针对多源多尺度高维谱数据的小样本建模问题。

针对上述需要解决的问题，综合之前的研究成果，本书此处首先提出了一种面向多源多尺度高维谱数据的 VSG 技术用以解决建模样本的短缺非完备问题；再以混合训练样本结合 MI 自适应特征选择技术获取多源输入特征，并基于改进的 SENKPLS 算法从操纵训练样本集成构造视角构建软测量模型；最后采用近红外谱（near infrared spectrum，NIR）数据和磨矿过程实验球磨机筒体振动与振声信号构建的软测量模型，验证本书所提出的 VSG 技术和面向多组分机械信号建模方法的合理性和有效性。

4.7.2 建模基础

此处主要对本书所采用算法和技术的相关基础知识进行简短描述。

1. 面向多组分机械信号的建模

1）多组分机械信号自适应分解

满足特定假设条件的多组分、非线性、非平稳机械信号采用 EMD 可以分解为若干个不同时间尺度的 IMF 和残差之和，并且这些 IMF 子信号按照频率由高到低排列。

多组分机械信号与 IMF 信号间的关系可表示为

$$\boldsymbol{x}^{\mathrm{t}} = \sum_{j=1}^{J_{\mathrm{EMD}}} \boldsymbol{x}_{\mathrm{EMD}_j}^{\mathrm{t}} + r_{J_{\mathrm{EMD}}}^{\mathrm{t}} \tag{4.110}$$

式中：$r_{J_{\mathrm{EMD}}}$ 为分解后的残差。

EMD 在处理机械振动和振声等多组分信号较传统 FFT 和小波变换具有明显优势，但也存在虚假人工成分导致的模态混叠、分解端点效应、子信号非严格正交、有效子信号数量有限等问题。基于白噪声统计属性的 EEMD 可以有效克服 EMD 的模态混叠问题，其基本思路是加入影响整个时频空间的白噪声 A_{noise}，重复进行整个 EMD 分解过程 M 次后进行平均。EEMD 和 EMD 之间的关系表示为

$$\begin{cases} \boldsymbol{x}_{\mathrm{EEMD}_j}^{\mathrm{t}} = \dfrac{1}{M}\displaystyle\sum_{m=1}^{M} (\boldsymbol{x}_{\mathrm{EMD}_j}^{\mathrm{t}})_m \\ \boldsymbol{r}_{\mathrm{EEMD}}^{\mathrm{t}} = \dfrac{1}{M}\displaystyle\sum_{m=1}^{M} (\boldsymbol{r}_{\mathrm{EMD}_J}^{\mathrm{t}})_m \end{cases} \tag{4.111}$$

式中：$\boldsymbol{x}_{\mathrm{EMD}_j}^{\mathrm{t}}$ 为第 m 个 EMD 分解的第 j 个 IMF 子信号，$\boldsymbol{r}_{\mathrm{EEMD}_J}^{\mathrm{t}}$ 为分解后的残差。

显然，EEMD 的计算消耗与 EMD 相比成倍增长。针对 EMD 的缺点，已有的研究包括小波包 EMD、在线 EMD 及各种基于预测模型的端点延拓算法等。

研究表明，不但不同算法具有各自的优缺点，需要结合应用背景确定，而且对数量有限的有价值子信号，也需要进行优选。

2）高维谱数据的维数约简

特征提取和特征选择技术均可有效处理高维谱数据的维数约简问题。

特征提取采用线性或是非线性的方式，通过考虑全部特征的多数变化信息，确定合适的低维潜在特征替代原始高维特征。然而，特征提取的缺点也很明显，比如所提取特征较难解释、所丢弃的残差因含有全部输入变量的信息而可能具有更高的建模贡献率等。常用的基于 PCA 的特征提取以低维潜在特征表征原始高维数据，但未考虑输入和输出间的相关性[109]。基于 PLS 的特征提取可克服这一缺陷，可逐层提取同时表征输入输出间变化的潜在变量[348]。文献[367]提出了基于 PLS 的通用特征提取框架；进一步，研究学者面向多尺度频谱提出了基于球域准则和 PLS 的多尺度频谱特征选择方法。工业过程的非线性本质使得为输入数据扩展非线性项而进行非线性特性提取的核方法广泛应用[368-372]，如 KPCA、核独立主元分析（kernel independent principal component analysis，KICA）、核费舍尔判别分析（kernel Fisher discriminant analysis，KFDA）和 KPLS[368,371]等。特征选择技术依据某种准则优选重要特征，其优点是所选择的特征易于解释，缺点是未被选择的特征可能会降低软测量模型的泛化性能[366]。研究表明，基于 MI 的特征选择比其他方法更易于理解和更有效。文献[415]提出基于 MI 的潜在特征度量方法，对特征提取与特征选择技术进行了有效组合。

因此，结合不同的应用需求，研究不同的维数约简算法是面对实际应用问题的有效策略之一。

3）基于改进 SENKPLS 的高维谱数据建模

PLS/KPLS 算法除用于提取与输入输出均相关的潜在特征外，也可直接构建潜结构模型，类似于人脑逐层进行特征抽取进行认知的机制。面对多源机械振动/振声信号特征子集，基于“操纵输入特征”的集成构造策略，文献[233]从选择性信息融合的视角构建 SENKPLS 模型。

与 GASEN 对比，此处重点描述基于“操纵训练样本”集成策略的改进 SENKPLS 算法，即直接构建基于小样本高维谱数据的软测量模型。本书除非特别说明，输出均为单变量输出。

集成构造的过程是采用 Bootstrap 算法基于有放回的抽样原则在原始训练样本 $\{(z,y)_l\}_{l=1}^{k}$ 中产生 J 个训练子样本 $\{\{(z^j,y^j)_l\}_{l=1}^{k}\}_{j=1}^{J}$，其中 J 也是候选子模型数量和 GA 优化种群数量。下文以第 j 个训练子样本 $\{(z^j)_l\}_{l=1}^{k}$ 为例对候选子模型的构建过程进行描述。

首先，将训练子样本映射到高维空间：

$$\boldsymbol{K}^j=\boldsymbol{\Phi}((z^j)_l)^{\mathrm{T}}\boldsymbol{\Phi}((z^j)_m),\qquad l,m=1,2,\cdots,k \tag{4.112}$$

式中：$\boldsymbol{K}^j$ 采用下式进行中心化处理：

$$\tilde{\boldsymbol{K}}^j=(\boldsymbol{I}-\frac{1}{k}\mathbf{1}_k\mathbf{1}_k^{\mathrm{T}})\boldsymbol{K}^j(\boldsymbol{I}-\frac{1}{k}\mathbf{1}_k\mathbf{1}_k^{\mathrm{T}}) \tag{4.113}$$

式中：$\boldsymbol{I}$ 为单位阵，$\mathbf{1}_k$ 是值为 1 长度为 k 的向量。

此处，为所有候选子模型选择相同的核参数 K_{para} 和核潜变量（kernel latent variable，KLV）数量 h_{KLV}，并将全部候选子模型的集合标记为 $\{f^j(\cdot)\}_{j=1}^{J}$。

验证样本$\{(z_{\text{valid}})_l\}_{l=1}^{k^{\text{valid}}}$基于第$j$个候选子模型的预测输出为

$$\begin{aligned}\hat{\boldsymbol{y}}_{\text{valid}}^j &= f^j(\{(\boldsymbol{z}_{\text{valid}})_l\}_{l=1}^{k^{\text{valid}}}) \\ &= \tilde{\boldsymbol{K}}_{\text{valid}}^j \boldsymbol{U}^j((\boldsymbol{T}^j)^{\text{T}}\tilde{\boldsymbol{K}}^j\boldsymbol{U}^j)^{-1}(\boldsymbol{T}^j)^{\text{T}}\boldsymbol{y}^j\end{aligned} \tag{4.114}$$

$$\tilde{\boldsymbol{K}}_{\text{valid}}^j = \left(\boldsymbol{K}_{\text{valid}}^j\boldsymbol{I} - \frac{1}{k}\boldsymbol{1}_{k^{\text{valid}}}\boldsymbol{1}_k^{\text{T}}\boldsymbol{K}^j\right)\left(\boldsymbol{I} - \frac{1}{k}\boldsymbol{1}_k\boldsymbol{1}_k^{\text{T}}\right) \tag{4.115}$$

$$\boldsymbol{K}_{\text{valid}}^j = \boldsymbol{K}((\boldsymbol{z}_{\text{valid}})_l,(\boldsymbol{z}^j)_m) \tag{4.116}$$

式中：k^{valid}为验证样本的数量。

验证样本的预测误差采用下式计算：

$$\boldsymbol{e}_{\text{valid}}^j = \hat{\boldsymbol{y}}_{\text{valid}}^j - \boldsymbol{y}_{\text{valid}} \tag{4.117}$$

第j个和第s个候选子模型的相关系数为：

$$c_{js}^{\text{valid}} = \frac{\sum_{l=1}^{k^{\text{valid}}}\boldsymbol{e}_{\text{valid}}^j(j,k^{\text{valid}})\cdot\boldsymbol{e}_{\text{valid}}^s(s,k^{\text{valid}})}{k^{\text{valid}}} \tag{4.118}$$

构建如下的相关系数矩阵：

$$\boldsymbol{C}^{\text{valid}} = \begin{bmatrix} c_{11}^{\text{valid}} & c_{12}^{\text{valid}} & \cdots & c_{1J}^{\text{valid}} \\ c_{21}^{\text{valid}} & c_{22}^{\text{valid}} & \cdots & c_{2J}^{\text{valid}} \\ \vdots & \vdots & c_{js}^{\text{valid}} & \vdots \\ c_{J1}^{\text{valid}} & c_{J2}^{\text{valid}} & \cdots & c_{JJ}^{\text{valid}} \end{bmatrix}_{J\times J} \tag{4.119}$$

基于$\boldsymbol{C}^{\text{valid}}$采用 GAOT 工具箱优化候选子模型的随机向量$\boldsymbol{w}_J=[w_1,\cdots,w_j,\cdots,w_J]$，并将优化结果记为$\boldsymbol{w}^*=[w_1^*,\cdots,w_j^*,\cdots,w_J^*]$。

采用如下准则选择集成子模型：

$$\xi_j = \begin{cases}1, & w_j^* \geqslant \lambda \\ 0, & w_j^* < \lambda\end{cases} \tag{4.120}$$

式中：λ为集成子模型的选择阈值。

将$\xi_j=1$的候选子模型选择为集成子模型，并将其数量记为J^*，即 SEN 模型的集成尺寸。将第j^*个集成子模型记为$f^{j^*}(\cdot)$，其输出为

$$\hat{\boldsymbol{y}}_{\text{valid}}^{j^*} = f^{j^*}(\{(\boldsymbol{z}_{\text{valid}})_l\}_{l=1}^{k^{\text{valid}}}) \tag{4.121}$$

进一步，将全部集成子模型记为$\{f^{j^*}(\cdot)\}_{j^*=1}^{J^*}$。

考虑到不同集成子模型的贡献率，采用 AWF 算法获取集成子模型的权重，等同于求解如下优化问题：

$$\begin{aligned}\min \quad & \sigma^2 = \sum_{j^*=1}^{J^*}(W_{j^*}^{\text{AWF}})^2\sigma_{j^*}^2 \\ \text{s.t.} \quad & \sum_{j^*=1}^{J^*}W_{j^*}^{\text{AWF}} = 1, 0 \leqslant W_{j^*}^{\text{AWF}} \leqslant 1\end{aligned} \tag{4.122}$$

式中：σ 为 SEN 模型预测值 $\hat{\boldsymbol{y}}_{\text{valid}}$ 的方差，σ_{j^*} 为集成子模型预测值 $\hat{\boldsymbol{y}}_{\text{valid}}^{j}$ 的方差。

集成子模型的权重采用下式计算：

$$W_{j^*}^{\text{AWF}}=\frac{1}{(\sigma_{j^*})^2\sum_{j^*=1}^{J^*}\frac{1}{(\sigma_{j^*})^2}} \tag{4.123}$$

基于上述建模算法，单个测试样本的输出为

$$\hat{y}_{\text{test}}=\sum_{j^*=1}^{J^*}W_{j^*}^{\text{AWF}}\hat{y}_{\text{test}}^{j^*} \tag{4.124}$$

式中：$\hat{y}_{\text{test}}^{j^*}$ 为第 j^* 个集成子模型的预测输出。

2．面向建模样本非完备的 VSG 技术

1）小样本数据集概述

在多数工业过程中，数据采集与存储系统所带来的多是模型输入维数和低价值训练样本的增加，这使得输入特征高维、训练样本不完备等问题仍然较为突出[416]。研究表明，数量充足、覆盖工况完备的建模样本对构建有效的软测量模型非常重要。目前，关于小样本数据的定义具有较大的相对性和主观性[416]。

为了确定获得必要的预测性能而需要的最小训练样本的数量，研究人员提出了概率近似正确、训练样本和输入特征比率等指标[417-418]。在模式识别领域，通常认为训练样本数量与输入特征之比应该足够大，其相互关系可表示为

$$\alpha=\frac{n_{\text{sample}}}{p_{\text{feature}}} \tag{4.125}$$

式中：n_{sample}和 p_{feature} 分别为训练样本和输入特征的数量。

通常，α 的取值为 2，5 或 10。

文献[419]面向分类问题，研究了分类误差、训练样本数量、输入特征维数和分类算法复杂性间的相互关系。针对一些典型的分类器，文献[420]描述了需要充足完备训练样本的内在原因，并着重研究在 $\alpha\leqslant 1$ 时的分类器性能，即研究 n_{sample} 小于 p_{feature} 时线性分类器泛化性能。此处，记维数约简后的特征为 $p_{\text{feature\_redu}}$，并定义如下指标：

$$\alpha_{\text{redu}}=\frac{n_{\text{sample}}}{p_{\text{feature\_redu}}} \tag{4.126}$$

若经维数约简后的 α_{redu} 值仍然难以满足构建具有鲁棒预测性能的学习模型的要求，必须采用其他方法解决训练样本的短缺问题。

2）虚拟样本的定义

虚拟样本的定义源于图像识别领域，即基于先验知识从物体的 3D 视角出发，将通过数学变换产生新图像。文献[421]对虚拟样本给出了如下较为通用的定义：

定义：将 $\{\boldsymbol{x}_l, y_l\}$ 记为真实样本，其中，$\boldsymbol{x}, y\in\mathbf{R}^n$，$l=1,\cdots,k$，$k$ 是真实样本数量；基于先验知识 $Know$，采用变换 $\{T, f(T)\}$ 产生新样本 $\{T\boldsymbol{x}, f(T)y\}$，即

$$\left.\begin{array}{l}\{\boldsymbol{x}_l, y_l\} \\ Know\end{array}\right\} \xrightarrow{\{T, f(T)\}} \{T\boldsymbol{x}, f(T)y\} \tag{4.127}$$

这个新样本$\{T\boldsymbol{x}, f(T)y\}$称为虚拟样本。变换$\{T, f(T)\}$所采用方法依据应用背景不同而具有差异性。

基于上述定义，本书给出如下推论：

推论：给定真实样本数据集$\{\boldsymbol{x}_l, y_l\}_{l=1}^{k}$，通过适当的变换可产生虚拟样本数据集$\{\boldsymbol{x}_{l'}^{\mathrm{VS}}, y_{l'}^{\mathrm{VS}}\}_{l'=1}^{k^{\mathrm{VS}}}$。该过程可用如下公式表示：

$$\begin{cases} \{\boldsymbol{x}_l\}_{l=1}^{k} \xrightarrow{T} \{\boldsymbol{x}_{l'}^{\mathrm{VS}}\}_{l''=1}^{k^{\mathrm{VS}}}, & \boldsymbol{x}_{\mathrm{low}}^{\mathrm{VS}} \leqslant \boldsymbol{x}_{l'}^{\mathrm{VS}} \leqslant \boldsymbol{x}_{\mathrm{high}}^{\mathrm{VS}} \\ \left.\begin{array}{l}\{\boldsymbol{x}_{l'}^{\mathrm{VS}}\}_{l''=1}^{k^{\mathrm{VS}}} \\ \{y_l\}_{l=1}^{k}\end{array}\right\} \xrightarrow{f(T)} \{y_{l'}^{\mathrm{VS}}\}_{l''=1}^{k^{\mathrm{VS}}}, & y_{\mathrm{low}}^{\mathrm{VS}} \leqslant y_{l'}^{\mathrm{VS}} \leqslant y_{\mathrm{high}}^{\mathrm{VS}} \end{cases} \tag{4.128}$$

式中：$\boldsymbol{x}_{\mathrm{low}}^{\mathrm{VS}}$与$\boldsymbol{x}_{\mathrm{high}}^{\mathrm{VS}}$和$y_{\mathrm{low}}^{\mathrm{VS}}$与$y_{\mathrm{high}}^{\mathrm{VS}}$分别为虚拟样本输入和输出值的下限与上限。

3）VSG 的关注问题

通常，面向回归问题若要产生合理的虚拟样本，需要关注至少如下 4 个问题：

（1）确定虚拟样本产生策略。方法包括：利用先验知识、扰动原始样本、对输入数据添加噪声等[421]。

（2）确定虚拟样本输入。方法包括：先验知识、在真实样本输入点的超域内随机选取[406]、函数化虚拟群体[422]、基于真实样本输入间隔的信息分散技术[407]、间隔核密度估计[403]、Mega 趋势分散函数[400]、基于模糊数据集的成员函数[423]、组虚拟样本产生[404]、基于模糊理论的产生趋势分散[424]、基于高斯分布[421]、基于 GA 和 BPNN 等[408]。

（3）确定虚拟样本输出。方法包括：平均神经网络的输出[406]、基于实际样本输出间隔的信息分散技术[407]和基于 GA 和 BPNN 的方法等[408]。

（4）确定虚拟样本数量。目前，最优化虚拟样本数量的确定主要基于实验数据确定，理论指导或确定优化的虚拟样本数量还是个开放性难题。

另外，对于分类模型和回归模型，VSG 所关注的问题是具有差异性的，原因在于两方面：一方面是分类问题的类标是固定的，变换$f(T)$也许是不必要的；另一方面是回归问题的每个输入均需要唯一对应一个输出，这增大了 VSG 的难度。笔者认为，这也是当前关于回归问题的 VSG 研究要远少于分类问题的原因之一。

综上，结合具体的应用背景进行 VSG 回归问题的实用化研究将更具有挑战性和现实意义，也是目前研究中的难点之一。

4.7.3 建模策略

本书提出的基于 VSG 的多组分机械信号建模策略主要由多尺度谱数据获取、虚拟样本产生、谱特征自适应选择和软测量模型构建共 4 个模块组成，如图 4.60 所示。

图 4.60 中，$\{\boldsymbol{x}_{\mathrm{V}}^{\mathrm{t}}\}_{l=1}^{k}$和$\{\boldsymbol{x}_{\mathrm{A}}^{\mathrm{t}}\}_{l=1}^{k}$分别表示包含$k$个建模样本的机械设备振动和振声时域信号的集合，其中$\boldsymbol{x}_{\mathrm{V}}^{\mathrm{t}} = \{(x_{\mathrm{V}}^{\mathrm{t}})_n\}_{n=1}^{N}$和$\boldsymbol{x}_{\mathrm{A}}^{\mathrm{t}} = \{(x_{\mathrm{A}}^{\mathrm{t}})_n\}_{n=1}^{N}$是包含$N$个数据点的相应信号；$f^{\mathrm{DCOM}}(\cdot)$表示多组分机械信号的自适应分解函数；$f^{\mathrm{Trans}}(\cdot)$表示频域特征转换函数；$Z^{\mathrm{True}}$和$\boldsymbol{y}^{\mathrm{True}}$表示真实训练样本的输入和输出；$S^{\mathrm{True}} = \{Z^{\mathrm{True}}, \boldsymbol{y}^{\mathrm{True}}\}$表示真实训练样本的输入输

出集；$\{f_{j_{\rm IMF}}^{\rm FBP}(\cdot)\}_{j_{\rm IMF}=1}^{J_{\rm IMF}}$ 表示采用 $S^{\rm True}$ 构建的全部 IMF 的 FBP 模型集；$\{f_{j_{\rm IMF}}^{\rm VSG}(\cdot)\}_{j_{\rm IMF}=1}^{J_{\rm IMF}}$ 表示用于面向全部 IMF 的 VSG 函数集，其输入为 $S^{\rm True}$ 和先验知识 *Know*，输出为全部 IMF 的虚拟样本集 $S_{\rm All}^{\rm VSG}=\{Z_{\rm All}^{\rm VSG},\boldsymbol{y}_{\rm All}^{\rm VSG}\}$；$f_{\rm IMF}^{\rm Weight}(\cdot)$ 表示基于信息熵加权不同 IMF 虚拟样本输出的函数；$f^{\rm Mix}(\cdot)$ 表示用于获得混合样本集 $S^{\rm Mix}$ 的函数；$f^{\rm SelFea}(\cdot)$ 表示混合样本集的特征选择函数；$S^{\rm MixSel}$ 表示经特征约简后的混合样本集；$f^{\rm SENKPLS}(\cdot)$ 表示基于约简混合样本集构建的软测量模型；$\boldsymbol{y}_{\rm All}^{\rm VSG}$ 表示全部 IMF 的虚拟样本输出值的集合；$\boldsymbol{y}^{\rm VSG}$ 表示加权融合后的虚拟样本输出；$\boldsymbol{y}^{\rm Mix}$ 和 $\hat{\boldsymbol{y}}^{\rm Mix}$ 表示软测量模型的真值和预测值。

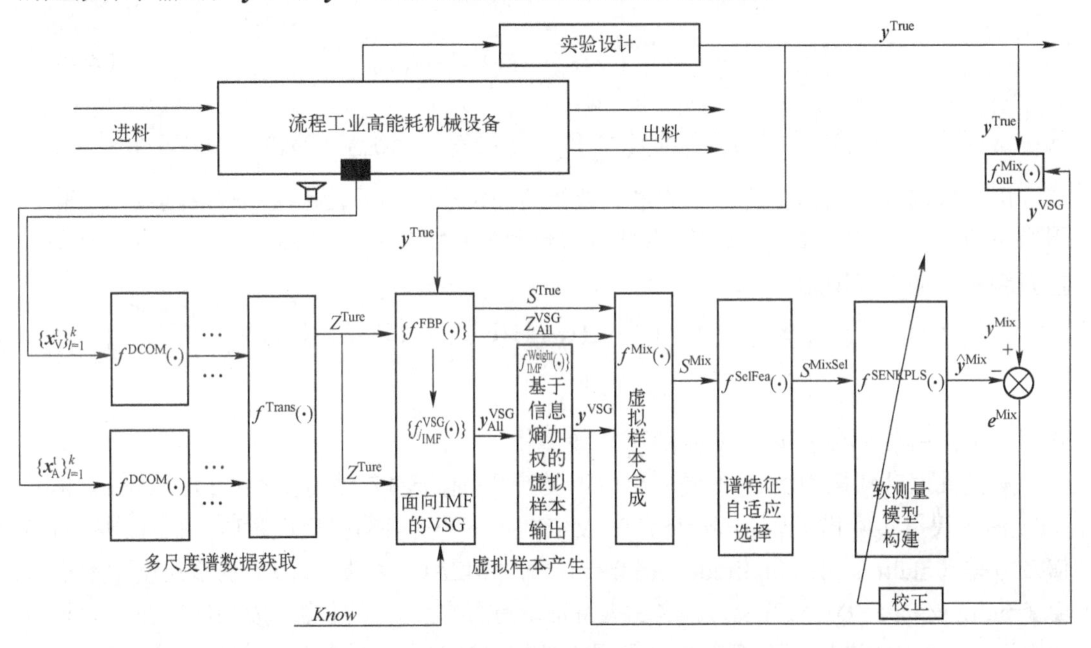

图 4.60　基于 VSG 的多组分机械信号建模策略

图 4.60 中不同模块的功能描述如下：

（1）多尺度谱数据获取模块。其输入为真实的时域机械振动/振声信号，输出为真实的频域多尺度训练样本。主要功能是将包含若干数据点的多组分时域信号经自适应分解和时频域转换得到多源多尺度高维谱数据。

（2）虚拟样本产生模块。是本书此处所提方法的核心模块，其输入为真实的训练样本和先验知识，输出为混合训练样本。主要功能包括：面向 IMF 的 VSG，基于信息熵加权 IMF 虚拟样本输出，以及虚拟样本合成。

（3）谱特征自适应选择。其输入为混合训练样本，输出为经特征选择的约简混合训练样本。主要功能是自适应地选择有价值的多源多尺度子信号及其谱特征。

（4）软测量模型构建。其输入为约简混合样本，输出为难以检测过程参数的预测值。主要功能是构建基于“操纵训练样本”策略的适合于高维谱数据的 SENKPLS 模型。

因此，上述不同模块分别实现了多组分信号的自适应分解、基于先验知识和真实训练数据的虚拟样本产生、多组分机械信号不同 IMF 集成子模型虚拟样本输出加权融合、多源多尺度特征的自适应选择以及仿运行专家综合多源特征和多工况样本认知机制的建模。其中，虚拟样本产生模块是本书此处所提方法的核心。

4.7.4 建模算法

1. 多尺度谱数据获取模块

以包含 N 个数据点的单个建模样本为例，EEMD 可将机械振动和振声信号分解为：

$$\boldsymbol{x}_{\mathrm{V}}^{\mathrm{t}} \xrightarrow{f^{\mathrm{DCOM}}(\cdot)} \sum_{j_{\mathrm{V}}=1}^{J_{\mathrm{V}}^{\mathrm{all}}} (\overline{\boldsymbol{c}}_{\mathrm{V}}^{\mathrm{t}})_{j_{\mathrm{V}}} + (\overline{r}_{\mathrm{V}})_{J_{\mathrm{V}}^{\mathrm{all}}} \tag{4.129}$$

$$\boldsymbol{x}_{\mathrm{A}}^{\mathrm{t}} \xrightarrow{f^{\mathrm{DCOM}}(\cdot)} \sum_{j_{\mathrm{A}}=1}^{J_{\mathrm{A}}^{\mathrm{all}}} (\overline{\boldsymbol{c}}_{\mathrm{A}}^{\mathrm{t}})_{j_{\mathrm{V}}} + (\overline{r}_{\mathrm{A}})_{J_{\mathrm{A}}^{\mathrm{all}}} \tag{4.130}$$

式中：$(\overline{\boldsymbol{c}}_{\mathrm{V}}^{\mathrm{t}})_{j_{\mathrm{V}}}$，$(\overline{\boldsymbol{c}}_{\mathrm{A}}^{\mathrm{t}})_{j_{\mathrm{A}}}$ 为第 j_{V} 个和 j_{A} 个 IMF 子信号，$(\overline{r}_{\mathrm{V}})_{J_{\mathrm{V}}^{\mathrm{all}}}$，$(\overline{r}_{\mathrm{A}})_{J_{\mathrm{A}}^{\mathrm{all}}}$ 为残差信号。

用于构建软测量模型的IMF的最大数量依据空载时机械设备振动分解结果和先验知识确定。本书将构建软测量模型的机械振动和振声 IMF 的数量标记为 J_{A} 和 J_{V}，并将 IMF 重新编号，如下式所示：

$$\begin{aligned}\overline{\boldsymbol{c}}_{\mathrm{IMF}}^{\mathrm{t}} &= [(\overline{\boldsymbol{c}}_{\mathrm{V}}^{\mathrm{t}})_1,\cdots,(\overline{\boldsymbol{c}}_{\mathrm{V}}^{\mathrm{t}})_{j_{\mathrm{V}}},\cdots,(\overline{\boldsymbol{c}}_{\mathrm{V}}^{\mathrm{t}})_{J_{\mathrm{V}}},(\overline{\boldsymbol{c}}_{\mathrm{A}}^{\mathrm{t}})_1,\cdots,(\overline{\boldsymbol{c}}_{\mathrm{A}}^{\mathrm{t}})_{j_{\mathrm{A}}},\cdots,(\overline{\boldsymbol{c}}_{\mathrm{A}}^{\mathrm{t}})_{J_{\mathrm{A}}}] \\ &= [\overline{\boldsymbol{c}}_1^{\mathrm{t}},\cdots,\overline{\boldsymbol{c}}_{j_{\mathrm{IMF}}}^{\mathrm{t}},\cdots,\overline{\boldsymbol{c}}_{J_{\mathrm{IMF}}}^{\mathrm{t}}]\end{aligned} \tag{4.131}$$

式中：$J_{\mathrm{IMF}} = J_{\mathrm{A}} + J_{\mathrm{V}}$，表示全部 IMF 的数量。

从机械振动和振声 IMF 可提取至少 3 类特征：基于希尔伯特变换（Hilbert transform，HT）的多尺度边际谱（multi-scale HT，MSHT）、HT 变换的多尺度瞬时幅值和频率的均值及方差（multi-scale amplitude and frequency，MSAF）和基于 FFT 的多尺度功率谱密度（multi-scale PSD，MSPSD）。这 3 类特征均有各自特性，且均已成功应用在不同领域中[425]。上述这些谱特征可视为来自不同视角的多源信息，其转换过程为

$$\overline{\boldsymbol{c}}_{j_{\mathrm{IMF}}}^{\mathrm{t}} \xrightarrow{f^{\mathrm{Trans}}(\cdot)} \boldsymbol{z}_{j_{\mathrm{IMF}}}^{\mathrm{True}} \tag{4.132}$$

在实际过程中，可依据工业实际选择其中的一类或几类特征或全部特征。本书此处以 MSHT 特征为例，将基于不同 IMF 的谱特征统一表示为

$$\boldsymbol{z}^{\mathrm{True}} = [\boldsymbol{z}_{1_{\mathrm{IMF}}}^{\mathrm{True}},\cdots,\boldsymbol{z}_{j_{\mathrm{IMF}}}^{\mathrm{True}},\cdots,\boldsymbol{z}_{J_{\mathrm{IMF}}}^{\mathrm{True}}] \tag{4.133}$$

式中：$\boldsymbol{z}_{j_{\mathrm{IMF}}}^{\mathrm{True}}$ 为第 j_{IMF} 个 IMF 的 MSHT 特征。

2. 虚拟样本产生（VSG）模块

1）VSG 模块的结构与功能

该模块由面向 IMF 的 VSG、基于信息熵加权的虚拟样本输出和虚拟样本合成共 3 个子模块组成，其相互之间的输入输出关系如图 4.61 所示。

由图 4.61 可知，“面向 IMF 的 VSG”子模块包含 J_{IMF} 个面向高维谱数据的相对独立的二级子模块，其功能是基于真实的多尺度频谱和先验知识，得到多个基于不同 IMF 的虚拟样本输入和输出；“基于信息熵加权的虚拟样本输出”子模块，将多个不同 IMF 的虚拟样本输出加权以获得统一虚拟样本输出；“虚拟样本合成”子模块组合真实和虚拟训练样本得到混合虚拟样本。

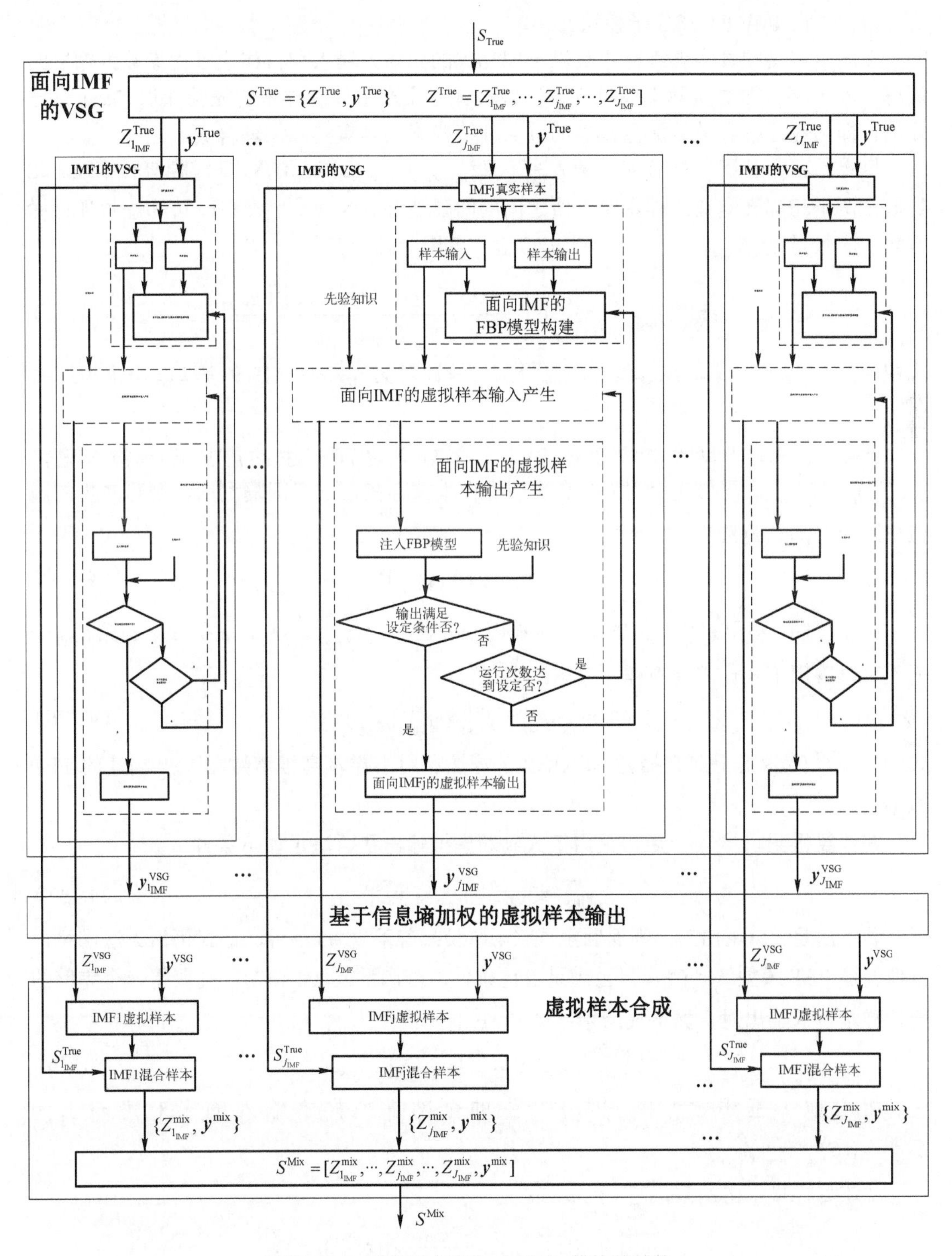

图 4.61　虚拟样本产生（VSG）模块的结构

2）VSG 模块的算法实现

（1）面向 IMF 的 VSG 子模块。

多源多尺度的真实训练样本是以不同IMF的频谱为输入和待建模过程参数为输出的训练样本子集。面对实际工业过程，实验设计方案产生训练样本的先验知识 *Know* 是已知的，即构建过程参数软测量模型的真实训练样本均具有实际物理含义。

以第 $j_{\rm IMF}$ 个 IMF 训练样本子集 $S_{j_{\rm IMF}}^{\rm True}=\{(z_{j_{\rm IMF}})_l,y_l\}_{l=1}^k$ 为例，对 VSG 过程进行描述。此处假定两个相邻真实训练样本输入值之间的间隔被等分为 $N_{\rm VSG}$ 个部分，可知虚拟训练样本输入的数量是 $(N_{\rm VSG}-1)$ 个。这些虚拟输入可用下式计算：

$$(\boldsymbol{z}_{j_{\rm IMF}}^{\rm VSG})_{l'_{\rm VSG}}=(\boldsymbol{z}_{j_{\rm IMF}}^{\rm VSG})_{\rm low}+\frac{\left((\boldsymbol{z}_{j_{\rm IMF}}^{\rm VSG})_{\rm high}-(\boldsymbol{z}_{j_{\rm IMF}}^{\rm VSG})_{\rm low}\right)l'_{\rm VSG}}{N_{\rm VSG}} \tag{4.134}$$

式中：$1\leqslant l'_{\rm VSG}<N_{\rm VSG}$，$N_{\rm VSG}\geqslant 2$；$(\boldsymbol{z}_{j_{\rm IMF}}^{\rm VSG})_{l'_{\rm VSG}}$ 是针对第 $j_{\rm IMF}$ 个 IMF 的第 $l'_{\rm VSG}$ 个虚拟样本输入。

此处，将基于两个相邻真实训练样本输入之间产生的虚拟样本输入记为 $\{(\boldsymbol{z}_{j_{\rm IMF}}^{\rm VSG})_{l'_{\rm VSG}}\}_{l'_{\rm VSG}=1}^{N_{\rm VSG}-1}$。再假定针对 k 个真实训练样本共存在 $k_{\rm VSG}$ 个间隔利用，则可产生的虚拟样本输入的总数量为

$$k'_{j_{\rm IMF}}=k_{\rm VSG}(N_{\rm VSG}-1) \tag{4.135}$$

由上可知，基于 $\boldsymbol{z}_{j_{\rm IMF}}^{\rm True}$ 产生的虚拟样本输入可表示为 $\{\boldsymbol{z}_{j_{\rm IMF}}^{\rm VSG}\}_{l'_{\rm VSG}=1}^{k'_{j\rm IMF}}$。虚拟样本的第 $l'_{\rm VSG}$ 个输入可以采用下式计算虚拟样本输出：

$$(y_{j_{\rm IMF}}^{\rm VSG})_{l'_{\rm VSG}}=f_{j_{\rm IMF}}^{\rm FBP}((\boldsymbol{z}_{j_{\rm IMF}}^{\rm VSG})_{l'_{\rm VSG}}) \tag{4.136}$$

式中：$f_{j_{\rm IMF}}^{\rm FBP}(\cdot)$ 为基于前文描述 SENKPLS 算法利用小样本高维谱数据 $S_{\rm True}^{j_{\rm IMF}}$ 构建的 FBP 模型。

在计算得到 $(y_{j_{\rm IMF}}^{\rm VSG})_{l'_{\rm VSG}}$ 后，采用下式判断虚拟输出是否满足如下条件：

$$y_{\rm low}^{\rm VSG}\leqslant(y_{j_{\rm IMF}}^{\rm VSG})_{l'_{\rm VSG}}\leqslant y_{\rm high}^{\rm VSG} \tag{4.137}$$

若不满足式（4.137），则返回至式（4.136）；若重复 $N_{\rm times}$ 后，上式仍然无法满足，重新构建 FBP 模型 $f_{j_{\rm IMF}}^{\rm FBP}(\cdot)$，直至满足上述条件；若满足式（4.137），则获得一个完整的虚拟样本输入输出对，如下式所示：

$$(S_{j_{\rm IMF}}^{\rm VSG})_{l'_{\rm VSG}}=\{(\boldsymbol{z}_{j_{\rm IMF}}^{\rm VSG})_{l'_{\rm VSG}},(y_{j_{\rm IMF}}^{\rm VSG})_{l'_{\rm VSG}}\} \tag{4.138}$$

相应地，基于 $\boldsymbol{z}_{j_{\rm IMF}}^{\rm True}$ 和 $f_{j_{\rm IMF}}^{\rm FBP}(\cdot)$ 产生的全部虚拟样本输入输出对可表示为 $S_{j_{\rm IMF}}^{\rm VSG}=\{(S_{j_{\rm IMF}}^{\rm VSG})_{l'_{\rm VSG}}\}_{l'_{\rm VSG}=1}^{k'}$。

上述过程可采用函数 $f_{j_{\rm IMF}}^{\rm VSG}(\cdot)$ 表示为

$$f_{j_{\rm IMF}}^{\rm VSG}(\cdot)=\begin{cases}\{(\boldsymbol{z}_{j_{\rm IMF}}^{\rm True})_l\}_{l=1}^k\xrightarrow{Know}\{(\boldsymbol{z}_{j_{\rm IMF}}^{\rm VSG})_{l'_{\rm VSG}}\}_{l'_{\rm VSG}}^{k'}\\ \left.\begin{array}{l}\{(\boldsymbol{z}_{j_{\rm IMF}}^{\rm VSG})_{l'_{\rm VSG}}\}_{l'_{\rm VSG}}^{k'}\\ \{(y^{\rm True})_l\}_{l=1}^k\end{array}\right\}\xrightarrow{f_{j\rm IMF}^{\rm FBP}(\cdot)}\{(y_{j_{\rm IMF}}^{\rm VSG})_{l'_{\rm VSG}}\}_{l'_{\rm VSG}}^{k'}\end{cases} \tag{4.139}$$

因此，基于真实训练样本子集 $S_{\text{True}}^{j_{\text{IMF}}}$、先验知识 $Know$ 和 $f_{j_{\text{IMF}}}^{\text{FBP}}(\cdot)$ 产生虚拟样本的过程可表示为

$$\left.\begin{matrix} S_{\text{True}}^{j_{\text{IMF}}} \\ Know \\ f_{j_{\text{IMF}}}^{\text{FBP}}(\cdot) \end{matrix}\right\} \xrightarrow{f_{j_{\text{IMF}}}^{\text{VSG}}(\cdot)} S_{j_{\text{IMF}}}^{\text{VSG}} = \left\{ \boldsymbol{z}_{j_{\text{IMF}}}^{\text{VSG}}, \boldsymbol{y}_{j_{\text{IMF}}}^{\text{VSG}} \right\} \tag{4.140}$$

针对全部 J_{IMF} 个真实训练样本子集，将所构建的全部 VSG 函数记为 $\{f_{j_{\text{IMF}}}^{\text{VSG}}(\cdot)\}_{j_{\text{IMF}}=1}^{J_{\text{IMF}}}$，全部 IMF 的虚拟样本集合可表示为

$$\begin{aligned} S_{\text{All}}^{\text{VSG}} &= \{Z_{\text{All}}^{\text{VSG}}, y_{\text{All}}^{\text{VSG}}\} = \{S_{j_{\text{IMF}}}^{\text{VSG}}\}_{j_{\text{IMF}}=1}^{J_{\text{IMF}}} \\ &= \{\{(z_{j_{\text{IMF}}}^{\text{VSG}})_{l'_{\text{VSG}}}, (y_{j_{\text{IMF}}}^{\text{VSG}})_{l'_{\text{VSG}}}\}_{l'_{\text{VSG}}}^{k'}\}_{j_{\text{IMF}}=1}^{J_{\text{IMF}}} \end{aligned} \tag{4.141}$$

（2）基于信息熵加权的虚拟样本输出子模块。

针对不同的多源多尺度真实训练样本子集产生了 J_{IMF} 个虚拟样本输出值，原因在于构建了 J_{IMF} 个 FBP 模型。显然，需要加权这些不同 IMF 的虚拟样本输出以获得统一的输出值。第 l'_{VSG} 个虚拟样本的输出为

$$(y^{\text{VSG}})_{l'_{\text{VSG}}} = f_{\text{IMF}}^{\text{Weight}}(\cdot) = \sum_{j_{\text{IMF}}=1}^{J_{\text{IMF}}} w_{j_{\text{IMF}}}^{\text{VSG}} (y_{j_{\text{IMF}}}^{\text{VSG}})_{l'_{\text{VSG}}} \tag{4.142}$$

式中：$w_{j_{\text{IMF}}}^{\text{VSG}}$ 为加权系数。

利用 FBP 模型的预测值和真值，基于信息熵的加权策略按下式计算：

$$w_{j_{\text{IMF}}}^{\text{VSG}} = \frac{1}{J_{\text{IMF}} - 1} \left(1 - \frac{1 - E_{j_{\text{IMF}}}}{\sum\limits_{j_{\text{IMF}}=1}^{J_{\text{IMF}}} (1 - E_{j_{\text{IMF}}})} \right) \tag{4.143}$$

式中：

$$E_{j_{\text{IMF}}} = \frac{1}{\ln k} \sum_{l=1}^{k} \frac{(e_{j_{\text{IMF}}})_l}{(\sum\limits_{l=1}^{k} (e_{j_{\text{IMF}}})_l)} \ln \frac{(e_{j_{\text{IMF}}})_l}{\sum\limits_{l=1}^{k} (e_{j_{\text{IMF}}})_l} \tag{4.144}$$

$$(e_{j_{\text{IMF}}})_l = \begin{cases} \dfrac{(\hat{y}_{j_{\text{IMF}}}^{\text{True}})_l - y_l^{\text{True}}}{y_l^{\text{True}}}, & 0 \leqslant \left\| \dfrac{(\hat{y}_{j_{\text{IMF}}}^{\text{True}})_l - y_l^{\text{True}}}{y_l^{\text{True}}} \right\| < 1 \\ 1 & \left\| \dfrac{(\hat{y}_{j_{\text{IMF}}}^{\text{True}})_l - y_l^{\text{True}}}{y_l^{\text{True}}} \right\| \geqslant 1 \end{cases} \tag{4.145}$$

式中：$(\hat{y}_{j_{\text{IMF}}}^{\text{True}})_l$ 为第 l 个真实训练样本基于 $f_{j_{\text{IMF}}}^{\text{FBP}}(\cdot)$ 模型的预测值。

经上述过程，全部的 IMF 虚拟样本输出可表示为 $\{(y^{\text{VSG}})_{l'_{\text{VSG}}}\}_{l'_{\text{VSG}}=1}^{k'}$，其产生过程可用函数 $f^{\text{VSG}}(\cdot)$ 表示为

$$f^{\mathrm{VSG}}(\cdot)=\begin{cases}\{\{(z_{j_{\mathrm{IMF}}}^{\mathrm{True}})_l\}_{l=1}^{k}\}_{j_{\mathrm{IMF}}=1}^{J_{\mathrm{IMF}}}\xrightarrow{Know}\{\{(z_{j_{\mathrm{IMF}}}^{\mathrm{VSG}})_{l'_{\mathrm{VSG}}}\}_{l'_{\mathrm{VSG}}}^{k'}\}_{j_{\mathrm{IMF}}=1}^{J_{\mathrm{IMF}}}\\ \left.\begin{matrix}\{\{(z_{j_{\mathrm{IMF}}}^{\mathrm{VSG}})_{l'_{\mathrm{VSG}}}\}_{l'_{\mathrm{VSG}}}^{k'}\}_{j_{\mathrm{IMF}}=1}^{J_{\mathrm{IMF}}}\\ \{(y^{\mathrm{True}})_l\}_{l=1}^{k}\end{matrix}\right\}\xrightarrow{f_{j_{\mathrm{IMF}}}^{\mathrm{FBP}}(\cdot)}\{\{(y_{j_{\mathrm{IMF}}}^{\mathrm{VSG}})_{l'_{\mathrm{VSG}}}\}_{l'_{\mathrm{VSG}}}^{k'}\}_{j_{\mathrm{IMF}}=1}^{J_{\mathrm{IMF}}}\\ \left.\begin{matrix}\{\{(y_{j_{\mathrm{IMF}}}^{\mathrm{VSG}})_{l'_{\mathrm{VSG}}}\}_{l'_{\mathrm{VSG}}}^{k'}\}_{j_{\mathrm{IMF}}=1}^{J_{\mathrm{IMF}}}\\ \{(y^{\mathrm{True}},\hat{y}_{j_{\mathrm{IMF}}}^{\mathrm{True}})_l\}_{l=1}^{k}\end{matrix}\right\}\xrightarrow{f_{\mathrm{IMF}}^{\mathrm{Weight}}(\cdot)}\{(y^{\mathrm{VSG}})_{l'_{\mathrm{VSG}}}\}_{l'_{\mathrm{VSG}}=1}^{k'}\end{cases}\tag{4.146}$$

（3）虚拟样本合成子模块。

经上述过程产生的虚拟样本集可表示为

$$S^{\mathrm{VSG}}=\{(\{z_{j_{\mathrm{IMF}}}^{\mathrm{VSG}}\}_{j_{\mathrm{IMF}}=1}^{J_{\mathrm{IMF}}})_{l'_{\mathrm{VSG}}},(y^{\mathrm{VSG}})_{l'_{\mathrm{VSG}}}\}_{l'_{\mathrm{VSG}}=1}^{k'}\tag{4.147}$$

组合真实和虚拟训练样本可获得构建软测量模型的混合样本 S^{Mix} 。为便于理解，将其重新描述，其改写过程可表示为

$$\begin{aligned}S^{\mathrm{Mix}}&=f^{\mathrm{Mix}}(\cdot)=\{S^{\mathrm{True}};S^{\mathrm{VSG}}\}\\&=\{\{((\{z_{j_{\mathrm{IMF}}}^{\mathrm{True}}\}_{j_{\mathrm{IMF}}=1}^{J_{\mathrm{IMF}}})_l,(y^{\mathrm{True}})_l\}_{l=1}^{k};\{(\{z_{j_{\mathrm{IMF}}}^{\mathrm{VSG}}\}_{j_{\mathrm{IMF}}=1}^{J_{\mathrm{IMF}}})_{l'_{\mathrm{VSG}}},(y^{\mathrm{VSG}})_{l'_{\mathrm{VSG}}}\}_{l'_{\mathrm{VSG}}=1}^{k'}\}\\&=\{\{\{((\{z_{j_{\mathrm{IMF}}}^{\mathrm{True}}\}_{j_{\mathrm{IMF}}=1}^{J_{\mathrm{IMF}}})_l\}_{l=1}^{k};\{(\{z_{j_{\mathrm{IMF}}}^{\mathrm{VSG}}\}_{j_{\mathrm{IMF}}=1}^{J_{\mathrm{IMF}}})_{l'_{\mathrm{VSG}}}\}_{l'_{\mathrm{VSG}}=1}^{k'}\},\\&\quad\{\{(y^{\mathrm{True}})_l\}_{l=1}^{k};\{(y^{\mathrm{VSG}})_{l'_{\mathrm{VSG}}}\}_{l'_{\mathrm{VSG}}=1}^{k'}\}\}\\&=\{\{z_{l^{mix}}^{\mathrm{mix}}\}_{l^{mix}=1}^{k+k'},\{y_{l^{mix}}^{\mathrm{mix}}\}_{l^{mix}=1}^{k+k'}\}\\&=\{Z^{\mathrm{mix}},\boldsymbol{y}^{\mathrm{mix}}\}\end{aligned}\tag{4.148}$$

由上式可知，混合样本的数量为 $(k+k')$ 。

3）VSG 模块的准确性分析与适应性讨论

VSG 模块是本书的关键环节，它保证所提多组分机械信号建模方法的准确性和良好的预测性能。此处，针对产生虚拟样本过程中的关键环节进行准确性分析和适用性讨论。

（1）面向 IMF 构建的 FBP 模型。此处采用的建模方法是适合于小样本高维数据的 SENKPLS 算法。KPLS 算法是 PLS 的核版本，能够有效地处理输入变量间的共线性问题，其用于构建内层模型的潜在变量远远小于原始输入特征数量，进而能够保证基于 IMF 的高维谱数据构建的 FBP 模型的泛化性能。另外，基于“操纵训练样本”集成构造策略的 SEN 算法选择有价值训练样本构造软测量模型，其与 KPLS 算法的结合，进一步增强了 FBP 模型的泛化性能。

（2）面向 IMF 的虚拟样本输入。基于多源多尺度 IMF 的真实训练样本子集是基于机械振动/振声信号经自适应分解和时频变换获得的；虽然这些高维谱变量难以得到合理的具体解释，但原始的机械振动/振声样本均有明确的物理含义；在产生虚拟样本输入值时，两个真实训练样本间所划分间隔的大小也是依据先验知识确定的；并且通过相关公式保证了其合理的取值范围。这些约束保证了虚拟样本输入值的准确性。

（3）面向 IMF 的虚拟样本输出产生的准确性。这些不同的 IMF 基于各自的 FBP 模

型所产生的虚拟输出值的范围由式（4.137）及其相应的策略予以保证，由本节所给出的“面向 IMF 的 VSG”中的算法流程给出了更为清晰的描述，进而保证了虚拟样本输出值的准确性。

（4）基于信息熵加权的虚拟样本输出。这些多源多尺度 IMF 均是由原始的机械振动/振声信号分解得到的，显然这些 IMF 的虚拟样本输入应该对应统一且唯一的虚拟样本输出值，需要将不同 IMF 的虚拟样本输出值采用信息熵加权，由 FBP 模型的预测误差得到不同 IMF 虚拟样本输出值的权系数，从而保证了最终的虚拟样本输出值的准确性。

（5）VSG 模块的适用性讨论。在 VSG 过程中，FBP 模型的准确性比较重要，这就要求真实的训练样本虽然稀少，但尽量保证较宽的工况覆盖范围；VSG 模块所描述的算法适用于已经将原始多组分信号分解为多个不同的子信号，并且这些子信号的输入变量间具有较强的共线性的情况；同时，“面向 IMF 的 VSG 子模块”中所描述的算法适用于具有高维共线性特性的真实训练数据产生虚拟样本。

因此，本书此处所提出 VSG 技术能够保证所产生虚拟样本的准确性。另外，面向多组分机械信号建模这类问题，本书有针对性地提出了 VSG 技术，同时针对高维谱数据，“面向 IMF 的 VSG 子模块”所描述的 VSG 技术也具有较好的普适性。

3．谱特征自适应选择模块

为便于特征选择，此处将不同 IMF 的输入变量特征进行合并和重新编号，有

$$\begin{aligned} Z^{\text{mix}} &= [Z_{1_{\text{IMF}}}^{\text{mix}},\cdots,Z_{j_{\text{IMF}}}^{\text{mix}},\cdots,Z_{J_{\text{IMF}}}^{\text{mix}}] \\ &= [(z_1^{\text{mix}}),\cdots,(z^{\text{mix}})_p,\cdots,(z_P^{\text{mix}})] \end{aligned} \tag{4.149}$$

采用密度估计方法计算第 p 个谱变量 $(z^{\text{mix}})_p$ 和难以检测过程参数 y^{mix} 之间的 MI 值：

$$\begin{aligned} &\text{Muin}(y^{\text{mix}};(z^{\text{mix}})_p) = \\ &\iint p(y^{\text{mix}},(z^{\text{mix}})_p)\log\frac{p(y^{\text{mix}},(z^{\text{mix}})_p)}{p((z^{\text{mix}})_p)p(y^{\text{mix}})}\text{d}((z^{\text{mix}})_p)\text{d}y^{\text{mix}} \\ &= H(y^{\text{mix}}) - H(y^{\text{mix}}|(z^{\text{mix}})_p) \end{aligned} \tag{4.150}$$

式中：$p((z^{\text{mix}})_p)$ 和 $p(y^{\text{mix}})$ 为 $(z^{\text{mix}})_p$ 和 y^{mix} 的边缘概率密度；$p((z^{\text{mix}})_p,y^{\text{mix}})$ 为联合概率密度；$H(y^{\text{mix}}|(z^{\text{mix}})_p)$ 为条件熵；$H((z^{\text{mix}})_p)$ 为信息熵。

基于下式对谱特征进行选择：

$$\xi_{(z^{\text{mix}})_p} = \begin{cases} 1, & \text{muin}(y^{\text{mix}};(z^{\text{mix}})_{\text{p}}) \geqslant \theta^{\text{Muin}} \\ 0, & \text{muin}(y^{\text{mix}};(z^{\text{mix}})_{\text{p}}) < \theta^{\text{Muin}} \end{cases} \tag{4.151}$$

式中：θ^{Muin} 是谱特征的选择阈值，且 $\theta_{\text{Muin}}^{\text{Min}} \leqslant \theta^{\text{Muin}} \leqslant \theta_{\text{Muin}}^{\text{Max}}$；$\theta_{\text{Muin}}^{\text{Min}}$，$\theta_{\text{Muin}}^{\text{Max}}$ 为输入特征 $(z^{\text{mix}})_p$ 与 y^{mix} 之间互信息的最小值和最大值。采用下式自适应计算 MI 阈值的递增步长 θ^{step}：

$$\theta^{\text{step}} = \frac{\theta_{\text{Muin}}^{\text{Max}} - \theta_{\text{Muin}}^{\text{Min}}}{10} \tag{4.152}$$

此处，简化基于 MI 的特征选择过程是考虑到后续基于 SENKPLS 的软测量模型可以消除频谱特征间的共线性。

采用如下过程进行有价值 IMF 及其特征的自适应选择：首先，将 $\xi_{(z^{\text{mix}})_p}=1$ 的谱特征进行串行组合并构建潜结构模型；接着，以步长 θ_{step} 增加 MI 阈值并重复上述过程；最终，具有最小预测误差的阈值被选定为最终阈值，以此阈值完成有价值子信号及其谱特征的选择。

将约简后的多源多尺度谱特征记为 $Z_{\text{sel}}^{\text{mix}}$，相应的混合样本可标记为

$$S^{\text{MixSel}}=f^{\text{SelFea}}(\cdot)=\{Z_{\text{sel}}^{\text{mix}},\boldsymbol{y}^{\text{mix}}\} \tag{4.153}$$

4．软测量模型构建模块

采用本节所描述的 SENKPLS 算法，基于约简后的混合样本 S^{MixSel} 构建过程参数软测量模型，其输出可表示为：

$$\hat{\boldsymbol{y}}^{\text{Mix}}=f^{\text{SENKPLS}}(Z_{\text{sel}}^{\text{mix}}) \tag{4.154}$$

4.7.5 实验研究

此处的应用验证分为两部分：首先，采用近红外谱（NIR）数据对本书所提方法的关键部分“面向 IMF 的 VSG”技术进行验证；接着，采用磨矿过程实验球磨机的筒体振动/振声信号，验证本书所提出的基于 VSG 的多组分机械信号建模方法。

1．基于近红外（NIR）谱的 VSG 技术实验验证

1）数据描述及预处理

近红外（near infrared，NIR）谱数据用于估计橙汁的含糖水平，包含的训练和测试数据集的大小分别是 150×700 和 68×700。本书采用间隔取样原始训练数据方式获取 1/10（15 个样本）作为真实的训练样本，其输入特征变量和待预测的输出如图 4.62 所示。

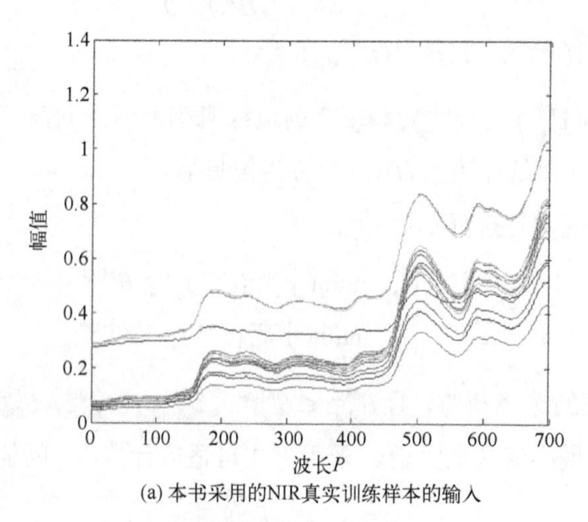

(a) 本书采用的NIR真实训练样本的输入

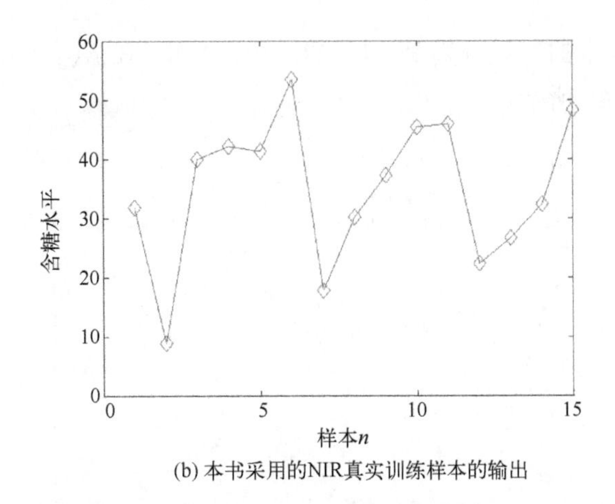

(b) 本书采用的NIR真实训练样本的输出

图 4.62　本书采用的 NIR 真实训练样本的输入和输出

采用 PLS 提取真实训练样本的潜在特征（LV），其中前 5 个 LV 的贡献率如表 4.44 所列。

表 4.44　基于 PLS 提取的潜在特征的贡献率　（单位：%）

LV#	输入单 LV	输入累计	输出单 LV	输出累计
1	88.85	88.85	23.78	23.78
2	10.96	99.80	19.00	42.78
3	0.17	99.97	20.80	63.57
4	0.01	99.98	21.77	85.35
5	0.01	99.99	8.63	93.98

由表 4.44 可知：在 NIR 谱数据的 700 个输入变量中提取的第 1 个潜在特征可以表征输入数据 88.85%的变化，却只能提取输出数据的 23.78%的变化；相应地，前 5 个 LV 的累计贡献率可以达到 99.99%和 93.98%。这些结果表明了 NIR 数据具有较强的共线性，也表明了基于潜在变量的建模方法比较适合该类高维数据。

2）谱数据的 VSG 结果

采用 4.7.2 节所描述的 SENKPLS 算法构建真实训练样本的 FBP 模型。其中，设定候选子模型的数量（GA 种群数量）为 20，集成子模型的选择阈值为 0.05，KPLS 采用径向基函数（radial basis function，RBF），核半径和 KLV 数量采用网格寻优法，它们与均方根误差（root mean square error，RMSE）的关系如图 4.63 和图 4.64 所示。

依据图 4.63 和图 4.64 可知，KLV 取 10，核半径取 600。为克服 GA 算法的随机性，采用上述建模参数运行 20 次，测试数据 RMSE 的均值、最大值、最小值和方差分别为 7.1880、9.0742、5.6867 和 0.9779。

基于上述 FBP 模型，采用“面向 IMF 的 VSG 子模块”部分描述的 VSG 算法生成虚拟样本。此处，选择在两个相邻的真实训练样本之间产生虚拟样本；在 N_{VSG}=2，3，…，

10 时，对应的虚拟样本的数量分别是 14，28，…，126。在 N_{VSG}= 8 时所生成的虚拟样本输入和输出如图 4.65 所示。

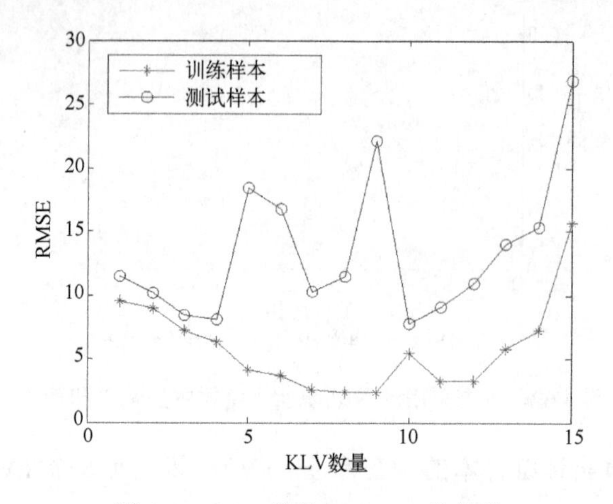

图 4.63　KLV 数量与 RMSE 的关系

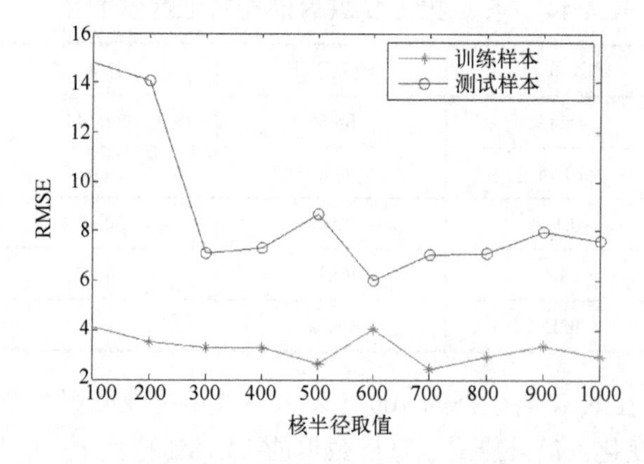

图 4.64　核半径与 RMSE 的关系

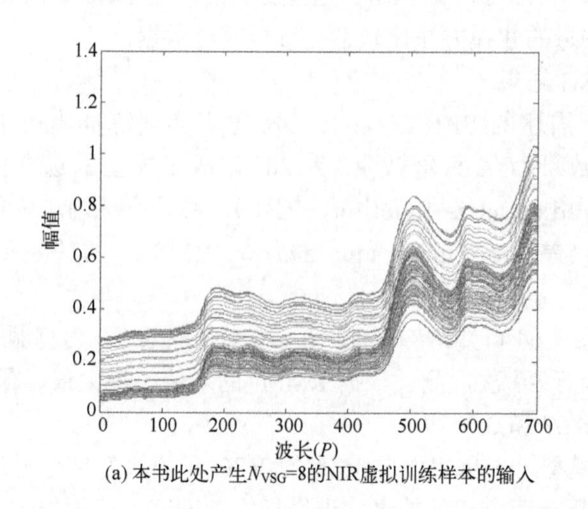

(a) 本书此处产生N_{VSG}=8的NIR虚拟训练样本的输入

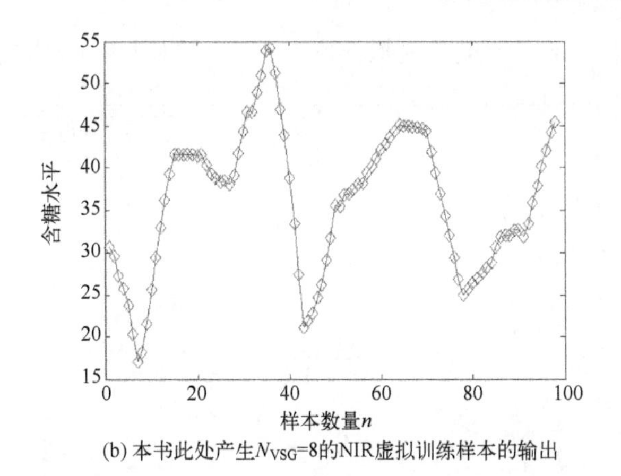

(b) 本书此处产生N_{VSG}=8的NIR虚拟训练样本的输出

图 4.65　本书此处产生 N_{VSG}= 8 和 NIR 虚拟训练样本的输入和输出

对比图 4.64 和图 4.65 可知，虚拟样本的输入和输出在趋势上与真实训练样本是一致的。

3）基于 VSG 的模型性能比较结果

将虚拟与真实样本相混合，构建 N_{VSG}=2，3，…，10 时的混合样本软测量模型。本书此处主要基于 NIR 谱数据验证 VSG 技术的合理性，未对谱特征进行选择。但建模参数的选择过程和所采用的测试样本均与 FBP 模型相同。采用不同数量的混合样本建立的软测量模型的测试数据统计结果如表 4.45 所列。

表 4.45　基于混合样本建立的 NIR 模型统计结果

真实样本数量	虚拟样本数量	核半径值	KLV 数量	均值（mean）	最大值（max）	最小值（min）	方差（var）
15	0	600	10	7.1880	9.0742	5.6867	0.9779
15	14	65	12	6.9473	9.3558	5.9747	0.8814
15	28	50	15	7.7808	11.2846	6.2231	1.2904
15	42	0.8	13	8.9316	10.3599	7.7212	0.7781
15	56	10	14	7.7027	12.2875	6.0686	1.6912
15	70	60	13	8.3782	11.6499	7.2438	1.0895
15	84	60	10	7.0026	7.6549	6.5843	0.3273
15	98	65	12	7.3832	8.4788	6.8142	0.4051
15	112	75	9	**6.0723**	**6.8627**	**5.8029**	**0.2375**
15	126	19	12	8.1114	10.0179	6.5984	0.8225

如表 4.45 所列，在 N_{VSG}=9（虚拟训练样本数量为 112）时，基于混合样本所构建的软测量模型具有最佳的平均、最大和最小 RMSE，分别为 6.0723、6.8627 和 5.8029，并且方差也只有 FBP 模型的 1/4。可见，本书此处所提 VSG 技术同时提高了软测量模型的预测精度和预测稳定性。基于其他数量的混合样本所构建的模型的预测性能也多强于 FBP 模型，模型预测的稳定性均得到提高。因此，选择合适的虚拟样本数量对构建有效的软测量模型非常重要。

表 4.45 只是从测试数据预测性能的视角给出统计结果，未考虑训练数据。图 4.66

给出采用不同 N_{VSG} 值（不同数量的虚拟样本）建模时的训练误差的统计曲线。

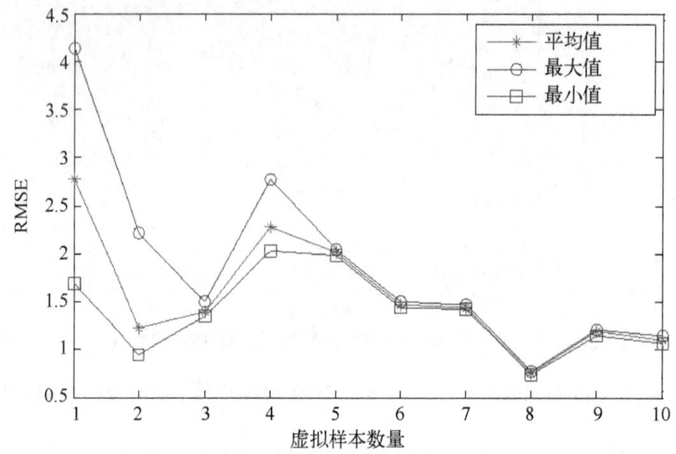

图 4.66　基于不同数量的虚拟样本构建模型的训练误差

由图 4.66 可知：FBP 模型（N_{VSG}=1）具有最大的预测性能波动范围；N_{VSG}=5 以后，混合训练数据构建的软测量模型的预测稳定性较好，同时训练误差也进一步降低。

综合表 4.45 和图 4.66 可知，本书所提 VSG 技术适合于小样本高维谱数据，将其结合具体工业过程进行研究将更具有实际意义。

2．基于机械频谱的实验验证

1）多尺度 IMF 获取结果

文献[141]给出了零负荷时的筒体振动原始信号和经 EMD 分解为具有不同时间尺度的 IMF 子信号的时频曲线。结果表明：不同尺度 IMF 频谱代表单尺度频谱的不同部分。特别指出的是，第 13 个 IMF 子信号为 4 周期正弦曲线，与所处理数据包含的磨机 4 个旋转周期相一致；通过对频谱的幅值进行比较可知，第 13 个 IMF 的幅值至少是其他的 100 倍，表明磨机自身旋转引起的振动很大；第 1 个 IMF 到第 15 个 IMF 的时频特性表明，子信号的时间尺度是逐渐增大。因此，这些多尺度频谱蕴含着极为不同的磨机负荷参数信息。

本书此处，设置 A_{noise}=0.1 和 M=10 将磨机旋转 4 个周期的信号进行 EEMD 分解，并将筒体振动和振声信号的 IMF 标记为振动 IMF（vibration IMF，VIMF）和振声 IMF（acoustic IMF，AIMF）。对全部 IMF 后进行 HT 变换，计算得到 IMF 边际谱。部分筒体振动和振声多尺度子信号的谱数据（IM1～16）如图 4.67 和图 4.68 所示。

由图 4.67 和图 4.68 可知，这些磨机筒体振动和振声信号的谱数据的时间尺度是逐渐增大的，表明这些机械信号组成成分的复杂性和可分解特性。

2）多尺度 IMF 的 VSG 结果

采用不同的多源多尺度谱数据构造 FBP 模型的过程此处不再赘述。

磨机负荷实验在 4 种工况下真实训练样本的分布如表 4.46 所列。

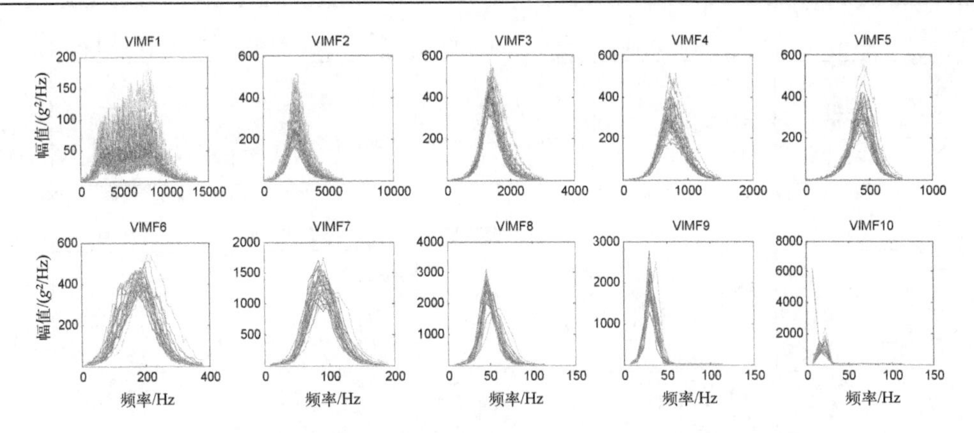

图 4.67　磨机筒体振动的 VIMF1～10 子信号的真实谱数据

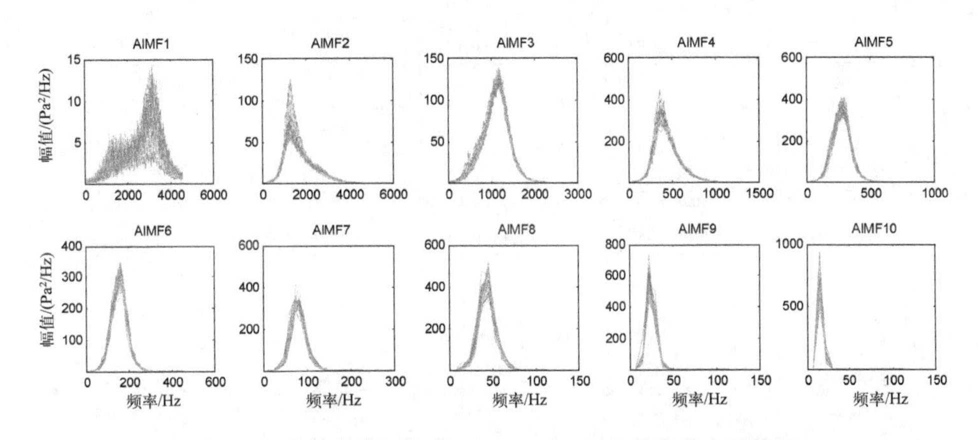

图 4.68　磨机筒体振声的 AIMF1～10 子信号的真实谱数据

表 4.46　用于产生虚拟样本的真实训练样本分布

样本序号	1	2	3	4	5	6	7	8	9	10	11	12	13
固定负荷/kg	料 10	料 10	料 10	水 2	水 2	水 2	料 20	料 20	料 20	水 10	水 10	水 10	水 10
变化负荷/kg	水 5	水 15	水 20	料 10	料 16	料 20	水 7.5	水 12.5	水 20	料 24	料 28	料 35	料 45

以表 4.46 中真实训练样本 1 和 2 为例进行说明：两个样本中的料负荷固定为 10kg，而水负荷从 5kg 增大到 15kg，因此，可以构造出水负荷在 5～15kg 间变化的虚拟样本输入。以此类推，依据表 4.46 可知能够产生虚拟样本输入的真实训练样本对包括：No.1 和 No.2，No.2 和 No.3，No.4 和 No.5，No.5 和 No.6，No.7 和 No.8，No.8 和 No.9，No.10 和 No.11，No.11 和 No.12，No.12 和 No.13。当 N_{VSG}=2，3，…，10 时，对应的虚拟样本的数量分别是 9，18，…，81。

依据 3.2 节所述方法，当 N_{VSG}=7 时针对 CVR 所产生的部分虚拟样本（VIMF1～10，AIMF1～10）的输入如图 4.69 和图 4.70 所示。

由图 4.69 和图 4.70 可知，所提方法可以有效地产生虚拟样本。同时，图 4.67～图 4.70 也表明了不同尺度的谱数据需要进行维数约简，并选择更有价值的 IMF 构建软测量模型。

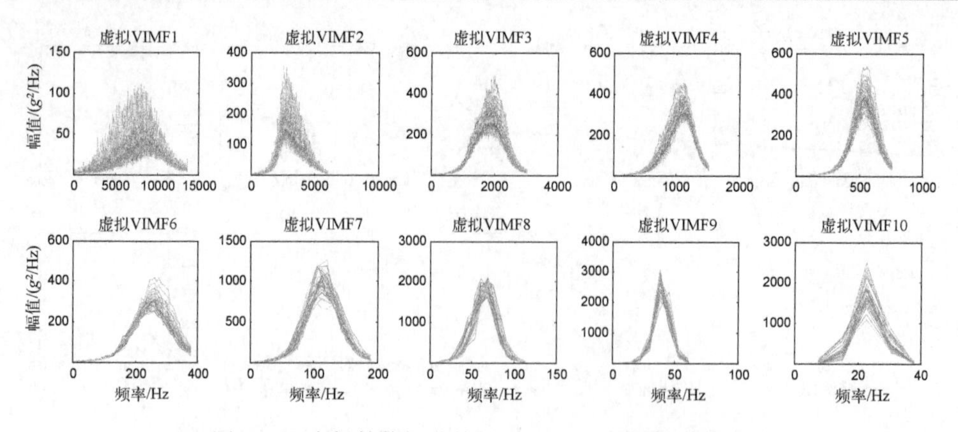

图 4.69　磨机筒体振动的 VIMF1～10 的虚拟谱数据

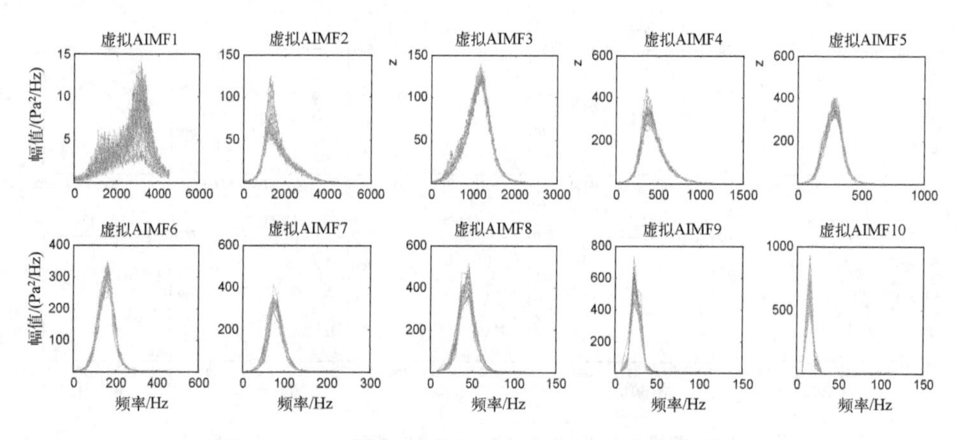

图 4.70　磨机筒体振声的 AIMF1～10 的虚拟谱数据

3）多尺度 IMF 的混合样本特征选择结果

以 CVR 为例，对混合样本进行谱特征选择，统计结果如表 4.47 所列。

表 4.47　面向 CVR 的谱特征选择的统计结果

真实样本数量	虚拟样本数量	振动特征数量	振声特征数量	特征数量总和	MI 阈值
13	9	1344	190	1534	0.8
13	18	473	71	514	0.9
13	27	3388	1878	5266	0.2
13	36	895	175	1070	0.8
13	45	3396	1870	5266	0.2
13	54	3387	1869	5256	0.2
13	63	3403	1880	5283	0.1
13	72	3384	1865	5249	0.2
13	81	3403	1879	5282	0.1

表 4.47 表明：阈值与谱特征数量间的相关性较大；从 AIMF 选择的特征数量远小于 VIMF，可能的原因除筒体振动信号的采样频率远高于声音信号外，其机理方面的原因还有待于进一步分析。

4）软测量模型的性能比较结果

软测量模型的性能通常采用测试样本的 RMSE 进行评估。当不具备足够的大量测试样本时，训练数据也用于评估软测量模型性能。留一交叉验证、K-折交叉验证、Bootstrap 及其改进等性能评估方法得到了广泛应用[426-427]。针对高维小样本数据，0.632 Bootstrap 和留一交叉验证评估方法可以得到较佳性能[428]。

本书此处采用 0.632 Bootstrap 评估方法。假设进行了 R 次的 Bootstrap，采用 k_r^* 表示从训练样本抽取的样本，$f_r^*(\cdot)$ 表示 k_r^* 训练的软测量模型；定义 0.632 Bootstrap 的均方根相对预测误差（root mean square relative error prediction，RMSREP）如下：

$$\text{RMSREP}_{0.632}=0.632\text{RMSREP}_{\text{BCV}}+(1-0.632)\text{RMSREP}_{\text{app}} \tag{4.155}$$

$$\text{RMSREP}_{\text{BCV}}=\sqrt{\frac{1}{k^{\text{mix}}}\sum_{l^{\text{mix}}=1}^{k^{\text{mix}}}\frac{1}{R_{-l^{\text{mix}}}}\sum_{r:l^{\text{mix}}\notin k_r^*}\left(\frac{f_r^*(z_{l^{\text{mix}}}^{\text{mix}})-y_{l^{\text{mix}}}^{\text{mix}}}{y_{l^{\text{mix}}}^{\text{mix}}}\right)^2} \tag{4.156}$$

$$\text{RMSREP}_{\text{app}}=\sqrt{\frac{1}{k^{\text{mix}}}\sum_{l^{\text{mix}}=1}^{k^{\text{mix}}}\left(\frac{f_{k^{\text{mix}}}(z_{l^{\text{mix}}}^{\text{mix}})-y_{l^{\text{mix}}}^{\text{mix}}}{y_{l^{\text{mix}}}^{\text{mix}}}\right)^2} \tag{4.157}$$

式中：$r=1,\cdots,R$，R_{-l} 是不包含第 l 个训练样本所抽取的样本数量；$f_{k^{\text{mix}}}(\cdot)$ 表示由全部混合样本训练得到的软测量模型。

针对文献中采用的不同方法及本书所提方法基于不同数量混合样本，采用上述评估指标建立的软测量模型的统计结果如表 4.48 所列。其中：采用对原始机械振动/振声信号进行 FFT 变换后的单尺度频谱构建基于 PLS/KPLS 单模型，并作为比较的基本方法；文献[233]采用的方法表示基于单尺度频谱获得特征子集进行选择性信息融合的 SEN 模型；文献[238]和[347]采用的方法表示基于 EMD 的多尺度频谱进行选择性信息融合的 SEN 模型。

表 4.48　基于不同数量混合样本构建的软测量模型的统计结果

方法	真实样本数量	虚拟样本数量	RMSREP 均值（mean）	RMSREP 最小值（min）	RMSREP 最大值（max）	RMSREP 方差（var）
PLS	26	0	0.3445	0.1492	0.5803	0.0977
KPLS	26	0	0.1839	0.0704	0.4598	0.0947
文献[233]	26	0	0.1265	0.0381	0.4263	0.0677
文献[238]	26	0	0.3424	0.1967	0.4773	0.0778
文献[347]	26	0	0.2184	0.0968	0.4418	0.0858
本书此处方法	26	0	0.1708	0.0771	0.2829	0.0694
	26	9	0.1651	0.1180	0.2591	0.0382
	26	18	0.1490	0.0966	0.2135	0.0288
	26	27	0.1449	0.0916	0.2159	0.0337
	26	36	0.1345	0.0994	0.1775	0.0172
	26	45	0.1397	0.0909	0.2011	0.0286

续表

方法	真实样本数量	虚拟样本数量	RMSREP 均值（mean）	RMSREP 最小值（min）	RMSREP 最大值（max）	RMSREP 方差（var）
本书此处方法	26	54	0.1439	0.0981	0.1914	0.0266
	26	63	0.1321	0.0987	0.1849	0.0208
	26	72	0.1366	0.1069	0.1828	0.0203
	26	81	**0.1290**	**0.0988**	**0.1749**	**0.0199**

表 4.48 表明：

（1）本书所提方法的平均预测性能随虚拟样本数量的增加而增加。本书此处方法在虚拟样本的数量为 81 时，其平均预测误差为 0.1290，与文献[233]的最佳的平均预测误差 0.1265 接近。另外，文献[233]并未对多组分信号进行自适应分解，在提高软测量模型的可解释性和深入理解磨机研磨机理等方面弱于本书所提方法。本书此处方法在平均预测性能上也强于基于单尺度单模型的 PLS/KPLS 方法和基于多尺度频谱选择性信息融合的 SENKPLS 方法。

（2）在所有的软测量模型中，本书所提方法具有最佳的预测稳定性，这在工业实际中具有较高的应用价值。文献[233]虽然具有预测误差性能的最小值，但该方法同时也具有预测误差的最大方差（0.0677），是本书所提建模方法的至少 2 倍。显然，文献[233]的预测性能的稳定性较差。

本书所提方法的测试误差的方差与虚拟样本数量 N_{VSG} 的关系如图 4.71 所示。

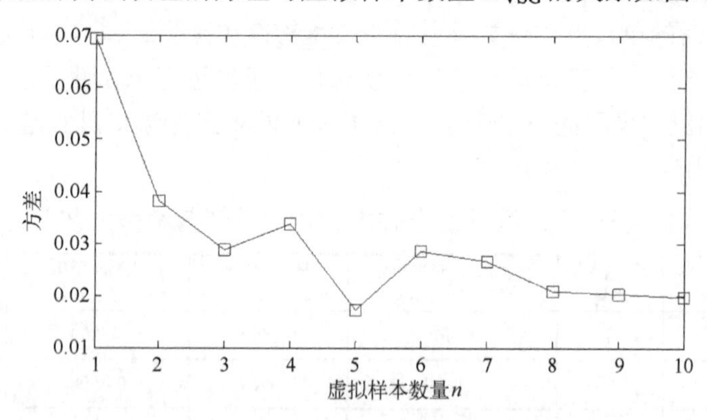

图 4.71　基于不同 N_{VSG} 值构建的软测量模型测试误差的方差

由图 4.71 可知，本书所提方法的预测稳定性随虚拟样本数量的增加而提高。

（3）本书所提方法的软测量模型预测误差的均值和最大值随着虚拟样本数量的增加而降低，如当采用 81 个虚拟样本时，预测误差的均值和最大值与无虚拟样本时进行比较，分别从 0.1708 和 0.2829 降低到了 0.1290 和 0.1749。本书所提方法的测试误差与 N_{VSG} 的关系如图 4.72 所示。

显然，可依据工业实际确定较适合的虚拟样本的数量。如何从理论上指导选择合适的虚拟样本数量的研究还有待于深入进行。

综合以上分析结果可知，本书所提基于 VSG 的机械多组分信号建模方法可以有效提高磨机负荷参数软测量模型的可解释性和预测性能的稳定性。关于多源多尺度谱特征的具体物理含义，需要在下步研究中结合数值仿真模型和更多实验以及运行专家知识逐步获得合理的阐释。

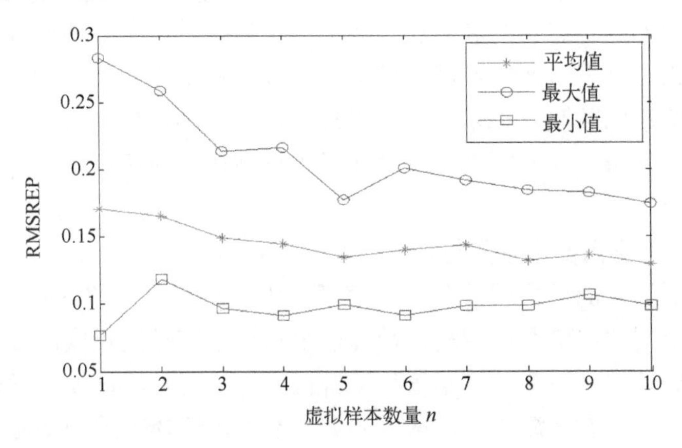

图 4.72　基于不同 N_{VSG} 值构建的软测量模型的测试误差

本书针对流程工业中与产品质量、产量以及效率等经济指标密切相关的关键机械设备内部参数难以准确直接检测，只能依据这些设备产生的具有多组分、非平稳、非线性等特性的振动/振声信号进行间接测量，且建模样本较为稀缺难以充足完备获取等问题，提出一种基于 VSG 的多组分机械信号建模方法。采用近红外谱数据和磨矿过程实验球磨机筒体振动和振声信号构建的软测量模型，验证了所提 VSG 技术和面向多组分机械信号建模方法的合理性和有效性。

该节的主要贡献包括：首次提出基于 VSG 结合多组分信号自适应分解的多组分机械信号软测量建模策略，利用所包含的面向小样本高维谱数据的 VSG 技术的普适性，使得所提方法能够贴合工业实际；综合利用了多组分信号自适应分解、基于互信息的特征选择、基于遗传算法的核潜在模型选择性集成建模等技术，可以有效地结合特征选择和样本选择策略构建软测量模型，能够有效模拟工业现场运行专家的认知机制；对构建物理阐释明确的软测量模型和有效结合复杂工业过程机械设备的虚拟系统进行难以检测过程参数软测量具有重要的借鉴意义。

4.8　基于特征空间和样本空间融合的多源高维频谱选择性集成建模

4.8.1　引言

准确检测重型机械设备中难以测量的关键产品质量和产量参数，例如矿物研磨过程中球磨机的负荷参数，对于实现复杂工业过程的运行优化控制至关重要。但是，由于这些工业过程的复杂工作机制，难以构建用于测量这些过程参数的机理模型。此外，这些机械设备（例如球磨机）旋转工作的特性使得直接测量这些过程参数变得困难[429-430]。复杂工业过程中的机械设备会产生强烈的振动和振声信号。但是，在时域中，与难以测量的过程参数相关的有价值信息被淹没在称为白噪声的宽带随机噪声信号中[379]。研究表明，高维频谱包含用于测量这些过程参数的有用信息，且机械振动和振声频谱已用于过程监控和建模[431]，例如磨矿过程中球磨机的负荷参数建模。在实际的工业过程中，领域专家可以通过源自不同运行工况和多种来源的有价值信息，有效地监控熟悉的机械设备的过程参数。然而，开发可靠的在线传感器已经成为模拟人类认知行为的瓶颈和挑战之一。因此，数据驱动的软测量技术由于其推理估计能力，作为主要的求解方法被广泛应用于各个领域[432]。本章开展的研究，仅关注采用机械振动和振声信号对难以测量的过程参数进行建模。

从理论上讲，工业机械设备的机械振动和振声信号具有非平稳和多组分特性。例如，球磨机是一种重型的高能耗机械设备[433]，数百万个钢球位于磨机内部，且分层排列，以不同的冲击力和周期冲击矿石和磨机，从而产生具有不同时间尺度的多个机械子信号。由于测量的筒体振动信号与多尺度子信号混合在一起，而且筒体振动只是磨机研磨区附近测得的声音信号的主要来源之一，所以领域专家可以选择有用的多源特征做出最终决定。在实际的研磨过程中，专家总是使用声音信号进行听觉感知，利用类似于一组带通滤波器的人耳，可以从这些多组分信号中识别出有用的信息。直到今天，模拟专家的认知过程仍然是一个开放性的问题，主要研究策略是采用信号处理技术分析机械信号，利用信号频谱中包含着的难以测量的过程参数的有用信息。因此，模拟专家的认知过程就是选择性融合多工况样本和多源特征，需要解决时/频域变换、高维谱特征约简和软测量模型构建这 3 个问题。

通常，FFT 是对原始机械振动和振声信号进行时/频变换的首选，但 FFT 并不适用于处理具有非平稳和多分量特性的机械振动和声音信号。进而，离散小波变换、连续小波变换和小波包变换方法等时/频分析方法被用于基于机械信号的故障诊断[434]。但是，必须针对实际问题选择合适的基函数。EMD 及其改进版通过获得一系列根据不同子信号的频率分布进行排列的 IMF[210]解决上述问题，已成功用于不同的工业过程[435-436]。虽然这些 IMF 可以视为代表不同传感器的多源信息[437]，但有价值的 IMF 数量是有限的。此外，不同的过程参数涉及不同的子信号。FFT 还用于处理具有不同时间尺度的子信号，并被应用于轴承故障诊断和球磨机筒体振动分析[211]。这些基于 IMF 的频谱具有不同的尺度特征，因此称为多尺度频谱。从机械信号的组成角度来看，单尺度频谱包含全局信息，而多尺度频谱包含不同的具有详细物理解释的局部信息。但是，单尺度频谱可以用于提取或选择具有不同类型信息的特征子集。例如，筒体的振动频谱可以分为至少 3 个部分，即球磨机的固有频带及其内部载荷，球对磨机衬板的主要冲击频带以及球对球与其他冲击的次冲击频带。从机械信号分量的角度来看，可以将多尺度频谱视为具有不同局部信息的特征子集。从理论上讲，基于不同 IMF 的多尺度频谱可以构建具有更合理解释的软测量模型。但是，这种复杂的信号分解过程可能会导致某些不确定和不准确的信息。通常，基于 FFT 的单尺度频谱是实际工业中使用最广泛的频谱数据。

该发现表明，单尺度频谱和多尺度频谱包括成百上千个具有高频分辨力（例如 1Hz）的频率变量，可以使用两种方法（特征选择和特征提取）解决降维问题。基于 MI 的特征选择是一种比其他方法更全面的方法[319,225]；但是，丢弃的变量可能会降低估计模型的泛化性能。特征提取方法可以从原始数据中确定适当的低维数据，PCA 就是常用的方法之一[438]。其中，核 PCA 方法是解决工业过程非线性的最简单、最适合的方法之一。大多数研究表明，全局特征提取可以获得更好的分类精度[436-440]。通常，这些选择或提取的特征用于基于统计推理和机器学习技术构建软测量模型[441]。一些增量学习算法被提出用于解决长时间学习问题[442]。但是，以上方法将降维和模型构建作为两个不同的阶段。此外，PCA 提取的特征未考虑输入和输出变量之间的相关性。为此，由于潜结构投影或 PLS 能够提取与输入变量和输出变量相关的多级 LV，基于 PLS 特征提取的通用框架被提出。不仅如此，KPLS 还可以使用这些逐层提取的 KLV 构建非线性回归模型。这样，通过使用基于 KPLS 的建模方法，可以将降维和软测量建模问题合二而一。此外，KLV 的数量表示特征提取的层数，可以模拟人脑的多层结构。然而，基于单模型的软测量模型的泛化性能和估计精度需要进一步提高，还需要从单尺度频谱中提取或选择不同特征子集包含的不同信息。这些特征子集或多尺度频谱可被视为来自不同传感器的多源信息。因此，重点应放在这些特征子集或多尺度频谱的选择性融合上，以构建有效的过程参数软测量模型。

通常，在复杂的工业过程中至少存在两种类型的信息，其中：一种类型是来自不同来源的信息，例如机械振动和振声信号以及过程控制系统中使用的其他易于测量的过程变量，即特征空间；另一种类型是来自多种工况的信息，例如处于不同运行工况和运行阶段的样本，即样本空间。前者可以表示为“列方向信息”，即来自于多个不同传感器的不同特征子集或不同测量信号，后者可以表示为“行方向信息”，即来自多个运行工况的不同训练样本。在工业实践中，领域专家必须同时面对这两类信息。大多数工业过程参数是在人脑认知模型下准确估算的，也就是说，领域专家会根据他们自己的经验和知识，通过从两种信息中选择的有价值信息判断这些过程参数。本质上，专家认知过程是一个选择性的信息融合问题。如何通过机器学习算法有选择地融合有价值信息并整合它们仍然是一个悬而未决的问题，这是本书此处所研究的重点之一。

AWF 算法可以在多传感器系统中以最小均方误差获得最佳观测值。集成建模可以提高预测模型的泛化性、有效性和可靠性。集成建模中的第一个问题是集成的构造。目前，已经提出了许多方法解决此问题，例如子采样训练样本、操纵输入特征、操纵输出目标以及注入随机性[443]。由于机械振动和振声频谱的不同频谱特征子集与难以测量的过程参数具有不同的映射关系，可以基于不同频谱特征子集选择和提取的集成构建方法使它们归属于“操纵输入特征”的类别。但是，随机子空间，旋转森林[444]和基于优化算法的选择方法难以有效地建模和解释频谱特征。与组合所有候选子模型的方法相比，选择性集成（SEN）建模方法可以获得更好的预测性能。然而，SEN 需要解决集成子模型的预测准确性和多样性之间的权衡问题，这已被证明是一个 NP 完全问题[381]。与组合所有候选子模型的方法相比，基于遗传算法的 SEN（GASEN）仅使用基于“采样训练样本”的集成构建方法，利用“行方向信息”的选择性融合以构建 SEN，通过组合选定的子模型获得更好的性能。在这个过程中，GASEN 建立候选子模型主要使用 BPNN 算法。由于 BPNN 受多训练样本和长学习时间的困扰，并且还导致过拟合问题，可以使用 KPLS 替换 GASEN 中的 BPNN。对于磨矿过程中磨机负荷参数软测量问题，KPLS 被用于构建不同频谱特征子集的候选子模型，属于“操纵输入特征”的集成构建。此外，还可通过混合使用不同方法以解决应用中的具体问题。比如，结合 GASEN 和 KPLS 构建基于单尺度频谱特征子集的候选子模型[445]，再分别使用 BB 和 AWF 算法选择和组合集成子模型。对多尺度频谱而言，可基于 BB 和 AWF 构造 SEN 磨机负荷参数模型[239]。在此过程中，候选子模型使用不同的学习参数进行构造以确保良好的预测性能，即构建具有良好预测性能的不同候选子模型需要调整许多参数。为了保持所集成子模型的多样性，SEN 解决的关键问题之一就是将具有最佳预测性能的候选集成子模型组合在一起。因此，有必要构建具有不同预测精度和多样性的集成子模型，针对不同候选子模型选择共享学习参数，通过使用 SEN 选择性信息融合策略，构建基于工业机械振动和振声信号的软测量模型。在选择公共学习参数时，SEN 可以提高不同候选子模型的多样性，并简化学习参数的选择过程。此外，本书提出的多层 SEN 模型的另一个优点是可以模拟人脑认知的多层结构。

针对以上有关机械振动和振声数据驱动的工业过程参数建模的问题，本书此处提出了一种基于选择性融合多工况样本和多源特征的新模型。该模型具有 3 种类型，即子子模型（内层模型的候选子模型），SEN 子模型（外层模型的候选子模型）和 SEN 模型（外层模型）。内层 SEN 子模型基于单尺度频谱特征子集或多尺度频谱子集使用 GASEN 和 KPLS 算法，通过使用内层 SEN 子模型构建外层 SEN 的候选子模型。外层 SEN 使用 BB 和 AWF，采用基于全局视角的学习参数选择策略。因此，内层 SEN-子模型候选子模型的学习参数，不同内层 SEN-子模型的集成尺寸和外层 SEN 的集合子模型及其加权系数一起进行选择，即行方向信息和列方向信息（样本空间和特征空间信息）被选择性地融合。与专家方法相似，所提出的方法根据经验估算难以测量的过程参数，适用于在矿物研磨过程中对球磨机的磨机负荷参数进行建模。仿真结果表明，针对实验室球磨机的筒体振动和振声信号，该方法在估计磨机负荷参数方面具有较好的性能。

与以前的研究相比，本节的贡献如下：

（1）模仿领域专家的认知过程，提出了一种基于通用机械振动和振声信号的多层 SEN（multi-layer SEN，MLSEN）建模策略。在文献[445]中，提出了仅用于对矿物研磨过程的磨机负荷参数进行建模的建模策略，仅使用一种类型的集成构造策略（采样训练样本或操纵输入特征）和构建了单层 SEN 模型。

（2）新策略适用于单尺度和多尺度频谱数据。使用者可以根据更快、更简单或更清楚的解释选择具有不同目标的合适方法。文献[445]仅使用了单尺度频谱，而文献[239]仅使用了多尺度频谱。此外，本书此处通过图形结构和数学描述清楚地提出了新策略。在文献[445]中，仅以图形方式给出了磨机负荷参数软测量的简单建模策略，只是从优化问题解决方案的视角出发，未进行数学描述。

（3）所提 MLSEN 模型对所有学习参数同时进行选择，进而简化了选择过程和克服了不同候选集成子模型的多样性问题。此外，对建模结果的分析比之前的研究更为详细。

4.8.2 建模策略

在之前研究的基础上，本章提出了一种模拟专家认知过程，基于特征空间和样本空间融合的多源高维频谱选择性集成建模策略。本质上，提出的建模策略是一种多层选择性集成建模方法。该建模策略包括基于机械振动和振声特征子集的集成构建模块、基于特征子集的候选 SEN 子模型（内层 SEN 子模型）构建模块，以及基于 BB 和 AWF 的 SEN 子模型的选择和组合的模块，其结构如图 4.73 所示[391]。

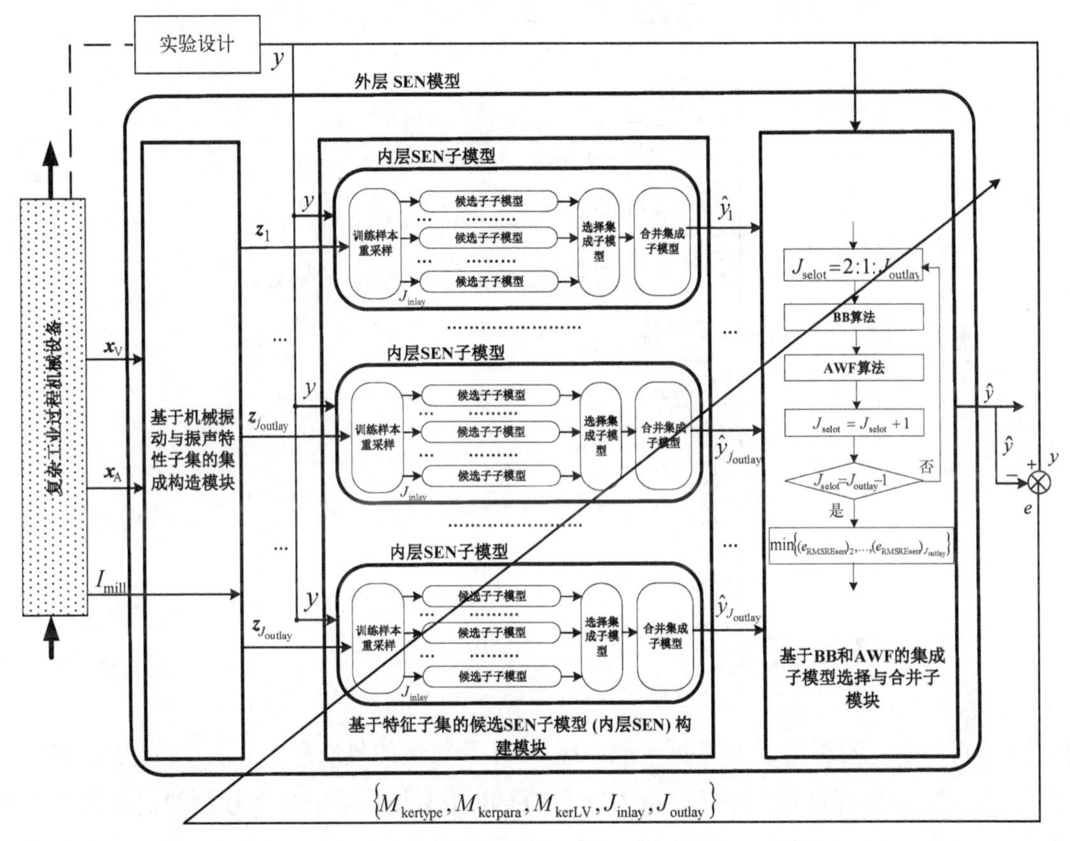

图 4.73　基于特征空间和样本空间融合的多源高维频谱选择性集成建模策略

在图 4.73 中，下标 V 和 A 分别代表振动和振声；$\boldsymbol{x}_{\mathrm{V}}$ 和 $\boldsymbol{x}_{\mathrm{A}}$ 是机械振动和振声信号；$\boldsymbol{z}_{j_{\mathrm{outlay}}}$ 是第 j_{outlay} 个特征子集；$j_{\mathrm{outlay}}=1,\cdots,J_{\mathrm{outlay}}$，$J_{\mathrm{outlay}}$ 是特征子集数，即外层 SEN 模型的候选 SEN 子模型数量；$j_{\mathrm{inlay}}=1,\cdots,J_{\mathrm{inlay}}$；$J_{\mathrm{inlay}}$ 是重采样训练样本数，即内层 SEN 子模型的候选子子模型数；$\hat{y}_{j_{\mathrm{outlay}}}$ 是外层 SEN 模型第 j_{outlay} 个候选 SEN 子模型的输出，即第 j_{outlay} 个内层子模型的输出；J_{selot} 是外层 SEN 的集成尺寸；$\hat{y}$ 是外层 SEN 模型的输出；y 是真值；I_{mill} 是磨机电流；$\{M_{\mathrm{kertype}},M_{\mathrm{kerpara}},M_{\mathrm{kerLV}},J_{\mathrm{inlay}},J_{\mathrm{outlay}}\}$ 是 MLSEN 策略的学习参数集。

内层 SEN 子模型的良好预测性能并不能表明外层 SEN 模型也具有良好预测性能，其中的一个问题是如何选择不同的内层 SEN 子模型学习参数，例如核类型、核参数、KLV 和集成尺寸，以提高外层 SEN 的泛化性能。在这个过程中，必须要面对的难题是要选择众多模型学习参数。本项研究为不同的子模型选择了相同的学习参数，改善不同候选子模型之间的多样性。因此，MLSEN 策略应解决以下优化问题：

$$\min J_{\text{RMSRE\_ens}} = \sqrt{\frac{1}{k}\sum_{l=1}^{k}\left(\left(y^l - \sum_{j_{\text{outlay}}=1}^{J_{\text{selot}}} w_{j_{\text{outlay}}}\hat{y}^l_{j_{\text{outlay}}}\right)\Big/ y^l\right)^2}$$

$$\text{s.t.}\begin{cases}
\hat{y}_{j_{\text{outlay}}} = \dfrac{1}{(J^{\text{sel}}_{\text{inlay}})_{j_{\text{outlay}}}}\displaystyle\sum_{j^{\text{sel}}_{\text{inlay}}=1}^{(J^{\text{sel}}_{\text{inlay}})_{j_{\text{outlay}}}}(\hat{y}^{j^{\text{sel}}_{\text{inlay}}}_{j_{\text{outlay}}}) \\
\hat{y}^{j^{\text{sel}}_{\text{inlay}}}_{j_{\text{outlay}}} = \text{Optisel}\left\{\hat{\boldsymbol{y}}^{1_{\text{inlay}}}_{j_{\text{outlay}}},\cdots,\hat{\boldsymbol{y}}^{j_{\text{inlay}}}_{j_{\text{outlay}}},\cdots,\hat{\boldsymbol{y}}^{J_{\text{inlay}}}_{j_{\text{outlay}}}\right\} \\
\hat{\boldsymbol{y}}^{j_{\text{inlay}}}_{j_{\text{outlay}}} = f^{j_{\text{inlay}}}_{j_{\text{outlay}}}\left(\boldsymbol{z}_{j_{\text{outlay}}}, M_{\text{kertype}}, M_{\text{kerpara}}, M_{\text{kerKLV}}\right) \\
2 \leqslant (J^{\text{sel}}_{\text{inlay}})_{j_{\text{outlay}}} \leqslant J_{\text{inlay}} \\
1 \leqslant j_{\text{inlay}} \leqslant J_{\text{inlay}} \\
0 \leqslant w_{j_{\text{outlay}}} \leqslant 1 \\
\displaystyle\sum_{j_{\text{outlay}}=1}^{J_{\text{selot}}} w_{j_{\text{outlay}}} = 1 \\
1 \leqslant j_{\text{outlay}} \leqslant J_{\text{selot}} \\
2 \leqslant J_{\text{selot}} \leqslant J_{\text{outlay}}
\end{cases} \tag{4.158}$$

式中：$(J^{\text{sel}}_{\text{inlay}})_{j_{\text{outlay}}}$ 为第 j_{outlay} 个特征子集内层 SEN 子模型的集成尺寸；$\hat{y}^{j^{\text{sel}}_{\text{inlay}}}_{j_{\text{outlay}}}$ 为内层 SEN 子模型第 $j^{\text{sel}}_{\text{inlay}}$ 个选择性集成子子模型的输出；Optisel{·}为内层 SEN 子模型的优化选择方法；$f^{j_{\text{inlay}}}_{j_{\text{outlay}}}(\cdot)$ 和 $\hat{\boldsymbol{y}}^{j_{\text{inlay}}}_{j_{\text{outlay}}}$ 为第 j_{inlay} 个内层 SEN 子模型的候选子子模型和输出；J_{inlay} 为内层 SEN 子模型候选子模型的数量；$w_{j_{\text{outlay}}}$ 为外层 SEN 模型集成 SEN 子模型的加权系数；M_{kertype}、M_{kerpara} 和 M_{kerKLV} 分别是核类型、核参数和内层 SEN 子模型的 KLV 数量。

集成构建模块将机械振动和振声特征子集作为训练子集，可以将其视为“操纵输入特征”的集成构造方法。更重要的是，多尺度频谱也被当作特征子集。内层 SEN 子模型模块基于“训练样本采样”方法获得不同的特征子集以构造 SEN 模型。集成 SEN 子模型选择和组合模块通过选择和组合内层候选 SEN 子模型的输出构造 MLSEN，即两种不同的集成构建方法，“操纵输入特征”方法和“训练样本采样”的方法。从模仿领域专家确定难以测量的过程参数的角度来看，该策略可用于实现基于多工况样本和多源输入特征的选择性信息融合过程。

注 4-4：基于 EMD 技术获得的子信号可被视为多源和多传感器信息。从理论上讲，子信号包含具有不同物理含义的局部信息，而原始机械信号由不同的子信号组成。因此，基于这些子信号的多尺度频谱也可以视为特征子集。也就是说，基于“操纵输入特征”方法的集成构建策略包括两种类型的特征子集：一种是可以快速、容易获得的从单尺度频谱中提取或选择的特征子集；另一种是理论上很容易解释的 EMD 算法获得的多尺度频谱特征子集。但是，这需要借助工业应用背景和数学仿真模型对不同子信号的详细物理含义进行解释。迄今为止，这依然是个难以解决的开放性问题。

4.8.3　建模算法

1．集成构造模块

建立有效的 SEN 模型的首要问题是集成构造。强烈的机械振动和振声信号中包含着有价值的信息，这些信号频谱与一些难以测量的过程参数有直接关系。为了解决多组分机械振动和振声信号频谱的建模问题，基于“操纵输入特征”的方法得到关注。单尺度频谱特征子集是采用之前论文中的方法进行选择或提取。此外，多尺度频谱通过使用 EMD 和 FFT 技术进行转换。在本章研究中，两者都被认为是构建集成的特征子集。

原始机械振动、振声信号及其频谱特征子集之间的关系可以表示为

$$\begin{cases} \boldsymbol{x}_{\mathrm{V}} \Rightarrow \begin{cases} \xrightarrow{\mathrm{FFT}} \boldsymbol{x}_{\mathrm{V}}^{\mathrm{f}} \xrightarrow{\text{特征子集提取与选择}} \{(\boldsymbol{z}_{\mathrm{V}})_{1_{\mathrm{V}}},\cdots,(\boldsymbol{z}_{\mathrm{V}})_{j_{\mathrm{V}}},\cdots,(\boldsymbol{z}_{\mathrm{V}})_{J_{\mathrm{V}}} \\ \xrightarrow{\mathrm{EMD}} \{\boldsymbol{x}_{\mathrm{V}}^{\mathrm{sub}}\}_{j_{\mathrm{V}}}^{J_{\mathrm{V}}^{\mathrm{all}}} \xrightarrow{\mathrm{FFT}} \{\boldsymbol{z}_{\mathrm{V}}^{\mathrm{f}}\}_{j_{\mathrm{V}}}^{J_{\mathrm{V}}^{\mathrm{all}}} \xrightarrow{\text{子信号选择}} \{(\boldsymbol{z}_{\mathrm{V}})_{1_{\mathrm{V}}},\cdots,(\boldsymbol{z}_{\mathrm{V}})_{j_{\mathrm{V}}},\cdots,(\boldsymbol{z}_{\mathrm{V}})_{J_{\mathrm{V}}} \end{cases} \\ \boldsymbol{x}_{\mathrm{A}} \Rightarrow \begin{cases} \xrightarrow{\mathrm{FFT}} \boldsymbol{x}_{\mathrm{A}}^{\mathrm{f}} \xrightarrow{\text{特征子集提取与选择}} \{(\boldsymbol{z}_{\mathrm{V}})_{1_{\mathrm{V}}},\cdots,(\boldsymbol{z}_{\mathrm{V}})_{j_{\mathrm{V}}},\cdots,(\boldsymbol{z}_{\mathrm{V}})_{J_{\mathrm{V}}} \\ \xrightarrow{\mathrm{EMD}} \{\boldsymbol{x}_{\mathrm{A}}^{\mathrm{sub}}\}_{j_{\mathrm{A}}}^{J_{\mathrm{A}}^{\mathrm{all}}} \xrightarrow{\mathrm{FFT}} \{\boldsymbol{z}_{\mathrm{A}}^{\mathrm{f}}\}_{j_{\mathrm{A}}}^{J_{\mathrm{A}}^{\mathrm{all}}} \xrightarrow{\text{子信号选择}} \{(\boldsymbol{z}_{\mathrm{A}})_{1_{\mathrm{A}}},\cdots,(\boldsymbol{z}_{\mathrm{A}})_{j_{\mathrm{A}}},\cdots,(\boldsymbol{z}_{\mathrm{A}})_{J_{\mathrm{A}}} \end{cases} \end{cases} \tag{4.159}$$

式中：$\boldsymbol{x}_{\mathrm{V}}^{\mathrm{f}}$和 $\boldsymbol{x}_{\mathrm{A}}^{\mathrm{f}}$ 分别是机械振动和振声频谱；$\{\boldsymbol{x}_{\mathrm{V}}^{\mathrm{sub}}\}_{j_{\mathrm{V}}}^{J_{\mathrm{V}}^{\mathrm{all}}}$ 和 $\{\boldsymbol{x}_{\mathrm{A}}^{\mathrm{sub}}\}_{j_{\mathrm{A}}}^{J_{\mathrm{A}}^{\mathrm{all}}}$ 为经过 EMD 分解得到的不同时间尺度的子信号；$\{\boldsymbol{z}_{\mathrm{V}}^{\mathrm{f}}\}_{j_{\mathrm{V}}}^{J_{\mathrm{V}}^{\mathrm{all}}}$ 和 $\{\boldsymbol{z}_{\mathrm{A}}^{\mathrm{f}}\}_{j_{\mathrm{A}}}^{J_{\mathrm{A}}^{\mathrm{all}}}$ 为 $\{\boldsymbol{x}_{\mathrm{V}}^{\mathrm{sub}}\}_{j_{\mathrm{V}}}^{J_{\mathrm{V}}^{\mathrm{all}}}$ 和 $\{\boldsymbol{x}_{\mathrm{A}}^{\mathrm{sub}}\}_{j_{\mathrm{A}}}^{J_{\mathrm{A}}^{\mathrm{all}}}$ 经转换得到的多尺度频谱；$(\boldsymbol{z}_{\mathrm{V}})_{j_{\mathrm{V}}}$和 $(\boldsymbol{z}_{\mathrm{A}})_{j_{\mathrm{A}}}$ 为第 j_{V} 个和第 j_{A} 个频谱特征或多尺度频谱子集。

本章中，$\{\boldsymbol{z}_{\mathrm{V}}\}_{j_{\mathrm{V}}}^{J_{\mathrm{V}}}$ 和 $\{\boldsymbol{z}_{\mathrm{A}}\}_{j_{\mathrm{A}}}^{J_{\mathrm{A}}}$ 称为频谱特征子集。

在这项研究中，不同的特征子集被视为构建候选 SEN 子模型的不同集合，机械设备的电动机电流也可以反映这些过程参数的变化。这些特征子集可以表示为

$$\begin{aligned} \boldsymbol{z} &= \{(\boldsymbol{z}_{\mathrm{V}})_{1_{\mathrm{V}}},\cdots,(\boldsymbol{z}_{\mathrm{V}})_{j_{\mathrm{V}}},\cdots,(\boldsymbol{z}_{\mathrm{V}})_{J_{\mathrm{V}}},I_{\mathrm{mill}},(\boldsymbol{z}_{\mathrm{A}})_{1_{\mathrm{A}}},\cdots,(\boldsymbol{z}_{\mathrm{A}})_{j_{\mathrm{A}}},\cdots,(\boldsymbol{z}_{\mathrm{A}})_{J_{\mathrm{A}}}\} \\ &= \{\boldsymbol{z}_1,\cdots,\boldsymbol{z}_{j_{\mathrm{outlay}}},\cdots,\boldsymbol{z}_{J_{\mathrm{outlay}}}\} \end{aligned} \tag{4.160}$$

式中：$J_{\mathrm{outlay}} = J_{\mathrm{V}} + 1 + J_{\mathrm{A}}$。

因此，J_{outlay} 个频谱特征子集被用于构建候选子模型。

2．基于 KPLS 和 GASEN 的集成建模模块

在构造 SEN 候选子模型时，应考虑不同训练样本对每个机械振动和振声特征子集的贡献。与基于单个模型的软测量模型相比，基于 SEN 的软测量模型具有更好的预测性能。因此，本书采用 GASEN-KPLS 方法，用于替代 BPNN 以克服 BPNN 的缺点，其包括基于 Bootstrap 和 KPLS 的候选子子模型构建子模块、基于 GAOT 的集成子模型选择子模块以及基于简单加权平均的集成子模型组合子模块。

图 4.74 所示为以第 j_{outlay} 个特征子集 $\boldsymbol{z}_{j_{\mathrm{outlay}}}$ 为例的建模过程。

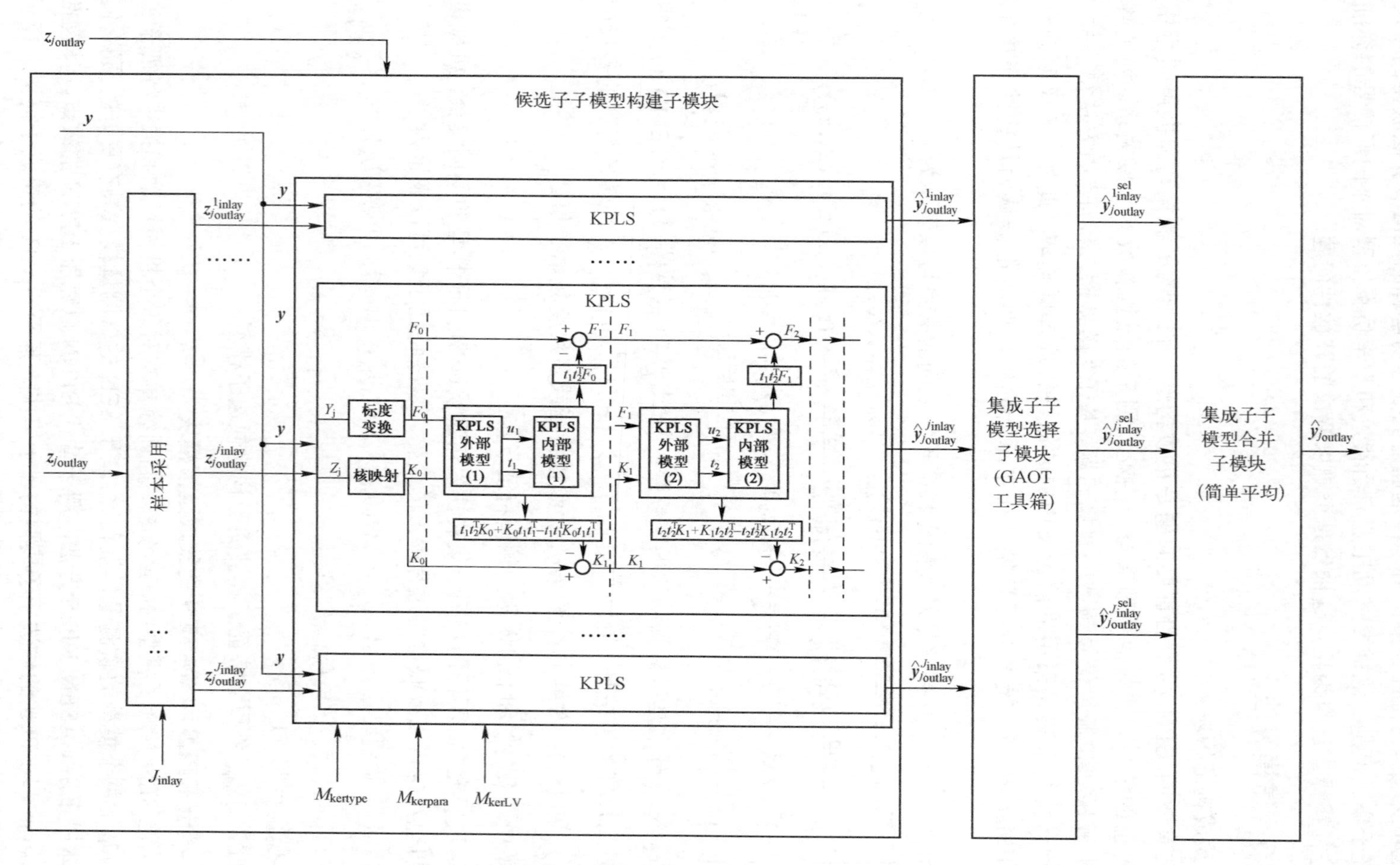

图 4.74 用于构建候选 SEN 子模型的 ASEN-KPLS 建模方法

图 4.74 中：$z_{j_{\text{outlay}}}^{j_{\text{inlay}}}$ 是特征子集 $z_{j_{\text{outlay}}}$ 的第 j_{inlay} 个子样本；$j_{\text{inlay}}=1,\cdots,J_{\text{inlay}}$，$J_{\text{inlay}}$ 是训练子样本数，即候选子模型的数量和 GASEN 种群规模；$\hat{y}_{j_{\text{outlay}}}^{j_{\text{inlay}}}$ 和 $\hat{y}_{j_{\text{outlay}}}^{j_{\text{inlay}}^{\text{sel}}}$ 分别表示候选子模型和集成子模型的输出；$\hat{y}_{j_{\text{outlay}}}$ 是内层 SEN 子模型的输出。

采用 Bootstrap 算法采样产生训练子样本。

以 $\{z_{j_{\text{outlay}}},y\}$ 为例，该过程可表示为

$$\{z_{j_{\text{outlay}}},y\}\xrightarrow{\text{Bootstrap}}\begin{cases}\{z_{j_{\text{outlay}}}^{1_{\text{inlay}}},y_{j_{\text{outlay}}}^{1_{\text{inlay}}}\}\\ \cdots\\ \{z_{j_{\text{outlay}}}^{j_{\text{inlay}}},y_{j_{\text{outlay}}}^{j_{\text{inlay}}}\}\\ \cdots\\ \{z_{j_{\text{outlay}}}^{J_{\text{inlay}}},y_{j_{\text{outlay}}}^{j_{\text{inlay}}}\}\end{cases}\tag{4.161}$$

以训练子样本 $\{z_{j_{\text{outlay}}}^{j_{\text{inlay}}},y_{j_{\text{outlay}}}^{j_{\text{inlay}}}\}$ 为例，基于 KPLS 的内层 SEN 子模型的候选子子模型记为 $f_{j_{\text{outlay}}}^{j_{\text{inlay}}}(z_{j_{\text{outlay}}}^{j_{\text{inlay}}})$。基于第 j_{inlay} 个候选子模型的预测输出为

$$\hat{y}_{j_{\text{outlay}}}^{j_{\text{inlay}}}=f_{j_{\text{outlay}}}^{j_{\text{inlay}}}(z_{j_{\text{outlay}}})\tag{4.162}$$

采用下式计算子模型 $f_{j_{\text{outlay}}}^{j_{\text{inlay}}}(\cdot)$ 预测误差

$$e_{j_{\text{outlay}}}^{j_{\text{inlay}}}=\hat{y}_{j_{\text{outlay}}}^{j_{\text{inlay}}}-y\tag{4.163}$$

候选子模型的全部预测误差均用于构建以下相关矩阵：

$$C_{j_{\text{outlay}}}=\begin{bmatrix}c_{j_{\text{outlay}}11} & c_{j_{\text{outlay}}12} & \cdots & c_{j_{\text{outlay}}1J_{\text{inlay}}}\\ c_{j_{\text{outlay}}21} & c_{j_{\text{outlay}}22} & \cdots & c_{j_{\text{outlay}}2J_{\text{inlay}}}\\ \vdots & \vdots & & \vdots\\ c_{j_{\text{outlay}}J_{\text{inlay}}1} & c_{j_{\text{outlay}}J_{\text{inlay}}2} & \cdots & c_{j_{\text{outlay}}J_{\text{inlay}}J_{\text{inlay}}}\end{bmatrix}_{J_{\text{inlay}}\times J_{\text{inlay}}}\tag{4.164}$$

在生成权重向量 $\{w_{j_{\text{outlay}}}^{j_{\text{inlay}}}\}_{j_{\text{inlay}}=1}^{J_{\text{inlay}}}$ 后，采用 GAOT 优化权重向量，进而将从全部候选子子模型选择得到的集成子子模型表示为 $\left\{f_{j_{\text{outlay}}}^{j_{\text{inlay}}^{\text{sel}}}(z_{j_{\text{outlay}}}^{j_{\text{inlay}}^{\text{sel}}})\right\}_{j_{\text{inlay}}^{\text{sel}}=1}^{J_{\text{inlay}}^{\text{sel}}}$，其中，$j_{\text{outlay}}$ 表示 SEN 子模型的集成子子模型的编号。进一步，采用简单平均加权组合方法获得输出，即

$$\hat{y}_{j_{\text{outlay}}}=\frac{1}{(J_{\text{inlay}}^{\text{sel}})_{j_{\text{outlay}}}}\sum_{j_{\text{inlay}}^{\text{sel}}=1}^{(J_{\text{inlay}}^{\text{sel}})_{j_{\text{outlay}}}}(\hat{y}_{j_{\text{outlay}}}^{j_{\text{inlay}}^{\text{sel}}})\tag{4.165}$$

式中：$(J_{\text{inlay}}^{\text{sel}})_{j_{\text{outlay}}}$ 为 $\{z_{j_{\text{outlay}}}^{j_{\text{inlay}}},y_{j_{\text{outlay}}}^{j_{\text{inlay}}}\}_{l=1}^{k}$ 基于特征子集的内层 SEN 子模型集成尺寸。

3．基于 BB 和 AWF 的合并模块

与多源传感器系统类似，内层 SEN-子模型需要实现有效地融合，进而输出最佳预

测值。显然，基于最小均方误差准则的 AWF 算法适合解决这一问题。此外，候选子模型选择问题与最佳特征选择问题相似。因此，结合 BB 和 AWF 用于选择和组合外层 SEN 模型的 SEN 集成子模型。

构造每个特征子集的内层 SEN 子模型。内层 SEN 子模型的输出可表示为

$$\hat{y}=\{\hat{y}_1,\cdots,\hat{y}_{j_{\text{outlay}}},\cdots\hat{y}_{J_{\text{outlay}}}\} \tag{4.166}$$

外层 SEN 的目的是选择一些内层 SEN 子模型的输出，并结合 AWF 方法进行优化。因此，将内层 SEN 子模型视为外层 SEN 模型的候选子模型，并按以下准则进行：

$$(J_{\text{crit\_inlay\_}})_{j_{\text{outlay}}}=\theta_{\text{th}}-\sqrt{\frac{1}{k}\sum_{l=1}^{k}\left(\frac{y^l-\hat{y}^l_{j_{\text{outlay}}}}{y^l}\right)^2} \tag{4.167}$$

式中：$(J_{\text{crit\_inlay}})_{j_{\text{ouylay}}}$ 为基于 $z_{j_{\text{outlay}}}$ 内层 SEN 子模型的标准值 SEN；$\hat{y}^l_{j_{\text{outlay}}}$ 是第 l 个样本的估计值；θ_{th} 为预选阈值。

基于 BB-AWF 的集成子模型的选择和组合准则定义为

$$(J_{\text{crit\_outlay}})_{J_{\text{selot}}}=\theta_{\text{th}}-(e_{\text{RMSREsen}})_{J_{\text{selot}}}=\theta_{\text{th}}-\sqrt{\frac{1}{k}\sum_{l=1}^{k}\left(\left(y^l-\sum_{j_{\text{outlay}}=1}^{J_{\text{selot}}}w_{j_{\text{outlay}}}\hat{y}^l_{j_{\text{outlay}}}\right)\Big/y^l\right)^2} \tag{4.168}$$

式中：$(J_{\text{crit\_outlay}})_{J_{\text{selot}}}$ 为集成尺寸 J_{selopt} 的标准值；$(e_{\text{RMSREsen}})_{J_{\text{selot}}}$ 为集成尺寸 J_{selot} 外层 SEN 模型的均方根相对误差（RMSRE）；J_{selot}，$w_{j_{\text{outlay}}}$ 为 SEN 内部第 j_{outlay} 个权重系数，其计算公式为：

$$w_{j_{\text{outlay}}}=1\Bigg/\left((\sigma_{j_{\text{outlay}}})^2\sum_{j_{\text{outlay}}=1}^{J_{\text{selot}}}\frac{1}{(\sigma_{j_{\text{outlay}}})^2}\right) \tag{4.169}$$

式中：$\sigma_{j_{\text{outaly}}}$ 为估计值 $\{y^l_{j_{\text{outaly}}}\}_{l=1}^{k}$ 的标准方差。

然后，可以选择集成尺寸为 J_{selot} 的优化外层 SEN 模型，其预测误差表示为 $(e_{\text{RMSREsen}})_{J_{\text{selot}}}$。虽然 BB-AWF 每运行一次仅能建立一个固定尺寸的 SEN 模型，但可通过运行该算法 $(J_{\text{outlay}}-2)$ 次，获得具有不同集成尺寸的外层 SEN 模型。进而，采用以下条件选择最终的 MLSEN 模型，

$$\begin{aligned}&J_{\text{MLSEN}}=f((e_{\text{RMSREsen}})_{J_{\text{MLSEN}}})\\&\text{s.t.}\begin{cases}(e_{\text{RMSREsen}})_{J_{\text{MLSEN}}}=\min\{(e_{\text{RMSREsen}})_2,\cdots,(e_{\text{RMSREsen}})_{(J_{\text{outlay}}-1)}\}\\2\leqslant J_{\text{MLSEN}}\leqslant(J_{\text{outlay}}-1)\end{cases}\end{aligned} \tag{4.170}$$

因此，MLSEN 模型输出可表示为

$$\hat{y}=\sum_{j_{\text{outlay}}=1}^{J_{\text{MLSEN}}}w_{j_{\text{outlay}}}\hat{y}_{j_{\text{outlay}}} \tag{4.171}$$

本书此处所提 MLSEN 的 BB-AWF 算法实现如下：

步骤 1　排序候选 SEN 子模型。

步骤 2　最小集成尺寸设置为 $J_{selopt}=2$。

步骤 3　采用 BB 算法选择尺寸 J_{selot} 的集成 SEN 子模型。

步骤 4　计算加权系数。

步骤 5　计算集成输出 $\hat{y}_{J_{selot}}=\sum_{j_{outlay}=1}^{J_{selot}} w_{j_{outlay}}\hat{y}_{j_{outlay}}$。

步骤 6　获得集成尺寸为 J_{selopt} 的最佳外层 SEN 模型。

步骤 7　令 $J_{selopt}=J_{selopt}+1$。

步骤 8　若 $J_{selopt}<(J-1)$，则重复步骤 3；否则，执行步骤 10。

步骤 9　排序外层的 $(J-2)$ 个 SEN 模型，获得最终 MLSEN 模型。

步骤 10　计算 MLSEN 的输出。

因此，根据工业实践中的不同运行工况和多源输入特征，基于机械振动和振声信号的 MLSEN 算法可以紧凑地组合列方向（特征）信息和行方向（样本）信息，能够模拟领域专家确定难以测量过程参数的过程。

4.8.4　实验研究

1. 基于单尺度频谱的结果

1）机械振动和振声特征子集选择结果

为了减少计算时间、提高 FFT 的精度，对原始筒体振动和声音信号进行预处理。用于构建 MBVR、PD 和 CVR 模型的是 13 个不同的训练和测试样本，标准 Welch 方法用于计算这些信号的 PSD。与以前的研究一样，本章使用了基于 MI 的特征子集选择和基于聚类算法的特征子集划分。16 个特征子集 J_{outlay}=16，分别表示为 VLF(No. 1)、VMF(No. 2)、VHF(No. 3)、VHHF(No. 4)、VFULL (No. 5)、VLP (No. 6)、ALF (No. 7)、AMF (No. 8)、AHF (No. 9)、AULL (No. 10)、ALP (No. 11)、I_{mill} (No. 12)、MI-VLP (No. 13)、MI-ALP (No. 14)、MI-VSUB (No. 15)和 MI-ASUB (No. 16)。

2）学习参数选择结果

所提出的 MLSEN 方法在选择和提取特征子集之后，用于构建磨机负荷参数的软测量模型，应该优化和选择内层的 4 个学习参数（核类型、核参数、KLV 和 SEN 子模型的总体尺寸），使用网格搜索方法选择核参数和 KLV，根据专家经验选择其他学习参数。根据先验知识选择 $M_{kertype}$ 和 J_{inlay} 分别为 RBF 和 20。

本书此处采用 10 个不同 M_{kerLV} 值和 12 个不同 $M_{kerpara}$ 值，从而得到 120 对。不同的 M_{kerLV} 值从 1 到 10，$M_{kerpara}$ 值为 1、10、80、160、320、640、1200、2400、4800、6000、8000 和 10000。图 4.75 所示为基于单尺度频谱特征子集的磨机负荷参数软测量模型性能。

由图 4.75 可知：

（1）不同的学习参数对磨机负荷参数的影响不同。

（2）可以为内层 SEN-子模型的不同候选子模型选择相同的学习参数。

（3）使用有效的智能优化搜索算法可以获得比网格搜索方法更好的性能。

3）内层 SEN 子模型结果

对于 MBVR、PD 和 CVR 模型，分别将 KLV 和核半径选择为 9 和 10、6 和 6000，10 和 10000。基于不同特征子集 SEN 子模型具有 16 个内层。考虑到 GA 的随机初始化，建模过程重复 20 次。因此，构造了 320（20×16）个内层 SEN-子模型和 6400（20×16×20）个内层 SEN-子模型的候选子子模型。

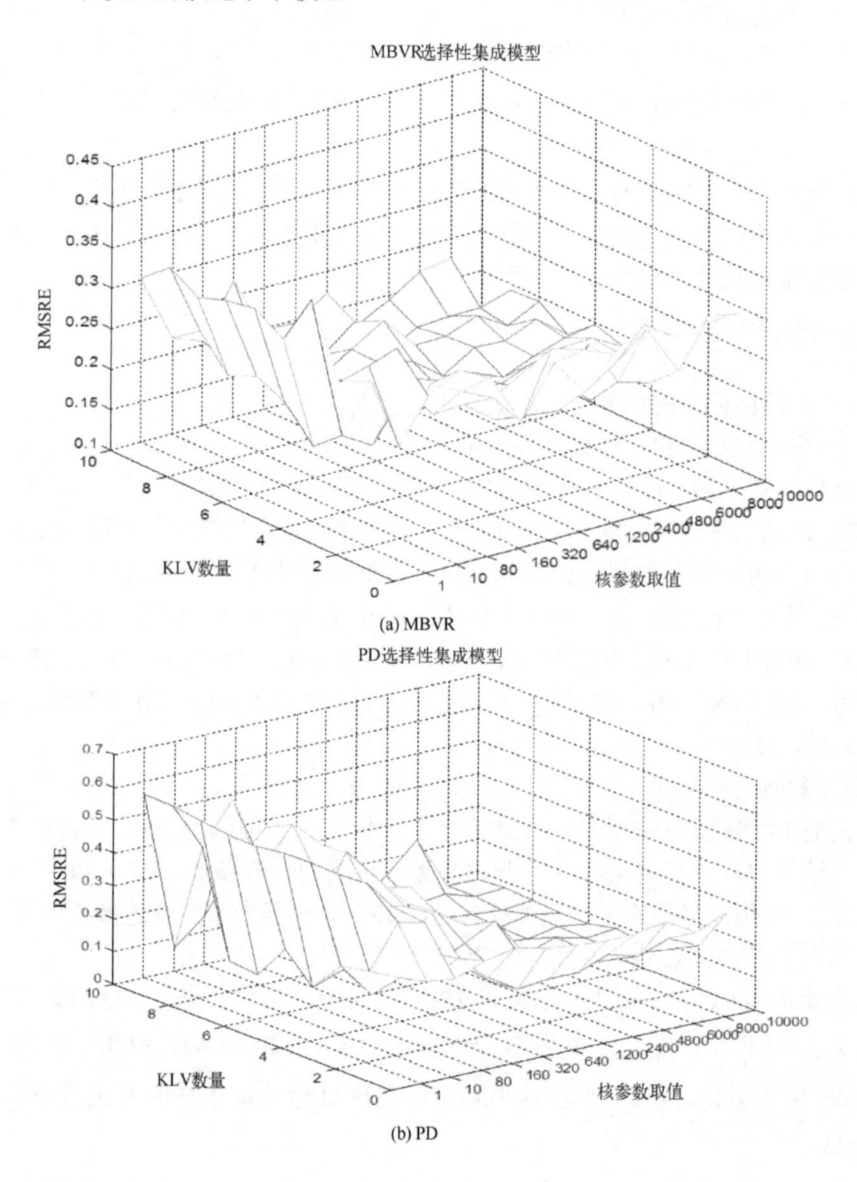

(a) MBVR

(b) PD

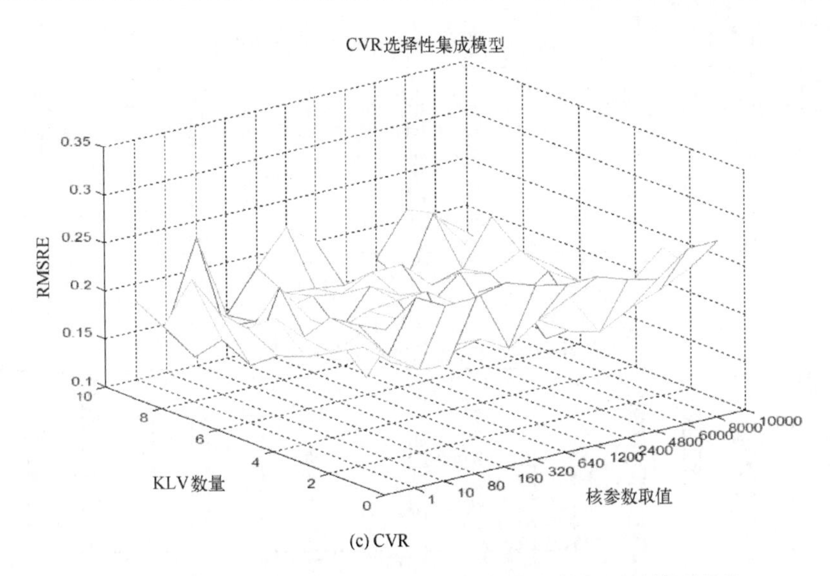

(c) CVR

图 4.75　基于单尺度频谱特征子集的磨机负荷参数软测量模型性能

在内层 SEN 中，使用基于“训练样本采样”的方法进行集成构造。因此，应该通过统计确定针对不同内层 SEN-子模型的训练样本的最大和最小选择次数，如图 4.76 所示。其中，x 轴代表特征子集和训练样本的数量，y 轴代表所选的最大或最小次数。例如，图 4.76（a）中的“bar（VLF，13）”表示在构建 MBVR 基于 VLF 特征子集内层 SEN 子模型时，第 13 个训练样本被选择了 111 次。

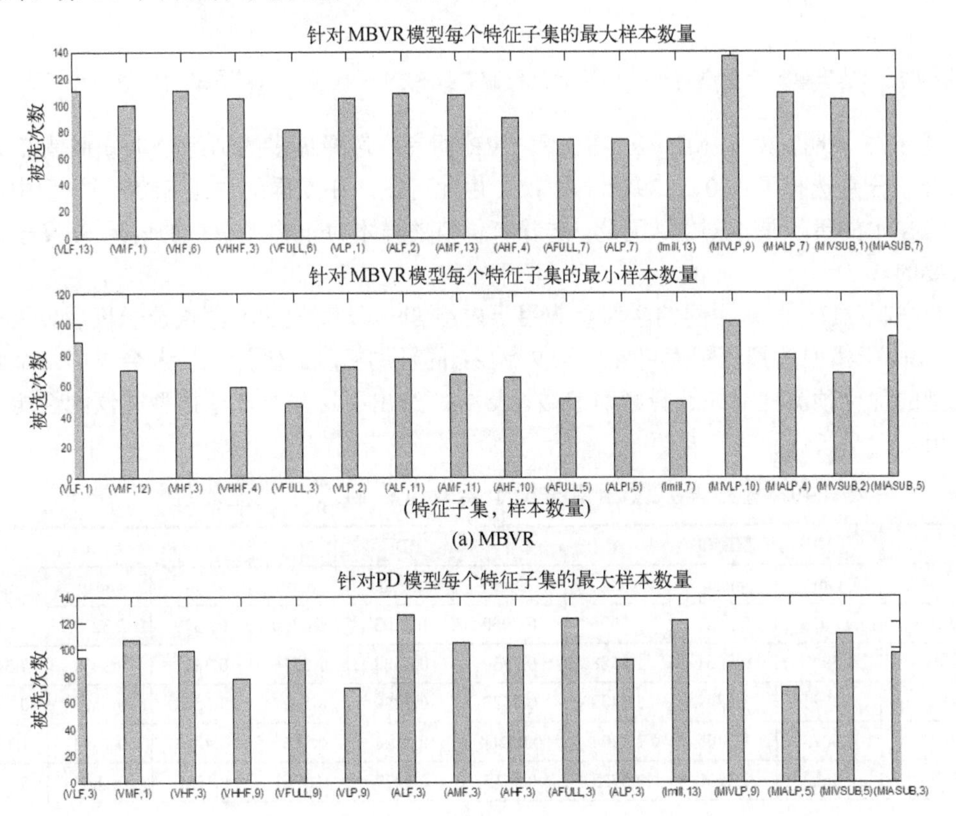

(a) MBVR

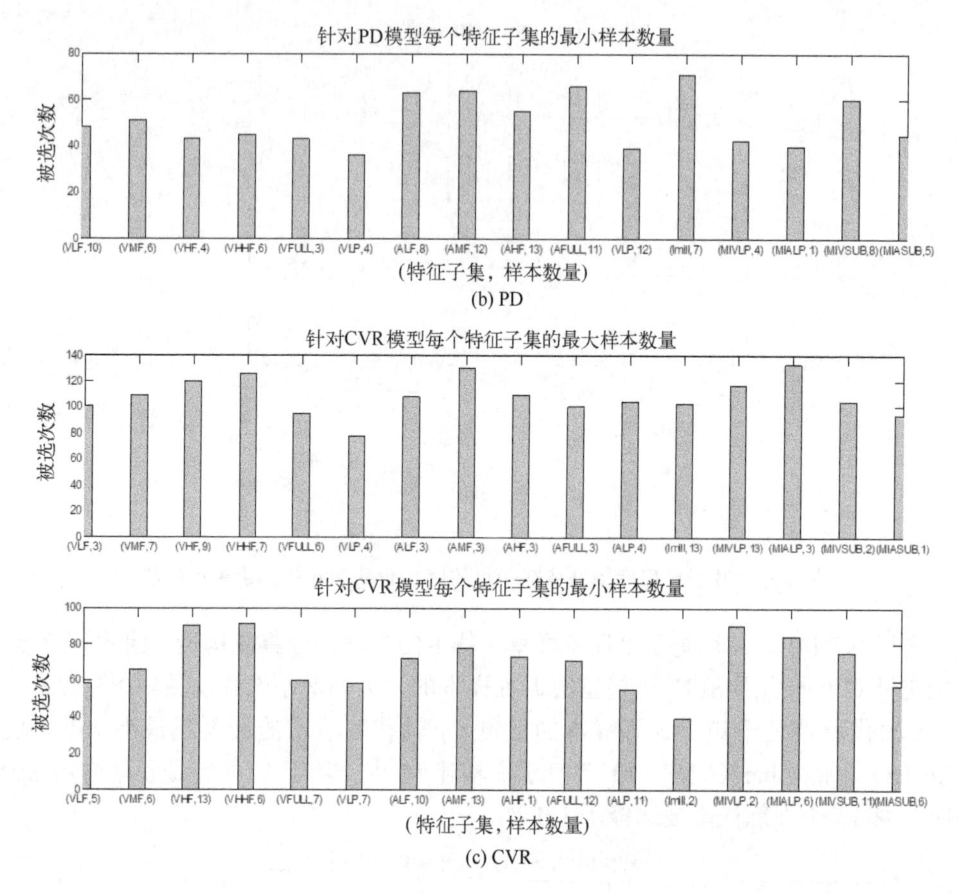

图 4.76　基于单尺度频谱特征的内层磨机负荷参数 SEN 子模型训练样本最大和最小选择次数

图 4.76 表明，对于 MBVR、PD 和 CVR 而言，选择最多的训练样本分别是第 7、3 和 3 号，分别选择了 360、839 和 681 次。由此可见，在不同的内层 SEN 子模型中，不同训练样本的贡献是不同的。因此，选择有价值的样本对于构建有效的内层 SEN 子模型是必要的。

与文献[21]不同，相同的学习参数用于内层 SEN 子模型的不同候选子模型。因此，内层 SEN 子模型的预测精度可能低于文献[21]的预测精度。因为，后者会根据每个候选子模型的优化预测性能来选择学习参数。表 4.49 给出了这些候选子模型的预测性能的统计结果。

表 4.49　基于单尺度频谱特征子集的内层 SEN 子模型的统计结果

特征子集	MBVR			PD			CVR		
	min	mean	max	min	mean	max	min	mean	max
VLF	0.2075	0.3687	0.7096	0.2950	0.5703	0.6290	0.1579	0.3217	0.4168
VMF	0.5942	0.8261	1.1588	0.2730	0.3888	0.5516	0.3431	0.3431	0.3431
VHF	3.0921	3.9809	5.5490	0.1523	0.3259	0.5222	0.6509	0.6509	0.6509
VHHF	0.6073	1.3365	2.8204	**0.08264**	**0.1186**	**0.2168**	0.4813	0.7894	1.1382
VFULL	0.3612	0.4917	0.6723	0.1115	0.2277	0.4761	0.1322	0.1863	0.3456

续表

特征子集	MBVR			PD			CVR		
	min	mean	max	min	mean	max	min	mean	max
VLP	0.6778	1.3381	3.0090	0.9478	1.5578	1.8119	0.2877	0.3287	0.4489
ALF	0.2717	0.3715	0.4971	0.6338	0.7015	0.7572	0.2842	0.3132	0.3381
AMF	0.3228	0.4209	0.7129	0.3975	0.4606	0.5374	0.1949	0.2491	0.3550
AHF	0.2788	0.3761	0.6141	0.6195	0.6479	0.6752	0.2800	0.3247	0.3595
AFULL	0.2602	0.3309	0.5295	0.5440	0.5760	0.6154	0.2764	0.3095	0.4883
ALP	0.6145	0.7097	0.8052	0.5844	0.6744	0.7753	0.3554	0.4300	0.5872
I_{mill}	0.3537	0.6930	1.4896	0.8733	1.1195	1.3728	0.4751	5.1864	9.6508
MI-VLP	0.5361	3.8014	4.3872	0.8874	2.8129	5.0378	0.4223	0.5757	0.8575
MI-ALP	0.9316	1.1050	1.4405	0.8648	0.9996	1.1545	0.4079	0.4636	0.5782
MI-VSUB	0.3098	0.8881	2.3979	0.08759	0.2166	0.3686	**0.1256**	**0.2048**	**0.2819**
MI-ASUB	**0.1909**	**0.3027**	**0.4452**	0.5254	0.5982	0.6735	0.2869	0.3258	0.4063

表 4.49 表明：不同的内层 SEN 子模型的预测性能是不同的。基于 MI-ASUB、VHHF 和 MI-VSUB SEN，MBVR，PD 和 CVR 的最低预测误差分别为 0.1909、0.08264 和 0.1256。与候选子模型的预测误差相比，MBVR 和 CVR 模型的预测误差从 0.2659 改善到 0.1909，从 0.1424 改善到 0.1256，而 PD 模型的预测误差从 0.07998 减少到 0.08264。而且，所选特征子集是不同的。由此可知，学习参数具有重要的影响。此外，SEN 可提高模型预测的准确性。但是，由于针对所有内层 SEN 候选子模型均选择了通用学习参数，这使得内层 SEN 子模型的预测性能较差。通常，构造外层 SEN 模型只需要一些具有良好预测准确性和多样性的内层 SEN 子模型。

图 4.77 所示为内层 SEN 子模型的集成尺寸的统计结果。

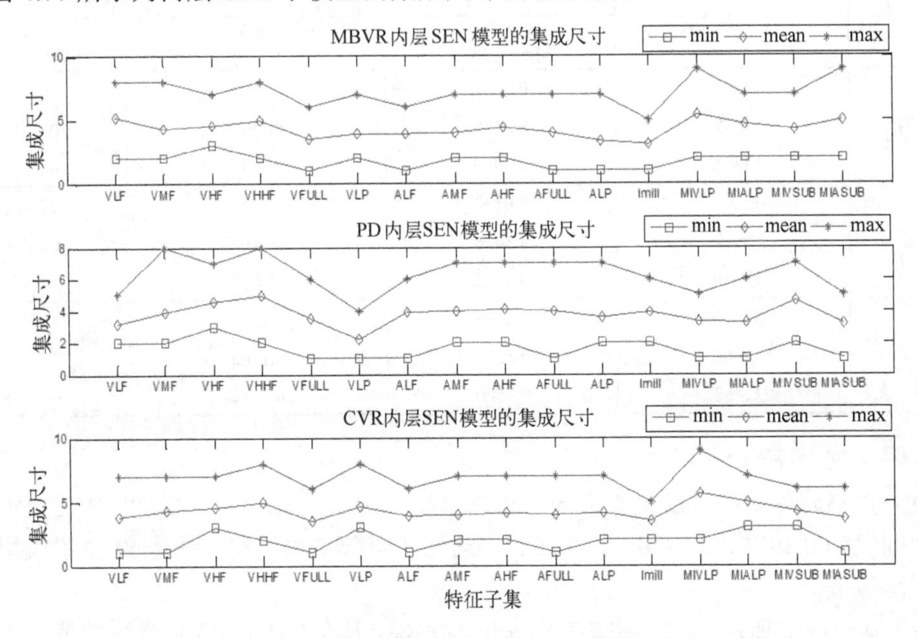

图 4.77　基于单尺度频谱特征的内层 SEN 子模型的集成尺寸统计

图 4.77 表明，内层 SEN 子模型的集成尺寸为 1～9，但该结果却可能是不稳定的，因为仅采用单特征子集难以有效预测磨机负荷参数。因此，有必要基于内部 SEN 子模型进行进一步的集成，以实现不同特征子集的选择性融合。

4）外层 SEN 结果

图 4.78 和表 4.50 给出了外层 SEN 模型的预测性能（RMSRE）曲线和统计结果。其中，集成模型基于所有候选 SEN-子模型的组合，MLSEN 和所有内层候选 SEN 子模型中具有最佳预测精度的 SEN 子模型分别表示为“全部集成”“选择性集成”和“最佳 SEN 子模型”。

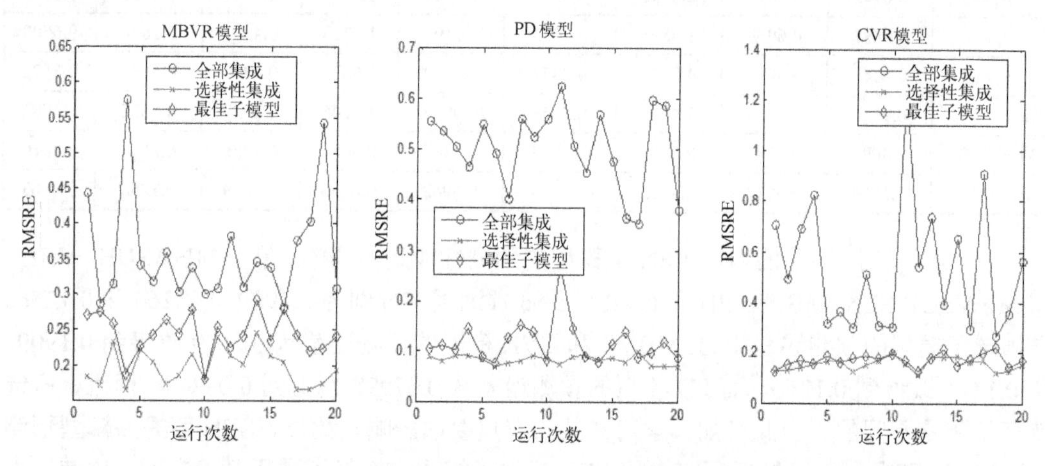

图 4.78　基于单尺度频谱特征运行 20 次的不同建模方法的预测误差

表 4.50　基于单尺度频谱特征的不同建模方法的 RMSRE 统计结果

磨机负荷参数	统计值类型	方法		
		集成全部 SEN 子模型	选择集成 SEN 子模型	最佳 SEN 子模型
MBVR	最大值	0.5747	0.2446	0.2934
	均值	**0.3588**	**0.1975**	**0.2439**
	最小值	0.2819	0.1649	0.1799
PD	最大值	0.6228	0.1011	0.2672
	均值	**0.5026**	**0.08302**	**0.1176**
	最小值	0.3522	0.07004	0.07676
CVR	最大值	1.2333	0.2007	0.2233
	均值	**0.5370**	**0.1542**	**0.1719**
	最小值	0.2660	0.1112	0.1276

由图 4.78 和表 4.50 可知：

（1）本书此处所提方法具有最佳的预测精度，例如，MBVR、PD 和 CVR 模型的平均值分别仅为 0.1975、0.08302 和 0.1542，这比“全部集成”和“最佳 SEN 子模型”方法的平均值低。

（2）本书此处所提出的方法具有极好的鲁棒性，比如 PD 和 CVR 模型的最大值和最小值之间的差异分别仅为 0.03106 和 0.0164，这比“整体集成”和“最佳 SEN 子模型”方法的值要低。

（3）MBVR 模型在 3 个磨机负荷参数中具有最大的预测误差，这与以前的研究相似。

图 4.79 所示为外层 SEN 模型的集成尺寸统计。

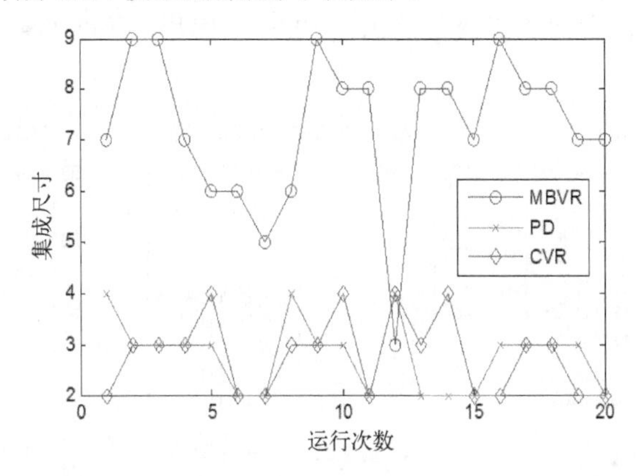

图 4.79　基于单尺度频谱特征的外层 SEN 的集成尺寸统计

图 4.79 表明，PD 和 CVR 模型的集成尺寸稳定在 2～4。与图 4.77 相比，它比基于单个特征子集的内层 SEN 子模型的结果更稳定，这与文献[21]的结果一致。但是，MBVR 模型的集成尺寸仍为 3～9，波动范围很大。因此，MBVR 应该使用稳定的建模方法。

要清楚地了解多源特征子集和磨机负荷参数之间的关系，必须知道选择了哪些特征子集来构建 MLSEN。图 4.80 所示为不同特征子集的选定次数的统计结果。

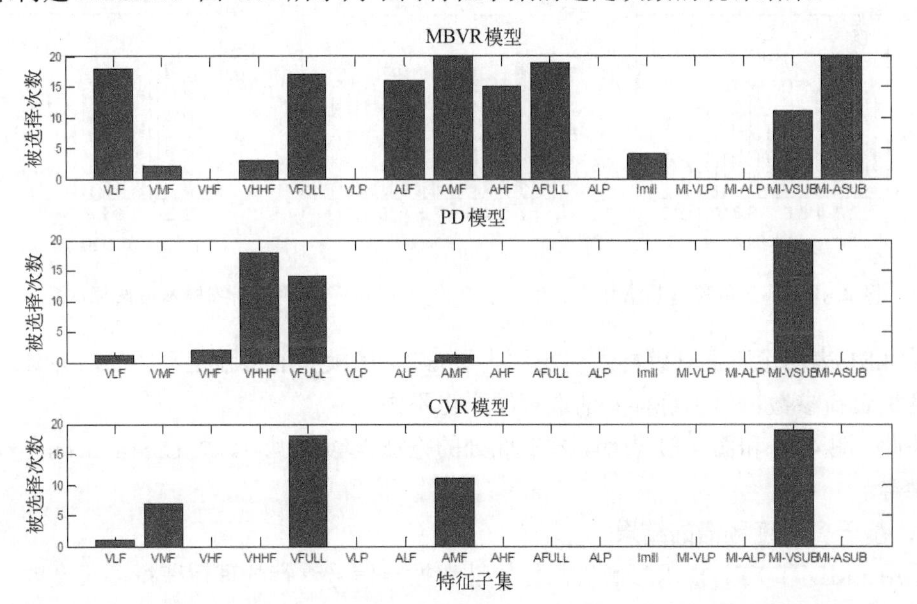

图 4.80　基于单尺度频谱特征的外层 SEN 模型不同特征子集选择次数统计结果

图 4.80 表明，最重要的特征子集是 MBVR 的 AMF 和 MI-ASUB，PD 和 CVR 的 MI-VSUB，这说明基于 MI 的特征选择是有效的，筒体振动频谱主要与 PD 和 CVR 相关，

振声频谱主要与 MBVR 相关。此外，仅选择 5 个和 6 个功能子集用于 PD 和 CVR 模型。但是，为 MBVR 模型选择了 11 个功能子集。因此，大多数功能子集包含有关 MBVR 的信息。而且，仅使用一些重要的特征子集能够构建具有高预测性能的 MLSEN。该结果表明，领域专家仅选择性地采用有价值的信息估计磨机负荷参数是有效和合理的。

分析前 3 个具有最大被选择次数的内层 SEN 子模型，不同训练样本被选定的次数如图 4.81 所示。

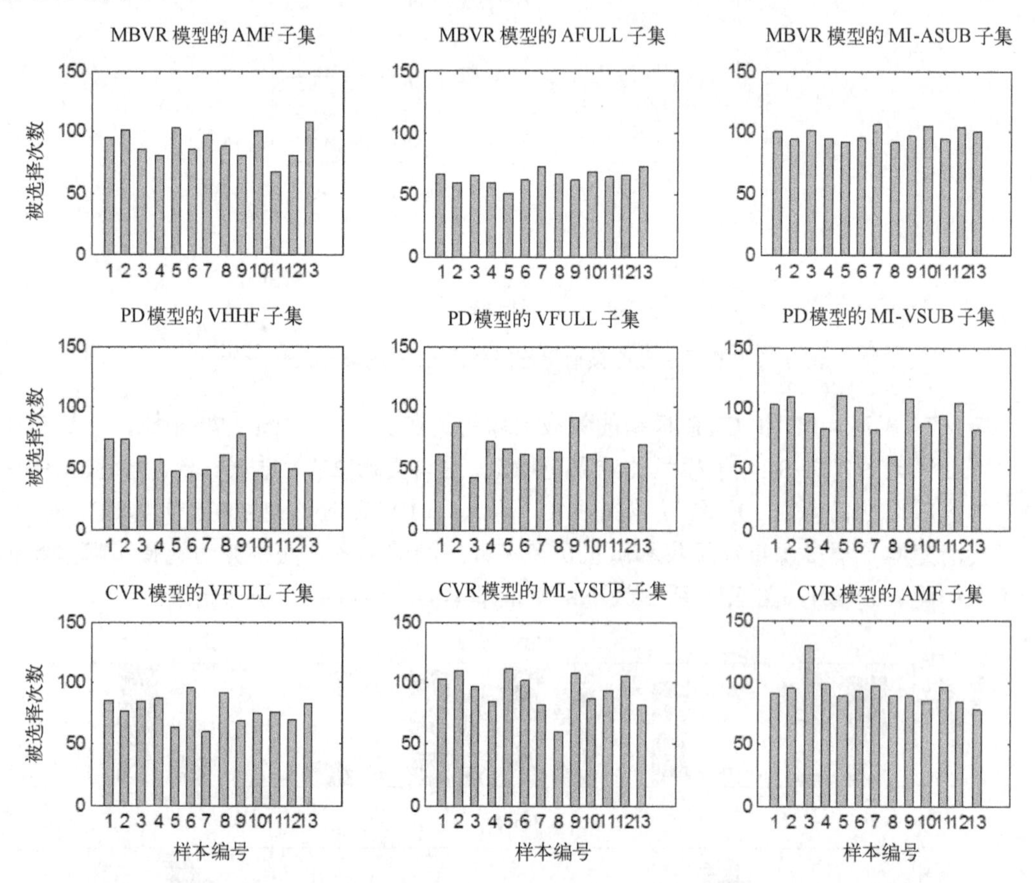

图 4.81　基于单尺度频谱特征针对前 3 个内层 SEN 子模型的训练样本被选择次数

图 4.81 表明了不同训练样本对不同内层 SEN 子模型的贡献是不同的，并且对于不同的磨机负荷参数，对训练样本的选择结果也不同。

因此，图 4.80 和图 4.81 表明，本书此处的方法能够实现多源特征和多工况样本的选择性融合。

2．基于多尺度频谱的结果

采用 EMD 和 FFT 技术对磨机筒体振动和振声信号进行处理后获得多尺度频谱。在本章中，仅使用振动和振声信号的前 8 个 IMF 的频谱作为特征子集构建软测量模型。因此，J=16，同时将振动和振声多尺度频谱分别表示为 VIMF 和 AIMF。

一般地，较大数量的 KLV 对应于更多的潜在特征提取。此处采用 10 个 KLV 用于建立磨机负荷参数的软测量模型。通过网格搜索，选择 MBVR、PD 和 CVR 模型的核参数为 500、400 和 400。类似于前述内容，建模过程同样是重复运行 20 次，内层 SEN 子模型和最终 SEN 模型的 RMSRE 统计结果如表 4.51、表 4.52 所列。

表 4.51　基于多尺度频谱的内层 SEN 子模型的统计结果

IMF	MBVR			PD			CVR		
	min	mean	max	min	mean	max	min	mean	max
VIMF1	1.0191	1.7720	2.9988	0.2950	0.6274	1.1581	0.3308	2.3336	3.5230
VIMF2	0.4779	0.6644	1.1953	0.2010	0.6391	1.5164	0.2631	0.4099	0.5758
VIMF3	0.4929	0.7223	1.1469	0.2559	0.4940	0.8588	**0.2131**	**0.2742**	**0.4521**
VIMF4	0.4670	0.5816	1.2453	**0.1539**	**0.4576**	**1.0675**	0.3349	0.4185	0.5164
VIMF5	0.6405	1.0084	1.3717	0.2610	0.7939	2.5375	0.3569	0.4466	0.5360
VIMF6	1.0487	1.5224	2.0710	0.2821	0.7862	2.4032	0.3097	0.3929	0.5682
VIMF7	0.3990	0.4481	0.5432	0.4427	0.5453	0.6079	0.2781	0.3274	0.4515
VIMF8	**0.3756**	**0.4792**	**0.5807**	0.6673	0.7510	0.8369	0.2281	0.2976	0.4497
AIMF1	0.4860	0.5612	0.8580	0.5479	0.6330	0.9544	0.2710	0.3259	0.5286
AIMF2	0.6296	0.7550	0.9674	0.5646	0.7327	1.1135	0.2709	0.3538	0.5991
AIMF3	0.8208	1.1763	1.4973	0.3903	0.5501	0.8395	0.6035	0.8396	1.2768
AIMF4	1.0325	1.6436	3.2817	0.4263	0.6328	1.1750	0.6974	2.3102	3.2980
AIMF5	0.8001	1.8538	3.7769	0.3151	1.1439	2.4061	0.3877	0.5807	0.8490
AIMF6	0.6478	1.0372	1.7315	0.6026	0.8274	1.0809	0.3891	0.7650	1.7573
AIMF7	0.7584	2.4161	4.1071	0.2457	0.6345	1.4662	0.2915	0.4264	0.6315
AIMF8	0.4736	0.6612	0.8674	0.7292	0.8104	1.0799	0.4030	0.6647	2.6790

表 4.52　基于多尺度频谱的不同建模方法的 RMSRE 统计结果

磨机参数	统计值类型	方法		
		集成全部 SEN 子模型	选择性集成 SEN 子模型	最佳 SEN 子模型
BVR	最大值	0.6436	0.42594	0.5432
	均值	**0.5425**	**0.3394**	**0.4343**
	最小值	0.4542	0.2729	0.3756
PD	最大值	0.7091	0.6113	0.5030
	均值	**0.4838**	**0.2698**	**0.3004**
	最小值	0.3540	0.1547	0.1539
CVR	最大值	0.4809	0.2471	0.2943
	均值	**0.4064**	**0.2193**	**0.2560**
	最小值	0.3052	0.1386	0.2131

由表 4.51 和 4.52 可知，对于不同的磨机负荷参数而言，不同的 SEN 子模型具有不同的预测性能。例如，就预测性能而言，MBVR 的 VIMF8、PD 的 VIMF4 和 CVR 的 VIMF3 具有比其他 IMF 更为紧密的关系。但是，表 4.51 中的结果只是基于“训练样本重新采样”集成构造的单尺度信号 SEN 模型。此外，这些 SEN 子模型使用相同的学习参数。所提出方法的平均 RMSRE 低于“全部集成”模型和“最佳 SEN 子模型”，针对 MBVR、

PD 和 CVR 模型的性能分别为 0.3394、0.2698 和 0.2193。与基于单尺度频谱特征子集的预测结果相比，前者的预测误差较大。对于 MBVR、PD 和 CVR 模型，后者的平均 RMSRE 分别为 0.1975、0.08302 和 0.1542。因此，从全局单尺度频谱中选择或提取的特征子集具有较好的可预测性。然而，理论上多尺度频谱比前者具有更好的解释性。

图 4.82 所示为 20 次建模过程中外层 SEN 模型不同多尺度频谱的被选择次数。

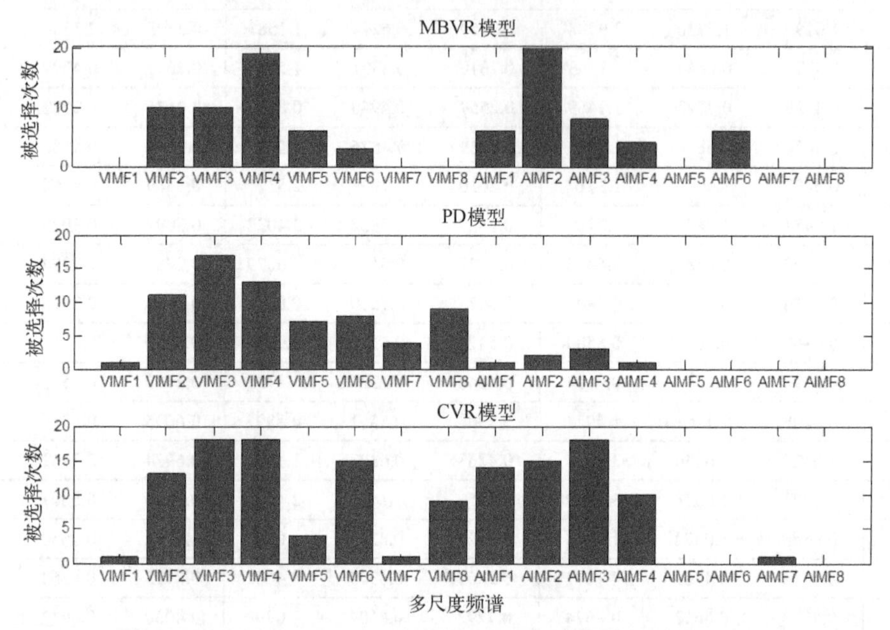

图 4.82　基于多尺度频谱外层 SEN 模型的不同多尺度频谱被选择次数的统计结果

图 4.82 表明，全部 16 个子信号中被选择最多的子信号频谱是 AIMF2，并且对 VIMF4 与 AIMF2 的选择次数几乎是相同的。该结论是合理的，原因在于振声信号主要源自 MBVR 的筒体振动，之前为 PD 所选择的多尺度频谱是 VIMF3、VIMF4 和 VIMF2，可见它们均源自筒体振动信号。该结论与采用单尺度频谱特征子集的研究相似。对于 CVR，选择最多的子信号频谱是 VIMF3、VIMF4 和 AIMF3，而 VIMF6、AIMF1 和 AIMF2 的被选择次数低于上述 3 个子集。由此可见，有价值的 CVR 信息均包含在振动和振声信号中，该结论与采用单尺度频谱特征子集的结果不同。因此，从磨机研磨和机械信号产生机制的角度来看，大多数对 3 个磨机负荷参数有用的信息均源自机械振动信号。

图 4.83 所示为前 3 个具有最多被选择次数的内层 SEN 子模型。

图 4.83 表明，在不同的多尺度频谱中，不同的训练样本对不同的磨机负荷参数具有不同的贡献。

因此，本节所提方法实现了多工况样本和多源特征的选择性融合。

3. 比较结果

将该方法与单尺度模型 Lasso（原始振动和振声频谱）、单尺度模型 KPLS（选定的单尺度频谱的特征组合子集）、单尺度模型 LS-SVM（单尺度频谱的特征）、SEN 模型 KPLS 基于“操纵输入特征”集成构造（单尺度频谱的特征子集），SEN 模型 KPLS 基于“操纵输入特征”集成构造（基于互信息特征选择的多尺度频谱）[239]，基于“操纵输入特征”集成构造的 SEN 模型 PLS（具有球域准则选择的多尺度频谱），基于“训练样本采样”集成构造的 SEN 模型 KPLS（带有自适应 IMF 的多尺度频谱及其特征选择）的方法进行了比较。表 4.53 所列为不同建模方法的详细统计结果。

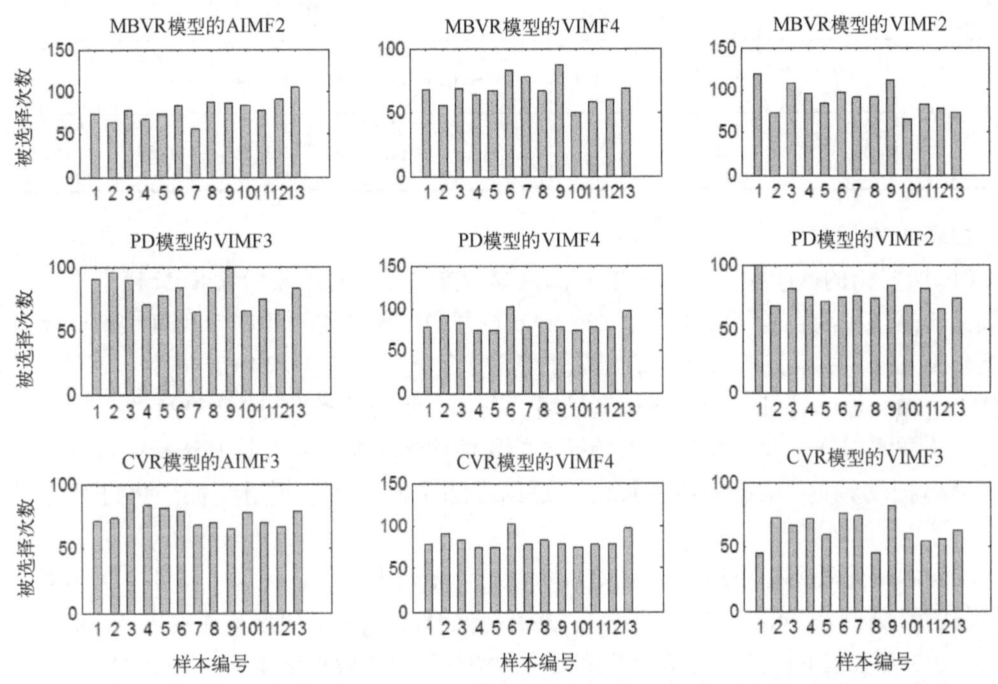

图 4.83　基于多尺度频谱的前 3 个被选择的内层 SEN 子模型的训练样本被选定次数

表 4.53　不同建模方法的统计结果

方法	MBVR		PD		CVR		RMSRE（均值）	备注
	特征子集	RMSRE	特征子集	RMSRE	特征子集	RMSRE		
Lasso	{全谱}	0.2746	{全谱}	0.4023	{全谱}	0.3109	0.3292	FFT，1/10
KPLS	{全谱}	0.2068	{全谱}	0.1612	{全谱}	0.1688	0.1789	FFT
Lasso	{12，16}	0.2432	{15}	0.2382	{15}	0.2245	0.2353	FFT
KPLS	{12，9，8，16，10，7}	0.2647	{1，15}	0.1156	{15，5，1}	0.1630	0.1811	FFT
FFT-LSSVM	{NaN}	0.2711	{NaN}	0.1158	{NaN}	0.1368	0.1745	
FFT-SEN-KPLS BB-AWF	{12，9，8，16，10，7}	0.2049	{1，15}	0.07781	{15，5，1}	0.1377	0.1628	
EMD-SEN-KPLS BB-AWF	{VIMF9，AIMF3，AIMF1，AIMF2，VIMF2}	0.3173	{VIMF1，VIMF11，VIMF7}	0.1876	{AIMF7，VIMF2，VIMF3}	0.1932	0.2327	
EMD\PLS，SC，BB	{AIMF8，AIMF2，AIMF4，AIMF11，VIMF6，VIMF4，VIMF9}	0.2461	{VIMF6，VIMF4}	0.1742	{VIMF4，AIMF2，VIMF1，AIMF1}	0.1031	0.1744	

续表

方法	MBVR		PD		CVR		RMSRE（均值）	备注
	特征子集	RMSRE	特征子集	RMSRE	特征子集	RMSRE		
EEMD\KPLS GASEN	{NaN}	NaN	{NaN}	NaN	{NaN}	0.1050	NaN	
本书本节	{15，5，7，10，1，8，16}	0.1649	{4，15}	0.07004	{8，2，5，15}	0.1112	0.1153	FFT\KPLS GASEN BB-AWF
	{VIMF4，AIMF2}	0.2729	{ VIMF4，VIMF2 }	0.1547	{VIMF3，VIMF2，AIMF3 }	0.1386	0.1887	EMD\KPLS GASEN，BB-AWF

由表 4.53 可知：

（1）所提出的基于单尺度频谱的软测量模型方法在所有单模型和 SEN 模型方法中具有最低的平均预测误差（0.1153）。在 Lasso 模型中，仅使用原始的单尺度频谱构建单个模型。在 KPLS 中，提取或选择的特征子集用于构建单个模型和 SEN 模型。而且，仅采用基于“操纵输入特征”的集成构造策略。在本书此处所提出的 MLSEN 方法中，采用了“训练样本采样”和“操纵输入特征”的集成构造策略。所有这些选择的特征子集都源自筒体振动频谱，从而表明能够对合适的训练子样本和单频谱特征子集进行选择性融合。

（2）本书此处所提出的基于 EMD 和 FFT 的多尺度频谱软测量方法在 PD 模型上具有最低的预测误差（RMSRE=0.1547），并且比文献[239]的平均预测误差更低（0.1887）。然而，在文献[65]中，仅采用基于“操纵输入特征”的集成构造策略。基于 MI 的特征选择用于选择 IMF 每个频谱的有效输入变量，其平均预测性能也略低（RMSRE=0.1744）；但是，后者采用基于球域准则的频谱特征选择方法和基于“操纵输入特征”的集成构造策略。在基于 EEMD、基于 MI 的特征选择、基于“训练样本采样”的集成构造策略的基础上，CVR 模型的预测性能优于基于多尺度频谱的模型。因此，可在信号自适应分解技术和特征选择算法阶段对该算法进行进一步改进。

（3）从特征子集和多尺度频谱被选择次数视角而言，针对不同磨机负荷参数的软测量模型具有不同的统计结果。PD 和 CVR 模型的所选特征子集的平均数量分别为 2 和 3，针对 PD 和 CVR 模型的常见特征子集分别为 15（MI-VSUB）和 5（VFULL）。可见，这些选定的特征子集均源自具有全部全局信息的筒体振动频谱。不同的是，MBVR 模型的平均选定特征子集数量为 6，是 PD 和 CVR 模型的两倍。相同的特征子集是 7（ALF）、8（AMF）、10（AFULL）和 16（MI-ASUB）。这些结果表明，MBVR 与振声频谱有很强的关系，机理上而言筒体振动也是振声信号的来源。但是，存在的疑点是未为 MBVR 模型选择筒体振动频谱特征子集。

此外，在本书此处，仅使用两个子信号（VIMF4 和 AIMF2）构建 MBVR 模型；PD 模型选择的 VIMF4 和 VIMF2 的范围分别为 1000～8500Hz 和 100～4000Hz；CVR 模型选择了 3 个子信号（VIMF3，VIMF2 和 AIMF3）。

以上分析表明，该方法适用于基于 FFT 的单尺度频谱和基于 EMD 和 FFT 的多尺度频谱。表 4.54 所列为特征子集和多尺度频谱的优缺点。

表 4.54　基于单尺度和多尺度频谱的方法的比较

参数	速度	特征子集	蕴含信息	可解释性	预测性能	应用	深入研究
单尺度	快	提取	全局	不清晰	高	简单	弱
多尺度	慢	未提取	局部	理论上清晰	低	复杂	强

针对机械振动和振声频谱数据驱动的过程参数软测量建模，本书此处的研究提供了新的建模结构，可对基于多尺度频谱的方法（如自适应选择核参数）、基于数值仿真模型和实验室球磨机的验证方法等进行深入研究，进而对不同子信号进行详细解释以及支撑进行工业应用研究。

本章研究了针对复杂工业过程机械设备产生的振动和振声信号的建模，通过将选择性融合多工况样本和多源特征子集与多层选择性集成策略相结合解决此问题。主要过程是：内层 SEN 子模型采用 GA 和 KPLS 构造外层 SEN 的不同候选 SEN 子模型，然后采用 BB 和自适应加权融合算法选择和组合内层 SEN 子模型的输出以构建外层 SEN 模型。在此过程中，内层 SEN 子模型和外层 SEN 模型的集成构造分别通过使用“训练样本采样”和“操纵输入特征”的方式予以实现，这在一定程度上实现了对领域专家认知中的选择性信息融合过程的仿真。因此，多工况训练样本和多源特征子集中的不同信息被同时选择性地融合。

4.9　本章小结

本章面向高维频谱数据进行选择性集成建模研究，包括 KPLS、模糊建模、选择性集成建模与多源信息融合、PLS/KPLS 集成建模等相关知识，给出了基于 KPLS 和分支定界、基于 EMD 和 KPLS、基于 EEMD 和模糊推理、基于球域准则选择特征、基于多尺度视角信号分解、基于虚拟样本生成、基于特征空间和样本空间融合的多源机械频谱选择性集成建模算法，为后续构建混合集成模型提供支撑。

第 5 章　高维机械频谱数据混合集成建模

5.1 引　　言

磨机负荷的准确检测是实现磨矿过程优化控制和节能降耗的关键因素之一。磨机过负荷会造成磨机“吐料”、出口粒度变粗，甚至导致磨机“堵磨”、“胀肚”、发生停产事故；反之，磨机欠负荷会造成磨机“空砸”，导致能耗和钢耗增加，甚至设备损坏。工业界通常采用磨机研磨过程产生的机械振动和振声等多源信号，建立数据驱动模型间接测量磨机负荷，解决筒体振动和振声信号的非线性、非平稳性和多尺度特性等问题。

国外 Zeng 等在 20 世纪 90 年代中期面对选矿行业，在实验和工业球磨机的轴承振动和振声信号方面进行了大量研究，并基于频谱特征子频段建立磨机内部磨矿浓度、磨矿粒度等参数的软测量模型[228]，研究表明，振声频谱比轴承振动频谱蕴含更多有价值信息。东北大学、大连理工大学分别基于实验和工业球磨机的振声、轴承压力、磨机电流等外部信号建立了 MBVR、PD 和 BCVR 共 3 个磨机负荷参数的软测量模型[229-230]。针对球磨机内 BCVR 短时间变化较小、格子型球磨机可能会在 60s 内产生堵磨故障的工业实际，东北大学汤健等提出采用 CVR 作为磨机负荷参数表征磨机内全部负荷的体积[231]。基于磨机筒体振动频谱存在的高维共线性问题，文献[109]建立了基于特征提取、特征选择、模型学习参数组合优化的软测量模型。针对筒体振动和振声频谱分频段间的冗余性和互补性、单传感器信号蕴含信息的不确定性和局限性等问题，文献[233]建立了基于分支定界和自适应加权融合算法的选择性集成潜结构模型，其实质是选择性融合来自多源信号的单尺度频谱特征子集构建集成模型。

Huang 等提出的 EMD 技术可有效将原始时域信号分解为具有不同时间尺度的子信号（IMF），已在旋转机械故障诊断领域广泛应用[235-236]。汤健等首先提出综合 EMD、PSD 和 PLS 算法分析筒体振动信号[221]，并建立基于 KPLS 和误差信息熵加权的选择性集成多尺度筒体振动频谱特征的软测量模型[237]。文献[238]详细分析了不同研磨工况下 IMF 频谱的变化，并基于文献[211]提出的采用 PLS 潜变量方差贡献率度量 IMF 蕴含信息量的准则，建立了基于 EMD 和 PLS 的选择性集成模型。针对 EMD 带来的模态混合问题，文献[233]提出了基于 EEMD 的磨机负荷参数集成建模方法。文献[240]提出基于对多尺度信号按由强到弱进行分解的 HVD 的建模方法，从另外一个角度诠释了磨机负荷与筒体振动间的映射关系。上述方法多是通过实验设计方式获得的训练数据建立基于线性或非线性潜结构的磨机负荷参数软测量模型，这类模型虽然能够有效地拟合现有小样本数据蕴含的模式，但不具备推理能力。

优秀运行专家借助工业现场多源信息和多年积累的经验知识，凭“人脑模型”的较强推理能力，能够有效地判别所熟悉的特定磨机的负荷及其负荷参数状态，进而调整操纵变量（加球、给矿、给水）保证生产。因为工业现场最常用信号是磨机研磨区域经筒体辐射产生的振声，经验丰富的运行专家利用人耳自适应带通滤波器的原理，可“听音”推理识别磨机负荷。从某种角度上讲，专家“听音”推理识别过程可以理解为一个由信号频段选择、特征抽取、基于知识规则进行推理等阶段组成的逐层认知过程。但是，这种操作模式易受运行专家经验和有限精力等主观因素的影响，致使磨机长期工作在非经济工况，导致磨机“过”或“欠”负荷。而且，“听音”推理识别并不能有效利用高灵敏度和高可靠性的磨机筒体振动信号。鉴于上述情况，本书提出了基于多尺度筒体振动/振声频谱潜在特征的磨机负荷参数选择性集成模糊推理模型，可以支持专家知识的融合和模糊规则库的完备，具备较强推理能力，但是基于小样本训练数据构建的模糊推理模型，其泛化能力较弱。

集成学习通过对具有差异性的子模型进行集成，能够获得比单一模型更好的建模性能和稳定性。潜结构选择性集成模型和模糊推理选择性集成模型两类模型在建模机理上具有较强的互补性，有必要对两者从集成学习的视角进行集成，并从全局优化的视角进行模型学习参数的选择。然而，在工业实际中，磨机负荷参数是难以控制的，负荷与负荷参数之间可通过数学模型进行转换。

研究表明，只有专家积累了一定的经验，才能够有效地对磨机负荷状态进行判断。如果专家经验不充分，其判断很可能会带来误差，这时就需要对模糊推理规则进行补偿，即完备存储在大脑中的推理规则，依据大量的实践经验应可获得。由于建模数据有限，该种策略依然难以在模型构建中得到实施。另外，随着专家经验的大量积累，有价值的信息会被存储，无用的经验也会被抛弃遗忘。在某种程度上，这些经验对应的就是数据建模时对应的训练样本。因此，选择有价值的样本对模拟运行专家的磨机负荷集成认知模型进行补偿建模，可以有效增强模型的建模性能。

基于上述问题，本章提出了基于磨机负荷参数软测量的磨机负荷混合集成建模方法。

5.2　随机权神经网络

神经网络系统是对人脑神经系统的某种抽象和模拟，是由大量简单的神经元广泛的互相连接而形成的复杂网络系统。虽然每个神经元的结构和功能十分简单，但是由大量神经元构成的网络系统的行为却是一种高度复杂的非线性系统。神经网络系统除具备一般非线性系统的共性之外，还具备快速并行处理能力和自学习能力等特点。

5.2.1　随机权神经网络原理

随机权神经网络（RWNN）算法具有学习速度快、泛化性能好的特点。其输出可以表示为

$$f(\boldsymbol{x})=\sum_{i=1}^{L}\beta_i G(\boldsymbol{a}_i,b_i,x_i)=\boldsymbol{\beta}\cdot\boldsymbol{h}(\boldsymbol{x}) \tag{5.1}$$

式中：$g_i = G(\boldsymbol{a}_i, b_i, \boldsymbol{x}_i) = g(\boldsymbol{a}_i \cdot \boldsymbol{x}_i + b_i)$ 为第 i 个隐含节点的输出函数；L 为隐含层节点的个数；$\boldsymbol{a}_i$ 和 b_i 为隐含层参数；$\boldsymbol{\alpha}_i \cdot \boldsymbol{x}_i$ 表示内积；$\boldsymbol{\beta}$ 是连接第 i 个隐含节点的输出权值；$\boldsymbol{h}(x) = [G(\boldsymbol{\alpha}_1, b_1, x), \cdots, G(\boldsymbol{\alpha}_i, b_i, x)]$ 称为隐层核映射。

RWNN 采用同时最小化训练误差和输出权重范数的学习原则：

$$\begin{aligned} &\text{minmize:} \quad \sum \|\boldsymbol{\beta} \cdot \boldsymbol{h}(\boldsymbol{x}_i) - y_i\|^2 \\ &\text{minmize:} \quad \|\boldsymbol{\beta}\| \end{aligned} \tag{5.2}$$

该算法的输出权值可以表示为 $\hat{\boldsymbol{\beta}}_{RWNN} = \boldsymbol{H}^{+}\boldsymbol{Y}$，其中，$\boldsymbol{H}^{+}$ 表示隐含成矩阵的 Moore-Penrose 广义逆。

从优化视角出发，RWNN 算法通过同时最小化训练误差和输出权重的范数求解输出权重 $\boldsymbol{\beta}$，也就是等同于求解如下约束优化问题：

$$\begin{aligned} &\text{minmize:} \quad L_p = \frac{1}{2}\|\boldsymbol{\beta}\|^2 + C\frac{1}{2}\sum_{i=1}^{N}\xi_i^2 \\ &\text{s.t.} \quad \boldsymbol{h}(\boldsymbol{x}_i)\boldsymbol{\beta} = y_i - \xi_i \quad i = 1, 2, \cdots, N \end{aligned} \tag{5.3}$$

式中：ξ_i 为训练误差；C 为惩罚参数。

将式（5.3）的求解转化解决如下对偶优化问题：

$$L_{p_{RWNN}} = \frac{1}{2}\|\boldsymbol{\beta}\|^2 + C\frac{1}{2}\sum_{i=1}^{N}\xi_i^2 - \sum_{i=1}^{N}\alpha_i(\boldsymbol{h}(\boldsymbol{x}_i)\boldsymbol{\beta} - y_i + \xi_i) \tag{5.4}$$

式中：每个拉格朗日算子 α_i 均对应于第 i 个样本。

对式（5.4）求导，有

$$\begin{cases} \dfrac{\partial(L_{p_{RWNN}})}{\partial\beta} = 0 \\ \dfrac{\partial(L_{p_{RWNN}})}{\partial\xi_i} = 0 \\ \dfrac{\partial(L_{p_{RWNN}})}{\partial\boldsymbol{\alpha}_i} = 0 \end{cases} \tag{5.5}$$

式中：$\boldsymbol{\alpha} = [\boldsymbol{\alpha}_i, \cdots, \alpha_N]^{\mathrm{T}}$。

求上式进行求解，得

$$\begin{cases} \boldsymbol{\beta} = \sum\limits_{i=1}^{N}\alpha_i(\boldsymbol{h}(x_i))^{\mathrm{T}} = \boldsymbol{H}^{\mathrm{T}}\boldsymbol{\alpha} \\ \boldsymbol{\alpha}_i\xi_i = 0, \ i = 1, \cdots, N \\ \boldsymbol{h}(x_i)\boldsymbol{\beta} - y_i + \xi_i = 0, \ i = 1, \cdots, N \end{cases} \tag{5.6}$$

针对小训练样本数据，式（5.6）可等价表示为

$$\left(\frac{\boldsymbol{I}}{C} + \boldsymbol{H}\boldsymbol{H}^{\mathrm{T}}\right)\boldsymbol{\alpha} = \boldsymbol{Y} \tag{5.7}$$

由式（5.7）可知，RWNN 的输出函数可以表示为：

$$f(\boldsymbol{x})=\boldsymbol{h}(\boldsymbol{x})\boldsymbol{\beta}=\boldsymbol{h}(\boldsymbol{x})\boldsymbol{H}^{\mathrm{T}}\left(\frac{\boldsymbol{I}}{C}+\boldsymbol{H}\boldsymbol{H}^{\mathrm{T}}\right)^{-1}\boldsymbol{Y} \tag{5.8}$$

采用满足 Mercer 条件的核函数（如 RBF 和多项式核）替代 RWNN 隐含层映射，则为核 RWNN（KRWNN）算法，其输出权值可以表示为

$$\boldsymbol{\beta}=\left(\frac{\boldsymbol{I}}{C}+K(\boldsymbol{x}_i,\boldsymbol{x}_j)\right)^{-1}\boldsymbol{Y} \tag{5.9}$$

可见，通过引入核函数能够避免 RWNN 算法的输入权重的随机性问题，通过引入惩罚参数可以提高 KRWNN 算法的泛化性能。

5.2.2　随机权神经网络存在的问题

随机权神经网络（RWNN）以其快速的学习能力得到了广泛关注，但其在使用中存在如下的问题：

（1）算法随机性如何处理的问题。当面对小样本建模数据时，RWNN 算法的建模性能的波动性很大，难以建立稳定的模型；而且，面对小样本的高维数据时，更是难以应用算法进行建模。因此，需要首先进行维数的约简，或是将该算法改进为集成学习模式，但是仍然难以消除在面对小样本处理时其固有的随机性所存在的问题。

（2）随机权重与偏置的取值范围如何合理确定的问题。最近的研究表明，RWNN 算法的随机输入权重和偏置的范围与具体用于建模的数据的特点相关。如何依据数据的特点进行取值范围的合理选择是需要关注的问题。

（3）正则化参数如何确定问题。RWNN 算法的正则化参数在训练和测试间起到均衡作用，通常通过交叉验证方式进行。当采用集成 RWNN 算法进行建模时，应考虑如何为不同的集成子模型选择适合的正则化参数的问题。这是因为不同的集成子模型采用统一的正则化参数有利于提高集成子模型的多样性，但是降低的子模型精度是否会导致较差的建模性能等问题需要结合具体问题进行验证。

（4）针对采用核学习的 RWNN，虽然克服了其随机性，但带来了与 SVM/LS-SVM 算法相类似的问题，即如何选择模型的核类型、核参数和正则化参数。

这些问题通常需要结合具体的应用问题予以解决。

5.3　基于多核潜在特征提取的混合集成模型

5.3.1　建模策略

在复杂工业过程领域，受生产过程的机理复杂性、众多因素的强耦合性等影响，一些与生产产品的质量、安全相关的关键过程参数难以采用仪表直接检测。目前，主要依靠优秀的领域专家凭经验估计这些参数指导生产。预测这些难以直接获取参数的主要解决方法之一是采用多重优化机制有效融合多源信息构建数据驱动模型。对这些这类数据驱动模型

而言，虽然通常能较好地拟合训练数据所蕴含模式，但逻辑推理和外推性能较差。

从另外一个角度讲，这些复杂系统的输入和输出之间往往存在模糊性映射关系，领域专家往往依据这些进行判断和估计。如优秀的磨矿领域专家通常依据磨机振声信号的“清脆”“沉闷”等模糊性信息，采用“高、适中、低”等模糊性语言描述磨机内部负荷参数的多少或高低。显然，结合领域专家“人脑模型”的较强推理能力，通过总结优秀专家经验进行知识规则提炼，构建模糊推理模型可弥补逻辑推理和外推性能差的缺点。然而，知识规则是难以得到的，其解决方案之一是从数据中提取规则进行“知识获取自动化”。显然，基于知识规则的模糊推理模型具备较强的推理能力，但其学习和模式识别能力较弱。

综上，数据驱动和模糊推理两类模型在建模机理上具有较强的互补性。集成学习通过对具有差异性的子模型进行集成，获得比单一模型更好的预测性能和稳定性。因此，本节从模拟人脑所固有的选择性信息融合和多层次结构的认知机制的视角出发，提出基于智能集成的模型：首先利用选择性集成学习框架构建基于 SEN 模糊推理的主模型，然后构建基于 SEN 随机权神经网络的补偿模型。本质上两者是从主从角度进行融合，适合于人类专家通过专业学习获取主要知识后并在后续实践中逐渐完善补充知识的认知过程。

基于之前研究，本节所提出的基于多核潜在特征提取的智能集成建模策略，主要包括模糊主模型和神经网络补偿模型两个部分，即基于 KPLS 和 BB 算法的选择性集成 Fuzzy 主模型与基于 KPLS 和遗传算法（GA）的选择性集成 KRWNN 补偿模型，如图 5.1 所示。

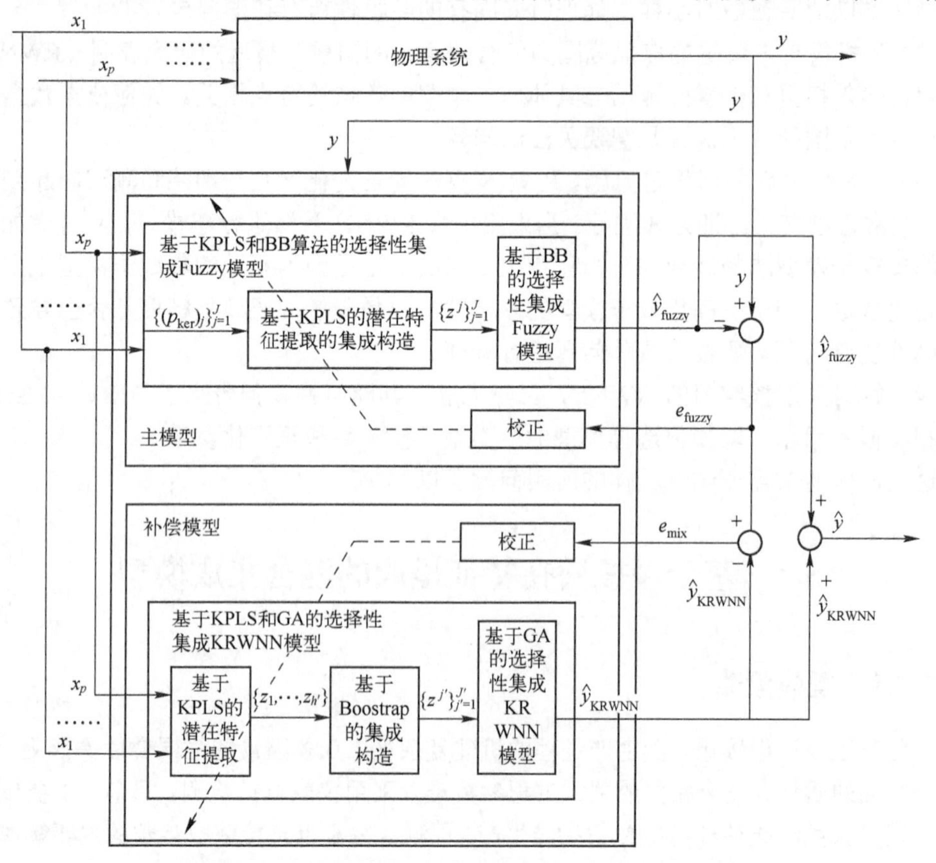

图 5.1　基于多核潜在特征提取的智能集成建模策略

图 5.1 表明，该模型中存在主模型和补偿模型共两处集成：第 1 处是基于 KPLS 和 BB 的选择性集成 Fuzzy 模型，可模拟领域专家通过专业学习获得的主要知识；第 2 处是基于 KPLS 和 GA 的选择性集成 KRWNN 模型，可模拟从其他渠道获取的辅助知识，对主要知识进行补充和完善。显然，该策略可在一定程度上模拟领域专家的判断机制。

补偿模型误差的计算为

$$e_{\text{mix}} = e_{\text{Fuzzy}} - \hat{y}_{\text{KRWNN}} = (y - \hat{y}_{\text{Fuzzy}}) - \hat{y}_{\text{KRWNN}} = y - (\hat{y}_{\text{Fuzzy}} + \hat{y}_{\text{KRWNN}}) = y - \hat{y} \tag{5.10}$$

由式（5.10）可知，补偿模型的最终目标是 y，差别在于计算误差时考虑了主模型的输出。

智能集成模型的最终输出通过对主模型和补偿模型的输出进行相加获得。

5.3.2　建模算法

该主模型包括两部分：基于 KPLS 的潜在特征提取的集成构造和基于 BB 的选择性集成 Fuzzy 模型。相关方法在前文中已经进行了详细描述，此处对建模过程进行简短叙述。

1．基于 KPLS 和 BB 的选择性集成 Fuzzy 主模型

首先，采用“操纵核函数参数”的方式同时完成潜在特征的提取和训练子集的构造，其依据就在于采用不同的核参数所提取的潜在特征不同，其构成如下所示：

$$\left.\begin{array}{l}\{(\boldsymbol{x},y)_l\}_{l=1}^{k}\\ \{(p_{\text{ker}})_j\}_{j=1}^{J}\\ \text{KLV}\end{array}\right\}\xrightarrow{\text{KPLS}}\left\{\begin{array}{c}\{((z_1,\cdots,z_{h'})_1,y)\}_{l=1}^{k}\\ \cdots\\ \{((z_1,\cdots,z_{h'})_j,y)\}_{l=1}^{k}\\ \cdots\\ \{((z_1,\cdots,z_{h'})_J,y)\}_{l=1}^{k}\end{array}\right. \tag{5.11}$$

式中：$\{(p_{\text{ker}})_j\}_{j=1}^{J}$ 为候选核参数集合；J 为采用候选核参数的数量，即经 KPLS 提取的潜在特征的训练子集的数量和候选子模型的数量。

可见，不同于前面基于 Boostrap 方法的集成构造方式，采用此种集成构造方法所产生的训练子集的输入特征维数和样本数量不发生变化，此处所有训练子集的输出样本都是相同的，只是潜在变量不同。因此，此处所提出的“操纵核函数参数”获得潜在变量进行集成构造的方式可以看作“操纵输入特征”的一种特殊方式。由于每个新产生的训练样本具有不同的输入和相同的输出，这样每个训练样本都可以看作是一个新来源的信息。采用这些不同来源的信息构造 SEN 模型，类似于领域专家选择有价值来源信息对重要参数或物理系统运行结果进行识别或估计。

接着，针对上述过程产生的每个训练子集构建基于 Fuzzy 的候选子模型，第 j 个子模型的构建过程如下所示：

$$\left.\begin{array}{c}\{((z_1,\cdots,z_{h'})_j,y)\}_{l=1}^{k}\\ L\end{array}\right\}\xrightarrow{\text{Fuzzy}} f_{\text{Fuzzy}}^{\text{can}}(\cdot)_j \tag{5.12}$$

式中：L 为构建 Fuzzy 模型时设定的聚类阈值。

这样，全部J个候选子模型的集合可以表示为

$$S_{\text{Fuzzy}}^{\text{Can}} = \{f_{\text{Fuzzy}}^{\text{can}}(\cdot)_j\}_{j=1}^{J} \tag{5.13}$$

式中：$S_{\text{Fuzzy}}^{\text{Can}}$为全部候选子模型的集合。

此处，将选择的全部集成子模型表示为$\{f_{\text{Fuzzy}}^{\text{sel}}(\cdot)_{j_{\text{sel}}}\}_{j_{\text{sel}}=1}^{J_{\text{sel}}}$，因此集成子模型和候选子模型间的关系可表示为

$$S_{\text{Fuzzy}}^{\text{Sel}} = \{f_{\text{Fuzzy}}^{\text{sel}}(\cdot)_{j_{\text{sel}}}\}_{j_{\text{sel}}=1}^{J_{\text{sel}}} \in S_{\text{Fuzzy}}^{\text{Can}}，\ J_{\text{sel}} \leqslant J \tag{5.14}$$

式中：$S_{\text{Fuzzy}}^{\text{Sel}}$为集成子模型的集合；$j_{\text{sel}} = 1,2,\cdots,J_{\text{sel}}$，$J_{\text{sel}}$表示选择性集成 Fuzzy 模型的集成尺寸。

采用 AWF 算法按下式计算集成子模型的加权系数：

$$w_{j_{\text{sel}}} = 1 \Bigg/ \left((\sigma_{j_{\text{sel}}})^2 \sum_{j_{\text{sel}}=1}^{J_{\text{sel}}} \frac{1}{(\sigma_{j_{\text{sel}}})^2} \right) \tag{5.15}$$

式中：$\sum_{j_{\text{sel}}=1}^{J_{\text{sel}}} w_{j_{\text{sel}}} = 1$，$0 \leqslant w_{j\text{sel}} \leqslant 1$，$w_{j_{\text{sel}}}$是基于第$j_{\text{sel}}$个训练子集建立的子模型所对应的加权系数；$\sigma_{j_{\text{sel}}}$为子模型输出值$\{\hat{y}_{j_{\text{sel}}}^{l}\}_{l=1}^{k}$的标准差，$k$为样本个数。

最佳子模型选择由给定候选子模型和加权算法确定，这类似最优特征选择。面向有限数量的候选子模型，通过运行多次 BB 和 AWF 算法可以获得不同集成尺寸时的最优 SEN 模型，最后通过排序这些 SEN 模型获得最终的模糊推理主模型。

最后，基于 KPLS 和 BB 的 SEN 模糊推理主模型的输出值$\hat{y}_{\text{Fuzzy}}$为

$$\hat{y}_{\text{Fuzzy}} = \sum_{j_{\text{sel}}=1}^{J_{\text{sel}}} w_{j_{\text{sel}}} f_{\text{Fuzzy}}^{\text{sel}}(\cdot)_{j_{\text{sel}}} = \sum_{j_{\text{sel}}=1}^{J_{\text{sel}}} w_{j_{\text{sel}}} \hat{y}_{j_{\text{sel}}} \tag{5.16}$$

式中：$\hat{y}_{j_{\text{sel}}}$为基于第j_{sel}个集成子模型的输出。

上述 SEN 模糊推理主模型的构建过程可以表示为

$$\left.\begin{array}{c} \{f_{\text{Fuzzy}}^{\text{can}}(\cdot)_j\}_{j=1}^{J} \\ \{(\boldsymbol{x}^{\text{valid}}, \boldsymbol{y}^{\text{valid}})_l\}_{l=1}^{k^{\text{valid}}} \end{array}\right\} \xrightarrow{\text{BB+AWF}} \left\{\begin{array}{c} \{f_{\text{Fuzzy}}^{\text{sel}}(\cdot)_{j_{\text{sel}}}\}_{j_{\text{sel}}=1}^{J_{\text{sel}}} \\ \{w_{j_{\text{sel}}}\}_{j_{\text{sel}}=1}^{J_{\text{sel}}} \end{array}\right. \\ \Rightarrow \hat{y}_{\text{Fuzzy}} = \sum_{j_{\text{sel}}=1}^{J_{\text{sel}}} w_{j_{\text{sel}}} \hat{y}_{j_{\text{sel}}} \tag{5.17}$$

2．基于 KPLS 和 GA 的选择性集成 KRWNN 补偿模型

该模型包括 3 个主要部分，即基于 KPLS 的潜在特征提取、基于 Boostrap 的集成构造和基于 GA 的选择性集成 KRWNN 模型。

相关方法在本书前面章节中已经进行了详细的描述，此处对建模过程进行简短叙述。

首先，计算 SEN 模糊推理主模型的预测误差，即

$$y' = y - \hat{y}_{\text{Fuzzy}} = y - \sum_{j_{\text{sel}}=1}^{J_{\text{sel}}} w_{j_{\text{sel}}} \hat{y}_{j_{\text{sel}}} \tag{5.18}$$

然后，选择适合的核参数、潜在变量数量，获得基于 KPLS 的输入数据与主模型预测误差间的潜在特征，其过程可以表述为

$$\left.\begin{matrix}\{(\boldsymbol{x},y')_l\}_{l=1}^{k}\\ p_{\mathrm{ker}}\\ \mathrm{KLV}\end{matrix}\right\}\xrightarrow{\mathrm{KPLS}}\{(z_1,\cdots z_{h'})_l\}_{l=1}^{k} \tag{5.19}$$

针对这些潜变量特征，采用“操纵训练样本”方式进行集成构造，其目的是选择出能够具有代表性的训练样本构建最终的 SEN 补偿模型，进而实现在一定程度上模拟领域专家依据自身积累的历史经验进行估计决策的过程。同时，构造出的子训练样本的数量也就是候选子模型的数量和 GA 算法中种群的数量。

采用 Boostrap 算法进行集成构造，其构成如下所示：

$$\{(z_1,\cdots,z_{h'})_l,\ y'_l\}_{l=1}^{k}\xrightarrow{\mathrm{Boostrap}}\begin{cases}\{((z_1,\cdots,z_{h'})_{\mathrm{sub}}^{1},y_{\mathrm{sub}}'^{1})_l\}_{l=1}^{k}\\ \cdots\\ \{((z_1,\cdots,z_{h'})_{\mathrm{sub}}^{j'},y_{\mathrm{sub}}'^{j'})_l\}_{l=1}^{k}\\ \cdots\\ \{((z_1,\cdots,z_{h'})_{\mathrm{sub}}^{J'},y_{\mathrm{sub}}'^{J'})_l\}_{l=1}^{k}\end{cases} \tag{5.20}$$

式中：J' 为采用 Boostrap 所产生的训练子集的数量，即候选子模型、GA 种群的数量。

可见，采用此种集成构造方法所产生的训练子集的输入特征维数和样本数量不发生变化，而是产生了具有不同序号的输入输出样本对，并且由于是有放回的采样，训练子集中存在重复的输入输出样本对。因此，可重复利用有价值样本。

针对上述产生的每个训练子集构建基于 KRWNN 的候选子模型，第 j' 个子模型的构建过程如下所示：

$$\left.\begin{matrix}\{((z_1,\cdots,z_{h'})_{\mathrm{sub}}^{j'},y_{\mathrm{sub}}'^{j'})_l\}_{l=1}^{k}\\ K_{\mathrm{KRWNN}}\\ C_{\mathrm{KRWNN}}\end{matrix}\right\}\xrightarrow{\mathrm{KRWNN}} f_{\mathrm{KRWNN}}^{\mathrm{can}}(\cdot)_{j'} \tag{5.21}$$

式中：K_{KRWNN} 和 C_{KRWNN} 为 KRWNN 模型的核参数和惩罚参数。

这样，全部 J' 个候选子模型的集合可以表示为

$$S_{\mathrm{KRWNN}}^{\mathrm{Can}}=\{f_{\mathrm{KRWNN}}^{\mathrm{can}}(\cdot)_{j'}\}_{j'=1}^{J'} \tag{5.22}$$

式中：$S_{\mathrm{KRWNN}}^{\mathrm{Can}}$ 表示全部补偿候选子模型的集合。

此处，将选择的全部集成子模型表示为 $\{f_{\mathrm{KRWNN}}^{\mathrm{sel}}(\cdot)_{j'_{\mathrm{sel}}}\}_{j'_{\mathrm{sel}}=1}^{J'_{\mathrm{sel}}}$。因此，集成子模型和候选子模型间的关系可表示为

$$S_{\mathrm{KRWNN}}^{\mathrm{Sel}}=\{f_{\mathrm{KRWNN}}^{\mathrm{sel}}(\cdot)_{j'_{\mathrm{sel}}}\}_{j'_{\mathrm{sel}}=1}^{J'_{\mathrm{sel}}}\in S_{\mathrm{KRWNNGA}}^{\mathrm{Can}},\ J'_{\mathrm{sel}}\leqslant J' \tag{5.23}$$

式中：$S_{\mathrm{KRWNN}}^{\mathrm{Sel}}$ 为集成子模型的集合；J'_{sel} 为 SEN 模型的集成尺寸。

理论上，为了构建有效的 SEN 补偿模型，需要使用验证数据集 $\{(\boldsymbol{x}^{\mathrm{valid}},y^{\mathrm{valid}})_l\}_{l=1}^{k^{\mathrm{valid}}}$。

将该验证数据集相对于 SEN 模糊推理主模型预测误差提取的潜在特征验证数据集记为 $\{(\boldsymbol{z}^{\text{valid}}, y'^{\text{valid}})_l\}_{l=1}^{k^{\text{valid}}}$ 。

此处，将基于验证数据集的候选子模型的预测输出表示为

$$\{(\hat{\boldsymbol{y}}_{\text{KRWNN}}^{\text{valid}})_{j'}\}_{j'=1}^{J'} = \{f_{\text{KRWNN}}^{\text{can}}(\boldsymbol{z}^{\text{valid}})_{j'}\}_{j'=1}^{J'} \tag{5.24}$$

其预测误差计算如下：

$$(\boldsymbol{e}_{\text{KRWNN}}^{\text{valid}})_{j'} = (\hat{\boldsymbol{y}}'^{\text{valid}}_{\text{KRWNN}})_{j'} - \boldsymbol{y}'^{\text{valid}} \tag{5.25}$$

式中：$\boldsymbol{y}'^{\text{valid}} = \{(y'^{\text{valid}})_l\}_{l=1}^{k^{\text{valid}}}$。

第 j' 个和第 s' 个候选子模型间的相关系数采用下式获得：

$$c_{j's'}^{\text{valid}} = \sum_{l=1}^{k^{\text{valid}}} \boldsymbol{e}_{\text{KRWNN}}^{\text{valid}}(j', k^{\text{valid}}) \cdot \boldsymbol{e}_{\text{KRWNN}}^{\text{valid}}(s', k^{\text{valid}}) \Big/ k^{\text{valid}} \tag{5.26}$$

由此得到的相关矩阵采用下式表示：

$$\boldsymbol{C}_{J'}^{\text{valid}} = \begin{bmatrix} c_{11}^{\text{valid}} & c_{12}^{\text{valid}} & \cdots & c_{1J'}^{\text{valid}} \\ c_{21}^{\text{valid}} & c_{22}^{\text{valid}} & \cdots & c_{2J'}^{\text{valid}} \\ \vdots & \vdots & c_{j's'}^{\text{valid}} & \vdots \\ c_{J'1}^{\text{valid}} & c_{J'2}^{\text{valid}} & \cdots & c_{J'J'}^{\text{valid}} \end{bmatrix}_{J' \times J'} \tag{5.27}$$

接着，为每个候选子模型产生随机权重向量 $\{w_{j'}\}_{j'=1}^{J'}$，利用 GAOT 工具箱基于相关矩阵 $\boldsymbol{C}_{J'}^{\text{valid}}$ 演化处理这些权重向量，进而获得优化的权重向量 $\{w_{j'}^{*}\}_{j'=1}^{J'}$，即选择权重向量大于阈值 $1/J'$ 的作为集成子模型。

这些集成子模型的输出可表示为

$$\{\hat{\boldsymbol{y}}'_{j'_{\text{sel}}}\}_{j'_{\text{sel}}=1}^{J'_{\text{sel}}} = \{f_{\text{KRWNN}}^{\text{sel}}(\boldsymbol{x}^{\text{valid}})_{j'_{\text{sel}}}\}_{j'_{\text{sel}}=1}^{J'_{\text{sel}}} \tag{5.28}$$

采用 AWF 算法，计算这些集成子模型的权重为

$$w_{j'_{\text{sel}}} = 1 \Bigg/ \left((\sigma_{j'_{\text{sel}}})^2 \sum_{j'_{\text{sel}}=1}^{J'_{\text{sel}}} \frac{1}{(\sigma_{j'_{\text{sel}}})^2} \right) \tag{5.29}$$

式中：$\sigma_{j'_{\text{sel}}}$ 为集成子模型预测输出的方差。

基于 KPLS 和 GA 的选择性集成 KRWNN 模型，即补偿模型的输出表示为

$$\hat{y}_{\text{KRWNN}} = \sum_{j'_{\text{sel}}=1}^{J'_{\text{sel}}} w_{j'_{\text{sel}}} \hat{y}'_{j'_{\text{sel}}} \tag{5.30}$$

最后，将主模型和补偿模型的输出相加获得智能集成模型的输出，即

$$\hat{y} = \hat{y}_{\text{Fuzzy}} + \hat{y}_{\text{KRWNN}} = \sum_{j_{\text{sel}}=1}^{J_{\text{sel}}} w_{j_{\text{sel}}} \hat{y}_{j_{\text{sel}}} + \sum_{j'_{\text{sel}}=1}^{J'_{\text{sel}}} w_{j'_{\text{sel}}} \hat{y}'_{j'_{\text{sel}}} \tag{5.31}$$

5.3.3 实验研究

生成仿真验证数据的测试函数为

$$\begin{cases} x_1 = t^2 - t + 1 + \varDelta_1 \\ x_2 = \sin t + \varDelta_2 \\ x_3 = t^3 + t + \varDelta_3 \\ x_4 = t^3 + t^2 + 1 + \varDelta_4 \\ x_5 = \sin t + 2t^2 + 2 + \varDelta_5 \\ y = x_1^2 + x_1 x_2 + 3\cos x_3 - x_4 + 5x_5 + \varDelta_6 \end{cases} \tag{5.32}$$

式中：$t \in [-1,1]$；$\varDelta_{i_{\mathrm{sy}}}$ 为噪声，$i_{\mathrm{sy}} = 1,2,3,4,5,6$。

数据分布在 C_1、C_2、C_3 和 C_4 共 4 个不同区域，取值范围分别为[-1，-0.5]、[-0.5，0]、[0，0.5]和[0.5，1]，样本数量分别为 90。

本节仿真实验的建模和测试样本的数量分别为 240 和 120，其中训练样本由每个区域中各 60 个样本组成，测试样本由每个区域各 30 个样本组成。

模糊主模型采用的模型参数：候选核半径的取值为“0.01，0.03，0.05，0.07，0.09，0.1，0.3，0.5，0.7，0.9，1，3，5，7，9，10，30，50，70，100，300，500，700，900，1000”，聚类阈值取 0.01，KLV 取 4，最后的 SEN 模型由 3 号和 7 号子模型组合得到。计算模糊主模型的训练数据输出误差，如图 5.2 所示。

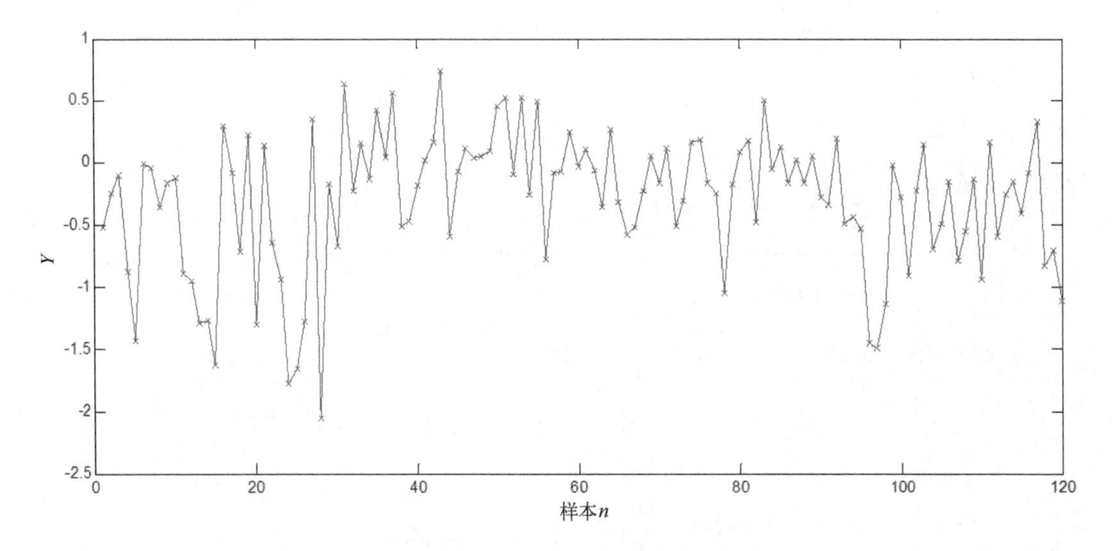

图 5.2　模糊主模型的训练数据输出误差

以图 5.2 所示的输出误差为输出真值，进行补偿模型的训练。

首先，需要获取补偿的输入潜在特征（此处设定用于潜在特征提取的 KLV 的数量为 5，补偿模型的候选子模型的数量为 40），然后计算补偿模型的主要建模参数（潜在特征提取的核半径，KRWNN 的惩罚参数，KRWNN 的核半径）与模型预测性能的关系，如图 5.3 所示。

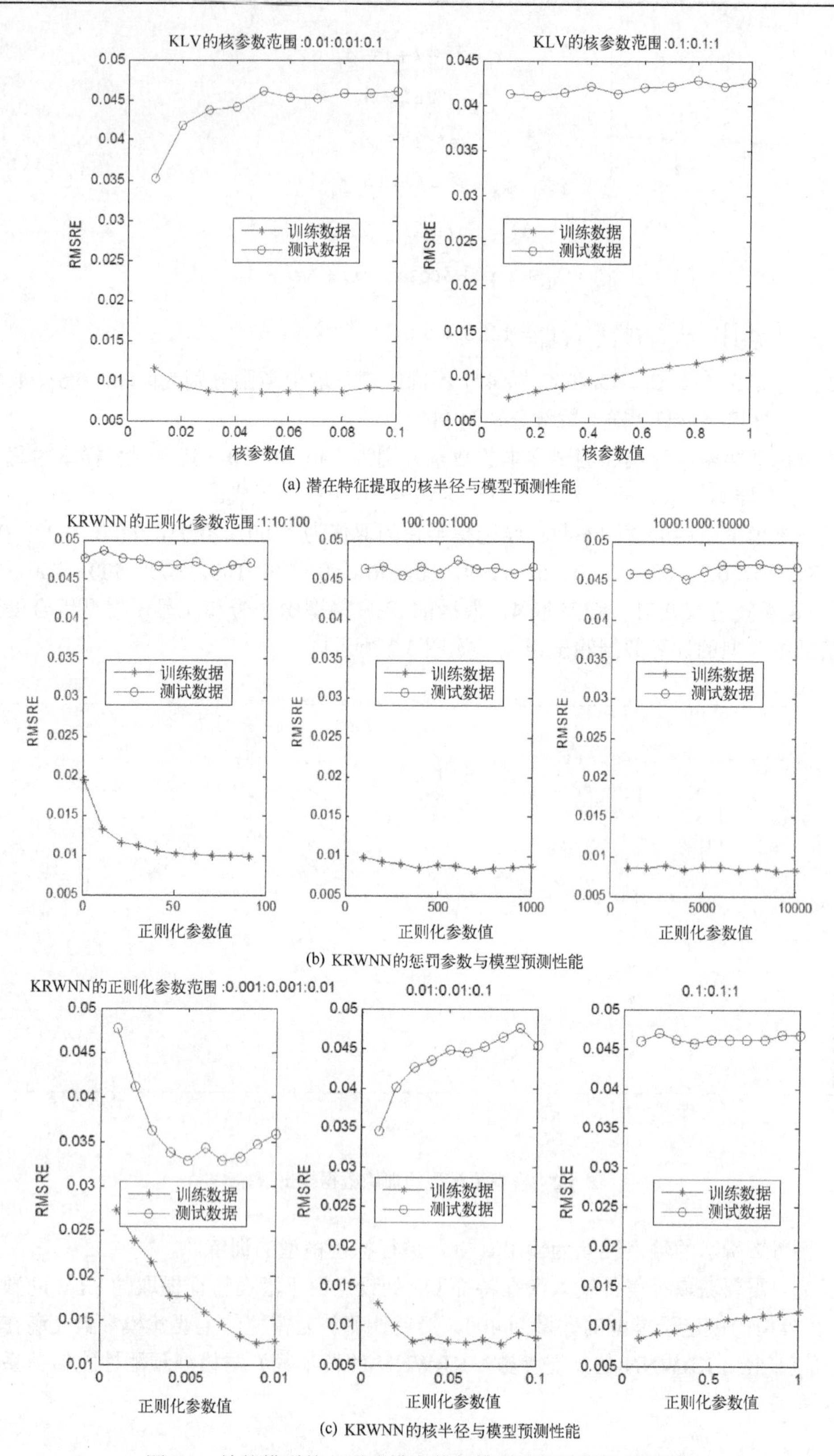

(a) 潜在特征提取的核半径与模型预测性能

(b) KRWNN的惩罚参数与模型预测性能

(c) KRWNN的核半径与模型预测性能

图 5.3 补偿模型的主要建模参数与模型预测性能间的关系

接着，依据图 5.3 选择模型参数：潜在特征提取的核半径为 0.01，KRWNN 的惩罚参数为 4000，KRWNN 的核半径为 0.009。

最终，计算得到的主模型和补偿后的智能集成模型的预测曲线和预测误差如图 5.4 和图 5.5 所示。

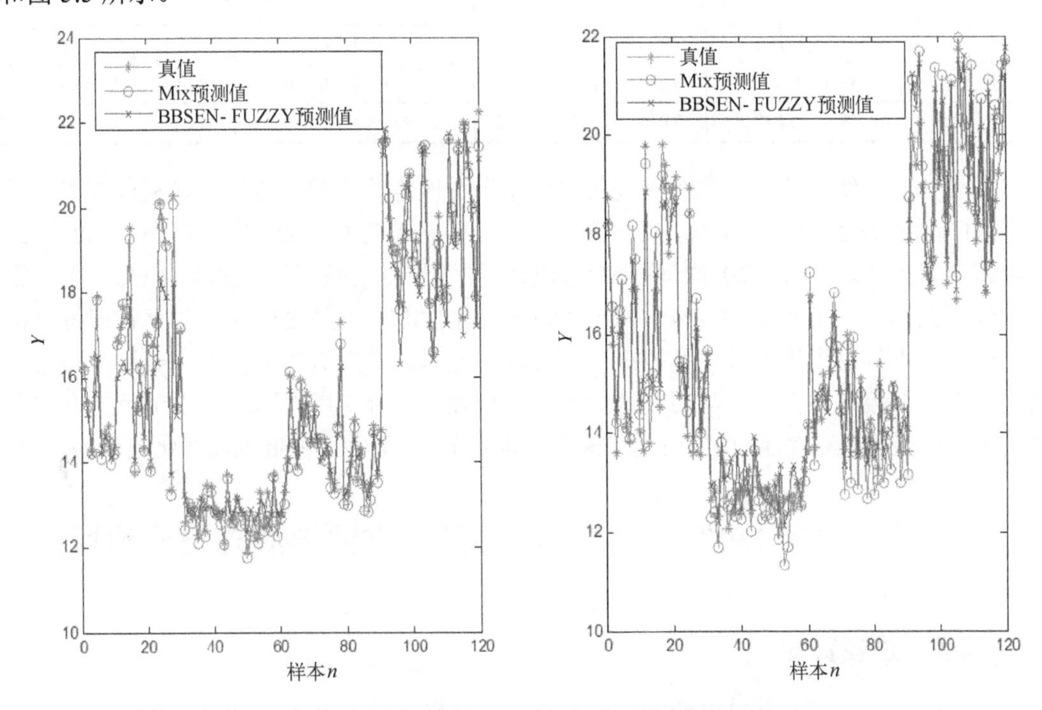

图 5.4 模糊主模型与智能集成模型的预测曲线

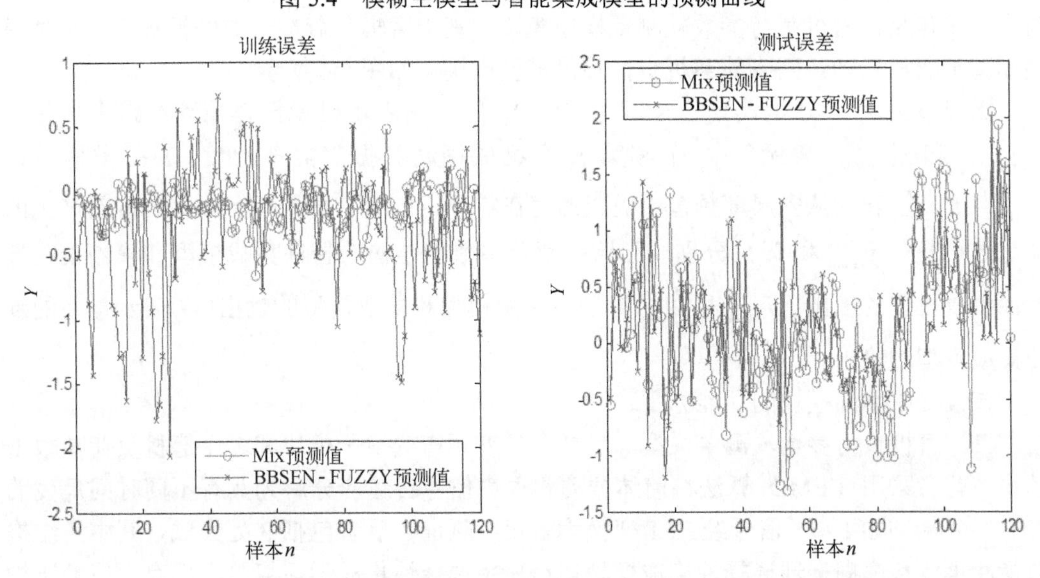

图 5.5 模糊主模型与智能集成模型的预测误差

由图 5.4 和图 5.5 可知，智能集成模型的预测性能明显优于模糊主模型，尤其是针对训练数据。由于补偿模型中采用了基于 Boostrap 的集成构造方法，借助 GAOT 工具箱进行集成子模型的优选，这会引入一些随机因素，此处采用智能集成模型运行 20 次的统计结果与模糊主模型进行比较。比较结果见表 5.1。

表 5.1　合成数据集智能集成模型统计结果

方法	训练误差				测试误差			
	最大	均值	最小	方差	最大	均值	最小	方差
主模型	0.03231	0.03231	0.03231	0	0.05013	0.05013	0.05013	0
智能集成	0.01955	0.01829	0.01635	0.0007522	0.04928	0.04646	0.04360	0.001516

由表 5.1 可知：从主模型和智能集成模型训练误差的比较上看，智能集成模型运行 20 次的最大误差也减少了 40%，并且最大与最小值之差为 0.0032，方差仅为 0.0007522；从测试误差的比较上看，20 次运行的平均值从预测精度上提高了 7.3%，提高并不是很大，还不到训练精度提高的 6%，说明模型的泛化性能并不是很好，表明存在训练过拟合的现象，也说明了模型参数需要进一步的优化选择；发生这些情况的主要原因是模型的众多学习参数需要选择，学习参数之间存在较强的耦合作用。因此，本节所提方法虽然提高了模型的预测性能，但同时也带来了结构复杂、模型学习参数难以优化选择等问题。

5.4　基于神经网络补偿模型的多源高维频谱混合集成建模

5.4.1　建模策略

基于之前研究，本章提出的基于神经网络补偿模型的多源高维频谱混合集成建模策略，主要包括：磨机负荷参数软测量模型模块、基于磨机负荷参数的磨机负荷主模型模块和基于随机权神经网络的磨机负荷补偿模型模块，如图 5.6 所示。

图 5.6 中，$X_{\mathrm{V}}^{\mathrm{t}}=\{(x_{\mathrm{V}}^{\mathrm{t}})_n\}_{n=1}^N$、$X_{\mathrm{A}}^{\mathrm{t}}=\{(x_{\mathrm{A}}^{\mathrm{t}})_n\}_{n=1}^N$ 分别表示时域筒体振动和振声信号；$\boldsymbol{x}_{\mathrm{VEEMD}j_{\mathrm{V}}}^{\mathrm{t}}$ 和 $\boldsymbol{x}_{\mathrm{VEEMD}j_{\mathrm{A}}}^{\mathrm{t}}$ 表示第 j_{V} 个和第 j_{A} 个机械振动和振声的多尺度 IMF 子信号；$\{z_{j1},\cdots,z_{jh'}\}_{j=1}^J$ 表示从多尺度频谱中提取的潜在特征；$\{\mathrm{Z}^{j'}\}_{j'=1}^{J'}$ 表示基于 Boostrap 新产生的训练数据集；$\hat{y}_{\mathrm{latent}}$ 和 $\hat{y}_{\mathrm{fuzzy}}$ 分别表示磨机负荷参数潜结构选择性集成模型和模糊推理选择性集成模型的输出；$\hat{L}_{\mathrm{main}}$ 和 $\hat{L}_{\mathrm{comp}}$ 分别表示主模型和补偿模型的输出；$\hat{L}$ 表示最终的混合集成模型的输出。

该策略中不同模块的功能如下：

（1）磨机负荷参数软测量模型。包括多尺度频谱变换子模块和 3 个磨机负荷参数子模块，前者采用 EEMD 算法将筒体振动和振声信号自适应分解为具有不同时间尺度的 IMF，并将这些时域子信号经 FFT 变换为多尺度频谱；后者包括 3 处集成，其中潜结构选择性集成和模糊推理选择性集成模型均是采用选择性集成学习算法实现有价值频谱构建的集成子模型的选择与合并，基于信息熵的集成模块是实现两种异质选择性集成子模型的集成。显然，不同层次的集成子模型具有不同的特性。本模块中，这些不同层次不同模块的集成采用相同的模型学习参数，以保证集成子模型间的多样性。

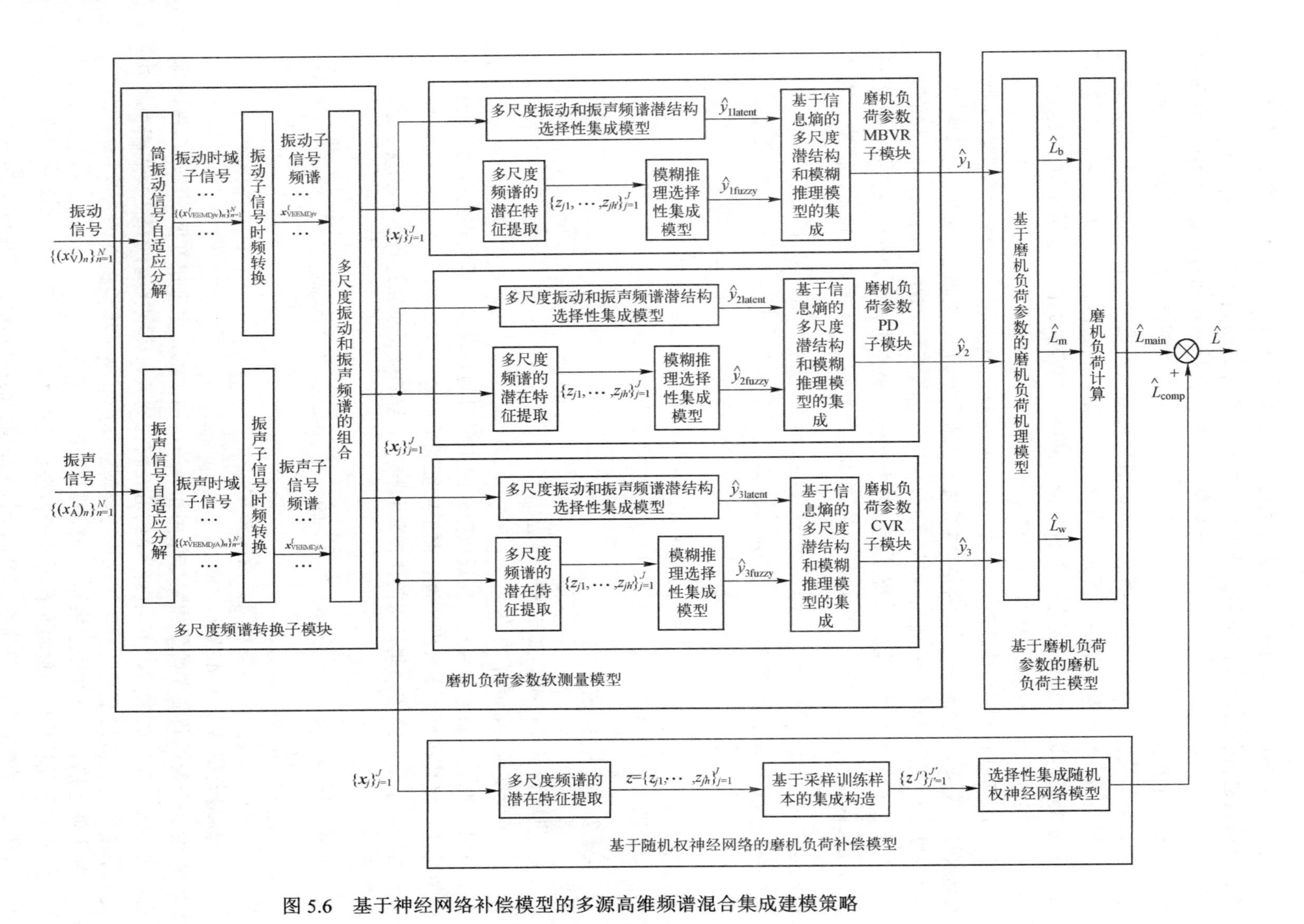

图 5.6　基于神经网络补偿模型的多源高维频谱混合集成建模策略

（2）基于磨机负荷参数的磨机负荷主模型。由基于磨机负荷参数的磨机负荷机理模型计算得到物料负荷、水负荷和钢球负荷，并经求和计算得到磨机负荷输出值。

（3）基于随机权神经网络的磨机负荷补偿模型。此处产生训练子集的方式，即集成构造方式与主模型不同：主模型中的两个选择性集成模块都是采用多尺度频谱作为训练子集，其本质是基于“操纵输入特征”的集成构造方式；此处，是将构建模糊推理候选子模型相同的多尺度频谱潜在特征进行串行合并，采用 Boostrap 算法以“操纵训练样本”方式进行集成构造，然后构建基于随机权神经网络（RWNN）的候选子模型，最后采用 GAOT 工具箱和 AWF 算法进行集成子模型的选择与合并。

图 5.6 表明：该磨机负荷混合集成模型中存在多层集成，即磨机负荷参数软测量模块中的两处选择性集成和一处信息熵集成，补偿模型中的一处选择性集成；集成构造的方式有两种，分别是“操纵输入特征”和“操纵训练样本”。因此，本章所提策略可有效模拟人脑的多层认知机制。

关于主模型和补偿模型的训练过程：首先完成主模型的训练，补偿模型是根据主模型的建模误差 $\tilde{L}$ 和补偿模型的输出 $\hat{L}_{\text{comp}}$ 之间的偏差 $\tilde{L}-\hat{L}_{\text{comp}}$ 不断进行校正，而校正的目标就是使 $\tilde{L}-\hat{L}_{\text{comp}}$ 趋近于零。其中，$\tilde{L}=L-\hat{L}_{\text{main}}$，$L$ 表示磨机负荷真值。

补偿模型误差的计算可用下式表示：

$$\begin{aligned} e_{\text{mix}} &= \tilde{L}-\hat{L}_{\text{comp}} \\ &= (L-\hat{L}_{\text{main}})-\hat{L}_{\text{comp}} = L-(\hat{L}_{\text{main}}+\hat{L}_{\text{comp}}) = L-\hat{L} \end{aligned} \tag{5.33}$$

模型的最终输出是通过主模型和补偿模型的输出相加获得。

5.4.2 建模算法

1. 机械设备负荷参数集成建模算法

1）多尺度频谱转换子模块

将筒体振动和振声信号进行自适应分解的主要目的是模拟人耳对多组分信号的带通滤波功能，将其变换为多尺度频谱以便于特征的提取。

为了便于后文描述，此处将筒体振动和振声信号的频谱重新进行编号和统一表示，如下所示：

$$\begin{aligned} X &= \{X^{\text{f}}_{\text{VEEMD1}_{\text{V}}},\cdots,X^{\text{f}}_{\text{VEEMD}j_{\text{V}}},\cdots,X^{\text{f}}_{\text{VEEMD}J_{\text{V}}},X^{\text{f}}_{\text{AEEMD1}_{\text{A}}},\cdots,X^{\text{f}}_{\text{AEEMD}j_{\text{A}}},\cdots,X^{\text{f}}_{\text{AEEMD}J_{\text{A}}}\} \\ &= \{X_j\}_{j=1}^{J} \end{aligned} \tag{5.34}$$

其中：$J=J_{\text{V}}+J_{\text{A}}$，表示多尺度频谱的数量。

2）磨机负荷参数（MBVR、PD、CVR）子模型

假设 3 个磨机负荷参数子模型均采用相同的结构，都是由多尺度振动频谱和振声频谱潜结构选择性集成模型、多尺度频谱的潜在特征提取、模糊推理选择性集成模型，以及基于信息熵的多尺度潜结构和模糊推理模型的集成共 4 个模块组成。

为了便于描述，下文中采用 y 作为模型的输出。

（1）基于互补集成的磨机负荷参数子模型优化描述。

潜结构选择性集成模型和模糊推理选择性集成模型的输出值通过信息熵模块进行融合，共同组成基于互补集成的磨机负荷参数子模型，其均方根相对误差（RMSRSE）可以表示为

$$
\begin{aligned}
e_{\text{main}} &= \sqrt{\frac{1}{k}\sum_{l=1}^{k}\left(\frac{y^l-\hat{y}^l}{y^l}\right)^2} \\
&= \sqrt{\frac{1}{k}\sum_{l=1}^{k}\left(\frac{y^l-(w_{\text{entropy}}^{\text{fuzzy}}\hat{y}_{\text{fuzzy}}^l+w_{\text{entropy}}^{\text{latent}}\hat{y}_{\text{latent}}^l)}{y^l}\right)^2} \\
&= \sqrt{\frac{1}{k}\sum_{l=1}^{k}\left(\frac{y^l-\left(w_{\text{entropy}}^{\text{fuzzy}}\left(\sum_{j_{\text{sel}}=1}^{J_{\text{sel}}^{\text{fuzzy}}}w_{j_{\text{sel}}}^{\text{fuzzy}}f_{\text{Fuzzy}}^{\text{sel}}(\cdot)_{j_{\text{sel}}}\right)+\left(w_{\text{entropy}}^{\text{latent}}\left(\sum_{j_{\text{sel}}=1}^{J_{\text{sel}}^{\text{latent}}}w_{j_{\text{sel}}}^{\text{latent}}f_{\text{Latent}}^{\text{sel}}(\cdot)_{j_{\text{sel}}}\right)\right)\right)}{y^l}\right)^2}
\end{aligned}
\tag{5.35}
$$

式中：k 为样本个数；y^l 为第 l 个样本的磨机负荷参数真值；$\hat{y}^l$ 为磨机负荷参数子模型的输出；$\hat{y}_{\text{fuzzy}}^l$ 和 $\hat{y}_{\text{latent}}^l$ 为模糊推理选择性集成模型和潜结构选择性集成模型的输出；$w_{\text{entropy}}^{\text{fuzzy}}$ 和 $w_{\text{entropy}}^{\text{latent}}$ 为基于信息熵的模糊推理模型和潜结构模型的加权系数；$f_{\text{Fuzzy}}^{\text{sel}}(\cdot)_{j_{\text{sel}}}$ 和 $f_{\text{Latent}}^{\text{sel}}(\cdot)_{j_{\text{sel}}}$ 为第 j_{sel} 个模糊推理和第 j_{sel} 个潜结构集成子模型；$w_{j_{\text{sel}}}^{\text{fuzzy}}$ 和 $w_{j_{\text{sel}}}^{\text{latent}}$ 为相应的集成子模型的加权系数；$J_{\text{sel}}^{\text{fuzzy}}$ 和 $J_{\text{sel}}^{\text{latent}}$ 为模糊推理选择性集成模型和潜结构选择性集成模型的集成尺寸。

建立上述主模型需要完成两级集成，确定第一层集成的子模型数量（$J_{\text{sel}}^{\text{fuzzy}}$ 和 $J_{\text{sel}}^{\text{latent}}$）、集成哪些子模型（$\{f_{\text{Fuzzy}}^{\text{sel}}(\cdot)_{j_{\text{sel}}}\}_{j_{\text{sel}}=1}^{J_{\text{sel}}^{\text{fuzzy}}}$ 和 $\{f_{\text{Latent}}^{\text{sel}}(\cdot)_{j_{\text{sel}}}\}_{j_{\text{sel}}=1}^{J_{\text{sel}}^{\text{latent}}}$）和集成子模型的加权系数（$\{w_{j_{\text{sel}}}^{\text{fuzzy}}\}_{j_{\text{sel}}=1}^{J_{\text{sel}}^{\text{fuzzy}}}$ 和 $\{w_{j_{\text{sel}}}^{\text{latent}}\}_{j_{\text{sel}}=1}^{J_{\text{sel}}^{\text{latent}}}$），以及第二层集成的加权系数（$w_{\text{entropy}}^{\text{fuzzy}}$ 和 $w_{\text{entropy}}^{\text{latent}}$）。

采用优化目标最大化，其求解过程可表述为如下优化问题：

$$
\max \quad e_{\text{main}}=\theta_{\text{th}}-\sqrt{\frac{1}{k}\sum_{l=1}^{k}\left(\frac{y^l-\left(w_{\text{entropy}}^{\text{fuzzy}}\left(\sum_{j_{\text{sel}}=1}^{J_{\text{sel}}^{\text{fuzzy}}}w_{j_{\text{sel}}}^{\text{fuzzy}}f_{\text{Fuzzy}}^{\text{sel}}(\cdot)_{j_{\text{sel}}}\right)+\left(w_{\text{entropy}}^{\text{latent}}\left(\sum_{j_{\text{sel}}=1}^{J_{\text{sel}}^{\text{latent}}}w_{j_{\text{sel}}}^{\text{latent}}f_{\text{Latent}}^{\text{sel}}(\cdot)_{j_{\text{sel}}}\right)\right)\right)}{y^l}\right)^2}
$$

$$
\text{s.t.}\begin{cases}
\sum_{j_{\text{sel}}=1}^{J_{\text{sel}}^{\text{fuzzy}}}w_{j_{\text{sel}}}^{\text{fuzzy}}=1, \quad 0\leqslant w_{j_{\text{sel}}}^{\text{fuzzy}}\leqslant 1, \quad 1<j_{\text{sel}}<J_{\text{sel}}^{\text{fuzzy}}, J_{\text{sel}}^{\text{fuzzy}}<J_{\text{sel}}<J, \\
\sum_{j_{\text{sel}}=1}^{J_{\text{sel}}^{\text{latent}}}w_{j_{\text{sel}}}^{\text{latent}}=1 \quad 0\leqslant w_{j_{\text{sel}}}^{\text{latent}}\leqslant 1, \quad 1<j_{\text{sel}}<J_{\text{sel}}^{\text{latent}}, J_{\text{sel}}^{\text{latent}}<J_{\text{sel}}<J \\
w_{\text{entropy}}^{\text{fuzzy}}+w_{\text{entropy}}^{\text{latent}}=1 \\
\{f_{\text{Fuzzy}}^{\text{sel}}(\cdot)_{j_{\text{sel}}}\}_{j_{\text{sel}}=1}^{J_{\text{sel}}^{\text{fuzzy}}}\in\{f_{\text{Fuzzy}}^{\text{can}}(\cdot)_j\}_{j=1}^{J} \\
\{f_{\text{Latent}}^{\text{sel}}(\cdot)_{j_{\text{sel}}}\}_{j_{\text{sel}}=1}^{J_{\text{sel}}^{\text{latent}}}\in\{f_{\text{Latent}}^{\text{can}}(\cdot)_j\}_{j=1}^{J}
\end{cases}
\tag{5.36}
$$

显然，直接求解式（5.36）的优化问题难度较大。借鉴文献[226]和本书第 4 章的方法，将这一较为复杂的优化问题进行分解：针对第 2 层集成，首先给定集成子模型的数量和加权算法，然后采用优化算法选择集成子模型并同时计算加权系数，最后在选择完具有不同集成尺寸的选择性集成模型后，排序选择具有最小建模误差的模型作为第一层选择性集成模型；针对第 2 层集成，依据输出误差进行加权。从全局优化的视角出发，问题就转化为优化选择潜结构模型和模糊推理模型的学习参数。为保证集成模型间具有较好的多样性和建模性能，有必要为不同的候选子模型选择共享的学习参数，从而保证集成子模型的多样性，也简化了模型学习参数的选择过程。不同模块的实现过程将在下文进行详细描述。

（2）潜结构选择性集成模型。

由于磨机筒体振动和振声信号的多尺度频谱具有明显的高维共线性特性，以及磨矿过程的连续生产和工作特性漂移等原因导致在建模时难以获得足够的建模样本，这就需要设计适合于高维小样本的建模算法构建磨机负荷参数软测量模型。目前，基于潜结构映射或 PLS 的软测量方法已在工业过程监视和建模中得到了广泛应用。

此处，采用 J 个多尺度频谱构建 J 个基于 KPLS 的潜结构候选子模型，并以第 j 个频谱 $\{(\boldsymbol{x}_j)_l\}_{l=1}^{k}$ 为例进行说明。

首先，采用如下的“核技巧”实现非线性映射：

$$\boldsymbol{K}_j^{\mathrm{Ker}} = \varPhi((\boldsymbol{x}_j)_l)^{\mathrm{T}} \varPhi((\boldsymbol{x}_j)_m), \quad l,m = 1,2,\cdots,k \tag{5.37}$$

式中：Ker 为潜结构模型的核参数。

然后，对核矩阵 $\boldsymbol{K}_j^{\mathrm{Ker}}$ 采用下式进行中心化处理：

$$\boldsymbol{K}_j^{\mathrm{Ker}} = \left(\boldsymbol{I} - \frac{1}{k}\boldsymbol{1}_k\boldsymbol{1}_k^{\mathrm{T}}\right)\boldsymbol{K}_j^{\mathrm{Ker}}\left(\boldsymbol{I} - \frac{1}{k}\boldsymbol{1}_k\boldsymbol{1}_k^{\mathrm{T}}\right) \tag{5.38}$$

式中：$\boldsymbol{I}$ 为 k 维的单位阵；$\boldsymbol{1}_k$ 是值为 1、长度为 k 的向量。

按照 KPLS 算法，最终基于频谱 $\boldsymbol{x}_j$ 的潜结构候选子模型的输出可表示为

$$\hat{y}_j^{\mathrm{latent}} = \tilde{\boldsymbol{K}}_j^{\mathrm{Ker}} \boldsymbol{U}_j (\boldsymbol{T}_j^{\mathrm{T}} \tilde{\boldsymbol{K}}_j \boldsymbol{U}_j)^{-1} \boldsymbol{T}_j^{\mathrm{T}} y \tag{5.39}$$

式中：T_j 和 U_j 为基于 KPLS 算法得到的输入和输出数据的潜在得分矩阵。

对于测试样本 $\{(X_{\mathrm{t},j})_l\}_{l=1}^{k_{\mathrm{t}}}$ 按下式进行标定处理：

$$\tilde{\boldsymbol{K}}_{\mathrm{t},j} = \left(\boldsymbol{K}_{\mathrm{t},j}\boldsymbol{I} - \frac{1}{k}\boldsymbol{1}_{kt}\boldsymbol{1}_k^{\mathrm{T}}\boldsymbol{K}_j^{\mathrm{Ker}}\right)\left(\boldsymbol{I} - \frac{1}{k}\boldsymbol{1}_k\boldsymbol{1}_k^{\mathrm{T}}\right) \tag{5.40}$$

式中：$\boldsymbol{K}_{t,j}$ 为测试样本的核矩阵，$\boldsymbol{K}_{t,j} = \boldsymbol{K}_j((\boldsymbol{x}_{t,j})_l,(\boldsymbol{x}_j)_m)$，$\{(\boldsymbol{x}_j)_m\}_{m=1}^{k}$ 为训练数据；k_{t} 为测试样本的个数；$\boldsymbol{1}_{kt}$ 是值为 1，长度为 k_{t} 的向量。

测试样本 $\{(X_{\mathrm{t},j})_l\}_{l=1}^{k_{\mathrm{t}}}$ 基于 KPLS 算法的潜结构子模型可表示为

$$\hat{y}_{\mathrm{t},j}^{\mathrm{latent}} = \tilde{K}_{\mathrm{t},j} U_j (\boldsymbol{T}_j^{\mathrm{T}} \tilde{\boldsymbol{K}}_j^{\mathrm{Ker}} U_j)^{-1} \boldsymbol{T}_j^{\mathrm{T}} y_i \tag{5.41}$$

此外，KPLS 算法中还需要确定潜在变量的数量，也就是潜结构模型的层数。本书中将其标记为 h，其确定的方法通常是采用留一交叉验证。因此，本书此处采用的潜结

构选择性集成模型中共有两个参数，即核参数 Ker 和潜在特征数量 h，需要确定。

第 j 个潜结构候选子模型的构建过程可表示为

$$\left.\begin{matrix}\{(X_j,y)_l\}_{l=1}^{k}\\ \mathrm{Ker},h\end{matrix}\right\}\xrightarrow{\mathrm{KPLS}} f_{\mathrm{KPLS}}^{\mathrm{can}}(\cdot)_j \tag{5.42}$$

这样，全部 J 个潜结构候选子模型的集合可以表示为

$$S_{\mathrm{KPLS}}^{\mathrm{Can}}=\{f_{\mathrm{KPLS}}^{\mathrm{can}}(\cdot)_j\}_{j=1}^{J} \tag{5.43}$$

式中：$S_{\mathrm{KPLS}}^{\mathrm{Can}}$ 表示全部潜结构候选子模型的集合。

采用文献[262]提出的 BBSEN 算法进行潜结构集成子模型的选择与合并：首先，给定候选子模型和加权算法；接着，通过运行多次 BB 和 AWF 算法以获得不同集成尺寸时的最优选择性集成模型；最后，通过排序这些模型获得最终的潜结构选择性集成模型。

将选择的潜结构集成子模型的集合表示为 $\{f_{\mathrm{KPLS}}^{\mathrm{sel}}(\cdot)_{j_{\mathrm{sel}}}\}_{j_{\mathrm{sel}}=1}^{J_{\mathrm{sel}}^{\mathrm{latent}}}$，可得潜结构集成子模型和潜结构候选子模型间的关系：

$$S_{\mathrm{KPLS}}^{\mathrm{Sel}}=\{f_{\mathrm{KPLS}}^{\mathrm{sel}}(\cdot)_{j_{\mathrm{sel}}}\}_{j_{\mathrm{sel}}=1}^{J_{\mathrm{sel}}^{\mathrm{latent}}}\in S_{\mathrm{KPLS}}^{\mathrm{Can}},\ J_{\mathrm{sel}}^{\mathrm{latent}}\leqslant J \tag{5.44}$$

式中：$S_{\mathrm{KPLS}}^{\mathrm{Sel}}$ 为潜结构集成子模型的集合；$j_{\mathrm{sel}}=1,2,\cdots,J_{\mathrm{sel}}^{\mathrm{latent}}$，$J_{\mathrm{sel}}^{\mathrm{latent}}$ 表示潜结构选择性集成模型的集成尺寸。

采用 AWF 算法按下式计算潜结构集成子模型的加权系数：

$$w_{j_{\mathrm{sel}}}^{\mathrm{latent}}=1\Bigg/\left((\sigma_{j_{\mathrm{sel}}})^2\sum_{j_{\mathrm{sel}}=1}^{J_{\mathrm{sel}}^{\mathrm{latent}}}\frac{1}{(\sigma_{j_{\mathrm{sel}}})^2}\right) \tag{5.45}$$

式中：$\sum_{j_{\mathrm{sel}}=1}^{J_{\mathrm{sel}}^{\mathrm{latent}}}w_{j_{\mathrm{sel}}}^{\mathrm{latent}}=1$，$0\leqslant w_{j_{\mathrm{sel}}}^{\mathrm{latent}}\leqslant 1$，$w_{j_{\mathrm{sel}}}^{\mathrm{latent}}$ 和 $w_{j_{\mathrm{sel}}}^{\mathrm{fuzzy}}$ 为基于第 j_{sel} 个频谱建立的潜结构子模型所对应的加权系数；$\sigma_{j_{\mathrm{sel}}}$ 为子模型输出值 $\{(\hat{y}_{j_{\mathrm{sel}}}^{\mathrm{latent}})_l\}_{l=1}^{k}$ 的标准差，k 为样本个数。

潜结构选择性集成模型的输出值 $\hat{y}_{\mathrm{latent}}$ 为

$$\hat{y}_{\mathrm{latent}}=\sum_{j_{\mathrm{sel}}=1}^{J_{\mathrm{sel}}^{\mathrm{latent}}}w_{j_{\mathrm{sel}}}^{\mathrm{latent}}f_{\mathrm{KPLS}}^{\mathrm{sel}}(\cdot)_{j_{\mathrm{sel}}}=\sum_{j_{\mathrm{sel}}=1}^{J_{\mathrm{sel}}^{\mathrm{latent}}}w_{j_{\mathrm{sel}}}^{\mathrm{latent}}\hat{y}_{j_{\mathrm{sel}}}^{\mathrm{latent}} \tag{5.46}$$

式中：$\hat{y}_{j_{\mathrm{sel}}}^{\mathrm{latent}}$ 为基于第 j_{sel} 个潜结构集成子模型的输出。

上述的潜结构选择性集成模型构建过程可表示为

$$\left.\begin{matrix}\{f_{\mathrm{KPLS}}^{\mathrm{can}}(\cdot)_j\}_{j=1}^{J}\\ \{(\boldsymbol{x}^{\mathrm{valid}},y^{\mathrm{valid}})_l\}_{l=1}^{k^{\mathrm{valid}}}\end{matrix}\right\}\xrightarrow{\mathrm{BB+AWF}}\left\{\begin{matrix}\{f_{\mathrm{KPLS}}^{\mathrm{sel}}(\cdot)_{j_{\mathrm{sel}}}\}_{j_{\mathrm{sel}}=1}^{J_{\mathrm{sel}}^{\mathrm{latent}}}\\ \{w_{j_{\mathrm{sel}}}^{\mathrm{latent}}\}_{j_{\mathrm{sel}}=1}^{J_{\mathrm{sel}}^{\mathrm{latent}}}\end{matrix}\right.$$
$$\Rightarrow\hat{y}_{\mathrm{latent}}=\sum_{j_{\mathrm{sel}}=1}^{J_{\mathrm{sel}}^{\mathrm{latent}}}w_{j_{\mathrm{sel}}}^{\mathrm{latent}}\hat{y}_{j_{\mathrm{sel}}}^{\mathrm{latent}} \tag{5.47}$$

（3）多尺度频谱的潜在特征提取模块与模糊推理选择性集成模型。

模糊推理选择性集成模型是以潜在特征为输入构建的。与第 4 章基于 KPLS 的方法

相比，针对不同的多尺度频谱进行特征提取的核参数，潜在特征的提取采用选择相同的核参数，并且与潜结构选择性集成模型选择相同的核参数，而不是采用潜在变量贡献率与互信息相结合的指标进行自适应选择。

此处，为每个多尺度频谱选择相同数量的潜在变量数量，并标记为h'。将从第j个频谱$\{(X_j)_l\}_{l=1}^k$提取的潜在特征标记为

$$Z_j = [z_{j1}, \cdots, z_{jh'}] \tag{5.48}$$

将从全部多尺度频谱提取的潜在特征子集标记为$\{z_j\}_{j=1}^J$，采用第 4 章方法基于这些特征子集构建模糊推理候选子模型，第j个子模型的构建过程如下所示：

$$\left.\begin{matrix}\{((z_{j1}, \cdots, z_{jh'}), y)\}_{l=1}^k \\ L\end{matrix}\right\} \xrightarrow{\text{Fuzzy}} f_{\text{Fuzzy}}^{\text{can}}(\cdot)_j \tag{5.49}$$

式中：L为构建 Fuzzy 模型时设定的聚类阈值。

全部J个候选子模型的集合可以表示为

$$S_{\text{Fuzzy}}^{\text{Can}} = \{f_{\text{Fuzzy}}^{\text{can}}(\cdot)_j\}_{j=1}^J \tag{5.50}$$

式中：$S_{\text{Fuzzy}}^{\text{Can}}$为全部候选子模型的集合。

此处，将选择的全部集成子模型表示为$\{f_{\text{Fuzzy}}^{\text{sel}}(\cdot)_{j_{\text{sel}}}\}_{j_{\text{sel}}=1}^{J_{\text{sel}}^{\text{fuzzy}}}$，模糊推理集成子模型和模糊推理候选子模型间的关系可表示为

$$S_{\text{Fuzzy}}^{\text{Sel}} = \{f_{\text{Fuzzy}}^{\text{sel}}(\cdot)_{j_{\text{sel}}}\}_{j_{\text{sel}}=1}^{J_{\text{sel}}^{\text{fuzzy}}} \in S_{\text{Fuzzy}}^{\text{Can}},\ J_{\text{sel}}^{\text{fuzzy}} \leqslant J \tag{5.51}$$

式中：$S_{\text{Fuzzy}}^{\text{Sel}}$代表集成子模型的集合；$j_{\text{sel}} = 1, 2, \cdots, J_{\text{sel}}^{\text{fuzzy}}$，$J_{\text{sel}}^{\text{fuzzy}}$表示选择性集成模糊推理模型的集成尺寸。

采用 AWF 算法按下式计算集成子模型的加权系数：

$$w_{j_{\text{sel}}}^{\text{fuzzy}} = 1 \Bigg/ \left((\sigma_{j_{\text{sel}}})^2 \sum_{j_{\text{sel}}=1}^{J_{\text{sel}}^{\text{fuzzy}}} \frac{1}{(\sigma_{j_{\text{sel}}})^2} \right) \tag{5.52}$$

式中：$\sum_{j_{\text{sel}}=1}^{J_{\text{sel}}^{\text{fuzzy}}} w_{j_{\text{sel}}}^{\text{fuzzy}} = 1$，$0 \leqslant w_{j_{\text{sel}}}^{\text{fuzzy}} \leqslant 1$，$w_{j_{\text{sel}}}^{\text{fuzzy}}$是基于第$j_{\text{sel}}$个训练子集建立的子模型所对应的加权系数；$\sigma_{j_{\text{sel}}}$为子模型输出值$\{\hat{y}_{j_{\text{sel}}}^l\}_{l=1}^k$的标准差，$k$为样本个数。

最佳子模型选择与最优特征选择类似，给定候选子模型和加权算法后，在面向有限数量的候选子模型时，通过运行多次 BB 和 AWF 算法可以获得不同集成尺寸的最优选择性集成模型，最后通过排序这些模型获得最终的模型。

基于 KPLS 和 BBSEN 的模糊推理选择性集成模型的输出值$\hat{y}_{\text{Fuzzy}}$由下式计算：

$$\hat{y}_{\text{Fuzzy}} = \sum_{j_{\text{sel}}=1}^{J_{\text{sel}}^{\text{fuzzy}}} w_{j_{\text{sel}}}^{\text{fuzzy}} f_{\text{Fuzzy}}^{\text{sel}}(\cdot)_{j_{\text{sel}}} = \sum_{j_{\text{sel}}=1}^{J_{\text{sel}}^{\text{fuzzy}}} w_{j_{\text{sel}}}^{\text{fuzzy}} \hat{y}_{j_{\text{sel}}}^{\text{fuzzy}} \tag{5.53}$$

式中：$\hat{y}_{j_{\text{sel}}}^{\text{latent}}$表示基于第$j_{\text{sel}}$个模糊推理集成子模型的输出。

上述模糊推理选择性集成模型的构建过程可以表示为

$$\left.\begin{array}{r}\{f_{\text{Fuzzy}}^{\text{can}}(\cdot)_j\}_{j=1}^{J} \\ \{(x^{\text{valid}},y^{\text{valid}})_l\}_{l=1}^{k^{\text{valid}}}\end{array}\right\}\xrightarrow{\text{BB+AWF}}\left\{\begin{array}{l}\{f_{\text{Fuzzy}}^{\text{sel}}(\cdot)_{j_{\text{sel}}}\}_{j_{\text{sel}}=1}^{J_{\text{sel}}^{\text{fuzzy}}} \\ \{w_{j_{\text{sel}}}^{\text{fuzzy}}\}_{j_{\text{sel}}=1}^{J_{\text{sel}}^{\text{fuzzy}}}\end{array}\right. \\ \Rightarrow \hat{y}_{\text{fuzzy}}=\sum_{j_{\text{sel}}=1}^{J_{\text{sel}}^{\text{fuzzy}}} w_{j_{\text{sel}}}^{\text{fuzzy}}\hat{y}_{j_{\text{sel}}}^{\text{fuzzy}} \tag{5.54}$$

（4）基于信息熵的异质模型互补集成。

基于潜结构和基于模糊推理的选择性集成模型属于不同建模算法构建的非同质（异质）类模型，其具有的差异性可以采用基于信息熵的集成方法进行互补融合。其中，这两类模型的加权系数可以根据训练数据的输出值进行确定[231]。

设 y_l 为训练样本在时刻 l 的真值，$\hat{y}_{j_{\text{Entropy}}l}$ 为采用信息熵加权的第 j_{Entropy} 个子模型对训练样本在时刻 l 的输出值，加权系数的计算按如下步骤进行：

步骤 1　计算第 j_{Entropy} 个输出子模型在每个时刻的输出相对误差为

$$e_{j_{\text{Entropy}}l}=\begin{cases}\left|(y_l-\hat{y}_{j_{\text{Entropy}}l})/y_l\right|, & 0\leqslant\left\|(y_l-\hat{y}_{j_{\text{Entropy}}l})/y_l\right\|<1 \\ 1 & \left\|(y_l-\hat{y}_{j_{\text{Entropy}}l})/y_l\right\|\geqslant 1\end{cases} \tag{5.55}$$

式中：$j_{\text{Entropy}}=1,2$ 分别表示潜结构选择集成模型和模糊推理选择性集成模型；$l=1,\cdots,k$，k 为训练样本的个数。若输出值与真值的差值较小，需要依据实际建模数据进行适当处理。

步骤 2　计算第 j_{Entropy} 个模型的输出相对误差的比重 $p_{j_{\text{Entropy}}l}$：

$$p_{j_{\text{Entropy}}l}^{k}=e_{j_{\text{Entropy}}l}\Big/\left(\sum_{l=1}^{k}e_{j_{\text{Entropy}}l}\right) \tag{5.56}$$

步骤 3　计算第 j_{Entropy} 个模型的相对误差的熵值 $E_{j_{\text{Entropy}}}$：

$$E_{j_{\text{Entropy}}}^{k}=\frac{1}{\ln k}\sum_{l=1}^{k}p_{j_{\text{Entropy}}l}^{k}\cdot\ln p_{j_{\text{Entropy}}l}^{k} \tag{5.57}$$

步骤 4　计算第 j_{Entropy} 个模型的加权系数 $W_{j_{\text{Entropy}}}$：

$$W_{j_{\text{Entropy}}}^{k}=\frac{1}{z-1}\left(1-(1-E_{j_{\text{Entropy}}}^{k})\Big/\sum_{j_{\text{Entropy}}=1}^{z}(1-E_{j_{\text{Entropy}}}^{k})\right) \tag{5.58}$$

式中：$\sum_{j_{\text{Entropy}}=1}^{J_{\text{Entropy}}}W_{j_{\text{Entropy}}}^{k}=1$，$J_{\text{Entropy}}$ 是子模型的个数。

在本书此处，$J_{\text{Entropy}}=2$，即存在 $W_{1_{\text{Entropy}}}^{k}=w_{\text{Entropy}}^{\text{Fuzzy}}$ 和 $W_{2_{\text{Entropy}}}^{k}=w_{\text{entropy}}^{\text{latent}}$。

基于潜结构选择性集成模型和模糊推理选择性集成模型的输出可以表示为

$$\hat{y}=w_{\text{entropy}}^{\text{fuzzy}}\hat{y}_{\text{fuzzy}}+w_{\text{entropy}}^{\text{latent}}\hat{y}_{\text{latent}} \tag{5.59}$$

2．机械设备负荷主模型算法

1）基于磨机负荷参数的磨机负荷机理模型

基于输出得到的磨机负荷参数，采用如下公式计算物料负荷、球负荷和水负荷：

$$\hat{L}_{\mathrm{m}}=\frac{(\hat{y}_3\cdot V_{\mathrm{mill}})}{\left(\frac{1}{\rho_{\mathrm{m}}}+\frac{1-\hat{y}_2}{\rho_{\mathrm{w}}\cdot\hat{y}_2}+\frac{1-\mu}{\mu}\cdot\frac{1}{\hat{y}_1\cdot\rho_{\mathrm{m}}}\right)} \tag{5.60}$$

$$\hat{L}_{\mathrm{w}}=\frac{(\hat{y}_3\cdot V_{\mathrm{mill}})}{\left(\frac{1}{\rho_{\mathrm{m}}}\cdot\frac{\hat{y}_2}{1-\hat{y}_2)}+\frac{1}{\rho_{\mathrm{w}}}+\frac{1-\mu}{\mu}\cdot\frac{\hat{y}_2}{1-\hat{y}_2}\cdot\frac{1}{\hat{y}_1}\cdot\frac{1}{\rho_{\mathrm{m}}}\right)} \tag{5.61}$$

$$\hat{L}_{\mathrm{b}}=\frac{\hat{y}_3\cdot V_{\mathrm{mill}}\cdot\rho_{\mathrm{b}}\cdot\frac{1-\mu}{\mu}}{\left(\hat{y}_1+\frac{1-\hat{y}_2}{\hat{y}_2}\cdot\frac{\rho_{\mathrm{m}}\cdot\hat{y}_1}{\rho_{\mathrm{w}}}+\frac{1-\mu}{\mu}\right)} \tag{5.62}$$

2）磨机负荷计算

采用如下公式可计算得到磨机负荷主模型的输出值：

$$\hat{L}_{\mathrm{main}}=\hat{L}_{\mathrm{m}}+\hat{L}_{\mathrm{w}}+\hat{L}_{\mathrm{b}} \tag{5.63}$$

3．机械设备负荷补偿模型算法

磨机负荷主模型的未建模动态部分可采用神经网络模型进行补偿。

维数约简技术是多尺度频谱的高维共线问题的解决方法，主要采用较少的输入变量构建补偿模型，以简化模型结构和提高模型的建模性能。另外，针对多尺度频谱与磨机负荷参数间的非线性映射关系，建模的本质是在进行多源输入特征子集的选择后构建集成模型，为不同的磨机负荷参数选择不同的有价值多尺度频谱构建集成子模型并进行合并。但是，运行专家识别磨机负荷不仅采用有价值的输入特征，还需要选择有代表性的工况样本。因此，需要考虑如何依据提取的特征并选择有价值样本构建补偿模型，进而对基于选择性信息融合的磨机负荷主模型的建模误差进行补偿。

基于潜在变量特征和随机权神经网络选择性集成模型的补偿模型包括 3 个主要部分，即基于 KPLS 的潜在特征提取、基于 Boostrap 的集成构造、基于 GA 的选择性集成随机权神经网络模型。相关方法在前文中已经进行了详细的描述，此处对建模过程进行简短叙述。

将基于磨机负荷主模型建模误差所提取的多尺度频谱潜在特征串行组合，采用如下公式表示：

$$\begin{aligned}z&=\{z_{j1},\cdots,z_{jh'}\}_{j=1}^{J}\\&=[z_{11},\cdots,z_{1h'},z_{j1},\cdots,z_{jh'},z_{J1},\cdots,z_{Jh'}]\end{aligned} \tag{5.64}$$

针对这些潜变量特征，采用“操纵训练样本”方式进行集成构造，其目的是选择出能够具有代表性的训练样本构建最终的选择性集成模型，进而实现在一定程度上模拟运行专家依据自身积累的历史经验进行估计决策的过程。

采用 Boostrap 算法进行构造，其构成如下所示：

$$\{z_l,\ \tilde{L}_l\}_{l=1}^{k} \xrightarrow{\text{Boostrap}} \begin{cases} \{z_{\text{sub}}^{1}, \tilde{L}_{\text{sub}}^{1})_l\}_{l=1}^{k} \\ \cdots \\ \{z_{\text{sub}}^{j'}, \tilde{L}_{\text{sub}}^{j'})_l\}_{l=1}^{k} \\ \cdots \\ \{z_{\text{sub}}^{J'}, \tilde{L}_{\text{sub}}^{J'})_l\}_{l=1}^{k} \end{cases} \tag{5.65}$$

式中：J' 为采用 Boostrap 所产生的训练子集的数量，即候选子模型和 GA 种群的数量；$\tilde{L}$ 是磨机负荷主模型的建模误差，即 $\tilde{L} = L - \hat{L}_{\text{main}}$。

可见，采用此种集成构造方法所产生的训练子集的输入特征维数和样本数量不发生变化，而是产生了具有不同序号的输入输出样本对，并且由于采用放回策略，训练子集中就存在重复的输入输出样本对，使得有价值样本可以得到重复利用。

针对上述产生的每个训练子集构建基于核随机权神经网络的候选子模型，第 j' 个子模型的构建过程如下所示：

$$\left.\begin{matrix} \{z_{sub}^{j'}, \tilde{L}_{sub}^{j'})_l\}_{l=1}^{k} \\ K_{\text{Comp}} \\ C_{\text{Comp}} \end{matrix}\right\} \xrightarrow{\text{随机权神经网络}} f_{\text{Comp}}^{\text{can}}(\cdot)_{j'} \tag{5.66}$$

式中：K_{Comp} 和 C_{Comp} 为补偿模型的核参数和惩罚参数。

进而，全部 J' 个候选子模型的集合可以表示为

$$S_{\text{comp}}^{\text{Can}} = \{f_{\text{Comp}}^{\text{can}}(\cdot)_{j'}\}_{j'=1}^{J'} \tag{5.67}$$

式中：$S_{\text{Comp}}^{\text{Can}}$ 为全部候选子模型的集合。

构建有效的选择性集成模型需要从候选子模型中选择和合并具有多样性和不同建模精度的集成子模型。假设选择的全部集成子模型表示为 $\{f_{\text{Comp}}^{\text{sel}}(\cdot)_{j'_{\text{sel}}}\}_{j'_{\text{sel}}=1}^{J'_{\text{sel}}}$，集成子模型和候选子模型间的关系可表示为

$$S_{\text{Comp}}^{\text{Sel}} = \{f_{\text{Comp}}^{\text{sel}}(\cdot)_{j'_{\text{sel}}}\}_{j'_{\text{sel}}=1}^{J'_{\text{sel}}} \in S_{\text{Comp}}^{\text{Can}},\ J'_{\text{sel}} \leqslant J' \tag{5.68}$$

式中：$S_{\text{Comp}}^{\text{Sel}}$ 为集成子模型的集合；J'_{sel} 为选择性集成模型的集成尺寸。

理论上，为了构建有效的选择性集成模型，需要使用验证数据集 $\{(z^{\text{valid}}, \tilde{L}^{\text{valid}})_l\}_{l=1}^{k^{\text{valid}}}$。此处，将基于验证数据集的候选子模型的输出表示为

$$\{(\hat{\tilde{L}}_{\text{Comp}}^{\text{valid}})_{j'}\}_{j'=1}^{J'} = \{f_{\text{Comp}}^{\text{can}}(\boldsymbol{x}^{\text{valid}})_{j'}\}_{j'=1}^{J'} \tag{5.69}$$

其建模误差计算如下：

$$(\boldsymbol{e}_{\text{Comp}}^{\text{valid}})_{j'} = (\hat{\tilde{\boldsymbol{L}}}_{\text{Comp}}^{\text{valid}})_{j'} - \tilde{\boldsymbol{L}}^{\text{valid}} \tag{5.70}$$

第 j' 和第 s' 个候选子模型间的相关系数采用下式获得：

$$c_{j's'}^{\text{valid}} = \sum_{l=1}^{k^{\text{valid}}} \boldsymbol{e}_{\text{Comp}}^{\text{valid}}(j', k^{\text{valid}}) \cdot \boldsymbol{e}_{\text{Comp}}^{\text{valid}}(s', k^{\text{valid}}) \Big/ k^{\text{valid}} \tag{5.71}$$

由此得到的相关矩阵采用下式表示：

$$\boldsymbol{C}_{J'}^{\text{valid}} = \begin{bmatrix} c_{11}^{\text{valid}} & c_{12}^{\text{valid}} & \cdots & c_{1J'}^{\text{valid}} \\ c_{21}^{\text{valid}} & c_{22}^{\text{valid}} & \cdots & c_{2J''}^{\text{valid}} \\ \vdots & \vdots & c_{j's'}^{\text{valid}} & \vdots \\ c_{J'1}^{\text{valid}} & c_{J'2}^{\text{valid}} & \cdots & c_{J'J'}^{\text{valid}} \end{bmatrix}_{J'\times J'} \tag{5.72}$$

接着，为每个候选子模型产生随机权重向量 $\{w_{j'}\}_{j'=1}^{J'}$，再利用 GAOT 工具箱基于相关矩阵演化处理这些权重向量，进而获得优化的权重向量 $\{w_{j'}^{*}\}_{j'=1}^{J'}$；选择这些权重向量大于阈值 $1/J'$ 的作为集成子模型。

这些集成子模型的输出可表示为

$$\{\hat{\hat{\boldsymbol{L}}}_{j'_{\text{sel}}}\}_{j'_{\text{sel}}=1}^{J'_{\text{sel}}} = \{f_{\text{Comp}}^{\text{sel}}(\boldsymbol{x}^{\text{valid}})_{j'_{\text{sel}}}\}_{j'_{\text{sel}}=1}^{J'_{\text{sel}}} \tag{5.73}$$

采用 AWF 算法计算这些集成子模型的权重：

$$w_{j'_{\text{sel}}} = 1\Bigg/\left((\sigma_{j'_{\text{sel}}})^2 \sum_{j'_{\text{sel}}=1}^{J'_{\text{sel}}} \frac{1}{(\sigma_{j'_{\text{sel}}})^2}\right) \tag{5.74}$$

式中：$\sigma_{j'_{\text{sel}}}$ 为集成子模型输出的方差。

选择性集成补偿模型的输出表示为

$$\hat{\hat{L}}_{\text{comp}} = \sum_{j'_{\text{sel}}=1}^{J'_{\text{sel}}} w_{j'_{\text{sel}}} \hat{\hat{L}}_{j'_{\text{sel}}} \tag{5.75}$$

上述选择性集成模型的构建过程可以表示为

$$\left.\begin{matrix} \{f_{\text{Comp}}^{\text{can}}(\cdot)_{j'}\}_{j'=1}^{J'} \\ \{(\boldsymbol{x}^{\text{valid}}, \tilde{L}^{\text{valid}})_l\}_{l=1}^{k^{\text{valid}}} \\ \{w_{j'}\}_{j'=1}^{J'} \end{matrix}\right\} \xrightarrow{\text{GAOT+AWF}} \left\{\begin{matrix} \{f_{\text{Comp}}^{\text{sel}}(\cdot)_{j'_{\text{sel}}}\}_{j'_{\text{sel}}=1}^{J'_{\text{sel}}} \\ \{w_{j'_{\text{sel}}}\}_{j'_{\text{sel}}=1}^{J'_{\text{sel}}} \end{matrix}\right. \tag{5.76}$$

$$\Rightarrow \hat{\hat{L}}_{\text{comp}} = \sum_{j'_{\text{sel}}=1}^{J'_{\text{sel}}} w_{j'_{\text{sel}}} \hat{y}_{j'_{\text{sel}}}$$

最后，混合集成磨机负荷软测量模型的输出可表示为

$$\hat{L} = \hat{L}_{\text{main}} + \hat{L}_{\text{comp}} \tag{5.77}$$

5.4.3 实验研究

1．数据描述

本章所提的方法采用与第 4 章相同的数据进行仿真实验。

2．实验结果与分析

1）磨机负荷参数软测量模型建模结果

多尺度频谱转换部分的结果同 4.5.2 节。

为简化规则数量、控制模型的复杂度，本章构建的模糊推理候选子模型的数量，均

为 3 个，即 $h'=3$。

（1）针对 MBVR 的磨机负荷参数软测量模型建模结果。

聚类阈值与模型建模性能的关系如图 5.7 所示。

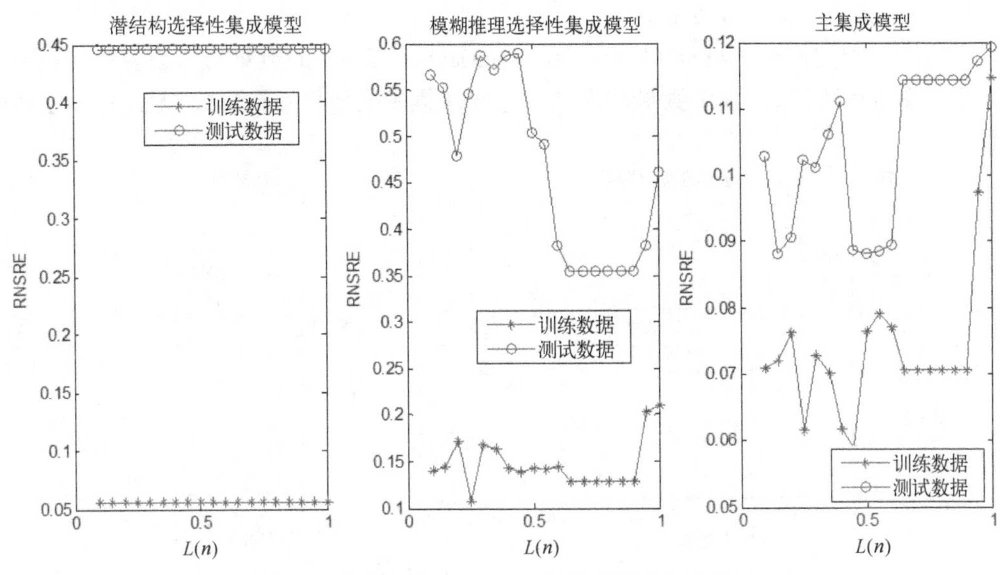

图 5.7　聚类阈值与 MBVR 软测量模型建模性能

依据图 5.7，将阈值选择为 0.5。为潜结构模型和潜在特征提取选择相同的 RBF 核函数及核参数，核参数取值与模糊选择性集成模型、潜结构选择性集成模型和互补集成模型间的关系如图 5.8 所示。

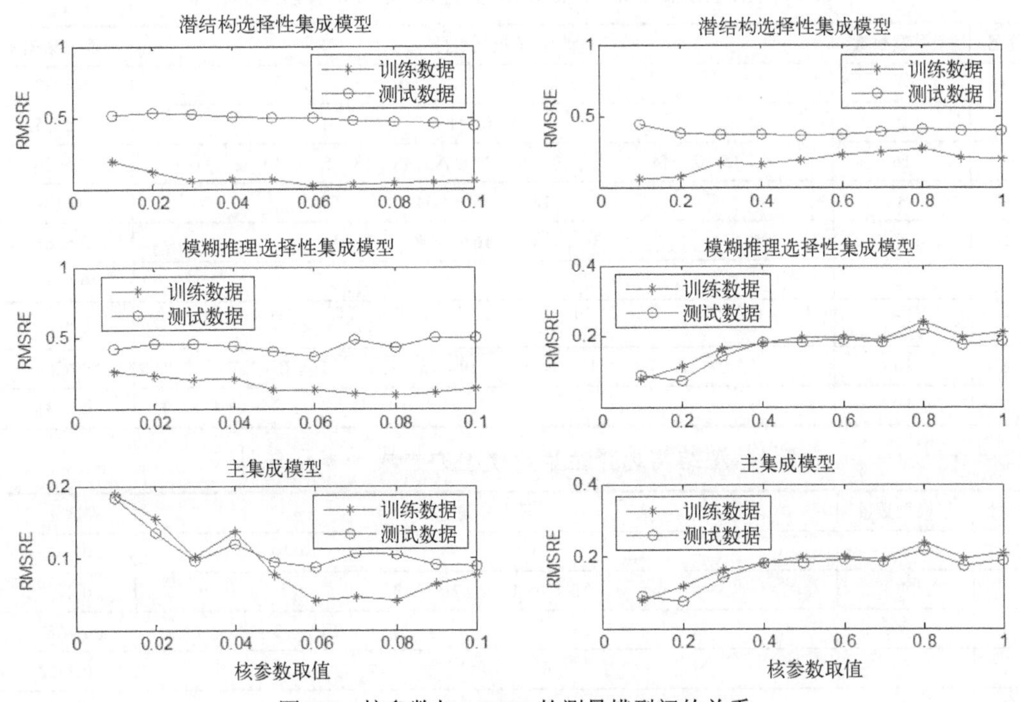

图 5.8　核参数与 MBVR 软测量模型间的关系

由图 5.8 可知，模糊推理和潜结构映射选择性集成模型的训练误差较小，测试误差较大；但是，两类模型经加权融合后的互补集成模型具有较好的训练和测试性能。这表明从互补集成模型的角度进行全局优化建模学习参数选择，可以得到较为满意的性能。依据图 5.8，此处取核半径为 0.1。

潜结构模型的核潜在特征（kernel latent variable，KLV）的数量决定模型的结构和泛化性能，图 5.9 所示为 KLV 数量与潜结构选择性集成模型和互补集成 MBVR 模型间的关系。

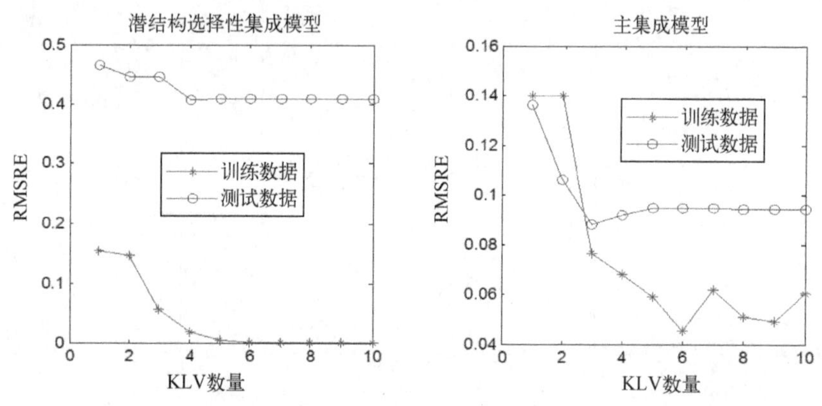

图 5.9 KLV 数量与 MBVR 潜结构选择性集成模型和互补集成模型的关系

由图 5.9 可知，KLV=3 较为合适。依据上述确定的 MBVR 模型的学习参数，模糊推理选择性集成模型和潜结构选择性集成模型选择的集成子模型如表 5.2 和表 5.3 所列。

表 5.2 模糊推理选择性集成模型的集成子模型统计表

序号	子模型数量	子模型编号	测试误差
1	4	**5 16 8 11**	0.5037
2	2	8 11	0.5625
3	16	6 15 2 14 7 1 10 20 17 19 18 13 5 16 8 11	0.6080
4	3	16 8 11	0.6124
5	5	13 5 16 8 11	0.6161
6	12	7 1 10 20 17 19 18 13 5 16 8 11	0.6171
7	17	12 6 15 2 14 7 1 10 20 17 19 18 13 5 16 8 11	0.6221
8	14	2 14 7 1 10 20 17 19 18 13 5 16 8 11	0.6264
9	19	4 3 9 12 6 2 14 7 1 10 20 17 19 18 13 5 16 8 11	0.6281

表 5.3 潜结构选择性集成模型的集成子模型统计表

序号	子模型数量	子模型编号	测试误差
1	2	**2 3**	0.4458
2	4	6 4 2 3	0.4497
3	8	9 7 5 1 6 4 2 3	0.4643
4	5	1 6 4 2 3	0.4752
5	7	7 5 1 6 4 2 3	0.4843

续表

序号	子模型数量	子模型编号	测试误差
6	3	4　2　3	0.4852
7	6	5　1　6　4　2　3	0.4892
8	9	10　9　7　5　1　6　4　2　3	0.4921
9	10	18　10　9　7　5　1　6　4　2　3	0.4955

在表 5.2 和表 5.3 中，编号为 1～10 的集成子模型对应的多尺度频谱为 VIMF1～10，而编号为 11～20 的集成子模型对应的多尺度频谱为 AIMF1～10。结果表明：模糊推理选择性集成模型选择的子模型来自于筒体振动和振声信号各一半；潜结构选择性集成模型选择的子模型主要来自筒体振动信号；这些子模型是从互补集成模型的视角进行选择的，两者之间具有较强的互补性。

采用基于信息熵的权系数计算方法，潜结构选择性集成模型和模糊推理选择性集成模型的加权系数分别为 0.6148 和 0.3851。这表明对于 MBVR 而言，潜结构模型的贡献率约为模糊推理模型的 2 倍。不同集成模型的建模误差如表 5.4 所列。

表 5.4　MBVR 软测量模型中不同集成模型的建模误差比较

	潜结构模型	模糊推理模型	互补集成模型	备注
训练数据	0.05642	0.14351	0.07645	
测试数据	0.4458	0.5037	0.08822	

由表 5.4 可知，潜结构模型的训练误差远小于测试数据，表明潜结构模型训练过程中存在过拟合；模糊推理模型的训练误差只有测试误差的 1/3，表明过拟合程度已经有所降低，也表明了基于模糊建模的可行性；互补集成模型的训练数据误差在潜结构模型和模糊推理模型之间，同时具有最小的测试数据误差，即通过潜结构模型与模糊推理模型的互补融合，可提高磨机负荷参数互补集成模型的泛化性能。

（2）针对 PD 的磨机负荷参数软测量模型建模结果。

聚类阈值与模型建模性能的关系如图 5.10 所示。

依据图 5.10，将阈值选择为 0.3。为潜结构选择性集成模型和潜在特征提取模块选择相同的 RBF 核函数及核参数，不同的核参数取值与模糊选择性集成模型、潜结构选择性集成模型和互补集成模型间的关系如图 5.11 所示。

由图 5.11 可知，模糊推理和潜结构映射选择性集成模型的训练误差都较小，测试误差则较大；但是，两类模型经加权融合后的互补集成模型具有较好的训练和测试性能。表明从互补集成模型的角度进行全局优化建模学习参数选择，可以得到较为令人满意的性能。依据图 5.11，此处取核半径为 0.2。

潜结构选择性集成模型的核潜在特征数量决定模型的结构和模型的泛化性能，图 5.12 给出 KLV 数量与潜结构选择性集成模型和互补集成模型间的关系。由图 5.12 可知，KLV=8 较为合适。

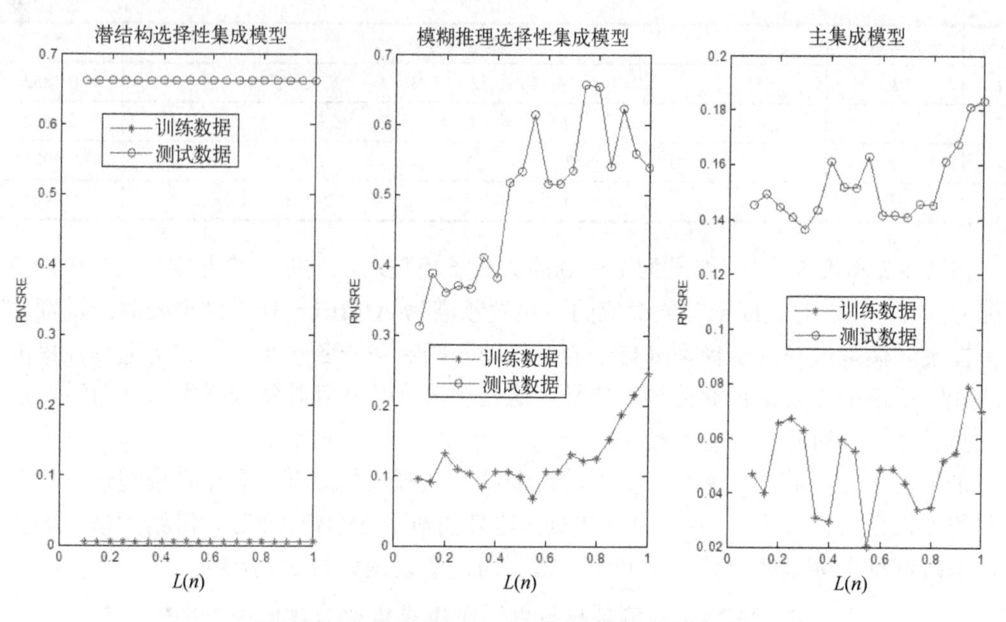

图 5.10　聚类阈值与 PD 软测量模型的建模性能

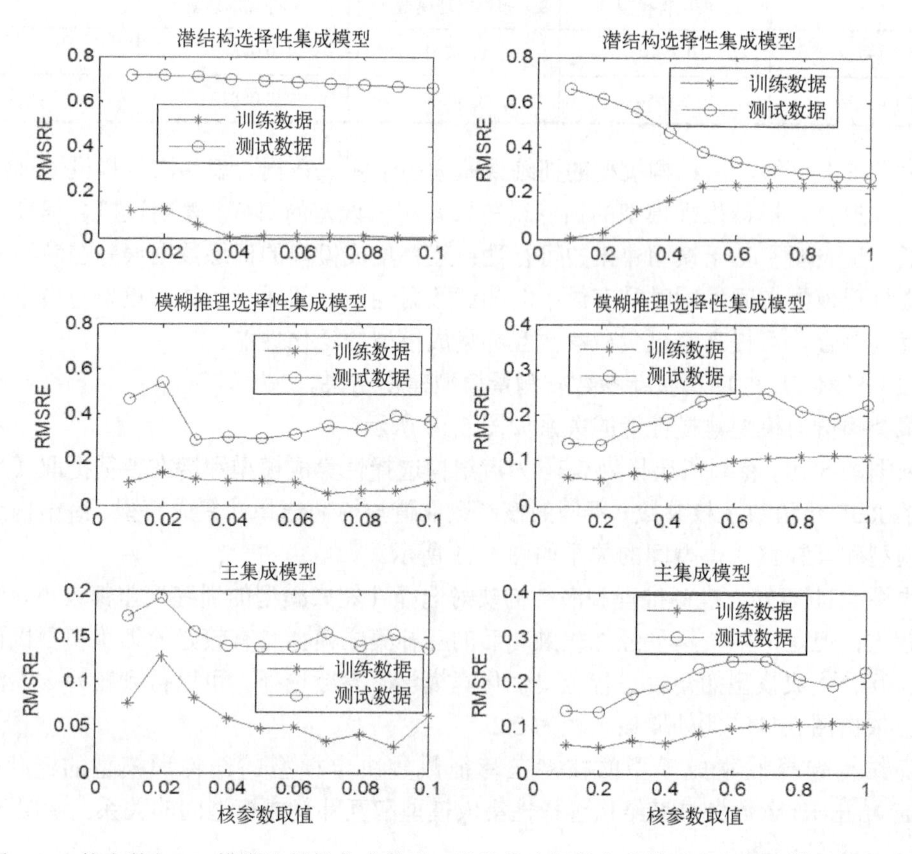

图 5.11　核参数与 PD 模糊选择性集成模型、潜结构选择性集成模型和主集成模型的关系

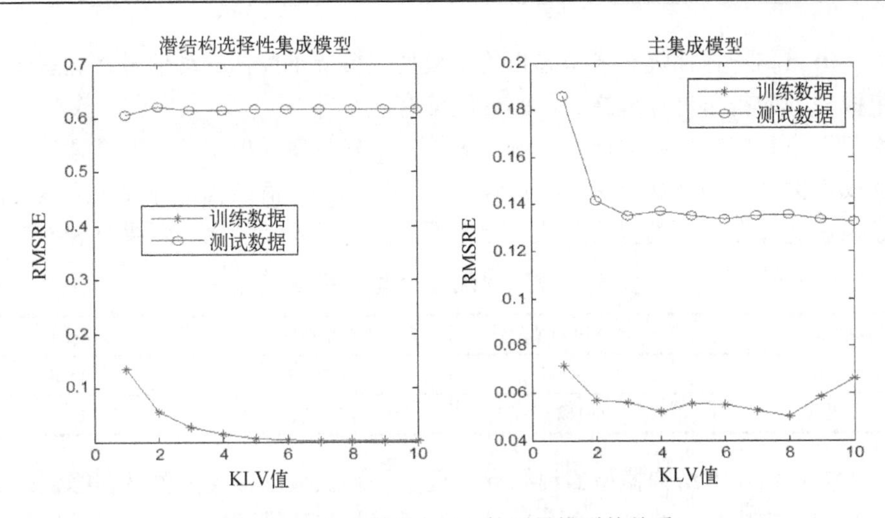

图 5.12　KLV 数量与 PD 软测量模型的关系

依据上述确定的 PD 软测量模型的学习参数，模糊推理和潜结构模型选择的集成子模型如表 5.5 和表 5.6 所列。

表 5.5　PD 模糊推理选择性集成模型的集成子模型统计表

序号	子模型数量	子模型编号	测试误差
1	6	**14　5　11　1　4　8**	0.3462
2	7	2　14　5　11　1　4　8	0.3594
3	16	16　9　13　3　19　7　6　18　17　2　14　5　11　1　4　8	0.3768
4	8	17　2　14　5　11　1　4　8	0.3783
5	18	15　12　16　9　13　3　19　7　6　18　17　2　14　5　11　1　4　8	0.3806
6	5	5　11　1　4　8	0.3822
7	3	1　4　8	0.3841
8	17	12　16　9　13　3　19　7　6　18　17　2　14　5　11　1　4　8	0.3861
9	15	9　13　3　19　7　6　18　17　2　14　5　11　1　4　8	0.3896

表 5.6　PD 潜结构选择性集成模型的集成子模型统计表

序号	子模型数量	子模型编号	测试精度
1	2	**2　3**	0.6162
2	3	6　2　3	0.6223
3	4	1　6　2　3	0.6252
4	5	4　1　6　2　3	0.6289
5	6	8　4　1　6　2　3	0.6346
6	7	14　8　4　1　6　2　3	0.6402
7	8	5　14　8　4　1　6　2　3	0.6457
8	9	16　5　14　8　4　1　6　2　3	0.6522
9	10	11　16　5　14　8　4　1　6　2　3	0.6593

表 5.5 和表 5.6 结果表明：模糊选择性集成模型选择的子模型源于筒体振动和振声信

号各一半；潜结构选择性集成模型选择的子模型主要源于筒体振动信号；这些子模型是从互补集成模型的视角进行选择的，两者能够有效互补。

采用基于信息熵的权系数计算方法，潜结构选择性集成模型和模糊推理选择性集成模型的加权系数分别为 0.4605 和 0.5395，表明对于 PD，潜结构选择性集成模型的贡献率和模糊推理选择性集成模型的贡献率相差不大。建模误差的比较结果见表 5.7。

表 5.7　PD 软测量模型建模误差

数据集	潜结构模型	模糊推理模型	互补集成模型
训练数据	0.0004456	0.09272	0.05004
测试数据	0.6162	0.3462	0.1355

由表 5.7 可知，潜结构模型的训练误差远小于测试数据，仅为测试训练误差的千分之一，表明潜结构模型训练过程中存在过拟合；模糊推理模型的训练误差只有测试误差的 1/3，表明过拟合程度已经有所降低，也表明了基于模糊建模的可行性；互补集成模型的训练数据误差是测试数据误差的 1/3 弱，相比模糊推理选择性集成模型和潜结构选择性集成模型，其训练和测试精度均有所提高，表明通过潜结构模型与模糊推理模型的互补融合，提高了主集成模型的泛化性能。

（3）针对 CVR 的磨机负荷参数软测量模型建模结果。

聚类阈值与模型建模性能的关系如图 5.13 所示。

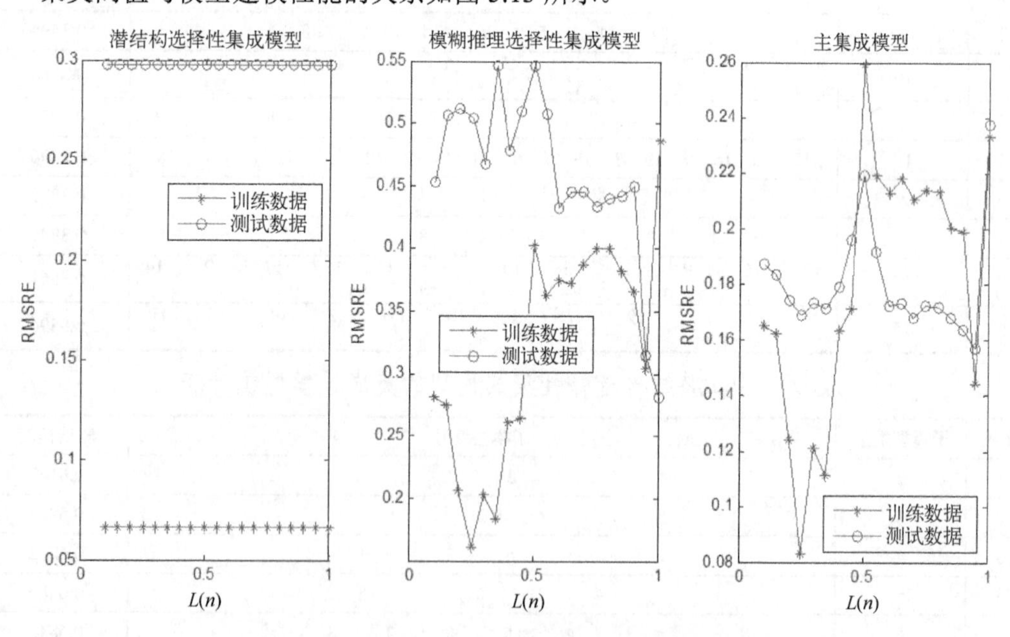

图 5.13　聚类阈值与 CVR 软测量模型建模性能

依据图 5.13，将阈值选择为 0.25，为潜结构选择性集成模型和潜在特征提取模块选择相同的 RBF 核函数及核参数。不同的核参数取值与模糊选择性集成模型、潜结构选择性集成模型和互补集成模型间的关系如图 5.14 所示。

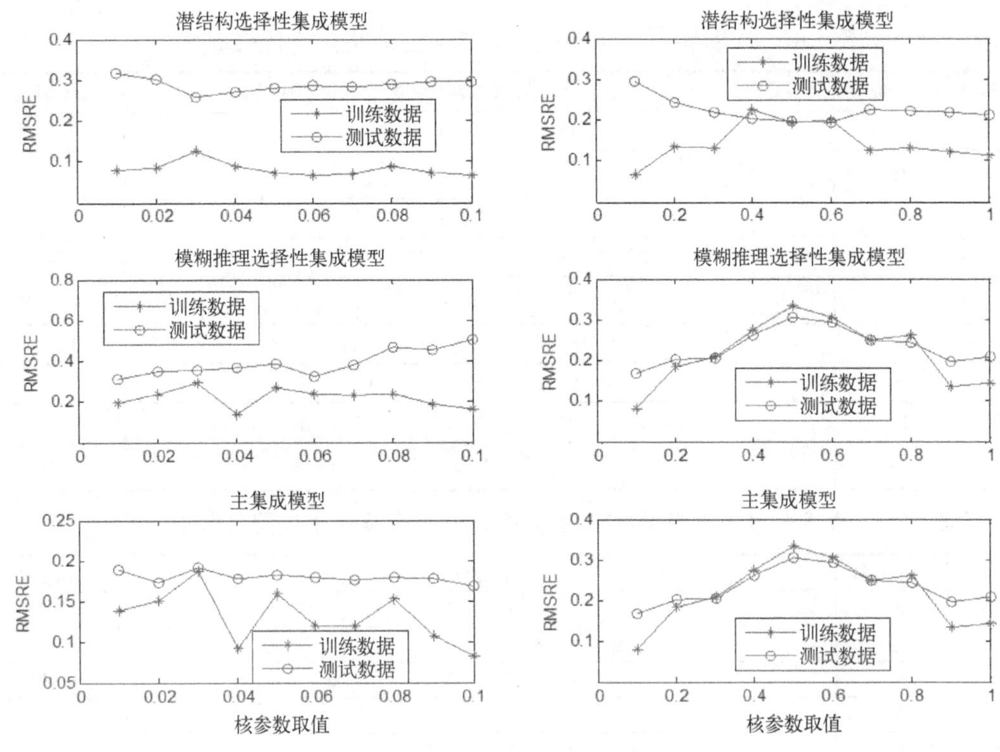

图 5.14　核参数与 CVR 软测量模型的关系

由图 5.14 可知，模糊推理选择性集成模型和潜结构映射选择性集成模型的训练误差都较小，而测试误差较大；但是，两类模型经加权融合后的互补集成模型具有较好的训练和测试性能。这表明从互补集成模型的角度进行全局优化建模学习参数选择，可以得到较为令人满意的性能。依据图 5.14，此处取核半径为 0.1。

潜结构选择性集成模型的 KLV 的数量决定模型的结构和模型的泛化性能，图 5.15 所示为 KLV 数量与潜结构模型和互补集成模型间的关系。由图 5.15 可知，KLV=6 较为合适。

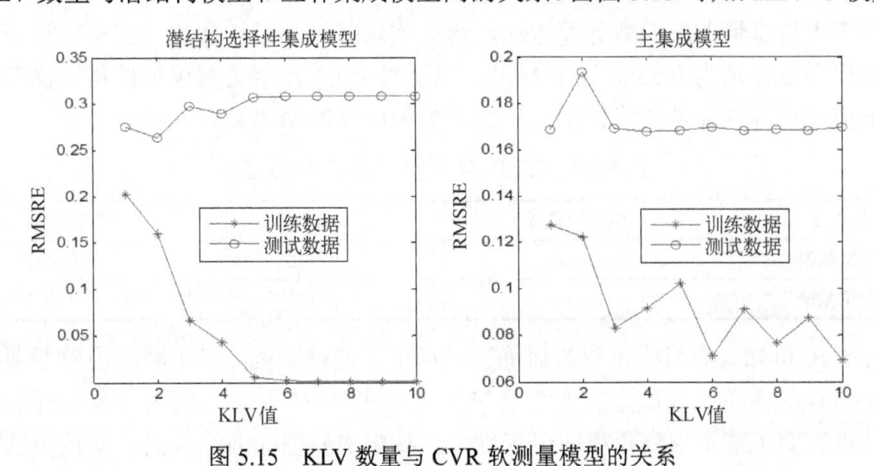

图 5.15　KLV 数量与 CVR 软测量模型的关系

依据上述确定的 CVR 软测量模型的学习参数，模糊推理选择性集成模型和潜结构选择性集成模型选择的集成子模型如表 5.8 和表 5.9 所列。

表 5.8 CVR 模糊推理选择性集成模型的集成子模型统计表

序号	子模型数量	子模型编号	测试精度
1	4	**12 6 18 5**	0.5049
2	16	10 14 9 1 20 2 16 15 13 7 17 11 12 6 18 5	0.5344
3	6	17 11 12 6 18 5	0.5365
4	15	14 9 1 20 2 16 15 13 7 17 11 12 6 18 5	0.5464
5	17	8 10 14 9 1 20 2 16 15 13 7 17 11 12 6 18 5	0.5584
6	14	9 1 20 2 16 15 13 7 17 11 12 6 18 5	0.5607
7	7	7 17 11 12 6 18 5	0.5645
8	13	1 20 2 16 15 13 7 17 11 12 6 18 5	0.5694
9	19	19 4 8 10 14 9 1 20 2 16 15 13 7 17 11 12 6 18 5	0.5741

表 5.9 CVR 潜结构选择性集成模型的集成子模型统计表

序号	子模型数量	子模型编号	测试精度
1	2	**1 3**	0.3078
2	3	2 1 3	0.3104
3	6	9 6 4 2 1 3	0.3192
4	5	6 4 2 1 3	0.3318
5	4	4 2 1 3	0.3329
6	7	5 9 6 4 2 1 3	0.3330
7	8	20 5 9 6 4 2 1 3	0.3353
8	9	7 20 5 9 6 4 2 1 3	0.3421
9	10	14 7 20 5 9 6 4 2 1 3	0.3477

表 5.8 和表 5.9 结果表明：模糊选择性集成模型选择的子模型来自于筒体振动和振声信号各一半，潜结构选择性集成模型选择的子模型主要来源于筒体振动信号；这些从互补集成模型的视角选择的子模型能够有效互补。

采用基于信息熵的权系数计算方法，潜结构选择性集成模型和模糊推理选择性集成模型的加权系数分别为 0.5598 和 0.4401，表明对于 CVR 潜结构选择性集成模型的贡献率稍强于模糊推理选择性集成模型。软测量模型的比较结果见表 5.10。

表 5.10 CVR 软测量模型建模误差

数据集	潜结构模型	模糊推理模型	互补集成模型
训练数据	0.001318	0.1612	0.0712
测试数据	0.3078	0.5049	0.1697

由表 5.10 可知，潜结构模型的训练误差远小于测试数据，表明潜结构模型训练过程中存在过拟合；模糊推理模型的训练误差只有测试误差的 1/3，表明过拟合程度已经有所降低，也表明了基于模糊建模的可行性；互补集成模型的训练数据误差是测试数据误差的 1/2 弱，相比模糊推理选择性集成模型和潜结构选择性集成模型，其训练和测试精度均提高至少 1 倍多，表明通过潜结构模型与模糊推理模型的互补融合，提高了磨机负荷参数互补集成模型的泛化性能。

2）磨机负荷主模型建模结果

采用潜结构选择性集成模型、模糊推理选择性集成模型和互补集成模型的磨机负荷参数值，输入到基于磨机负荷参数的磨机负荷机理模型可得到物料负荷、水负荷和钢球负荷的输出值。这些不同的方法的测试数据的测量曲线和统计误差见图 5.16 和表 5.11。

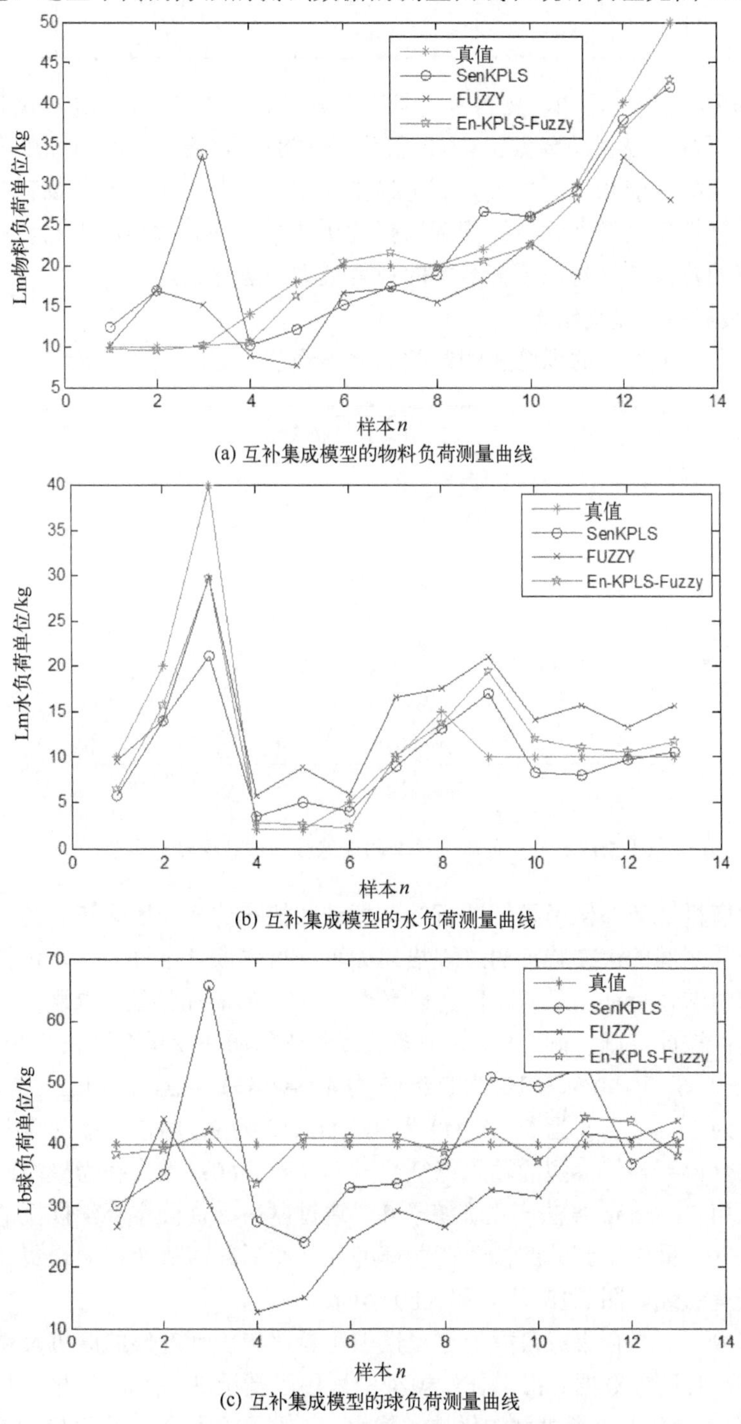

(a) 互补集成模型的物料负荷测量曲线

(b) 互补集成模型的水负荷测量曲线

(c) 互补集成模型的球负荷测量曲线

图 5.16　互补集成模型的磨机负荷测量曲线

表 5.11 磨机负荷主模型的物料、料、水负荷的测试误差比较（RMSRE）

方法	Lb	Lm	Lw	均值
SenKPLS	0.2851	0.7057	0.5523	0.5143
Fuzzy	0.3376	0.3620	1.1860	0.6285
En-KPLS-Fuzzy	0.06946	0.1021	0.3648	0.1787

由图 5.16 和表 5.11 可知，物料负荷具有最好的建模性能，RMSRE 仅为 0.06946，3 种单一负荷的平均建模误差降低了 1/3，仅为 0.1787。这表明，与单一的潜结构模型和模糊推理模型建模性能相比，磨机负荷主模型对物料负荷、水负荷和物料负荷的建模性能比潜结构选择性集成模型和模糊推理选择性集成模型均有大幅度提高，有 5 倍之多。

磨机负荷的建模结果将在下一节中的补偿模型中进行描述。

3）磨机负荷补偿模型结果

计算磨机负荷主模型的训练和测试数据输出误差，如图 5.17 所示。

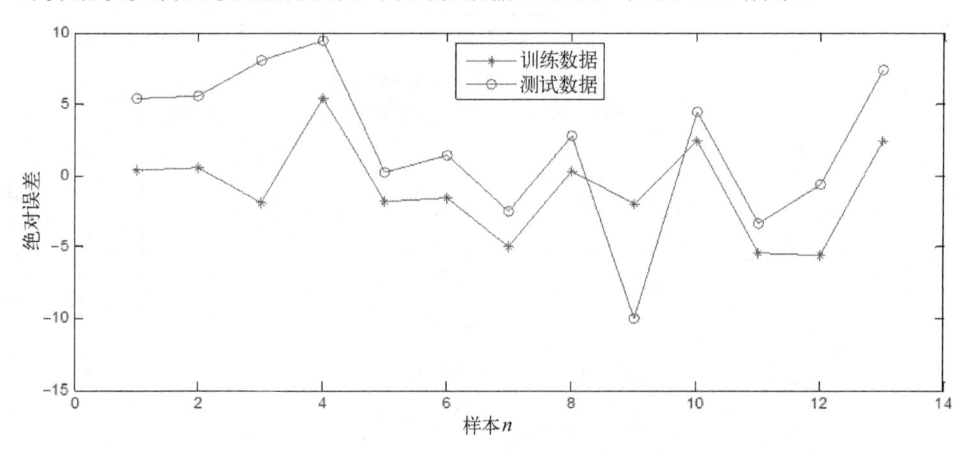

图 5.17 磨机负荷主模型的训练和测试数据输出误差

为了构建磨机负荷补偿模型，解析筒体振动和振声的多尺度频谱、提取与磨机负荷主模型建模误差之间的潜在特征的过程描述如下：首先取核半径为 1，依据经验选择不同多尺度频谱的潜在特征，即不选择贡献率小于 0.01 的潜在特征，以避免引起模型建模性能的不稳定；按此规则，确定的 20 个多尺度频谱的潜在变量个数依次为，VIMF1～7 为 10，VIMF8 为 6，VIMF9 为 10，VIMF10 为 4，AIMF1 为 3，AIMF2～5 为 2，AIMF6 为 3，AIMF7 为 5，AIMF8 为 6，AIM9 为 8，AIM10 为 9；将所有多尺度频谱的潜在变量进行串行组合得到补偿模型的输入特征数量为 20×3=60；设定补偿模型的候选子模型数量为 20，并用 Boostrap 算法产生训练子集；通过网格寻优确定补偿模型的惩罚参数为 41，核半径为 10，最终得到的磨机负荷主模型和补偿后的磨机负荷混合集成模型的测量曲线和建模误差曲线如图 5.18（a）和（b）所示。

如图 5.18 所示，混合集成模型的建模性能明显比未进行补偿的磨机负荷主模型有所改善，尤其是针对训练数据。由于补偿模型中采用了基于 Boostrap 的集成构造方法，借助 GAOT 工具箱进行集成子模型的优选，然而，这些又会引入一些随机因素。因此，采用混合集成模型运行 20 次的统计结果的平均值、最大值、最小值以及方差与磨机负荷主模型进行比较，比较结果见表 5.12。

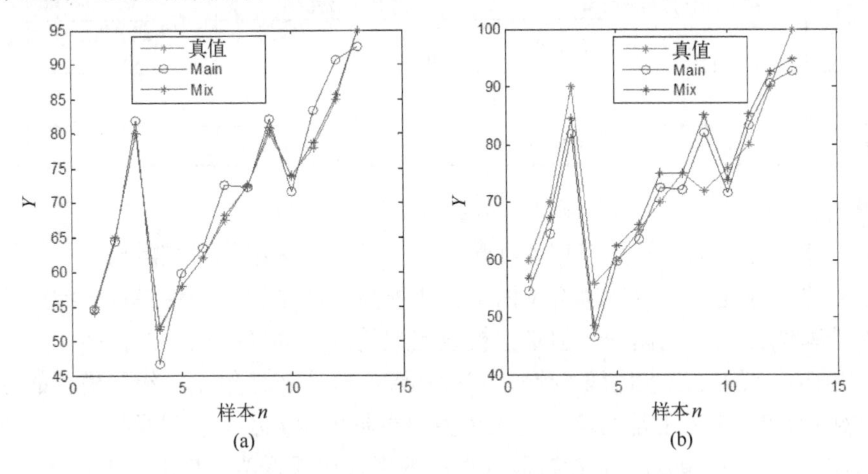

图 5.18　磨机负荷主模型与混合集成模型的测量曲线

表 5.12　磨机负荷混合集成模型的训练与测试误差比较（RMSRE）

方法	训练数据				测试数据			
	均值	最大值	最小值	方差	均值	最大值	最小值	方差
主模型	0.04813	0.04813	0.04813	0	0.08052	0.08052	0.08052	0
混合集成模型	0.006013	0.009794	0.001426	0.002124	0.07521	0.07592	0.07486	0.0002910

由表 5.12 可知，本书构建的磨机负荷混合集成模型具有较好的建模性能。

3．分析讨论与不同方法对比研究

1）磨机负荷参数双层互补集成模型及其两级子模型的比较统计

针对磨机负荷参数软测量这一难题，考虑运行专家对磨机负荷的模糊认知过程和有限建模样本等问题，提出融合模糊推理选择性集成模型和潜结构选择性集成模型的双层互补集成磨机负荷参数软测量模型。考虑到集成学习算法所面临的集成子模型的多样性和建模精度间的均衡难题，从互补集成模型全局优化角度进行了模型学习参数选择。从集成的模型的层次上讲，磨机负荷参数互补集成模型可以看作是双层的，共包含两级子模型：第一级子模型为模糊推理选择性集成模型和潜结构选择性集成模型；第二级子模型为模糊推理候选子模型和潜结构候选子模型。本书所提的双层互补集成模型，针对不同的磨机负荷参数的统计结果如表 5.13 所列。

表 5.13　磨机负荷参数双层互补集成软测量模型及其两级子模型的统计结果

磨机负荷参数	模糊推理选择性集成模型		潜结构选择性集成模型		双层主集成模型	
	二级子模型编号	RMSRE	二级子模型编号	RMSRE	一级子模型权系数	RMSRE
MBVR	5，16，8，11	0.5037	2，3	0.4458	0.3851，0.6148	0.08822
PD	14，5，11，1，4，8	0.6162	2，3	0.3462	0.5395，0.4605	0.1355
CVR	12，6，18，5	0.5049	1，3	0.3078	0.5598，0.4401	0.1697

续表

磨机负荷参数	模糊推理 选择性集成模型		潜结构 选择性集成模型		双层主 集成模型	
	二级子模型 编号	RMSRE	二级子 模型编号	RMSRE	一级子模型 权系数	RMSRE
常选 子模型	5	—	3	—	—	—
平均误差	—	0.5416	—	0.3666	—	0.1311

由表 5.13 可知：

（1）从建模性能上比较，双层互补集成模型较好地采用信息熵融合了一级子模型，具有较佳的建模性能，有效地融合了两类异质模型；潜结构选择性集成模型的建模性能强于模糊推理选择性集成模型，但是建模误差却是双层集成模型的两倍多。

（2）从子模型的贡献上比较，针对 MBVR 潜结构选择性集成一级子模型的贡献率要高，而针对 PD 和 CVR 则是两类一级子模型的贡献率相差不多；但是，从二级子模型的角度考虑，3 个不同的磨机负荷参数共同选择的多尺度频谱为 VIMF5 和 VIMF3，均是来自于筒体振动信号；另外，一级子模型所选择的模糊推理选择性集成二级子模型的数量多并且同时包含着筒体振动和振声信号的多尺度频谱，这也能够解释为什么融合的精度会大幅度地提高。

（3）从磨机负荷参数的建模精度的角度考虑，MBVR 取得了最小的建模误差，表明该方法比较适合于测量 MBVR，这与工业现场的运行专家经常依据磨机的振动和振声信号模糊估计磨机负荷的高低状态相符合。深层次的耦合机理有待于进一步的研究。

2）磨机负荷参数双层互补集成模型与文献中其他磨机负荷参数软测量方法比较

本书所提的双层互补集成磨机负荷参数软测量方法与其他的磨机负荷软测量方法相比较，如文献[262]提出了基于“操纵特征子集”的磨机负荷参数选择性集成软测量模型，基于选择性集成学习算法实现选择性的信息融合。本书此处方法与文献[226]的单尺度频谱的特征提取和选择方法、文献[238]的基于线性潜结构模型的多尺度集成建模方法，文献[347]的基于非线性潜结构模型的多尺度选择性集成建模方法，文献[446]的基于 KPCA 和 AGA-LSSVM 单模型方法的建模结果进行了比较，结果见表 5.14。

表 5.14　不同磨机负荷参数软测量方法的测试结果 （RMSRE）

方法	MBVR	PD	CVR	均值	备注
文献[226]	0.2711	0.1158	0.1368	0.1745	{FFT，V}
文献[238]	0.5454	0.3074	0.2527	0.3685	{EMD，V}
文献[347]	0.3173	0.1876	0.1932	0.2327	{EMD，V，A}
文献[446]	0. 3620	0. 1346	0.08992	0.1955	{EMD，V}
本书此处方法	0.08822	0.1355	0.1697	0.1311	{EEMD，V，A}

由表 5.14 可知：

（1）本书此处方法具有最好的平均建模性能，其 RMSRE 为 0.1311，高于文献 226]提出的基于单尺度频谱的特征子集的潜结构选择性集成模型，也高于其他基于多尺度频谱的单模型和集成模型，其主要原因在于 EEMD 提高了筒体振动和振声信号自适应分解的精度，融合两种集成构造策略的混合集成模型较之前方法能够有效模拟运行专家的磨机负荷识别机制。

（2）对比表中的其他方法发现，本书所提方法在建模性能上提高最多的就是 MBVR，这与工业现场经常基于振声信号的模糊判别 MBVR 相关。文献[446]虽然构建的是传统的单模型，但在 CVR 的上却得到了最好的建模性能。文献[226]构建的单尺度模型虽然在可解释性上较弱，但在 PD 的模型上取得了最小的建模误差。可见，不同的磨机负荷参数适合采用不同的软测量策略，这与不同磨机负荷参数影响筒体振动/振声的机理相关，更深层次的认知需要更加深入地研究。

（3）从构造软测量模型的过程的复杂度上讲，本书所提方法最为复杂：在模型训练阶段的信号分解上，EEMD 所消耗的计算量是 EMD 的 M 倍，是 FFT 变换的 $J \times M$ 倍，其中，M 为执行 EMD 的次数，J 是用于构建软测量模型的 EMD 分解的多尺度子信号的数量；在进行多尺度频谱特征的选择阶段上，相比较于文献[226，347]，未进行更进一步的选择；在构建软测量模型阶段上，本书构建的互补集成磨机负荷参数模型是双层的，复杂度明显高于其他单模型方法和单层的选择性集成建模方法；但是从模拟运行专家的认知机制上，本书此处方法优势明显。

3）基于磨机负荷参数的磨机负荷混合集成模型

本书首次采用磨机负荷主模型与补偿模型相结合的方式对磨机负荷进行建模。对于磨机负荷主模型，采用“操纵输入特征”的双层集成构造策略构建磨机负荷参数软测量模型，结合机理模型实现磨机负荷建模后，又采用“操纵训练样本”的集成构造策略建立了随机权神经网络选择性集成补偿模型。本书此处方法运行 20 次的平均绝对误差（MSE）、平均相对误差（MSPE）、均方根误差（RMSR）和均方根相对误差（RMSRE）的统计结果如表 5.15 所列。

表 5.15　磨机负荷混合集成模型的测试精度统计

统计准则	训练数据				测试数据			
	均值	最大值	最小值	方差	均值	最大值	最小值	方差
MSE	0.2338	0.5511	0.01025	0.1360	28.2658	28.6074	27.9413	0.1787
MSPE	0.004767	0.007903	0.001220	0.001683	0.05899	0.05952	0.05845	0.0003062
RMSE	0.4610	0.7424	0.1012	0.1495	5.3165	5.3485	5.2859	0.01680
RMSRE	0.006013	0.009794	0.001426	0.002124	0.07521	0.07592	0.07486	0.0002910

由表 5.15 可知，本书构建的磨机负荷混合集成模型的误差均在模型性能要求范围（一般要求 MSPE 在 5%～9%）内，具有较好的建模性能。

4）磨机负荷混合集成模型的参数优化与自适应更新

本书所提的多层集成模型模拟人耳的带通滤波功能对筒体振动和振声信号进行自适应的分解，对获得的多尺度时域子信号进行特征的提取和选择将其变换至频域得到多尺度频谱，进一步融合模糊推理选择性集成模型和潜结构模糊推理模型构建双层集成的磨机负荷参数软测量模型，再经数学模型计算得到磨机负荷后，基于建模误差采用随机权神经网络选择性集成模型对磨机负荷主模型进行补偿建模，从而对运行专家对磨机负荷进行认知的过程进行模拟。该建模过程的每个阶段均涉及不同的需要优化调整的模型参数，这些模型参数间存在相互耦合作用，如不同级的子模型的学习参数和建模精度会对混合集成模型的建模性能产生不同影响，最有效的措施是对这些参数进行全局的优化选择，但又难免会导致模型的过拟合现象。本书在混合集成模型的选择过程中采用的逐个优化选择策略，显然存在缺陷。如何研究快速有效的多参数优化策略有待于深入进行。另外，磨矿过程具有输入原料变化、设备工作点漂移、钢球磨损及粒度分布变化等原因引起的难以测量的动态变化，并且在建模初期难以获得足够代表不同工况的建模样本，进行混合集成模型结构和参数的自适应更新是需要进一步深入研究的问题。

5.5 本章小结

本书从模拟运行专家的模糊认知行为的视角入手，提出了基于磨机负荷参数软测量模型的磨机负荷混合集成模型。其主要创新点表现在：①提出了由主模型和补偿模型组成的磨机负荷混合集成模型框架，该框架下的主模型和补偿模型均为集成模型，并且采用了不同的集成构造策略；②主模型从“操纵输入特征”的角度，将两种异质模型，即基于潜在特征的模糊选择性集成模型和基于潜在结构的选择性集成模型，进行融合；③补偿模型采用基于“操纵训练样本”的集成构造策略，进而所构建的混合集成磨机负荷模型即有效的将多源信息进行了选择性融合，又利用了运行专家积累历史经验的机制；④采用实验数据验证了所提方法比以往的湿式球磨机负荷参数模型具有最佳建模精度，并首次实现了磨机负荷的准确检测。

本书提出的方法是在建立双层集成磨机负荷软测量模型后，完成多源传感器信息的选择性融合，再采用基于有价值训练样本的随机权神经网络集成模型进行建模误差补偿。本书实验是基于异常工况下的小样本数据，还需要更多的接近实际工况的实验数据和工业磨机数据对软测量模型进行验证。另外，本书此处未考虑结合模型的泛化能力和工业过程的变化进行主模型和补偿模型的在线更新，以及如何在线增加或减少子模型对混合集成模型结构进行更新等问题，这些问题需要在今后的研究中结合更多的实验数据予以逐步解决。

第 6 章 基于更新样本识别机制的频谱数据在线集成建模

6.1 引 言

复杂工业过程的产品质量指标以及与物耗、能耗密切相关的某些关键过程变量，如磨矿过程的磨矿粒度和磨机负荷等，难以采用传感器准确地在线直接检测。目前，产品质量指标的测量主要采用人工定时采样、实验室检测的方法，检测滞后、耗时；关键过程变量多依靠专家知识判断，依赖性大、准确度低。因此，基于这些方法难以对工业过程进行有效的监视和控制，解决此问题的一个替代方法是采用离线历史数据建立软测量模型。工业过程数据存在强非线性和共线性问题，常被称为“数据丰富而信息贫乏”。采用全部变量建模不仅会使模型的复杂度增加、预报精度下降和建模速度变慢，而且增加了模型的复杂度，影响模型的建模精度和速度。因此，在建立软测量模型前进行变量选择是一项关键工作[447]。针对工业过程中具有这样特性的数据，通常的建模方法有两种[151]：一是通过特征提取实现降维和消除共线性，以提取的特征建立软测量模型，如以 PCA 提取的特征建立模型；二是采用能够同时提取输入输出数据变化率的潜在变量建模，如以 PLS 方法建立模型。对特征提取而言，存在的问题是提取的特征并不一定与输出数据具有最大的相关度，如筒体振动频谱与磨机内部的料球比就存在这样的关系[109]。对 PLS 方法而言，在处理高维共线性数据上很有优势，目前已经广泛应用于化学计量学、稳态过程和动态过程的建模及过程监视，但 PLS 不适用于建立非线性模型。针对 PLS 方法的缺点，出现了神经网络 PLS、模糊 PLS 及 KPLS 方法等非线性 PLS 建模方法，其中 KPLS 算法在高维谱数据建模中取得了较好的应用效果。

为了保证离线建立的软测量模型的性能，必须要求建模数据能够覆盖所有未来可能发生的过程状态，并且软测量模型的参数能够适用所有的工况变化。工业过程中物料属性的波动、催化剂活性的变化、不同产品的质量和产量的改变以及外部环境的变化等因素使得工业过程具有时变特性。工业过程对象的特性和工作点不可避免地要偏离建立软测量模型时的工作点。因此，软测量模型依据工业过程的时变特性进行自适应更新是非常必要的[60]。滑动窗口和递推技术是进行 PCA/PLS 模型更新的常用方法，在复杂工业过程的监视和建模中得到了广泛应用[68,71,448]。滑动窗口方法通过采用滑动的时间窗加入最新样本并丢弃最旧样本的方式产生新的过程模型；为保证过程建模和监视的准确性，滑动窗必须包含大量的足以反映工业过程变化的建模数据；较小的滑动窗可以快速地适应工业过程的变化，但会导致某些异常工况难以检测；即使快速 MWPCA/PLS 也不能够有效地解决滑动窗口的大小问题。基于递推 RPCA/RPLS 技术，不丢弃任何旧的样本，而是采用每个新的样本更新模型，模型的运算耗时会逐渐增加；RPCA 方法还要结合具体的能够在线更新的建模算法才能建立有效的在线更新模型；RPLS 除了存在递推方法的缺点外，其只能建立线性模型。工业过程多为具有时变特征的非线性过程，需要有效的可以自适应更新的非线性软测量模型。

正常工况下运行的工业过程多是慢时变的，多数新样本并没有包含明显的时变信息，需要采用一种决策算法判断新样本代表过程特性漂移幅度的大小，并依据过程的实际需求设定阈值，判断是否进行模型更新。因此，采用递推方法建立软测量模型时，需要采用一种决策算法判断当新样本出现时，是否进行模型更新，从而减少模型的更新次数。文献[151]提出了采用 SPE 和 Hotelling T^2 监视新样本，并根据变化范围是否超过 SPE 和 T^2 控制限判断是否进行模型更新，但这种方法不能设定阈值，难以控制模型的更新次数。文献[153，154]提出在核特征空间中采用 ALD 条件检查新样本与建模样本间的线性依靠关系，从而得到 RLS 和 SVM 模型的建模方法。基于核空间 ALD 条件的在线 KPLS 和稀疏 KPLS 算法。在核映射之后将非线性问题可转化为线性问题，但是采用基于核空间的 ALD 条件进行模型更新条件判断时，很难选择核参数和建模样本保证核矩阵的正定。

为简化判断样本更新的 ALD 条件，本书提出了在训练样本的原始空间中采用 ALD 条件判断新样本与训练样本库的线性独立关系。若满足设定条件，更新模型；否则，不更新模型。基于该准则，提出了基于 OLPCA[159]、OLPLS[449]，以及 OLKPLS[450]的特征空间更新样本识别的在线建模。针对采用高维筒体振动频谱建模会增加模型复杂度和降低模型泛化性的问题，文献[226]提出了基于提取和选择筒体振动频谱特征的磨机负荷参数检测方法，但这种单一模型的建模精度低。研究表明，集成建模方法可以提高软测量模型的建模精度[95, 55]。集成建模需要解决的首要问题是如何构建集成子模型。针对基于高维数据的集成建模，操纵输入特征的策略较为有效，如文献[100]提出了采用随机子空间构造基于决策树的集成分类器，文献[101]提出了基于特征提取的集成分类器设计方法，文献[102]则采用遗传算法选择特征子集获得子模型的多样性。集成建模中需要解决的另一个问题是集成子模型的合并[103]。集成模型复杂度高，只选择部分子模型的选择性集成建模方法获得了关注[93,58,116]，但目前的选择性集成建模方法没有同时优化选择子模型及其加权系数。为适应工业过程的时变特性，集成模型可以采用在线更新子模型及其权系数的方式实现自适应集成建模[142]。如何针对特定应用问题提出新的在线集成建模方法是基于高维数据的集成建模需要解决的问题之一。基于筒体振动频谱，文献[231]提出了磨机负荷参数 KPLS 集成模型，并对加权系数进行了在线更新，但存在子模型的估计精度高于集成模型的问题。考虑到筒体振动、振声的频谱特征及磨机电流信号之间存在的冗余性与互补性，为实现多传感器信息的最佳融合，文献[451]提出了选择性集成多传感器信息的磨机负荷参数软测量方法。磨矿过程连续生产和球磨机旋转运行的特点，难以在短期内采集足够的能够代表不同工况的筒体振动数据；而且离线模型难以适应磨矿过程的特性漂移。综上，本书提出了基于特征空间更新样本识别的单尺度多源高维频谱在线集成建模方法，并基于实验球磨机的筒体振动、振声等实际运行数据进行了仿真验证。然而，上述方法未对集成模型结构进行更新，难以有效地适应概念漂移。

为选择能够代表过程对象工况漂移的新样本进行模型更新，已有策略还包括基于预测误差限（prediction error band，PEB）[452]。但是，基于 PCA 监控指标的方法因不设定更新阈值难以有效控制模型更新次数、基于 PEB 仅考虑了模型预测性能、采用 ALD 条件虽通过设定阈值有效控制了模型更新次数却未考虑模型预测性能的变化。针对具体工业实践，领域专家通常综合考虑过程特性变化和软测量模型预测性能等指标，依据自身经验知识决策是否有必要进行软测量模型更新。因此，如何有效地结合领域专家知识，融合 ALD 值和模型预测误差所代表的具有不同视角的概念漂移程度，即基于领域专家的经验和知识获取模糊规则，对是否对软测量模型进行更新采用智能化识别是本书的关注焦点。文献[162]提出应用于分类问题的选择性负相关学习算法；文献[163]给出预设定集成尺寸和权重更新速率的自适应集成模型；文献[164]提出基于改进 Adaboost.RT 算法的集成模型；文献[165]提出能够随识别目标复杂程度自适应变化的分类器动态选择与循环集成方法，并可调整模型参数实现集成模型精度和效率的折中；文献[453]指出面向回归问题的在线集成算法较少，并提出了基于样本更新的动态在线集成回归算法。面向高维小样本数据，上述方法难以建立学习速度快、性能稳定的在线集成模型。选择适合的子模型构建方法对集成模型的快速更新极为重要。BPNN 被过拟合、训练时间长等问题所困扰。面对小样本数据时，BPNN 难以建立稳定性较高的预测模型。基于结构风险最小化的 SVM 建模方法适用于小样本数据建模，需要花费较多时间求解最优解，难以采用重新训练方式实现模型快速更新，其在线递推模型是以次优解替代最优解。随机向量泛函连接网络（random vector functional link，RVFL）求解速度快[454-456]，但在面向小样本数据建模时同样存在预测性能不稳定的问题，并且难以直接用于高维数据建模。理论上，基于 RVFL 的集成模型具有更好的建模可靠性[457]。在隐含层映射关系未知的情况下，将 SVM 中的核技术引入 RVFL 构建改进的 RVFL 模型可有效克服上述问题[458]。RVFL 作为一种单隐层的人工神经网络模型，难以直接采用高维数据建模。维数约简是首先需要面对的问题[326]，解决方法主要是特征选择和特征提取技术。特征选择方法主要是选择与函数分类或估计目标关系密切的部分变量实现约简，但丢弃的部分特征可能会降低估计模型的泛化能力。特征提取是采用线性或非线性的方式确定适当的低维空间取代原始高维空间，无须丢弃部分特征变量，避免了特征选择技术丢弃部分特征引起的缺陷。基于偏最小二乘的特征提取方法较为容易实现[367]，并克服了 PCA 提取的潜在特征只关注输入数据、不能有效用于函数估计问题的缺点。显然，针对 RVFL 难以有效解决高维共线性数据的直接建模问题，将其结合基于 PLS 的特征提取是较佳的解决方案之一。因此，本书提出了进行基于模糊融合特征空间和输出样本空间更新样本智能识别的自适应集成建模方法，但该方法并未考虑建模数据的特征空间分布。

复杂工业过程工况漂移在本质上是表征该过程部分特性的数据分布随时间发生了动态变化，从难测参数软测量模型的视角可理解为建模样本输出空间与特征空间的映射关系发生了改变[459]，这通常是由难以预知的工业生产环境改变、物料成分波动和设备磨损与维护等因素引起的[460]。因此，针对回归建模问题采用特征空间的分布变化对更新样本进行识别很有必要。但是，在过程数据分布的正态性未知时，分布假设检验方法需通过分析样本间欧几里得距离差异以间接反映特征空间分布变化，难以直接有效地识别更新样本。显然，同时从难测参数 PEB 和特征分布视角进行更新样本识别是较为有效的方案之一。

6.2 递推更新算法

此处只介绍 PCA 和 PLS 递推更新算法，针对 PCA 算法只是介绍得分向量的递推更新。

6.2.1 递推主元分析（RPCA）

1）得分向量和得分矩阵递推

假设原始数据 $\boldsymbol{X}_k^0 \in \Re^{k \times p}$ 由 k 个样本（行）和 p 个变量组成（列），则 $\boldsymbol{X}_k^0$ 首先被标准化为 0 均值 1 方差的 $\boldsymbol{X}_k$，并按照下式进行分解：

$$\boldsymbol{X}_k = \boldsymbol{t}_1\boldsymbol{p}_1^{\mathrm{T}} + \boldsymbol{t}_2\boldsymbol{p}_2^{\mathrm{T}} + \cdots + \boldsymbol{t}_h\boldsymbol{p}_h^{\mathrm{T}} + \boldsymbol{t}_{h+1}\boldsymbol{p}_{h+1}^{\mathrm{T}} + \cdots + \boldsymbol{t}_p\boldsymbol{p}_p^{\mathrm{T}} \tag{6.1}$$

式中：$\boldsymbol{t}_i$ 和 $\boldsymbol{p}_i$（$i = 1, \cdots, p$）分别称为得分向量和负载向量。

$\boldsymbol{p}_i$ 是如下式所示的相关系数阵 $\boldsymbol{R}_k \in \Re^{p \times p}$ 的第 i 个特征向量：

$$\begin{cases} \boldsymbol{R}_k \approx \dfrac{1}{k-1}\boldsymbol{X}_k^{\mathrm{T}} \cdot \boldsymbol{X}_k \\ (\boldsymbol{R}_k - \lambda_k)\boldsymbol{P}_k = 0 \end{cases} \tag{6.2}$$

式中：λ_k 是 $\boldsymbol{R}_k$ 的特征值。

由于 $\boldsymbol{T}_k \in \Re^{k \times p}$ 是 X_{f_k} 在 P_k 上的正交映射，存在下式

$$\boldsymbol{T}_k = \boldsymbol{X}_k\boldsymbol{P}_k \tag{6.3}$$

通过分解频谱 $\boldsymbol{X}_k$ 实现维数约简：

$$\boldsymbol{X}_k = \hat{\boldsymbol{X}}_k + \tilde{\boldsymbol{X}}_k = \hat{\boldsymbol{T}}_k\hat{\boldsymbol{P}}_k^{\mathrm{T}} + \tilde{\boldsymbol{T}}_k\tilde{\boldsymbol{P}}_k^{\mathrm{T}} \tag{6.4}$$

式中：$\hat{\boldsymbol{X}}_k$ 和 $\tilde{\boldsymbol{X}}_k$ 分别为建模部分和残差部分。$\hat{\boldsymbol{P}}_k \in \Re^{p \times h}$ 称为负荷矩阵，在过程监视中称为 PCA 模型；$\hat{\boldsymbol{T}}_k \in \Re^{n \times h}$ 为得分矩阵，在过程建模中用于构建过程模型，本书中称为主元；$\tilde{\boldsymbol{P}}_k^{\mathrm{T}} \in \Re^{p \times (p-h)}$ 和 $\tilde{\boldsymbol{T}}_k \in \Re^{n \times (p-h)}$ 称为残差的负荷和得分矩阵。

进一步，$\hat{\boldsymbol{T}}_k$ 可由下式计算得到：

$$\hat{\boldsymbol{T}}_k = \boldsymbol{X}_k\hat{\boldsymbol{P}}_k \tag{6.5}$$

初始振动频谱矩阵 $\boldsymbol{X}_k^0$ 的均值可表示为

$$\boldsymbol{u}_k = \frac{1}{n}(\boldsymbol{X}_k^0)^{\mathrm{T}} \cdot \boldsymbol{1}_k, \quad \boldsymbol{u}_k \in \boldsymbol{R}^{p \times 1} \tag{6.6}$$

式中：$\boldsymbol{1}_k = [1, \cdots, 1]^{\mathrm{T}} \in \boldsymbol{R}^k$。

$\boldsymbol{X}_k^0$ 的标准化公式为

$$\boldsymbol{X}_k = (\boldsymbol{X}_k^0 - \boldsymbol{1}_k\boldsymbol{u}_k^{\mathrm{T}}) \cdot \Sigma_k^{-1} \tag{6.7}$$

式中：$\Sigma_k=\text{diag}(\sigma_{k1},\cdots,\sigma_{kp})$，$\sigma_{ki}$ 是第 i 个谱变量的标准偏差。

当新样本 $\boldsymbol{x}_{k+1}^0$ 可用时，$\boldsymbol{u}_{k+1}$、$\sigma_{(k+1)i}$ 和 $\boldsymbol{R}_{k+1}$ 的递归计算可由如下公式得到：

$$\boldsymbol{u}_{k+1}=\frac{k}{k+1}\boldsymbol{u}_k+\frac{1}{k+1}(\boldsymbol{x}_{k+1}^0)^{\mathrm{T}} \tag{6.8}$$

$$\sigma_{(k+1)\cdot i}^2=\frac{k-1}{k}\sigma_{k\cdot i}^2+\Delta\boldsymbol{u}_{k+1}^2(i)+\frac{1}{k}\left\|\boldsymbol{x}_{k+1}^0(i)-\boldsymbol{u}_{k+1}(i)\right\|^2 \tag{6.9}$$

$$\boldsymbol{R}_{k+1}=\frac{k-1}{k}\cdot\Sigma_{k+1}^{-1}\cdot\Sigma_k\cdot\boldsymbol{R}_k\cdot\Sigma_k\cdot\Sigma_{k+1}^{-1}+\Sigma_{k+1}^{-1}\cdot\Delta\boldsymbol{u}_{k+1}\cdot\Delta\boldsymbol{u}_{k+1}^{\mathrm{T}}\cdot\Sigma_{k+1}^{-1}+\frac{1}{k}\cdot\boldsymbol{x}_{k+1}^{\mathrm{T}}\cdot\boldsymbol{x}_{k+1} \tag{6.10}$$

式中：$\boldsymbol{x}_{k+1}=(\boldsymbol{x}_{k+1}^0-\mathbf{1}\cdot\boldsymbol{u}_{k+1}^{\mathrm{T}})\cdot\Sigma_{k+1}^{-1}$；$\Sigma_j=\text{diag}(\sigma_{j1},\cdots,\sigma_{jp}),j=k,k+1$。

通过对 $\boldsymbol{R}_{k+1}$ 进行奇异值分解（SVD），求得 $\boldsymbol{R}_{k+1}$ 的特征向量 $\boldsymbol{P}_{R_{k+1}}$。

假设选择的最大主元个数为 h，则新 PCA 模型 $\hat{\boldsymbol{P}}_{k+1}$ 为

$$\hat{\boldsymbol{P}}_{k+1}=\boldsymbol{P}_{R_{k+1}}(:,1:h) \tag{6.11}$$

进一步，新样本的得分向量和新的得分矩阵可用下式计算：

$$\begin{cases}\hat{\boldsymbol{t}}_{k+1}=\boldsymbol{x}_{k+1}\cdot\hat{\boldsymbol{P}}_{k+1}\\ \hat{\boldsymbol{T}}_{k+1}=\begin{bmatrix}\hat{\boldsymbol{T}}_k\cdot\hat{\boldsymbol{P}}_k^T\cdot\Sigma_k\cdot\Sigma_{k+1}^{-1}-\mathbf{1}_k\cdot\Delta\boldsymbol{u}_{k+1}^{\mathrm{T}}\cdot\Sigma_{k+1}^{-1}\\ \boldsymbol{x}_{k+1}\end{bmatrix}\cdot\hat{\boldsymbol{P}}_{k+1}\end{cases} \tag{6.12}$$

2）主元数量更新

基于相关系数阵 PCA 算法的主元数量更新方法主要包括以下几种方法：

（1）方差累计贡献率法。

新 PCA 模型的方差累计贡献率（CPV）按如下公式计算：

$$\text{CPV}_{h_{k+1}}=100\sum_{i_{k+1}=1}^{h_{k+1}}\lambda_{i_{k+1}}\Big/\sum_{i_{k+1}=1}^{p}\lambda_{i_{k+1}} \tag{6. 13}$$

式中：$\lambda_{i_{k+1}}$ 为 $\boldsymbol{R}_{k+1}$ 的特征值；p 为变量的个数；h_{k+1} 为新选择的主元个数。

当 $\text{CPV}_{h_{k+1}}$ 值大于据经验设定期望的 $\text{CPV}_{\text{limit}}$，将主元个数更新为 h_{k+1}。

（2）平均特征值法。

对于相关系数矩阵 $\boldsymbol{R}_{k+1}$，计算当特征值大于 $\bar{\lambda}_{k+1}=\dfrac{\text{tr}(R_{k+1})}{p}$ 的个数 h_{k+1} 为新模型的主元个数。

（3）重构误差法。

依据 PCA 模型计算矩阵 $\hat{\boldsymbol{P}}_{k+1}\cdot\hat{\boldsymbol{P}}_{k+1}^{\mathrm{T}}$，计算第 i 个输入变量的重构误差的变化为

$$u_{r_{k+1}i}=\frac{r_{k+1}(i,i)-2c_{k+1}^{\mathrm{T}}(:,i)\cdot r_{k+1}(:,i)+c_{k+1}^{\mathrm{T}}(:,i)\cdot R_{k+1}\cdot c_{k+1}(:,i)}{(1-c_{k+1}(i,i))^2},\quad i=1,\cdots,p \tag{6.14}$$

式中：$c_{k+1}(:,i)$，$c_{k+1}(i,i)$ 为矩阵 $\hat{\boldsymbol{P}}_{k+1}\cdot\hat{\boldsymbol{P}}_{k+1}^{\mathrm{T}}$ 的第 i 列和第 ii 个值；$r_{k+1}(:,i)$ 和 $r_{k+1}(i,i)$ 是矩阵

R_{k+1} 的第 i 列和第 ii 个值。

进一步，按下式计算重构误差方差（variance of the reconstruction error，VRE）：

$$\mathrm{VRE}(h_{k+1}) = \sum_{i=1}^{p} \frac{u_{r_{k+1}i}}{\mathrm{var}(x_i)} \tag{6. 15}$$

式中：$\mathrm{var}(x_i)$ 为观测向量中第 i 个元素的方差。

选择使 $\mathrm{VRE}(h_{k+1})$ 值最小的主元个数为新模型的主元个数。

6.2.2 递推偏最小二乘（RPLS）

将输入和输出变量分别记为 $\boldsymbol{X}_k \in \Re^{k\times p}$ 和 $\boldsymbol{Y}_k \in \Re^{k\times q}$，则 PLS 算法可将矩阵 $\boldsymbol{X}_k$ 和 $\boldsymbol{Y}_k$ 分解为下式：

$$\boldsymbol{X}_k = \boldsymbol{T}\boldsymbol{P}^{\mathrm{T}} + \boldsymbol{E} \tag{6.16}$$

$$\boldsymbol{Y}_k = \boldsymbol{U}\boldsymbol{Q}^{T} + \boldsymbol{F} \tag{6.17}$$

式中：$\boldsymbol{T} = [\boldsymbol{t}_1, \boldsymbol{t}_2, \cdots, \boldsymbol{t}_h]$ 和 $\boldsymbol{U} = [\boldsymbol{u}_1, \boldsymbol{u}_2, \cdots, \boldsymbol{u}_h]$ 为得分矩阵；$\boldsymbol{P} = [\boldsymbol{p}_1, \boldsymbol{p}_2, \cdots, \boldsymbol{p}_h]$ 和 $\boldsymbol{Q} = [\boldsymbol{q}_1, \boldsymbol{q}_2, \cdots, \boldsymbol{q}_h]$ 是载荷矩阵。

进一步，可获得如下式所示的多元回归模型：

$$\boldsymbol{Y}_k = \boldsymbol{X}_k\boldsymbol{C} + \boldsymbol{G} \tag{6.18}$$

式中：$\boldsymbol{G}$ 为噪声矩阵；$\boldsymbol{C}$ 为回归系数矩阵。

递归算法在本质上是采用新的数据更新离线建立的软测量模型。

假定 $\boldsymbol{X}_k$ 的秩是 r，那么 PLS 算法的最大潜在变量个数不超过 r。将数据 $\{\boldsymbol{X}_k, \boldsymbol{Y}_k\}$ 建立的 PLS 模型表示为 $\{\boldsymbol{T}, \boldsymbol{W}, \boldsymbol{P}, \boldsymbol{B}, \boldsymbol{Q}\}$：

$$\{\boldsymbol{X}_k, \boldsymbol{Y}_k\} \xrightarrow{\mathrm{PLS}} \{\boldsymbol{T}, \boldsymbol{W}, \boldsymbol{P}, \boldsymbol{B}, \boldsymbol{Q}\} \tag{6.19}$$

式中：$\boldsymbol{T} = [\boldsymbol{t}_1, \boldsymbol{t}_2, \cdots, \boldsymbol{t}_r]$；$\boldsymbol{W} = [\boldsymbol{w}_1, \boldsymbol{w}_2, \cdots, \boldsymbol{w}_r]$；$\boldsymbol{P} = [\boldsymbol{p}_1, \boldsymbol{p}_2, \cdots, \boldsymbol{p}_r]$；$\boldsymbol{B} = \mathrm{diag}[\boldsymbol{b}_1, \boldsymbol{b}_2, \cdots, \boldsymbol{b}_r]$；$\boldsymbol{Q} = [\boldsymbol{q}_1, \boldsymbol{q}_2, \cdots, \boldsymbol{q}_r]$。

在递归更新过程中，考虑采用潜变量的个数为输入矩阵的秩 r。

给定 PLS 模型 $\{\boldsymbol{X}_k, \boldsymbol{Y}_k\} \xrightarrow{\mathrm{PLS}} \{\boldsymbol{T}, \boldsymbol{W}, \boldsymbol{P}, \boldsymbol{B}, \boldsymbol{Q}\}$ 和新样本 $\{\boldsymbol{x}_{k+1}, \boldsymbol{y}_{k+1}\}$，采用旧模型和新数据的更新算法如下所示：

步骤 1：标准化数据矩阵 $\{\boldsymbol{X}_k, \boldsymbol{Y}_k\}$ 为 0 均值 1 方差。

步骤 2：采用上节算法得到 PLS 模型：$\{\boldsymbol{X}_k, \boldsymbol{Y}_k\} \xrightarrow{\mathrm{PLS}} \{\boldsymbol{T}, \boldsymbol{W}, \boldsymbol{P}, \boldsymbol{B}, \boldsymbol{Q}\}$，其中计算 r 个潜在变量，直到 $\|\boldsymbol{E}_r\| \leqslant \varepsilon$（$\varepsilon > 0$ 是误差限）。这样得到足够多的潜变量个数。

步骤 3：当新的数据对 $\{\boldsymbol{x}_{k+1}^0, \boldsymbol{y}_{k+1}^0\}$ 可用时，采用与步骤 1 相同的方法进行标定，并记为 $\boldsymbol{X}_{k+1} = \begin{bmatrix} \boldsymbol{P}^{\mathrm{T}} \\ \boldsymbol{x}_{k+1} \end{bmatrix}, \boldsymbol{Y}_{k+1} = \begin{bmatrix} \boldsymbol{B}\boldsymbol{Q}^{\mathrm{T}} \\ \boldsymbol{y}_{k+1} \end{bmatrix}$，然后返回步骤 2。

在上述 RPLS 算法的步骤 3 中，新数据的均值和方差采用旧模型的均值和方差进行标定。由于当有新的样本可用时，新模型的均值和方差已经发生了变化。因此，在确定采用新样本进行更新时，均值和方差也应该进行递推更新。

6.3　更新样本识别算法

工业过程多具有慢时变特性，离线建立的非线性模型 $f(\cdot)$ 不能代表当前工况。在时刻 m_n，工业过程模型的输入输出关系采用下式表示：

$$y_{m_n} = f'(z_{m_n}), \quad m_n = k+1, k+2, \cdots \tag{6.20}$$

式中：$f'(\cdot)$ 为新的非线性模型；z_{m_n} 为在时刻 m_n 的输入变量。

为判断新样本是否更新旧模型时，本节提出了一种用于非线性系统在线建模的新方法。该方法由模型更新条件、ALD 条件计算、KPLS 模型更新三部分组成。在进行 KPLS 模型更新之前，计算新样本的 ALD 条件。如果新样本独立于建模样本库，KPLS 模型进行更新；否则，不更新。因此，建立在线非线性过程模型时，至少需要以下步骤：

（1）离线建模。

（2）新样本依据旧模型进行测量输出。

（3）计算新样本相对于训练样本库的 ALD 条件。

（4）重新构建新的非线性模型 $\hat{f}'(\cdot)$。

6.3.1　基于 PCA 模型

针对化工和半导体制造等具有时变特性的工业过程，基于 PCA 的过程监视方法得到了成功应用。基于训练样本建立 PCA 模型，标定后的新样本 $\boldsymbol{z}_{k+1}$ 被分为两部分：

$$\boldsymbol{z}_{k+1} = \hat{\boldsymbol{z}}_{k+1} + \tilde{\boldsymbol{z}}_{k+1} \tag{6.21}$$

式中：$\hat{\boldsymbol{z}}_{k+1} = \boldsymbol{z}_{k+1}\hat{\boldsymbol{P}}_k\hat{\boldsymbol{P}}_k^{\mathrm{T}}$ 和 $\tilde{\boldsymbol{z}}_{k+1} = \boldsymbol{z}_{k+1}(\boldsymbol{I} - \hat{\boldsymbol{P}}_k\hat{\boldsymbol{P}}_k^{\mathrm{T}})$ 分别为 $\boldsymbol{z}_{k+1}$ 在主元子空间（PCS）和残差子空间（RS）上的投影；$\hat{\boldsymbol{P}}_k$ 为负荷矩阵。

通常 SPE 和 Hotelling T^2 用于度量新样本与 PCA 模型间的差异，其中 SPE 度量新样本在 RS 上的投影，表示新样本偏离模型的程度；T^2 度量新样本在 PCS 上的变化，表示新样本在模型内部的偏离程度。SPE 和 T^2 的计算如下[152]：

$$\begin{cases} \hat{\boldsymbol{t}}_{k+1} = \boldsymbol{z}_{k+1}\hat{\boldsymbol{P}}_k \\ \hat{\boldsymbol{z}}_{k+1} = \hat{\boldsymbol{t}}_{k+1}\hat{\boldsymbol{P}}_k^{\mathrm{T}} \\ \tilde{\boldsymbol{z}}_{k+1} = \boldsymbol{z}_{k+1} - \hat{\boldsymbol{z}}_{k+1} \\ SPE \equiv \left\|\tilde{\boldsymbol{z}}_{k+1}\right\|^2 = \left\|\boldsymbol{z}_{k+1}(\boldsymbol{I} - \hat{\boldsymbol{P}}_k\hat{\boldsymbol{P}}_k^{\mathrm{T}})\right\|^2 \end{cases} \tag{6.22}$$

$$T^2 = \boldsymbol{z}_{k+1}\hat{\boldsymbol{P}}_k\hat{\boldsymbol{\Lambda}}_k^{-1}\hat{\boldsymbol{P}}_k^{\mathrm{T}}\boldsymbol{z}_{k+1}^{\mathrm{T}} \tag{6.23}$$

式中：$\hat{\boldsymbol{\Lambda}}_k = \hat{\boldsymbol{T}}_k^{\mathrm{T}}\hat{\boldsymbol{T}}_k/(k-1) = \mathrm{diag}\{\lambda_1, \lambda_2, \cdots, \lambda_h\}$ 为由前 h 个特征值组成的特征向量；$\hat{\boldsymbol{T}}_k$ 为得分矩阵。

如果 SPE 和 T^2 满足如下条件，认为该过程正常[152, 461]：

$$\begin{cases} \mathrm{SPE} \leqslant \mathrm{SPE}_{\alpha_{\mathrm{pro}}} \\ T^2 \leqslant T^2_{\alpha_{\mathrm{pro}}} \end{cases} \tag{6.24}$$

式中：$\mathrm{SPE}_{\alpha_{\mathrm{pro}}}$ 和 $T^2_{\alpha_{\mathrm{pro}}}$ 分别为 SPE 和 T^2 的控制限。

SPE 的控制限定义如下[152]：

$$\mathrm{SPE}_{\alpha_{\mathrm{pro}}}=\Theta_1\left[\frac{c_\alpha\sqrt{2\Theta_2h_0^2}}{\Theta_1}+1+\frac{\Theta_2h_0(h_0-1)}{\Theta_1^2}\right]^{1/h_0}$$

$$h_0=1-\frac{2\Theta_1\Theta_3}{3\Theta_2^2},\quad \Theta_i=\sum_{j=h+1}^{p}\lambda_j^i,\quad i=1,2,3 \tag{6.25}$$

式中：α_{pro} 为假设检验中 I 类错误发生的概率；$c_{\alpha_{\mathrm{pro}}}$ 为在置信上限 $(1-\alpha_{\mathrm{pro}})$ 时的偏离值。

T^2 的控制限定义如下：

$$T_{\alpha_{\mathrm{pro}}}^2=\frac{h(k-1)}{k-h}F_{h,k-1;\alpha_{\mathrm{pro}}} \tag{6.26}$$

式中：$F_{h,k-1,\alpha_{\mathrm{pro}}}$ 是自由度为 h 和 $k-1$ 时的 F 分布。

工业过程中的异常工况可使 SPE 和 T^2 同时发生变化，因此合并 SPE 和 T^2 的综合指标定义如下[152]：

$$\phi=\frac{\mathrm{SPE}}{\mathrm{SPE}_{\alpha_{\mathrm{pro}}}}+\frac{T^2}{T_{\alpha_{\mathrm{pro}}}^2}=\boldsymbol{z}_{k+1}\left(\frac{\boldsymbol{I}-\hat{\boldsymbol{P}}_k\hat{\boldsymbol{P}}_k^{\mathrm{T}}}{\mathrm{SPE}_{\alpha_{\mathrm{pro}}}}+\frac{\hat{\boldsymbol{P}}_k\boldsymbol{\Lambda}_k^{-1}\hat{\boldsymbol{P}}_k^{\mathrm{T}}}{T_{\alpha_{\mathrm{pro}}}^2}\right)\boldsymbol{z}_{k+1}^{\mathrm{T}} \tag{6.27}$$

如果综合指标满足如下条件，认为该过程正常：

$$\phi\leqslant\xi^2=g\chi_{\alpha_{\mathrm{pro}}}^2(h) \tag{6.28}$$

式中：ξ^2 为综合指标控制限，有

$$g=\frac{\mathrm{tr}\left(R_k\left(\frac{\boldsymbol{I}-\hat{\boldsymbol{P}}_k\hat{\boldsymbol{P}}_k^{\mathrm{T}}}{\mathrm{SPE}_{\alpha_{\mathrm{pro}}}}+\frac{\hat{\boldsymbol{P}}_k\boldsymbol{\Lambda}_k^{-1}\hat{\boldsymbol{P}}_k^{\mathrm{T}}}{T_{\alpha_{\mathrm{pro}}}^2}\right)\right)^2}{\mathrm{tr}\left(R_k\left(\frac{\boldsymbol{I}-\hat{\boldsymbol{P}}_k\hat{\boldsymbol{P}}_k^{\mathrm{T}}}{\mathrm{SPE}_{\alpha_{\mathrm{pro}}}}+\frac{\hat{\boldsymbol{P}}_k\boldsymbol{\Lambda}_k^{-1}\hat{\boldsymbol{P}}_k^{\mathrm{T}}}{T_{\alpha_{\mathrm{pro}}}^2}\right)\right)},\quad h=\frac{\left[\mathrm{tr}\left(R_k\left(\frac{\boldsymbol{I}-\hat{\boldsymbol{P}}_k\hat{\boldsymbol{P}}_k^{\mathrm{T}}}{\mathrm{SPE}_{\alpha_{\mathrm{pro}}}}+\frac{\hat{\boldsymbol{P}}_k\boldsymbol{\Lambda}_k^{-1}\hat{\boldsymbol{P}}_k^{\mathrm{T}}}{T_{\alpha_{\mathrm{pro}}}^2}\right)\right)\right]^2}{\mathrm{tr}\left(R_k\left(\frac{\boldsymbol{I}-\hat{\boldsymbol{P}}_k\hat{\boldsymbol{P}}_k^{\mathrm{T}}}{\mathrm{SPE}_{\alpha_{\mathrm{pro}}}}+\frac{\hat{\boldsymbol{P}}_k\boldsymbol{\Lambda}_k^{-1}\hat{\boldsymbol{P}}_k^{\mathrm{T}}}{T_{\alpha_{\mathrm{pro}}}^2}\right)\right)^2} \tag{6.29}$$

由于正常工况下运行的工业过程多是慢时变的，多数新样本可能并没有包含明显的时变信息。每次新样本 $\boldsymbol{z}_{k+1}^0$ 出现时，基于滑动窗口和递推技术采用每个新样本参与模型的更新，不但耗时而且没有必要。

上面讨论的 SPE、T^2 及综合指标 ϕ 都可以监视新样本相对于训练样本库是如何变化的，即监视工业过程变化，如文献[151]给出了结合新样本的 SPE 和 T^2 指标的变化，以判断是否进行软测量模型更新的方法。

6.3.2 基于近似线性依靠（ALD）条件

1．ALD 条件的提出

工业过程中采集的新样本相对于旧的建模样本，通常存在突变和缓变两种变化。下面考虑如何用新样本和建模样本间的线性关系来描述这种变化，如图 6.1 所示。

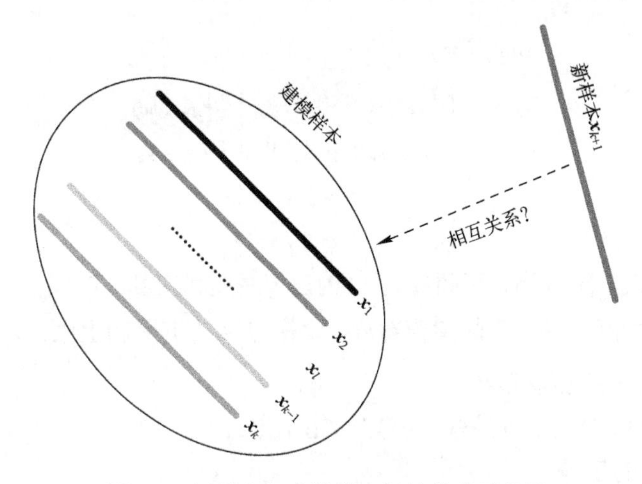

图 6.1　新样本与建模样本间的关系示意图

为描述图 6.1 所示的关系，提出了在原始样本的数据空间中采用近似线性依靠（ALD）条件度量这种关系[159]：

$$\delta_{k+1} = \min \left\| \sum_{l=1}^{k} \alpha_l \boldsymbol{x}_l - \boldsymbol{x}_{k+1} \right\|^2 \tag{6.30}$$

式中：$\boldsymbol{x}_{k+1}$ 为新样本；$\{\boldsymbol{x}_l\}_{l=1}^{k}$ 为旧的建模样本；$\boldsymbol{\alpha}_{k+1} = [\alpha_1 \quad \alpha_2 \quad \cdots \quad \alpha_k]^{\mathrm{T}}$。

结合 ALD 条件 δ_{k+1} 和给定阈值 v，判断是否更新模型进而控制模型的更新次数：若 δ_{k+1} 小于等于设定阈值 v，不进行模型更新；否则，表明该新样本与建模样本相对独立，进行模型更新。

在线建模过程中，通常比较关注建模精度和建模速度。最大化的建模精度和最快的建模速度是在线建模的优化目标，如下表示：

$$\max J_{\text{pred}} = F_1(v, M_{\text{type}}, M_{\text{para}}) \tag{6.31}$$

$$\min J_{\text{time}} = F_2(v, M_{\text{type}}, M_{\text{para}}) \tag{6.32}$$

式中：J_{pred} 和 J_{time} 为建模精度和速度；M_{type} 和 M_{para} 为模型类型和参数；v 为设定阈值，$0 \leqslant v \leqslant v_{\text{lim}}$，其中 v_{lim} 是阈值的最大限制值。

阈值的大小与在线模型的更新次数、建模精度和速度密切相关，如阈值较小时，更多的样本参与模型更新，J_{pred} 和 J_{time} 均变大；反之，J_{pred} 和 J_{time} 均变小。显然，建模精度和速度是两个相互冲突的优化目标。

实际应用中，不同工业系统对建模精度与速度的侧重程度不同，阈值的选择策略不同：

（1）侧重于建模精度时选择较小阈值，极限情况则是 $v = 0$，即每个新样本均参与更新。

（2）侧重于建模速度时选择较大阈值，极限情况则是 $v = v_{\text{lim}}$，即没有新样本参与模型更新。

（3）若需要在建模精度和速度间进行均衡，阈值选择可表述为单目标优化问题：

$$\max J=\gamma_1\cdot J_{\text{pred}}(v_{j_v})+\gamma_2\cdot J_{\text{time}}(v_{j_v})$$
$$\text{s.t.}\begin{cases}J_{\text{pred\_low}}<J_{\text{pred}}(v_{j_v})<J_{\text{pred\_high}}\\ J_{\text{time\_low}}<J_{\text{time}}(v_{j_v})<J_{\text{time\_high}}\\ 0<\gamma_1,\gamma_2<1,\\ \gamma_1+\gamma_2=1\end{cases}\tag{6.33}$$

式中：$J_{\text{pred}}(v_{j_v})$ 和 $J_{\text{time}}(v_{j_v})$ 为采用阈值 v_{j_v} 时的建模精度和速度；$J_{\text{pred\_low}}$、$J_{\text{pred\_high}}$、$J_{\text{time\_low}}$ 和 $J_{\text{time\_high}}$ 是工业过程可以接受的建模精度、建模速度的下限和上限；γ_1 和 γ_2 为在建模精度和速度间进行均衡的加权系数。

最佳阈值需要依据使用者经验和特定问题确定。

2．ALD 条件的求解

对于给定的建模样本流 $\{(\boldsymbol{x}_1^0,y_1^0),(\boldsymbol{x}_2^0,y_2^0),\cdots\},\boldsymbol{x}_l^0\in\chi,y_l^0\in\Re$，设 $\boldsymbol{X}_k^0\in\Re^{k\times p}$ 是原始的初始训练数据集，$\boldsymbol{X}_k^0$ 的均值按下式计算：

$$\boldsymbol{u}_k=\frac{1}{k}(\boldsymbol{X}_k^0)^{\mathrm{T}}\cdot\mathbf{1}_k,\quad \boldsymbol{u}_k\in\Re^{p\times1}\tag{6.34}$$

式中：$\mathbf{1}_k=[1,\cdots,1]^{\mathrm{T}}\in\Re^k$。

将 $\boldsymbol{X}_k^0$ 标准化为 0 均值 1 方差的数据，表示为

$$\boldsymbol{X}_k=(\boldsymbol{X}_k^0-\mathbf{1}_k\boldsymbol{u}_k^{\mathrm{T}})\cdot\varSigma_k^{-1}\tag{6.35}$$

式中：$\varSigma_k=\mathrm{diag}(\sigma_{k1_p},\cdots,\sigma_{kp_p})$，$\sigma_{ki_p}$ 表示第 i_p 个输入变量的标准差。

将建模样本库 $\{\boldsymbol{x}_l\}_{l=1}^k$ 定义为 $\boldsymbol{D}_k=\{\boldsymbol{x}_l\}_{l=1}^k$。

新样本 $\boldsymbol{x}_{k+1}^0$ 的均值向量 $\boldsymbol{u}_{k+1}$ 采用下式递推更新：

$$\boldsymbol{u}_{k+1}=\frac{k}{k+1}\boldsymbol{u}_k+\frac{1}{k+1}(\boldsymbol{x}_{k+1}^0)^{\mathrm{T}}\tag{6.36}$$

记 $\Delta\boldsymbol{u}_{k+1}=\boldsymbol{u}_{k+1}-\boldsymbol{u}_k$，根据标准差的定义，按下式求第 i_p 个变量的标准差 $\sigma_{(k+1)\cdot i_p}$：

$$\sigma_{(k+1)\cdot i_p}^2=\frac{k-1}{k}\sigma_{k\cdot i_p}^2+\Delta\boldsymbol{u}_{k+1}^2(i_p)+\frac{1}{k}\left\|\boldsymbol{x}_{k+1}^0(i_p)-\boldsymbol{u}_{k+1}(i_p)\right\|^2\tag{6.37}$$

$\boldsymbol{x}_{k+1}^0$ 采用下式进行标定：

$$\boldsymbol{x}_{k+1}=(\boldsymbol{x}_{k+1}^0-\mathbf{1}\cdot\boldsymbol{u}_{k+1}^{\mathrm{T}})\cdot\varSigma_{k+1}^{-1}\tag{6.38}$$

式中：$\varSigma_{k+1}=\mathrm{diag}(\sigma_{(k+1)1_p},\cdots,\sigma_{(k+1)p_p})$。

展开 ALD 条件，可得[159]

$$\begin{aligned}\delta_{k+1}&=\min_{\alpha}\left\{\sum_{l,m=1}^{k}\alpha_l\alpha_m\langle\boldsymbol{x}_l,\boldsymbol{x}_m\rangle-2\sum_{m=1}^{k}\alpha_m\langle\boldsymbol{x}_m,\boldsymbol{x}_{k+1}\rangle+\langle\boldsymbol{x}_{k+1},\boldsymbol{x}_{k+1}\rangle\right\}\\&=\min_{\alpha}\left\{\boldsymbol{\alpha}_{k+1}^{\mathrm{T}}\tilde{\boldsymbol{K}}_k\boldsymbol{\alpha}_{k+1}-2\boldsymbol{\alpha}_{k+1}^{\mathrm{T}}\tilde{\boldsymbol{k}}_k+k_{k+1}\right\}\end{aligned}\tag{6.39}$$

式中：$\tilde{\boldsymbol{K}}_k=\boldsymbol{X}_k\cdot\boldsymbol{X}_k^{\mathrm{T}}$；$\tilde{\boldsymbol{k}}_k=\boldsymbol{X}_k\cdot\boldsymbol{x}_{k+1}^{\mathrm{T}}$；$k_{k+1}=\boldsymbol{x}_{k+1}\cdot\boldsymbol{x}_{k+1}^{\mathrm{T}}$；$\boldsymbol{X}_k=[\boldsymbol{x}_1\quad\boldsymbol{x}_2\quad\cdots\quad\boldsymbol{x}_k]^{\mathrm{T}}$。

最小化 δ_{k+1}，可得解如下：

$$\boldsymbol{\alpha}_{k+1} = \tilde{\boldsymbol{K}}_k^{-1}\tilde{\boldsymbol{k}}_k \tag{6.40}$$

进一步，可得到递推形式的 ALD 值：

$$\delta_{k+1} = k_{k+1} - \tilde{\boldsymbol{k}}_k^{\mathrm{T}}\boldsymbol{\alpha}_{k+1} = k_{k+1} - \tilde{\boldsymbol{k}}_k^{\mathrm{T}}\tilde{\boldsymbol{K}}_k^{-1}\tilde{\boldsymbol{k}}_k \tag{6.41}$$

第 $k+1$ 个新样本与前 k 个建模样本间存在如下关系：

$$\boldsymbol{x}_{k+1} = \sum_{l=1}^{k}\alpha_l \boldsymbol{x}_l + \varepsilon \tag{6.42}$$

式中：ε 为采用建模样本线性表征新样本的近似误差。

求解 δ_{k+1} 需要计算 $\tilde{\boldsymbol{K}}_k$ 的逆，采用如下定理进行 $\tilde{\boldsymbol{K}}_{k+1}$ 和 $\tilde{\boldsymbol{K}}_{k+1}^{-1}$ 的在线更新[159]。

定理 6.1　根据 $\tilde{\boldsymbol{K}}_k$ 的定义，$\tilde{\boldsymbol{K}}_{k+1}$ 可以表示为 $\tilde{\boldsymbol{K}}_{k+1} = \begin{bmatrix} \tilde{\boldsymbol{K}}_k & \tilde{\boldsymbol{k}}_k \\ \tilde{\boldsymbol{k}}_k^T & k_{k+1} \end{bmatrix}$；采用如下的在线更新算法可保证 $\boldsymbol{\alpha}_{k+1} = \tilde{\boldsymbol{K}}_k^{-1}\tilde{\boldsymbol{k}}_k$ 和 $\delta_{k+1} = k_{k+1} - \tilde{\boldsymbol{k}}_k\tilde{\boldsymbol{K}}_k^{-1}\tilde{\boldsymbol{k}}_k^{\mathrm{T}}$ 的存在：

（1）如果 $\tilde{\boldsymbol{K}}_{k+1}$ 是正定的，$\tilde{\boldsymbol{K}}_{k+1}^{-1}$ 由 $\tilde{\boldsymbol{K}}_k^{-1}$ 计算得到：

$$\tilde{\boldsymbol{K}}_{k+1}^{-1} = \frac{1}{\delta_{k+1}}\begin{bmatrix} \delta_{k+1}\tilde{\boldsymbol{K}}_k^{-1} + \boldsymbol{\alpha}_{k+1}\boldsymbol{\alpha}_{k+1}^{\mathrm{T}} & -\boldsymbol{\alpha}_{k+1} \\ -\boldsymbol{\alpha}_{k+1}^T & 1 \end{bmatrix} \tag{6.43}$$

式中：$\boldsymbol{\alpha}_{k+1} = \tilde{\boldsymbol{K}}_k^{-1}\tilde{\boldsymbol{k}}_k$；$\delta_{k+1} = k_{k+1} - \tilde{\boldsymbol{k}}_k\tilde{\boldsymbol{K}}_k^{-1}\tilde{\boldsymbol{k}}_k^{\mathrm{T}}$。

（2）如果 $\tilde{\boldsymbol{K}}_{k+1}$ 是非正定的，$\tilde{\boldsymbol{K}}_{k+1}^{-1}$ 采用 Moore–Penrose 广义逆计算得到：

$$\tilde{\boldsymbol{K}}_{k+1}^{-1} = \tilde{\boldsymbol{K}}_{k+1}^{\mathrm{T}}(\tilde{\boldsymbol{K}}_{k+1}\tilde{\boldsymbol{K}}_{k+1}^{\mathrm{T}})^{-1} \tag{6.44}$$

证明：

对于分块矩阵

$$\boldsymbol{A} = \begin{bmatrix} \boldsymbol{A}_{11} & \boldsymbol{A}_{12} \\ \boldsymbol{A}_{21} & \boldsymbol{A}_{22} \end{bmatrix} \tag{6.45}$$

并且 $\boldsymbol{A}_{11}$ 和 $\boldsymbol{A}_{22}$ 为非奇异矩阵，则有下式成立：

$$\boldsymbol{A}^{-1} = \begin{bmatrix} (\boldsymbol{A}_{11} - \boldsymbol{A}_{12}\boldsymbol{A}_{22}^{-1}\boldsymbol{A}_{21})^{-1} & -\boldsymbol{A}_{11}^{-1}\boldsymbol{A}_{12}(\boldsymbol{A}_{22} - \boldsymbol{A}_{21}\boldsymbol{A}_{11}^{-1}\boldsymbol{A}_{12})^{-1} \\ -\boldsymbol{A}_{22}^{-1}\boldsymbol{A}_{21}(\boldsymbol{A}_{11} - \boldsymbol{A}_{12}\boldsymbol{A}_{22}^{-1}\boldsymbol{A}_{21})^{-1} & (\boldsymbol{A}_{22} - \boldsymbol{A}_{21}\boldsymbol{A}_{11}^{-1}\boldsymbol{A}_{12})^{-1} \end{bmatrix} \tag{6.46}$$

当一个新样本 $\boldsymbol{z}_{k+1}$ 被加入到训练样本集时，新的训练样本集可表示为 $\boldsymbol{Z}_{k+1} = [\boldsymbol{Z}_k \quad \boldsymbol{z}_{k+1}]^{\mathrm{T}}$，则有：

$$\tilde{\boldsymbol{K}}_{k+1} = \boldsymbol{Z}_{k+1}\cdot\boldsymbol{Z}_{k+1}^{\mathrm{T}} = \begin{bmatrix} \boldsymbol{Z}_k \\ \boldsymbol{z}_{k+1} \end{bmatrix}\cdot\begin{bmatrix} \boldsymbol{Z}_k^{\mathrm{T}} & \boldsymbol{z}_{k+1}^{\mathrm{T}} \end{bmatrix} = \begin{bmatrix} \boldsymbol{Z}_k\cdot\boldsymbol{Z}_k^{\mathrm{T}} & \boldsymbol{Z}_k\cdot\boldsymbol{z}_{k+1}^{\mathrm{T}} \\ \boldsymbol{z}_{k+1}\cdot\boldsymbol{Z}_k^{\mathrm{T}} & \boldsymbol{z}_{k+1}\cdot\boldsymbol{z}_{k+1}^{\mathrm{T}} \end{bmatrix} = \begin{bmatrix} \tilde{\boldsymbol{K}}_k & \tilde{\boldsymbol{k}}_k \\ \tilde{\boldsymbol{k}}_k^{\mathrm{T}} & k_{k+1} \end{bmatrix} \tag{6.47}$$

进一步，可得

$$\begin{aligned} \tilde{\boldsymbol{K}}_{k+1}^{-1} &= \begin{bmatrix} (\tilde{\boldsymbol{K}}_k - \tilde{\boldsymbol{k}}_k k_{k+1}^{-1}\tilde{\boldsymbol{k}}_k^{\mathrm{T}})^{-1} & -\tilde{\boldsymbol{K}}_k^{-1}\tilde{\boldsymbol{k}}_k(k_{k+1} - \tilde{\boldsymbol{k}}_k^{\mathrm{T}}\tilde{\boldsymbol{K}}_k^{-1}\tilde{\boldsymbol{k}}_k)^{-1} \\ -k_{k+1}^{-1}\tilde{\boldsymbol{k}}_k^{\mathrm{T}}(\tilde{\boldsymbol{K}}_k - \tilde{\boldsymbol{k}}_k k_{k+1}^{-1}\tilde{\boldsymbol{k}}_k^{\mathrm{T}})^{-1} & (k_{k+1} - \tilde{\boldsymbol{k}}_k^{\mathrm{T}}\tilde{\boldsymbol{K}}_k^{-1}\tilde{\boldsymbol{k}}_k)^{-1} \end{bmatrix} \\ &= \begin{bmatrix} (\tilde{\boldsymbol{K}}_{k+1}^{-1})_{11} & (\tilde{\boldsymbol{K}}_{k+1}^{-1})_{12} \\ (\tilde{\boldsymbol{K}}_{k+1}^{-1})_{21} & (\tilde{\boldsymbol{K}}_{k+1}^{-1})_{22} \end{bmatrix} \end{aligned} \tag{6.48}$$

将 $\boldsymbol{\alpha}_{k+1} = \tilde{\boldsymbol{K}}_k^{-1}\tilde{\boldsymbol{k}}_k$，$\delta_{k+1} = k_{k+1} - \tilde{\boldsymbol{k}}_k^{\mathrm{T}}\tilde{\boldsymbol{K}}_k^{-1}\tilde{\boldsymbol{k}}_k$ 和式（6.46）代入 $\tilde{\boldsymbol{K}}_{k+1}^{-1}$，则有：

$$
\begin{aligned}
(\tilde{\boldsymbol{K}}_{k+1}^{-1})_{11} &= (\tilde{\boldsymbol{K}}_k - \tilde{\boldsymbol{k}}_k k_{k+1}^{-1} \tilde{\boldsymbol{k}}_k^{\mathrm{T}})^{-1} \\
&= \tilde{\boldsymbol{K}}_k^{-1} - \tilde{\boldsymbol{K}}_k^{-1}(-\tilde{\boldsymbol{k}}_k)(\tilde{\boldsymbol{k}}_k^{\mathrm{T}} \tilde{\boldsymbol{K}}_k^{-1}(-\tilde{\boldsymbol{k}}_k) + k_{k+1})^{-1} \tilde{\boldsymbol{k}}_k^{\mathrm{T}} \tilde{\boldsymbol{K}}_k^{-1} \\
&= \tilde{\boldsymbol{K}}_k^{-1} + \tilde{\boldsymbol{K}}_k^{-1} \tilde{\boldsymbol{k}}_k (-\tilde{\boldsymbol{k}}_k^{\mathrm{T}} \tilde{\boldsymbol{K}}_k^{-1} \tilde{\boldsymbol{k}}_k + k_{k+1})^{-1} \tilde{\boldsymbol{k}}_k^{\mathrm{T}} \tilde{\boldsymbol{K}}_k^{-1} \\
&= \tilde{\boldsymbol{K}}_k^{-1} + \boldsymbol{\alpha}_{k+1} \cdot (\delta_{k+1})^{-1} \cdot \boldsymbol{\alpha}_{k+1}^{\mathrm{T}}
\end{aligned} \tag{6.49}
$$

$$
(\tilde{\boldsymbol{K}}_{k+1}^{-1})_{12} = -\tilde{\boldsymbol{K}}_k^{-1} \tilde{\boldsymbol{k}}_k (k_{k+1} - \tilde{\boldsymbol{k}}_k^{\mathrm{T}} \tilde{\boldsymbol{K}}_k^{-1} \tilde{\boldsymbol{k}}_k)^{-1} = -\boldsymbol{\alpha}_{k+1} \cdot (\delta_{k+1})^{-1} \tag{6.50}
$$

$$
\begin{aligned}
(\tilde{\boldsymbol{K}}_{k+1}^{-1})_{21} &= -k_{k+1}^{-1} \tilde{\boldsymbol{k}}_k^{\mathrm{T}} (\tilde{\boldsymbol{K}}_k - \tilde{\boldsymbol{k}}_k k_{k+1}^{-1} \tilde{\boldsymbol{k}}_k^{\mathrm{T}})^{-1} \\
&= -k_{k+1}^{-1} \tilde{\boldsymbol{k}}_k^{\mathrm{T}} (\tilde{\boldsymbol{K}}_k^{-1} - \tilde{\boldsymbol{K}}_k^{-1}(-\tilde{\boldsymbol{k}}_k)(\tilde{\boldsymbol{k}}_k^{\mathrm{T}} \tilde{\boldsymbol{K}}_k^{-1}(-\tilde{\boldsymbol{k}}_k) + k_{k+1})^{-1} \tilde{\boldsymbol{k}}_k^{\mathrm{T}} \tilde{\boldsymbol{K}}_k^{-1}) \\
&= -k_{k+1}^{-1} \tilde{\boldsymbol{k}}_k^{\mathrm{T}} (\tilde{\boldsymbol{K}}_k^{-1} + \tilde{\boldsymbol{K}}_k^{-1} \tilde{\boldsymbol{k}}_k (-\tilde{\boldsymbol{k}}_k^{\mathrm{T}} \tilde{\boldsymbol{K}}_k^{-1} \tilde{\boldsymbol{k}}_k + k_{k+1})^{-1} \tilde{\boldsymbol{k}}_k^{\mathrm{T}} \tilde{\boldsymbol{K}}_k^{-1}) \\
&= -k_{k+1}^{-1} \tilde{\boldsymbol{k}}_k^{\mathrm{T}} \tilde{\boldsymbol{K}}_k^{-1} - k_{k+1}^{-1} \tilde{\boldsymbol{k}}_k^{\mathrm{T}} \tilde{\boldsymbol{K}}_k^{-1} \tilde{\boldsymbol{k}}_k (-\tilde{\boldsymbol{k}}_k^{\mathrm{T}} \tilde{\boldsymbol{K}}_k^{-1} \tilde{\boldsymbol{k}}_k + k_{k+1})^{-1} \tilde{\boldsymbol{k}}_k^{\mathrm{T}} \tilde{\boldsymbol{K}}_k^{-1} \\
&= -k_{k+1}^{-1} \cdot \boldsymbol{\alpha}_{k+1}^{\mathrm{T}} - k_{k+1}^{-1} \cdot (k_{k+1} - \delta_{k+1}) \cdot (\delta_{k+1})^{-1} \cdot \boldsymbol{\alpha}_{k+1}^{\mathrm{T}} \\
&= -k_{k+1}^{-1} \cdot \boldsymbol{\alpha}_{k+1}^{\mathrm{T}} - (\delta_{k+1})^{-1} \cdot \boldsymbol{\alpha}_{k+1}^{\mathrm{T}} + k_{k+1}^{-1} \cdot \boldsymbol{\alpha}_{k+1}^{\mathrm{T}} \\
&= -(\delta_{k+1})^{-1} \cdot \boldsymbol{\alpha}_{k+1}^{\mathrm{T}}
\end{aligned} \tag{6.51}
$$

$$
(\tilde{\boldsymbol{K}}_{k+1}^{-1})_{22} = (k_{k+1} - \tilde{\boldsymbol{k}}_k^{\mathrm{T}} \tilde{\boldsymbol{K}}_k^{-1} \tilde{\boldsymbol{k}}_k)^{-1} = (\delta_{k+1})^{-1} \tag{6.52}
$$

进而，可得：

$$
\begin{aligned}
\tilde{\boldsymbol{K}}_{k+1}^{-1} &= \begin{bmatrix} \tilde{\boldsymbol{K}}_k^{-1} + \boldsymbol{\alpha}_{k+1} \cdot (\delta_{k+1})^{-1} \cdot \boldsymbol{\alpha}_{k+1}^{\mathrm{T}} & -\boldsymbol{\alpha}_{k+1} \cdot (\delta_{k+1})^{-1} \\ -(\delta_{k+1})^{-1} \cdot \boldsymbol{\alpha}_{k+1}^{\mathrm{T}} & (\delta_{k+1})^{-1} \end{bmatrix} \\
&= \frac{1}{\delta_{k+1}} \begin{bmatrix} \delta_{k+1} \tilde{\boldsymbol{K}}_k^{-1} + \boldsymbol{\alpha}_{k+1} \boldsymbol{\alpha}_{k+1}^{\mathrm{T}} & -\boldsymbol{\alpha}_{k+1} \\ -\boldsymbol{\alpha}_{k+1}^{\mathrm{T}} & 1 \end{bmatrix}
\end{aligned} \tag{6.53}
$$

6.3.3 基于预测误差限（PEB）

文献[452]基于模型选择性稀疏策略基本思想（即当过程的实际测量值能准确被模型准确估计时表明当前模型是准确的，不必进行模型更新；当预测误差超过一定范围时进行模型更新），提出了基于 PEB 的更新样本识别算法；提出通过有效的与领域专家的先验知识相结合，选择适合的 PEB 值可避开完全黑箱数据模型的弊端。当 PEB 满足如下条件 $e_{m_n} \leqslant \mathrm{Rule}(\{\delta_{m_n}^1, \delta_{m_n}^2, \cdots\})$ 时，不进行模型更新，其中，$\delta_{m_n}^1, \delta_{m_n}^2, \cdots$ 表示依据先验知识设定的不同阈值，$\mathrm{Rule}(\cdot)$ 表示依据经验设定的判断规则，误差 $e_{m_n} = y_{m_n} - f(\boldsymbol{x}_{m_n-1})$。该方法需要依据实际需要预先定义多个 δ_{m_n} 阈值和相应规则对更新样本进行识别。

6.3.4 更新方法小结

由以上表述可知：

（1）基于 PCA 模型识别更新样本的方法不设定更新阈值，难以有效控制模型更新次数，预测模型精度与更新速度间的均衡较难控制。

（2）采用 ALD 条件在建模样本的核特征空间和原始空间中判断新样本与建模样本库的线性独立关系的方法，虽然通过设定阈值可有效控制模型更新次数，但对模型预测性能的变化未予以考虑。

（3）基于 PEB 的方法考虑模型预测性能，难以准确涵盖过程特性漂移，而且对于某些难以在短时间内获得预测变量真值的复杂工业过程不能实现更新样本的识别。

实际上，复杂工业过程的时变特性（概念漂移）的影响不仅体现在当前单个新样本相对于建模样本的变化（ALD 值）和相对于旧模型预测精度的变化（PE 值），还表现某段时间内 ALD 值和 PE 值的累计变化。依据这些变化进行模型更新的识别决策，往往需要领域专家根据不同工业现场的实际情况而定，即基于专家知识进行智能决策。

因此，如何有效地结合领域专家知识，如何融合 ALD 阈值和模型 PE 值（即基于领域专家知识的经验和知识获取模糊规则），如何综合考虑新样本相对复杂过程的变化和预测输出的波动范围，如何研究智能化更新样本识别方法等问题是该领域值得关注的研究热点。

6.4　基于特征空间更新样本识别的在线建模

6.4.1　在线 PCA-SVM（OLPCA-SVM）

1．算法描述

通过 ALD 算法判断后，在线 PCA（OLPCA）使用中通常会遇到如下的两种情形：

1） $\delta_{k+1} \leqslant v$

新样本被排除在训练样本库之外，样本库不进行更新，即 $\boldsymbol{D}_{k+1} = \boldsymbol{D}_k$。因此，新样本采用原来的均值和方差进行标定：

$$\boldsymbol{x}_{k+1} = (\boldsymbol{X}_{k+1}^0 - \boldsymbol{1}_k \boldsymbol{u}_k^{\mathrm{T}}) \cdot \Sigma_k^{-1} \tag{6.54}$$

新样本的得分向量 $\hat{\boldsymbol{t}}_{k+1}$ 采用原来的 PCA 模型计算：

$$\hat{\boldsymbol{t}}_{k+1} = \boldsymbol{x}_{k+1} \hat{\boldsymbol{P}}_k \tag{6.55}$$

通常，$\hat{\boldsymbol{t}}_{k+1}$ 作为过程模型的输入。

2） $\delta_{k+1} > v$

新样本增加到样本库内，训练样本库进行更新，即 $\boldsymbol{D}_{k+1} = \boldsymbol{D}_k \cup \{\boldsymbol{x}_{k+1}\}$。

新的样本库用于更新 PCA 模型 $\hat{P}_k$ 和得分矩阵 $\hat{\boldsymbol{T}}_k$。将新的样本库 $\boldsymbol{D}_{k+1}$ 记为 $\boldsymbol{X}_{k+1}^0 = [\boldsymbol{X}_k^0 \quad \boldsymbol{x}_{k+1}^0]^{\mathrm{T}} \in \mathcal{R}^{(k+1)\times p}$，并假定旧样本库的均值 $\boldsymbol{u}_k$，标准差 σ_k 和相关系数阵 $\boldsymbol{R}_k$ 为已知。则用于过程建模的新得分矩阵 $\hat{\boldsymbol{T}}_{k+1}$ 和得分向量 $\hat{\boldsymbol{t}}_{k+1}$ 可以通过以下步骤得到：

（1）相关系数阵 $\boldsymbol{R}_{k+1}$ 的递归更新。

要推导 $\boldsymbol{R}_{k+1}$，首先给出新的样本库 $\boldsymbol{X}_{k+1}$ 的表达形式如下：

$$\begin{aligned}\boldsymbol{X}_{k+1} &= [\boldsymbol{x}_{k+1}^0 - \boldsymbol{1}_{k+1} \cdot \boldsymbol{u}_{k+1}^{\mathrm{T}}] \cdot \Sigma_{k+1}^{-1} = \left[\begin{bmatrix} \boldsymbol{X}_k^0 \\ \boldsymbol{x}_{k+1}^0 \end{bmatrix} - \boldsymbol{1}_{k+1} \cdot \boldsymbol{u}_{k+1}^{\mathrm{T}}\right] \cdot \Sigma_{k+1}^{-1} \\ &= \begin{bmatrix} \boldsymbol{X}_k^0 - (\boldsymbol{1}_k \cdot \boldsymbol{u}_k^{\mathrm{T}} + \boldsymbol{1}_k \cdot \Delta \boldsymbol{u}_{k+1}^{\mathrm{T}}) \\ \boldsymbol{x}_{k+1}^0 - \boldsymbol{1} \cdot \boldsymbol{u}_{k+1}^{\mathrm{T}} \end{bmatrix} \cdot \Sigma_{k+1}^{-1} = \begin{bmatrix} \boldsymbol{X}_k \cdot \Sigma_k \cdot \Sigma_{k+1}^{-1} - \boldsymbol{1}_k \cdot \Delta \boldsymbol{u}_{k+1}^{\mathrm{T}} \cdot \Sigma_{k+1}^{-1} \\ \boldsymbol{x}_{k+1} \end{bmatrix}\end{aligned} \tag{6.56}$$

式中：$\boldsymbol{X}_k=(\boldsymbol{X}_k^0-\boldsymbol{1}_k\boldsymbol{u}_k^{\mathrm{T}})\cdot\Sigma_k^{-1}$；$\boldsymbol{x}_{k+1}=(\boldsymbol{x}_{k+1}^0-\boldsymbol{1}\cdot\boldsymbol{u}_{k+1}^{\mathrm{T}})\cdot\Sigma_{k+1}^{-1}$和$\Sigma_j=\mathrm{diag}(\sigma_{j1},\cdots,\sigma_{jp}),j=k,k+1$。

然后，根据$\boldsymbol{R}_{k+1}$的定义，得

$$\begin{aligned}\boldsymbol{R}_{k+1}&=\frac{1}{k}\boldsymbol{X}_{k+1}^{\mathrm{T}}\cdot\boldsymbol{X}_{k+1}\\&=\frac{1}{k}\left[(\boldsymbol{X}_k\cdot\Sigma_k\cdot\Sigma_{k+1}^{-1}-\boldsymbol{1}_k\cdot\Delta\boldsymbol{u}_{k+1}^{\mathrm{T}}\cdot\Sigma_{k+1}^{-1})^{\mathrm{T}}\quad \boldsymbol{x}_{k+1}^{\mathrm{T}}\right]\cdot\begin{bmatrix}\boldsymbol{X}_k\cdot\Sigma_k\cdot\Sigma_{k+1}^{-1}-\boldsymbol{1}_k\cdot\Delta\boldsymbol{u}_{k+1}^{\mathrm{T}}\cdot\Sigma_{k+1}^{-1}\\\boldsymbol{x}_{k+1}\end{bmatrix}\\&=\frac{1}{k}(\Sigma_{k+1}^{-1}\cdot\Sigma_k\cdot\boldsymbol{X}_k^{\mathrm{T}}\cdot\boldsymbol{X}_k\cdot\Sigma_k\cdot\Sigma_{k+1}^{-1}+\Sigma_{k+1}^{-1}\cdot\Delta\boldsymbol{u}_{k+1}\cdot\boldsymbol{1}_k^{\mathrm{T}}\cdot\boldsymbol{1}_k\cdot\Delta\boldsymbol{u}_{k+1}^{\mathrm{T}}\cdot\Sigma_{k+1}^{-1}\\&\quad-2\,\Sigma_{k+1}^{-1}\cdot\Delta\boldsymbol{u}_{k+1}\cdot\boldsymbol{1}_k^{\mathrm{T}}\cdot\boldsymbol{X}_k\cdot\Sigma_k\cdot\Sigma_{k+1}^{-1}+\boldsymbol{x}_{k+1}^{\mathrm{T}}\cdot\boldsymbol{x}_{k+1})\end{aligned}\tag{6.57}$$

由于$(k-1)\boldsymbol{R}_k=\boldsymbol{X}_k^{\mathrm{T}}\cdot\boldsymbol{X}_k$，$\boldsymbol{1}_k^{\mathrm{T}}\cdot\boldsymbol{X}_k=0$和$\boldsymbol{1}_k^{\mathrm{T}}\cdot\boldsymbol{1}_k=k$，可得

$$\boldsymbol{R}_{k+1}=\frac{k-1}{k}\cdot\Sigma_{k+1}^{-1}\cdot\Sigma_k\cdot\boldsymbol{R}_k\cdot\Sigma_k\cdot\Sigma_{k+1}^{-1}+\Sigma_{k+1}^{-1}\cdot\Delta\boldsymbol{u}_{k+1}\cdot\Delta\boldsymbol{u}_{k+1}^{\mathrm{T}}\cdot\Sigma_{k+1}^{-1}+\frac{1}{k}\cdot\boldsymbol{x}_{k+1}^{\mathrm{T}}\cdot\boldsymbol{x}_{k+1}\tag{6.58}$$

（2）PCA 模型的更新$\hat{\boldsymbol{P}}_{k+1}$。

目前，高性能计算机技术的发展使得计算耗时问题导致的矛盾并不突出。因此，本书采用 SVD 算法计算$\boldsymbol{R}_{k+1}$的特征向量为$\boldsymbol{P}_{R_{k+1}}$，并且按特征值的大小进行排序。设选择的最佳主元个数为h，则更新后的 PCA 模型$\hat{\boldsymbol{P}}_{k+1}$为

$$\hat{\boldsymbol{P}}_{k+1}=\boldsymbol{P}_{R_{k+1}}(:,1:h)\tag{6.59}$$

工业过程的时变特性会导致主元贡献率的变化。

（3）得分矩阵$\hat{\boldsymbol{T}}_{k+1}$和得分向量$\hat{\boldsymbol{t}}_{k+1}$的计算。

假定训练样本的残差$\tilde{\boldsymbol{X}}_k$很小，则原始数据可采用 PCA 模型和得分矩阵表示为$\boldsymbol{X}_k=\hat{\boldsymbol{T}}_k\hat{\boldsymbol{P}}_k^{\mathrm{T}}+\varepsilon$。因此，加入新样本后的得分向量和得分矩阵可表示为

$$\hat{\boldsymbol{t}}_{k+1}=\boldsymbol{x}_{k+1}\cdot\hat{\boldsymbol{P}}_{k+1}\tag{6.60}$$

$$\hat{\boldsymbol{T}}_{k+1}=\begin{bmatrix}\hat{\boldsymbol{T}}_k\cdot\hat{\boldsymbol{P}}_k^{\mathrm{T}}\cdot\Sigma_k\cdot\Sigma_{k+1}^{-1}-\boldsymbol{1}_k\cdot\Delta\boldsymbol{u}_{k+1}^{\mathrm{T}}\cdot\Sigma_{k+1}^{-1}\\\boldsymbol{x}_{k+1}\end{bmatrix}\cdot\hat{\boldsymbol{P}}_{k+1}\tag{6.61}$$

式中：$\hat{\boldsymbol{T}}_{k+1}$和$\hat{\boldsymbol{t}}_{k+1}$可用于更新过程模型。

采用输入/输出数据对$[z_i,y_i],i\in[1,k]$近似非线性函数$f(\cdot)$。

在本章中，$\boldsymbol{z}_i$即为由 PCA 模型计算得到的得分向量$\boldsymbol{t}_i$。考虑如下的非线性函数：

$$f(x)=\boldsymbol{w}^{\mathrm{T}}\phi(z)+b\tag{6.62}$$

式中：$\boldsymbol{w}$，b为系数；$\phi(z)$表示是由输入空间$\boldsymbol{z}$映射的高维特征空间。

通过拉格朗日乘子方法将求解式（6.62）的非线性函数转变为求解二次规划（QP）问题。最终 SVM 模型可表示为

$$f(x)=\sum_{i=1}^{\mathrm{sv}}(\beta_i-\beta_i^*)K_{\mathrm{L}}(x_i,x)+b\tag{6.63}$$

式中：sv 为支持向量的数量。

SVM 模型预测及更新需要全部训练样本即得分矩阵$\hat{\boldsymbol{T}}_k$及新样本的得分向量$\hat{\boldsymbol{t}}_{k+1}$，本

书此处将其分别改记为 $\boldsymbol{Z}_k^o$ 及 $\boldsymbol{z}_{k+1}^o$。

通过 ALD 算法判断后，SVM 同样会遇到与 OLPCA 相同的两种情形：

1）如果 ALD 算法判定软测量模型不需要更新，则将新样本 $\boldsymbol{z}_{k+1}^o$ 采用就 SVM 模型的训练数据的均值和方差标定后的值，记为 $\boldsymbol{z}_{k+1}$，采用下式预测：

$$\hat{y}(\boldsymbol{z}_{k+1}) = \sum_{i=1}^{\mathrm{sv}_k} (\beta_{i_k} - \beta_{i_k}^*) \boldsymbol{K}_{\mathrm{L}}(\boldsymbol{z}_{k+1}, \boldsymbol{z}_{i_k}) + b_k \tag{6.64}$$

2）如果 ALD 算法判定软测量模型需要更新，则首先按照情形（1）中不需要更新的步骤完成对新样本 $\boldsymbol{z}_{k+1}$ 的预测后，然后进行 SVM 模型的更新。文献[154]和文献[152]从不同的角度提出了针对 SVM 的在线更新算法，但实现均过于复杂。

针对工业过程的软测量建模，由于离线化验的真值要 20min 甚至 2h 才能给出；同时，现代计算机计算性能的提高，重新在线训练 SVM 模型进行模型更新的方法能够在工业过程中进行应用。因此，本书采用重新训练的方法进行 SVM 模型的更新。

更新后的 SVM 模型记为

$$y(\boldsymbol{z}_{k+1}) = \sum_{i=1}^{\mathrm{sv}_{k+1}} (\beta_{i_{k+1}}^u - \beta_{i_{k+1}}^{*u}) \boldsymbol{K}_{\mathrm{L}}(\boldsymbol{z}_{k+1}, \boldsymbol{z}_{i_k}) + b_{k+1} \tag{6.65}$$

2．算法伪代码

PCA 和 SVM 模型并不是在每次采样时间都进行更新，训练样本数据只是在增加 ALD 意义下的有用数据。本书此处提出的基于 OLPCA 的工业过程建模算法步骤如表 6.1 所列。

表 6.1　基于 OLPCA 的工业过程建模算法

OLPCA 的伪代码
（1）采集选择 k 个训练样本，执行批 PCA，获得得分矩阵 $\hat{\boldsymbol{T}}_k$ 构造过程模型 $\hat{f}_k(\cdot)$。
（2）for　$m = k+1, k+2, \cdots$
（3）采集新样本 $\boldsymbol{x}_m^0$。
（4）预测：采用式（6.25）标准化 $\boldsymbol{x}_m^0$，基于 PCA 模型 $\hat{\boldsymbol{P}}_{m-1}$ 和过程模型 $\hat{f}_{m-1}(\cdot)$ 进行预测。
（5）采用式（6.18）标准化 $\boldsymbol{x}_m^0$。
（6）通过式（6.21）计算 ALD 条件。
（7）if　$\delta_m \leqslant v$
（8）训练样本库不包含当前样本；采用上次的 PCA 模型和过程模型为当前模型，转到步骤（2）采集下一新样本。
（9）end if
（10）if　$\delta_m > v$
（11）增加新样本到训练样本库，基于式（6.29）、式（6.30）更新 $\hat{\boldsymbol{P}}_m$，并根据给定阈值判断是否进行主元个数更新；再根据式（6.31）、式（6.32）更新 $\hat{\boldsymbol{T}}_m$，$\hat{\boldsymbol{t}}_m$。
（12）标准化 $\hat{\boldsymbol{T}}_m$ 后重新训练更新过程模型 $\hat{f}_m'(\cdot)$。
（13）更新旧模型并存储新模型，即 $\hat{\boldsymbol{P}}_{m-1} = \hat{\boldsymbol{P}}_m$，$\hat{f}_{m-1}(\cdot) = \hat{f}_m'(\cdot)$，转到步骤（2）采集下一新样本。
（14）end if
（15）end for

6.4.2 在线 PLS（OLPLS）

1．算法描述

通过 ALD 算法判断后，OLPLS 使用中通常会遇到如下的两种情形：

（1）$\delta_{k+1} \leqslant v$。新样本被排除在训练样本库之外，样本库不进行更新，即 $\boldsymbol{D}_{k+1} = \boldsymbol{D}_k$。因此，新样本采用原来的均值和方差进行标定：

$$\boldsymbol{x}_{k+1} = (\boldsymbol{X}_{k+1}^0 - \mathbf{1}_k \boldsymbol{u}_k^{\mathrm{T}}) \cdot \Sigma_k^{-1} \tag{6.66}$$

（2）$\delta_{k+1} > v$。新样本增加到样本库内，训练样本库进行更新，即新的样本库 $\boldsymbol{D}_{k+1} = \boldsymbol{D}_k \cup \{\boldsymbol{x}_{k+1}\}$。新的样本库用于更新 PLS 模型。

2．算法伪代码

OLPLS 算法并不是在每次采样时间都进行模型的更新，其伪代码如表 6.2 所列。

表 6.2 OLPLS 算法的伪代码

OLPLS 算法：
（1）采集 k 个建模样本，执行 PLS 离线建模算法，获得模型 $\hat{f}_k(\cdot)$。
（2）for $m_n = k+1, k+2, \cdots$
（3）采集新样本 $\boldsymbol{x}_{m_n}^0$。
（4）计算输出：标定 $\boldsymbol{x}_{m_n}^0$，基于模型 $\hat{f}_{m_n-1}(\cdot)$ 计算新样本的输出。
（5）标准化 $\boldsymbol{x}_{m_n}^0$。
（6）计算 ALD 值。
（7）if $\delta_{m_n} \leqslant v$
（8）建模样本不包含当前样本；采用上次的 PLS 模型为当前模型，转到步骤（2）采集下一新样本。
（9）end if
（10）if $\delta_{m_n} > v$
（11）增加新样本到建模样本，在线更新标定 y_{k+1}，基于 $\boldsymbol{X}_{k+1} = \begin{bmatrix} \boldsymbol{P}^{\mathrm{T}} \\ \boldsymbol{x}_{k+1} \end{bmatrix}, \boldsymbol{Y} = \begin{bmatrix} \boldsymbol{BQ}^{\mathrm{T}} \\ y_{k+1} \end{bmatrix}$ 重新训练过程模型，得到新模型 $\hat{f}'_{m_n}(\cdot)$。
（12）令 $\hat{f}_{m_n-1}(\cdot) = \hat{f}'_{m_n}(\cdot)$，转到步骤（2）采集下一新样本。
（13）end if
（14）end for

6.4.3 在线 KPLS（OLKPLS）

1．算法描述

通过 ALD 条件对新样本进行计算后，OLKPLS 算法在建模中通常会遇到两种情形：

1）$\delta_{k+1} \leqslant v$

新样本被排除在建模样本之外，模型不进行更新，即 $\boldsymbol{D}_{k+1} = \boldsymbol{D}_k$。新样本采用旧的均值和方差进行标定：

$$\boldsymbol{x}_{k+1} = (\boldsymbol{X}_{k+1}^0 - \mathbf{1} \cdot \boldsymbol{u}_k^{\mathrm{T}}) \cdot \Sigma_k^{-1} \tag{6.67}$$

新样本的核矩阵 $\boldsymbol{K}_{k+1}^{\text{test}}$ 及中心化 $\tilde{\boldsymbol{K}}_{k+1}^{\text{test}}$ 采用下式计算：

$$K_{k+1}^{\text{test}} = \Phi(x_{k+1})^{\mathrm{T}} \Phi(x_l),\ \ l = 1,2,\cdots,k \tag{6.68}$$

$$\tilde{K}_{k+1}^{\text{test}} = \left(K_{k+1}^{\text{test}} I_k - \frac{1}{k} \mathbf{1}_k \cdot \mathbf{1}_k^{\mathrm{T}} \right) K_k^{\text{train}} \left(I_k - \frac{1}{k} \mathbf{1}_k \mathbf{1}_k^{\mathrm{T}} \right) \tag{6.69}$$

式中：Φ 为原始线性空间到高维特征空间的非线性映射，即 $\Phi: x_l \to \Phi(x_l)$；K_k^{train} 为训练样本的核矩阵，即 $K_k^{\text{train}} = \Phi(x_l)^{\mathrm{T}} \Phi(x_m)$，$l,m = 1,2,\cdots k$；$I_k$ 为 k 维的单位阵；$\mathbf{1}_k$ 是值为 1、长度为 k 的向量。

新样本的软测量值采用下式计算：

$$\hat{y}_{k+1} = \tilde{K}_{k+1}^{\text{test}} U_k (T_k^{\mathrm{T}} \tilde{K}_k^{\text{train}} U_k)^{-1} T_k^{\mathrm{T}} Y_k \tag{6.70}$$

式中：Y_k 为建模样本的输出矩阵；T_k 和 U_k 为 KPLS 算法提取的建模样本的得分矩阵；$\tilde{K}_k^{\text{train}}$ 是中心化后的建模样本核矩阵，采用如下公式计算：

$$\tilde{K}_k^{\text{train}} = \left(I_k - \frac{1}{k} \mathbf{1}_k \mathbf{1}_k^{\mathrm{T}} \right) K_k^{\text{train}} \left(I_k - \frac{1}{k} \mathbf{1}_k \mathbf{1}_k^{\mathrm{T}} \right) \tag{6.71}$$

2）$\delta_{k+1} > v$

新样本增加到建模样本内，即 $D_{k+1} = D_k \cup \{x_{k+1}\}$，则新建模样本库可以标记为 $X_{k+1}^0 = [X_k^0 \quad x_{k+1}^0]^{\mathrm{T}} \in \Re^{(k+1)\times p}$，此时需要采用新建模样本库重新训练模型。

新建模样本的核矩阵及中心化如下所示：

$$K_{k+1}^{\text{train}} = \Phi_{k+1}(x_l)^{\mathrm{T}} \Phi_{k+1}(x_m),\ \ l,m = 1,2,\cdots,(k+1) \tag{6.72}$$

$$\tilde{K}_{k+1}^{\text{train}} = \left(I_{k+1} - \frac{1}{k+1} \mathbf{1}_{k+1} \mathbf{1}_{k+1}^{\mathrm{T}} \right) K_{k+1}^{\text{train}} \left(I_{k+1} - \frac{1}{k+1} \mathbf{1}_{k+1} \mathbf{1}_{k+1}^{\mathrm{T}} \right) \tag{6.73}$$

式中：I_{k+1} 是 $k+1$ 维的单位阵；$\mathbf{1}_{k+1}$ 是值为 1、长度为 $k+1$ 的向量。

新建模样本库的输出按下式计算：

$$\hat{Y}_{k+1} = \tilde{K}_{k+1}^{\text{train}} U_{k+1} (T_{k+1}^{\mathrm{T}} \tilde{K}_{k+1}^{\text{train}} U_{k+1})^{-1} T_{k+1}^{\mathrm{T}} Y_{k+1} \tag{6.74}$$

式中：Y_{k+1} 为新建模样本库的输出矩阵；T_{k+1}、U_{k+1} 为新建模样本库的得分矩阵。

2．算法伪代码

OLKPLS 算法并不是在每次采样时间都进行模型的更新，其伪代码如表 6.3 所列。

表 6.3　OLKPLS 算法的伪代码

OLKPLS 算法：
（1）采集 k 个建模样本，执行 KPLS 离线建模算法，获得模型 $\hat{f}_j(\cdot)$。
（2）for $m_n = k+1, k+2, \cdots$
（3）采集新样本 $x_{m_n}^0$。
（4）计算输出：标定 $x_{m_n}^0$，基于模型 $\hat{f}_{m_{n-1}}(\cdot)$ 计算新样本的输出。
（5）标准化 $x_{m_n}^0$。
（6）计算 ALD 值。
（7）if $\delta_{m_n} \leqslant v$
（8）建模样本不包含当前样本；采用上次的 KPLS 模型为当前模型，转到步骤（2）采集下一新样本。

续表

OLKPLS 算法：
(9) end if
(10) if $\delta_{m_n} > \nu$
(11) 增加新样本到建模样本，更新过程模型，得到新模型 $\hat{f}'_{m_n}(\cdot)$。
(12) 令 $\hat{f}_{m_{n-1}}(\cdot)=\hat{f}'_{m_n}(\cdot)$，转到步骤（2）采集下一新样本。
(13) end if
(14) end for

6.4.4 算法分析

上述 3 种基于 ALD 的在线建模算法流程可以统一采用如图 6.2 所示。

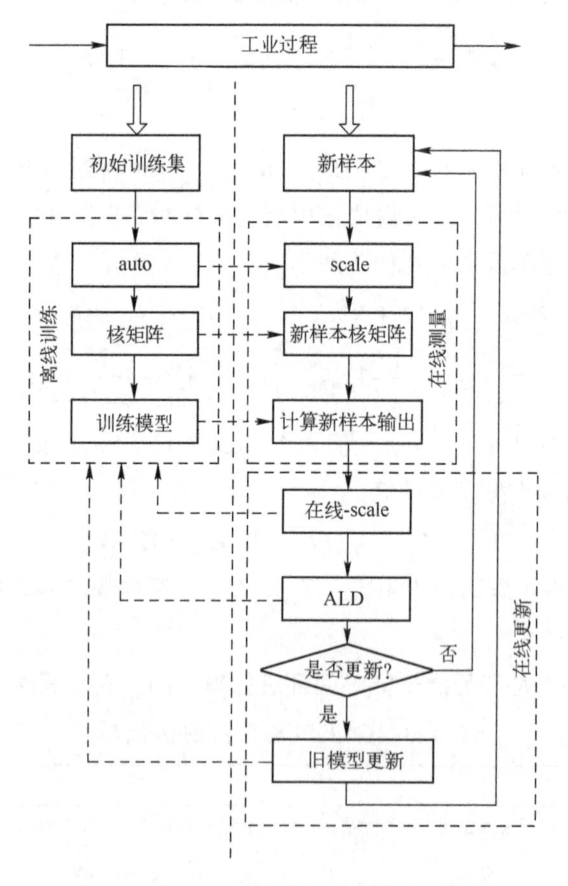

图 6.2 基于 ALD 的在线建模算法流程图

由图 6.2 算法流程可知：

首先，依据建模样本离线建立训练模型；然后，根据存储的旧模型计算新样本的输出；接着，对新样本进行在线标准化，计算 ALD 值，如果 ALD 值小于或等于设定阈值，不进行模型更新，否则重新训练 KPLS 模型并替换旧模型。

该算法的建模速度包含了计算 ALD 和模型更新两个方面的时间，相对于仅进行模型更新，从一定程度上增加了模型的延迟，但模型更新次数的降低，提高了模型整体的更新速度，也降低了模型的复杂度。

6.4.5 实验研究

将 OLPCA-SVM、OLPLS 和 OLKPLS 算法分别采用合成数据和 beachmark 数据进行实验研究，并且与每样本更新的 KPLS（recursive KPLS，RKPLS）、滑动窗口 KPLS（move window KPLS，MWKPLS）算法进行比较。仿真中的 SVM 建模算法采用 Steve Gunn 的软件包：*Matlab Support Vector Machine Toolbox*。KPLS 和 SVM 算法的核函数均采用径向基函数。

1. 合成数据

1）数据描述

采用如下函数生成合成数据模拟工业过程的非线性和时变特性：

$$\begin{cases} x_1 = t^2 - t + 1 + \varDelta_1 \\ x_2 = \sin(t) + \varDelta_2 \\ x_3 = t^3 + t + \varDelta_3 \\ x_4 = t^3 + t^2 + 1 + \varDelta_4 \\ x_5 = \sin t + 2t^2 + 2 + \varDelta_5 \\ y = x_1^2 + x_1 x_2 + 3\cos x_3 - x_4 + 5x_5 + \varDelta_6 \end{cases} \tag{6.75}$$

式中：$t \in [-1,1]$；$\varDelta_{i_{sy}}$ 为噪声，其分布范围为[−0.1，0.1]，$i_{sy} = 1,2,3,4,5,6$。

合成数据分布在 C_1、C_2、C_3 和 C_4 共 4 个不同的区域。每个数据区域内 t 的取值范围和样本数量如表 6.4 所列。

表 6.4 合成数据的不同区域

数据区域	取值范围 $t \in [a,b]$	样本数量
C_1	[−1，−0.5]	60
C_2	[−0.5，0]	60
C_3	[0，0.5]	60
C_4	[0.5，1]	90

本书此处中，建模样本由 C_1、C_2 和 C_3 的各 30 个样本组成；测试样本由 C_1、C_2 和 C_3 的各 30 个样本以及 C_4 的 90 个样本组成。因此，对于测试样本，C_1、C_2 和 C_3 相当于工业过程中的 3 种缓变工况，而 C_4 则是一种突变工况。

2）更新条件计算

基于 PCA 的综合指标常用于工业过程的监视，即度量新样本相对于建模样本的变化情况，其定义和控制限的计算方法详见文献[152]。由于新样本相对于初始建模样本的变化均可采用 ALD 值和综合指标值表示，此处定义“相对灵敏度”用于比较两者灵敏度：

$$R_{\text{sensi}} = \log\left(\frac{\xi_{m_n+1} - \xi_{k+1}}{\xi_{k+1}}\right),\ m_n = k+1, k+2, \cdots \tag{6.76}$$

式中：ξ_{k+1} 和 ξ_{m_n+1} 为第 $k+1$ 和 m_n+1 个新样本针对初始建模样本的 ALD 值及综合指标值。

采用 PLS、KPLS 算法建立基于建模样本的交叉验证模型。对建模样本采用 PCA 进行数据降维处理，采用前 3 个 PC 建立 SVM 模型和计算综合指标。测试样本相对于建模样本的综合指标值和 ALD 值的相对灵敏度如图 6.3 所示。

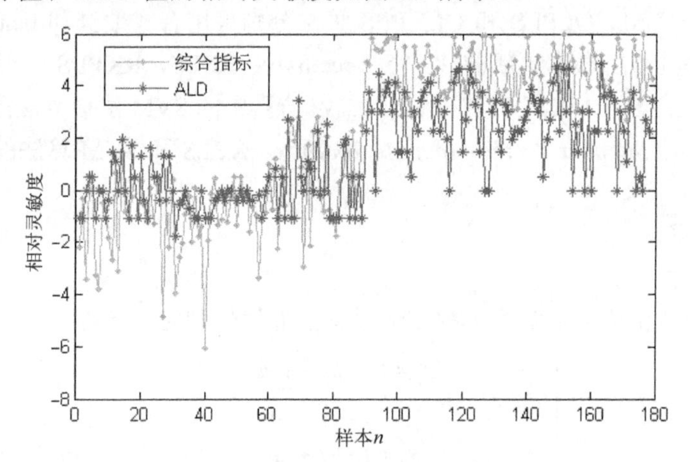

图 6.3　合成数据测试样本相对于初始建模样本的相对灵敏度

图 6.3 表明：

（1）C_4 的 90 个样本的综合指标值和 ALD 值均高于 C_1、C_2 和 C_3，说明综合指标值和 ALD 均可监视突变工况的变化。

（2）在 C_1、C_2 和 C_3 区域，综合指标值的相对灵敏度低于 ALD 值，说明 ALD 对工业过程的缓变工况的灵敏度要高于综合指标。

（3）在 C_4 区域，综合指标值的相对灵敏度高于 ALD 值，说明综合指标对突变工况的灵敏度要高于 ALD。

3）仿真结果

为了表示在线建模过程中哪些测试样本对模型进行了更新，图 6.4 给出了测试样本的 ALD 值与阈值的对比曲线。

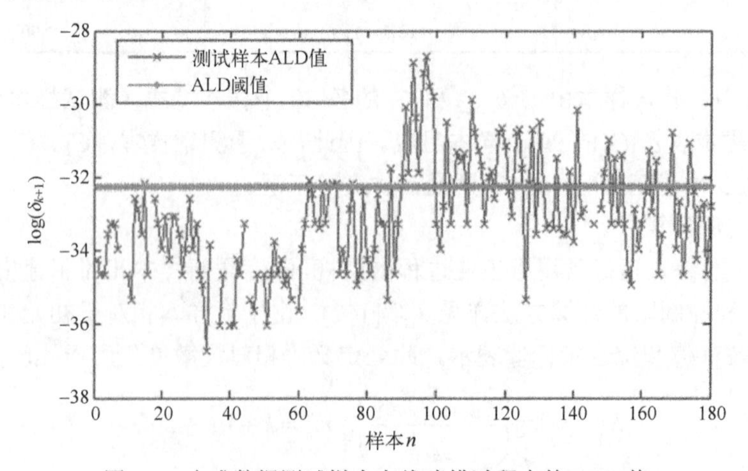

图 6.4　合成数据测试样本在线建模过程中的 ALD 值

图 6.4 中的直线上方的样本表示在线更新模型的样本，结果表明：模型更新的样本主要集中在 C_4 区域，并且更新次数逐渐减少，此结果与合成样本的数据分布相符。

OLKPLS 模型的测试结果如图 6.5 和图 6.6 所示。

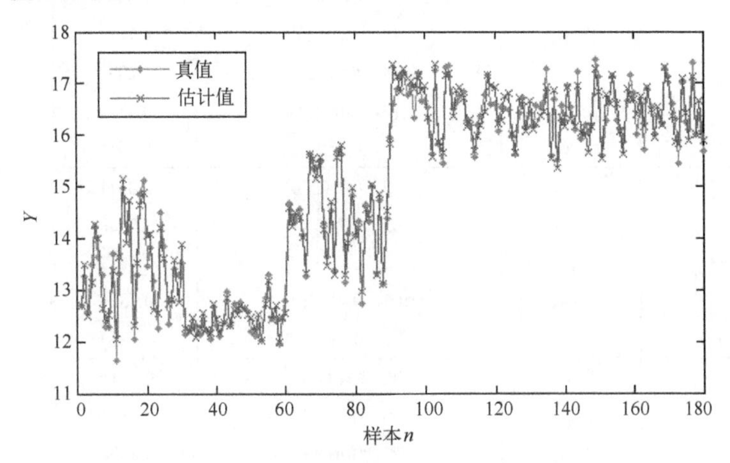

图 6.5　合成数据软测量模型的测试结果

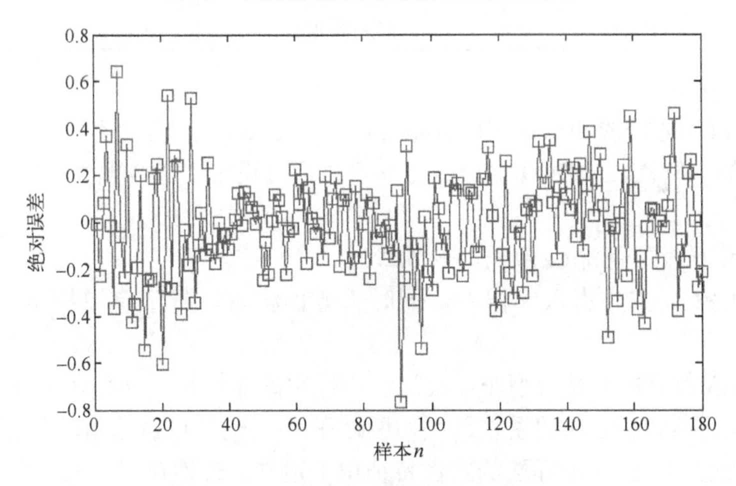

图 6.6　合成数据软测量模型的绝对误差

4）分析与比较

OLKPLS 方法与其他方法的 RMSE 的比较及建模参数统计结果见表 6.5。表中，“模型参数(*c*，*r*)(PC)(*r*)(LV)”的含义如下：小括号内的各项依次分别表示 SVM 模型的惩罚参数和核半径、PCA 模型的主元个数、KPLS 模型的核半径及 PLS/KPLS 模型的潜变量个数；“更新次数 *n*”代表模型的更新次数；v_y 为 ALD 阈值。

表 6.5　基于合成数据的不同建模方法的测试误差比较及建模参数统计

建模方法	模型参数 (*c*，*r*)(PC)(*r*)(LV)	RMSE	更新次数 *n*
KPLS	(#，#)(81)(3)	0.3915	0
RKPLS	(#，#)(81)(3)	0.2259	180
MWKPLS	(#，#)(81)(3)	0.2679	180

续表

建模方法		模型参数 (c，r)(PC)(r)(LV)	RMSE	更新次数 n
OLPLS	$16\times v_{sy}$	(#，#)(#)(3)	0.8469	4
	$8\times v_{sy}$	(#，#)(#)(3)	0.7070	18
	$4\times v_{sy}$	(#，#)(#)(3)	0.6097	34
	$2\times v_{sy}$	(#，#)(#)(3)	0.5576	49
	$1\times v_{sy}$	(#，#)(#)(3)	0.4658	68
OLPCA-SVM	$16\times v_{sy}$	(0.5，0.7)(3)(#)	2.0411	4
	$8\times v_{sy}$	(0.5，0.7)(3)(#)	1.0588	18
	$4\times v_{sy}$	(0.5，0.7)(3)(#)	0.7587	34
	$2\times v_{sy}$	(0.5，0.7)(3)(#)	0.7361	49
	$1\times v_{sy}$	(0.5，0.7)(3)(#)	0.6467	68
OLKPLS	$16\times v_{sy}$	(#，#)(81)(3)	0.3714	4
	$8\times v_{sy}$	(#，#)(81)(3)	0.2311	18
	$4\times v_{sy}$	(#，#)(81)(3)	0.2306	34
	$2\times v_{sy}$	(#，#)(81)(3)	0.2285	49
	$1\times v_{sy}$	(#，#)(81)(3)	0.2269	68

由图 6.5、图 6.6 和表 6.5 可知：

（1）OLKPLS 方法的测试误差比 RKPLS 方法低 0.0010，但更新次数仅为 68 次，远低于 RKPLS 的 180 次，表明 OLKPLS 方法可以通过设定阈值实现建模精度和速度间的均衡。

（2）KPLS 方法未更新 C_4 数据，效果最差。

（3）MWKPLS 方法引入新样本，同时丢弃旧样本，导致有用样本丢失，建模效果较差。

（4）OLPLS 建立的线性模型难以描述合成数据的非线性，误差较大。

（5）OLPCA-SVM 方法的误差最大，原因在于：一是 PCA 提取的特征未考虑与输出变量的相关性；二是 PCA 提取的线性特征用于建立非线性模型；三是由于 SVM 模型的学习参数未更新。

因此，时变特性和工况波动已知时，OLKPLS 方法可以自适应地更新模型。

由表 6.5 可知：

（1）随着更新次数的增加，RKPLS 算法中核矩阵的维数逐渐增加，计算消耗和模型的复杂度也逐渐增加，最终的核矩阵为 270×270。

（2）MWKPLS 方法则是引入一维则丢弃一维，其核矩阵的维数保持 90×90 不变，但精度较低。

（3）对于 OLKPLS 算法，核矩阵增长的维数和模型的复杂度是可控的，当采用不同的 ALD 阈值时，核矩阵维数与模型误差的变化如图 6.7 所示。

由图 6.7 可知，随着 ALD 阈值的增加，对 KPLS 模型进行更新的样本逐渐减少，即核矩阵增长的维数是逐渐降低的，从而 KPLS 模型的计算消耗和模型复杂度也逐渐降低；同时模型的测试误差逐渐增加，但在较低阈值时误差的变化却不大，可见选择适合的阈值对提高模型更新速度、降低模型的复杂度至关重要。

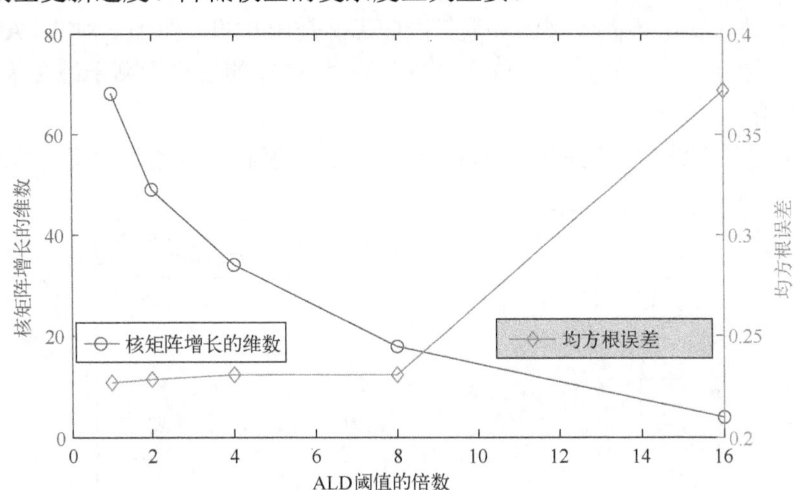

图 6.7　合成数据 OLKPLS 模型的维数及误差与 ALD 阈值的关系

2．Benchmark 数据

1）数据描述

混凝土的抗压强度代表混凝土的强度等级，其值一般是通过实验获得。本实验研究采用了 UCI（University of California Irvine）平台提供的数据集建立混凝土抗压强度软测量模型 [462]。该数据集中的前 8 列为模型输入，分别是水泥、高炉矿渣粉、粉煤灰、水、减水剂、粗集料和细集料在每立方混凝土中各配料的含量及混凝土的置放天数；第 9 列为模型输出，即混凝土抗压强度。

本书此处将前 500 样本等间隔分为 5 份，取其中的第 1 份作为建模样本。测试样本包括前 500 个样本中的第 3 份和后 500 个样本中的前 100 个样本。

2）更新条件计算

采用 PLS、KPLS 算法建立基于建模样本的交叉验证模型；对建模样本采用 PCA 进行降维处理后，采用前 5 个主元建立 SVM 模型及计算综合指标。测试样本相对于建模样本的相对灵敏度如图 6.8 所示。

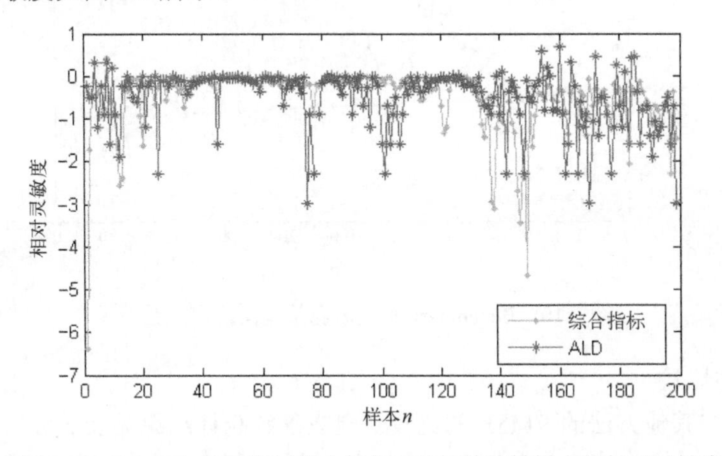

图 6.8　Benchmark 数据测试样本的相对于初始建模样本的相对灵敏度

图 6.8 表明，该 Benchmark 数据的综合指标和 ALD 值的分布没有明显的规律性。这是由于实验条件未知，不同区域的数据代表的工况是未知的。但图 6.8 中，ALD 的相对变化高于综合指标值，尤其是后 100 个样本，表明 ALD 的灵敏度高于综合指标。

3）仿真结果

图 6.9 给出了在线建模过程中，测试样本的 ALD 值和阈值的相对变化曲线。

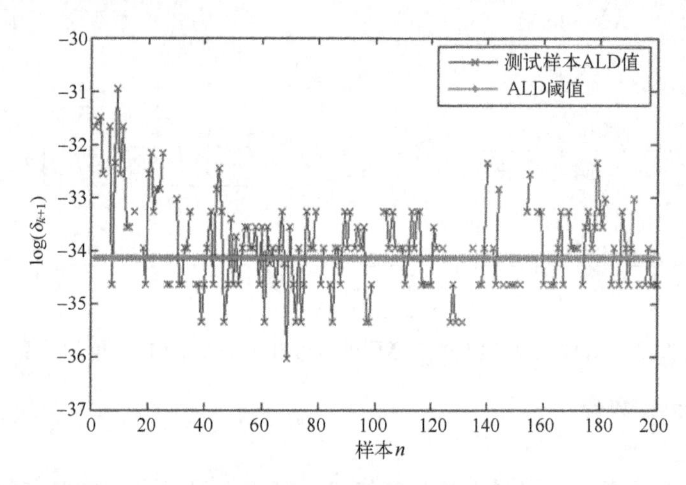

图 6.9　Benchmark 数据测试样本在线建模过程中的 ALD 值

图 6.9 中 ALD 阈值线上方的样本是用于在线更新混凝土抗压强度模型的测试样本，结果表明：用于更新模型的样本分布基本上是均匀的，没有合成数据的规律性。这主要是由于该 Benchmark 数据代表的工况变化是未知的，而合成数据的工况变化则是人为设计的。

采用本书所提的 OLKPLS 方法建模的测试结果如图 6.10 所示。

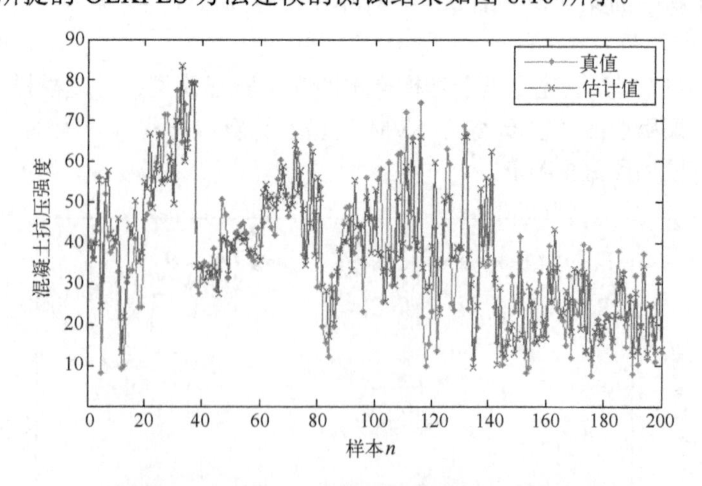

图 6.10　Benchmark 数据软测量模型的测试结果

4）分析与比较

OLKPLS 与其他方法的 RMSE 的比较及建模参数统计结果见表 6.6。

表 6.6　基于 Benchmark 数据的不同建模方法的测试误差比较及建模参数统计

建模方法		模型参数 (c，r)(PC)(r)(LV)	RMSE	更新次数 n
KPLS		(#，#)(#)(1)(12)	12.8346	0
RKPLS		(#，#)(#)(1)(12)	7.9504	200
MWKPLS		(#，#)(#)(1)(12)	7.5378	200
OLPLS	$8\times v_{ben}$	(#，#)(#)(#)(5)	13.3413	8
	$4\times v_{ben}$	(#，#)(#)(#)(5)	16.8845	19
	$2\times v_{ben}$	(#，#)(#)(#)(5)	14.1692	50
	$1\times v_{ben}$	(#，#)(#)(#)(5)	11.6758	97
OLPCA-SVM	$8\times v_{ben}$	(21，1)(5)(#)	10.7869	8
	$4\times v_{ben}$	(21，1)(5)(#)	11.1356	19
	$2\times v_{ben}$	(21，1)(5)(#)	9.4950	50
	$1\times v_{ben}$	(21，1)(5)(#)	9.5979	97
OLKPLS	$8\times v_{ben}$	(#，#)(#)(1)(12)	12.1376	8
	$4\times v_{ben}$	(#，#)(#)(1)(12)	11.5540	19
	$2\times v_{ben}$	(#，#)(#)(1)(12)	10.2347	50
	$1\times v_{ben}$	(#，#)(#)(1)(12)	8.4812	97

图 6.10 和表 6.6 的结果表明：

（1）OLKPLS 方法的建模误差稍高于采用全部样本更新的 RKPLS 和 MWKPLS 方法，但其更新次数仅为其他两种方法一半，这表明通过选择 ALD 阈值可在建模精度和速度间取得均衡。

（2）MWKPLS 方法通过引入最新样本，同时丢弃最旧样本，具有最小的建模误差，表明该平台数据中的旧样本干扰了 OLKPLS 方法的建模精度，需要研究如何丢弃旧样本的方法。

（3）OLPLS 方法的建模误差最大，原因在于混凝土抗压强度数据具有非线性特征，而 PLS 方法只能建立线性模型。

（4）OLPCA-SVM 方法的建模误差高于 OLPLS 方法，但低于 OLKPLS 方法，原因同前面的分析；其更新 50 次时的误差小于更新 90 次时的误差，说明合理的选择阈值是比较重要的。因此，工业过程的时变特性未知时，OLKPLS 方法也可以实现模型的自适应更新。

基于 ALD 条件的建模方法，采用相同更新次数时的建模误差如图 6.11 所示。

图 6.11 表明：

（1）当模型的更新次数大于 50 次时，即 ALD 的阈值大于 $2\times v_{ben}$ 时，应该选择 OLPCA-SVM 建模方法。

（2）当模型的更新次数为 97 次，即 ALD 的阈值为 $1\times v_{ben}$ 时，应该选择 OLKPLS 建模方法。

因此，在采用相同更新次数时，可以利用该图选择误差最小的建模方法作为适合于特定平台数据的建模策略。

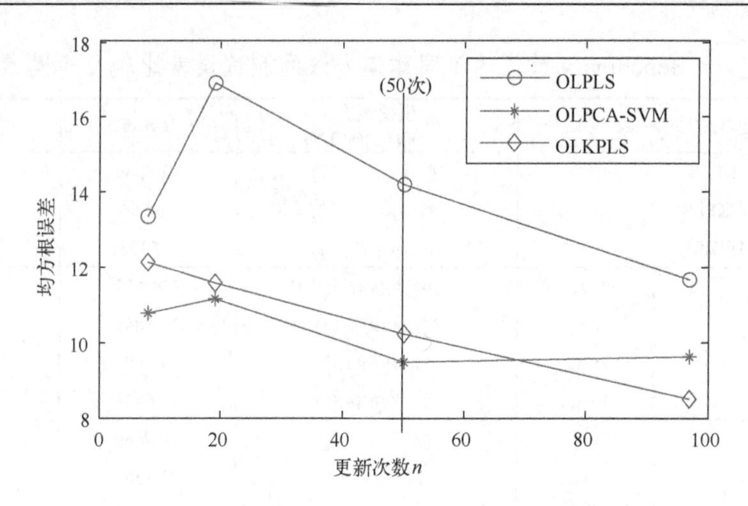

图 6.11　Benchmark 数据不同建模方法的误差比较结果

综上，上述仿真实验结果表明，不同平台下不同方法的优劣性是有差异的。因此，选择建模方法就需要从工业过程的实际需要出发，同时考虑模型的复杂度和精度。

3. 实验结果讨论

本小节提出了一种基于 ALD 条件的 OLKPLS 建模方法。该方法只采用有用样本进行模型更新，克服了每样本更新导致的计算消耗问题，采用合成数据和 Benchmark 数据验证了该方法建立在线非线性模型的有效性。通过本节的仿真实验可得出如下结论：

（1）基于 PCA-SVM 的方法提取与输入数据相关的变量建立 SVM 软测量模型，而基于PLS/KPLS的方法通过提取与输入和输出数据都相关的潜在变量建立线性/非线性模型，更新模型时比 SVM 求解 QP 问题具有更快的建模速度。

（2）通过 ALD 阈值可以控制软测量模型的建模速度和建模精度。在以上的实验研究中，最佳的阈值是依据使用者的经验和特定的问题确定的。因此，不同的建模数据选定的 ALD 阈值是不同的。

（3）综合指标与 ALD 值的对比表明，ALD 可以解释新的过程数据的变化，并且比综合指标更加灵敏。因此，ALD 指标可以用于动态环境的建模。

（4）ALD 条件保证了在训练样本库中只包含有用样本，但该样本库会越来越大。如何确定训练样本库的样本容量及丢弃旧样本等问题，需要深入研究。

6.5　基于特征空间更新样本识别的多源高维频谱在线集成建模

6.5.1　建模策略

考虑到旋转机械设备筒体振动、振声、电流等信号与磨机负荷参数的相关性，以及多传感器信息间的互补与冗余现象，第 4 章提出了基于选择性集多传感器信息的旋转机械设备负荷参数软测量方法。工业过程中的设备磨损、传感器和过程漂移、预防性的维护和清洗等均会导致工业过程的时变特性。旋转机械设备机内难以检测的钢球及衬板的磨损，旋转机械设备给料的硬度、粒度分布的波动等也导致球磨机系统具有较强的时变特性。在构建离线的软测量模型时，有可能难以得到足够的建模样本，如磨矿过程运行的连续性使建模初期难以采集不同工况下的筒体振动信号。

结合 OLKPLS 方法，本书此处提出了由离线训练模块、在线测量模块、在线更新模块三部分组成的磨机负荷参数在线集成建模方法，策略如图 6.12 所示。

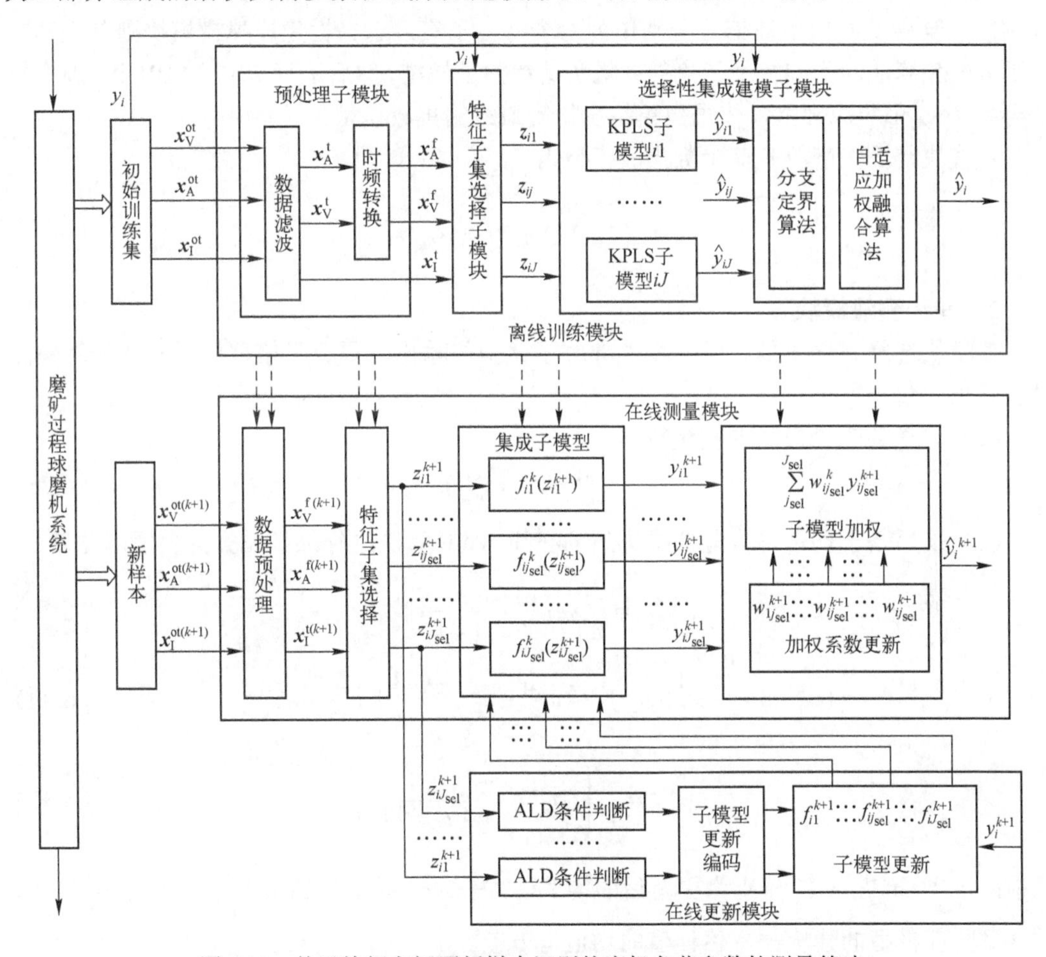

图 6.12　基于特征空间更新样本识别的磨机负荷参数软测量策略

图 6.12 中，$\boldsymbol{x}_{\mathrm{V}}^{\mathrm{ot}}$、$\boldsymbol{x}_{\mathrm{A}}^{\mathrm{ot}}$ 和 $\boldsymbol{x}_{\mathrm{I}}^{\mathrm{ot}}$ 表示未经信号预处理的时域信号；$\boldsymbol{x}_{\mathrm{V}}^{\mathrm{t}}$、$\boldsymbol{x}_{\mathrm{A}}^{\mathrm{t}}$ 和 $\boldsymbol{x}_{\mathrm{I}}^{\mathrm{t}}$ 表示预处理后的时域信号；$\boldsymbol{x}_{\mathrm{V}}^{\mathrm{f}}$ 和 $\boldsymbol{x}_{\mathrm{A}}^{\mathrm{f}}$ 表示振动和振声频谱；$\boldsymbol{z}_{ij}$ 表示特征子集；$\hat{y}_{ij}$ 表示磨机负荷参数子模型输出；$\hat{y}_i$ 表示在线集成模型输出；$\boldsymbol{z}_{ij_{\mathrm{sel}}}^{k+1}$、$f_{ij_{\mathrm{sel}}}^{k+1}$、$\hat{y}_{ij_{\mathrm{sel}}}^{k+1}$、$w_{ij_{\mathrm{sel}}}^{k+1}$ 及 $\hat{y}_i^{k+1}$ 分别表示新样本的特征子集、磨机负荷参数子模型、子模型输出、子模型加权系数及在线集成模型输出；$i=1,2,3$ 时分别表示 MVBR、PD 和 CVR；$j=1,2,\cdots,J$ 表示候选特征子的集编号，J 表示候选特征的数量；$j_{\mathrm{sel}}=1,2,\cdots,J_{i_{\mathrm{sel}}}$ 表示特征子集的编号，$J_{i_{\mathrm{sel}}}$ 表示为第 i 个磨机负荷参数选择的特征子集数量。

6.5.2 建模算法

1．离线训练模块

该模块建立离线的基于特征子集的选择性集成磨机负荷参数模型，其中预处理模块滤波时域信号并将筒体振动和振声信号转换至频域；特征子集选择模块采用基于MI的特征选择方法分别选择频谱的子频段特征及局部波峰特征，结合频谱聚类的分频段划分算法实现筒体振动和振声频谱各分频段的自动分割，并将子频段特征、局部波峰特征、各分频段、全谱及时域电流信号分别作为一个特征子集；选择性集成建模模块则首先建立基于KPLS算法的不同特征子集的磨机负荷参数子模型，然后运行$J-2$次BB和AWF算法得到$J-2$个集成模型，依据建模精度得到最终的集成模型。

该模块得到的磨机负荷参数集成模型为

$$y_{ij_{\rm sel}}=\sum_{j_{\rm sel}=1}^{J_{i_{\rm sel}}}w_{ij_{\rm sel}}\cdot f_{ij_{\rm sel}}(z_{ij_{\rm sel}}) \tag{6.77}$$

2．在线测量模块

该模块选择新样本的特征子集并计算子模型的输出，更新子模型权系数并计算集成模型输出，步骤如下：

（1）计算各个子模型的测量输出：

$$y_{ij_{\rm sel}}^{k+1}=f_{ij_{\rm sel}}^{k}(z_{ij_{\rm sel}}^{k+1}) \tag{6.78}$$

（2）采用基于均值与方差递推更新的在线AWF算法进行加权系数的自适应更新：

$$u_{ij_{\rm sel}}^{k+1}=\frac{k}{k+1}u_{ij_{\rm sel}}^{k}+\frac{1}{k+1}\hat{y}_{ij_{\rm sel}}^{k+1} \tag{6.79}$$

$$(\sigma_{ij_{\rm sel}}^{k+1})^2=\frac{k-1}{k}(\sigma_{ij_{\rm sel}}^{k})^2+(u_{ij_{\rm sel}}^{k+1}-u_{ij_{\rm sel}}^{k})^2+\frac{1}{k}\|\hat{y}_{ij_{\rm sel}}^{k+1}-u_{ij_{\rm sel}}^{k+1}\|^2 \tag{6.80}$$

$$w_{ij_{\rm sel}}^{k+1}=1\Bigg/\left((\sigma_{ij_{\rm sel}}^{k+1})^2\sum_{j_{\rm sel}=1}^{J_{i_{\rm sel}}}\frac{1}{(\sigma_{ij_{\rm sel}}^{k+1})^2}\right) \tag{6.81}$$

式中：$u_{ij_{\rm sel}}^{k+1}$、$\sigma_{ij_{\rm sel}}^{k+1}$、$w_{ij_{\rm sel}}^{k+1}$分别为更新后的均值、方差及子模型的加权系数；$u_{ij_{\rm sel}}^{k}$、$\sigma_{ij_{\rm sel}}^{k}$为基于交叉验证模型的建模样本估计值的均值与方差。

（3）计算在线测量模块的输出：

$$\hat{y}_i^{k+1}=\sum_{j_{\rm sel}=1}^{J_{i_{\rm sel}}}w_{ij_{\rm sel}}^{k+1}\hat{y}_{ij_{\rm sel}}^{k+1} \tag{6.82}$$

3．在线更新模块

该模块计算每个特征子集的 ALD 值并判断是否更新子模型：若不更新则采集下一样本，若更新则运行 OLKPLS 算法，同时编码子模型更新方案。

需要说明的是：当存在多个子模型时，需要对子模型的更新情况进行编码，便于确定如何根据ALD值更新子模型。采用二进制编码子模型的更新组合，若有$J_{\rm sel}$个子模型，

则共有 $2^{J_{\mathrm{sel}}}$ 种组合。以 $J_{\mathrm{sel}}=2$ 为例进行说明，共有以下 4 种情况：

（1）00——模型 1 和 2 均不更新；

（2）01——只有模型 1 更新；

（3）10——只有模型 2 更新；

（4）11——模型 1 和 2 均更新。

式中：00、01、10 和 11 是 $J_{\mathrm{sel}}=2$ 时的编码。

可见，选择的子模型越多，更新组合越多。

6.5.3　实验研究

1．离线训练模块的实验结果

基于文献[233]提出的选择性集成建模方法采用 13 个样本建立离线选择性集成模型。通过对筒体振动、振声和磨机电流信号进行特征子集选择，可以得到 16 个候选特征子集，其编号、缩写及含义分别为：1_VLF（振动频谱低频段）、2_VMF（振动频谱中频段）、3_VHF（振动频谱高频段）、4_VHHF（振动频谱高高频段）、5_VFULL（振动原始频谱）、6_VLP（振动局部波峰特征）、7_ALF（振声频谱低频段）、8_AMF（振声频谱中频段）、9_AHF（振声频谱高频段）、10_AFULL（振声原始频谱）、11_ALP（振声频谱局部波峰特征）、12_I_{mill}（磨机电流）、13_MI_VLP（基于互信息的振动频谱局部波峰特征）、14_MI_ALP（基于互信息的振声频谱局部波峰特征）、15_MI_VSUB（基于互信息的振动频谱子频段）和 16_MI_ASUB（基于互信息的振声频谱子频段）。采用基于 KPLS、BB 和 AWF 算法的选择性集成建模方法，MBVR、PD 和 CVR 集成模型选择的子模型的数量分别是为 6、2 和 3 个。

2．在线测量及在线更新模块的实验结果

采用 13 个测试样本进行集成模型的在线更新。依据经验，将 MBVR、PD 和 CVR 软测量模型的 ALD 阈值均设为 0.1。子模型的 ALD 值、权系数变化及在线集成模型的测试输出结果如图 6.13～图 6.15 所示。

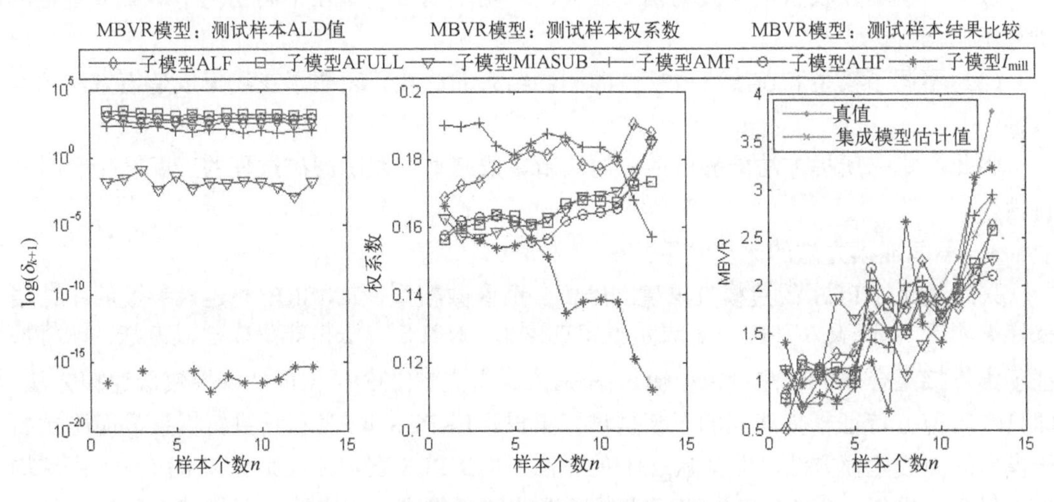

图 6.13　MBVR 在线集成软测量模型的曲线

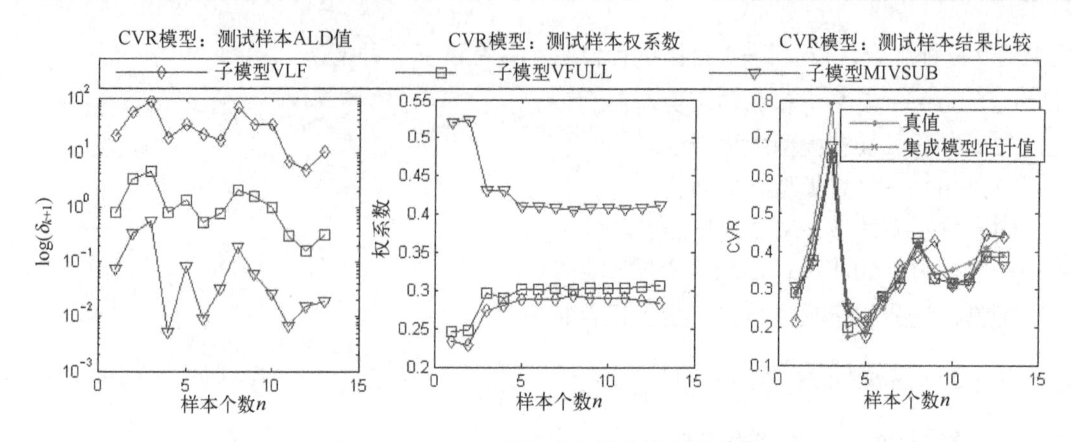

图 6.14　CVR 在线集成软测量模型的曲线

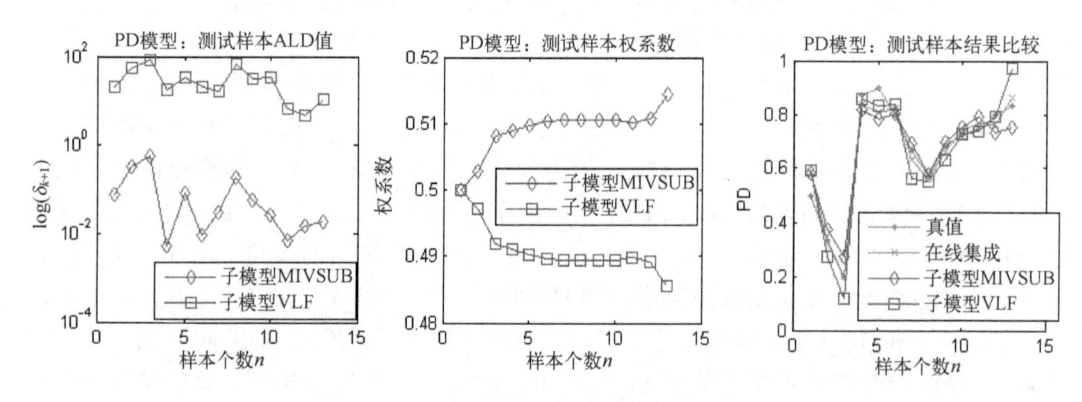

图 6.15　PD 在线集成软测量模型的曲线

由图 6.13～图 6.15 可知：

（1）不同特征子集的 ALD 值差异较大，表明了特征子集间的多样性，进行多传感器信息的选择性融合和子模型的选择性更新是必要的。

（2）子模型加权系数的波动幅度较大，表明不同子模型在不同工况下对集成模型的贡献不同。

（3）不同子模型和在线集成模型的测试结果的比较，表明了在线集成建模方法的有效性。

因此，本书所提方法能够自适应地更新集成模型，跟踪磨矿过程的工况变化和时变特性。

3．不同建模方法的比较结果

采用基于 KPLS 的建模方法建立磨机负荷参数模型，RMSRE 和建模参数的统计结果详见表 6.7。在表 6.7 中，v_{ml} 表示设定的阈值；KPLS 方法指非集成建模方法，即将特征子集直接组合作为软测量模型输入；SEKPLS 指文献[233]提出的选择性集成建模方法，即只选择部分特征子集建立的子模型进行集成；EKPLS-w 表示只更新权系数而不更新子模型的集成建模方法，即文献[231]的方法；REKPLS 表示加权系数和 KPLS 子模型均采用每样本更新；OLEKPLS 表示本书所提的在线集成建模方法，即加权系数进行每样本更新，子模型依据 ALD 条件进行选择性的更新。

表 6.7　不同建模方法的测试误差比较

磨机负荷参数及建模方法			子模型数量	RMSRE	更新次数 n	备注
MBVR	KPLS		1	0.2647	0	单模型
	SEKPLS		6	0.2049	0	选择性集成模型
	EKPLS-w		6	0.2318	(13，13，13，13，13，13)	更新权系数
	REKPLS		6	0.2540	(13，13，13，13，13，13)	更新子模型及其权系数
	OLEKPLS	$400\times v_{\mathrm{ml}}$	6	0.2378	(4，13，0，0，13，0)	更新权系数，选择更新子模型
		$200\times v_{\mathrm{ml}}$	6	0.2398	(13，13，0，3，13，0)	
		$100\times v_{\mathrm{ml}}$	6	0.2406	(13，13，0，7，13，0)	
		$10\times v_{\mathrm{ml}}$	6	0.2403	(13，13，0，13，13，0)	
		$1\times v_{\mathrm{ml}}$	6	0.1883	(13，13，1，13，13，0)	
PD	KPLS		1	0.1156	0	单模型
	SEKPLS		2	0.07781	0	选择性集成模型
	EKPLS-w		2	0.07833	(13，13)	更新权系数
	REKPLS		2	0.08010	(13，13)	更新子模型与权系数
	OLEKPLS	$200\times v_{\mathrm{ml}}$	2	0.08451	(8，0)	更新权系数，依据 ALD 值选择更新子模型
		$100\times v_{\mathrm{ml}}$	2	0.07857	(11，0)	
		$20\times v_{\mathrm{ml}}$	2	0.07855	(13，0)	
		$10\times v_{\mathrm{ml}}$	2	0.07873	(13，0)	
		$1\times v_{\mathrm{ml}}$	2	0.06478	(13，3)	
CVR	KPLS		1	0.1630	0	单模型
	SEKPLS		3	0.1377	0	选择性集成模型
	EKPLS-w		3	0.1893	(13，13，13)	只更新权系数
	REKPLS		3	0.1278	(13，13，13)	更新子模型与权系数
	OLEKPLS	$400\times v_{\mathrm{ml}}$	3	0.2142	(8，0，0)	更新权系数，并依据 ALD 值选择更新子模型
		$200\times v_{\mathrm{ml}}$	3	0.1903	(11，0，0)	
		$40\times v_{\mathrm{ml}}$	3	0.2037	(12，1，0)	
		$20\times v_{\mathrm{ml}}$	3	0.2030	(13，5，0)	
		$2\times v_{\mathrm{ml}}$	3	0.1426	(13，13，3)	
		$1\times v_{\mathrm{ml}}$	3	0.1254	(13，13，6)	

表 6.7 的结果表明：

（1）OLEKPLS 方法更新子模型的权系数，并依据 ALD 值选择更新子模型，建模误差最小，说明通过调整 ALD 阈值可在建模速度和建模精度间进行均衡；而且不同子模型的更新次数不同，表明不同特征子集对工业过程时变特性的灵敏度不同，进行选择性信息融合是合理的。

（2）KPLS 方法建模误差较大，原因在于只是简单的合并特征子集，不能有效融合多传感器信息。

（3）SEKPLS 方法选择性地融合多传感器信息，建模误差较小。

（4）EKPLS-w 方法只更新集成子模型的加权系数，建模误差并没有降低，这与文献[109]的结论相同。

（5）REKPLS 方法采用每个新样本对子模型及其权系数均进行更新，不同的磨机负荷参数模型得到了不同的测试结果：CVR 模型的建模精度提高，而 PD 和 CVR 软测量模型的性能并没有改善，这说明每样本更新方法并不适用于每个磨机负荷参数模型。

对于 OLEKPLS 算法，采用不同的 ALD 阈值时，模型误差与子模型的更新次数的变化如图 6.16 所示。

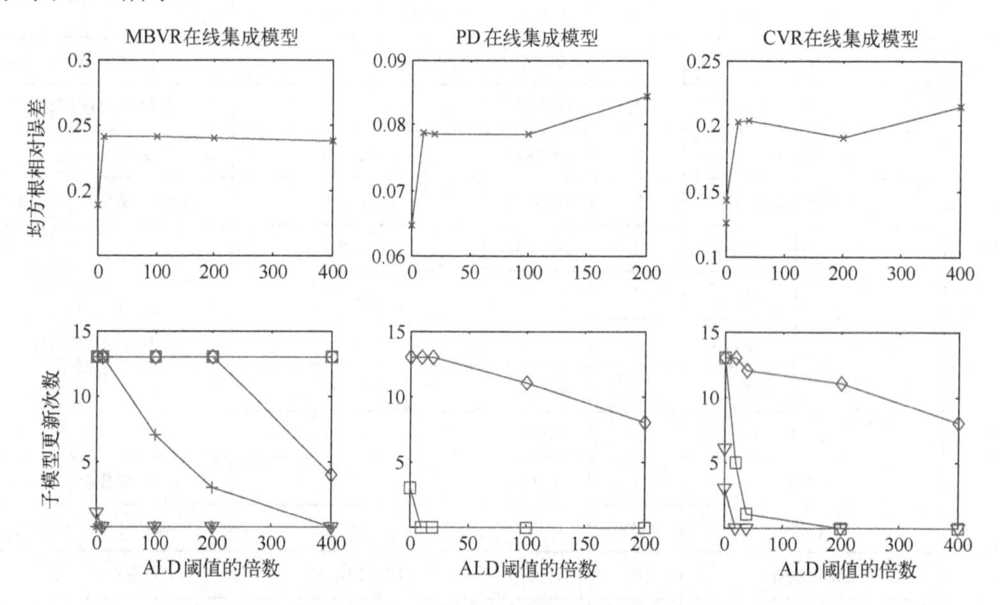

图 6.16　模型误差与子模型的更新次数与 ALD 阈值的关系

在图 6.16 中，各个子模型的符号含义与图 6.13～图 6.15 相同。由图 6.16 可知，ALD 阈值增加，模型测试误差逐渐增加，KPLS 子模型更新次数逐渐减少，即 KPLS 子模型的计算复杂度是逐渐降低的，进而集成模型的复杂度也逐渐降低。

以上研究表明，通过灵活设定 ALD 阈值可在软测量模型的建模速度和建模精度间取得均衡，最佳阈值的大小与特定问题相关，因此，基于子模型选择性更新和权系数在线自适应加权融合算法的在线集成建模方法是有效的。

本书实验是基于异常工况下的小样本数据进行的，还需要更多的接近实际工况的实验数据和工业磨机数据对软测量模型进行验证。另外，本书提出在线集成建模方法可以推广应用到其他工业过程的非线性建模。

6.6　基于模糊融合特征空间与输出空间更新样本识别的在线集成建模

6.6.1　建模策略

通常工业过程都是在完成当前时刻软测量的一段时间后才能获得该时刻对应的真值，其滞后时间的长短随工业过程的不同而具有差异性。也就是说，本书此处首先基于旧模型进行在线测量，然后依据采用离线化验等其他手段得到的真值对模型进行在线更新，为下一时刻的软测量服务。具体可分为两个阶段，即在线测量和在线更新。

本书提出基于智能更新样本识别算法的在线集成建模策略，由离线建模、在线测量和在线更新模块三部分组成，如图 6.17 所示。其中：离线建模由数据预处理、潜在特征提取、候选子模型构建、集成子模型选择与合并等组成；在线测量模块由在线数据预处理、在线潜在特征提取、在线集成子模型预测、在线子模型权系数更新及在线合并子模型输出等部分组成；在线更新模块包括数据递推预处理、智能更新识别、潜变量特征递推更新、集成子模型更新、非更新特征及集成子模型赋值等组成部分。

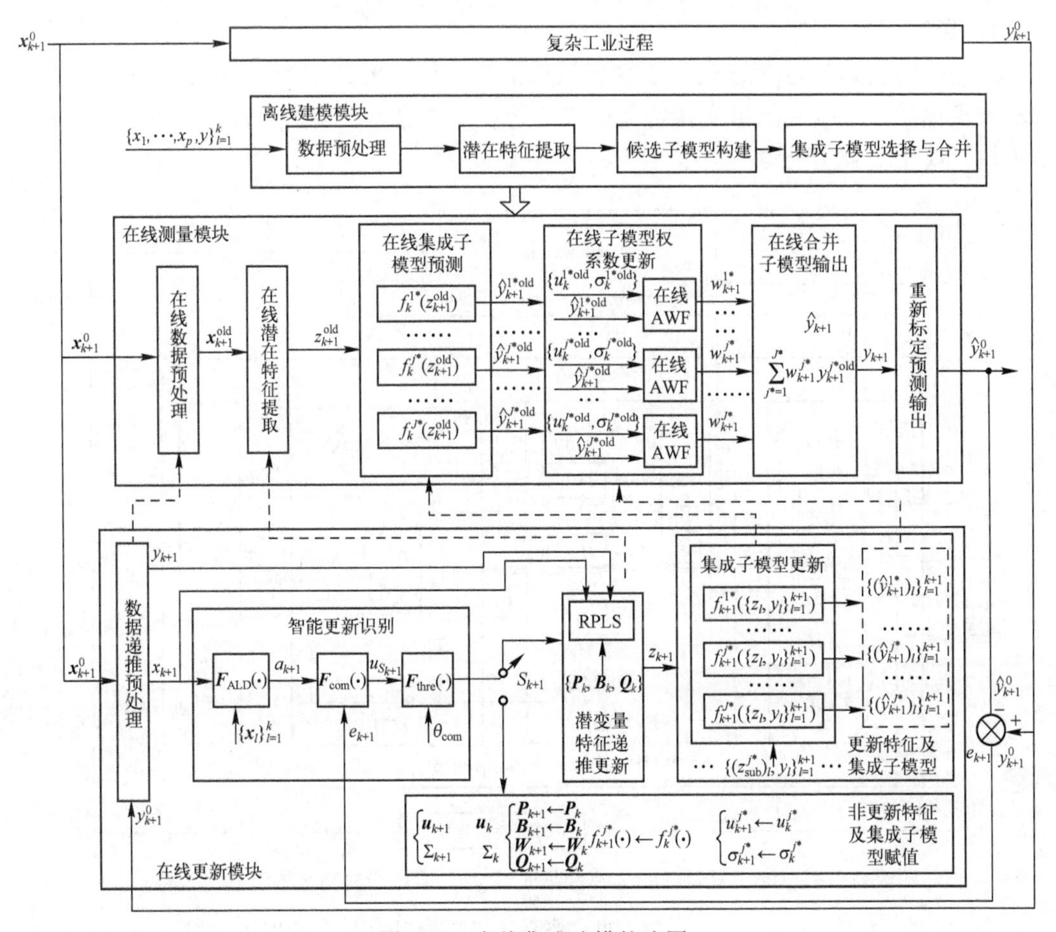

图 6.17　在线集成建模策略图

图 6.17 中，$\boldsymbol{x}_{k+1}^{0}$ 表示未经标定处理的新样本；$\boldsymbol{x}_{k+1}^{\text{old}}$ 表示采用旧均值和方差标定的新样本；z_{k+1}^{old} 表示采用旧 PLS 模型提取的新样本潜在变量；$f_{k}^{j^*}(z_{k+1}^{\text{old}})$ 和 $\hat{y}_{k+1}^{j^*\text{old}}$ 表示新样本基于旧的第 j^* 个集成子模型进行预测及其输出；$w_{k+1}^{j^*}$ 表示基于在线 AWF（online AWF，OLAWF）算法获得的子模型权系数；$\sum_{j^*=1}^{J^*} w_{k+1}^{j^*}\hat{y}_{k+1}^{j^*\text{old}}$ 表示集成子模型的集成加权计算方法；J^* 表示集成子模型数量，即集成尺寸；$\hat{y}_{k+1}$ 表示新样本基于集成模型的输出；$\hat{y}_{k+1}^{0}$ 表示重新标定后的在线测量值；$\boldsymbol{x}_{k+1}$ 表示数据递推预处理后的新样本；z_{k+1} 表示潜在变量特征；$\{\boldsymbol{x}_l\}_{l=1}^{k}$ 表示旧子模型的建模样本；$f_{k}^{j^*}(z_{k+1})$ 和 $\{(\hat{y}_{k+1}^{j^*})_l\}_{l=1}^{k+1}$ 表示更新后的第 j^* 个集成子模型及其输出；$F_{\text{ALD}}(\cdot)$、$F_{\text{com}}(\cdot)$ 和 $F_{\text{thre}}(\cdot)$ 分别表示 RALD 算法、基于专家规则的模糊融合算法及其决策输出函数；a_{k+1} 表示新样本 RALD 值；u_{sk+1} 表示融合 RALD 和 RPE 的输出值；θ_{com} 表示基于经验设定的模糊融合输出阈值；S_{k+1} 是更新决策值，其值为 1 表示更新，否则不更新。

不同于其他在线集成模型方法，该方法集成子模型加权系数的更新是在在线测量阶段通过 OLAWF 算法完成的，能够更好地适应工业过程的动态变化。

6.6.2 建模算法

1. 离线建模模块

此处采用文献[458]提出的基于潜变量特征的选择性集成 IRVFL 的建模策略构建离线软测量模型，主要包括潜变量特征提取、子模型构建、子模型选择、子模型合并共 4 个模块，如图 6.18 所示。

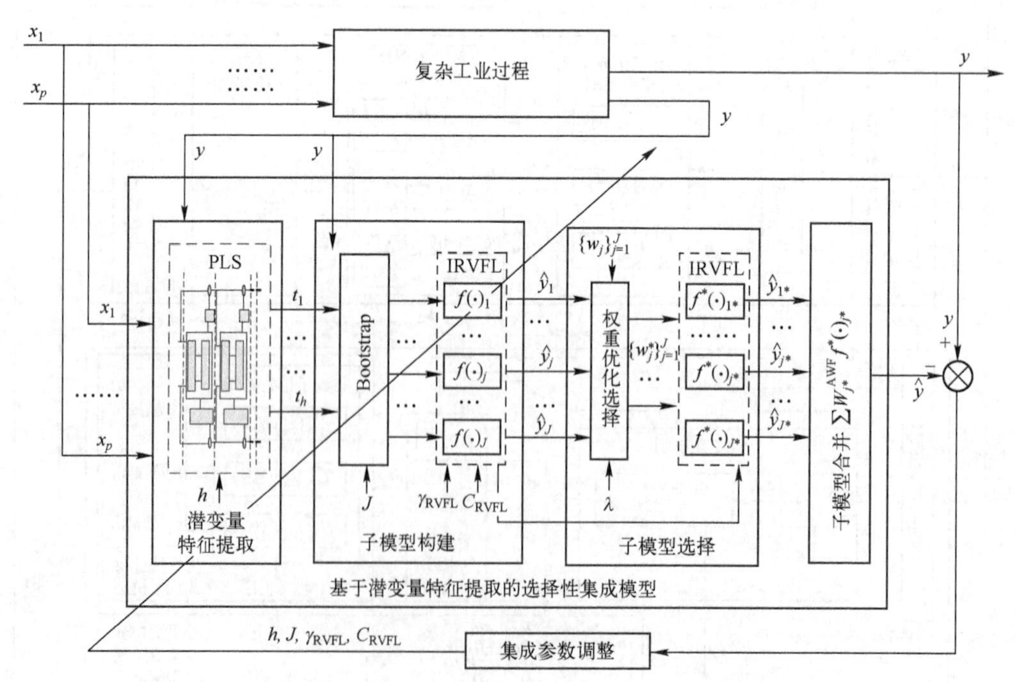

图 6.18　基于潜变量特征的选择性集成 IRVFL 的离线软测量模型建模策略

图 6.18 中，$\boldsymbol{X}_k^{\text{old}} = \{(x_1,\cdots,x_p)_l\}_{l=1}^{k}$，即 $\{\boldsymbol{x}_l^{\text{old}}\}_{l=1}^{k}$，表示建模的输入数据集；$\boldsymbol{Z}_k^{\text{old}} = \{z_1,\cdots,z_h\}_{l=1}^{k}$

表示采用 PLS 算法提取的潜变量特征，即选择性集成模型的输入；$\{(z_{\text{sub}}^j, y_{\text{sub}}^j)_l\}_{l=1}^k$ 表示采用 bootstrap 算法产生的第 j 个训练子集；$f(\cdot)_j$ 表示在采用第 j 个训练子集构建的基于 IRVFL 的候选子模型；$f^*(\cdot)_{j^*}$ 表示基于 GAOT 选择的第 j^* 个集成子模型；$\sum W_{j^*}^{\text{AWF}} f^*(\cdot)_{j^*}$ 表示采用 AWF 加权算法对集成子模型进行合并；$\hat{y}_j$、$\hat{y}_{j^*}$ 和 $\hat{y}$ 分别表示第 j 个候选子模型、第 j^* 个集成子模型和集成模型的输出。

由图 6.18 可知，共有 4 个学习参数需要选择：潜变量特征个数 h，候选子模型数量 J，IRVFL 算法的核参数 γ_{RVFL} 和惩罚参数 C_{RVFL}。建立离线选择性集成模型的过程可表述为求解如下优化问题：

$$\min J_{\text{RMSRE\_ens}} = \sqrt{\frac{1}{k^{\text{valid}}} \sum_{l=1}^{k^{\text{valid}}} \left(\left(y^l - \sum_{j^*=1}^{J^*} w_{j^*}^{\text{AWF}} \hat{y}_{j^*}^l \right) \Big/ y^l \right)^2}$$

$$\text{s.t.} \begin{cases} \hat{\boldsymbol{y}}_{j^*} = \text{OpSel}(\hat{\boldsymbol{y}}_1, \cdots, \hat{\boldsymbol{y}}_j, \cdots, \hat{\boldsymbol{y}}_J) \\ \hat{\boldsymbol{y}}_j = f\left(\boldsymbol{z}, \gamma_{\text{IRVFL}}, C_{\text{IRVFL}}\right)_j \\ 2 \leqslant J^* \leqslant J \\ 1 \leqslant j^* \leqslant J^* \\ 0 \leqslant j \leqslant J \\ \sum_{j=1}^{J^*} w_{j^*}^{\text{AWF}} = 1 \\ 0 \leqslant w_{j^*}^{\text{AWF}} \leqslant 1 \end{cases} \tag{6.83}$$

式中：$J_{\text{RMSRE\_ens}}$ 为选择性集成模型的均方根相对误差（RMSRE）；k^{valid} 为验证样本集的数量；$\text{OpSel}(\cdot)$ 为集成子模型的优化选择方法；J^* 为优选的集成子模型的数量；$w_{j^*}^{\text{AWF}}$ 为优选的集成子模型的加权系数。

PLS 分解训练数据 $\boldsymbol{X}_k^{\text{old}}$ 和 $\boldsymbol{Y}_k^{\text{old}}$ 提取潜在特征的过程可表示为

$$\begin{bmatrix} \boldsymbol{X}_k^{\text{old}} \\ \boldsymbol{Y}_k^{\text{old}} \end{bmatrix} \Rightarrow \begin{cases} \boldsymbol{X}_k^{\text{old}} = \boldsymbol{T}_k^{\text{old}} (\boldsymbol{P}_k^{\text{old}})^{\text{T}} + \boldsymbol{E}_h \\ \boldsymbol{Y}_k^{\text{old}} = \boldsymbol{T}_k^{\text{old}} \boldsymbol{B}_k^{\text{old}} (\boldsymbol{Q}_k^{\text{old}})^{\text{T}} + \boldsymbol{F}_h \end{cases} \Rightarrow \boldsymbol{Z}_k^{\text{old}} = [\boldsymbol{t}_1, \boldsymbol{t}_2, \cdots, \boldsymbol{t}_h] \tag{6.84}$$

式中：$\boldsymbol{T}_k^{\text{old}} = [\boldsymbol{t}_1, \boldsymbol{t}_2, \cdots, \boldsymbol{t}_h]$、$\boldsymbol{P}_k^{\text{old}} = [\boldsymbol{p}_1, \boldsymbol{p}_2, \cdots, \boldsymbol{p}_h]$、$\boldsymbol{Q}_k^{\text{old}} = [\boldsymbol{q}_1, \boldsymbol{q}_2, \cdots, \boldsymbol{q}_h]$ 和 $\boldsymbol{B}_k^{\text{old}} = \text{diag}\{b_1, b_2, \cdots, b_h\}$ 分别表示由训练数据分解得到的得分矩阵、输入数据负荷矩阵、输出数据负荷矩阵和 PLS 内部模型的系数矩阵。

采用 Bootstrap 算法基于提取的潜在特征矩阵产生的训练子集，即

$$\boldsymbol{Z}_k^{\text{old}} = \{(\boldsymbol{z}, y)_l\}_{l=1}^k \xrightarrow{\text{Bootstrap}} \begin{cases} \{(\boldsymbol{z}_{\text{sub}}^1, y_{\text{sub}}^1)_l\}_{l=1}^k \\ \cdots \\ \{(\boldsymbol{z}_{\text{sub}}^j, y_{\text{sub}}^j)_l\}_{l=1}^k \\ \cdots \\ \{(\boldsymbol{z}_{\text{sub}}^J, y_{\text{sub}}^J)_l\}_{l=1}^k \end{cases} \tag{6.85}$$

式中：J 为训练子集的数量；即候选子模型的数量。

采用核矩阵 $\boldsymbol{K}_j(z_l,z_m)$ 替代 RVFL 的隐含层特征映射 $\boldsymbol{h}(\boldsymbol{z})$，RVFL 算法针对第 j 个候选子模型的输出可表示为

$$\begin{aligned} f_k^j(z) &= \boldsymbol{h}(\boldsymbol{z})\boldsymbol{H}^{\mathrm{T}}\left(\frac{\boldsymbol{I}}{C_{\mathrm{RVFL}}}+\boldsymbol{H}\boldsymbol{H}^{\mathrm{T}}\right)^{-1}\boldsymbol{Y} \\ &= [\boldsymbol{K}_j(z,z_1),\boldsymbol{K}_j(z,z_1),\cdots,\boldsymbol{K}_j(z,z_k)]\left(\frac{\boldsymbol{I}}{C_{\mathrm{RVFL}}}+\boldsymbol{K}_j(z_l,z_m)\right)^{-1}\boldsymbol{Y} \end{aligned} \tag{6.86}$$

式中：$\boldsymbol{H}$ 为 RVFL 的隐含层矩阵。

从构建的 J 个候选子模型选择 J^* 个集成子模型的过程可表示为

$$\left.\begin{matrix} \{f_k^j(\cdot)\}_{j=1}^J \rightarrow \\ \{w_j\}_{j=1}^J \rightarrow \end{matrix}\right\} \Rightarrow \xrightarrow{\text{GAOT}} \Rightarrow \left\{\begin{matrix} \{f_k^{j^*}(\cdot)\}_{j^*=1}^{J^*} \\ \{w_{j^*}\}_{j^*=1}^{J^*} \end{matrix}\right. \tag{6.87}$$

对选择的集成子模型基于 AWF 算法计算权重系数，并采用 $\sum W_{j^*}^{\mathrm{AWF}} f^*(\cdot)_{j^*}$ 合并集成子模型的输出 $\hat{y}_{j^*}$，即得到最终选择性集成模型的输出 $\hat{y}$。

由以上离线建模过程可知：本书建立的选择集成模型采用“采集训练样本”的方式产生训练子集并构建选择性集成模型，并非工业工程常用多模型建模策略所采用的“聚类算法获得代表不同工况的训练样本构建集成子模型再集成的策略”；此外，本书采用 SVM 核矩阵替代 RVFL 的隐含层映射，输入权重的随机性得到抑制。因此，对集成模型的学习参数进行更新是必要的。另外，无论采用何种方式产生训练子集，只要过程对象漂移产生的新工况在建模样本覆盖范围之外，都有必要对集成模型的结构和参数同时进行更新。

2. 在线测量模块

在线数据预处理时，新样本采用旧均值和方差进行标定：

$$\boldsymbol{x}_{k+1}^{\mathrm{old}} = (\boldsymbol{x}_{k+1}^0 - \boldsymbol{1}_k \boldsymbol{u}_k^{\mathrm{T}}) \cdot \Sigma_k^{-1} \tag{6.88}$$

式中：$\boldsymbol{u}_k$ 和 Σ_k 为旧建模数据 $\{\boldsymbol{x}_l^{\mathrm{old}}\}_{l=1}^k$ 的均值和标准差。

为表述方便，将离线阶段基于建模样本 $\{\boldsymbol{x}_l^{\mathrm{old}}\}_{l=1}^k$ 和 $\{y_l^{\mathrm{old}}\}_{l=1}^k$ 建立的 PLS 模型表示为

$$\{\{\boldsymbol{x}_l^{\mathrm{old}}\}_{l=1}^k,\{y_l^{\mathrm{old}}\}_{l=1}^k\} \xrightarrow{\text{PLS}} \{\boldsymbol{T}_k^{\mathrm{old}},\boldsymbol{W}_k^{\mathrm{old}},\boldsymbol{P}_k^{\mathrm{old}},\boldsymbol{B}_k^{\mathrm{old}},\boldsymbol{Q}_k^{\mathrm{old}}\} \tag{6.89}$$

基于 $\boldsymbol{x}_{k+1}^{\mathrm{old}}$ 提取的潜在特征可表示为

$$z_{k+1}^{\mathrm{old}} = \boldsymbol{x}_{k+1}^{\mathrm{old}}\boldsymbol{W}_k^{\mathrm{old}}((\boldsymbol{P}_k^{\mathrm{old}})^{\mathrm{T}}\boldsymbol{W}_k^{\mathrm{old}})^{-1} \tag{6.90}$$

式中：z_{k+1}^{old} 为潜在特征；$\boldsymbol{P}_k^{\mathrm{old}}$ 和 $\boldsymbol{W}_k^{\mathrm{old}}$ 为旧 PLS 模型的负荷和系数矩阵。

新样本基于第 j 个旧集成子模型的预测输出为

$$\hat{y}_{k+1}^{j^*\mathrm{old}} = f_k^{j^*}(z_{k+1}^{\mathrm{old}}) \tag{6.91}$$

式中：$f_k^{j^*}(\cdot)$ 为第 j 个旧集成子模型。

采用在线 AWF 算法计算集成子模型权系数[161]：

$$u_{k+1}^{j^*} = \frac{k}{k+1} u_k^{j^*\text{old}} + \frac{1}{k+1} \hat{y}_{k+1}^{j^*\text{old}} \tag{6.92}$$

$$\begin{aligned}(\sigma_{k+1}^{j^*})^2 = & \frac{k-1}{k}(\sigma_k^{j^*\text{old}})^2 + (u_{k+1}^{j^*\text{old}} - u_k^{j^*\text{old}})^2 \\ & + \frac{1}{k} \| \hat{y}_{k+1}^{j^*} - u_{k+1}^{j^*} \|^2 \end{aligned} \tag{6.93}$$

$$w_{k+1}^{j^*} = 1 \Bigg/ \left((\sigma_{k+1}^{j^*})^2 \sum_{j^*=1}^{J^*} \frac{1}{(\sigma_{k+1}^{j^*})^2} \right) \tag{6.94}$$

式中：$u_{k+1}^{j^*}$、$\sigma_{k+1}^{j^*}$ 和 $w_{k+1}^{j^*}$ 分别为更新后的均值、方差及子模型权系数。

新样本的在线测量输出 $\hat{y}_{k+1}$ 采用下式计算：

$$\hat{y}_{k+1} = \sum_{j^*=1}^{J^*} w_{k+1}^{j^*} \hat{y}_{k+1}^{j^*} \tag{6.95}$$

采用旧模型标定参数对 $\hat{y}_{k+1}$ 进行重新标定：

$$\hat{y}_{k+1}^0 = A + \frac{(\hat{y}_{k+1} - 0.1)(A - B)}{0.9 - 0.1} \tag{6.96}$$

式中：A 和 B 分别为旧建模样本 $\{y_l^{\text{old}}\}_{l=1}^k$ 中的最小值和最大值。

3．在线更新模块

通常，在获得 $k+1$ 时刻真值后对模型进行更新，因而在 $k+1$ 时刻更新的模型只能在 $k+2$ 时刻进行基于软测量模型的在线测量输出。

1）数据递推预处理

考虑新样本对旧建模样本的均值和方差的影响，在线数据预处理首先对旧建模样本的均值和方差进行递推更新：

$$\boldsymbol{u}_{k+1} = \frac{k}{k+1} \boldsymbol{u}_k + \frac{1}{k+1} (\boldsymbol{x}_{k+1}^0)^{\mathrm{T}} \tag{6.97}$$

$$\sigma_{(k+1)\cdot i_p}^2 = \frac{k-1}{k} \sigma_{k\cdot i_p}^2 + \Delta \boldsymbol{u}_{k+1}^2(i_p) + \frac{1}{k} \left\| \boldsymbol{x}_{k+1}^0(i_p) - \boldsymbol{u}_{k+1}(i_p) \right\|^2 \tag{6.98}$$

式中：$\Delta \boldsymbol{u}_{k+1} = \boldsymbol{u}_{k+1} - \boldsymbol{u}_k$；$\sigma_{(k+1)\cdot i_p}$ 表示第 i_p 个变量的标准差。

新样本标定的递推形式为

$$\boldsymbol{x}_{k+1} = (\boldsymbol{x}_{k+1}^0 - \boldsymbol{1} \cdot \boldsymbol{u}_{k+1}^{\mathrm{T}}) \cdot \varSigma_{k+1}^{-1} \tag{6.99}$$

式中：$\varSigma_{k+1} = \mathrm{diag}(\sigma_{(k+1)1_p}, \cdots, \sigma_{(k+1)p_p})$。

采用与 $\boldsymbol{x}_{k+1}^0$ 相同的方法预处理 y_{k+1}^0，并将标定后的值记为 y_{k+1}。

2）更新样本智能识别

在更新样本智能识别中，同时考虑新样本 ALD 值和 PE 值的影响。基于领域专家知识总结规则，建立基于 Mamdani 模糊推理系统的智能模型对 ALD 值和 PE 值进行融合输出。

采用文献[159]的方法计算 $\boldsymbol{x}_{k+1}$ 相对于建模样本库的 ALD 绝对值 a_{k+1}^{abs}：

$$\begin{cases} a_{k+1}^{\mathrm{abs}} = k_{k+1} - (\tilde{\boldsymbol{k}}_k)^{\mathrm{T}} (\tilde{\boldsymbol{K}}_k)^{-1} (\tilde{\boldsymbol{k}}_k) \\ \tilde{\boldsymbol{K}}_k = \boldsymbol{X}_k^{\mathrm{old}} \cdot (\boldsymbol{X}_k^{\mathrm{old}}) \\ \tilde{\boldsymbol{k}}_k = \boldsymbol{X}_k^{\mathrm{old}} \cdot \boldsymbol{x}_{k+1}^{\mathrm{T}} \\ k_{k+1} = \boldsymbol{x}_{k+1} \cdot \boldsymbol{x}_{k+1}^{\mathrm{T}} \end{cases} \tag{6.100}$$

式中：$\boldsymbol{X}_k^{\mathrm{old}}$ 为旧的建模样本数据集。

计算新样本的相对 ALD（relative ALD，RALD）值 a_{k+1}：

$$a_{k+1} = \frac{a_{k+1}^{\mathrm{abs}}}{\left(\sum_{l=1}^{k-1} a_l^{\mathrm{abs}} \right) \Big/ k} \tag{6.101}$$

式中：a_l^{abs} 为建模样本库中第 l 个样本相对于其他所有 $k-1$ 个样本的 ALD 值。

上述过程可采用如下公式表示：

$$a_{k+1} = F_{\mathrm{ALD}}(\boldsymbol{x}_{k+1}, \{\boldsymbol{x}_l^{\mathrm{old}}\}_{l=1}^{k}) \tag{6.102}$$

考虑 $k+1$ 时刻 PE 值的影响，定义相对预测误差（relative PE，rPE）如下：

$$e_{k+1} = \frac{\left| \dfrac{\hat{y}_{k+1} - y_{k+1}}{y_{k+1}} \right|}{\left(\sum_{l=1}^{k} \left| \dfrac{\hat{y}_l - y_l}{y_l} \right| \right) \Big/ k} \tag{6.103}$$

式中：$\left| \dfrac{\hat{y}_{k+1} - y_{k+1}}{y_{k+1}} \right|$ 为建模样本库第 l 个样本的预测值与其真值的相对差值。

此处将融合新样本 RPE 和 RALD 值建立的更新样本智能识别算法记为 $F_{\mathrm{com}}(\cdot)$，并将智能识别算法的输出称为模糊融合值，记为 u_{sk+1}，用下式表示：

$$u_{s\,k+1} = F_{\mathrm{com}}(a_{k+1}, e_{k+1}) \tag{6.104}$$

采用基于专家经验总结的模糊推理规则实现对 RALD 值和 RPE 值的融合输出，参考 PID 控制器设计的比例-积分控制律，总结如表 6.8 所列的 49 条专家规则。

表 6.8 更新样本模糊推理规则

Us		RALD						
		NB	NM	NS	Z	PS	PM	PB
RPE	NB	NB	NB	NM	NM	NS	NS	Z
	NM	NB	NM	NM	NS	NS	Z	PS
	NS	NM	NM	NS	NS	Z	PS	PS
	Z	NM	NS	NS	Z	PS	PS	PM
	PS	NS	NS	Z	PS	PS	PM	PM
	PM	NS	Z	PS	PS	PM	PM	PB
	PB	Z	PS	PS	PM	PM	PB	PB

表 6.8 中，RALD 、RPE 和 Us 分别表示新样本面对旧建模样本库的相对近似线性

依靠值、新样本基于旧模型的相对预测误差值和模糊融合值。

采用重心法对 Us 进行去模糊处理，并将样本选择阈值记为θ_{com}，阈值函数$F_{\text{thre}}(\cdot)$可记为

$$S_{k+1}=F_{\text{thre}}(c_{k+1},\theta_{\text{com}})=\begin{cases}1, & u_{sk+1}\geqslant\theta_{\text{com}}\\0, & u_{sk+1}<\theta_{\text{com}}\end{cases} \tag{6.105}$$

式中：$S_{k+1}=1$ 表示识别该新样本为更新样本。

3）潜变量特征递推更新

将标定后的新样本记为$\{\boldsymbol{x}_{k+1},\boldsymbol{y}_{k+1}\}$，则进行递推更新的输入输出数据可记为

$$\begin{aligned}\boldsymbol{X}_{k+1}&=\begin{bmatrix}(\boldsymbol{P}_k^{\text{old}})^{\text{T}}\\\boldsymbol{x}_{k+1}\end{bmatrix}\\\boldsymbol{Y}_{k+1}&=\begin{bmatrix}\boldsymbol{B}_k^{\text{old}}(\boldsymbol{Q}_k^{\text{old}})^{\text{T}}\\\boldsymbol{y}_{k+1}\end{bmatrix}\end{aligned} \tag{6.106}$$

基于以上输入输出数据建立新 PLS 模型：

$$\{\boldsymbol{X}_{k+1},\boldsymbol{Y}_{k+1}\}\xrightarrow{\text{PLS}}\{\boldsymbol{T}_{k+1},\boldsymbol{W}_{k+1},\boldsymbol{P}_{k+1},\boldsymbol{B}_{k+1},\boldsymbol{Q}_{k+1}\} \tag{6.107}$$

基于$\boldsymbol{x}_{k+1}$提取的潜在特征可表示为

$$\boldsymbol{z}_{k+1}=\boldsymbol{x}_{k+1}\boldsymbol{W}_k\left((\boldsymbol{P}_k)^{\text{T}}\boldsymbol{W}_k\right)^{-1} \tag{6.108}$$

式中：$\boldsymbol{z}_{k+1}$为新样本的潜在特征；$\boldsymbol{P}_{k+1}$和$\boldsymbol{W}_{k+1}$分别为新 PLS 模型的负荷矩阵和系数矩阵。

4）集成子模型更新

确定采用子模型更新时，建模样本集为

$$\{z_l,y_l\}_{l=1}^{k+1}=\{z_l,y_l\}_{l=1}^{k}\cup\{\boldsymbol{z}_{k+1},\boldsymbol{y}_{k+1}\} \tag{6.109}$$

因 IRVFL 算法具有较快的学习速度，此处采用新建模样本库重新训练方式进行集成模型更新。更新后的集成子模型$f_{k+1}^{j*}(\cdot)$对训练样本的输出为

$$\{(\hat{y}_{k+1}^{j*})_l\}_{l=1}^{k+1}=f_{k+1}^{j*}(\{z_l\}_{l=1}^{k+1}) \tag{6.110}$$

为保证采集到第$(k+2)$个新样本时在线测量模块可以正常运行，需更新的变量及模型包括：建模样本的均值$\boldsymbol{u}_{k+1}$和标准差Σ_{k+1}，潜变量特征提取模型的$\boldsymbol{B}_k$、$\boldsymbol{Q}_k$、$\boldsymbol{P}_{k+1}$和$\boldsymbol{W}_{k+1}$，集成子模型$f_{k+1}^{j*}(\cdot)$，集成子模型预测值的均值u_{k+1}^{j*}和方差σ_{k+1}^{j*}。

按如下公式进行赋值：

$$\begin{cases}\boldsymbol{u}_{k+1}\leftarrow\boldsymbol{u}_k\\\Sigma_{k+1}\leftarrow\Sigma_k\end{cases} \tag{6.111}$$

$$\begin{cases}\boldsymbol{P}_{k+1}\leftarrow\boldsymbol{P}_k\\\boldsymbol{B}_{k+1}\leftarrow\boldsymbol{B}_k\\\boldsymbol{W}_{k+1}\leftarrow\boldsymbol{W}_k\\\boldsymbol{Q}_{k+1}\leftarrow\boldsymbol{Q}_k\end{cases} \tag{6.112}$$

$$f_{k+1}^{j^*}(\cdot) \leftarrow f_k^{j^*}(\cdot) \tag{6.113}$$

$$\begin{cases} u_{k+1}^{j^*} \leftarrow u_k^{j^*} \\ \sigma_{k+1}^{j^*} \leftarrow \sigma_k^{j^*} \end{cases} \tag{6.114}$$

6.6.3 实验研究

1. 合成数据

1）数据描述

采用如下函数生成仿真数据模拟工业过程的非线性和时变特性：

$$\begin{cases} x_1 = t^2 - t + 1 + \varDelta_1 \\ x_2 = \sin t + \varDelta_2 \\ x_3 = t^3 + t + \varDelta_3 \\ x_4 = t^3 + t^2 + 1 + \varDelta_4 \\ x_5 = \sin t + 2t^2 + 2 + \varDelta_5 \\ y = x_1^2 + x_1 x_2 + 3\cos x_3 - x_4 + 5x_5 + \varDelta_6 \end{cases} \tag{6.115}$$

式中：$t \in [-1,1]$；$\varDelta_{i_{sy}}$ 为噪声，其分布范围为[-0.1，0.1]，$i_{sy} = 1,2,3,4,5,6$。

仿真合成数据分布在 C_1、C_2、C_3 和 C_4 共 4 个不同区域，训练样本数量由分别来自 C_1、C_2 和 C_3 区域的各 30 个样本组成，测试样本由 C_1、C_2 和 C_3 区域的各 30 个样本以及 C_4 区域的 90 个样本组成。

2）离线模型结果

基于 90 个训练样本，采用 PLS 进行特征提取，不同 LV 的方差贡献率如表 6.9 所列。

表 6.9　仿真数据的方差贡献率

LV #	输入数据（X-Block）		输出数据 Y-Block	
	潜变量贡献率	累计贡献率	潜变量贡献率	累计贡献率
1	69.79	69.79	66.00	66.00
2	28.33	98.11	25.66	91.65
3	1.62	99.73	7.86	99.51
4	0.16	99.89	0.05	99.56
5	0.11	100.00	0.00	99.57

表 6.9 表明，前 3 个 LV 分别描述了 Z-Block 和 Y-Block 方差变化率的 99.73%和 99.51%。

不同模型学习参数（核半径、惩罚参数、候选子模型、潜变量数量）与均方根预测相对误差（RMSRE）间的关系如图 6.19 所示。

依据图 6.19 进行建模参数选择。为便于比较，将 RALD 值和 RPE 值采用极差法标定在-3 与+3 之间，测试样本相对于初始建模样本的 RALD 值、RPE 值及模糊融合值如图 6.20 所示。

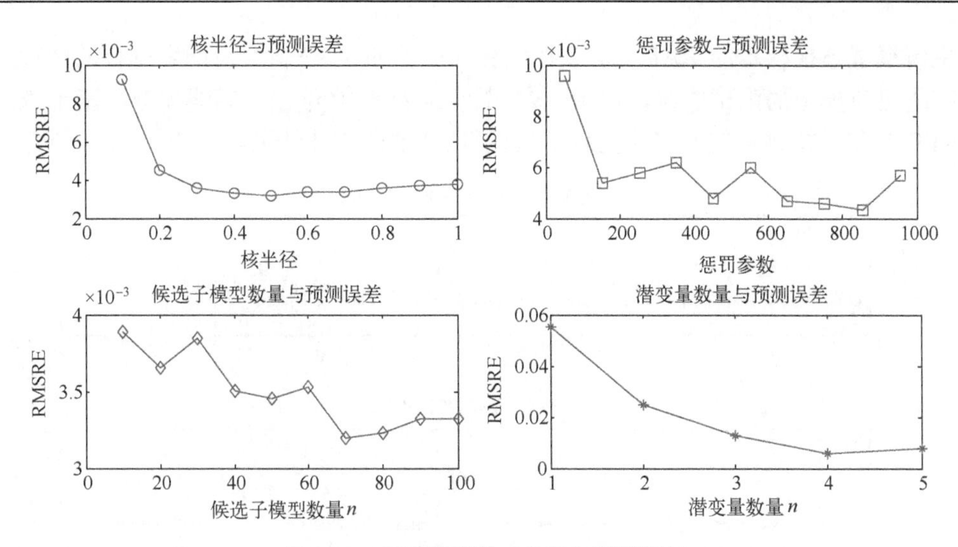

图 6.19　离线模型学习参数与预测误差

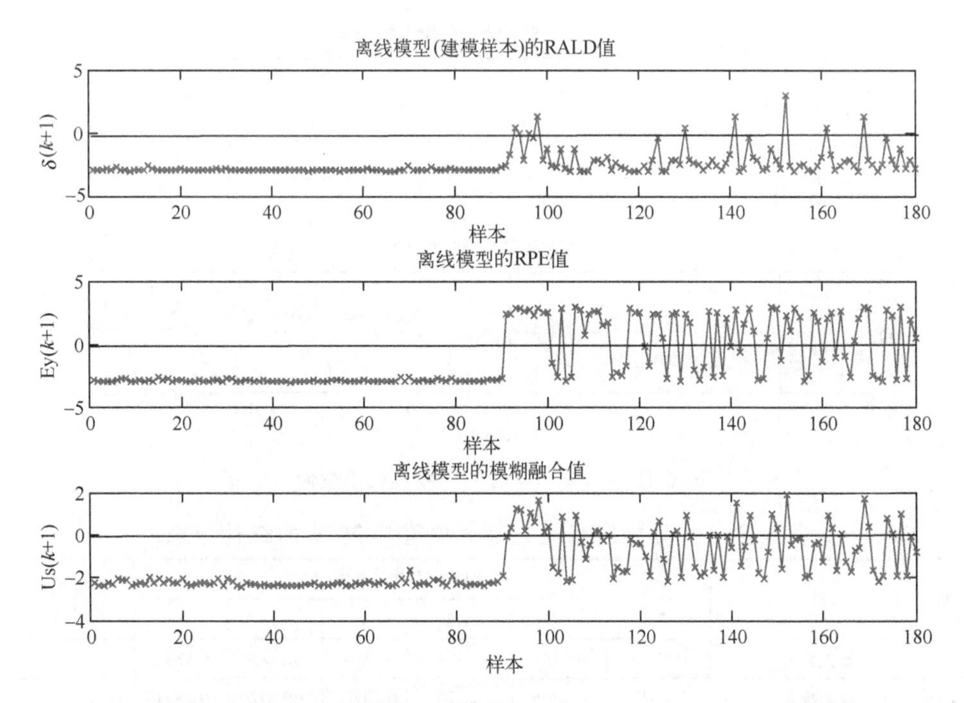

图 6.20　测试样本相对于离线模型（建模样本）的 RALD 值、RPE 值及模糊融合值

由图 6.20 可知：后 90 个测试样本相对于建模样本的变化高于前 90 个测试样本，主要原因是后 90 个样本代表的新的概念漂移未能被初始建模样本所覆盖；以阈值 0 为界限，由位于阈值线上方的样本分布可知，所提更新样本识别算法可有效地融合 RALD 值和 RPE 值。由上可知，进行集成模型的在线更新非常必要。

3）在线模型结果

模糊融合阈值 θ_{com} 的大小决定了模型更新次数的多少，较大的阈值代表更多的样本参与更新。本书将阈值的取值范围定为-3 到+3 之间。当 $\theta_{\mathrm{com}}=-1.5$ 时，测试样本相对于在线更新模型建模样本的 RALD 值、在线更新模型的 RPE 值、对两者融合的模糊融合值及在线更新模型的测试曲线，如图 6.21 所示。表 6.10 给出了离线模型，基于 RALD 值、RPE 值和模糊融合值的在线更新模型重复 20 次的统计结果。

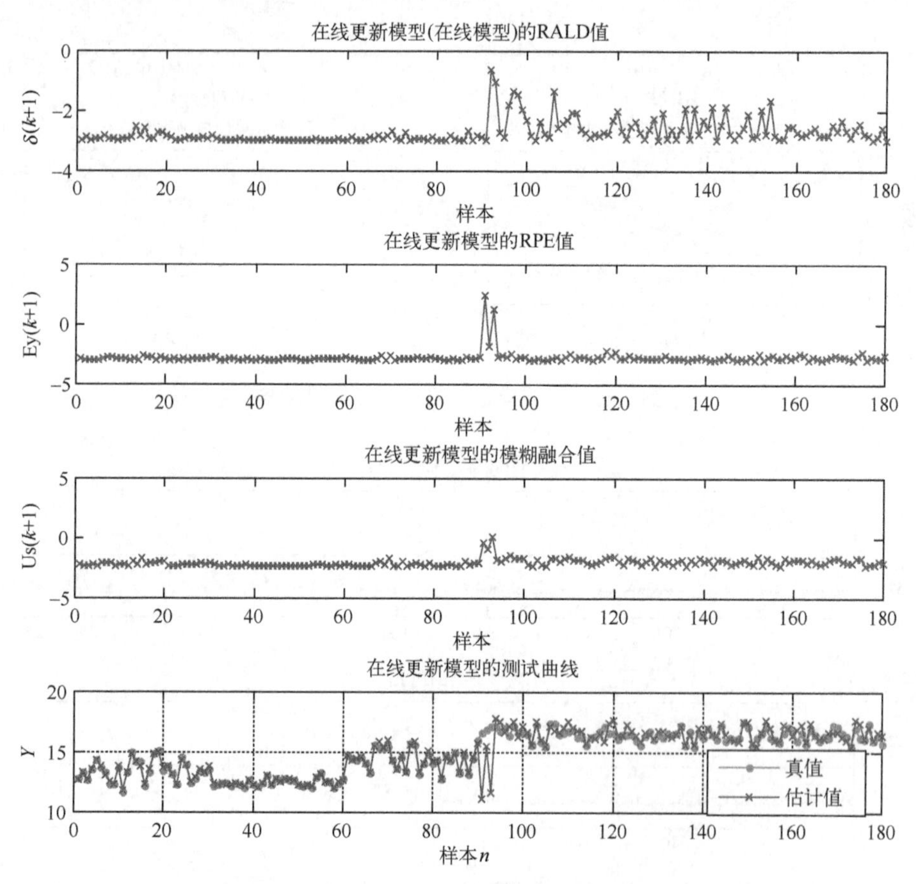

图 6.21 $\theta_{com}=-1.5$ 时的在线集成模型输出

表 6.10 仿真数据在线更新模型重复 20 次的统计结果

更新样本识别方法	统计项	更新样本预设定阈值						其他更新次数相同的样本
		-2.5	-2	-1.5	-1	0	1	
非更新方法	最大误差	0.1886	0.1885	0.1884	0.1894	0.1887	0.1892	
	最小误差	0.1875	0.1865	0.1870	0.1872	0.1872	0.1871	
	误差均值	0.1868	0.1876	0.1878	0.1879	0.1878	0.1879	
	误差方差	0.0004	0.0004	0.0004	0.0005	0.0004	0.0005	
基于RALD的更新样本识别方法	最大误差	0.1758	0.1152	0.0989	0.1127	0.1004	0.1767	
	最小误差	0.0628	0.0794	0.0856	0.0850	0.0870	0.1658	
	误差均值	0.1190	**0.0876**	0.0892	0.0886	0.0911	0.1878	
	误差方差	0.0376	0.0094	0.0044	0.0060	0.0033	0.0071	
	更新次数最多的样本编号	92，94，96，98，100，103	99，100，106，118，124	99，106	99，106	99，123	—	118，119，141，149，154
	平均更新次数	11	5	2	2	2	0	

续表

更新样本识别方法	统计项	更新样本预设定阈值						其他更新次数相同的样本
		-2.5	-2	-1.5	-1	0	1	
基于RPE的更新样本识别方法	最大误差	0.0580	0.0665	0.0486	0.0850	0.1198	0.1701	
	最小误差	0.0396	0.0380	0.0449	0.0500	0.0492	0.0494	
	误差的均值	**0.0440**	0.0446	0.0469	0.0642	0.0785	0.0731	
	误差的方差	0.0042	0.0070	0.0008	0.0120	0.0231	0.0284	
	更新次数最多的样本编号	91，92，93，118，124	91，93，92，97，95	91，93，1	91,93,8,1，119	91,93,8,16，11	93，91，92，11	
	平均更新次数	10.3	4.1	2.05	2.6	2.2	1.9	
本书此处方法	最大误差	0.1600	0.0953	0.0733	0.0808	0.1082	0.1878	
	最小误差	0.0967	0.0529	0.0397	0.0395	0.0556	0.1653	
	误差均值	0.1309	0.0784	**0.0429**	0.0474	0.0847	0.1804	
	误差方差	0.0199	0.0116	0.0078	0.0101	0.0117	0.0066	
	更新次数最多的样本编号	1～180	91，93，95，97，76	91，92，93，97，124	93，91，92	92，94，93，99	—	
	平均更新次数	180	72.95	3.4	2.55	1.7	0	

图 6.21 和表 6.10 表明：

（1）从更新最多的样本编号上看，本书所提方法选择的样本基本上覆盖了 RLAD 和 RPE 方法选择的样本，如依据 RALD 方法未选择的第 93 和 97 个样本、依据 RPE 方法未选择的第 99 和 106 个样本在本书所提模糊融合方法中均进行了选择，表明该方法可以有效地融合 RALD 和 RPE 方法中独立存在的片面信息。

（2）在模型预测性能上，不同更新阈值时的不同更新方法的最大、最小和平均预测误差如图 6.22 所示。

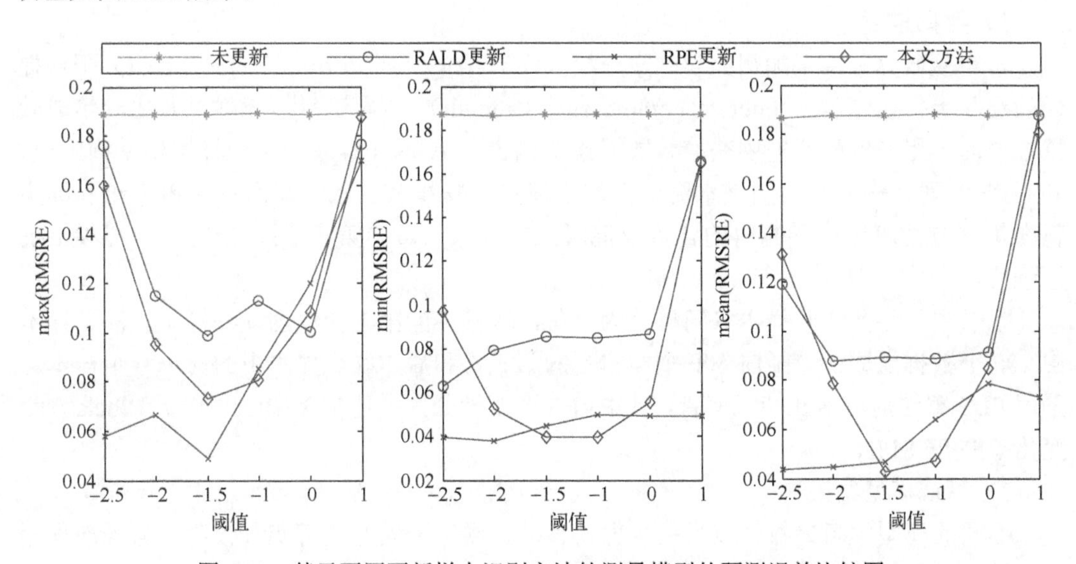

图 6.22　基于不同更新样本识别方法软测量模型的预测误差比较图

图 6.22 表明，未更新时软测量模型具有最差的泛化性能，主要是因为离线模型不能适应 C_4 区域所表征的新工况；对于基于 RALD、基于 RPE 和本书所提方法更新的软测量模型的预测性能均有一定程度的提高。在阈值取-1.5 时，基于 RPE 的方法具有最佳的最大预测误差，本书所提方法具有最佳的最小和平均预测误差。例如，基于本书、RPE 和 RALD 方法的平均 RMSRE 分别为 0.0429、0.0469 和 0.0892，方差分别为 0.0078、0.0008 和 0.0044。

图 6.22 还表明，从曲线形状的角度观察，本书所提方法的预测误差说明存在最佳的阈值能够使软测量模型具有最佳预测性能。

（3）在更新样本数量上，所提方法与基于 RLAD 和 RPE 方法相当。如在样本更新阈值为-1.5 时，基于本书此处方法、RPE 方法和 RALD 方法的重复 20 次的平均更新样本数量分别为 3.4、2.05 和 2，表明 3 种方法均只需采用较少数量的更新样本即可得到较佳预测性能，原因之一在于每次样本更新后均是重新建立集成子模型，对集成模型的结构、权重系数等均进行了更新。不足之处是未对集成子模型的超参数（如核半径）进行更新。如何在线更新模型超参数将进一步研究，以便提高模型的泛化性能。

（4）从不同阈值的影响上看，理论上阈值越小，模型的预测性能越好，即参与更新的样本越多模型预测误差越小；当更新样本数量累计过多时模拟的预测性能提高较小，甚至反而下降，这是因为过多与邻近工作点无关的样本恶化了模型预测性能。下步研究中将考虑如何识别和删减恶化模型性能的多余样本。

（5）本书所提方法与文献[161]提出的在线 KPLS 方法相比，模型更新次数明显减少，主要原因在于本书所提方法更新了模型结构，进一步表明集成模型结构在线更新的必要性和有效性。

2．基准数据

1）数据描述

本实验研究采用了加州大学欧文分校（University of California Irvine，UCI）平台提供的混凝土抗压强度（concrete compressive strength）数据集[462]。该数据是由叶怡成教授领导的小组在实验研究中获取。数据集中包含了 1030 个样本，每个样本由 9 列组成，其中前 8 列为输入，分别是水泥、高炉矿渣粉、粉煤灰、水、减水剂、粗集料和细集料在每立方混凝土中各配料的含量及混凝土的置放天数；第 9 列为输出，即混凝土抗压强度。

本书中，将前 500 样本等间隔分为 5 份，取其中的第 1 份作为训练样本。测试样本由 200 个数据组成，包括前 500 个样本中的第 3 份和后 500 个样本中的前 100 个样本。采用 PLS 算法提取潜在特征变量，其中前 5 个变量分别描述了 X-Block 和 Y-Block 方差变化率的 86.81%。

2）离线模型结果

不同的模型学习参数（核半径、惩罚参数、候选子模型、潜变量数量）与平均预测误差间的关系如图 6.23 所示。

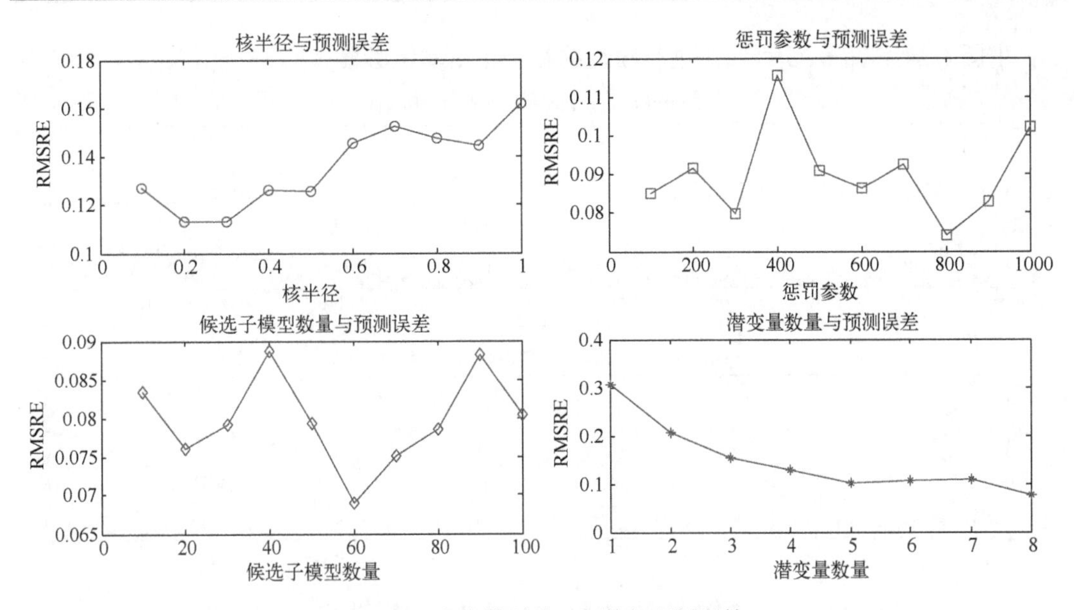

图 6.23　离线模型学习参数与预测误差

测试样本的预测曲线如图 6.24 所示。

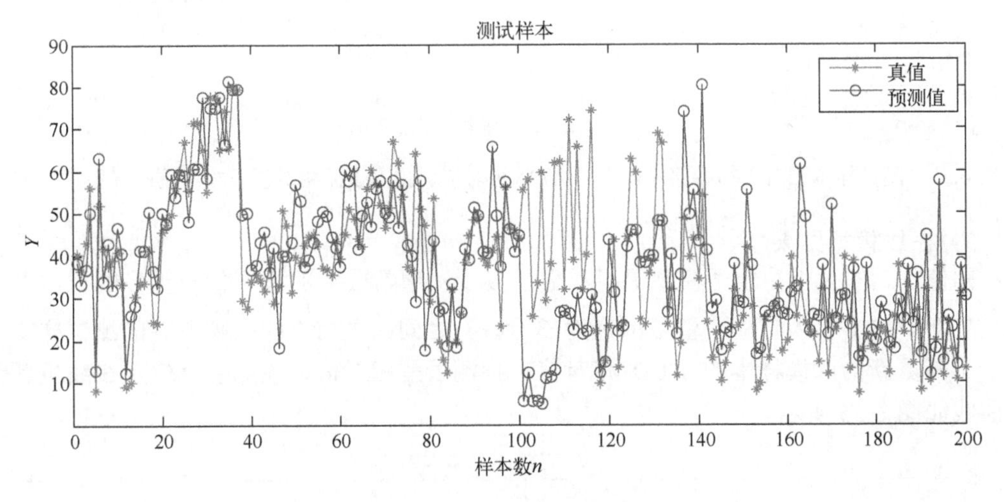

图 6.24　测试样本的预测曲线

由图 6.24 可知，后 100 个样本中的部分样本的预测精度较差，其主要原因是前 100 测试样本和建模样本是间隔取样的，而后 100 个样本则是单独的，建模样本并不能覆盖后 100 个样本的建模空间。

测试样本相对于初始建模样本的 ALD 相对值、预测误差相对值及基于专家规则的模糊融合值如图 6.25 所示。

由图 6.25 可知，后 100 个测试样本的表征新样本相对于建模样本变化的值多数高于前 100 个测试样本，主要原因就是后 100 个样本的取值范围不能被初始建模样本所覆盖。

由图 6.24 和图 6.25 可知，进行模型的在线更新非常必要。

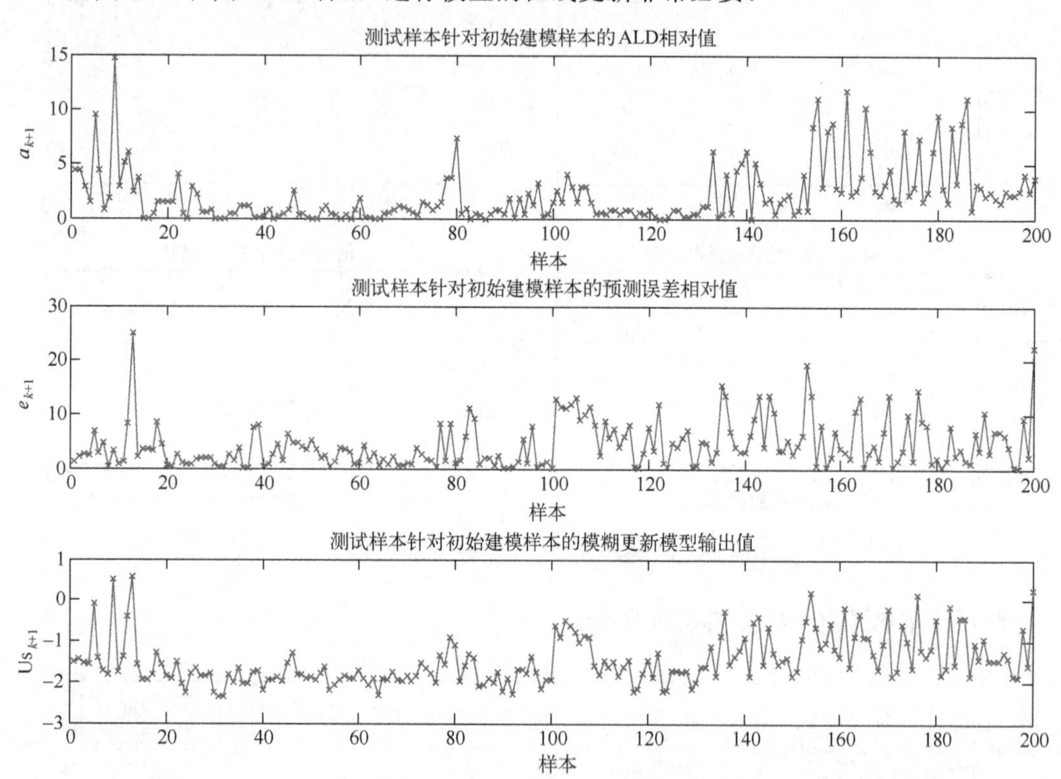

图 6.25 测试样本相对于初始建模样本的 ALD 相对值、预测误差相对值及模糊更新模型输出值

3）在线模型结果

阈值 θ_{com} 的大小决定了模型更新次数的多少，通常较大的阈值代表更多的样本参与模型更新。本书将阈值的取值范围定为-3 到+3 之间，采用不同的阈值时的测试样本相对于不断更新的建模样本的 ALD 相对值、预测误差相对值、模糊融合值及在线更新测试曲线如图 6.26 所示。

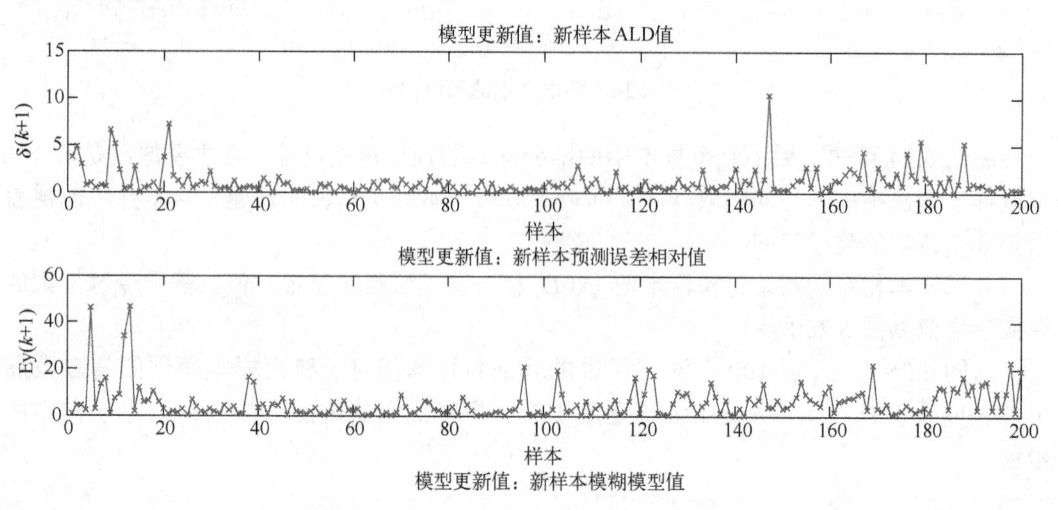

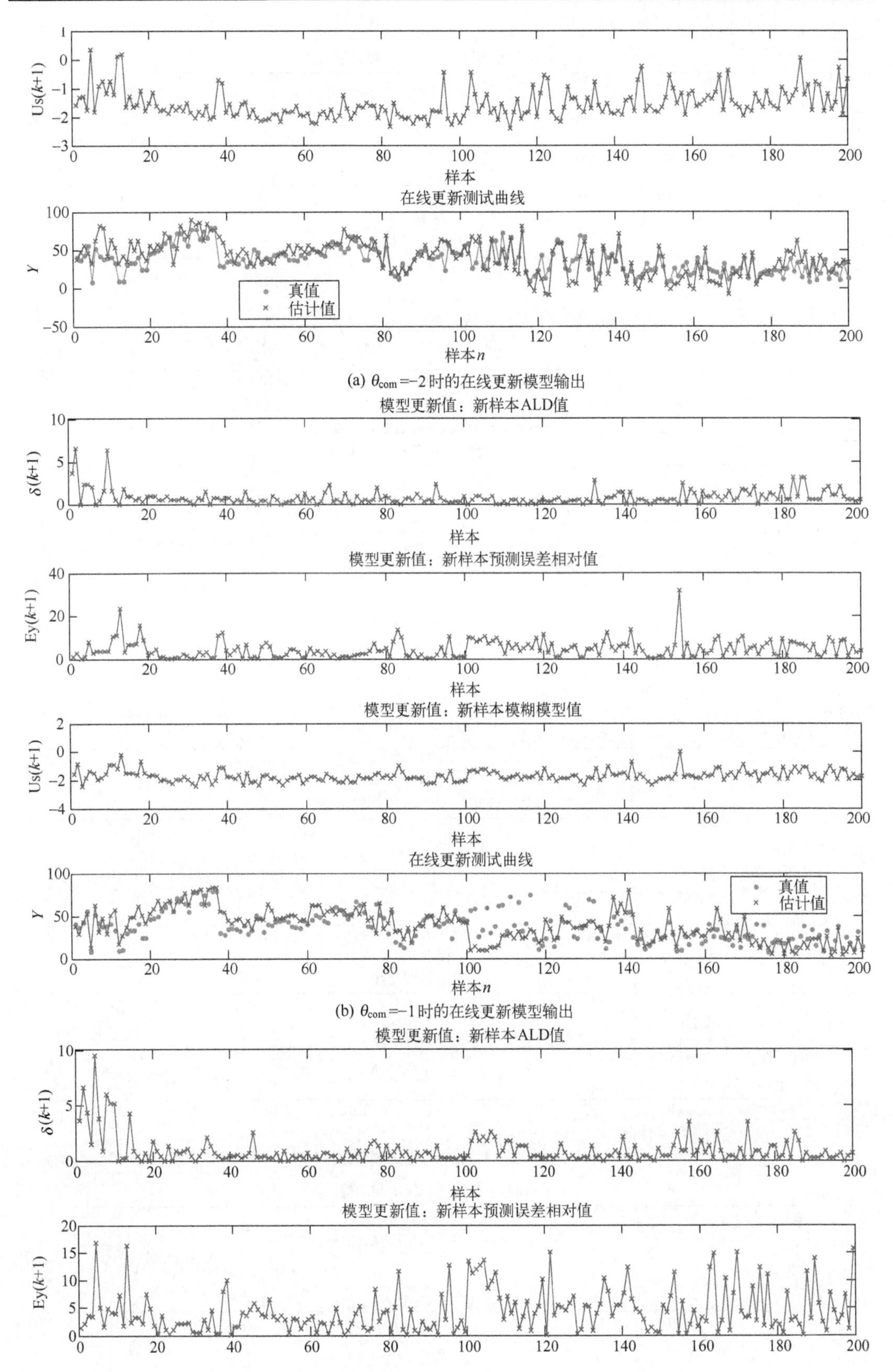

(a) $\theta_{com}=-2$ 时的在线更新模型输出

(b) $\theta_{com}=-1$ 时的在线更新模型输出

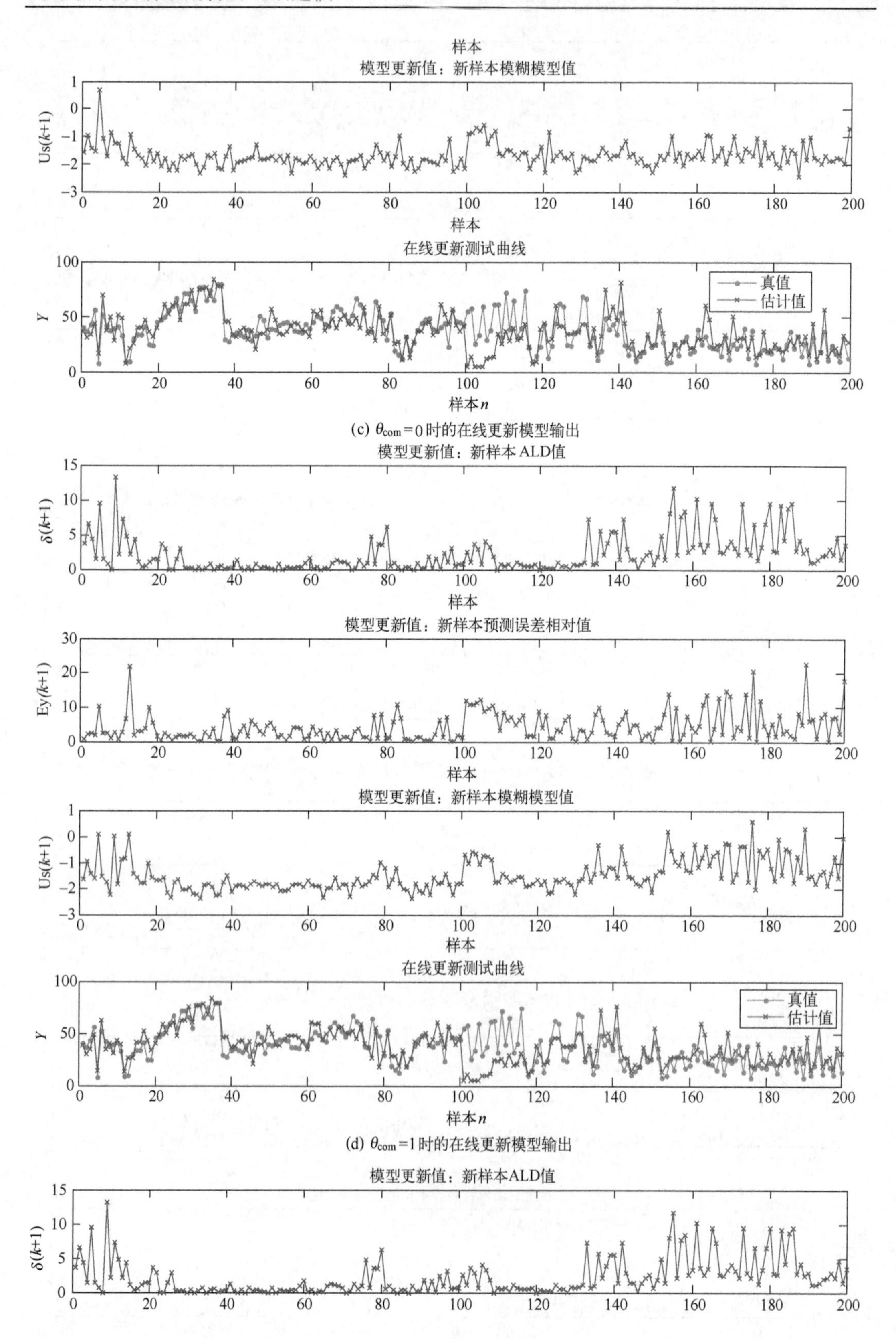

(c) $\theta_{com}=0$ 时的在线更新模型输出

(d) $\theta_{com}=1$ 时的在线更新模型输出

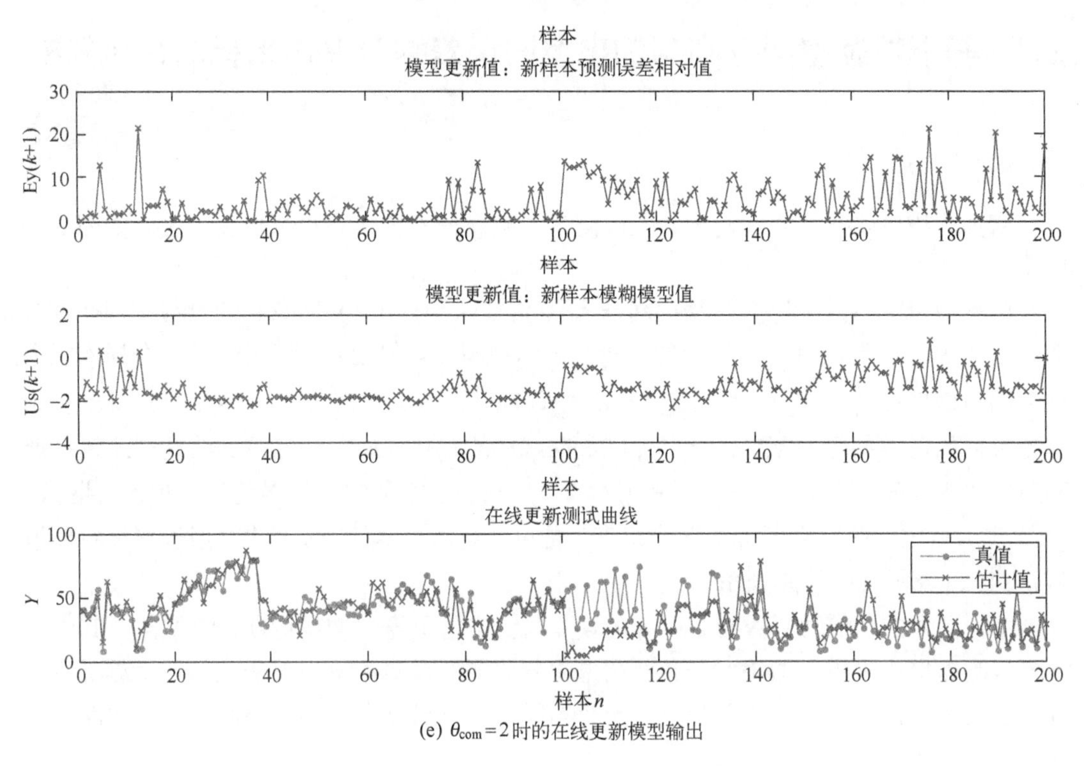

(e) $\theta_{com}=2$时的在线更新模型输出

图 6.26　不同阈值时的在线更新模型结果

采用不同阈值时的在线更新模型的预测误差及相对精度如表 6.11 所列。

表 6.11　基准数据在线更新模型建模统计结果

统计项	阈值				
	−2	−1	0	1	2
离线模型误差	0.4345	0.4306	0.4421	0.4427	0.4720
在线更新模型误差	0.6649	0.4852	0.3930	0.4315	0.4594
相对预测精度	0.5924	0.9040	1.0881	1.0201	1.0238

由图 6.26 和表 6.11 可知，模型更新次数与模型的预测性能密切相关。

综上，本书此处所提方法对具有明确时变特性的建模过程数据是有效的。需指出的是模糊规则主要是依靠领域专家经验确定，在实际应用中需要结合具体的工业过程应用对象进行提取，并提供可供调整的人机交互界面。另外，本书还关注更新样本近似线性依靠条件，通过调整隶属度函数进一步细化预测误差所表征的概念漂移。因此，该方法能够有效地实现更新样本的智能识别，通过合理设定模糊推理规则能够在集成模型预测性能与更新效率之间进行均衡，结合具体工程应用将具有广阔前景。此外，本书所提方法进行近似线性依靠条件计算需要记录全部训练样本，更新集成模型也需要存储建立核矩阵的潜在特征，导致集成模型存储的数量逐渐递增。集成模型的快速递推更新、模型超参数的快速优化选择等问题将在后续研究中逐步解决。

6.7 基于特征空间分布与输出空间误差综合评估指标的在线建模

6.7.1 建模策略

所提建模策略包括离线建模、在线测量、更新样本检测和模型更新阶段，如图 6.27 所示。

图 6.27 中，$\boldsymbol{x}_k^{\text{new}}$ 和 y_k^{new} 分别表示新样本 $\boldsymbol{d}_k^{\text{new}}$ $(k\in[t+1,\infty))$ 的过程变量与难测参数真值；$\tilde{\boldsymbol{x}}_k^{\text{new}}$ 表示标准化后的过程变量；$\hat{y}_k^{\text{new}}$ 表示模型测量输出；$S_{1,t}^{\text{train}}$ 表示由 t 个样本组成的初始训练集；$\varepsilon_{\text{basic}}^0$ 与 $\varepsilon_{\text{basic}}^{\text{new}}$ 、δ_{basic}^0 与 $\delta_{\text{basic}}^{\text{new}}$ 、$\text{Dis}_{\text{basic}}^0$ 与 $\text{Dis}_{\text{basic}}^{\text{new}}$ 分别表示本节定义的初始和更新后的基准指标；$\varepsilon_k^{\text{new}}$ 、δ_k^{new} 和 $\text{EucDis}_k^{\text{new}}$ 表示根据 $\boldsymbol{d}_k^{\text{new}}$ 计算得到的模型测量性能和新旧样本变量分布关系；$I_{\text{P}}^{\text{model}}$ 和 $I_d^{\text{distribution}}$ 分别表示本节定义的误差与分布评估指标；Q_{drift} 表示新定义的综合评价指标；S_k^{newtrain} 是包含更新样本的新训练集，用于在线更新模型；$\{\cdot\}\Rightarrow\cdot$ 表示对应计算关系。

根据图 6.27，算法通过设置并行的误差与分布检测窗口实现更新样本检测，其中：误差检测窗口内采用模型绝对与相对测量误差监测新样本测量误差变化的程度与幅度；分布检测窗口内采用欧式距离分析新旧样本间过程变量分布差异。不同阶段的功能描述如下：

（1）离线建模阶段。采用历史样本构建难测参数软测量模型，并依据模型测量性能和历史样本间欧几里得距离确定基准评估指标，同时基于先验知识设置窗口参数。

（2）在线测量阶段。采用基于历史样本构建的模型对新样本进行实时测量。

（3）更新样本检测阶段。在误差检测和分布检测窗口中，首先获取模型对新样本的测量性能以及新样本与历史样本之间的距离关系，最后基于上述结果计算新样本的综合评估指标。

（4）模型更新阶段。根据综合评估指标判断新样本是否发生工况漂移，当发生漂移时将其与特定历史样本结合以构造新的训练集，最后采用新训练集更新软测量模型并计算新的基准评估指标。

6.7.2 建模算法

1. 离线建模阶段

离线建模目的是根据训练样本集 $S_{1,t}^{\text{train}}$ 得到样本难测参数真值集 $\boldsymbol{y}_t^{\text{train}}$ 的先验概率分布：

$$\boldsymbol{y}_t^{\text{prior}} \sim N(0, K_t^{\text{cov}}) \tag{6.116}$$

式中：K_t^{cov} 为 $S_{1,t}^{\text{train}}$ 协方差矩阵，由下式计算：

$$K_t^{\text{cov}} = k_{\text{RBF}}(\widetilde{X}_t^{\text{train}}, \widetilde{X}_t^{\text{train}\prime}) = \sigma^2 \exp\left(-\frac{1}{2\gamma^2}\cdot\left\|\widetilde{X}_t^{\text{train}} - \widetilde{X}_t^{\text{train}\prime}\right\|^2\right) \tag{6.117}$$

式中：k_{RBF} 为 RBF 核函数；$\widetilde{X}_t^{\text{train}}$ 为 $S_{1,t}^{\text{train}}$ 标准化后的样本过程变量集合；γ 和 σ 为模型的超参数。

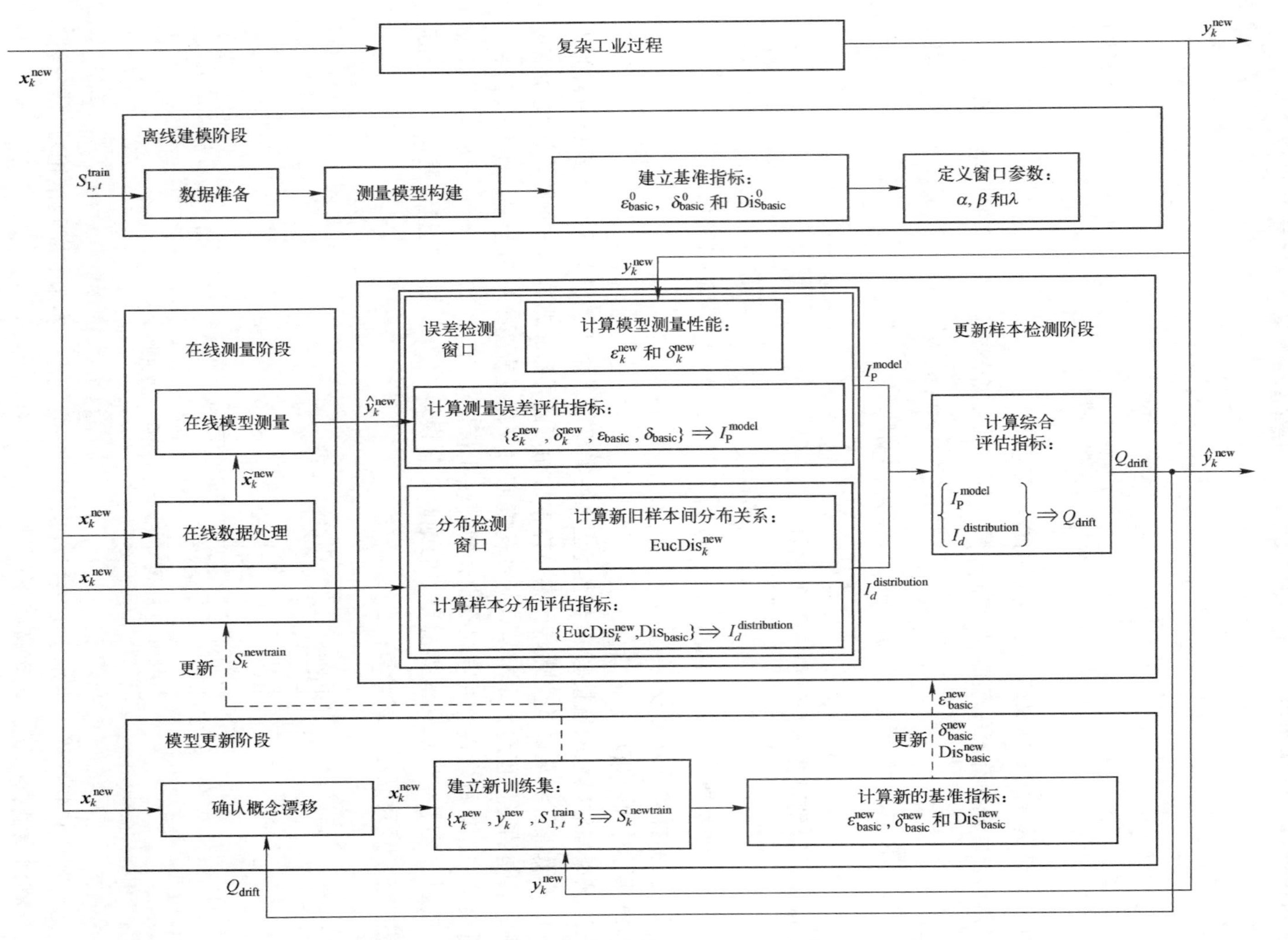

图 6.27　基于特征空间分布与输出空间误差综合识别指标的在线建模策略

2．在线测量阶段

新样本 $\boldsymbol{d}_k^{\text{new}}$ 在线采集后，首先计算 $\boldsymbol{y}_t^{\text{train}}$ 与测量值 $\hat{y}_k^{\text{new}}$ 的联合概率分布为

$$\begin{bmatrix} \boldsymbol{y}_t^{\text{train}} \\ \hat{y}_k^{\text{new}} \end{bmatrix} \sim N\left(0, \begin{bmatrix} K_t^{\text{cov}} & K_{t,k}^{\text{cov}} \\ K_{t,k}^{\text{covT}} & K_t^{\text{cov}} \end{bmatrix}\right) \tag{6.118}$$

$$\begin{cases} K_k^{\text{cov}} = k_{\text{RBF}}\left(\tilde{\boldsymbol{x}}_k^{\text{new}}, \tilde{\boldsymbol{x}}_k^{\text{new}}\right) \\ K_{t,k}^{\text{cov}} = k_{\text{RBF}}\left(\tilde{X}_t^{\text{tain}}, \tilde{\boldsymbol{x}}_k^{\text{new}\prime}\right) \end{cases} \tag{6.119}$$

式中：$\tilde{\boldsymbol{x}}_k^{\text{new}}$ 为待测样本 $\boldsymbol{d}_k^{\text{new}}$ 标准化后的过程变量。

然后，结合训练集先验概率分布 $\boldsymbol{y}_t^{\text{prior}}$，基于贝叶斯公式计算 $\hat{y}_k^{\text{new}}$ 的后验概率分布为

$$\hat{y}_k^{\text{new}} \mid X_t^{\text{train}}, \boldsymbol{y}_t^{\text{train}}, X_k^{\text{new}} \sim N(\mu^*, K^*) \tag{6.120}$$

$$\begin{cases} \mu^* = K_{t,k}^{\text{covT}} \cdot K_t^{\text{cov}-1} \cdot \boldsymbol{y}_t^{\text{train}} \\ K^* = K_k^{\text{cov}} - K_{t,k}^{\text{covT}} \cdot K_t^{\text{cov}-1} \cdot K_{t,k}^{\text{cov}} \end{cases} \tag{6.121}$$

接着，得到新样本测量值 $\hat{y}_k^{\text{new}}$ 的估计：

$$\hat{y}_k^{\text{new}} \sim N(\mu^*, K^*) \tag{6.122}$$

最后，通常取 $\hat{y}_k^{\text{new}}$ 估计范围内均值作为新样本 $\boldsymbol{d}_k^{\text{new}}$ 的实际测量输出。

3．更新样本识别阶段

1）误差检测窗口

工况漂移对模型的直接影响导致其泛化性能降低。由于建模与采样方式等因素的影响，仅基于模型测量误差变化进行漂移样本检测可能导致正常样本被误检，因此还需考虑测量误差的变化程度。本节从误差变化幅度与变化程度两个视角考虑，提出综合绝对测量误差与相对测量误差的方式确定误差评估指标。

软测量模型在训练样本集 $S_{1,t}^{\text{train}}$ 中的绝对测量误差 $E_{\text{mean}}^{\text{train}}$、相对测量误差 $\delta_{\text{mean}}^{\text{train}}$ 和测量误差方差 $E_{\text{var}}^{\text{train}}$ 可通过下式计算：

$$\begin{cases} E_{\text{mean}}^{\text{train}} = \dfrac{1}{t} \cdot \displaystyle\sum_{i=1}^{t} \left| y_i^{\text{train}} - \hat{y}_i^{\text{train}} \right| \\ \delta_{\text{mean}}^{\text{train}} = \dfrac{1}{t} \cdot \displaystyle\sum_{i=1}^{t} \dfrac{\left| y_i^{\text{train}} - \hat{y}_i^{\text{train}} \right|}{y_i^{\text{train}}} \\ E_{\text{var}}^{\text{train}} = \dfrac{1}{t} \cdot \displaystyle\sum_{i=1}^{t} \left(\left| y_i^{\text{train}} - \hat{y}_i^{\text{train}} \right| - E_{\text{mean}}^{\text{train}} \right)^2 \end{cases} \tag{6.123}$$

为直观比较新旧样本中基于上述指标的模型性能差异，本节建立基准绝对误差指标 $\varepsilon_{\text{basic}}^0$ 与相对误差指标 δ_{basic}^0，定义如下：

$$\begin{cases} \varepsilon_{\text{basic}}^0 = \alpha \cdot E_{\text{mean}}^{\text{train}} + (1-\alpha) \cdot E_{\text{var}}^{\text{train}} \\ \delta_{\text{basic}}^0 = \lambda \cdot \delta_{\text{mean}}^{\text{train}} \end{cases} \tag{6.124}$$

式中：$\varepsilon_{\text{basic}}^{0}$ 和 $\delta_{\text{basic}}^{0}$ 为仅根据训练集计算得到的初始基准指标；α 和 λ 为误差窗口预设参数，其由如下经验规则确定：

$$(\alpha,\lambda)=\text{Rule}(E_{\text{mean}}^{\text{train}},E_{\text{var}}^{\text{train}},\delta_{\text{mean}}^{\text{train}})(0\leqslant\alpha,\lambda\leqslant 1) \tag{6.125}$$

此处，基准绝对误差 $\varepsilon_{\text{basic}}^{0}$ 表示模型在训练集中测量误差的总体离散程度，基准相对误差 $\delta_{\text{basic}}^{0}$ 表示模型测量误差与样本真值的平均偏离程度。模型对新样本的合理测量误差范围由基准误差指标 $\varepsilon_{\text{basic}}^{0}$ 与 $\delta_{\text{basic}}^{0}$ 共同限制，以此反映新样本误差变化的幅度与程度。

在线测量过程中，当误差检测窗口接收到新样本时，将计算其绝对误差 ε_{new} 与相对误差 δ_{new}。以 k 时刻的新样本 $\boldsymbol{d}_k^{\text{new}}$ 为例，计算如下：

$$\begin{cases}\varepsilon_k^{\text{new}}=\left|y_k^{\text{new}}-\hat{y}_k^{\text{new}}\right|\\ \delta_k^{\text{new}}=\dfrac{\varepsilon_k}{y_k^{\text{new}}}\end{cases} \tag{6.126}$$

定义误差评估指标 $I_{\text{P}}^{\text{model}}$，如下：

$$I_{\text{P}}^{\text{model}}=\begin{cases}1,(\varepsilon_k^{\text{new}}>\varepsilon_{\text{basic}}^{0})\wedge(\delta_k^{\text{new}}>\delta_{\text{basic}}^{0})\\ 0,(\varepsilon_k^{\text{new}}\leqslant\varepsilon_{\text{basic}}^{0})\vee(\delta_k^{\text{new}}\leqslant\delta_{\text{basic}}^{0})\end{cases} \tag{6.127}$$

即当新样本中绝对测量误差与相对测量误差均大于基准指标时，认为误差检测窗口内样本可能存在工况漂移。

2）分布检测窗口

在分布检测窗口中，首先计算训练集 $S_{1,t}^{\text{train}}$ 中每个样本与其余样本间的平均欧几里得距离，以第 m 个样本为例，如下所示：

$$\text{EucDis}_m^{\text{train}}=\frac{1}{t-1}\cdot\sum_{i=1}^{t}\text{EucDis}(\boldsymbol{x}_m^{\text{train}},\boldsymbol{x}_i^{\text{train}})(0\leqslant m\leqslant t) \tag{6.128}$$

通过上式计算所有训练样本后，得到这些距离的均值，如下所示：

$$\text{EucDis}_{\text{mean}}^{\text{train}}=\frac{1}{t}\cdot\sum_{m=1}^{t}\text{EucDis}_m^{\text{train}} \tag{6.129}$$

然后，建立基准距离指标 $\text{Dis}_{\text{basic}}^{0}$：

$$\text{Dis}_{\text{basic}}^{0}=\beta\cdot\text{EucDis}_{\text{mean}}^{\text{train}} \tag{6.130}$$

式中：$\text{Dis}_{\text{basic}}^{0}$ 为仅根据训练集得到的初始基准指标；β 为根据实际模型确定的分布窗口预设参数，$0\leqslant\beta\leqslant 1$。

基准距离 $\text{Dis}_{\text{basic}}^{0}$ 是训练集中各样本间的加权平均欧几里得距离，表示训练样本间的平均相似程度。新样本的合理变化范围由基准距离指标 $\text{Dis}_{\text{basic}}^{0}$ 进行限制。

当分布检测窗口接收到新样本时，将计算其与各训练样本间的平均欧几里得距离 $\text{EucDis}_{\text{new}}$，以 k 时刻的新样本 $\boldsymbol{d}_k^{\text{new}}$ 为例，如下：

$$\text{EucDis}_k^{\text{new}}=\frac{1}{t}\cdot\sum_{i=1}^{t}\text{EucDis}\left(\boldsymbol{x}_k^{\text{new}},\boldsymbol{x}_i^{\text{train}}\right) \tag{6.131}$$

最后，根据新旧样本距离与基准指标的差异，定义分布评估指标 $I_d^{\text{distribution}}$ 如下：

$$I_d^{\text{distribution}} = \begin{cases} 1, \text{EucDis}_k^{\text{new}} > \text{Dis}_{\text{basic}}^0 \\ 0, \text{EucDis}_k^{\text{new}} \leqslant \text{Dis}_{\text{basic}}^0 \end{cases} \tag{6.132}$$

即当新样本与训练样本间的平均欧几里得距离大于基准距离时，认为分布检测窗口内样本可能存在工况漂移。

3）综合评估指标

为描述新样本最终工况漂移的检测结果，根据上述过程中得到的误差评估指标 $I_{\text{P}}^{\text{model}}$ 和分布评估指标 $I_d^{\text{distribution}}$，新定义综合评估指标 Q_{drift}，如下所示：

$$Q_{\text{drift}} = I_{\text{P}}^{\text{model}} + I_d^{\text{distribution}} \tag{6.133}$$

上述公式的具体描述为：当新样本中的误差评估指标和分布评估指标均为 0 时，Q_{drift} 值为 0；当任一指标为 1 时，Q_{drift} 值为 1；当两个指标均为 1 时，Q_{drift} 值为 2。

因此，新样本的工况漂移情况由指标 Q_{drift} 反映，具体为：当 $Q_{\text{drift}} \leqslant 1$，认为新样本不能够表征漂移；当 $Q_{\text{drift}} > 1$，认为新样本能够表征漂移。

4. 模型更新阶段

当 $Q_{\text{drift}} > 1$ 时，历史模型将依据能够表征工况漂移的新样本进行模型的在线更新。为有效提高模型对后续新样本（包括正常样本和更新样本）的测量性能，并尽可能消除历史样本对新概念学习的干扰，此处选择该样本及与其欧几里得距离最近邻的历史样本对模型进行更新。

以能够表征概念漂移的新样本对 $\boldsymbol{d}_k^{\text{new}}$ 为例，与其欧几里得距离最小的 τ 个历史样本对可表示为

$$\Omega_{\text{nearest}} = \{(\boldsymbol{x}_{\text{near\_1}}, y_{\text{near\_1}}), \cdots, (\boldsymbol{x}_{\text{near\_}\tau}, y_{\text{near\_}\tau})\} \tag{6.134}$$

式中：Ω_{nearest} 为与 $\boldsymbol{d}_k^{\text{new}}$ 最近邻的历史样本对的集合；$\boldsymbol{x}_{\text{near\_}\tau}$ 和 $y_{\text{near\_}\tau}$ 分别为第 τ 个历史样本对的过程变量与真值；τ 是根据先验知识设置的最近邻数量。

因此，新训练集 S_k^{new} 可由表征工况漂移的新样本及其最近邻的历史样本共同表示，如下：

$$S_k^{\text{newtrain}} = \begin{bmatrix} \Omega_{\text{nearest}} \\ \boldsymbol{d}_k^{\text{new}} \end{bmatrix} \tag{6.135}$$

依据更新结果，重新计算模型平均测量误差 $E_{\text{mean}}^{\text{new}}$、误差率 $\delta_{\text{mean}}^{\text{new}}$ 和方差 $E_{\text{var}}^{\text{new}}$ 以及新的平均欧几里得距离 $\text{EucDis}_{\text{mean}}^{\text{new}}$，如下：

$$\{X_k^{\text{newtrain}}, \boldsymbol{y}_k^{\text{newtrain}}\} \Rightarrow f_{\text{GPR}}(\cdot) \Rightarrow \{E_{\text{mean}}^{\text{new}}, \delta_{\text{mean}}^{\text{new}}, E_{\text{var}}^{\text{new}}\} \tag{6.136}$$

$$\{X_k^{\text{newtrain}}\} \Rightarrow f_{\text{GPR}}(\cdot) \Rightarrow \{\text{EucDis}_{\text{mean}}^{\text{new}}\} \tag{6.137}$$

式中：X_k^{newtrain} 和 $\boldsymbol{y}_k^{\text{newtrain}}$ 分别为 S_k^{newtrain} 过程变量和真值的集合。

同时，更新两窗口内的基准指标为

$$\begin{cases} \varepsilon_{\text{basic}}^{\text{new}} = \alpha \cdot E_{\text{mean}}^{\text{new}} + (1-\alpha) \cdot E_{\text{var}}^{\text{new}} \\ \delta_{\text{basic}}^{\text{new}} = \lambda \cdot \delta_{\text{mean}}^{\text{new}} \\ \text{Dis}_{\text{basic}}^{\text{new}} = \beta \cdot \text{EucDis}_{\text{mean}}^{\text{new}} \end{cases} \tag{6.138}$$

至此，当下个时间步即 k+1 时刻的样本 $\boldsymbol{d}_{k+1}^{\text{new}}$ 到来时，其工况漂移判别标准将采用更新后的指标进行计算，如下式所示：

$$I_{\text{P}}^{\text{model}}=\begin{cases}1,(\varepsilon_{k+1}^{\text{new}}>\varepsilon_{\text{basic}}^{\text{new}})\wedge(\delta_{k+1}^{\text{new}}>\delta_{\text{basic}}^{\text{new}})\\0,(\varepsilon_{k+1}^{\text{new}}\leqslant\varepsilon_{\text{basic}}^{\text{new}})\vee(\delta_{k+1}^{\text{new}}\leqslant\delta_{\text{basic}}^{\text{new}})\end{cases}\tag{6.139}$$

$$I_{d}^{\text{distribution}}=\begin{cases}1,\text{EucDis}_{k+1}^{\text{new}}>\text{Dis}_{\text{basic}}^{\text{new}}\\0,\text{EucDis}_{k+1}^{\text{new}}\leqslant\text{Dis}_{\text{basic}}^{\text{new}}\end{cases}\tag{6.140}$$

式中：$\varepsilon_{k+1}^{\text{new}}$、$\delta_{k+1}^{\text{new}}$ 和 $\text{EucDis}_{k+1}^{\text{new}}$ 分别为新样本对 $\boldsymbol{d}_{k+1}^{\text{new}}$ 对应的测量误差、误差率及其与训练样本的平均欧几里得距离。

6.7.3　实验验证

本节在合成和基准数据集中对所提方法进行验证。

为验证方法性能，采用漂移检出率（DDR）、漂移错检率（DPR）和漂移漏检率（DNR）三个指标进行度量[463]，定义如下：

$$\text{DDR}=\frac{\text{漂移样本中检测出的漂移样本数}}{\text{实际漂移样本数}}\times100\%\tag{6.141}$$

$$\text{DPR}=\frac{\text{正常样本中检测出的漂移样本数}}{\text{实际正常样本数}}\times100\%\tag{6.142}$$

$$\text{DNR}=\frac{\text{漂移样本中检测出的正常样本数}}{\text{实际漂移样本数}}\times100\%\tag{6.143}$$

1．数据集描述

1）合成数据集

本节采用已有文献所提方法构建合成数据集。

正常样本按照下式生成：

$$y=10\cdot\sin(\pi\cdot x_1\cdot x_2)+20\cdot(x_3-0.5)^2+10\cdot x_4+5\cdot x_5+\sigma(0,1)\tag{6.144}$$

式中：x_1，x_2，x_3，x_4，x_5 服从[0，1]区间内的均匀分布；$\sigma(0,1)$ 是服从正态分布的随机数。

漂移样本按照下式生成：

$$y=10\cdot x_1\cdot x_2+20\cdot(x_3-0.5)+10\cdot x_4+5\cdot x_5+\sigma(0,1)\tag{6.145}$$

式中：各变量取值范围满足 $(0\leqslant x_2<0.3)\cap(0\leqslant x_3<0.3)\cap(0.7<x_4\leqslant1)\cap(0\leqslant x_5<0.3)$。

合成数据集共包含样本 2000 个，其中：训练样本 500 个，均为正常样本；测试样本 1500 个，前 600 个为随机噪声，后 900 个为漂移样本。

2）基准数据集

本节从 UCI 机器学习存储库中选择“电网稳定性模拟数据”[464]作为基准数据集，该数据集包含 10000 组模拟样本，分别来自系统稳定（正常样本）和不稳定（漂移样本）两种工况，其测量目标为系统稳定性系数。本节选择其中 1500 个样本进行仿真，包含：训练样本 500 个，均为正常样本；测试样本 1000 个，前 100 个为随机噪声，后 900 个为漂移样本。

2．实验结果

实验验证过程中，针对数据集的参数设置如表 6.12 所列。表中，γ 与 σ 分别为 GPR 模型中径向基核函数的惩罚因子与核宽度。

表 6.12　实验验证过程中的参数设置

数据集	GPR 核函数参数		窗口预设参数			最近邻样本数量
	γ	σ	τ	α	β	λ
合成	−0.8086	0.2093	300	0.95	0.95	300
基准	−2.8535	0.6673	300	0.9	0.95	300
过程	0.0262	0.1551	300	0.1	0.82	300

由模型对 3 个数据集中测试样本的测量结果可知：

（1）模型对正常样本测量效果良好，测量值与真值均能在一定范围内实现拟合。

（2）模型对漂移样本的测量效果欠佳，大部分测量值与真值无法拟合，并在漂移发生时刻，模型的测量性能产生明显变化。

两个检测窗口针对 3 个测试集的概念漂移检测结果分别如图 6.28、图 6.29 所示，对应不同 Q_{drift} 值的样本数量分布如图 6.30 所示：

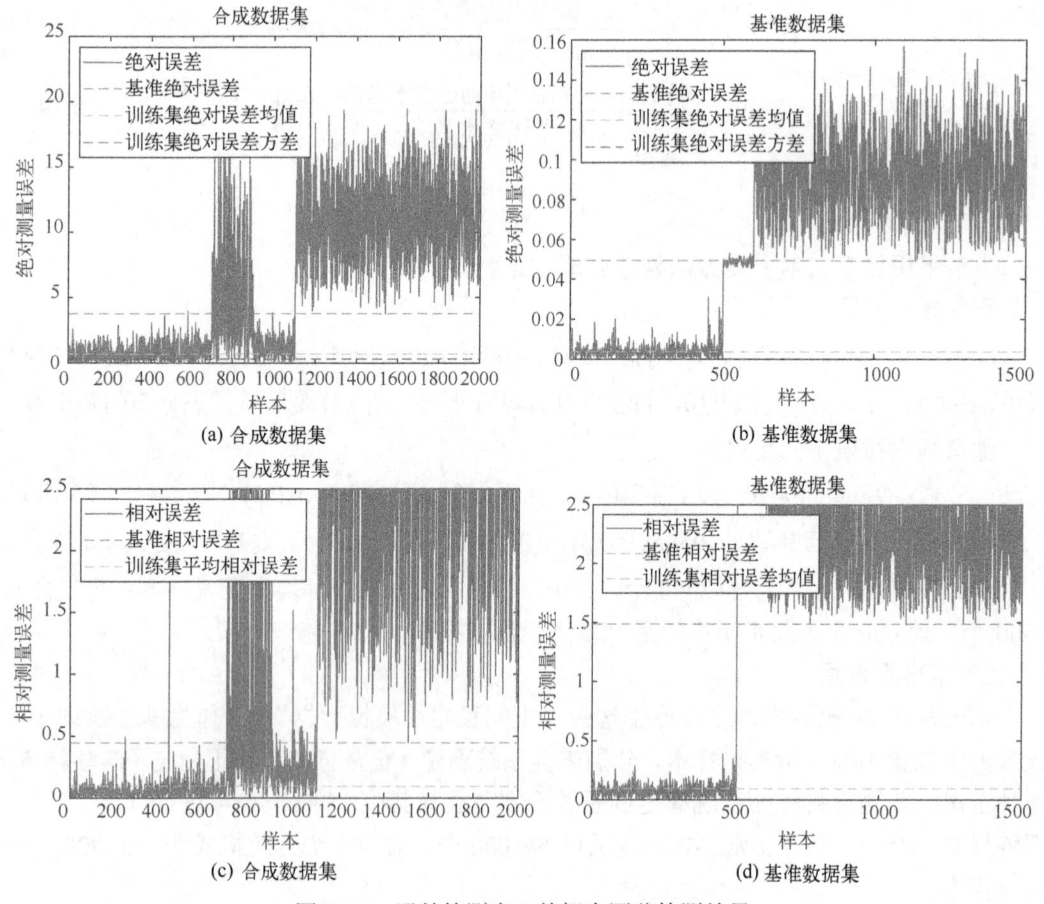

(a) 合成数据集　(b) 基准数据集

(c) 合成数据集　(d) 基准数据集

图 6-28　误差检测窗口的概念漂移检测结果

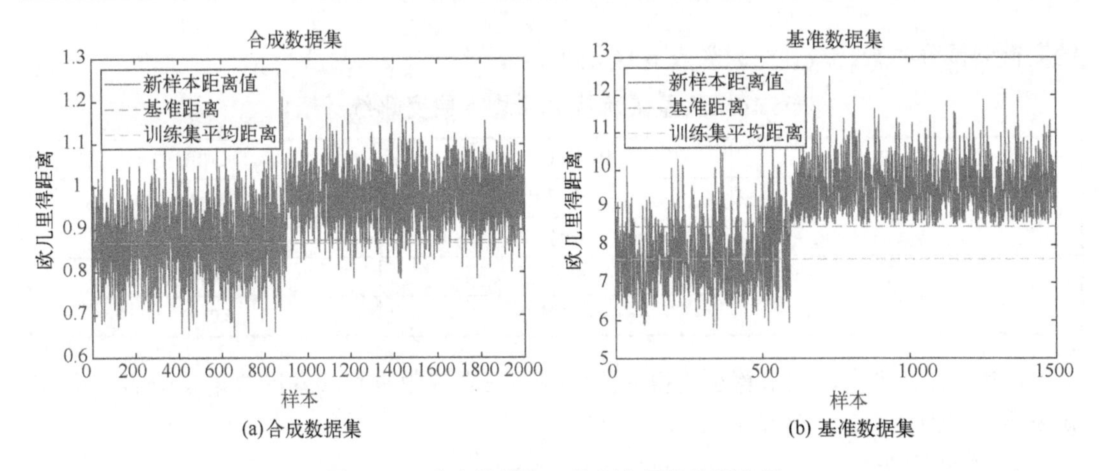

(a) 合成数据集　　(b) 基准数据集

图 6-29　分布检测窗口的概念漂移检测结果

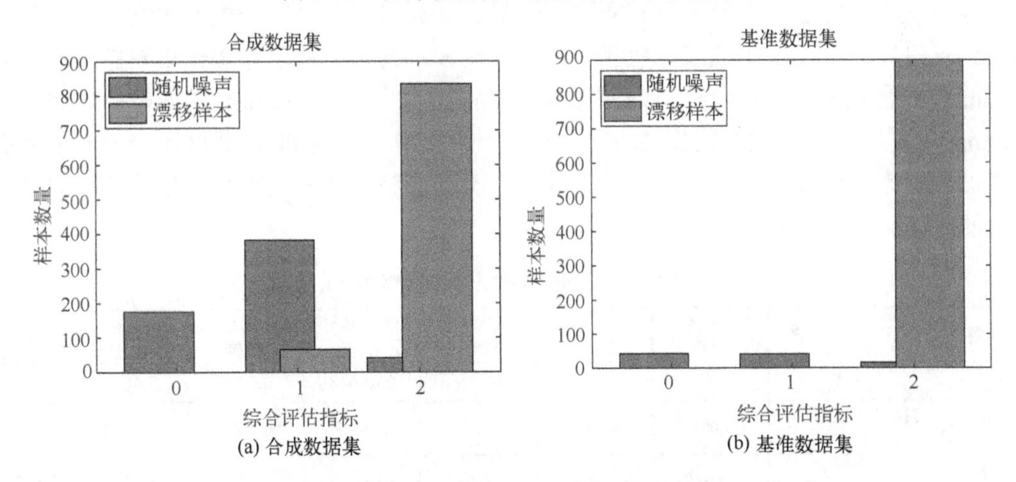

(a) 合成数据集　　(b) 基准数据集

图 6-30　不同数据集的工况漂移检测结果

图 6.28～图 6.30 表明了所提算法对各数据集的工况漂移检测情况，详细检测结果如表 6.13 所列。

表 6.13　工况漂移检测的统计结果

数据集	工况样本（$Q_{\mathrm{drift}}>1$）	正常样本与随机噪声（$Q_{\mathrm{drift}}>1$）	DDR	DPR	DNR
合成	834	41	92.7%	6.8%	7.3%
基准	900	16	100%	16%	0

由表 6.13 可知：在合成数据集中的检出率为 92.7%，错检率为 6.8%；基准数据集中的漂移样本均被检出，即检出率为 100%，错检率为 16%；过程数据集中的漂移样本均被检出，未在正常与噪声样本中测得漂移，即检出率为 100%，错检率为 0。

上述结果表明，本节所提算法在 3 个数据集中均可有效检测漂移样本，其中：在基准与过程数据集中均能检测出全部漂移样本，在过程数据集中能有效分辨全部正常与漂移样本。

根据图 6.28 可知，采用本节检测算法获得更新样本进行历史模型更新后，在线测量精度得到显著改善，统计结果如表 6.14 所列。

表 6.14 模型更新后的测量性能变化统计表

数据集	工况漂移检测策略	RMSE
合成	未采用	9.3643
	本节算法	2.5240
基准	未采用	0.0917
	本节算法	0.0137

由表 6.14 可知，本节算法使得软测量模型在合成数据集和基准数据集中的 RMSE 降低率分别为 73%、85%和 91%。

3．方法比较

为验证所提算法具有优于已有方法的性能，此处分别选择基于模型测量误差与基于样本分布差异的单样本工况漂移检测策略进行比较，其中：基于样本分布差异的方法源自 Liu 等提出的基于 PCA 和 AOGE 结合检测方法[465]，基于模型测量误差的方法源自 Channoi 等提出的基于误差的慢性呼吸道疾病测量方法[466]。同时，此处还与上一节所提方法进行对比，以体现检测性能的改进效果。不同检测算法的性能与软测量模型的测量性能的对比结果如表 6.15 所列。

表 6.15 不同工况漂移检测算法的性能对比统计表

数据集	工况漂移检测算法	检出率 DDR	错检率 DPR	漏检率 DNR	最大测量误差	最小测量误差	平均测量误差	RMSE
合成	未采用	—	—	—	21.1418	0.0038	7.6886	9.3643
	仅基于模型测量误差	80%	96.3%	20%	20.9804	0.0021	1.9552	3.1726
	仅基于样本分布差异	32.2%	53.5%	67.8%	21.0043	0.0009	1.9141	3.1593
	先误差再分布	87.1%	15.8%	12.9%	31.0517	0.0004	2.5310	3.8224
	本节算法	92.7%	6.8%	7.3%	21.5925	0.0005	1.7692	2.5240
基准	未采用	—	—	—	0.1571	0.0072	0.0880	0.0917
	仅基于模型测量误差	100%	54%	0	0.0546	0.000006	0.0104	0.0163
	仅基于样本分布差异	38.2%	42%	61.8%	0.0579	0.000003	0.0119	0.0166
	先误差再分布	89.4%	1%	10.1%	0.1544	0.000004	0.0589	0.0735
	本节算法	100%	16%	0	0.0546	0.000002	0.0099	0.0137

由图 6.29 和表 6.15 可知：

基于样本分布差异的方法采用 PCA 和 AOGE 分析样本过程变量间的差异[465]，由于合成和基准数据集中的过程变量变化范围有限，在所比较算法中其 DDR 为最低（32.2%，38.2%）。

基于模型测量误差的方法采用误差变化表征工况漂移现象[466]，其在两个数据集中均具有较好的 DDR（80%，100%）；但部分正常样本的误差变化范围与工况漂移样本接近，此时该方法无法有效分辨漂移样本，因此其具有较高的 DPR（96.3%，54%）。

上节所提算法在两个数据集中均具有较好的 DDR（87.1%，89.4%），且 DPR 也相对较低（15.8%，1%，0）；但受限于串行窗口与批次更新策略所导致的模型更新不及时，使得 RMSE 较大（3.8224，0.0735）。

本节所提方法相较其他方法具有最好的检测性能：在两个数据集中，DDR 均为最高（92.7%，100%），DPR 均为最低（6.8%，16%），且模型进行在线更新后获得了最佳的测量性能（RMSE：2.5240，0.0137），原因在于该方法结合绝对与相对测量误差改进了误差变化判别方式，同时采用基于欧几里得距离的样本分布变化判别降低了算法的错检率，并且模型可依据所检测得到的表征工况漂移的样本进行及时更新，进而提升了测量性能。

根据上述结果可知：本节方法可有效检测过程数据中存在的工况漂移现象，并能显著提高软测量模型在漂移环境中的适应性；相较仅基于模型测量误差的方法，可有效去除环境噪声干扰，因此具有较低的错检率；相较仅基于样本分布差异的方法，可有效提高检测准确度，并因此具有较高的检出率。需指出的是，算法中各参数依据经验和实验确定，在实际应用中需结合具体工业过程对象确定，并应设置人机交互机制。

6.8　本章小结

本章针对复杂工业过程的固有时变特性进行基于更新样本识别机制的在线集成建模研究，在总结常用递推更新算法和更新样本识别算法的基础上，研究了基于特征空间更新样本识别的在线建模、基于特征空间更新样本识别的单尺度多源高维频谱在线集成建模、基于模糊融合特征空间与输出空间更新样本识别的自适应集成建模和基于特征空间分布与输出空间误差综合评估指标的在线建模算法，为实现所提方法的工业应用提供支撑。

参考文献

[1] 柴天佑. 复杂工业过程运行优化与反馈控制[J]. 自动化学报, 2013, 39(11): 1744-1757.

[2] 柴天佑, 刘强, 丁进良, 等. 工业互联网驱动的流程工业智能优化制造新模式研究展望[J]. 中国科学:技术科学, 2022, 52(01): 14-25.

[3] 乔俊飞, 郭子豪, 汤健. 面向城市固废焚烧过程的二噁英排放浓度检测方法综述[J]. 自动化学报, 2020, 46(06): 1063-1089.

[4] 柴天佑, 丁进良, 严爱军, 等. 选矿生产过程综合自动化系统[J]. 有色冶金设计与研究, 2003(S1): 1-5.

[5] 周平, 柴天佑. 典型赤铁矿磨矿过程智能运行反馈控制[J]. 控制理论与应用, 2014, 31(10): 1352-1359.

[6] 陈剑锋, 肖飞凤. 球磨机的发展方向综述[J]. 中国矿业, 2006, 15(8): 94-98.

[7] SCHONERT K. Energy aspects of size reduction of brittle materials[J]. Zement-Kalt-Grips Transl, 1979, 3(1):40-44.

[8] TANG J, YAN G, LIU Z, et al. Experimental analysis of wet mill load parameter based on multiple channels mechanical signal under multiple grinding conditions[J]. Minerals Engineering, 2020, 159, 106609: 1-25.

[9] HU G, OTAKI H, WATANUKI K. Motion analysis of a tumbling ball mill based on non-linear optimization[J]. Minerals Engineering, 2000, 13(8-9): 933-947.

[10] 苏志刚, 于向军, 吕震中, 等. 灰色软测量在球磨机料位检测中的应用[J]. 热能动力工程, 2006, 21(6): 578-582.

[11] 张立岩, 柴天佑. 氧化铝回转窑制粉系统磨机负荷的智能控制[J]. 控制理论与应用, 2010, 27(11): 1471-1478.

[12] Mori H, Mio H, Kano J, et al. Ball mill simulation in wet grinding using a tumbling mill and its correlation to grinding rate [J]. Powder Technology, 2004, 143-144(25): 230-239.

[13] 李海清, 黄志尧, 等. 软测量技术原理及应用[M]. 北京: 化学工业出版社, 2000.

[14] 于静江, 周春晖. 过程控制中的软测量技术[J]. 控制理论与应用, 1996, 13(2): 137-144.

[15] 罗荣富, 邵惠鹤. 软测量方法及其工业应用[M]. 上海: 上海交通大学出版社, 1994.

[16] van D B A. Application of statistical parameter estimation methods to physical measurement[J]. J. Phys E: Sci Instrum.1977, 10: 753-760.

[17] 俞金寿. 工业过程先进控制[M]. 北京: 中国石化出版社, 2002.

[18] JAIN A K, DUIN R P W, MAO J C. Statistical pattern recognition: A review[J]. IEEE Transaction on Pattern Analysis and Machine Intelligence, 2000, 22(1): 4-38.

[19] JIMÉNEZ-RODRÍGUEZ L O, ARZUAGA-CRUZ E, VÉLEZ-REYES M. Unsupervised linear feature-extraction methods and their effects in the classification of high-dimensional data[J]. IEEE Transaction on Geoscience and Remote sensing, 2007, 45(2): 469-483.

[20] WANG L. Feature selection with kernel class separability[J]. IEEE Transactions on Pattern Analysis and Machine Intelligence, 2008, 30(9): 1534-1546.

[21] JOLLIFFE I T. Principal component analysis[M]. Berlin: Springer Press, 2002.

[22] WOLD S, SJSTRM M, ERIKSSON L. PLS-regression: a basic tool of chemometrics[J]. Chemometrics and Intelligent Laboratory Systems, 2001, 58 (2): 109-130.

[23] GUYON I, ELISSEEFF A. An introduction to variable and feature selection[J]. Journal of Machine Learning Research, 2003, 3(7-8): 1157-1182.

[24] 俞金寿. 软测量技术及其应用[J]. 自动化仪表, 2008, 29(1):1-7.

[25] 骆晨钟, 邵惠鹤. 软仪表技术及其工业应用[J]. 仪表技术与传感器, 1999, (l): 32-39.

[26] 俞金寿, 刘爱伦. 软测量技术及其应用[J]. 世界仪表和自动化, 1997, 1(2): 18-20.

[27] 徐敏, 俞金寿. 软测量技术[J]. 石油化工自动化, 1998, 19(2): 1-3.

[28] 俞金寿, 刘爱伦, 等. 软测量技术及其在石油化工中的应用[M]. 北京: 化学工业出版社, 2000.

[29] 哈根, 等. 神经网络设计[M]. 戴葵, 等译. 北京: 机械工业出版社, 2002.

[30] HAM M T, MORRIS A J, MONTAGUE G A. Soft-sensors for process estimation and inferential control[J]. Journal of Process Control, 1991, 1(1): 3-14.

[31] QUINTEROM E, LUYBENW L, GEORGAKIS C. Application of an extended Luenberger observer to the control of multicomponent batch distillation [J]. Ind. Eng. Chem. Res, 1991(3): 1870-1880.

[32] 孙欣, 王金春, 何声亮. 过程软测量[J]. 自动化仪表, 1995, 16(8): 1-5.

[33] BRAMBILLA A, TRIVELLA F. Estimate product quality with ANNs[J]. Hydrocarbon Processing, 1996,75(9): 61-66.

[34] SPIEKER A, NAJIM K, CHTOUROUA M, et al. Neural networks synthesis for thermal process[J]. Journal of Process Control, 1993, 3(4): 233-239.

[35] CHEN S, BILLINGS S A, et al. Nonlinear systems identification using RBF[J]. Int. J. Sys. Sci. 1990, 21(12): 2513-2539.

[36] 王旭东, 邵惠鹤. RBF 神经元网络在非线性系统建模中的应用[J]. 控制理论与应用, 1997, 14(1): 59-64.

[37] ZADEH L A. The roles of soft computing and fuzzy logic in the conception, design and deployment of information intelligent systems[J]. Software Agents and Soft Computing Towards Enhancing Machine Intelligence, Lecture Notes in Computer Science, 1997, 1198/1997: 181-190.

[38] YAN S, MASAHARU M. A new approach of neuro-fuzzy learning algorithm for tuning fuzzy rules[J]. Fuzzy sets and systems, 2000, 112(1): 99-116.

[39] MAURICIO F, FERNANDO G. Design of fuzzy system using neuro-fuzzy networks[J]. IEEE Trans. Neural Networks, 1999, 10(4): 815- 827.

[40] MARCELINO L, IGNACIO S. Support vector regression for the simultaneous learning of a multivariate function and its derivatives[J]. Neurocomputing, 2005, 69(1-3): 42-61.

[41] 王华忠, 俞金寿. 基于混合核函数 PCR 方法的工业过程软测量建模[J]. 化工自动化及仪表, 2005, 32(2): 23-25.

[42] 王华忠, 俞金寿. 基于核函数主元分析的软测量建模方法及应用[J]. 华东理工大学学报, 2004, 30(5): 567-570.

[43] 吕志军, 杨建国, 项前. 基于支持向量机的纺纱质量预测模型研究[J]. 控制与决策, 2007, 23(6): 561-565.

[44] DONG F, JIANG Z X, QIAO X T. Application of electrical resistance tomography to two-phase pipe flow parameters measurement[J]. Flow Measurement and Instrumentation, 2003, 14(1): 183-192.

[45] XU Y B, WANG H X, CUI Z Q, et al. Application of electrical resistance tomography for slug flow measurement in gas/liquid flow of horizontal pipe[C]. IEEE International Workshop on Imaging Systems and Techniques, 2009, 319-323.

[46] YANG L, STEVEN D B. Wavelet multiscale regression from the perspective of data fusion: new conceptual approaches[J].

Analytical and Bioanalytical Chemistry, 2004, 380: 445- 452.

[47] ENGIN A, IBRAHIM T, MUSTAFA P. Intelligent target recognition based on wavelet adaptive network based fuzzy inference system[J]. Pattern Recognition and Image Analysis, Lecture Notes in Computer Science, 2005, 3522/2005: 447-470.

[48] SEONGGOO K, SANGJUN L, SUKHO L. A novel wavelet transform based on polar coordinates for data mining applications[J]. Lecture Notes in Computer Science, 2005, LNCS3614, Fuzzy Systems and Knowledge Discovery, 2005: 1150- 1153.

[49] LOU X S, LOPARO K A. Bearing fault diagnosis based on wavelettran sform and fuzzy inference[J]. Mechanical Systems and Signal Processing, 2004, 18(5): 1077-1095.

[50] CONG Q M, CHAI T Y. Cascade process modeling with mechanism-based hierarchical neural networks[J]. International Journal of Neural Systems, 2010, 20(1): 1-11.

[51] WANG W, YU, ZHAO L J, CHAI T Y. PCA and neural networks-based soft sensing strategy with application in sodium aluminate solution[J]. Journal of Experimental & Theoretical Artificial Intelligence, 2011, 23(1): 127-136.

[52] WANG W, CHAI T Y, YU W, et al. Modeling component concentrations of sodium aluminate solution via hammerstein recurrent neural networks[J]. IEEE Transactions on Control System Technology, 2012, 20(4): 971-982.

[53] PETR K, BOGDAN G, SIBYLLE S. Data-driven soft sensors in the process industry[J]. Computers and Chemical Engineering, 2009, 33(4): 795-814.

[54] 李修亮. 软测量建模方法研究与应用[D]. 杭州: 浙江大学, 2009.

[55] HANSEN L K, SALAMON P. Neural network ensembles[J]. IEEE Transactions on Pattern Analysis and Machine Intelligence, 1990, 12(10): 993-1001.

[56] NIU D P, WANG F, ZHANG L, et al. Neural network ensemble modeling for nosiheptide fermentation process based on partial least squares regression[J]. Chemometrics and Intelligent Laboratory Systems, 2011, 105(1): 125-130.

[57] BREUER L, HUISMAN J A, WILLEMS P. Assessing the impact of land use change on hydrology by ensemble modeling (LUCHEM). I: Model intercomparison with current land use[J]. Advances in Water Resources, 2009, 32 (2): 129-146.

[58] ZHOU Z H, WU J, TANG W. Ensembling neural networks: many could be better than all[J]. Artificial Intelligence, 2002, 137(1-2): 239-263.

[59] GENG X, ZHOU Z H. Selective ensemble of multiple eigenspaces for face recognition[J]. J. Comput. Sci&Technol, 2006, 21(1): 116-125.

[60] GALLAGHER N B, WISE B, BUTLER S W, et al. Development and benchmarking of multivariate statistical process control tools for a semiconductor etch process: improving robustness through model updating[C]. Process ADCHEM'97, 1997: 78-83.

[61] 邵惠鹤. 工业过程高级控制[M]. 上海：上海交通大学出版社，2003.

[62] WOLD S. Exponentially weighted moving principal component analysis and project to latent structures[J]. Chemom. Intell. Lab. Syst., 1994, 23(1): 149-161.

[63] LI W H, YUE H H, VALLE-CERVANTE S, et al. Recursive PCA for adaptive process monitoring[J]. Journal of Process Control, 2000, 10(5): 471-486.

[64] Elshenawy L M, Yin S, Naik A S, et al. Efficient recursive principal component analysis algorithms for process monitoring[J]. Ind. Eng. Chem. Res. 2010, 49(1): 252-259.

[65] QIN S J. Recursive PLS algorithms for adaptive data modeling[J]. Computers & Chemical Engineering, 1998, 22(4/5): 503-514.

[66] WANG X, KRUGER U, IRWIN G W. Process monitoring approach using fast moving window PCA[J]. Industrial & Engineering Chemistry Research, 2005, 44(15): 5691-5702.

[67] PAN T, SHAN Y, WU Z T, et al. MWPLS method applied to the waveband selection of NIR spectroscopy analysis for brix degree of sugarcane clarified juice[C]. 2011 Third International Conference on Measuring Technology and Mechatronics Automation, 2011, 671-674.

[68] WANG X, KRUGER U, LENNOX B. Recursive partial least squares algorithms for monitoring complex industrial processes[J]. Control Eng.Practice, 2003, 11(6): 613-632.

[69] JIN H, LEE Y H, LEE G, et al. Robust recursive principal component analysis modeling for adaptive monitoring[J]. Ind. Eng. Chem.Res., 2006, 45(2): 696-703.

[70] CHOI S W, MARTIN E B, MORRIS A J, et al. Adaptive multivariate statistical process control for monitoring time-varying processes[J]. Ind. Eng. Chem. Res., 2006, 45(9): 3108-3118.

[71] HE X B, YANG Y P. Variable MWPCA for adaptive process monitoring[J]. Ind. Eng. Chem. Res., 2008, 47(2): 419-427.

[72] WATANABE S. Pattern recognition: Human and mechanical [M]. New York: Wiley Press, 1985.

[73] FRIEDMAN J H. Exploratory projection pursuit[J]. J. Am. Statistical Assoc., 1987, 82: 249-266.

[74] COMON P. Independent component analysis, a New Concept?[J]. Signal Processing, 1994, 36(3): 287-314.

[75] LEE T W. Independent component analysis[J]. Dordrech: Kluwer Academic Publishers, 1998.

[76] HYVARINEN A, OJA E. A Fast Fixed-Point Algorithm for Independent Component Analysis[J]. Neural Computation, 1997, 9(7): 1483-1492.

[77] SCHOÈLKOPF B, SMOLA A, MULLER K R. Nonlinear component analysis as a kernel eigenvalue problem[J]. Neural Computation, 1998,10(5): 1299-1319.

[78] WEBB A R. Multidimensional scaling by iterative majorization using radial basis functions[J]. Pattern Recognition, 1995, 28(5): 753-759.

[79] LOWE D, WEBB A R. Optimized feature extraction and the bayes decision in feed-forward classifier networks[J]. IEEE Trans. Pattern Analysis and Machine Intelligence, 1991, 13(4): 355-264.

[80] KOHONEN T. Self-organizing maps (Springer Series in Information Sciences)[M]. Berlin: Springer-Verlag Berlin and Heidelberg GmbH & Co. K, 1995.

[81] 郭辉, 刘贺平. 基于核的偏最小二乘特征提取的最小二乘支持向量机回归方法[J]. 信息与控制, 2005, 34(4): 402-406.

[82] Lv J F, DAI L K. Application of partial least squares support vector achines (PLS-SVM) in spectroscopy quantitative analysis[C]. Proceedings of the 6th World Congress on Intelligent Control and Automation, 2006: 5228-5233.

[83] COVER T M, van CAMPENHOUT J M. On the possible orderings in the measurement selection problem[J]. IEEE Trans.Systems, Man, and Cybernetics, 1977, 7(9): 657-661.

[84] PUDIL P, NOVOVICOVA J, KITTLER J. Floating search methods in feature selection[J]. Pattern Recognition Letters, 1994, 15(11): 1119-1125.

[85] DASH M, LIU H. Feature selection for classification[J]. Intelligent Data Analysis, 1997, 1 (3): 131-156.

[86] 王娟, 慈林林, 姚康泽. 特征选择方法综述[J]. 计算机工程与科学, 2005, 127(112): 68-71.

[87] YOU W J, YANG Z J, JI G L. PLS-based recursive feature elimination for high-dimensional small sample[J].

Knowledge-Based Systems, 2014(55): 15-28.

[88] ZHANG MINGJIN, ZHANG SHIZHI, IQBAL JIBRAN. Key wavelengths selection from near infrared spectra using Monte Carlo sampling-recursive partial least squares[J]. Chemometrics and Intelligent Laboratory Systems, 2013, 128: 17-24.

[89] YUE H, QIN S J, MARKLE R J, et al. Fault detection of plasma ethchers using optical emission spectra[J]. IEEE Transaction on Semiconductor Manufacturing, 2000, 11: 374-385.

[90] TANG J, ZHAO L J, LI Y M, et al. Feature selection of frequency spectrum for modeling difficulty to measure process parameters[J]. Lecture Notes in Computer Science, 2012, 7368: 82-91.

[91] 刘天羽. 基于特征选择技术的集成学习方法及其应用研究[D]. 上海: 上海大学, 2006.

[92] SOLLICH P, KROGH A. Learning with ensembles: how over-fitting call beuseful[J]. In Advances in Neural Information Processing Systems, 1996(9): 190-196.

[93] PERRONE M P, COOPER L N. When networks disagree: ensemble methods for hybrid neural networks[M]. Tech. Rep. A121062, Brown University, Institute for Brain and Neural Systems (Jan. 1993).

[94] KROGH A, VEDELSBY J. Neural network ensembles, cross validation, and active learning[J]. Advances in neural information processing systems, 1995, 7(10): 231-238.

[95] DIETTERIEG T. Machine-learning research：four current directions[J]. The AI Magazine, 1998(18): 97-136.

[96] GRANITTO P M, VERDES P F, CECCATTO H A. Neural networks ensembles: evaluation of aggregation algorithms [J]. Artificial Intelligence, 2005, 163(2): 139-162.

[97] WINDEATT T. Diversity measures for multiple classifier system analysis and design[J]. Information Fusion, 2005, 6(1), 21-36.

[98] KUNCHEVA L I. Combining pattern classifiers, methods and algorithms[M]. USA: Wiley, 2004.

[99] YAO X, LIU Y. Making use of population information in evolutionary artificial neural networks[J]. IEEE transactions on Systems, Man and Cybernetics-Part B: Cybernetics, 1998, 28(3): 417-425.

[100] HO T K. The random subspace method for constructing decision forest[J]. IEEE Transactions on Pattern Analysis and Machine Intelligence, 1998, 20(8): 832-844.

[101] RODRIGUEZ J J, KUNCHEVA L I, ALON, C J. Rotation fores: A new classifier ensemble method[J]. IEEE Transactions on Pattern Analysis and Machine Intelligence, 2006, 28(10): 1619-1630.

[102] YU E Z, CHO S Z. Ensemble based on GA wrapper feature selection[J]. Computers & Industrial Engineering, 2006, 51(1): 111-116.

[103] BREUER L, HUISMAN J A, WILLEMS, P. Assessing the impact of land use change on hydrology by ensemble modeling (LUCHEM). II: Ensemble combinations and predictions[J]. Advances in Water Resources, 2009, 32 (2): 147-158.

[104] SU Z Q, TONG W D, SHI L M, et al. A partial least squares-based consensus regression method for the analysis of near-infrared complex spectral data of plant samples[J]. Analytical Letters, 1532-236X, 2006, 39(9): 2073-2083.

[105] CHEN D, CAI, W S, SHAO X G. Removing uncertain variables based on ensemble partial least squares[J]. Analytical Chimica Acta, 2007, 598(1): 19-26.

[106] MOHAMED S. Estimating market shares in each market segment using the information entropy concept[J]. Applied Mathematics and Computation, 2007, 190(2): 1735-1739

[107] 王春生,吴敏, 曹卫华, 等. 铅锌烧结配料过程的智能集成建模与综合优化方法[J]. 自动化学报, 2009, 35(5): 605-612.

[108] XU L J, ZHANG J Q, YAN Y. A wavelet-based multisensor data fusion algorithm[J]. IEEE Tranctions on Instrumentation

and Measurement, 2004, 53(6): 1539-1544.

[109] TANG J, CHAI TY, ZHAO L J, et al. Soft sensor for parameters of mill load based on multi-spectral segments PLS models and on-line additive weighted fusion algorithm[J]. Neurocomputing, 2012, 78(1): 38-47.

[110] PERRONE M P, COOPLER L N. When networks disagree：ensemble method for hybrid neural networks[C]. Artificial Neural Networks for Speech and Vision, 1993: 126-142.

[111] OPITZ D, SHAVLIK J. Actively searching for an effective neural network ensemble[J]. Connection Science, 1996, 8(3-4): 337-353.

[112] CHANDRA A, CHEN H H, YAO X. Trade-off between diversity and accuracy in ensemble generation[J]. Studies in Computational Intelligence, 2006, 16: 429-464.

[113] LIU Y, YAO X. Ensemble learning via negative correlation[J]. Neural Networks, 1999, 12: 1399-1404.

[114] 张健沛，程丽丽，杨静，等. 基于人工鱼群优化算法的支持向量机集成模型[J]. 计算机研究与发展，2008，45(10s): 208-212.

[115] WANG D H, ALHAMDOOSH M. Evolutionary extreme learning machine ensembles with size control[J]. Neurocomputing, 2013, 102(FEB.15): 98-110.

[116] 张春霞，张讲社. 选择性集成学习综述[J]. 计算机学报, 2011, 34(8): 1399-1410.

[117] ZHU QUNXIONG, ZHAO NAIWEI, XU YUAN. A new selective neural network ensemble method based on error vectorization and its application in high-density polyethylene (HDPE) cascade reaction process[J]. Chinese Journal of Chemical Engineering, 2012, 20(6): 1142-1147.

[118] 桂卫华，阳春华，陈晓方，等. 有色冶金过程建模与优化的若干问题及挑战[J]. 自动化学报, 2013, 11(3): 197-206.

[119] SYMONE SOARES, CARLOS HENGGELER ANTUNES, RUI ARAÚJO. Comparison of a genetic algorithm and simulated annealing for automatic neural network ensemble development[J]. Neurocomputing 2013, 121: 498-511..

[120] BI Y, PENG S, TANG L, et al. Dual stacked partial least squares for analysis of near-infrared spectra[J]. Analytica Chimica Acta, 2013, 792: 19-27.

[121] 韩敏，吕飞. 基于互信息的选择性集成核极端学习机[J]. 控制与决策, 2015, 30(11): 2089-2092.

[122] TANG J, ZHANG J, WU Z W, et al. Modeling collinear data using double-layer GA-based selective ensemble kernel partial least squares algorithm[J]. Neurocomputing, 2017, 219(JAN.5): 248-262.

[123] CANUTO A, ABREU M, OLIVEIRA L, et al. Investigating the influence of the choice of the ensemble members in accuracy and diversity of selection-based and fusion-based methods for ensembles[J]. Pattern Recognition Letters, 2007, 28(4): 472-486.

[124] 黄德先，叶心宇，等. 化工过程先进控制[M]. 北京：化学工业出版社, 2006.

[125] DIMITRIS C PSICHOGIOS, LYLE H UNGAR. A hybrid neural network-first principles approach to process modeling[J]. AIChE Journal, 1992, 38(10): 1499-1511.

[126] 铁鸣，岳恒，柴天佑. 磨矿分级过程的混合智能建模与仿真[J]. 东北大学学报(自然科学版), 2007, 28(5): 609-612.

[127] THOMPSON M L, KRAMER M A . Modeling chemical processes using prior knowledge and neural networks[J]. AIChE Journal, 1994, 40(8): 1328-1340.

[128] 陈晓方，桂卫华，王雅琳，等. 基于智能集成策略的烧结块残硫软测量模型[J]. 控制理论与应用, 2004, 21(1): 75-80.

[129] 王春生，吴敏，佘锦华. 基于 PNN 和 IGS 的铅锌烧结块成分智能集成预测模型[J]. 控制理论与应用，2009，26(3): 316-320.

[130] NG C W, HUSSAIN M A. Hybrid neural network-prior knowledge model in temperature control of a semi-batch polymerization process[J]. Chemical Engineering and Processing, 2004, 43(4): 559-570.

[131] DING J L, CHAI T Y, WANG H. Offline modeling for product quality prediction of mineral processing using modeling error PDF shaping and entropy minimization[J]. IEEE Transactions on Neural Networks, 2011, 22(3): 408-419.

[132] WU F H, CHAI T Y, YU W. Soft sensing method for magnetic tube recovery ratio via fuzzy systems and neural networks[J]. Neurocomputing, 2010, 73 (13-15) , 2489-2497.

[132] QI H Y, ZHOU X G, et al. A hybrid neural network-first principles model for fixed-bed reactor[J]. Chemical Engineering Science, 1999, 54(13-14): 2521-2526.

[134] KRAMER M A, THOMPSON M L, BHAGAT P M. Embedding theorical model in neural networks[C]. American Control Conference, 1992: 475-479.

[135] 王魏，邓长辉，赵立杰. 椭球定界算法在混合建模中的应用研究[J]. 自动化学报, 2014, 40(9): 1875-1881.

[136] YU W, RUBIO J. Recurrent neural networks training with stable bounding ellipsoid algorithm[J]. IEEE Transactions on Neural Networks, 2009, 20(6): 983-991.

[137] YU WEN, LI XIAOOU. On-line fuzzy modeling via clustering and support vector machines[J]. Information Sciences, 2008, 178(22): 4264-4279.

[138] MA G, WU L, WANG Y. A general subspace ensemble learning framework via totally-corrective boosting and tensor-based and local patch-based extensions for gait recognition[J]. Pattern Recognition, 2017, 66: 280-294.

[139] YU Z, WANG D, YOU J, et al. Progressive subspace ensemble learning[J]. Pattern Recognition, 2016, 60: 692-705.

[140] BAI Y, CHEN Z, XIE J, et al. Daily reservoir inflow forecasting using multiscale deep feature learning with hybrid models[J]. Journal of Hydrology, 2016, 532: 193-206.

[141] 汤健，柴天佑，丛秋梅，等. 选择性融合多尺度筒体振动频谱的磨机负荷参数建模[J]. 控制理论与应用，2015, 32(12): 1582-1591.

[142] KADLEC P, GRBIC R, GABRYS B. Review of adaptation mechanisms for data-driven soft sensors[J]. Computers & Chemical Engineering, 2011, 35(1): 1-24.

[143] GOLUB G, LOAN C V. Matrix computations[M]. London: Johns Hopkins Press, 1996.

[144] CHAMPAGNE B. Adaptive eigendecomposition of data covariance matrices based on first-order perturbations[J]. IEEE Transaction on Signal Process, 1994, 42(10): 2758-2770.

[145] WILLINK T. Efficient adaptive SVD algorithm for MIMO applications[J]. IEEE Transantion on Signal Process. 2008, 56(2): 615-622.

[146] DOUKOPOULOS X G, MOUSTAKIDES G V. Fast and stable subspace tracking[J]. IEEE Transantion on Signal Process, 2008, 56: 1452-1465.

[147] CAUWENBERGHS G, POGGIO T. Incremental and decremental support vector machine learning[J]. Advances in neural information processing systems, 2001, 13(5): 409-412.

[148] LASKOV P, GEHL C, KRUGER S, et al. Incremental support vector learning: Analysis, implementation and applications[J]. J. Mach.Learning Res., 2006, 7: 1909-1936.

[149] KARASUYAMA M, TAKEUCHI I. Multiple incremental decremental learning of support vector machines[J]. IEEE Transations on Neural Networks, 2010, 21(7): 1048-1059.

[150] YU W. Nonlinear system identification using discrete-time recurrent neural networks with stable learning algorithms[J].

Information Sciences, 2004, 158(1): 131-147.

[151] LIU J L. On-line soft sensor for polyethylene process with multiple production grades[J]. Control Engineering Practic, 2007, 15(7): 769-778.

[152] YUE H, QIN S J. Reconstruction based fault detection using a combined index[J]. Ind. Eng. Chem. Res., 2001, 40(20): 4403-4414.

[153] ENGEL Y, MANNOR S, MEI R. The kernel recursive least-squares algorithm[J]. IEEE Transactions on Signal Processing, 2004, 52(8): 2275-2285.

[154] YU W. Fuzzy modelling via on-line support vector machines[J]. International Journal of Systems Science, 2010, 41(11): 1325-1335.

[155] FRANCESCO O, CLAUDIO C, BARBARA C, et al. On-line independent support vector machines[J]. Pattern Recognition, 2010, 43(4): 1402-1412.

[156] LI L J, SU H Y, CHU J. Modeling of isomerization of C8 aromatics by online least squares support vector machine[J]. Chinese Journal of Chemical Engineering, 2009, 17(3): 437-444.

[157] TANG J, YU W, ZHAO L J, et al. Modeling of operating parameters for wet ball mill by modified GA-KPLS[C]. The Third International Workshop on Advanced Computational Intelligence, 2010: 107-111.

[158] QIN Z M, LIU J Z, ZHANG L Y, et al. Online learning algorithm for sparse kernel partial least squares[C]. The 5th IEEE Conference on Industrial Electronics and Applications (ICIEA), 2010: 1790-1794.

[159] TANG J, WEN Y, CHAI T Y, et al. On-line principle component analysis with application to process modeling[J]. Neurocomputing, 2012, 82(1): 167-168.

[160] TANG J, ZHAO L J, YU W, et al. Modied recursive partial least squares algorithm with application to modeling parameters of ball mill load[C]. Proceedings of the 30th Chinese Control Conference. Yantai, China: IEEE, 2011: 5277-5282.

[161] 汤健, 柴天佑, 余文, 等. 在线 KPLS 建模方法及在磨机负荷参数集成建模中的应用[J]. 自动化学报, 2013, 6(7): 122-111.

[162] TANG K, LIN M LG, MINKU F L, et al. Selective negative correlation learning approach to incremental learning [J]. Neurocomputing, 2009, 72(13-15): 2796–2805.

[163] HEESWIJK M, MICHEY, LINDH-KNUUTILA T, et al. Adaptive ensemble models of extreme learning machines for time series prediction[C]. Proceedings of the 19th International Conference on Artificial Neural Networks, Springer-Verlag, 2009: 305-314.

[164] TIAN H X, MAO Z Z. An ensemble ELM based on modified Adaboost. RT algorithm for predicting the temperature of molten steel in ladle furnace[J]. IEEE Trans. Autom. Sci. Eng. 2010, 7(1): 73-80.

[165] 郝红卫, 王志彬, 殷绪成, 等. 分类器的动态选择与循环集成方法[J]. 自动化学报，2011, 37(11): 1290-1295.

[166] DAI Q. A competitive ensemble pruning approach based on cross-validation technique[J]. Knowledge-Based Systems, 2013, 37: 394-414.

[167] KESHAV P, HAAS B D, CLERMONT B, et al. Optimisation of the secondary ball mill using an on-line ball and pulp load sensor-The Sensomag[J]. Minerals Engineering, 2011, 24(3-4): 325-334.

[168] 曹静, 唐贵基. 钢球磨煤机负荷测量的研究[J]. 矿山机械, 2007(10): 29-32.

[169] 章臣樾. 锅炉动态特性及其数学模型[M]. 北京: 中国水利电力出版社, 1986.

[170] 沈光明. 压差技术在 HP 中速磨及 BBD 双进双出钢球磨上的应用[J]. 电站辅机, 2001(4): 39-41.

[171] 陈刚. 压差及电耳在钢球磨中的应用[J]. 电站辅机, 2006(1): 46-48.

[172] 曾凤茹, 张玉萍. 双进双出钢球磨煤机的煤位控制策略[J]. 河北电力技术, 1995(3): 58-61.

[173] BHAUMIK A, SIL J, BANERJEE S. Designing of intelligent expert control system using petri net for grinding mill operation[J]. WSEAS Transactions On Applications, 2005, 4(2): 360-365.

[174] 孙丽华, 曲莹军, 张彦斌, 等. 钢球磨煤机负荷检测方法的研究及实现[J]. 热力发电, 2004, 33(11): 25-28.

[175] 曾旖, 张彦斌, 刘卫峰, 等. 基于 DSP 的磨机负荷检测仪的研制[J].仪表技术与传感器, 2005(7): 14-16.

[176] 李刚, 王建民. 磨机负荷的磨音多频带检测研究与开发[J]. 仪器仪表用户, 2008, 15(5): 22-23.

[177] BEHERA B, MISHRA B K, MURTY C V R. Experimental analysis of charge dynamics in tumbling mills by vibration signature technique[J]. Minerals Engineering, 2007, 20(1): 84-91.

[178] 马里诺夫 D, 彭索夫 T, 科斯托夫 S. 用于球磨机控制的新型传感系统[J]. 国外金属矿山, 1992, 7: 74-76. (译自英国《Mining Magazine》, September 1991, 156-158.)

[179] GUGEL K, PALACIOS G. Improving ball mill control with modern tools based on digital signal processing (DSP) technology[C]. Cement Industry Technical Conference, IEEE-IAS/PCA, 2003: 311-318.

[180] GUGEL K, RODNEY M. Automated mill control using vibration signal processing[J]. Cement Industry Technical Conference Record, IEEE, 2007: 17 - 25.

[181] 张小明, 唐贵基, 尹增谦. 钢球磨煤机轴振能量的测量及应用[J]. 测控技术, 2002, 21(4): 58-59.

[182] 李晓枫, 吴惠雁, 李勇. 球磨机料位检测仪的开发及其在优化运行控制上的应用[J]. 仪表技术与传感器, 2002(11): 20-21.

[183] 王颖洁, 吕震中. 轴承振动信号在球磨机负荷控制系统中的应用研究[J]. 电力设备, 2004, 5(9): 41-43.

[184] 刘蓉, 吕震中. 基于内模-PID 控制的球磨机负荷控制系统的设计[J]. 电力设备, 2005, 6(1): 30-33.

[185] SPENCER S J, CAMPBELL J J, WELLER K R, et al. Acoustic emissions monitoring of SAG mill performance[C]. Intelligent Processing and Manufacturing of Materials, IPMM '99. Proceedings of the Second International Conference on, 1999: 936-946.

[186] 冯天晶, 王焕钢, 徐文立, 等. 基于筒壁振动信号的磨机工况监测系统[J]. 矿冶, 2010, 19(2): 66-69.

[187] 王焕钢, 徐文立, 冯天晶, 等. 一种湿法球磨机的磨矿浓度监测方法[P]. 中国专利: 201010147566.9.

[188] 杨佳伟, 陆博, 周俊武. 基于振动信号分析的球磨机工况检测技术的研究与应用[J]. 矿冶, 2013, 22(3): 99-104.

[189] HECHT H M, DERICK G R. A low cost automatic ML level control strategy[C]. CA: Cement Industry Technical Conference, ⅩⅩⅩⅧ Conference Record, IEEE/PCA.14-18, 1996, 341-349.

[190] 唐耀庚. 模糊逻辑控制在磨机负荷控制中的应用[J]. 电气传动, 2002, 7(5): 31-33.

[191] 李法众. 噪声功率联合控制系统在 RKD 420/650 磨煤机料位控制中的应用[J]. 热力发电, 2006, 35(5): 25-27.

[192] 周平, 柴天佑. 磨矿过程磨机负荷的智能监测与控制[J]. 控制理论与应用, 2008, 25(6): 1095-1099.

[193] 黄成祥, 陈敏, 王庸贵. 球磨机负荷智能监控系统的研究[J]. 机械, 1999, 26(6): 8-11.

[194] 王庸贵, 任德钧, 陈超, 等. 磨音料位检测仪[J]. 四川联合大学学报(工程科学版), 1999, 3(4): 135-138.

[195] 禤莉明. 球磨机料位超声测量与制粉系统运行遗传优化方法研究[D]. 重庆: 重庆大学, 2006.

[196] 周风, 冯晓露. 基于超声料位测量的钢球磨煤机料位模糊-PID 控制[J]. 机电工程, 2008, 25(7): 95-98.

[197] 司刚全, 曹晖, 张彦斌, 等. 基于多传感器融合的筒式钢球磨机负荷检测方法及装置[D]. 西安：西安交通大学, 2007.

[198] 周克良, 戴建国. 基于多传感器信息融合的球磨机负荷检测系统[J]. 矿石机械, 2006, 34(10): 39-41.

[199] 孙景敏,李世厚.基于信息融合技术的球磨机三因素负荷检测研究[J]. 云南冶金, 2008, 37(1): 16-19.

[200] 李遵基. 一种智能型球磨机载煤量测试系统的研究[J]. 中国电力, 2001, 34(3): 45-47.

[201] LAN TIAK B. 球磨机负荷的测定方法[J]. 国外金属矿选矿, 1975(5-6): 64-68.

[202] 曲守平, 赵登峰, 宋协春. 双进双出钢球磨煤机的煤位监测技术[J]. 矿山机械, 2000(10): 6-9.

[203] SU Z G, WANG P H, LV Z Z. Experimental investigation of vibration signal of an industrial tubular ball mill: monitoring and diagnosing[J]. Minerals Engineering, 2008, 21(10): 699-710.

[204] SU Z G, WANG P H, YU X J. Immune genetic algorithm-based adaptive evidential model for estimating unmeasured parameter: estimating levels of coal powder filling in ball mill[J]. Expert Systems with Applications, 2010, 37(7): 5246-5258.

[205] KALKERT D P, CLEMENS D W. 球磨机和振动磨机内填充水平和温度的高精度测量[C], 2010 国内外水泥粉磨新技术主流大会暨展览会论文集, 2010: 221-226.

[206] HUANG P, JIA M P, ZHONG B L. Investigation on measuring the fill level of an industrial ball mill based on the vibration characteristics of the mill shell[J]. Minerals Engineering, 2009, 22(14): 1200-1208.

[207] 陈蔚, 贾民平, 王恒. 基于信息融合的球磨机料位分级与检测研究[J].振动与冲击, 2010.

[208] TANG J, ZHAO L J, ZHOU J W, et al. Experimental analysis of wet mill load based on vibration signals of laboratory-scale ball mill shell[J]. Minerals Engineering, 2010,23 (9): 720-730.

[209] DAS S P, DAS D P, BEHERA S K, et al. Interpretation of mill vibration signal via wireless sensing[J]. Minerals Engineering, 2011, 24(3-4): 245-251.

[210] HUANG N E. The empirical mode decomposition and the Hilbert spectrum for nonlinear and non-stationary time series analysis[J]. Proceedings of the Royal Society of London A Mathematical Physical & Engineering Sciences, 1998, 454(1971): 903-995.

[211] TANG J, ZHAO L J, YUE H, et al. Vibration analysis based on empirical mode decomposition and partial least squares[J]. Procedia Engineering, 2011, 16: 646-652.

[212] WU Z H, HUANG N E. Ensemble empirical mode decomposition for high frequency ECG noise reduction[J]. Advances in Adaptive Data Analysis, 2009, 55(4): 193-201.

[213] ZHANG Y, ZUO H, BAI F. Classification of fault location and performance degradation of a roller bearing[J]. Measurement, 2013, 46(3): 1178-1189.

[214] SHEN Z Y, FENG N Z, SHEN Y, et al. A ridge ensemble empirical mode decomposition approach to clutter rejection for ultrasound color flow imaging[J]. IEEE Trans Bio-Med. Eng., 2013, 60(6): 1477-1488.

[215] TANG J, LIU Z, WU Y J, et al. Modeling difficult-to-measure process parameters based on intrinsic mode functions frequency spectral features of mechanical vibration and acoustical signals[J]. Advanced Materials Research, 2014 , 989-994: 3671-3674.

[216] FELDMAN M. Time-varying vibration decomposition and analysis based on Hilbert transform[J]. Journal of Sound and Vibration, 2006, 295(3-5): 518-530.

[217] SMITH J S. The local mean decomposition and its application to EEG perception data[J]. Journal of the Royal Society Interface, 2006, 2(5): 443-54.

[218] YANG Y, CHENG J, ZHANG K. An ensemble local means decomposition method and its application to local rub-impact fault diagnosis of the rotor systems[J]. Measurement, 2012, 45(3): 561-570.

[219] XUE X, ZHOU J, XU Y, et al. An adaptively fast ensemble empirical mode decomposition method and its applications to

rolling element bearing fault diagnosis[J]. Mechanical Systems & Signal Processing, 2015, 62-63: 444-459.

[220] SHUKLA S, MISHRA S, SINGH B. Power quality event classification under noisy conditions using EMD-based de-noising techniques[J]. IEEE Transaction on Industrial Informatics, 2014, 10(2): 1044-1054.

[221] LEE M H, SHYU K K, LEE P L, et al. Hardware implementation of EMD using DSP and FPGA for online signal processing[J]. IEEE Transactions on Industrial Electronics, 2011, 58(6): 2473-2481.

[222] HAWKINS D M. The problem of overfitting[J]. J. Chem. Inf. Comput. Sci., 2004, 44(1): 1-12.

[223] JALALI-HERAVI M, KYANI A. Application of genetic algorithm-kernel partial least square as a novel nonlinear feature selection method: Activity of carbonic anhydrase II inhibitors[J]. European Journal of Medicinal Chemistry, 2007, 42(5): 649-659.

[224] BENOUDJIT N, FRANCOIS D, MEURENS M, et al. Spectrophotometric variable selection by mutual information[J]. Chemometrics and Intelligent Laboratory Systems, 2004, 74(2): 243-251.

[225] CAI R C, HAO Z F, YANG X W, et al. An efficient gene selection algorithm based on mutual information[J]. Neurocomputing, 2004, 72(4-6): 991-999.

[226] TANG J, CHAI T Y, YU W, et al. Feature extraction and selection based on vibration spectrum with application to estimate the load parameters of ball mill in grinding process[J]. Control Engineering Practice, 2012, 20(10): 991-1004.

[227] TANG J, CHAI T Y, LIU Z, et al. Selective ensemble modeling based on nonlinear frequency spectral feature extraction for predicting load parameter in ball mills[J]. Chinese Journal of Chemical Engineering, 2015, 23(12): 2020-2028.

[228] ZENG Y, FORSSBERG E. Monitoring grinding parameters by signal measurements for an industrial ball mill[J]. International Journal of Mineral Processing, 1993, 40(1): 1-16.

[229] 王泽红, 陈炳辰. 球磨机内部参数的三因素检测[J]. 金属矿山, 2002, 307(1): 32-35.

[230] 李勇, 邵诚. 一种新的灰关联分析算法在软测量中的应用[J]. 自动化学报, 2006, 32(2): 311-317.

[231] 汤健, 柴天佑, 赵立杰, 等. 基于振动频谱的磨矿过程球磨机负荷参数集成建模方法[J]. 控制理论与应用, 2012, 29(2): 183-191.

[232] 赵立杰, 汤健, 柴天佑. 基于选择性极限学习机集成的磨机负荷软测量[J]. 浙江大学学报(工学版), 2011 ,45(12): 2088-2092.

[233] TANG J, CHAI T Y, YU W, et al. Modeling load parameters of ball mill in grinding process based on selective ensemble multisensor information[J]. IEEE Transaction on Automation Science and Engineering, 2013, 10(3): 726-740.

[234] 王丹, 郭磊, 阎高伟. 二型 T-S 模糊系统在球磨机料位预测中的应用[J]. 仪表技术与传感器, 2015(12): 103-106.

[235] YAN R Q, GAO R X. Rotary machine health diagnosis based on empirical mode decomposition[J]. Journal of Vibration an Acoustics, 2008, 130(2): 1-12.

[236] RAI V K, MOHANTY A R. Bearing fault diagnosis using FFT of intrinsic mode functions in Hilbert–Huang transform[J]. Mechanical Systems & Signal Processing, 2007, 21(6): 2607-2615.

[237] TANG J, ZHAO L J, JIA J, et al. Selective ensemble modeling parameters of mill load based on shell vibration signal[J]. Lecture Notes in Computer Science, 7367, (2012): 489-497.

[238] Zhao L J, Tang J, Zheng W R. Ensemble modeling of mill load based on empirical mode decomposition and partial least squares[J]. Journal of Theoretical and Applied Information Technology, 2012, 45: 179-191.

[239] TANG J, CHAI T Y, CONG Q M, et al. Soft sensor approach for modeling mill load parameters based on EMD and selective ensemble learning algorithm[J]. Acta Automatica Sinica, 2014, 40(9): 1853-1866.

[240] TANG J, KAN Y, LIU Z, et al. Modeling load parameters of ball mill using frequency spectral features based on Hilbert vibration decomposition[C]. IEEE International Conference on Information and Automation (ICIA), Hailar, 28-30 July 2014: 1055 -1060.

[241] 王耀南，李树涛. 多传感器信息融合及其应用综述[J]. 控制与决策, 2001, 16(5): 518-523.

[242] 李沛然，申涛，王孝红. 粉磨过程负荷优化控制系统[J]. 济南大学学报(自然科学版), 2008, 22(2): 116-123.

[243] 李占贤，黄金凤. 利用多元回归分析方法控制球磨机负荷稳定性[J]. 矿山机械, 2002(7): 37-38.

[244] 王东风，宋之平. 基于神经元网络的制粉系统球磨机负荷软测量[J]. 中国电机工程学报, 2001, 21(12): 97-100.

[245] 王东风，韩璞. 基于 RBF 神经网络的球磨机负荷软测量[J]. 仪器仪表学报, 2002, 23(3): 311-313.

[246] 张自成，费敏锐. 基于人工神经网络的中速磨存煤量软测量方法[J]. 自动化仪表, 2006, 5: 59-62.

[247] 司刚全，曹晖，王靖程. 基于复合式神经网络的火电厂筒式钢球磨煤机负荷软测量[J]. 热力发电, 2007(5): 64-67.

[248] 王雷，于向军，吕震中. 球磨机料位软测量及其低能耗高效运行研究[J]. 能源研究与利用, 2007(5): 16-19.

[249] CUI B X, LI R, DUAN Y, et al. Study of BBD ball mill load measure method based on rough set and NN information fusion[C]. IEEE Pacific-Asia Workshop on Computational Intelligence and Industrial Application, 2008: 585-587.

[250] 李勇，邵诚. 灰色软测量在介质填充率检测中的应用研究[J]. 中国矿业大学学报, 2006, 35(4): 549-555.

[251] WANG D F, HUA P, PENG D G. Optimal for ball mill pulverizing system and its applications[C]. Proceedings of the First International Conference on Machine Learning and Cybernetics, 2002: 2131-2136.

[252] 吕立华. 复杂工业系统基于小波网络与鲁棒估计建模方法研究[D]. 杭州: 浙江大学 2001.

[253] 徐从富，耿卫东，潘云鹤. 面向数据融合的 DS 方法综述[J]. 电子学报, 2001, 29(3): 393-396.

[254] 田亮，曾德良，刘鑫屏，等. 基于数据融合的球磨机最佳负荷工作点判断[J]. 热能动力工程, 2004, 19(3): 198-203.

[255] MA P, DU H L, LV F. Coal mass estimation of the coal mill based on two-step multi-sensor fusion[C]. Proceedings of the Fourth International Conference on Machine Learning and Cybernetics, 2005: 1307-1311.

[256] YAN G, JI S, XIE G. Soft sensor for ball mill fill level based on uncertainty reasoning of cloud model[J]. Journal of Intelligent & Fuzzy Systems, 2016, 30(3): 1675-1689.

[257] 刘卓，汤健，柴天佑，等. 一种基于模糊推理的磨机负荷参数软测量方法[P]. 中国专利: 201510886085.2. 2015.

[258] 汤健，柴天佑，刘卓，等. 基于更新样本智能识别算法的自适应集成建模[J]. 自动化学报, 2016, 42(7): 1040-1052.

[259] 白锐，柴天佑. 基于数据融合与案例推理的球磨机负荷优化控制[J]. 化工学报,2009, 60(7): 1746-1751.

[260] 周平. 磨矿过程运行反馈控制[M]. 北京：科学出版社, 2015.

[261] 段希祥. 碎矿与磨矿[M]. 北京：冶金出版社, 2013.

[262] 汤健. 磨矿过程磨机负荷软测量方法的研究[D]. 沈阳：东北大学，2012.

[263] 王泽红，陈炳辰. 球磨机负荷检测的现状与发展趋势[J]. 中国粉体技术, 2001, 1(1): 19-23.

[264] 陈炳辰. 磨矿原理[M]. 北京：冶金出版社, 1980.

[265] 铁鸣. 若干具有综合复杂特性的冶金工业过程混合智能建模及应用研究[D]. 沈阳：东北大学, 2006.

[266] 张立岩. 氧化铝回转窑制粉过程智能控制系统的研究[D]. 沈阳：东北大学, 2010.

[267] 汤健，赵立杰，岳恒，等. 基于多源数据特征融合的球磨机负荷软测量[J]. 浙江大学学报(工学版), 2010, 44(7): 1406-1413.

[268] 谢恒星，张一清，李松仁，等. 矿浆流变特性对钢球磨损规律的影响[J]. 武汉化工学院学报, 2001, 23(1): 34-36.

[269] 李松仁，谢恒星. 钢球表面罩盖层厚度的影响因素研究[J]. 矿物工程，2000, 9(6): 47-49.

[270] IWASAKI I, POZZO R L, NATARAJAN K A, et al. Nature of corrosive and abrasive wear in ball mill grinding[J].

International Journal of Mineral Processing, 1988, 22(1-4):345-360.

[271] 谢恒星, 王玉林, 曾毅, 等. 钢球磨损动力学模型的建立[J]. 武汉化工学院学报, 1993, 15(1): 1-7.

[272] 刘树英, 韩清凯, 闻邦椿. 具有筒型结构的回转机械的应力特性分析[J]. 东北大学学报(自然科学版), 2001, 22(2): 207-210.

[273] DONG H, MOYS M H. Assessment of discrete element method for one ball bouncing in a grinding mill[J]. International Journal of Mineral Processing, 2002, 65(3-4): 213-226.

[274] RICHARDSON M H, FORMENTI D L. Global curve fitting of frequency response Measurements using the rational fraction polynomial method[C]. Proceedings of the 3st International Modal Analysis Conference, 1985: 390-397.

[275] 叶庆卫, 汪同庆. 基于幅谱分割的粒子群最优模态分解研究与应用[J]. 仪器仪表学报, 2009, 30(8): 547-588.

[276] 赵玫, 周海亭, 陈光冶. 机械振动与噪声学[M]. 北京: 科学出版社, 2004.

[277] 陈荐. 钢球磨煤机噪声控制技术[M]. 北京: 中国电力出版社, 2002.

[278] 沙毅, 曹英禹, 郭玉刚. 磨煤机振声信号分析及基于 BP 网的料位识别[J]. 东北大学学报(自然科学版), 2006, 27(12): 1319-1323.

[279] CUSCHIERI J M, RICHARDS E J. On thc prediction of impact noise, IV: estimation of noise energy radiated by impact excitation of a structure[J]. Journal of Sound and Vibration, 1983, 86(3): 319-342.

[280] 毛益平. 磨矿过程智能控制策略的研究[D]. 沈阳: 东北大学, 2001.

[281] 下乡太郎. 随机振动最优控制理论与应用[M]. 沈泰昌, 等译. 北京: 宇航出版社, 1984.

[282] YANG J Y, ZHANG Y Y, ZHU Y S. Intelligent fault diagnosis of rolling element bearing based on SVMs and fractal Dimension[J]. Mechanical Systems and Signal Processing, 2007, (21): 2012-2024.

[283] SAMANTA B, ALBALUSHI K R. Artificial neural network based fault diagnostics of rolling element bearings using time-domain features[J]. Mechanical Systems and Signal Processing, 2003, 17(2): 317-328

[284] MOHSEN A A K, YAZEED F A E. Selection of input stimulus for fault diagnosis of analog circuits using ARMA Model[J]. International Journal of Electronics and Communications, 2004, 58(3): 212-217.

[285] MARSEGUERRA M, MINOGGIO S, ROSSI A. Neural networks prediction and fault diagnosis applied to stationary and non-stationary ARMA Modeled Time Series[J]. Progress in Nuclear Energy, 1992,27(1): 25-36.

[286] GELMAN L, GOULD J D. Time-frequency chirp-wigner transform for signals with any nonlinear polynomial time varying instantaneous frequency[J]. Mechanical Systems and Signal Processing, 2007, 21(8): 2980-3002.

[287] WANG C D, ZHANG Y Y, ZHONG Z Y. Fault diagnosis for diesel valve trains based on time-frequency images[J]. Mechanical Systems and Signal Processing, 2008, 22(8): 1981-1993.

[288] SANZ J, PERERA R, HUERTA C. Fault diagnosis of rotating machinery based on auto-associative neural networks and wavelet transforms[J]. Journal of Sound and Vibration, 2007, 302(4-5): 981-999.

[289] WU J D, LIU C H. Investigation of engine fault diagnosis using discrete wavelet transform and neural network[J]. Expert Systems with Applications, 2008, 35(3): 1200-1213.

[290] GONZÁLEZ de la ROSA J J, PIOTRKOWSKI R, RUZZANTE J. Third-order spectral characterization of acoustic emission signals in ring-type samples from steel pipes for the oil industry[J]. Mechanical Systems and Signal Processing, 2007, 21(4): 1917-1926.

[291] FCAKRELL J W A, WHITE P R, HAMMOND J K. The interpretation of the bispectra of vibration signal theory[J]. Mechanical System and Signal Processing, 1995, 9(3): 257-266.

[292] 黄文虎，夏松波，刘瑞岩. 设备故障诊断原理、技术及应用[M]. 北京: 科学出版社, 1996.

[293] JOHN G. PROAKIS. 数字信号处理[M]. 方艳梅，刘永清，等译. 北京: 电子工业出版社，1999.

[294] 杨绿溪. 现代数字信号处理[M]. 北京: 科学出版社，2007.

[295] 王凤纹，舒冬梅. 数字信号处理[M]. 北京：北京邮电大学出版社，2006.

[296] 王济，胡晓. MATLAB 在振动信号处理中的应用[M]. 北京：中国水利水电出版社，2005.

[297] 汪剑鲲. 日内股市数据的小波分形特征研究[D]. 北京：首都经济贸易大学，2012.

[298] HUANG N E, SHEN Z, LONG S R. A new view of nonlinear water waves: the Hilbert spectrum[J]. Annual Review of Fluid Mechanics, 2003, 31(1): 417-457.

[299] HUANG N E. New method for nonlinear and nonstationary time series analysis: empirical mode decomposition and Hilbert spectral analysis[J]. Proceedings of SPIE - The International Society for Optical Engineering, 2000, 4056: 197-209.

[300] HUANG N E, SHIH H H, SHEN Z, et al. The ages of large amplitude coastal seiches on the caribbean coast of puerto rico[J]. Journal of Physical Oceanography, 2000, 30(8): 2001-2012.

[301] HUANG N E, CHERN C C, HUANG K, et a1. A new spectral representation of earthquake data: Hilbert spectral analysis of station TCUl29[J]. Bulletin of the seismological society of america, 2001,91(5): 1310-1338.

[302] AICHA BOUZID,NOUREDDINE ELLOUZE. Empircal mode decomosition of voiced speech signal[C]. First International Symposium on Control,Communications and Signal Processing ,2004: 603-606.

[303] 程军，圣于德介，杨宇．EMD 方法在转子局部碰摩故障诊断中的应用[J]．振动、测试与诊断，2006, 26(1): 24-27.

[304] ECHEVERRÍA J C, CROWE J A, WOOLFSON M S, et al. Application of empirical mode decomposition to heat rate variability analysis[J]. Medical & Biological Engineering & Computing, 2001, 39(4): 471-479.

[305] GAI GUANGHONG. The processing of rotor startup signals based on empirical mode decompositon[J]. Mechanical systems and signal processing, 2006, 20(1): 222-235.

[306] BASSIUNY A M, LI X. Flute breakage detection during end milling using Hilbert–Huang transform and smoothed nonlinear energy operator[J]. International Journal of Machine Tools & Manufacture, 2007, 47(6): 1011-1020.

[307] COVER T M, THOMAS J A. Elements of information theory[M]. Wiley, 2003.

[308] MITCHELL. Machine Learning[M]. China Machine Press ;McGraw-Hill Education (Asia), 2003.

[309] MACKAY, DAVIDJ. C. Information theory, inference, and learning algorithms[M]. Cambridge University Press, 2003.

[310] HAYKIN S. Neural networks: a comprehensive foundation[J]. Neural Networks A Comprehensive Foundation, 1994:71-80.

[311] BATTITI R. Using mutual information for selecting features in supervised neural net learning[J]. Neural Networks IEEE Transactions on, 1994, 5(4): 537-550.

[312] 丁晓青, 吴佑寿. 模式识别统一熵理论[J]. 电子学报, 1993(8): 1-8.

[313] PENG H, LONG F, DING C. Feature selection based on mutual information: criteria of max-dependency, max-relevance, and min-redundancy[J]. IEEE Trans Pattern Anal Mach Intell, 2005, 27(8): 1226-1238.

[314] SUN ZHANQUAN, XI GUANGCHENG, YI JIANQIANG, et al. Select informative symptoms combination for diagnosing syndrome[J]. Journal of Biological Systems, 2007, 15(1): 27-37.

[315] LI W T. Mutual information functions versus correlation functions[J]. Stat. Phys., 1990, 60(5/6): 823-837.

[316] CHOW T W S, HUANG D. Estimating optimal feature subsets using efficient estimation of high-dimensional mutual information[J]. IEEE Trans. Neural Networks, 2005, 16(1): 213-224.

[317] KWAK N, CHOI C H. Input feature selection for classification problems[J]. IEEE Transactions on Neural Networks. 2002,

3(1): 143-159.

[318] PABLO A, TESMER M, PEREZ C A, et al. Normalized mutual information feature selection[J]. IEEE Transactions on Neural Networks, 2009, 20(2): 189-202.

[319] LIU H W, SUN J G, LIU L, et al. Feature selection with dynamic mutual information[J]. Pattern Recognition, 2009, 42(7): 1330-1339.

[320] TAN C, LI M L. Mutual information-induced interval selection combined with kernel partial least squares for near-infrared spectral calibration[J]. Spectrochimica Acta Part A: Molecular & Biomolecular Spectroscopy, 2008, 71(4): 1266-1273.

[321] 千惠文．偏最小二乘回归方法及其应用[M]．北京：国防工业出版社，1999.

[322] WOLD S, RUHE A, WOLD H, et al. The eollinearity problem in linear regression. The partial least squares approach to generalized inverses[J]. Journal of Statistical Computing, 1984,5(3): 735-743.

[323] 董春，吴喜之，程博. 偏最小二乘回归方法在地理与经济的相关性分析中的应用研究[J]. 测绘科学，2000, 25(4): 48-51.

[324] 张学工. 关于统计学习理论与支持向量机[J]. 自动化学报, 2000, 26(1): 32-42.

[325] YU W, LI X O. Online fuzzy modeling with structure and parameter learning[J]. Expert Systems with Applications, 2009, 36(4): 7484-7492.

[326] FUKUNAGA K. Effects of sample size in classifier design[J]. IEEE Transactions on Pattern Analysis & Machine Intelligence, 1989, 11(8): 873-885.

[327] LEARDI R, SEASHOLTZ M B, PELL R J. Variable selection for multivariate calibration using a genetic algorithm: prediction of additive concentrations in polymer films from Fourier transform-infrared spectral data [J]. Analytica Chimica Acta, 2002, 461(2): 189-200.

[328] TANG J, ZHAO L J, YU W, et al. Soft sensor modeling of ball bill load via principal component analysis and support vector machines [J]. Lecture Notes in Electrical Engineering, 2010, 67: 803-810.

[329] YAO H B, TIAN L. A genetic-algorithm-based selective principal component analysis (GA-SPCA) method for high-dimensional data feature extraction[J]. IEEE Transactions on Geoscience and Remote Sensing, 2003, 41(6): 1469-1478.

[330] NGUYEN M H, TORRE F D L. Optimal feature selection for support vector machines[J]. Pattern Recognition, 2010, 43(3): 584-591.

[331] HUANG C L, WANG C J. AGA-based feature selection and parameters optimization for support vector machines[J]. Expert Systems with Applications, 2006, 31(2): 231–240.

[332] SRINIVAS M, PATNAIK L M. Adaptive probabilities of crossover and mutation in genetic algorithm[J]. IEEE Transactions on SMC, 1994, 24(4): 656-667.

[333] 刘国海，周大为，徐海霞，等. 基于 SVM 的微生物发酵过程软测量建模研究[J]. 仪器仪表学报，2009, 30(6): 1228-1232.

[334] FU H X, LIU S, SUN F. Stereo vision camera calibration based on AGA-LS-SVM algorithm [C]. Proceedings of the 8th World Congress on Intelligent Control and Automation, 2010, 714-719.

[335] LEI Y, HE Z, ZI Y. Application of the EEMD method to rotor fault diagnosis of rotating machinery[J]. Mechanical Systems & Signal Processing, 2009, 23(4): 1327-1338.

[336] SINGH G K, KAZZAZ S A S A. Isolation and identification of dry bearing faults in transform[J]. Tribology International, 2009, 42(6): 849-861.

[337] CUSIDO J, ROMERAL L, ORTEGA J A, et al. Fault detection in induction machines using power spectral density in

wavelet decomposition[J]. IEEE Transactions on Industrial Electronics, 2008, 55(2): 633-643.

[338] RIERA-GUASP M, ANTONINO-DAVIU J A, PINEDA-SANCHEZ M, et al. A general approach for the transient detection of slip-dependent fault components based on the discrete wavelet transform[J]. IEEE Transactions on Industrial Electronics, 2008, 55(12): 4167-4180.

[339] KANKAR P K, SHARMA S C, HARSHA S P. Rolling element bearing fault diagnosis using autocorrelation and continuous wavelet transform[J]. Journal of Vibration & Control, 2011, 17(14): 2081-2094.

[340] HUANG N E, LONG S R, SHEN Z. The mechanism for frequency downshift in nonlinear wave evolution[J]. Advances in Applied Mechanics, 1996, 32(08): 59-117.

[341] YANG J N, LEI Y, PAN S, et al. System identification of linear structures based on Hilbert–Huang spectral analysis. Part I: Normal modes[J]. Earthquake Engineering & Structural Dynamics, 2003, 32(9):1443-1467.

[342] CHEN J, CHEN JUN. Application of empirical mode decomposition in structural health monitoring:Some experience[J]. Advances in Adaptive Data Analysis, 2009, 1(4): 601-621.

[343] TANG J, ZHAO L, YU W, et al. Soft sensor modeling of ball mill load via principal component analysis and support vector machines[J]. Lecture Notes in Electrical Engineering, 2010, 67(67): 803-810.

[344] TANG J, CHAI T Y, YU W, et al. KPCA based multi-spectral segments feature extraction and GA based compound optimization for frequency spectrum data modeling[C]. IEEE Conference on Decision and Control and European Control Conference, CDC-ECC11, Orlando, Florida, 2011, 5193-5198.

[345] HUANG P, PAN Z W, QI X L, LEI J P. Bearing fault diagnosis based on EMD and PSD[C]. Proceedings of the 8th World Congress on Intelligent Control and Automation. WCICA 2010, Jinan, China, 2010, 1300-1304.

[346] TANG J, ZHAO L J, YUE H, et al. Spectral kernel principal component selection based on empirical mode decomposition and genetic algorithm for modeling parameters of ball mill load[C]. International Conference on Intelligent Computation Technology and Automation 28-29 March, Shenzhen, China, 2011, 932 – 935.

[347] 汤健, 柴天佑, 丛秋梅, 等. 基于 EMD 和选择性集成学习算法的磨机负荷参数软测量[J]. 自动化学报, 2014, 40(9): 1853-1866.

[348] ROSIPAL R, TREJO L J. Kernel partial least squares regression in reproducing kernel Hilbert space[J]. Journal of Machine Learning Research, 2002, 2(2): 97-123.

[349] TAKAGI T，SUGENO M. Fuzzy identification of systems and its applications to modeling and control[J]. IEEE Transactions on Systems, Man and Cybernetics,1985, 15(1):116-132.

[350] PERRONE M P, COOPER L N. When networks disagree:ensemble methods for hybrid neural networks,Tech.Rep.A121062[R]. Brown University,Institute for Brain and Neural Systems(Jan.1993).

[351] HOUCK C R, JOINES J A, KAY M G. A genetic algorithm for function optimization: a Matlab implementation, Technical Report: NCSU-IE-TR-95-09, North Carolina State University, Raleigh, NC, 1995.

[352] 李战明, 陈若珠, 张保梅. 同类多传感器自适应加权估计的数据级融合算法研究[J]. 兰州理工大学学报, 2006, 32(4): 78-82.

[353] SHAO X G, BIAN X H, CAI W S. An improved boosting partial least squares method for near-infrared spectroscopic quantitative analysis[J]. Analytica Chimica Acta, 2010, 666: 32-37.

[354] XU L J, LI X M, DONG F, et al. Optimum estimation of the mean flow velocity for the multi-electrode inductance flowmeter[J]. Measurement Science and Technology, 2001, 12(8): 1139-1146.

[355] 刘利军, 樊江玲, 张志谊, 等. 密频系统模态参数辨识及其振动控制的研究[J]. 振动与冲击, 2007, 26(4): 109-115.

[356] QIN S J. Statistical process monitoring: basics and beyond[J]. Journal of Chemometrics, 2003, 17(8-9): 480-502.

[357] NARENDRA P M, FUKUNAGA K. A branch and bound algorithm for feature subset selection[J]. IEEE Transactions on Computers, 1977, C-26(9): 917-922.

[358] CHEN X W. An improved branch and bound algorithm for feature selection[J]. Pattern Recognition Letters, 2003, 24(12): 1925-1933.

[359] NAKARIYAKUL S, CASASENT D P. Adaptive branch and bound algorithm for selecting optimal features[J]. Pattern Recognition Letters, 2007, 28(12): 1415-1427.

[360] WEI D H, CRAIG I K. Grinding mill circuits- a survey of control and economic concerns[J]. International Journal of Mineral Process, 2009, 90(1-4): 56-66.

[361] 汤健, 赵立杰, 岳恒, 等. 磨机负荷检测方法研究综述[J]. 控制工程, 2010, 17(5): 565-570.

[362] ZHOU P, CHAI T Y, WANG H. Intelligent optimal-setting control for grinding circuits of mineral processing[J]. IEEE Transactions on Automation Science and Engineering, 2009, 6(4): 730-743.

[363] YANG J N, LEI Y, PAN S, et al. System identification of linear structure based on Hilbert-Huang spectral analysis. Part 1: Normal Modes[J]. Earthquake Engneering & Structure Dynamics, 2003, 32(9): 1443-1467.

[364] WU Z, HUANG N E. Ensemble empirical mode decomposition:a noise-assisted data analyses method[J]. Advances in Adaptive Data Analysis, 2011, 1(01):1-41.

[365] 汤健, 柴天佑, 刘卓, 等. 一种磨机负荷参数软测量方法[P]. 中国专利: 201510303525.7.

[366] LÁZARO J M B D, MORENO A P, SANTIAGO O L, et al. Optimizing kernel methods to reduce dimensionality in fault diagnosis of industrial systems[J]. Computers & Industrial Engineering, 2015, 87: 140-149.

[367] DHANJAL C, GUNN S R, SHAWE-TAYLOR J. Efficient sparse kernel feature extraction based on partial least squares[J]. IEEE Transactions on Pattern Analysis & Machine Intelligence, 2008, 31(8): 1347-1361.

[368] QIN S J. Survey on data-driven industrial process monitoring and diagnosis[J]. Annual Reviews in Control, 2012, 36(2): 220-234.

[369] GE Z, SONG Z, GAO F. Review of recent research on data-based process monitoring[J]. Industrial & Engineering Chemistry Research, 2013, 52(10): 3543–3562.

[370] YIN S, LI X, GAO H, et al. Data-based techniques focused on modern industry: An Overview[J]. IEEE Transactions on Industrial Electronics, 2015, 62(1): 657-667.

[371] MOTAI Y. Kernel Association for Classification and Prediction: A Survey[J]. IEEE Transactions on Neural Networks & Learning Systems, 2015, 26(2): 208-223.

[372] YANG C, WANG S, FAN B, et al. UDSFS: Unsupervised deep sparse feature selection[J]. Neurocomputing, 2016, 196: 150-158.

[373] MITRA S, HAYASHI Y. Neuro-fuzzy rule generation: survey in soft computing framework[J]. IEEE Transactions on Neural Networks, 2000, 11(3): 748-768.

[374] CHIU S L. Fuzzy model identification based on cluster estimation[J]. Journal of Intelligent & Fuzzy Systems Applications in Engineering & Technology, 1994, 2(3): 267-278.

[375] ANGELOV P. An approach for fuzzy rule-base adaptation using on-line clustering[J]. International Journal of Approximate Reasoning, 2004, 35(3): 275-289.

[376] WANG Y WANG D, CHAI T. Extraction and adaptation of fuzzy rules for friction modeling and control compensation[J]. IEEE Transaction on Fuzzy System, 2011, 19(4): 682-694.

[377] WANG L X, MENDEL J M. Generating fuzzy rules by learning from examples[J]. IEEE Trans. Syst., Man, Cybern., 1992, 22 (6): 1414-1427.

[378] WEI D H, CRAIG I K. Grinding mill circuits-A survey of control and economic concerns[J]. Int. J. Miner. Process, 2009(90): 56–66.

[379] ZENG Y, FORSSBERG E. Monitoring grinding parameters by vibration signal measurement-a primary application[J]. Minerals Engineering, 1994, 7(4): 495-501.

[380] 汤健，柴天佑，余文，等. 在线 KPLS 建模方法及在磨机负荷参数集成建模中的应用[J]. 自动化学报，2013，39(5): 471-486.

[381] TAMON C, XIANG J. On the boosting pruning problem[C]. 11th European Conference on Machine Learning (ECML 2000), Springer, Berlin, 2000, 404-412.

[382] JACKSON J E. A user's guide to principal components[M]. New York: Wiley-Interscience 1991.

[383] 柴天佑，丁进良，王宏，等. 复杂工业过程运行的混合智能优化控制方法[J]. 自动化学报, 2008, 34(5): 505-515.

[384] FELDMAN M. Hilbert transform in vibration analysis[J]. Mechanical System and Signal Processing, 2011, 25(3): 735-802.

[385] LEI Y G, LIN J, HE Z J, et al. A review on empirical model decomposition in fault diagnosis of rotating machinery[J]. Mechanical System and Signal Processing, 2013, 35(1-2): 108-126.

[386] TANG J, LIU Z. Multi-scale shell vibration signal analysis of mall mill in grinding process[C]. International Conference on Logistics Engineering, Management and Computer Science (LEMCS 2014), May 24-26, 2014, Shenyang, China, Atlantis Press, Paris.

[387] 柴天佑. 工业过程控制系统研究现状与发展方向[J].中国科学：信息科学, 2016, 46(8): 1003-1015.

[388] 孙备，张斌，阳春华，等. 有色冶金净化过程建模与优化控制问题探讨[J]. 自动化学报, 2017, 43(6): 880-892.

[389] 宋贺达，周平，王宏，等. 高炉炼铁过程多元铁水质量非线性子空间建模及应用[J]. 自动化学报，2016，42(11): 1664-1679.

[390] 汤健，田福庆，贾美英，等. 基于频谱数据驱动的旋转机械设备负荷软测量[M]. 北京：国防工业出版社, 2015.

[391] TANG J, QIAO J F, WU Z W, et al. Vibration and acoustic frequency spectra for industrial process modeling using selective fusion multi-condition samples and multi-source features[J]. Mechanical Systems and Signal Processing, 2018(99): 142-168.

[392] FAIZ J, GHORBANIAN V, EBRAHIMI B M. EMD-based analysis of industrial induction motors with broken rotor bars for identification of operating point at different supply modes[J]. IEEE Transactions on Industrial Informatics, 2014, 10(2): 957-966.

[393] LI R, HE D. Rotational machine health monitoring and fault detection using EMD-based acoustic emission feature quantification[J]. IEEE Transactions on Instrumentation & Measurement, 2012, 61(4):990-1001.

[394] WU Z, HUANG N E. Ensemble empirical mode decomposition: a noise-assisted data analysis method[J]. Advances in Adaptive Data Analysis, 2009(1): 1-41.

[395] 汤健，柴天佑，赵立杰，等. 融合时频信息的磨矿过程磨机负荷软测量. 控制理论与应用[J], 2012, 29(5): 564-570).

[396] ZHANG X, KANO M, LI Y. Locally weighted kernel partial least squares regression based on sparse nonlinear features for virtual sensing of nonlinear time-varying processes[J]. Computers & Chemical Engineering, 2017(104): 164-171.

[397] POGGIO T, VETTER T. Recognition and structure from One 2D model view: observations on prototypes, object classes and symmetries[J]. Technical Report A. I. Memo 1347, Massachusetts Institute of Technology Cambridge, MA, USA, 1992.

[398] LI L, PENG Y, QIU G, et al. A survey of virtual sample generation technology for face recognition[J]. Artificial Intelligence Review, 2017(1): 1-20.

[399] DU Y, WANG Y. Generating virtual training samples for sparse representation of face images and face recognition[J]. Journal of Modern Optics, 2016, 63(6): 536-544.

[400] LI D C, WU C S, TSAI T I. Using mega-trend-diffusion and artificial samples in small data set learning for early flexible manufacturing system scheduling knowledge[J]. Computers & Operations Research, 2007, 34(4): 966-982.

[401] ABU-MOSTAFA Y S. Hints[J]. Neural Computation, 1995, 7(4): 639-671.

[402] AN G. the effects of adding noise during backpropagation training on a generalization performance[J]. Neural Computation, 1996, 8(3): 643-674.

[403] LI D C, LIN Y S. Using virtual sample generation to build up management knowledge in the early manufacturing stages[J]. European Journal of Operational Research, 2006, 175(1): 413-434.

[404] LI D C, FANG Y H, LAI Y Y, et al. Utilization of virtual samples to facilitate cancer identification for DNA microarray data in the early stages of an investigation[J]. Information Sciences An International Journal, 2009, 179(16): 2740-2753.

[405] CHANG C J, LI D C, CHEN C C, et al. A forecasting model for small non-equigap data sets considering data weights and occurrence possibilities[J]. Computers & Industrial Engineering, 2014, 67(1): 139-145.

[406] CHO S, JANG M, CHANG S. Virtual sample generation using a population of networks[J]. Neural Processing Letters, 1997, 5(2): 21-27.

[407] HUANG C F, MORAGA C. A diffusion-neural-network for learning from small samples[J]. International Journal of Approximate Reasoning, 2004, 35(2): 137-161.

[408] LI D C, WEN I H. A genetic algorithm-based virtual sample generation technique to improve small data set learning[J]. Neurocomputing, 2014, 143(16): 222-230.

[409] CHEN Z S, ZHU B, HE Y L, YU L A A. PSO based virtual sample generation method for small sample sets: applications to regression datasets[J]. Engineering Applications of Artificial Intelligence, 2017(59): 236-243.

[410] GONG H F, CHEN Z S, ZHU Q X, et al. A monte carlo and PSO based virtual sample generation method for enhancing the energy prediction and energy optimization on small data problem: an empirical study of petrochemical industries[J]. Applied Energy, 2017(197): 405-415.

[411] COQUERET G. Approximate norta simulations for virtual sample generation[J]. Expert Systems with Applications, 2017(73): 69-81.

[412] 汤健, 孙春来, 毛克峰. 一种虚拟样本生成方法[P]. 中国专利: 201510496474.4.

[413] WANG F Y. A big-data perspective on AI: Newton, Merton, and analytics intelligence[J]. IEEE Intelligent Systems, 2012, 27(5): 24-34.

[414] 李力, 林懿伦, 曹东璞, 等. 平行学习—机器学习的一个新型理论框架[J]. 自动化学报, 2017, 43(1): 1-8.

[415] TANG J, LIU Z, ZHANG J, et al. Kernel latent features adaptive extraction and selection method for multi-component non-stationary signal of industrial mechanical device[J]. Neurocomputing, 2016(216): 296-309.

[416] LI D C, LIU C W. Extending attribute information for small data set classfication[J]. IEEE Transactions on Knowledge

and Data Engineering, 2010, 24(3): 452-464.

[417] SHAWE-TAYLOR J, ANTHONY M, BIGGS N L. Bounding sample size with the Vapnik-Chervonenkis dimension[J]. Discrete Applied Mathematics, 1993, 42(1): 65-73.

[418] MUTO Y, HAMAMOTO Y. Improvement of the Parzen classifier in small training sample size[J]. Intelligent Data Analysis, 2001, 5(6): 477-490.

[419] RAUDYS S J, JAIN A K. Small sample size effects in statistical pattern recognition: Recom mendations for Practitioners[J]. IEEE Transactions on Pattern Analysis & Machine Intelligence, 1991, 13(3): 252-264.

[420] DUIN R P W. Small sample size generalization[C]. Proceedings of 9th Scandinavian Conference on Image Analysis, Uppsala, Sweden, June 6-9, 1995: 1-6.

[421] YANG J, YU X, XIE Z Q, et al. A novel virtual sample generation method based on Gaussian distribution[J]. Knowledge-Based Systems, 2011, 24(6): 740-748.

[422] LI D C, CHEN L S, LIN Y S. Using functional virtual population as assistance to learn scheduling knowledge in dynamic manufacturing environments[J]. International Journal of Production Research, 2003,41(17): 4011-4024.

[423] LI D C, WU C S, TSAI T I, et al. Using mega-fuzzification and data trend estimation in small data set learning for early FMS scheduling knowledge[J]. Computers & Operations Research, 2006, 33(6): 1857-1869.

[424] LIN Y S, LI D C. The generalized-trend-diffusion modeling algorithm for small data sets in the early stages of manufacturing systems[J]. European Journal of Operational Research, 2010, 207(1): 121-130.

[425] LEI Y, LIN J, HE Z, et al. A review on empirical mode decomposition in fault diagnosis of rotating machinery[J]. Mechanical Systems & Signal Processing, 2013, 35(1-2): 108-126.

[426] TIBSHIRANI E R . Improvements on cross-validation: The 632+ Bootstrap Method[J]. Journal of the American Statistical Association, 1997, 92(438): 548-560.

[427] KRZANOWSKI W J, HAND D J. Assessing error rate estimators: the leave - one - out method reconsidered[J]. Australian & New Zealand Journal of Statistics, 2010, 39(1): 35-46.

[428] MEVIK B H, CEDERKVIST H R. Mean squared error of prediction (MSEP) estimates for principal component regression (PCR) and partial least squares regression (PLSR)[J]. Journal of Chemometrics, 2004, 18(9): 422-429.

[429] SU Z G, WANG P H. Improved adaptive evidential k-NN rule and its application for monitoring level of coal powder filling in ball mill[J]. Journal of Process Control, 2009, 19(10): 1751-1762.

[430] SU Z G, WANG P H, SHEN J, et al. Convenient T-S fuzzy model with enhanced performance using a novel swarm intelligent fuzzy clustering technique[J]. Journal of Process Control, 2012, 22(1): 108-124.

[431] THORNHILL N F, SHAH S L, HUANG B, et al. Spectral principal component analysis of dynamic processs data[J]. Control Engineering Practice, 2002, 10(8): 833-846.

[432] KANO M, FUJIWARA K. Virtual sensing technology in process industries: trends and challenges revealed by recent industrial applications[J]. Journal of Chemical Engineering of Japan, 2013, 46(1-3): 1-17.

[433] HODOUIN D, JÄMSÄ-JOUNELA S L, CARVALHO M T. State of the art and challenges in mineral processing control[J]. Control Engineering Practice, 2001, 9(9): 995-1005.

[434] WANG J W, T LI, SHI Y Q, et al. Forensics feature analysis in quaternion wavelet domain for distinguishing photographic images and computer graphics[J]. Multimedia Tools & Applications, 2017, 76(22): 23721-23737.

[435] LIU B L, HUANG P J, ZENG X. Hidden defect recognition based on the improved ensemble empirical decomposition

method and pulsed eddy current testing[J]. NDT & E International, 2017(86): 175-185.

[436] SINGH D S, ZHAO Q. Pseudo-fault signal assisted EMD for fault detection and isolation in rotating machines[J]. Mechanical Systems and Signal Processing, 2016(81): 202-218.

[437] TANG J, CHAI T Y, CONG Q M, et al. Modeling mill load parameters based on selective fusion of multi-scale shell vibration frequency spectrum[J]. Control Theory & Application, 2015(32), 1582-1591.

[438] YUAN C, SUN X, RUI L. Fingerprint liveness detection based on multi-scale LPQ and PCA[J]. China Communications, 2016, 7: 60-65.

[439] ZHOU Z, WANG Y, WU Q, et al. Effective and efficient global context verification for image copy detection[J]. IEEE Transactions on Information Forensics and Security, 2017(12): 48-63.

[440] ZHOU Z L, YANG C N, CHEN B J, et al. Effective and efficient image copy detection with resistance to arbitrary rotation[J]. IEICE Transactions on information and systems, 2016, E99-D: 1531-1540.

[441] GU B, SHENG V S. A robust regularization path algorithm for ν-Support Vector Classification[J]. IEEE Transactions on Neural Networks and Learning Systems, 2016(1): 1-8.

[442] GU B, SHENG V S, WANG Z J, et al. Incremental learning for ν-Support Vector Regression[J]. Neural Networks, 2015(67): 140-150.

[443] DIETTERIEG T. Machine-learning research: four current directions[J]. The AI Magazine, 1997, 18(4): 97-136.

[444] RODRIGUEZ J J, KUNCHEVA L I, ALONSO C J. Rotation forest: A new classifier ensemble method[J]. IEEE Transactions on Pattern Analysis and Machine Intelligence, 2006(28): 1619-1630.

[445] TANG J, YU W, CHAI T Y. Modeling parameters of mill load based on dual layer selective ensemble learning strategy[C]. proceeding of the 11th World Congress on Intelligent Control and Automation(WCICA2014), Shenyang, June 29 -July 4, 2014: 916- 921.

[446] LIU Z, CHAI T Y, YU W, et al. Multi-frequency signal modeling using empirical mode decomposition and PCA with application to mill load[J]. Neurocomputing, 2014(169): 392-402

[447] KADLEC P, GABRYS B, STRAND S. Data-driven soft-sensors in the process industry[J]. Computers and Chemical Engineering, 2009, 33(4): 795-814.

[448] CHEN X H, XU O G, ZOU H B. Recursive PLS soft sensor with moving window for online PX concentration estimation in an industrial isomerization unit[C]. Proceeding CCDC'09 Proceedings of the 21st annual international conference on Chinese control and decision conference, 2009, 5853-5857.

[449] TANG J, ZHAO L J, YU W, et al. Modified recursive partial least squares algorithm with application to modeling parameters of ball mill load[C]. Proceedings of the 30th Chinese Control Conference, Yantai, China, 2011: 5277-5282.

[450] 汤健，柴天佑，余文，等. 在线 KPLS 建模方法及在磨机负荷参数集成建模中的应用[J].自动化学报，2013，39(5): 471-486.

[451] TANG J, CHAI T Y, YU W, et al. Modeling load parameters of ball mill in grinding process based on selective ensemble multisensor information [J]. IEEE Transaction on Automation Science and Engineering, 2013, 10(3): 726-740.

[452] LIU Y, WANG H Q, YU J, et al. Selective recursive kernel learning for online identification of nonlinear systems with NARX form[J]. Journal of Process Control, 2010(20): 181-194.

[453] SOARES S G, ARAUJO R. A dynamic and on-line ensemble regression for changing environments[J]. Expert Systems with Applications, 2015, 42(6): 2935-2948.

[454] PAO Y H, TAKEFUJI Y. Functional-link net computing, theory, system architecture, and functionalities[J]. IEEE Comput., 1992, 25(5): 76-79.

[455] IGELNIK B, PAO Y H. Stochastic choice of basis functions in adaptive function approximation and the functional-link net[J]. IEEE Trans. Neural Network, 1995, 6(6): 1320-1329.

[456] COMMINIELLO D, SCARPINITI M, AZPICUETA-RUIZ L A, et al. Functional link adaptive filters for nonlinear acoustic echo cancellation[J]. IEEE Transactions on Audio Speech & Language Processing, 2013, 21(7): 1502-1512.

[457] ALHAMDOOSH M, WANG D H. Fast decorrelated neural network ensembles with random weights[J]. Information Sciences, 2014, 264(6): 104-117.

[458] TANG J, JIA M Y, LI D. Selective ensemble simulate metamodeling approach based on latent features extraction and kernel Learning[C]. the 27th Chinese Control and Decision Conference (2015 CCDC), Qingdao, China, May 23-May 25, 2015: 6503-6508.

[459] WIDMER G, KUBAT M. Learning in the presence of concept drift and hidden contexts[J]. Machine Learning, 1996, 23(1): 69-101.

[460] WANG S, SCHLOBACH S, KLEIN M. What is concept drift and how to measure it?[C]. International Conference on Knowledge Engineering and Knowledge Management. Springer, 2010: 241-256.

[461] JACKSON J, MUDHOLKAR G. Control procedures for residuals associated with principal component analysis[J]. Technometrics, 1979, 21(3): 341-349.

[462] YEH I C. Modeling of strength of high performance concrete using artificial neural networks[J]. Cement and Concrete Research, 1998, 28(12): 1797-1808.

[463] PESARANGHADER A, VIKTOR H L. Fast Hoeffding drift detection method for evolving data streams[C]. Joint European Conference on Machine Learning and Knowledge Discovery in Databases. Springer, 2016: 96-111.

[464] ARZAMASOV V, BOHM K, JOCHEM P. Towards Concise Models of Grid Stability[C]. IEEE International Conference on Communications, Control, and Computing Technologies for Smart Grids. IEEE, 2018: 1-6.

[465] LIU S, FENG L, WU J, et al. Concept drift detection for data stream learning based on angle optimized global embedding and principal component analysis in sensor networks[J]. Computers & Electrical Engineering, 2017, 58: 327-336.

[466] CHANNOI K, MANEEWONGVATANA S. Concept drift for crd prediction in broiler farms[C]. 12th International Joint Conference on Computer Science and Software Engineering. IEEE, 2015: 287-290.